AF552045

DELIUS KLASING

Dr. Etzold
Diplom-Ingenieur für Fahrzeugtechnik

So wird's gemacht

pflegen – warten – reparieren

Band 151

VW TOURAN III/JETTA VI
VW GOLF VI VARIANT/PLUS

Benziner
1,2 l/ 63 kW (85 PS) 6/10 – 1/14
1,2 l/ 77 kW (105 PS) 11/09 – 12/17
1,4 l/ 59 kW (80 PS) 10/09 – 1/14
1,4 l/ 90 kW (122 PS) 3/09 – 1/14
1,4 l/103 kW (140 PS) 8/10 – 12/17
1,4 l/110 kW (150 PS) 8/10 – 12/17
1,4 l/118 kW (160 PS) 6/09 – 1/14
1,4 l/125 kW (170 PS) 8/10 – 12/17

Diesel
1,6 l/ 66 kW (90 PS) 8/10 – 12/17
1,6 l/ 77 kW (105 PS) 3/09 – 12/17
2,0 l/103 kW (140 PS) 8/10 – 12/17
2,0 l/125 kW (170 PS) 8/10 – 1/13
2,0 l/130 kW (177 PS) 2/13 – 12/17

Delius Klasing Verlag

Redaktion: Günter Skrobanek (Text)
Christine Etzold (Bild)

Bibliografische Information der Deutschen Nationalbibliothek
Die Deutsche Nationalbibliothek verzeichnet diese Publikation
in der Deutschen Nationalbibliografie; detaillierte bibliografische
Daten sind im Internet über http://dnb.dnb.de abrufbar.

3. Auflage / A
ISBN 978-3-7688-3368-4

Alle Angaben ohne Gewähr
Druck: Kunst- und Werbedruck, Bad Oeynhausen
Printed in Germany 2021

Alle in diesem Buch enthaltenen Angaben und Daten wurden von dem Autor nach bestem Wissen erstellt und von ihm sowie vom Verlag mit der gebotenen Sorgfalt überprüft. Gleichwohl können wir keinerlei Gewähr oder Haftung für die Richtigkeit, Vollständigkeit und Aktualität der bereitgestellten Informationen übernehmen.

Delius Klasing Verlag, Siekerwall 21, D-33602 Bielefeld
Tel.: 0521/559-0, Fax: 0521/559-115
E-Mail: info@delius-klasing.de
www.delius-klasing.de
http://sowirdsgemacht.com

Lieber Leser,

die Automobile werden von Modellgeneration zu Modellgeneration technisch immer aufwändiger und komplizierter. Ohne eine Anleitung kann man mitunter nicht einmal mehr die Glühlampe eines Scheinwerfers auswechseln. Und so wird verständlich, dass von Jahr zu Jahr immer mehr Heimwerker zum »So wird´s gemacht«-Handbuch greifen.

Doch auch der kundige Hobbymonteur sollte bedenken, dass der Fachmann viel Erfahrung hat und durch die Weiterschulung und den ständigen Erfahrungsaustausch über den neuesten Technikstand verfügt. Mithin kann es für die Überwachung und Erhaltung der Betriebs- und Verkehrssicherheit des eigenen Fahrzeugs sinnvoll sein, in regelmäßigen Abständen eine Fachwerkstatt aufzusuchen.

Grundsätzlich muss sich der Heimwerker natürlich darüber im Klaren sein, dass man mithilfe eines Handbuches nicht automatisch zum Kfz-Mechaniker wird. Auch deshalb sollten Sie nur solche Arbeiten durchführen, die Sie sich zutrauen. Das gilt insbesondere für jene Arbeiten, die die Verkehrssicherheit des Fahrzeugs beeinträchtigen können. Gerade in diesem Punkt sorgt das »So wird´s gemacht«-Handbuch jedoch für praktizierte Verkehrssicherheit. Durch die Beschreibung der Arbeitsschritte und den Hinweis, die Sicherheitsaspekte nicht außer Acht zu lassen, wird der Heimwerker vor der Arbeit entsprechend sensibilisiert und informiert. Auch wird darauf hingewiesen, im Zweifelsfall die Arbeit lieber von einem Fachmann ausführen zu lassen.

Sicherheitshinweis
Auf verschiedenen Seiten dieses Buches stehen »Sicherheitshinweise«. Bevor Sie mit der Arbeit anfangen, lesen Sie bitte diese Sicherheitshinweise aufmerksam durch und halten Sie sich strikt an die dort gegebenen Anweisungen.

Vor jedem Arbeitsgang empfiehlt sich ein Blick in das vorliegende Buch. Dadurch werden Umfang und Schwierigkeitsgrad der Reparatur offenbar. Außerdem wird deutlich, welche Ersatz- oder Verschleißteile eingekauft werden müssen und ob unter Umständen die Arbeit nur mithilfe von Spezialwerkzeug durchgeführt werden kann. **Besonders empfehlenswert: Wenn Sie eine elektronische Kamera zur Hand haben, dann sollten Sie komplizierte Arbeitsschritte für den Wiedereinbau fotografisch dokumentieren.**

Für die meisten Schraubverbindungen ist das Anzugsdrehmoment angegeben. Bei Schraubverbindungen, die in jedem Fall mit einem Drehmomentschlüssel angezogen werden müssen (Zylinderkopf, Achsverbindungen usw.), ist der Wert **fett** gedruckt. Nach Möglichkeit sollte man generell jede Schraubverbindung mit einem Drehmomentschlüssel anziehen. Übrigens: Für viele Schraubverbindungen sind Innen- oder Außen-Torxschlüssel erforderlich.

Obwohl GOLF PLUS, GOLF VARIANT, TOURAN und JETTA wesentliche Komponenten von der GOLF-Limousine übernommen haben, gibt es dennoch insbesondere im Karosseriebereich große Unterschiede. Das führt wiederum dazu, dass für jedes Modell die speziellen Reparaturschritte beschrieben werden müssen. Da jedoch der Buchumfang vorgegeben ist, fehlen in diesem Band zwangsläufig verschiedene Kapitel, die üblicherweise Bestandteil eines „So wird´s gemacht"-Bandes sind. Behelfen kann man sich unter Umständen mit Band 148 über den VW Golf VI. Kenner der Materie werden möglicherweise darüber stolpern, dass es schon die sechste JETTA-Generation gibt. Tatsächlich gibt es erst vier JETTA-Modell-Generationen, aber mit BORA und VENTO insgesamt sechs GOLF-Stufenheck-Versionen.

Das vorliegende Buch kann nicht auf jedes technische Fahrzeug-Problem eingehen. Dennoch hoffe ich, dass Sie mithilfe der Beschreibungen viele Arbeiten am Fahrzeug durchführen können. Eines sollten Sie jedoch bei Ihren Arbeiten am eigenen Auto beachten: Ständig werden am aktuellen Modell Änderungen in der Produktion durchgeführt, so dass sich die im Buch veröffentlichten Arbeitsanweisungen und Einstelldaten für Ihr spezielles Modell geändert haben könnten. Sollten Zweifel auftreten, erfragen Sie bitte den aktuellen Stand beim Kundendienst des Automobilherstellers.

Rüdiger Etzold

Inhaltsverzeichnis

VW Touran III 8/10 – 4/15
VW Jetta VI 7/10 –12/17
VW Golf VI Variant 10/09 – 4/13
VW Golf VI Plus 3/09 – 1/14

Aus dem Inhalt:

- **Modellvarianten**
- **Fahrzeugidentifizierung**
- **Motordaten**

VW Touran III

Seit August 2010 ist die 3.Generation des VW TOURAN auf dem Markt.

V-6646

VW Jetta VI

Neues Modell mit altem Namen. Im Juli 2010 wurde die 6. Generation des VW JETTA in den Markt eingeführt.

V-6647

VW Golf VI Variant

Ein Jahr nach Erscheinen des GOLF VI kam im Oktober 2009 die Kombiversion, der GOLF VI VARIANT, auf den Markt.

V-6649

VW Golf VI Plus

Im März 2009 wurde der an den GOLF VI angepasste GOLF PLUS in den Markt eingeführt.

V-6648

Fahrzeug- und Motoridentifizierung

Die **Fahrgestellnummer** oder **Fahrzeug-Identifizierungs-Nummer** (VIN = Vehicle Identification Number) befindet sich an folgenden Positionen:

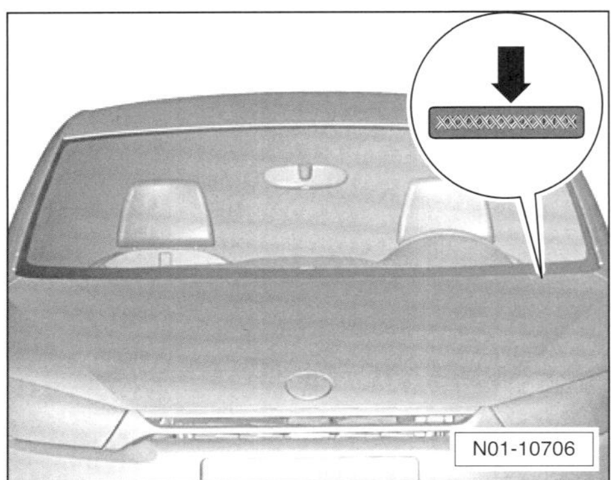

- Die Fahrzeug-Identifizierungsnummer (Fahrgestellnummer) –Pfeil– ist von außen durch ein Sichtfenster in der Frontscheibe lesbar.

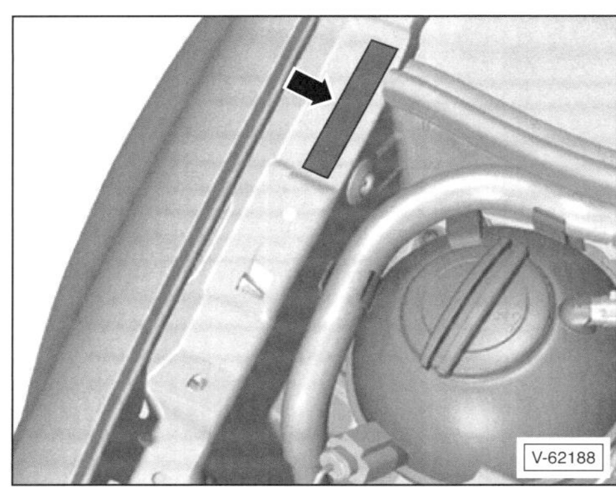

- Die Fahrgestellnummer ist auch auf der Verlängerung des Längsträgers (GOLF VARIANT/PLUS/JETTA) –Pfeil– sowie auf dem rechten Federbeindom (TOURAN) eingeschlagen. Beim TOURAN befindet sich die Fahrgestellnummer zusätzlich hinter dem rechten Sitz, im Bereich des Sitzlängsträgers außen. Damit sie zugänglich wird muss eine Klappe im Bodenbelag geöffnet werden.

Aufschlüsselung der Fahrgestellnummer:

WVW	ZZZ	1T	Z	A	P	121 321
①	②	③	④	⑤	⑥	⑦

① Herstellerzeichen: WVW = Volkswagen AG
② Füllzeichen
③ 2stellige Typenkurzbezeichnung aus den ersten beiden Stellen der offiziellen Typenbezeichnung. 1T = TOURAN; 1K = GOLF VARIANT/GOLF PLUS/JETTA.
④ Weiteres Füllzeichen
⑤ Angabe des Modelljahres: 9 = 2009, A = 2010, B = 2011, C = 2012, D = 2013 usw.
⑥ Produktionsstätte, zum Beispiel: W – Wolfsburg, E – Emden, H – Hannover, S – Salzgitter
⑦ Laufende Nummerierung

Motornummer

Die Motornummer besteht aus 4 Motor-Kennbuchstaben und einer fortlaufenden, sechsstelligen Nummer. Die ersten 3 Stellen der Motor-Kennbuchstaben beschreiben den mechanischen Aufbau des Motors, die 4. Stelle steht für die Motorleistung.

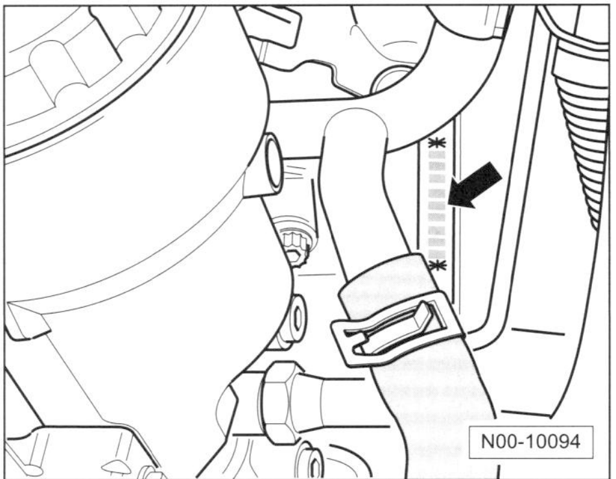

- Motorkennbuchstaben und Motornummer –Pfeil– sind in den Motorblock eingeschlagen, und zwar auf der linken Seite, in Fahrtrichtung gesehen, unterhalb der Trennstelle Zylinderkopf/Motorblock.

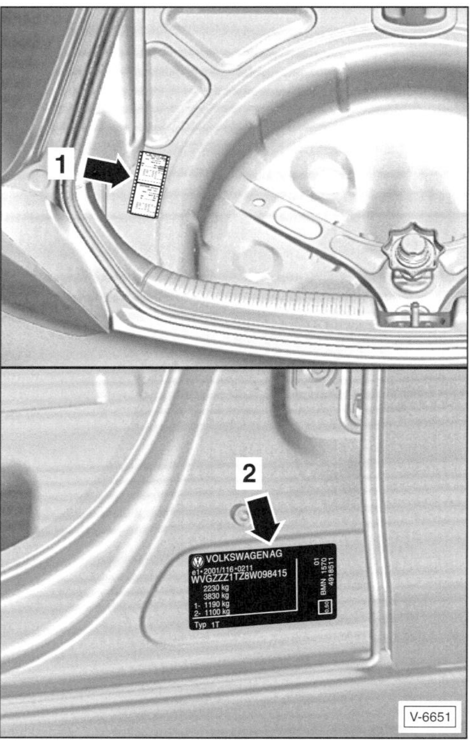

- Motorkennbuchstaben und Motornummer sowie die Fahrgestellnummer stehen ebenfalls auf dem Fahrzeugdatenträger –Pfeil 1– in der Reserveradmulde links oder im Serviceplan des Fahrzeugs. Außerdem stehen diese Informationen auch auf dem Typschild –Pfeil 2–, das im unteren Bereich der linken B-Säule aufgeklebt und nach Öffnen der Fahrertür sichtbar ist.

Motordaten

Motor/Modell	1.2 TSI	1.2 TSI	1.4 SRE	1.4 TSI	1.4 TSI	1.4 TSI
Fertigung von – bis	CBZA	CBZB	CGGA	CAXA	CAVC	CDGA
Motorbezeichnung	6/10 – 1/14	11/09 – 12/17	10/09 – 1/14	3/09 – 1/14	8/10 – 12/17	8/10 – 12/17
Hubraum cm^3	1197	1197	1390	1390	1390	1390
Leistung kW bei 1/min PS bei 1/min	63/4800 85/4800	77/5000 105/5000	59/5000 80/5000	90/5000 122/5000	103/5600 140/5600	110/5500 150/5500
Drehmoment Nm bei 1/min	160/1500	175/1550	130/4200	210/1750	220/1250	220/1500
Bohrung ∅ mm	71,0	71,0	76,5	76,5	76,5	76,5
Hub mm	75,6	75,6	75,6	75,6	75,6	75,6
Verdichtung	10,5	10,5	10,5	10,0	10,0	10,0
Zylinder/Ventile pro Zylinder	4/2	4/2	4/4	4/4	4/4	4/4
Motormanagement	MM4HV	Simos 10	MM 4HV	MED 17.5.20	MED 9.5.10	MED 17
Kraftstoff (ROZ)	Super 95	Super 95	Super 95	Super 95	Super 95	Super 95/ Erdgas (CNG)
Wechselmengen Motoröl Liter Kühlflüssigkeit Liter	 3,6 5,6	 3,6 [3] 5,6	 3,2 5,6	 [1] [2]	 3,6 5,6	 3,6 5,6

Motor/Modell	1.4 TSI	1.4 TSI	1.6 CR-TDI	1.6 CR-TDI	2.0 CR-TDI	2.0 CR-TDI	2.0 CR-TDI
Fertigung von – bis	CAVD	CAVB	CAYB	CAYC	CFHC	CFJA	CFJB
Motorbezeichnung	6/09 – 1/14	8/10 – 12/17	8/10 – 12/17	3/09 – 12/17	8/10 – 12/17	8/10 – 1/13	2/13 – 12/17
Hubraum cm^3	1390	1390	1595	1595	1968	1968	1968
Leistung kW bei 1/min PS bei 1/min	118/5800 160/5800	125/6000 170/6000	66/4200 90/4200	77/4400 105/4400	103/4200 140/4200	125/4200 170/4200	130/4200 177/4200
Drehmoment Nm bei 1/min	240/1500	240/1500	230/1500	250/1500	320/1750	350/1750	380/1750
Bohrung ∅ mm	76,5	76,5	79,5	79,5	81,0	81,0	81,0
Hub mm	75,6	75,6	80,5	80,5	95,5	95,5	95,5
Verdichtung	10,0	10,0	16,5	16,5	16,5	16,5	16,0
Zylinder/Ventile pro Zylinder	4/4	4/4	4/4	4/4	4/4	4/4	4/4
Motormanagement	MED 17.5.20	MED 17.5.20	CR	CR	CR	CR	CR
Kraftstoff (ROZ)	Super 95	Super 95	Diesel	Diesel	Diesel	Diesel	Diesel
Wechselmengen Motoröl Liter Kühlflüssigkeit Liter	 3,6 5,6	 3,6 5,6	 4,3 8,0	 4,3 8,0	 4,3 8,0	 4,3 8,0	 4,3 8,0

[1]) GOLF PLUS: 3,2 l; GOLF VARIANT: 3,6 l. [2]) GOLF PLUS: 5,6 l; GOLF VARIANT: 8,5 l. [3]) Ab Modelljahr 2012: 3,9 l.

Achtung: Die Füllmengen sind ungefähre Angaben. Flüssigkeitsstände auf jeden Fall mit dem Ölmessstab beziehungsweise anhand der Markierungen auf dem Kühlmittel-Ausgleichbehälter überprüfen.

Abkürzungen: TSI – bei 63/77 kW-Motoren: **T**urbocharger **S**tratified **I**njection = Benzin-Direkteinspritzer mit Turbolader.
– bei 90 - 125 kW-Motoren: **T**wincharger **S**tratified **I**njection = Benzin-Direkteinspritzer mit Turbolader und Kompressor (Doppelaufladung).

SRE = **S**aug**r**ohr-**E**inspritzung = Das Benzin wird ins Saugrohr vor die Einlassventile eingespritzt.

CR-TDI = **C**ommon **R**ail - **T**urbo **D**irect **I**njektion = Diesel-Direkteinspritzer mit Abgasturbolader und Common-Rail-System.

Motormanagement **MED** = BOSCH-**M**otronic mit **E**lektrischer Gasbetätigung und Benzin-**D**irekteinspritzung.
Simos = **Si**emens **Mo**tor-**S**teuerung, **MM 4HV** = Magneti Marelli 4HV-Motorsteuerung.

Benzinmotor

1,2-l-TSI-Motor 77 kW (105 PS)

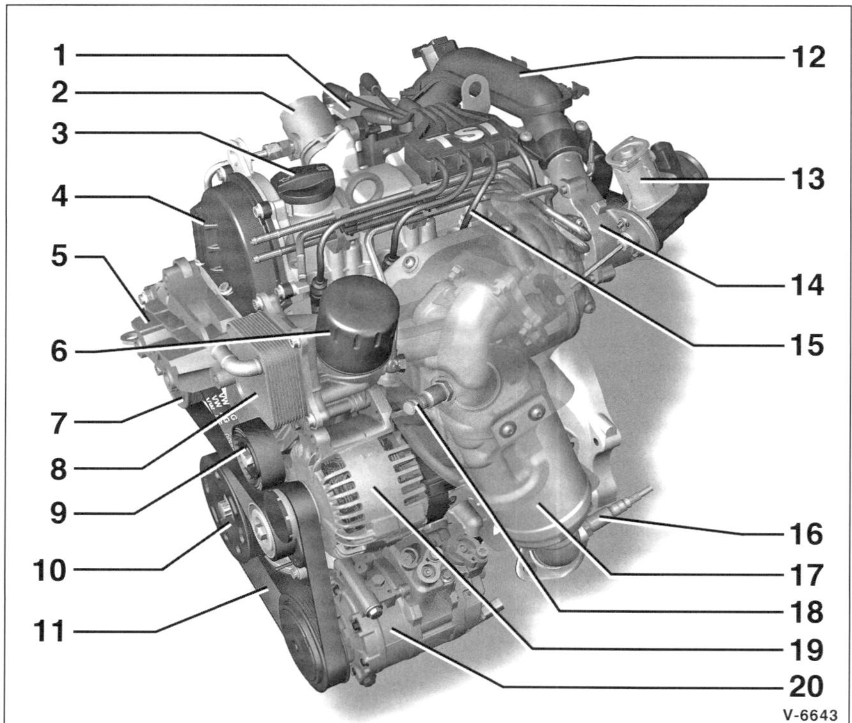

1 – **Zündspulen**

2 – **Hochdruckpumpe**
Für Kraftstoffversorgung.

3 – **Öleinfülldeckel**

4 – **Steuergehäuse-Oberteil**

5 – **Motorhalter**

6 – **Ölfilterpatrone**

7 – **Kompressor-Riemenscheibe**

8 – **Ölkühler**

9 – **Umlenkrolle**

10 – **Kurbelwellen-Riemenscheibe**

11 – **Keilrippenriemen**

12 – **Ladeluftrohr**

13 – **Ladedrucksteller**

14 – **Abgasturbolader**

15 – **Zündkabel**

16 – **Lambdasonde nach Katalysator**

17 – **Katalysator**

18 – **Lambdasonde vor Katalysator**

19 – **Drehstrom-Generator**

20 – **Klima-Kompressor**

Ventiltrieb

1,2-l-TSI-Motor 77 kW (105 PS)

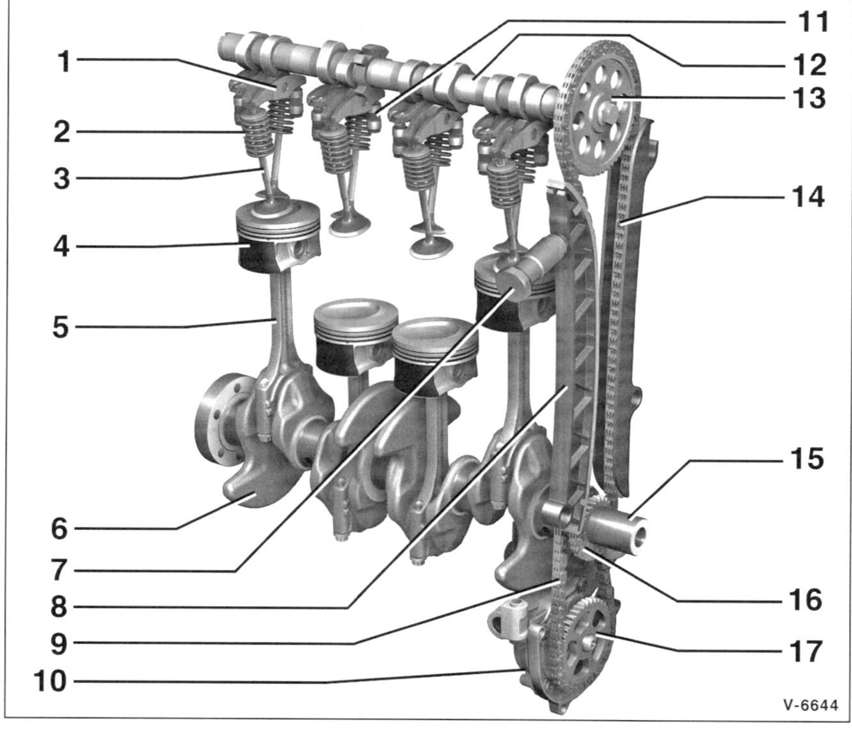

1 – **Schlepphebel**

2 – **Ventilfeder**

3 – **Ventil**

4 – **Kolben**

5 – **Pleuel**

6 – **Kurbelwellen-Ausgleichgewicht**

7 – **Kettenspanner**

8 – **Ketten-Führungsschiene**

9 – **Ölpumpenkette**

10 – **Ölpumpe**

11 – **Ventilspielausgleicher**

12 – **Nockenwelle**

13 – **Nockenwellen-Kettenrad**

14 – **Steuerkette**

15 – **Kurbelwelle**

16 – **Kurbelwellen-Kettenrad**

17 – **Ölpumpen-Kettenrad**

Wartung

Aus dem Inhalt:

- Wartungsplan
- Wartungs-Zusatzarbeiten
- Motorstarthilfe
- Wartungsarbeiten
- Werkzeugausrüstung
- Fahrzeug aufbocken

GOLF VARIANT, GOLF PLUS, JETTA und **TOURAN** können nach unterschiedlichen Wartungssystemen gewartet werden.

Fahrzeuge mit der PR-Nummer »QG1« werden nach dem Longlife-Service-System mit flexiblen Wartungsintervallen gewartet.

Fahrzeuge mit der PR-Nummer »QG0« und »QG2« werden nach festen Wartungsintervallen gewartet.

Die PR-Nummer steht auf dem Fahrzeugdatenträger, siehe Seite 12.

Erläuterung der Begriffe:

PR-Nummer = Produktions-Steuerungs-Nummer. Damit werden während der Produktion Ausstattungen, Mehrausstattungen oder länderspezifische Abweichungen gekennzeichnet.

QG0 = Fahrzeuge sind werksseitig **nicht** mit Komponenten für den Longlife-Service ausgestattet.

QG1 = Fahrzeuge sind werksseitig mit Komponenten für den Longlife-Service ausgestattet. Motorölstandssensor und Bremsverschleißanzeige sind vorhanden. Die flexible Service-Intervall-Anzeige ist aktiviert.

QG2 = Ausstattung wie QG1, aber die Service-Intervall-Anzeige ist **nicht** auf »flexible«, sondern auf »feste« Service-Intervalle eingestellt.

Longlife-Service

Normalerweise werden **GOLF VARIANT, GOLF PLUS, JETTA** und **TOURAN** nach dem »Longlife-Service«-System gewartet. Die Motoren sind ab Werk mit einem alterungsbeständigen Longlifeöl befüllt. Dadurch sind je nach Motorbelastung lange Wartungsintervalle möglich.

Hinweis: Für den **TOURAN** mit Erdgasmotor **CDGA** gelten feste Wartungsintervalle.

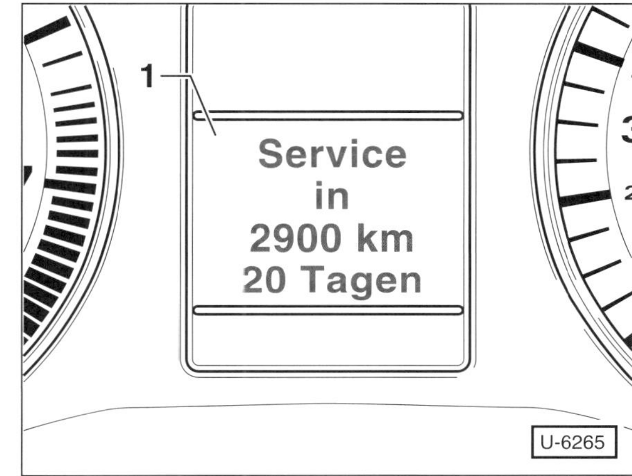

Der Zeitpunkt für die Wartung wird dem Fahrer über die »**Flexible Service-Intervall-Anzeige**« nach dem Einschalten der Zündung im Display des Kombiinstruments angezeigt.

Steht eine Wartung an, erscheint nach dem Einschalten der Zündung beispielsweise der in Abbildung U-6265 dargestellte Wartungs-Ankündigungstext. Bei Fahrzeugen ohne Textmeldung erscheint ein Schraubenschlüssel-Symbol 🔧 sowie die Anzeige der Fahrstrecke bis zum nächsten fälligen Service in km.

Bei Erreichen der vom Steuergerät berechneten Intervalldauer erscheint im Display die Meldung »**Service jetzt**«. Bei Fahrzeugen ohne Textmeldung ertönt ein Gongsignal und ein blinkendes Schraubenschlüssel-Symbol 🔧. Die Wartung sollte dann umgehend durchgeführt werden.

Nach einigen Sekunden oder nachdem der Motor gestartet wurde erlischt die Serviceanzeige. Sie kann auch durch Drücken des »OK«-Tasters für die Multifunktionsanzeige im Scheibenwischerhebel abgeschaltet werden.

Hinweis: Eine überfällige Wartung wird durch ein Minuszeichen vor der Kilometer- oder Tagesangabe angezeigt.

Nach einer durchgeführten Wartung muss die Service-Intervallanzeige zurückgesetzt werden. Die Fachwerkstatt verwendet dazu das VW-Diagnosegerät. Die Service-Intervall-Anzeige kann auch über die Schalter am Scheibenwischerhebel, am Multifunktionslenkrad oder am Kombiinstrument zurückgesetzt werden. Allerdings wird dadurch das Wartungs-System von »flexiblen« auf »feste« Service-Intervalle umgestellt. Service-Intervall-Anzeige manuell zurücksetzen, siehe Seite 60.

Wird im Rahmen einer Wartung oder Reparatur **kein** Longlife-Motoröl nach VW-Norm eingefüllt, dann muss das System von »flexiblen« auf »feste« Service-Intervalle umgestellt werden. In diesem Fall ist alle 15.000 km oder alle 12 Monate ein Ölwechsel-Service erforderlich.

Hinweis: Die Fachwerkstätten fragen bei jeder Inspektion mit Hilfe des Fehlerauslesegerätes die Fehlerspeicher der elektronischen Steuergeräte von Motor, ABS, Airbag und Wegfahrsicherung ab. Es kann daher sinnvoll sein, in regelmäßigen Abständen eine Fachwerkstatt aufzusuchen, auch wenn die Wartung in Eigenregie durchgeführt wird. Die Abfrage der Fehlerspeicher wird am Diagnoseanschluss vorgenommen. Bei dieser Gelegenheit kann auf Wunsch auch die Intervallanzeige zurückgestellt werden.

Feste Wartungsintervalle

Die Service-Intervall-Anzeige kann, falls kein Longlife-Öl verwendet wird, von den »flexiblen« Service-Intervallen (Longlife-Service) auf »feste« Service-Intervalle umgestellt werden. Dazu muss die Service-Intervall-Anzeige nach einer durchgeführten Wartung entweder mit dem Fahrzeug-Diagnosegerät umgestellt oder manuell zurückgesetzt werden. Als Maßstab für die Anzeige der Wartungszyklen in der Service-Intervall-Anzeige werden die Zeit seit dem letzten Zurücksetzen der Anzeige beziehungsweise die gefahrenen Kilometer berechnet. Bei abgeklemmter Fahrzeugbatterie bleiben die Werte der Service-Anzeige erhalten.

Ölwechsel-Service

Der Ölwechsel-Service ist entsprechend der Service-Intervall-Anzeige in folgenden Intervallen durchzuführen:

Bei **festen Service-Intervallen** oder wenn **kein Longlife-Öl** eingefüllt ist, ist der Ölwechsel **alle 15.000 km** oder **nach 1 Jahr** durchzuführen, je nachdem was zuerst eintritt.

Achtung: Bei erschwerten Betriebsbedingungen, wie überwiegend Stadt- und Kurzstreckenverkehr, häufigen Gebirgsfahrten, Anhängerbetrieb und staubigen Straßenverhältnissen, Ölwechsel-Service öfters durchführen.

- ● Motor: Öl wechseln, Ölfilter ersetzen.
- ● Scheibenbremsbeläge vorn und hinten: Dicke prüfen.
- ● Service-Intervallanzeige zurücksetzen (Werkstattarbeit).

Wartungsplan

Die Wartung ist in folgenden Abständen durchzuführen:

Bei Fahrzeugen mit **Longlife-Service** beziehungsweise mit **flexiblen Service-Intervallen:** Entsprechend der Service-Intervallanzeige sind die mit ● und ■ gekennzeichneten Wartungsarbeiten durchzuführen.

Bei festen Service-Intervallen: Entsprechend der Service-Intervallanzeige. Auf jeden Fall **alle 2 Jahre** oder 30.000 km nach der letzten Wartung die mit ● gekennzeichneten Wartungsarbeiten durchführen.

Erstmalig nach 3 Jahren und 60.000 km, dann alle 2 Jahre und 60.000 km, sind die mit ■ gekennzeichneten Wartungsarbeiten durchzuführen (VW-Vorschrift). Es empfiehlt sich allerdings im Rahmen jeder Wartung sowohl die mit ● wie auch die mit ■ gekennzeichneten Wartungsarbeiten durchzuführen.

Flexible und feste Service-Intervalle: Im Rahmen der Wartung sind ebenfalls die zusätzlichen, mit ◆ gekennzeichneten, Wartungsarbeiten entsprechend den angegebenen Intervallen durchzuführen.

Achtung: Bei häufigen Fahrten in staubiger Umgebung Wechselintervall für Motor-Luftfilter und Pollenfilter halbieren.

Motor

- ● Motor: Öl wechseln, Ölfilter erneuern.
- ● Motor/Motorraum: Sichtprüfung auf Undichtigkeiten.
- ● Kühl- und Heizsystem: Flüssigkeitsstand prüfen, Konzentration des Frostschutzmittels prüfen. Sichtprüfung auf Undichtigkeiten und äußere Verschmutzung des Kühlers.
- ■ Motor: Ölstand prüfen.
- ■ Abgasanlage: Auf Beschädigungen, Undichtigkeiten und lockere Befestigung sichtprüfen.
- ■ Keilrippenriemen: Zustand prüfen, bei Verschleißspuren wechseln.

Getriebe/Achsantrieb

- ■ Getriebe/Achsantrieb: Auf Undichtigkeiten und Beschädigungen sichtprüfen.

Vorderachse/Lenkung

- ■ Stoßdämpfer: Sichtprüfung auf Undichtigkeiten.
- ■ Schraubenfedern und Anschlagpuffer: Sichtprüfung auf Beschädigungen.
- ■ Spurstangenköpfe: Spiel und Befestigung prüfen, Staubkappen prüfen.
- ■ Achsgelenke: Staubkappen prüfen.
- ■ Manschetten der Antriebswellen: Auf Undichtigkeiten und Beschädigungen sichtprüfen.

Bremsen/Reifen/Räder

- ● Bremsen: Belagstärke der vorderen und hinteren Bremsbeläge prüfen.
- ● Bremsflüssigkeitsstand: Prüfen.

- Bremsanlage: Leitungen, Schläuche, Bremszylinder und Anschlüsse auf Undichtigkeiten und Beschädigungen prüfen.
- Bereifung: Profiltiefe und Reifenfülldruck (einschließlich Reserverad) prüfen; Reifen auf Verschleiß und Beschädigungen prüfen.
- Reifenreparatur-Set, falls vorhanden: Haltbarkeitsdatum prüfen.

Karosserie/Innenausstattung

- Frontscheibe: Auf Beschädigungen prüfen.
- ■ Verbandkasten: Haltbarkeitsdatum überprüfen, gegebenenfalls Verbandkasten ersetzen.
- ■ Türfeststeller: Schmieren.
- ■ Motorhaube: Fanghaken schmieren.
- ■ Schiebedach/Panorama-Schiebedach: Funktion prüfen, gegebenenfalls Führungsschienen und Windabweiser reinigen und fetten.
- ■ Wasserkasten und Wasserablauföffnungen sichtprüfen und reinigen.
- ■ Abnehmbare Anhängerkupplung: Funktion prüfen.
- ■ Unterbodenschutz: Auf Beschädigungen sichtprüfen.
- ■ Karosserie: Auf sichtbare Korossion prüfen.

Elektrische Anlage

- Batterie: Prüfen.
- Front- und Heckbeleuchtung, Blinkanlage, Warnblinkanlage, automatische Fahrlichtsteuerung, Kurvenlicht: Funktion prüfen.
- Scheibenwischerblätter: Wischergummis auf Verschleiß prüfen.
- Scheibenwaschanlage: Funktion prüfen, Düsenstellung kontrollieren, Flüssigkeit nachfüllen, Scheinwerfer-Waschanlage prüfen.
- Scheinwerfer: Einstellung prüfen (Werkstattarbeit).
- Eigendiagnose: Fehlerspeicher auslesen (Werkstattarbeit).
- Service-Intervallanzeige: Zurücksetzen.
- ■ Sämtliche Stromverbraucher/Bedienelemente/Anzeigen/Innenbeleuchtung/Hupe: Funktion prüfen.

Folgende Arbeiten zusätzlich durchführen:

Alle 60.000 km oder 2 Jahre

- ◆ Lüftung/Heizung: Staub-/Pollenfilter-Einsatz erneuern, Gehäuse reinigen.

Erstmalig nach 3 Jahren, dann alle 2 Jahre

- ◆ Bremsflüssigkeit: Erneuern.
- ◆ Abgasuntersuchung (AU): Leerlaufdrehzahl, CO-Gehalt, Zündzeitpunkt prüfen; Fehlerspeicher abfragen (Werkstattarbeit).
- ◆ TOURAN Eco-Fuel CDGA: Gasanlage prüfen (Fachwerkstatt).
- ◆ TOURAN Eco-Fuel CDGA: Einfüllstutzen prüfen/reinigen.

Alle 3 Jahre

- ◆ Allradantrieb 4MOTION: Öl für Haldexkupplung wechseln.

Alle 60.000 km oder 4 Jahre

- ◆ Benziner: Zündkerzen erneuern.

Erstmalig nach 90.000 km, dann alle 30.000 km

- ◆ 1,4-l-Benzinmotor CGGA mit 59 kW: Zahnriemen für Nockenwellenantrieb auf Beschädigung sichtprüfen, gegebenenfalls ersetzen (**erstmals** nach **90.000 km**, dann **alle 30.000 km**).

Alle 90.000 km

- ◆ Dieselmotor: Kraftstofffilter erneuern.

Alle 90.000 km oder 6 Jahre

- ◆ Motor-Luftfilter: Filtereinsatz erneuern, Filtergehäuse reinigen.

Erstmalig nach 180.000 km, dann alle 30.000 km

- ◆ Dieselmotor: Diesel-Partikelfilter prüfen (Werkstattarbeit).

Alle 210.000 km

- ◆ CR-Dieselmotor: Zahnriemen ersetzen.

Hinweis: Bei folgenden Motoren erfolgt der Antrieb der Nockenwellen durch eine **wartungsfreie Steuerkette**:

- ■ 1,2-l-TSI-Benzinmotor
- ■ 1,4-l-TSI-Benzinmotor

Alle 20 Jahre

- ◆ TOURAN Eco-Fuel, 1,4-l-TSI-Motor CDGA: Erdgasbehälter ersetzen (Fachwerkstatt).

Wartungsarbeiten

Hier werden, nach den verschiedenen Baugruppen des Fahrzeugs aufgeteilt, alle Wartungsarbeiten beschrieben, die gemäß dem Wartungsplan durchgeführt werden müssen. Auf die erforderlichen Verschleißteile sowie das möglicherweise benötigte Sonderwerkzeug wird jeweils hingewiesen.

Es empfiehlt sich Reifendruck, Motorölstand und Flüssigkeitsstände für Kühlung, Wisch-/Waschanlage etc. mindestens alle 4 bis 6 Wochen zu prüfen und gegebenenfalls zu ergänzen.

Achtung: Beim **Einkauf von Ersatzteilen** ist zur Identifizierung des Fahrzeuges unbedingt die **Fahrzeug-Ident-Nummer** (Fahrgestellnummer) beziehungsweise der **KFZ-Schein** mitzunehmen. Sonst ist eine genaue Zuordnung der Ersatzteile oftmals nicht möglich.

Um ganz sicher zu sein, dass man die richtigen Ersatzteile erhalten hat, empfiehlt es sich nach Möglichkeit, das Altteil auszubauen und zum Ersatzteilhändler mitzunehmen. Dort kann man es mit dem Neuteil vergleichen.

Motor und Abgasanlage

Folgende Wartungsarbeiten müssen nach dem Wartungsplan in unterschiedlichen Intervallen durchgeführt werden:

- Motor/Motorraum: Sichtprüfung auf Undichtigkeiten.
- Motor: Ölstand prüfen.
- Motor: Öl wechseln, Ölfilter erneuern.
- Kühl- und Heizsystem: Flüssigkeitsstand prüfen, Konzentration des Frostschutzmittels prüfen. Sichtprüfung auf Undichtigkeiten und äußere Verschmutzung des Kühlers.
- Dieselmotor: Kraftstofffilter ersetzen.
- Motor-Luftfilter: Filtereinsatz erneuern, Filtergehäuse reinigen.
- Keilrippenriemen: Zustand prüfen, bei Verschleißspuren wechseln.
- Abgasanlage: Auf Beschädigungen, Undichtigkeiten und lockere Befestigung sichtprüfen.
- Zündkerzen: Erneuern.
- 1,4-l-Benzinmotor CGGA mit 59 kW: Zahnriemen für Nockenwellenantrieb auf Beschädigung sichtprüfen, gegebenenfalls ersetzen (Werkstattarbeit).
- CR-Dieselmotor: Zahnriemen erneuern (Werkstattarbeit).
- Abgasuntersuchung (AU) durchführen; Fehlerspeicher abfragen (Werkstattarbeit).
- Dieselmotor: Diesel-Partikelfilter prüfen (Werkstattarbeit).
- TOURAN Eco-Fuel, 1,4-l-TSI-Motor CDGA: Einfüllstutzen prüfen/reinigen.
- TOURAN Eco-Fuel, 1,4-l-TSI-Motor CDGA: Gasanlage prüfen (Fachwerkstatt).
- ◆ TOURAN Eco-Fuel, 1,4-l-TSI-Motor CDGA: Erdgasbehälter ersetzen (Fachwerkstatt).

Motor/Motorraum: Sichtprüfung auf Undichtigkeiten

Spezialwerkzeug: nicht erforderlich.

- Obere Motorabdeckung ausclipsen und abnehmen.
- Untere Motorraumabdeckung ausbauen, siehe Seite 63.
- Leitungen, Schläuche und Anschlüsse der
  - ◆ Kraftstoffanlage,
  - ◆ des Kühl- und Heizungssystems,
  - ◆ der Bremsanlage

  auf Undichtigkeiten, Scheuerstellen, Porosität und Brüchigkeit sichtprüfen.

Ölundichtigkeit suchen

Bei ölverschmiertem Motor und hohem Ölverbrauch überprüfen wo das Öl austritt. Dazu folgende Stellen überprüfen:

- Öleinfülldeckel öffnen und Dichtung auf Porosität oder Beschädigung prüfen.
- Kurbelgehäuse-Entlüftung: Zum Beispiel Belüftungsschlauch vom Zylinderkopfdeckel zum Luftansaugschlauch.
- Zylinderkopfdeckel-Dichtung.
- Zylinderkopf-Dichtung.
- Ölablassschraube (Dichtring).
- Ölfilterdichtung: Ölfilter am Ölfilterflansch.
- Ölwannendichtung.
- Wellendichtringe links und rechts für Nockenwellen und Kurbelwelle.

Da sich bei Undichtigkeiten das Öl meistens über eine größere Motorfläche verteilt, ist der Austritt des Öls nicht auf den ersten Blick zu erkennen. Bei der Suche geht man zweckmäßigerweise wie folgt vor:

- Motorwäsche durchführen: Generator mit Plastiktüte abdecken. Motor mit handelsüblichem Kaltreiniger einsprühen und nach einer kurzen Einwirkungszeit an einer Autowaschanlage mit Wasser abspritzen.
- Trennstellen und Dichtungen am Motor von außen mit Kalk oder Talkumpuder bestäuben.
- Ölstand kontrollieren, gegebenenfalls auffüllen.
- Probefahrt durchführen. Da das Öl bei heißem Motor dünnflüssig wird und dadurch schneller an den Leckstellen austreten kann, sollte die Probefahrt über eine Strecke von ca. 30 km auf einer Schnellstraße durchgeführt werden.
- Anschließend Motor mit Lampe anstrahlen, undichte Stelle lokalisieren und Fehler beheben.

Kühlsystem prüfen

- Kühlmittelschläuche durch Zusammendrücken und Verbiegen auf poröse Stellen untersuchen, hart gewordene und aufgequollene Schläuche erneuern.
- Die Schläuche dürfen nicht zu kurz auf den Anschlussstutzen sitzen.
- Festen Sitz der Schlauchschellen kontrollieren, gegebenenfalls Schellen erneuern.
- Dichtung des Verschlussdeckels für den Ausgleichbehälter auf Beschädigungen überprüfen.

Achtung: Ein zu niedriger Kühlmittelstand kann auch von einem nicht richtig aufgeschraubten Verschlussdeckel herrühren.

- Deutlicher Kühlmittelverlust und/oder Öl in der Kühlflüssigkeit sowie weiße Abgaswolken bei warmem Motor deuten auf eine defekte Zylinderkopfdichtung hin.

Achtung: Mitunter ist es schwierig, die Leckstelle ausfindig zu machen. Dann empfiehlt sich eine Druckprüfung durch die Werkstatt (Spezialgerät erforderlich). Hierbei kann ebenfalls das Überdruckventil des Verschlussdeckels geprüft werden.

- Obere Motorabdeckung einbauen.
- Motorraumabdeckung unten einbauen, siehe Seite 63.

Motorölstand prüfen/Motoröl auffüllen

Der Motor soll auf einer Fahrstrecke von ca. 1.000 km nicht mehr als 1,0 Liter Öl verbrauchen. Mehrverbrauch ist ein Anzeichen für verschlissene Ventilschaftabdichtungen und/oder Kolbenringe beziehungsweise Öldichtungen.

Spezialwerkzeug: nicht erforderlich.

Erforderliche Betriebsmittel/Verschleißteile:

- Nur ein von VW freigegebenes Motoröl verwenden.
  Ölspezifikation:
  Benzinmotor mit Longlife-Service: VW-504 00
  Benzinmotor mit festen Wartungsintervallen und Erdgasmotor: VW-502 00
  Dieselmotor: VW-507 00

  Hinweis: Motoröle der neuen Spezifikation VW-508 00 und VW-509 00 sind in der Regel für diese Motoren **nicht** geeignet.

Prüfen

- Motor warm fahren und auf einer ebenen, waagerechten Fläche abstellen.
- Nach Abstellen des Motors mindestens 3 Minuten lang warten, damit sich das Öl in der Ölwanne sammelt.

- Ölmessstab –2– herausziehen und mit einem sauberen Lappen abwischen. 1 – Öleinfülldeckel.
- Anschließend Messstab bis zum Anschlag einführen und wieder herausziehen.

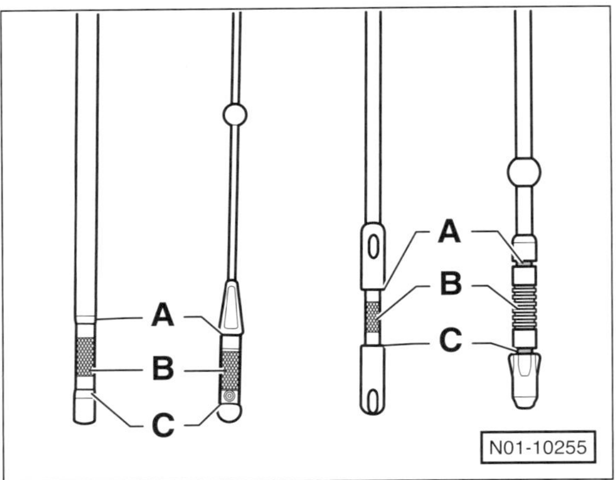

- Der Ölstand muss im geriffelten Messfeld –B– liegen, andernfalls ist er folgendermaßen zu korrigieren:

Ölstand	**Abhilfe**
bei –A–	Kein Motoröl nachfüllen.
über –A–	Motoröl absaugen, bis Ölstand –A– erreicht ist.
bei –C–	Motoröl bis in den Bereich –B– auffüllen.
unter –C–	Motoröl bis –A– auffüllen.

Achtung: Zu viel eingefülltes Motoröl (oberhalb von Bereich –A–) muss wieder abgesaugt werden, da sonst die Motordichtungen beziehungsweise der Katalysator beschädigt werden können.

- Bei hoher Motorbeanspruchung wie zum Beispiel längeren Autobahnfahrten im Sommer und bei Anhängerbetrieb oder Gebirgsfahrten sollte der Ölstand im oberen Teil von Bereich –B– liegen.
- Nachgefüllt wird am Verschluss des Zylinderkopfdeckels. Beim Nachfüllen vorgeschriebene Ölsorte verwenden, keine Ölzusätze verwenden.
- Ölmessstab einsetzen, Einfülldeckel festschrauben.

Motoröl wechseln/Ölfilter ersetzen

Erforderliches Spezialwerkzeug:

- 1,2-/1,4-l-TSI-Benzinmotor (63/77/118 kW): Handelsüblichen Spannbandschlüssel oder HAZET 2169 zum Lösen der Filterpatrone.
- 1,4-l-Benzinmotor (außer 118 kW): Stecknuss SW 36 oder HAZET 2169-36 zum Lösen des Ölfilterdeckels.
- Dieselmotor: Stecknuss SW 32 oder HAZET 2169-32 zum Lösen des Ölfilterdeckels.

Wenn das Motoröl abgesaugt wird:

- Ölabsauggerät. **Hinweis:** Darauf achten, dass die Sonde in das Führungsrohr des Ölmessstabes passt.
- Ölauffangbehälter.

Wenn das Motoröl abgelassen wird:

- Grube oder Wagenheber mit Unterstellböcken.
- Ölauffangwanne, die je nach Motor bis zu 5 Liter Öl fasst.

Erforderliche Betriebsmittel/Verschleißteile:

- Je nach Motor 3,2 bis 4,3 Liter Motoröl. Dabei nur ein von VW freigegebenes Motoröl verwenden.
  Ölspezifikation:
  Benzinmotor mit Longlife-Service: VW-504 00
  Benzinmotor mit festen Wartungsintervallen: VW-502 00
  Dieselmotor: VW-507 00

  Hinweis: Motoröle der neuen Spezifikation VW-508 00 und VW-509 00 sind in der Regel für diese Motoren **nicht** geeignet.
- Je nach Motor Ölfiltereinsatz oder Ölfilterpatrone.
- **Neue(n)** Dichtring(e) für Ölfilterdeckel.
- Nur wenn Öl abgelassen wird: **Neue** Ölablassschraube mit **neuem** Dichtring.

Hinweis: Die Öl-Verkaufsstellen nehmen die entsprechende Menge Altöl kostenlos entgegen, daher beim Ölkauf Quittung und Ölkanister für spätere Altölrückgabe aufbewahren! **Um Umweltschäden zu vermeiden, keinesfalls Altöl einfach wegschütten oder dem Hausmüll mitgeben.**

Die Werte für die **Ölwechselmenge** mit Filterwechsel stehen in der Tabelle »Motordaten« auf Seite 13.

Hinweis: Die dort angegebenen Ölwechselmengen sind ungefähre Mengenangaben. Auf jeden Fall nach dem Ölwechsel den Ölstand mit dem Ölmessstab prüfen und gegebenenfalls korrigieren.

Das Motoröl kann entweder durch das Ölmessstab-Führungsrohr abgesaugt werden oder aus der Ölwanne abgelassen werden. Zum Absaugen ist eine geeignete Absaugpumpe erforderlich, dabei darauf achten, dass der Absaugschlauch in das Ölmessstab-Führungsrohr passt.

Motoröl ablassen

- Motor warm fahren.
- **Motor mit stehendem Ölfilter:** Deckel am Filtergehäuse abschrauben beziehungsweise Filterpatrone lösen, damit das Öl aus dem Filter in den Motor zurücklaufen kann, siehe Abschnitt »Ölfilter wechseln«.
- Steht das Ölabsauggerät nicht zur Verfügung, Motoröl ablassen. Dazu Fahrzeug waagerecht aufbocken oder über eine Montagegrube fahren.

Sicherheitshinweis
Beim Aufbocken des Fahrzeugs besteht Unfallgefahr! Deshalb vorher das Kapitel »Fahrzeug aufbocken« durchlesen.

- Untere Motorraumabdeckung ausbauen, siehe Seite 63.
- Altöl-Auffangwanne unter die Ölablassschraube stellen.

Sicherheitshinweis
Darauf achten, dass beim Herausdrehen der Ölablassschraube das heiße Motoröl nicht über die Hand läuft. Deshalb beim Abschrauben mit den Fingern den Arm waagerecht halten.

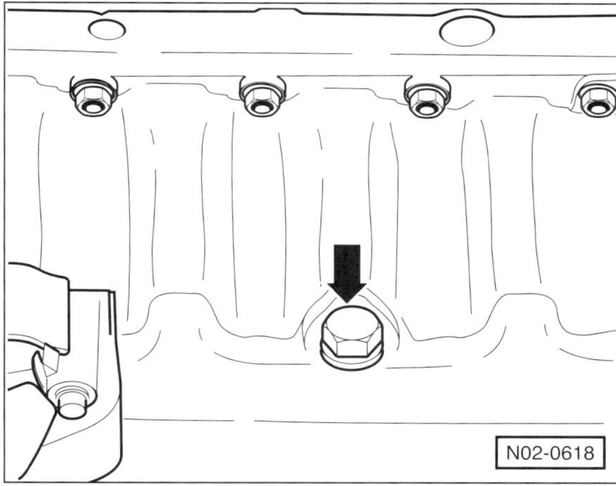
N02-0618

- Ölablassschraube –Pfeil– aus der Ölwanne herausdrehen und Altöl ganz ablassen.

Achtung: Werden im Motoröl Metallspäne und Abrieb in größeren Mengen festgestellt, deutet dies auf Fressschäden hin, zum Beispiel Kurbelwellen- oder Pleuellagerschäden. Um Folgeschäden nach erfolgter Reparatur zu vermeiden, ist die sorgfältige Reinigung von Ölkanälen und Ölschläuchen und das Erneuern des Ölkühlers unerlässlich.

- Anschließend **neue** Ölablassschraube mit **neuem** Dichtring einschrauben und festziehen. **Achtung:** Das zulässige Anzugsdrehmoment darf nicht überschritten werden, sonst kann es zu Undichtigkeiten oder Schäden kommen.
  Anzugsdrehmoment für **M14**-Schaube . . . . . **30 Nm**
  M24-Schraube . . . . . **50 Nm**
- Fahrzeug ablassen.

Ölfilter wechseln

Achtung: Benutzte Ölfilter oder Filtereinsätze müssen als Sondermüll entsorgt werden.

- Obere Motorabdeckung ausbauen, siehe Seite 61.

1,4-l-Benzinmotor CGGA (59 kW)

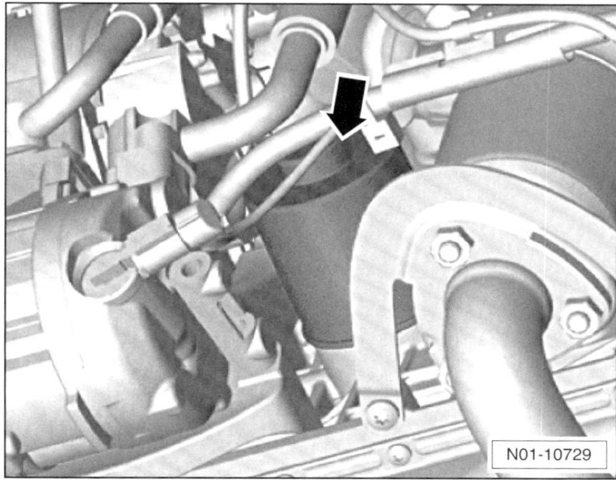
N01-10729

- Ölfilter –Pfeil– mit einem Maul- oder Ringschlüssel SW-30 am Sechskant lösen. (SW = Schlüsselweite).
- Anschließend Ölfilter von Hand abschrauben. Auslaufendes Motoröl mit Lappen auffangen.
- Ölfilterflansch am Motorblock mit Kaltreiniger reinigen. Eventuell dort verbliebene Filterdichtung abnehmen.
- Gummidichtring am neuen Ölfilter dünn mit sauberem Motoröl bestreichen.
- **Neuen** Ölfilter nur mit der Hand festschrauben. Wenn die Filterdichtung am Motorblock anliegt, Filter noch um ½ Umdrehung weiterdrehen. Hinweise auf dem Ölfilter beachten.
- Fahrzeug ablassen.

1,4-l-TSI-Benzinmotor (103/125 kW)

- Bauteile im Bereich des Ölfilters mit einem Lappen abdecken, damit eventuell heruntertropfendes Öl aufgefangen wird.

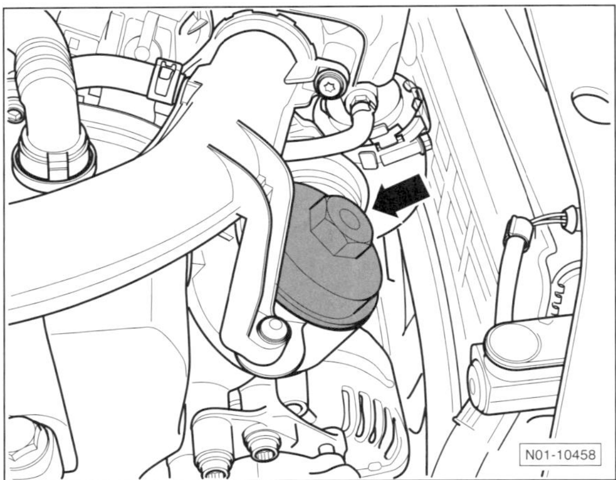

- Ölfilterdeckel –Pfeil– mit einer Stecknuss SW-36 oder HAZET 2169-36 abschrauben.

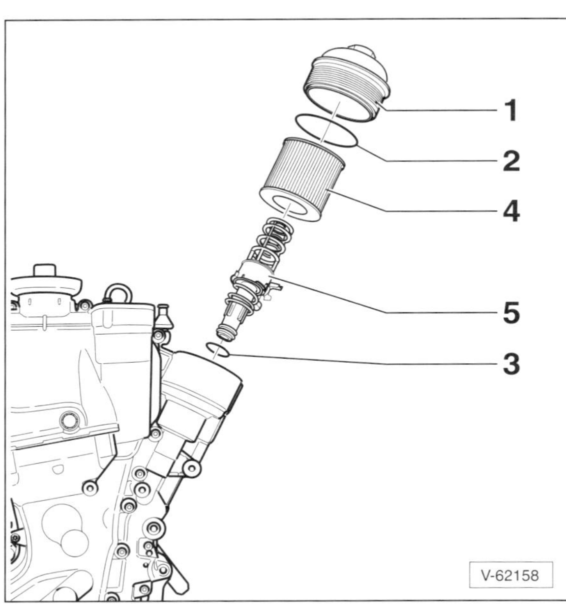

- Ölfilterdeckel –1– mit Filtereinsatz –4– und Ventil –5– herausnehmen.

Einbau

- Dichtfläche an Deckel –1– und Filtergehäuse mit Kaltreiniger und Lappen reinigen.
- O-Ring –3– am Ventil –5– ersetzen und Ventil in das Filtergehäuse einsetzen.
- Dichtring –2– ersetzen und mit neuem Motoröl leicht einölen.
- Gewinde –3– am Filterdeckel reinigen und mit neuem Motoröl leicht einölen.
- **Neuen** Filtereinsatz –4– in den Deckel einsetzen.
- Verschlussdeckel –1– mit Filtereinsatz –4– einsetzen und mit **25 Nm** festschrauben.

1,2-/1,4-l-TSI-Benzinmotor (63/77/90/118 kW)

- Vor dem Ausbau der Filterpatrone insbesondere Drehstromgenerator und Keilrippenriemen mit einem dicken Lappen abdecken.

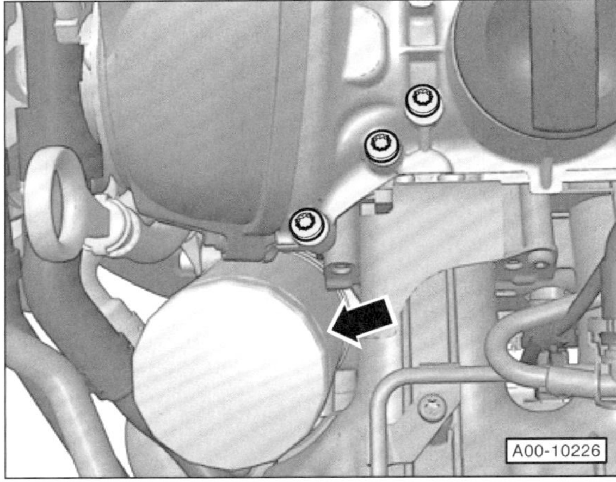

- Ölfilterpatrone –Pfeil– mit handelsüblichem Spannbandschlüssel oder HAZET-2169 lösen und ein paar Minuten warten, damit das Motoröl aus dem Filter in den Motor zurückfließen kann.
- Filterpatrone abschrauben. **Achtung:** Dabei darf kein Motoröl auf den Keilrippenriemen oder Drehstromgenerator tropfen.
- Dichtfläche am Steuergehäuse reinigen.
- Gummidichtung am neuen Filter dünn mit sauberem Motoröl einölen, dadurch wird eine bessere Abdichtung beim Anziehen des Filters erzielt.
- **Neuen** Ölfilter nur mit der Hand festschrauben, bis die Filterdichtung am Motorblock anliegt. Anschließend Filter noch um ½ Umdrehung weiterdrehen. Falls vorhanden, Hinweise auf dem Ölfilter beachten. Falls der HAZET-Schlüssel 2169 verwendet wird, Ölfilter mit **20 Nm** festziehen.

Dieselmotor

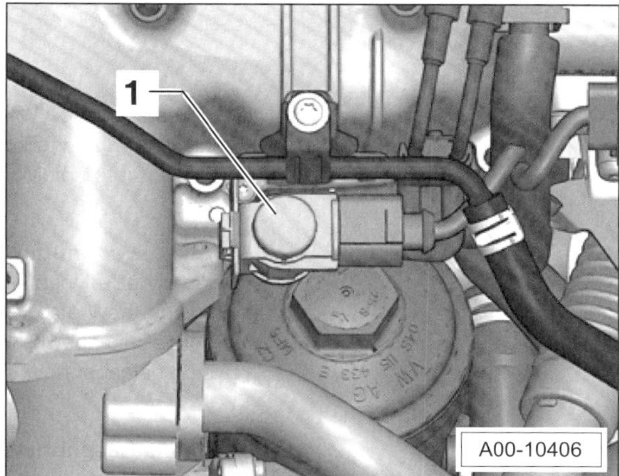

- Magnetumschaltventil –1– ausclipsen oder mit Halter abschrauben und zur Seite legen.

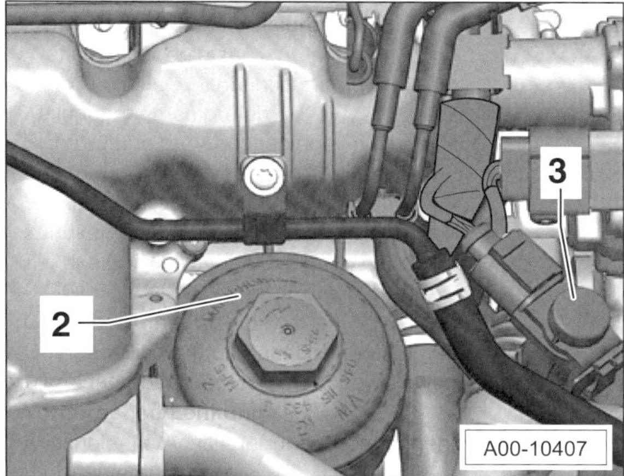

- Ölfilterdeckel –2– mit einer Stecknuss SW-32 oder HAZET 2169-32 abschrauben. 3 – Magnetumschaltventil.
- Dichtflächen am Filterdeckel und am Ölfiltergehäuse mit Kaltreiniger oder Kraftstoff und einem Lappen reinigen.

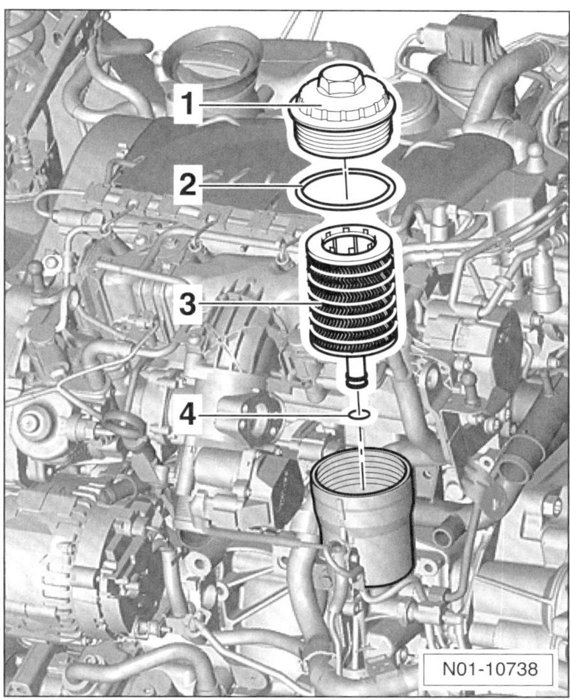

- O-Ringe –2– und –4– sowie Filtereinsatz –3– ersetzen.
- Filterdeckel –1– aufschrauben und mit **25 Nm** festziehen
- Magnetumschaltventil ansetzen und hörbar einrasten beziehungsweise mit Halter anschrauben.

Motoröl auffüllen

- Verschlussdeckel –1– öffnen und neues Öl am Einfüllstutzen des Zylinderkopfdeckels einfüllen. 2 – Ölmessstab.

Achtung: Grundsätzlich empfiehlt es sich, zunächst ½ Liter Motoröl weniger einzufüllen als vorgeschrieben. Anschließend Motor warm laufen lassen und nach einigen Minuten Ölstand mit dem Messstab kontrollieren. Gegebenenfalls Ölmenge ergänzen. Zu viel eingefülltes Motoröl muss wieder abgesaugt werden, da sonst die Motordichtungen beziehungsweise der Katalysator beschädigt werden können.

- Nach ca. 5 Minuten den Ölstand mit dem Ölmessstab kontrollieren.

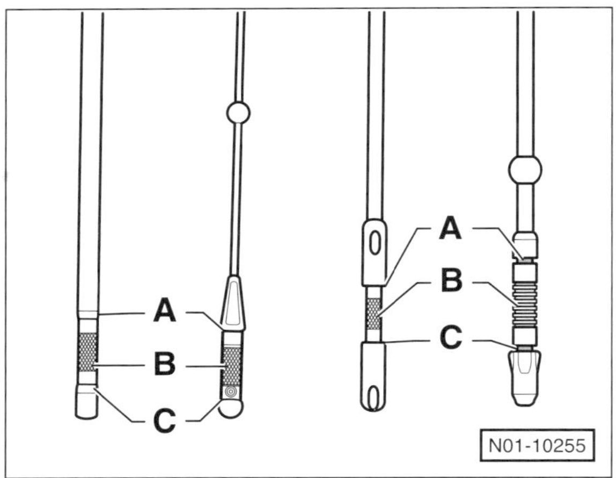

- Der Ölstand ist in Ordnung, wenn er im Bereich –B– liegt. Liegt er im Bereich –C–, muss Öl bis zum Bereich –B– nachgefüllt werden. Bei einem Ölstand im Bereich –A– darf kein Motoröl nachgefüllt werden.

Achtung: Zu viel eingefülltes Motoröl (oberhalb von Bereich –A–) muss wieder abgesaugt werden, da sonst die Motordichtungen beziehungsweise der Katalysator beschädigt werden können.

- Nach der Probefahrt Dichtigkeit der Ablassschraube und des Ölfilters überprüfen, gegebenenfalls vorsichtig nachziehen.
- Ölstand ca. 3 Minuten nach Abstellen des Motors nochmals prüfen, gegebenenfalls korrigieren.
- Obere Motorabdeckung einbauen, siehe Seite 61.
- Motorraumabdeckung unten einbauen, siehe Seite 63.

Kühlmittelstand prüfen/auffüllen

Ein zu niedriger Kühlmittelstand wird im Display des Kombiinstruments angezeigt. Vor jeder größeren Fahrt sollte dennoch grundsätzlich der Kühlmittelstand geprüft werden.

Spezialwerkzeug ist nicht erforderlich.

Erforderliche Betriebsmittel zum Nachfüllen:

- VW-Kühlerfrost- und Korrosionsschutzmittel **»G13«,** Farbe lila, oder ein anderes Kühlkonzentrat mit dem Vermerk »gemäß VW/AUDI-TL-774-**J**«, zum Beispiel »Glysantin GG 40« oder »MAINTAIN FRICOFIN V«.
  Hinweis: G13 ist mischbar mit dem älteren, ebenfalls lilafarbenen G12++ oder G12+.
- Destilliertes Wasser.
  Hinweis: Wasser hat auf die Effektivität der Kühlflüssigkeit einen großen Einfluss. Da die Inhaltsstoffe im Trinkwasser regional sehr unterschiedlich sind, ist zum Mischen der Kühlflüssigkeit nur noch destilliertes Wasser zu verwenden.

Prüfen/Nachfüllen

Sicherheitshinweis
Verschlussdeckel bei heißem Motor vorsichtig öffnen. **Verbrühungsgefahr!** Beim Öffnen Lappen über den Verschlussdeckel legen. Verschlussdeckel nur bei einer Kühlmitteltemperatur unter +90° C öffnen.

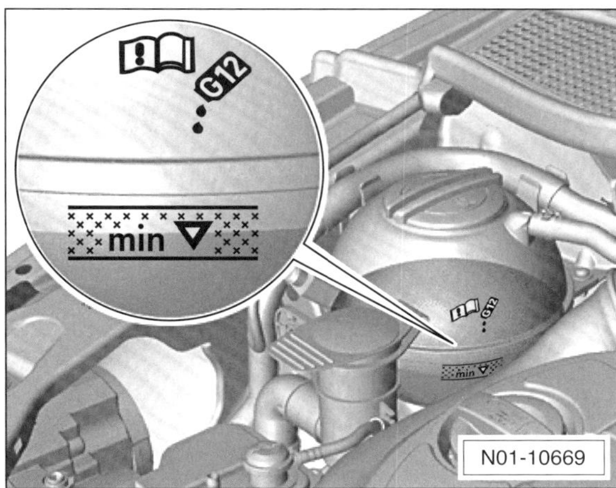

- Der Kühlmittelstand soll bei kaltem Motor (Kühlmitteltemperatur ca. +20° C) zwischen der MAX- und der MIN-Markierung (gerasterter Bereich) am Ausgleichbehälter liegen. Bei warmem Motor darf der Kühlmittelstand etwas über der MAX-Markierung stehen.
- Größere Mengen **kaltes** Kühlmittel nur bei **kaltem Motor** nachfüllen, um Motorschäden zu vermeiden.
- Verschlussdeckel beim Öffnen zuerst etwas aufdrehen und Überdruck entweichen lassen. Danach Deckel weiterdrehen und abnehmen.
- Sichtprüfung auf Dichtheit durchführen, wenn der Kühlmittelstand in kurzer Zeit absinkt.

Frostschutz prüfen/korrigieren

Regelmäßig vor Winterbeginn sollte sicherheitshalber die Konzentration des Frostschutzmittels geprüft werden, insbesondere wenn zwischendurch reines Wasser nachgefüllt wurde. **Achtung:** Normalerweise sollte zum Nachfüllen – auch in der warmen Jahreszeit – nur eine Mischung aus **G13 (lila)** und destiliertem Wasser verwendet werden. Auch im Sommer darf der Kühlerfrostschutzanteil im Kühlmittel nicht unter 40 % liegen. Deshalb beim Nachfüllen immer auch Frostschutz ergänzen.

Erforderliches Spezialwerkzeug:

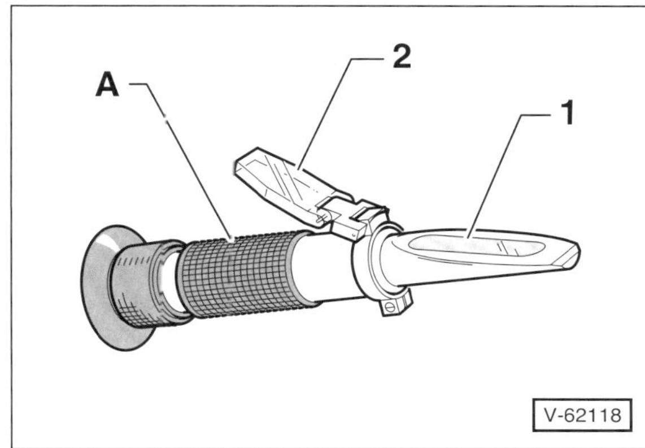

- Prüfspindel zum Messen des Frostschutzanteils beziehungsweise ein Refraktometer –A–, zum Beispiel HAZET 4810-C oder VW-T10007A. Mit dem Refraktometer können Kühlmittel- oder Scheibenwasch-Frostschutzanteil gemessen werden. **Hinweis:** Für die Messung mit einem Refraktometer wird der Umstand ausgenutzt, dass sich der Lichtbrechungsindex der Flüssigkeit abhängig von der Konzentration des gelösten Stoffes ändert.

Erforderliche Betriebsmittel zum Nachfüllen:

- VW-Kühlerfrost- und Korrosionsschutzmittel **»G13«,** Farbe lila, oder ein anderes Kühlkonzentrat mit dem Vermerk »gemäß VW/AUDI-TL-774-**J**«, zum Beispiel »Glysantin GG 40« oder »MAINTAIN FRICOFIN V«.
  Hinweis: G13 ist mischbar mit dem älteren, ebenfalls lilafarbenen G12++ oder G12+.
- Destilliertes Wasser.

Prüfen

- Motor kurz warm fahren bis der obere Kühlmittelschlauch zum Kühler etwa handwarm ist. Bei der Frostschutzmessung sol die Kühlflüssigkeitstemperatur ca. +20° C betragen.

Sicherheitshinweis
Verschlussdeckel bei heißem Motor vorsichtig öffnen. **Verbrühungsgefahr!** Beim Öffnen Lappen über den Verschlussdeckel legen. Verschlussdeckel nur bei einer Kühlmitteltemperatur unter +90° C öffnen.

- Verschlussdeckel am Ausgleichbehälter vorsichtig öffnen.

Prüfung mit einer Prüfspindel:

Hinweis: Eventuell ist es erforderlich, die **Prüfspindel zu eichen**. Dabei ist folgendermaßen vorzugehen: 50 ml Kühlkonzentrat mit 50 ml destilliertem Wasser mischen. Diese Mischung hat einen Frostschutz von –36° C. Frostschutz mit der Prüfspindel messen und eventuelle Abweichung zum Sollwert von –36° C notieren. **Beispiel:** Die Prüfspindel zeigt –31° C an. Die Abweichung beträgt also –5° C. Wird dann am Fahrzeug ein Wert von –15° C gemessen, dann beträgt der tatsächliche Frostschutz (–15°) + (–5°) = –20° C.

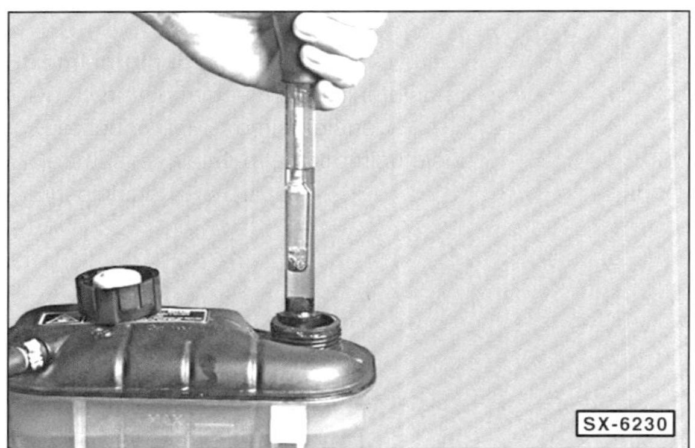

- Mit der Prüfspindel Kühlflüssigkeit aus dem Ausgleichbehälter ansaugen und am Schwimmer die Kühlmitteldichte ablesen.
- Der Frostschutz soll in unseren Breiten bis –25° C reichen, bei extrem kaltem Klima bis –36° C.

Prüfung mit einem Refraktometer

- Mit einer Pipette ein wenig Kühlflüssigkeit auf das Messprisma –1– des Refraktometers –A– auftragen und Deckel –2– zuklappen, siehe Abbildung V-62118.

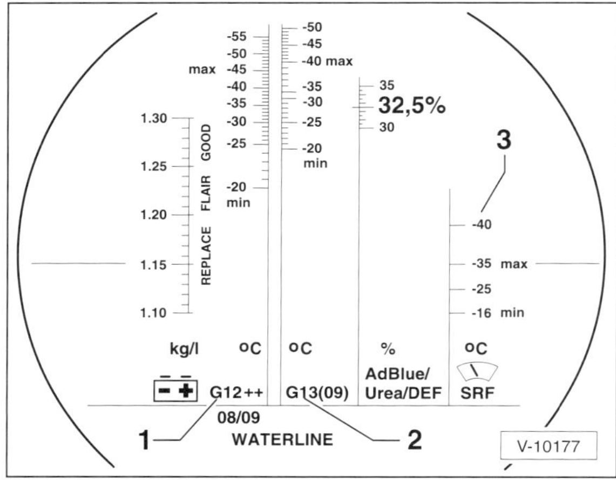

- Durch das Einblick-Okular schauen und an der Skala –2– den Frostschutzanteil ablesen. **Hinweis:** Die Skala –1– bezieht sich auf die Kühlmittelzusätze G12, G12Plus, G12PlusPlus.

  2 – Skala für das Frostschutzmittel G13.

  3 – Skala zur Kontrolle des VW-Scheibenreinigungskonzentrats G 052 164.

Kühlkonzentrat ergänzen

Bei einem Frostschutz bis –25° C muss der Anteil an Frostschutzmittel in der Kühlflüssigkeit 40 % betragen. Soll der Frostschutz bis –36° C reichen, müssen Wasser und Kühlkonzentrat im Verhältnis 1:1 gemischt werden.

Achtung: Ist ein stärkerer Frostschutz erforderlich, kann bis auf maximal 55 % Frostschutzmittelanteil erhöht werden, dann reicht der Frostschutz bis –48° C. Wird mehr Frostschutzmittel (Kühlkonzentrat) zugegeben, verringert sich der Frostschutz wieder, außerdem verschlechtert sich die Kühlwirkung.

Die folgende Tabelle zeigt, wie viel Frostschutzmittel zugegeben werden muss, damit die gewünschte Konzentration erreicht wird. Es handelt sich nur um Richtwerte, da die Füllmengen der Kühlflüssigkeit je nach Motor unterschiedlich sind.

Frostschutz bis		Differenzmenge	
Istwert	**Sollwert**	**Benzinmotor (5,6)**	**Dieselmotor (8,0)**
0°	– 25°	2,5 l	3,5 l
	– 36°	3,0 l	4,0 l
– 5°	– 25°	2,0 l	3,0 l
	– 36°	2,5 l	3,5 l
– 10°	– 25°	1,5 l	2,0 l
	– 36°	2,0 l	3,0 l
– 15°	– 25°	1,0 l	1,5 l
	– 36°	1,5 l	2,0 l
– 20°	– 25°	1,0 l	1,0 l
	– 36°	0,5 l	1,5 l
– 25°	– 36°	0,5 l	1,0 l
– 30°	– 36°	0,5 l	0,5 l
– 36°	– 48°	0,5 l	0,5 l

Beispiel: Die Frostschutz-Messung ergibt beim Dieselmotor einen Frostschutz bis –10° C. In diesem Fall aus dem Kühlsystem 2,0 l Kühlflüssigkeit ablassen und dafür 2,0 l reines VW/AUDI-Frostschutzkonzentrat auffüllen. Der Frostschutz reicht dann bis –25° C.

- Verschlussdeckel am Kühler verschließen und nach Probefahrt Frostschutz erneut überprüfen.

Kraftstofffilter ersetzen

Dieselmotor

Achtung: Auslaufender Dieselkraftstoff muss besonders von Gummiteilen, wie beispielsweise Kühlmittelschläuchen, sofort abgewischt werden, sonst werden die Gummiteile im Lauf der Zeit zerstört.

Achtung: Dieselkraftstoff ist ein Problemstoff und darf auf keinen Fall einfach weggeschüttet oder dem Hausmüll mitgegeben werden. Gemeinde- und Stadtverwaltungen informieren darüber, wo sich die nächste Problemstoff-Sammelstelle befindet.

Achtung: Damit es nicht zu schwerwiegenden Schäden kommt, muss der Kraftstofffilter vollständig mit Kraftstoff gefüllt und das Kraftstoffsystem entlüftet sein, bevor der Motor gestartet wird

Erforderliches Werkzeug:

- Winkel-Schlitzschraubendreher, zum Beispiel VAS-6543, für Kraftstofffilter der Ausführung 3.
- Dieselsauger, zum Beispiel VAS-5226.

Erforderliche Verschleißteile:

- O-Ring.
- Filtereinsatz.

Ausführung 1 – GOLF VARIANT/JETTA

Ausbau

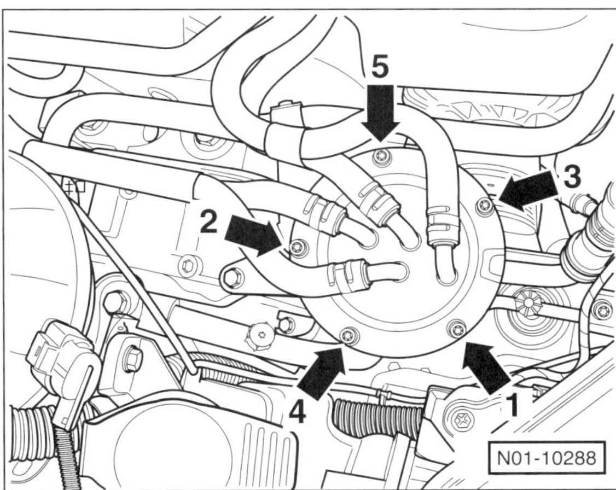

- Alle Schrauben in der Reihenfolge von 1 bis 5 um ca. 1½ bis 2 Umdrehungen lockern.
- Anschließend Schrauben ganz herausdrehen und Kraftstofffilter-Oberteil abnehmen.

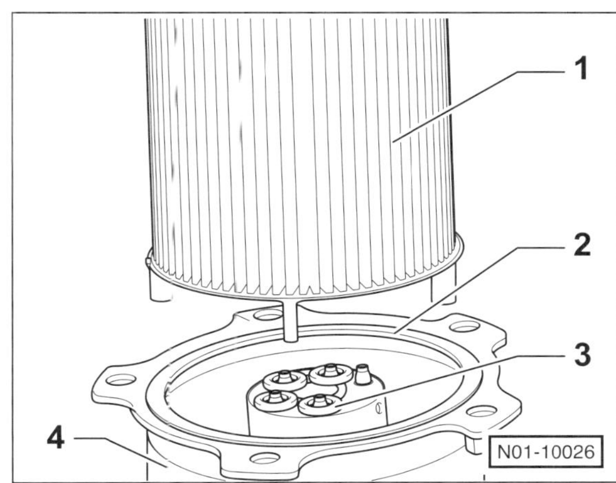

- Filtereinsatz –1– und Dichtung –2– aus dem Kraftstofffilter-Unterteil –4– herausnehmen.

Einbau

- **Neue** Dichtung –3– einsetzen.
- **Neuen** Filtereinsatz in das Kraftstofffilter-Unterteil einsetzen.
- Filtergehäuse vollständig mit sauberem Dieselkraftstoff auffüllen. Dies erleichtert das spätere Entlüften der Kraftstoffanlage
- **Neue** Dichtung –2– am Kraftstofffilter-Oberteil ansetzen.
- Kraftstofffilter-Oberteil mit Dichtung am Unterteil ansetzen und Schrauben bis zur Anlage eindrehen.
- Schrauben für Kraftstofffilter-Oberteil in der Reihenfolge von 1 bis 5 (Abbildung N01-10288) wechselweise anziehen und schließlich mit **5 Nm** festziehen. **Achtung:** Schrauben nur über Kreuz anziehen, wie in der Abbildung dargestellt, sonst kann das Oberteil verkanten und die Dichtung beschädigt werden.

Achtung: Damit es nicht zu schwerwiegenden Schäden kommt muss der Kraftstofffilter vollständig mit Kraftstoff gefüllt und entlüftet sein, bevor der Motor gestartet wird

- Kraftstoffsystem entlüften, siehe Abschnitt am Ende des Kapitels.
- Motor starten und im Leerlauf drehen lassen. Leitungen und Anschlüsse des Kraftstoffsystems auf Dichtheit sichtprüfen.
- Mehrmals Gas geben, um die Kraftstoffanlage zu entlüften.

Ausführung 2 – Nur TOURAN

Kraftstofffilter mit Verschlussschraube

Ausbau

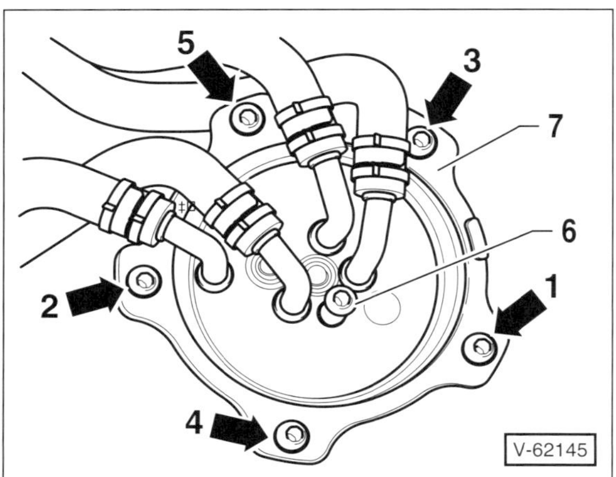

- Verschlussschraube –6– für Wasserabsaugung herausdrehen.
- Schlauch vom Dieselabsauger auf den Anschluss stecken und ca. 100 ml Dieselkraftstoff absaugen.
- Verschlussschraube mit neuem Dichtring einschrauben. Anzugsdrehmoment: **3 Nm.**
- Der weitere Aus- und Einbau erfolgt wie beim Kraftstofffilter der Ausführung 1.

Ausführung 3 – GOLF VARIANT/GOLF PLUS/ JETTA/TOURAN

Ausbau

- Obere Motorabdeckung ausbauen, siehe Seite 61.

Achtung: Kraftstoffschläuche **nicht** vom Filterdeckel abziehen und **nicht** an den Anschlussstutzen hebeln. Dies führt zu Undichtigkeiten am Kraftstofffilter-Oberteil.

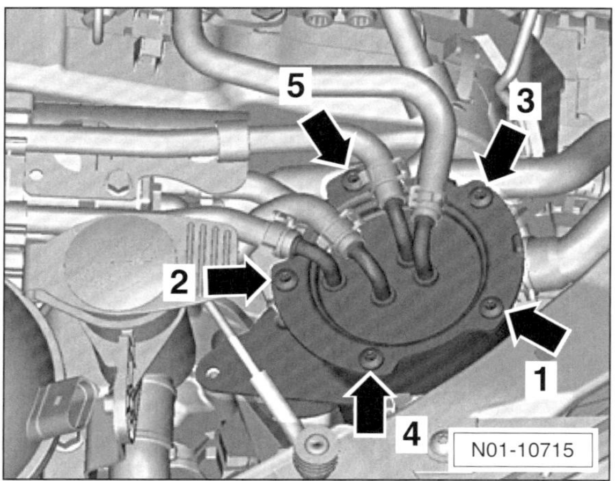

- Alle Schrauben am Kraftstofffilter in der Reihenfolge von 1 bis 5 um ca. 1½ bis 2 Umdrehungen lockern.
- Schrauben ganz herausdrehen und Kraftstofffilter-Oberteil abnehmen.

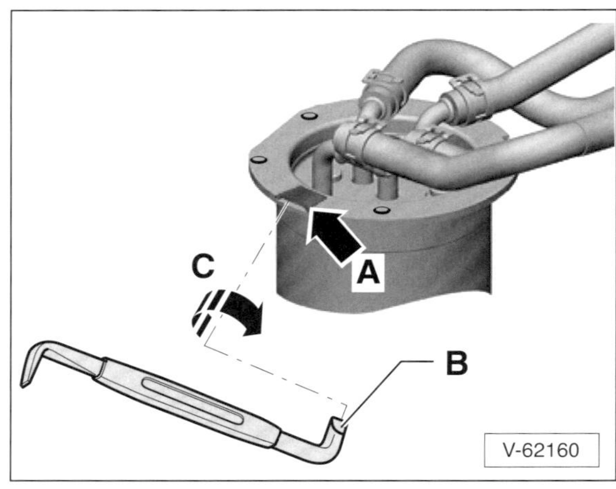

Achtung: Falls das Kraftstofffilter-Oberteil festsitzt, einen Winkelschrauber –B– in die Montagenut –Pfeil A– einsetzen. Schraubendreher in Pfeilrichtung –C– drehen und dadurch Kraftstofffilter-Oberteil anheben. **Hinweis:** Die Montagenut kann je nach Ausführung des Filters unterschiedlich groß sein.

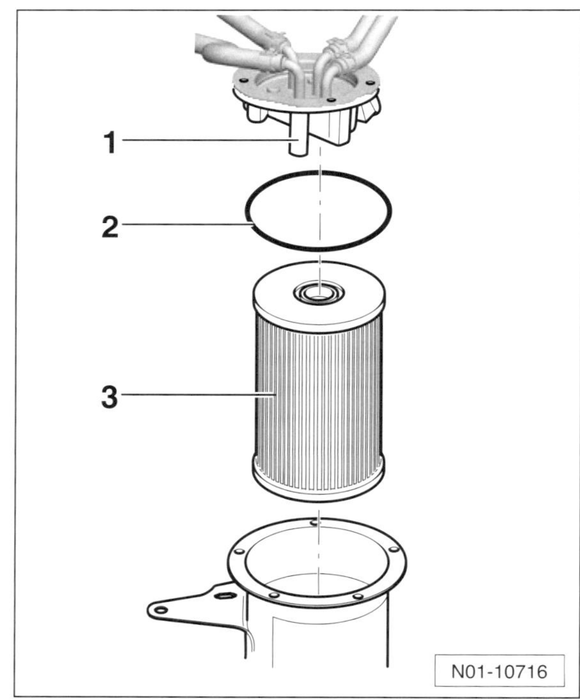

- Filtereinsatz –3– aus dem Kraftstofffilter-Unterteil herausnehmen. **Achtung:** Abtropfenden Dieselkraftstoff mit einem dicken, saugfähigen Lappen auffangen. 1 – Kraftstofffilter-Oberteil, 2 – Dichtring.

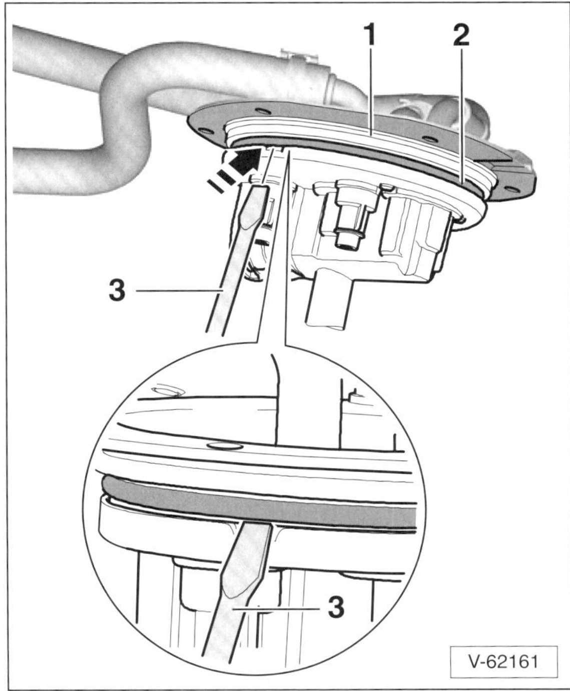

- Dichtring –2– mit einem Schraubendreher –3– aus der Nut –Pfeil– am Kraftstofffilter-Oberteil –1– heraushebeln.
- Mit einem geeigneten Dieselsauger aus dem Kraftstofffilter-Unterteil den restlichen Dieselkraftstoff sowie Wasser- und Schmutzrückstände absaugen. **Achtung:** Den Dieselkraftstoff nicht wiederverwenden, sondern vorschriftsmäßig entsorgen.

Einbau

- **Neuen** Filtereinsatz –3– in das Kraftstofffilter-Unterteil einsetzen, siehe Abbildung N01-10716.
- Filtergehäuse vollständig mit sauberem Dieselkraftstoff auffüllen. Dies erleichtert das spätere Entlüften der Kraftstoffanlage.

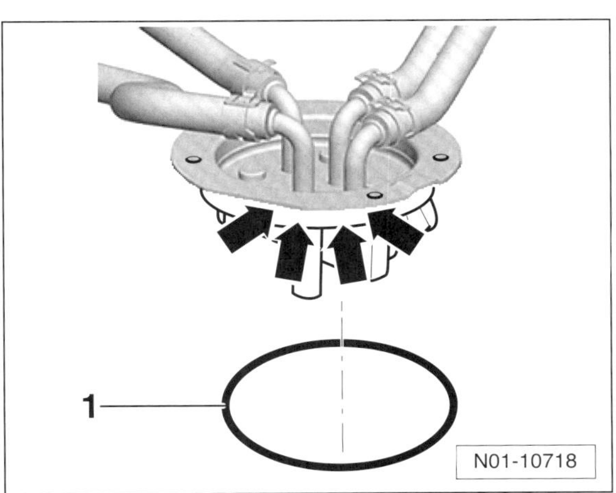

- **Neuen** Dichtring –1– mit etwas sauberem Dieselkraftstoff benetzen und in die Nut –Pfeile– am Kraftstofffilter-Oberteil einsetzen.
- Kraftstofffilter-Oberteil mit Dichtring am Unterteil ansetzen und gleichmäßig festdrücken, bis das Kraftstofffilter-Oberteil vollständig aufliegt.
- Schrauben etwa 1 Umdrehung eindrehen.

Achtung: Schrauben nicht festziehen, bevor das Oberteil vollständig auf dem Unterteil aufliegt.

- Schrauben für Kraftstofffilter-Oberteil in der Reihenfolge von 1 bis 5 bis zur Anlage anschrauben und schließlich mit **5 Nm** festziehen, siehe Abbildung N01-10715. **Achtung:** Schrauben nur über Kreuz anziehen, wie in der Abbildung dargestellt, sonst kann das Oberteil verkanten und der Dichtring beschädigt werden.

Kraftstoffsystem entlüften

Achtung: Die Hochdruckpumpe darf auf keinen Fall trockenlaufen, sonst wird sie beschädigt. Im Kraftstofftank muss genügend Dieselkraftstoff vorhanden sein um eine einwandfreie Entlüftung zu gewährleisten.

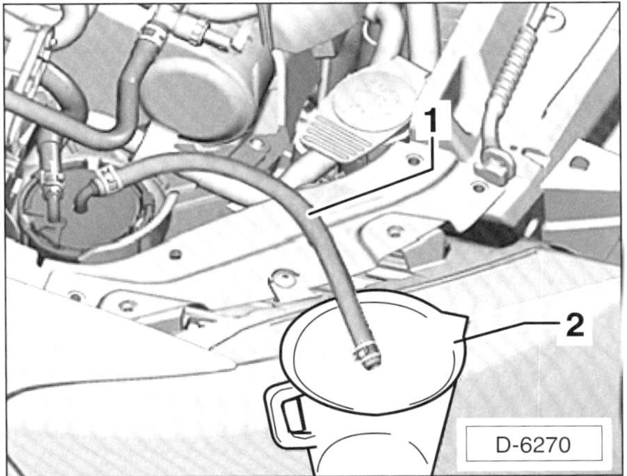

- Kraftstoffvorlaufleitung am Kraftstoffeingang des Kraftstofffilters anschließen. Kraftstoffleitung vom Kraftstoffausgang des Filters zur Hochdruckpumpe nicht anschließen.
- Geeigneten Hilfsschlauch –1– am Kraftstofffilterausgang anschließen und in einen Auffangbehälter –2– führen.

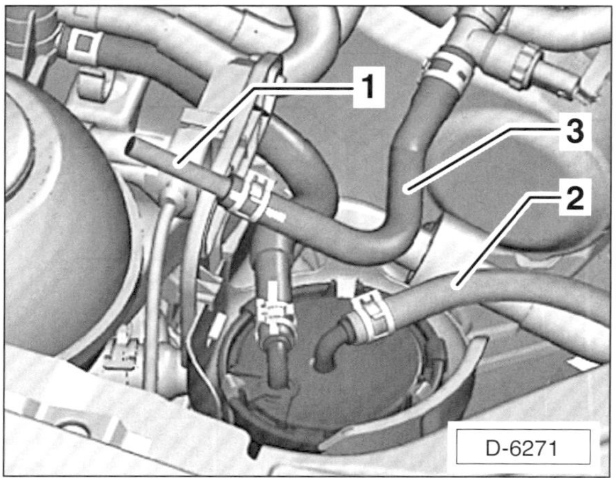

- Eingang der Kraftstoffleitung zur Hochdruckpumpe mit einem geeigneten, sauberen Stopfen –1– verschließen.
- Zündung einschalten. Dadurch läuft die elektrische Kraftstoffpumpe kurzzeitig an und fördert Kraftstoff aus dem Tank in den Filter und dann in den Auffangbehälter.
- Diesen Vorgang mehrmals wiederholen, bis Kraftstoff aus dem Filter austritt und im Auffangbehälter aufgefangen wird.

Hinweis: In der Fachwerkstatt wird die Kraftstoffpumpe mithilfe des Fahrzeugdiagnosetesters angesteuert.

- Hilfsschlauch –2– vom Kraftstofffilter trennen.
- Stopfen –1– aus dem Eingang der Kraftstoffleitung zur Hochdruckpumpe herausnehmen.
- Kraftstoffleitung –3– zur Hochdruckpumpe am Kraftstofffilterausgang anschließen.
- Motor starten und im Leerlauf laufen lassen.
- Kraftstoffsystem (Anschlüsse) auf Dichtigkeit sichtprüfen.

Motor-Luftfilter: Filtereinsatz erneuern

Spezialwerkzeug: nicht erforderlich.

Erforderliche Betriebsmittel/Verschleißteile:

- Luftfiltereinsatz.

1,4-l-Benzinmotor CGGA (59 kW)

Ausführung 1 – Luftfilter in Motorabdeckung integriert

Ausbau

- Obere Motorabdeckung ausbauen und mit der Oberseite auf eine weiche Unterlage legen, um Kratzer zu vermeiden, siehe Seite 61.

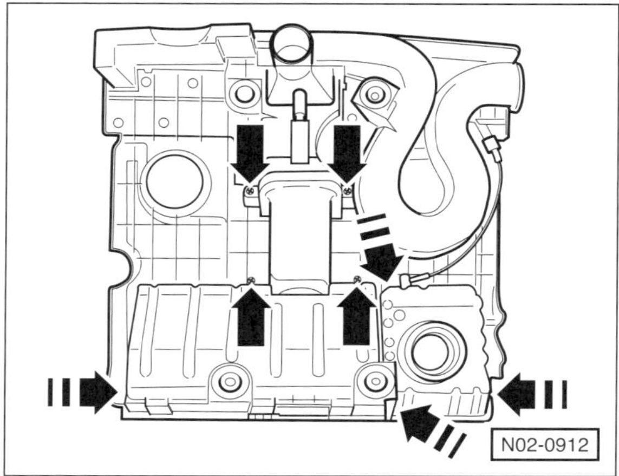

- Schrauben –Pfeile– herausdrehen.

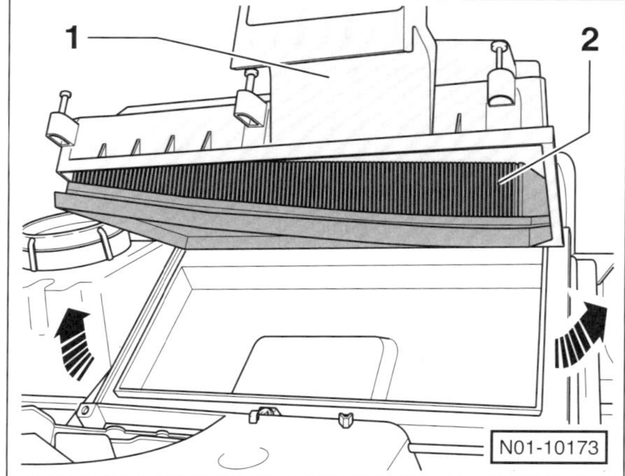

- Luftfiltergehäuse –1– abheben und Filtereinsatz –2– herausnehmen.
- Filtergehäuse mit einem Lappen auswischen.

Einbau

- Neuen Filtereinsatz in das Gehäuse legen.

- Filtergehäuse an der Motorabdeckung ansetzen und von Hand festschrauben (**3 Nm**). **Achtung:** Schrauben sind selbstschneidend, keinen Akkuschrauber verwenden.
- Obere Motorabdeckung einbauen, siehe Seite 61.

Ausführung 2 – Separates Luftfiltergehäuse auf dem Motor

Ausbau

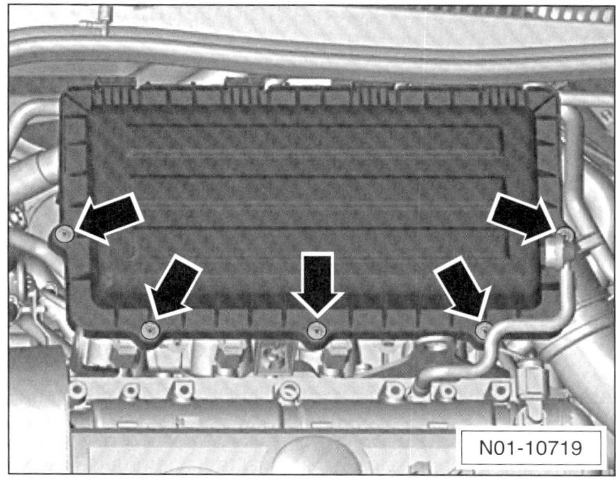

- Schrauben –Pfeile– für Luftfilterdeckel lösen und Luftfilterdeckel nach oben klappen. Deckel gegebenenfalls aushängen.

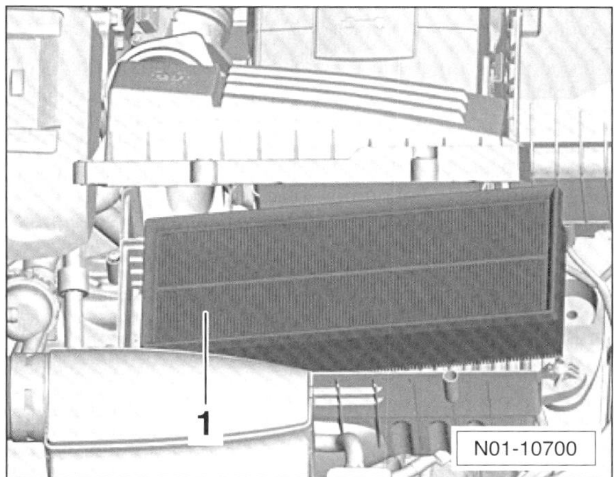

- Filtereinsatz –1– herausnehmen.
- Filtergehäuse mit einem Lappen auswischen.

Einbau

- **Neuen** Filtereinsatz in das Gehäuse legen. Dabei auf korrekten Sitz der Dichtung des Filtereinsatzes am Filtergehäuse achten.
- Deckel am Filtergehäuse einhängen, runterklappen und anschrauben.

1,2-/1,4-l-TSI-Benzinmotor CBZA/CBZB/CAXA (63/77/90 kW)

Ausbau

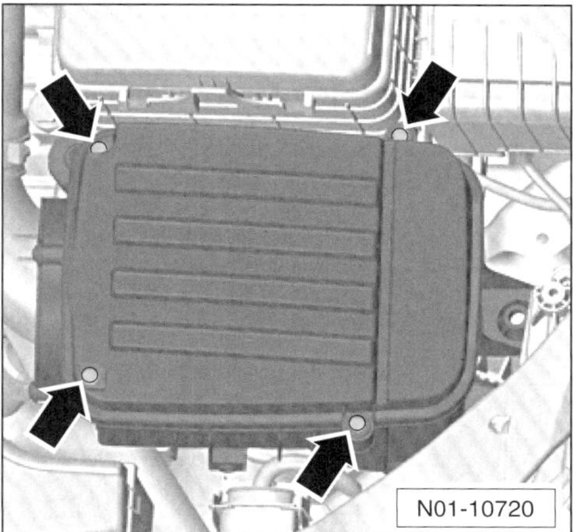

- Schrauben –Pfeile– herausdrehen und Luftfilterdeckel abnehmen.

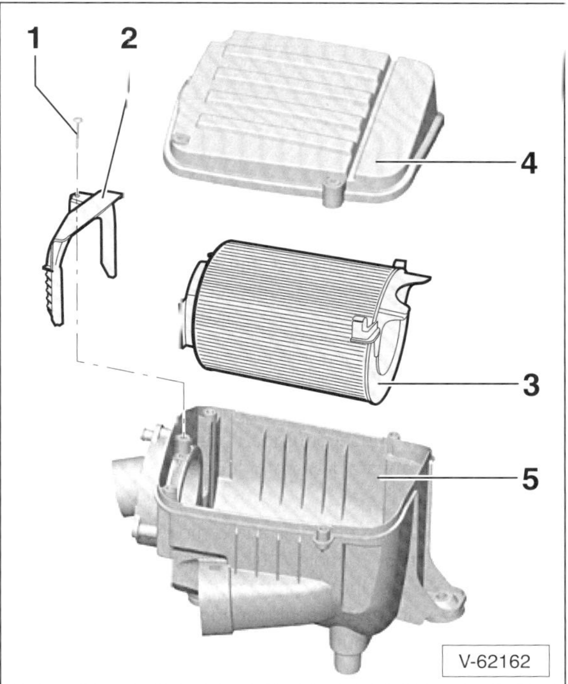

- Halter –2– abschrauben –1– und Filtereinsatz –3– herausnehmen. 4 – Filterdeckel.
- Filtergehäuse –5– mit einem Lappen auswischen.

Einbau

- Neuen Filtereinsatz in das Gehäuse legen.
- Halter und Filterdeckel von Hand festschrauben. **Anzugsdrehmomente:** Halter – **2 Nm**, Deckel – **3 Nm**.

1,4-l-TSI-Benzinmotor CAVC/CAVD/CAVB, 103/118/125 kW

Dieselmotor

Ausbau

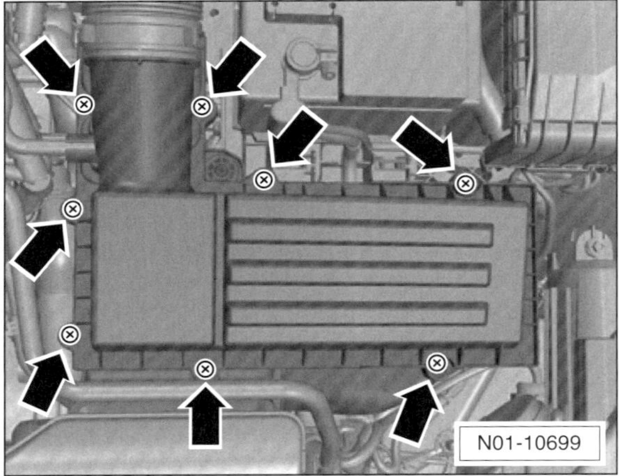

- Schrauben –Pfeile– herausdrehen.
- Unterdruckschlauch am Filterstutzen abziehen. **Achtung:** Dabei keine scharfkantigen Werkzeuge verwenden, sonst wird der Anschlussstutzen beschädigt.
- Luftfilterdeckel hochheben und Filtereinsatz herausnehmen.
- Filtergehäuse mit einem Lappen auswischen.

Einbau

- **Neuen** Filtereinsatz in das Gehäuse einsetzen.
- Deckel aufsetzen und mit **9 Nm** festschrauben.

Keilrippenriemen prüfen

Der Keilrippenriemen muss nicht nachgespannt werden, da eine automatische Spannrolle die Riemenspannung konstant hält. Im Rahmen der Wartung muss der Keilrippenriemen auf Beschädigungen geprüft, gegebenenfalls erneuert werden.

Spezialwerkzeug: nicht erforderlich.

Erforderliche Betriebsmittel/Verschleißteile bei defektem Keilrippenriemen:

- Keilrippenriemen für die jeweilige Motorausführung.

Prüfen

- Getriebe in Leerlaufstellung bringen.

Sicherheitshinweis
Beim Aufbocken des Fahrzeugs besteht Unfallgefahr! Deshalb vorher das Kapitel »Fahrzeug aufbocken« durchlesen.

- Fahrzeug aufbocken.
- Motorraumabdeckung unten ausbauen, siehe Seite 63.
- Falls vorhanden, Abdeckkappe für Keilrippenriemenscheibe ausbauen.

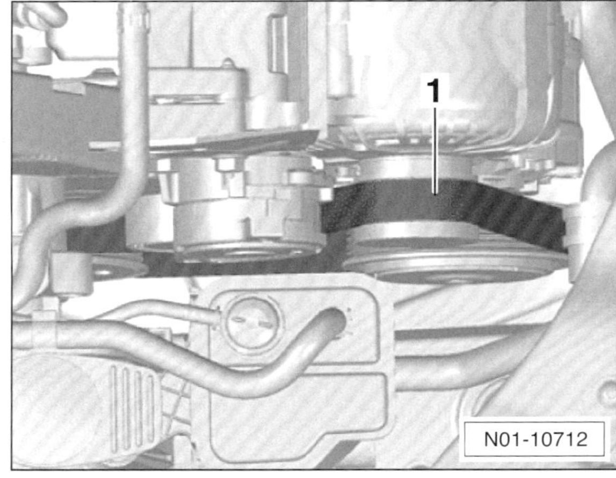

- Riemen –1– mit einem Kreidestrich quer zum Riemen markieren.
- Von der Fahrzeugunterseite her den Motor mit einer Stecknuss an der Kurbelwellen-Riemenscheibe in Motordrehrichtung, also im Uhrzeigersinn, jeweils ein Stück weiterdrehen, bis die Kreidemarkierung wieder sichtbar wird. Dabei Keilrippenriemen Stück für Stück sichtprüfen.

Keilrippenriemen auf folgende Beschädigungen prüfen:

- Öl- und Fettspuren.
- Richtige Spannung.

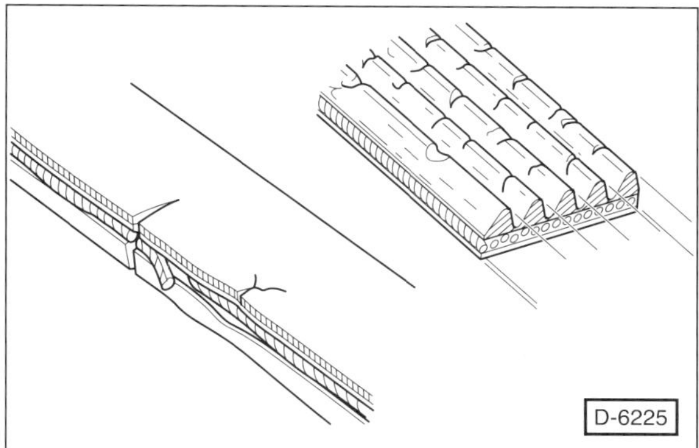

- Flankenverschleiß: Rippen laufen spitz zu, neu sind sie trapezförmig.
- Flankenverhärtungen, glasige Flanken.
- Querrisse auf der Rückseite des Riemens.
- Einzelne Rippen lösen sich ab.
- Ausfransungen der äußeren Zugstränge. Zugstrang seitlich herausgerissen. Querrisse in mehreren Rippen. Ausbruch am Unterbau.
- Rippenbrüche, einzelne Rippenquerrisse. Einlagerung von Schmutz, Steinen zwischen den Rippen. Gummiknollen im Rippengrund.

- Wenn eine oder mehrere dieser Beschädigungen vorhanden sind, Keilrippenriemen **unbedingt** ersetzen.
- Falls vorhanden, Abdeckkappe für Keilrippenriemenscheibe einbauen.
- Motorraumabdeckung unten einbauen, siehe Seite 63.

Sichtprüfung der Abgasanlage

Sicherheitshinweis
Beim Aufbocken des Fahrzeugs besteht Unfallgefahr! Deshalb vorher das Kapitel »Fahrzeug aufbocken« durchlesen.

- Fahrzeug aufbocken.
- Befestigungsschellen auf festen Sitz prüfen.
- Abgasanlage mit Lampe anstrahlen und auf Löcher, durchgerostete Teile sowie Scheuerstellen absuchen.
- Stark gequetschte Abgasrohre ersetzen.
- Gummihalterungen durch Drehen und Dehnen auf Porosität überprüfen und gegebenenfalls austauschen.
- Fahrzeug ablassen.

Zahnriemenzustand prüfen

1,4-l-Benzinmotor CGGA 59 kW

Spezialwerkzeug und Verschleißteile/Betriebsmittel sind nicht erforderlich.

Prüfen

- Spannverschlüsse der oberen Zahnriemenabdeckung öffnen und Abdeckung abnehmen.

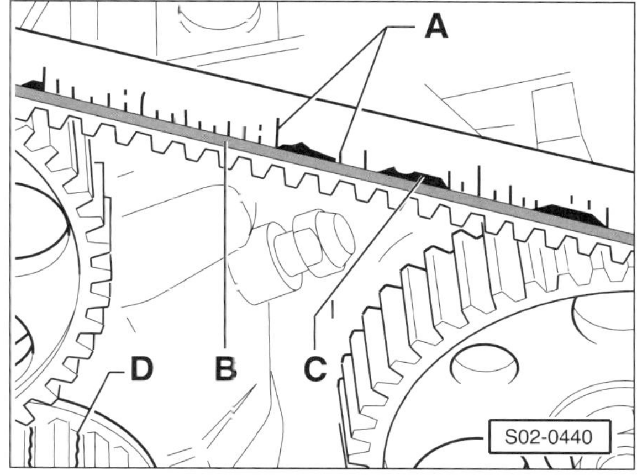

- Zahnriemen sichtprüfen auf:
  - Anrisse –A–, Querschnittbrüche in der Abdeckung.
  - Seitliches Anlaufen –B– des Zahnriemens.
  - Ausbrüche, Ausfransungen –C– der Zugstränge.
  - Risse –D– im Zahnriemengrund.
  - Lagentrennung von Zahnriemen/Zugsträngen.
  - Öl- und Fettspuren.
- Beschädigten Zahnriemen **unbedingt umgehend** ersetzen lassen (Werkstattarbeit).
- Obere Zahnriemenabdeckung einbauen.

Erdgaseinfüllstutzen prüfen/reinigen

TOURAN, Motor CDGA

- Tankklappe öffnen und Schutzkappe vom Erdgaseinfüllstutzen entfernen.

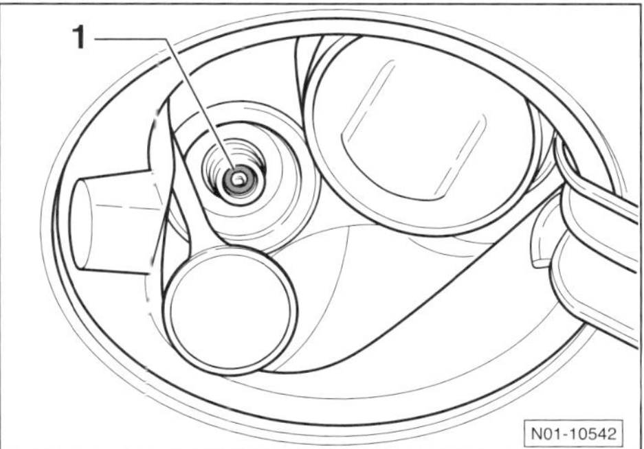

- Prüfen, ob der Dichtring –1– fehlt beziehungsweise porös ist, gegebenenfalls ersetzen.
- Kompletten Erdgaseinfüllstutzen auf Verschmutzung sichtprüfen, gegebenenfalls reinigen.

Zündkerzen erneuern

Erforderliches Spezialwerkzeug:

- Zündkerzenschlüssel, zum Beispiel HAZET 4766-1.
- Je nach Motor unterschiedliche Abziehwerkzeuge:
  - 1,4-l-Motor CGGA/CAXA/CAVC/CAVD/CAVB 90/103/118/125 kW: Abzieher VW-T10094A oder HAZET 1849-7.

Erforderliche Verschleißteile:

- 4 Zündkerzen. Die vorgeschriebene Zündkerze, siehe Seite 37.

Achtung: Zündkerzen nur bei kaltem oder handwarmem Motor wechseln. Wenn die Zündkerzen bei heißem Motor herausgedreht werden, kann das Zündkerzengewinde des Leichtmetall-Zylinderkopfes ausreißen.

1,2-l-TSI-Motor 63/77 kW

Ausbau

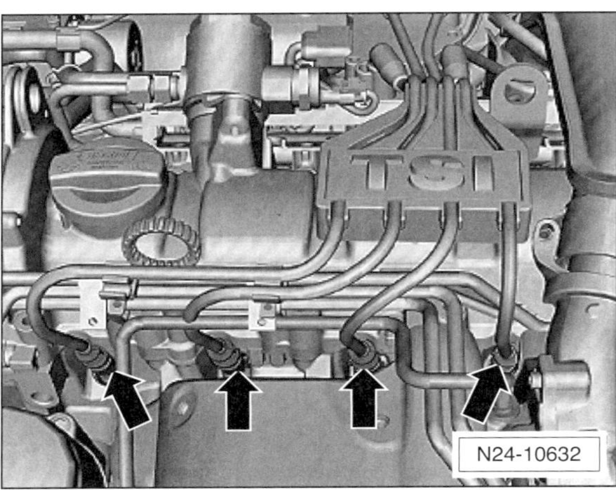

- Zündkerzenstecker –Pfeile– abziehen.
- Zündkerzen mit Zündkerzenschlüssel VW-3122B oder HAZET 4766-1 herausdrehen.

Einbau

- Neue Zündkerzen vorsichtig reinschrauben und dann mit **25 Nm** festziehen.
- Zündkerzenstecker mit Kerzensteckerfett nachfetten, siehe Abbildung N28-10079.
- Zündkerzenstecker auf die Zündkerzen aufdrücken. **Achtung:** Die Zündkerzenstecker müssen spürbar einrasten.

Hinweis: Die Zündkabel sind von 1 bis 4 nummeriert und von der Länge her so dimensioniert, dass nur auf die richtigen Zündkerzen passen. Die Zylinder werden, an der Steuerkettenseite beginnend, in der Reihenfolge von 1 bis 4 gezählt.

1,4-l-Benzinmotor CGGA, 59 kW

Ausbau

- Obere Motorabdeckung ausbauen und mit der Oberseite auf eine weiche Unterlage legen, um Kratzer zu vermeiden, siehe Seite 61.

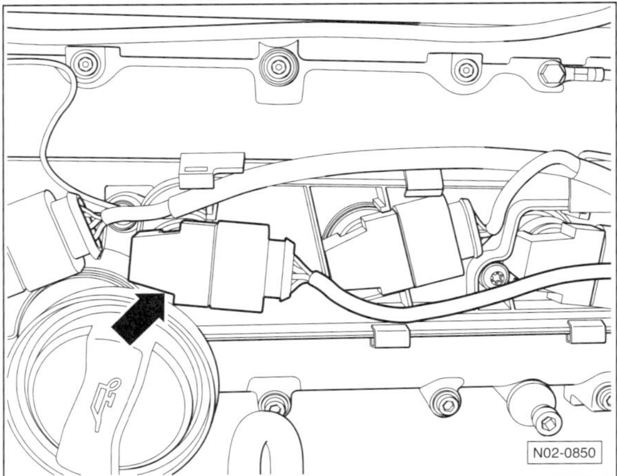

- Einbaulage der Zündspulen –Pfeil– mit Filzstift oder Klebeband markieren, damit sie später in gleicher Position eingebaut werden können.

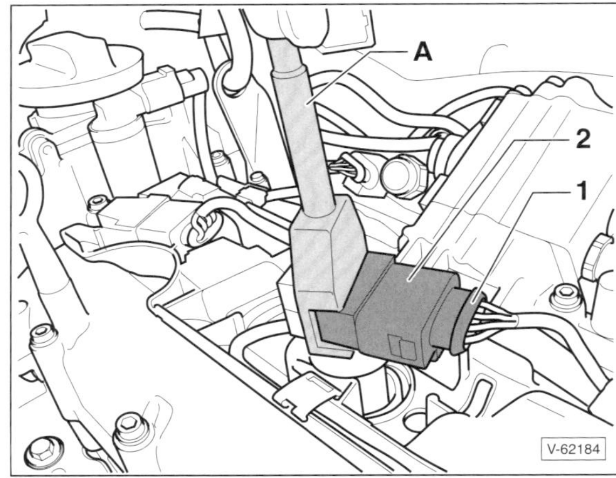

- Zündspulen –2– mit geeignetem Abzieher –A– etwas nach oben abziehen, zum Beispiel mit VW-T10094 oder HAZET-1849-7.
- Stecker –1– in Richtung Zündspulen –2– drücken, von Hand auf die Stecker-Verriegelung drücken und Stecker von den Zündspulen abziehen.
- Zündspulen herausnehmen.

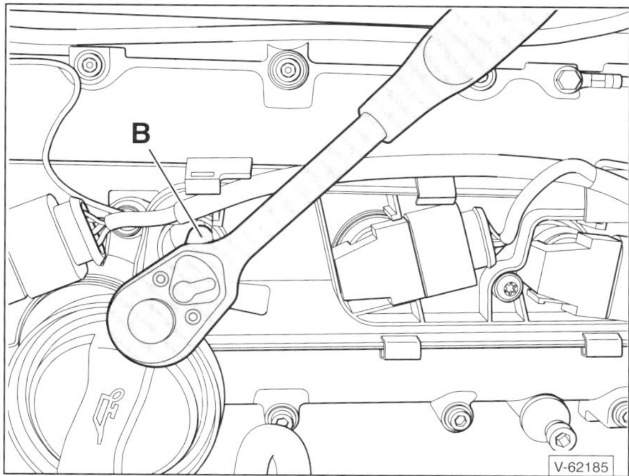

- Zündkerzen mit Zündkerzenschlüssel –B–, zum Beispiel VW-3122B oder HAZET 4766-1, herausdrehen.

Einbau

- **Neue** Zündkerzen vorsichtig einschrauben und mit **30 Nm** festziehen.

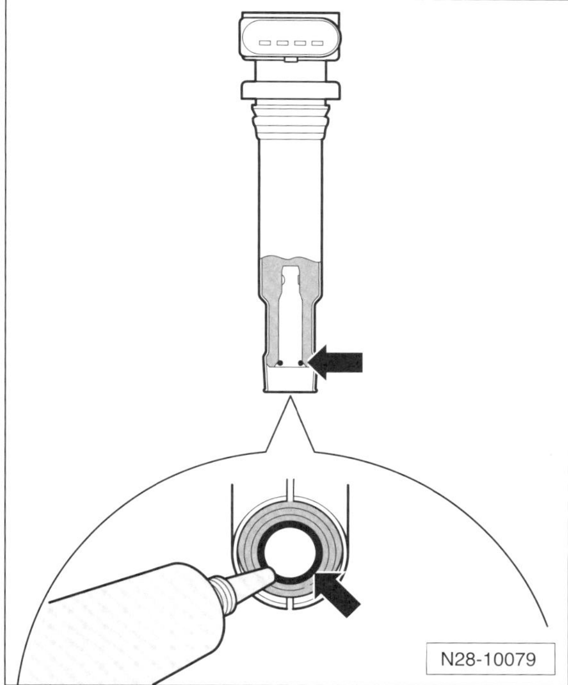

- Zündspulen mit Kerzensteckerfett, zum Beispiel VW-G052141A3 nachfetten. Dazu eine dünne Raupe Kerzensteckerfett umlaufend auf den Dichtschlauch der Zündspule auftragen –Pfeile–. Die Fettraupe muss 1 – 2 mm dick sein. **Hinweis:** Neue Zündspulen sind bereits mit Fett versehen und müssen beim Ersteinbau nicht nachgefettet werden.
- Zündspulen in die Zündkerzenschächte einführen.
- Stecker auf die Zündspulen aufstecken und einrasten.
- Zündspulen auf die Zündkerzen stecken und in den Aussparungen des Zylinderkopfdeckels, wie beim Ausbau markiert, ausrichten. Zündspulen fest aufdrücken. **Achtung:** Die Zündspulen müssen spürbar einrasten.
- Obere Motorabdeckung einbauen, siehe Seite 61.

1,4-l-Benzinmotor CAXA 90 kW

Ausbau

- Obere Motorabdeckung ausbauen und mit der Oberseite auf eine weiche Unterlage legen, um Kratzer zu vermeiden, siehe Seite 61.

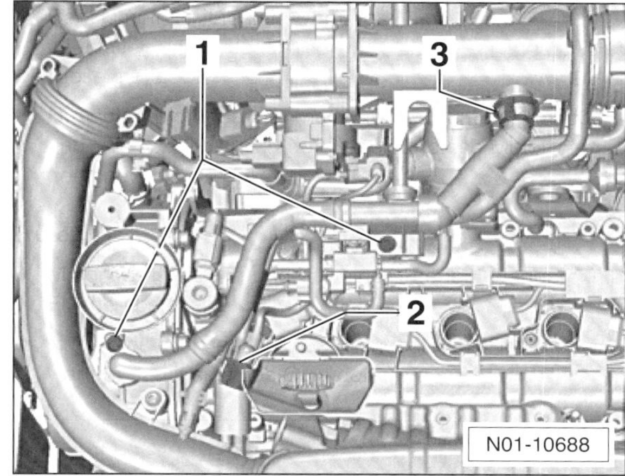

- Stecker –2– abziehen.
- Schlauchenden –3– zusammendrücken, dadurch entriegeln und abziehen.
- Schrauben –1– herausdrehen.
- Schlauch mit Halter und Magnetventil für Ladedruckbegrenzung anheben und zur Seite legen.

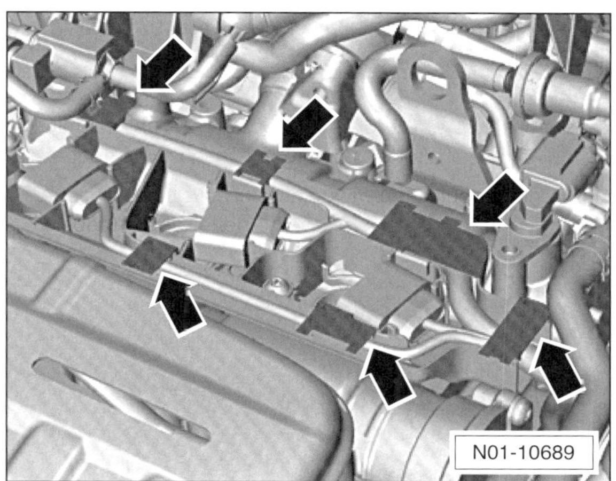

- Leitungsführung ausclipsen –Pfeile–.

Achtung: Einbaulage der Zündspulen markieren.

Hinweis: Beim Herausziehen der Zündspulen können die Leitungen beziehungsweise die Stecker der Zündspulen angeschlossen bleiben. **Achtung:** Die Leitungen dürfen nicht geknickt oder beschädigt werden.

- Der weitere Ausbau erfolgt wie beim 1,4-l-Benzinmotor CGGA mit 59 kW.

Einbau

- **Neue** Zündkerzen vorsichtig einschrauben und mit **25 Nm** festziehen.
- Der Einbau der Zündspulen erfolgt wie beim 1,4-l-Benzinmotor CGGA mit 59 kW.
- Kabel in der Kabelführung wie vor dem Ausbau verlegen.
- Leitungsführung einclipsen.
- Schlauch mit Halter und Magnetventil für Ladedruckbegrenzung in die ursprüngliche Einbaulage bringen.
- Stecker und Schläuche aufstecken und einrasten, siehe unter »Ausbau«
- Obere Motorabdeckung einbauen, siehe Seite 61.

1,4-l-Benzinmotor CAVC/CAVD/CAVB 103/118/125 kW

Ausbau

- Motorabdeckung oben ausbauen, siehe Seite 61.

Hinweis: Damit die Zündkerzen zugänglich werden müssen vorher einige Bauteile gelöst und zur Seite gelegt werden.

Achtung: Um Beschädigungen am Anschlussstutzen und am Unterdruckschlauch zu vermeiden, keine scharfkantigen Werkzeuge zum Abziehen des Schlauchs verwenden.

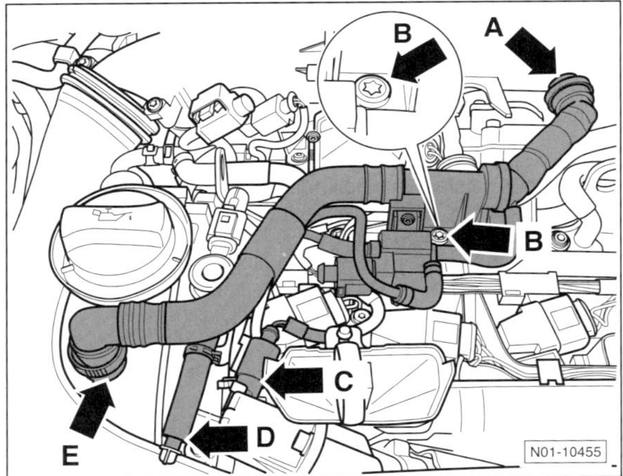

- Stecker –Pfeil C– abziehen.
- Schlauchenden –Pfeil A– und –Pfeil E– abziehen. Dazu Verbindungsclip zum Entriegeln zusammendrücken.
- Schlauch –Pfeil D– abziehen.
- Schraube –Pfeil B– herausdrehen.

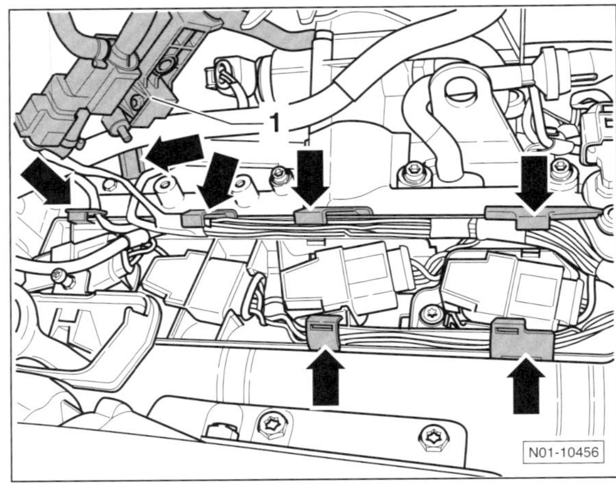

- Schlauch mit Halter und Magnetventil für Ladedruckbegrenzung –1– anheben und zur Seite legen.
- Clipse der Leitungsführung –Pfeile– ausrasten.

Hinweis: Der weitere Aus- und Einbau der Zündspulen und Zündkerzen ist gleich wie beim 1,4-l-90-kW-Benzinmotor. Schläuche, Clips und Stecker werden in umgekehrter Ausbaureihenfolge eingebaut.

- Motorabdeckung oben einbauen, siehe Seite 61.

Zündkerzengewinde erneuern

Hinweis: Falls festgestellt wird, dass das Zündkerzengewinde beschädigt ist, muss dieses erneuert werden. Dazu gibt es unter anderem von BERU einen entsprechenden Werkzeug- und Reparatursatz. Mit einem Spezialbohrer wird das alte Gewinde herausgeschält; der Zylinderkopf muss dazu nicht ausgebaut werden. Anschließend wird ein neues Gewinde in den Zylinderkopf geschnitten und die Zündkerze mit einem speziellen Gewindeeinsatz eingeschraubt. Nachträglich eingebaute Zündkerzen-Gewindeeinsätze sitzen sicher und sind kompressionsdicht.

Zündkerzenwerte für TOURAN-, GOLF PLUS-, GOLF VARIANT- und JETTA-Motoren

Achtung: Die technische Entwicklung geht ständig weiter. Es kann sein, dass inzwischen für einzelne Motoren andere Zündkerzenwerte gelten und daher die Tabelle möglicherweise nicht auf dem neuesten Stand ist. Um die aktuelle Zündkerze für Ihren Fahrzeugmotor zu ermitteln, benötigt der Fachhandel die **Fahrzeug-Ident-Nummer** (FIN) sowie die **3 Schlüsselnummern** aus dem Kfz-Schein. Diese Nummern sollten beim Kauf von Zündkerzen angegeben werden.

Motor	Motor-Kenn-buchstaben	Leistung	VW	EA*	BOSCH	EA*	NGK	EA*	Anzugs-drehmoment
1.2 TSI	CBZA/CBZB	63/77 kW	03F.905.600	0,7 - 0,8	–	–	T40227C-G08	0,7 - 0,8	**25 Nm**
1.4	CGGA	59 kW	101.905.601F	1,0 - 1,1	F 7 HER 02	1,0 - 1,1	ZFR6T-11G	1,1	**30 Nm**
1.4 TSI	CAXA/CAVC/ CAVD/CAVB	90/103/ 118/125 kW	101.905.626	0,8 - 0,9	–	–	PZFR 6 R	0,8 - 0,9	**25 Nm**
1.4 TSI EcoFuel	CDGA	110 kW	101.905.626A	0,5 - 0,6	–	–	SIZFR6A6D	–	**25 Nm**

*) EA = Elektrodenabstand in mm.

Getriebe/Achsantrieb

Folgende Wartungsarbeiten müssen nach dem Wartungsplan in unterschiedlichen Intervallen durchgeführt werden:

- Getriebe/Achsantrieb: Auf Undichtigkeiten und Beschädigungen sichtprüfen.
- Allradantrieb 4MOTION: Öl für Haldexkupplung wechseln.
- Direktschaltgetriebe DSG: Öl und Ölfilter wechseln (Werkstattarbeit).

Getriebe-Sichtprüfung auf Dichtheit

Spezialwerkzeug: nicht erforderlich.

Folgende Leckstellen sind möglich:

- Trennstelle zwischen Motorblock und Getriebe (Schwungraddichtung/Wellendichtung-Getriebe).
- Antriebswelle an Getriebe.
- Öleinfüllschraube.
- Ölablassschraube.

Bei ölverschmiertem Getriebe und Ölverlust überprüfen, wo das Öl austritt. Bei der Suche nach der Leckstelle folgendermaßen vorgehen:

- Getriebegehäuse mit Kaltreiniger reinigen.
- Mögliche Leckstellen mit Kalk oder Talkumpuder bestäuben.
- Probefahrt durchführen. Damit das Öl besonders dünnflüssig wird, sollte die Probefahrt auf einer Schnellstraße über eine Entfernung von ca. 30 km durchgeführt werden.

Sicherheitshinweis
Beim Aufbocken des Fahrzeugs besteht Unfallgefahr! Deshalb vorher das Kapitel »Fahrzeug aufbocken« durchlesen.

- Fahrzeug aufbocken und Getriebe mit einer Lampe anstrahlen und nach der Leckstelle absuchen.
- Leckstelle umgehend beseitigen. Anschließend Getriebeöl auffüllen.

1,2-l-TSI/1,4-l-TSI 90 kW 6-Gang 0AJ

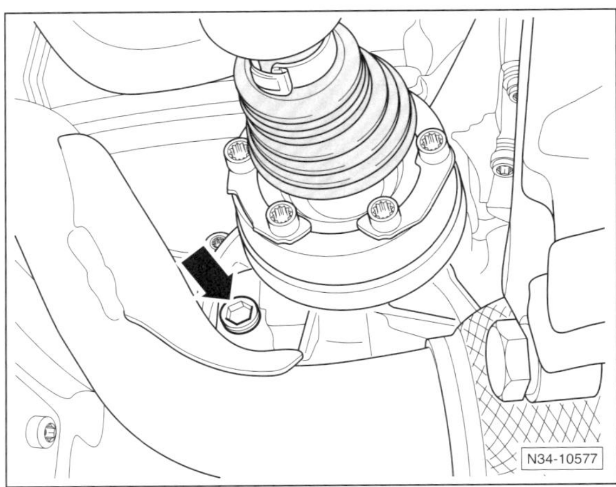

1,4-l-Benzinmotor 59 kW 5-Gang 0AF

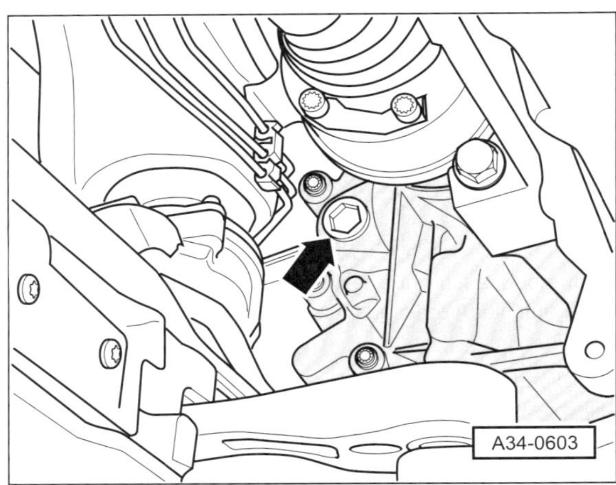

Falls erforderlich, Getrieböl durch die Kontrollbohrung für Getriebeölstand auffüllen. Dazu Innensechskant- beziehungsweise Innenvielzahn-Verschlussschraube –Pfeil– seitlich am Getriebe beziehungsweise neben dem Gelenkwellenflansch herausdrehen. Der Ölstand muss bis zur Unterkante der Kontrollbohrung reichen. Innensechskant-Verschlussschraube mit **30 Nm**, Innenvielzahnschraube mit **25 Nm** festziehen.

2,0-l-Dieselmotor mit 103/125 kW

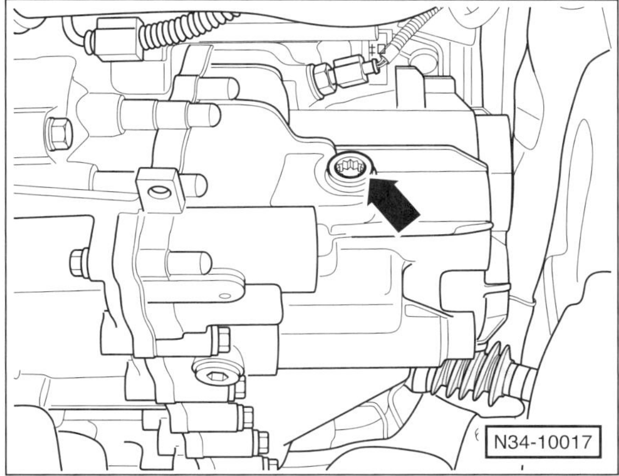

Falls erforderlich, Getrieböl durch die Kontrollbohrung für Getriebeölstand auffüllen. Dazu Innensechskant- beziehungsweise Innenvielzahn-Verschlussschraube –Pfeil– vorn am Getriebe herausdrehen. Der Ölstand muss bis zur Unterkante der Kontrollbohrung reichen. Innensechskant-Verschlussschraube mit **30 Nm**, Innenvielzahnschraube mit **45 Nm** festziehen.

1,4-l-TSI 103/118/110/125 kW und 1,6-l-Diesel 6-Gang 02S

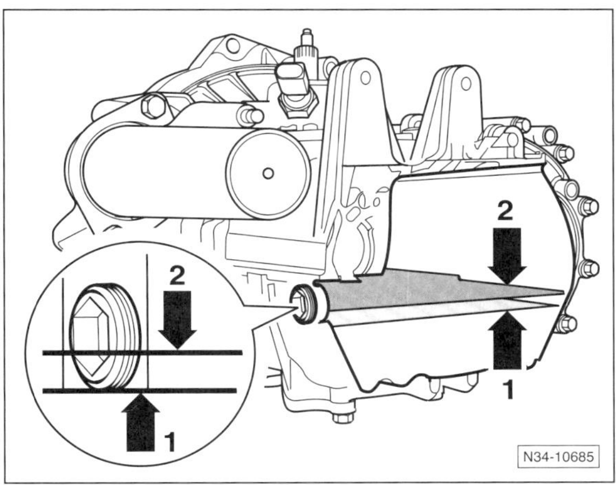

- Wegen der Neigung der Motor-Getriebe-Einheit befindet sich die Unterkante der Einfüllbohrung –Pfeil 1– unterhalb des Ölspiegels –Pfeil 2–. Der Ölstand des Getriebeöls kann daher nur durch völliges Ablassen und anschließendem wieder Auffüllen geprüft werden. **Auf keinen Fall Ölkontrollschraube herausdrehen.**

Allradantrieb: Öl für Haldex-Kupplung wechseln

Erforderliche Betriebsmittel/Verschleißteile:

- 0,65 l Hochleistungsöl VW-G055175 für Haldex-Kupplung (Wechselmenge). **Hinweis:** Die Gesamtfüllmenge beträgt 0,85 l.
- Ablassschraube für Haldex-Kupplung.

Erforderliches Sonderwerkzeug:

- Auffangwanne für Getriebeöl.

Öl wechseln

> **Sicherheitshinweis**
> Beim Aufbocken des Fahrzeugs besteht Unfallgefahr! Deshalb die Hinweise im Kapitel »Fahrzeug aufbocken« beachten.

- Fahrzeug waagerecht aufbocken.
- Auffangwanne unter die Haldex-Kupplung stellen.

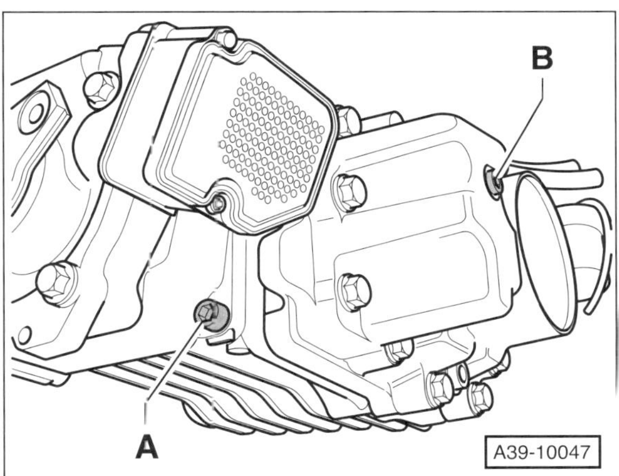

- Ablassschraube –A– unten am Kupplungsgehäuse herausschrauben, Öl ablassen und auffangen.

Achtung: Haldex-Kupplung und Achsantrieb sind eng miteinander verbaut, haben aber eine **getrennte** Ölversorgung. Deshalb unbedingt darauf achten, dass die in der **Abbildung dargestellten Ablass- und Einfüllschrauben** verwendet werden. Eine **Verwechslung** mit den ensprechenden Schrauben des Achsantriebs kann zum **Ausfall der Haldex-Kupplung oder des Achsantriebs** führen.

- **Neue** Ablassschraube mit **neuem** Dichtring einschrauben und mit **30 Nm** festziehen.
- Öleinfüllschraube –B– herausschrauben.

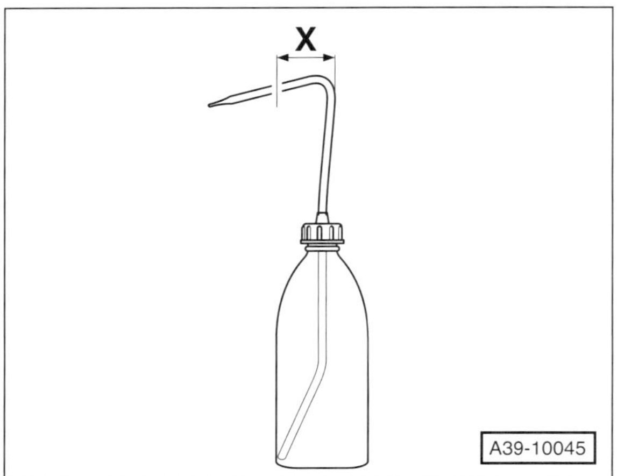

- Einfüllrohr einer handelsüblichen Befüllflasche auf X = 50 mm kürzen.

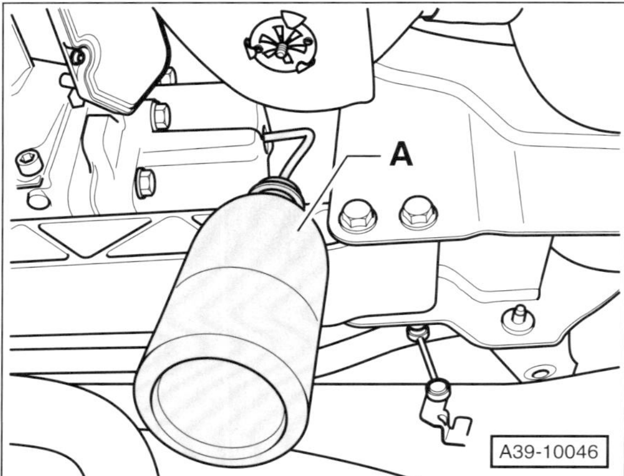

- Hochleistungsöl für Haldex-Kupplung mit der Befüllflasche –A– bis zur Unterkante der Einfüllöffnung einfüllen.
- Der Ölstand ist in Ordnung, wenn bei einer Öltemperatur zwischen +20° C und +40° C das Öl bis zur Unterkante der Einfüllöffnung oder 3 mm darunter reicht.
- Öleinfüllschraube mit **neuem** Dichtring einschrauben und mit **15 Nm** festziehen.
- Fahrzeug ablassen.

Vorderachse/Lenkung

Folgende Wartungsarbeiten müssen nach dem Wartungsplan in unterschiedlichen Intervallen durchgeführt werden:

- Spurstangenköpfe: Spiel und Befestigung prüfen, Staubkappen prüfen.
- Achsgelenke/Achslager: Auf Beschädigung prüfen.
- Manschetten der Antriebswellen: Auf Undichtigkeiten und Beschädigungen sichtprüfen.
- Stoßdämpfer: Sichtprüfung auf Undichtigkeiten.
- Schraubenfedern und Anschlagpuffer: Sichtprüfung auf Beschädigungen.

Achsgelenke/Achslager und Spurstangenköpfe prüfen/ersetzen

Erforderliches Spezialwerkzeug:

- Werkstattwagenheber.
- Lampe.

Sicherheitshinweis
Beim Aufbocken des Fahrzeugs besteht Unfallgefahr! Deshalb vorher das Kapitel »Fahrzeug aufbocken« durchlesen.

- Fahrzeug vorn aufbocken, die Räder müssen frei hängen.

Achsgelenke:

Staubkappen prüfen

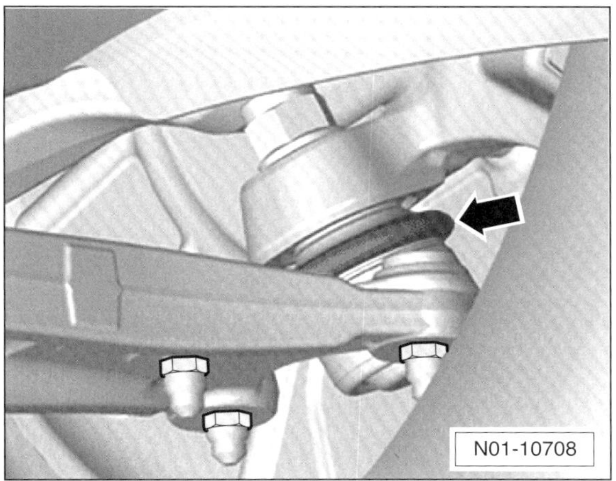

- Staubkappen –Pfeil– für untere Achsgelenke links und rechts mit Lampe anstrahlen und auf Beschädigungen und Undichtigkeit überprüfen.

Achslager prüfen

GOLF VARIANT/PLUS/TOURAN

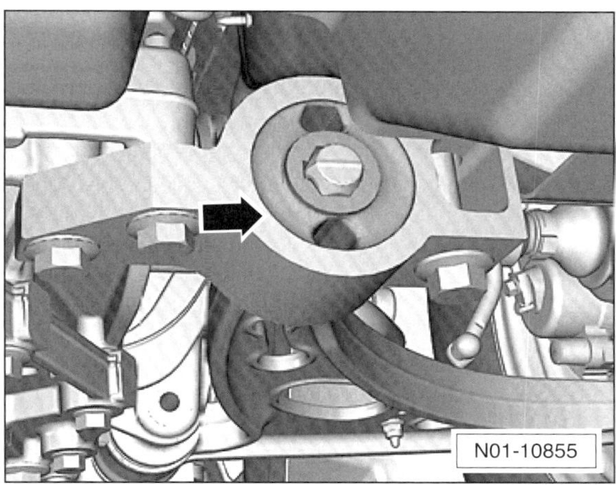

JETTA

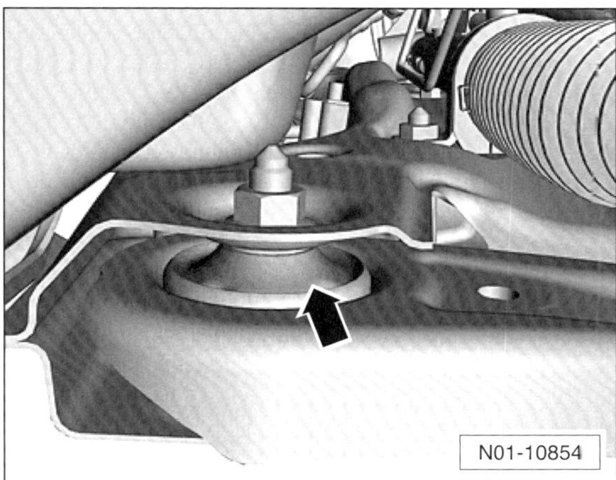

- Achslager –Pfeil– links und rechts mit Lampe anstrahlen und auf Beschädigungen sichtprüfen. Es darf kein Spiel vorhanden sein. Das vulkanisierte Gummilager darf keine Risse und poröse Stellen aufweisen. Gegebenenfalls Achslager ersetzen lassen (Werkstattarbeit).

Koppelstange/Stabilisatorlager prüfen

TOURAN

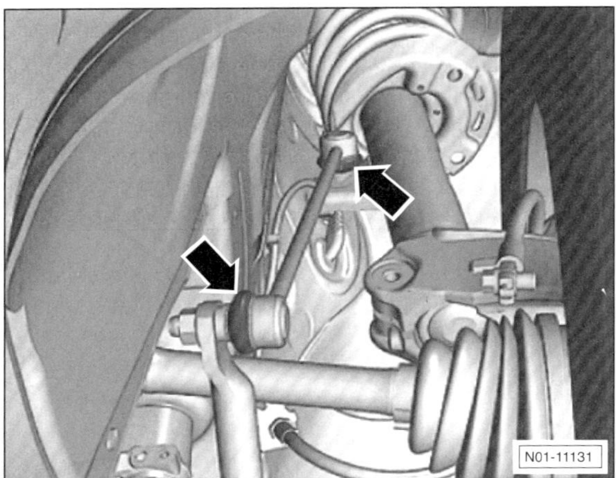

- Dichtungsbälge –Pfeile– der linken und rechten Koppelstange auf Beschädigungen prüfen. **Hinweis:** In den Gelenken der Koppelstange darf kein Spiel vorhanden sein.

TOURAN

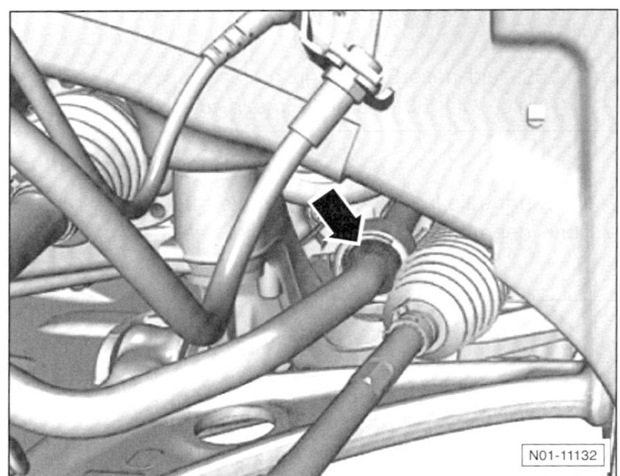

- Stabilisatorlager –Pfeil– links und rechts auf Beschädigungen prüfen. **Hinweis:** In den Lagern darf kein Spiel vorhanden sein.

Spurstangenköpfe/Lenkmanschetten:

Staubkappen und Manschetten prüfen

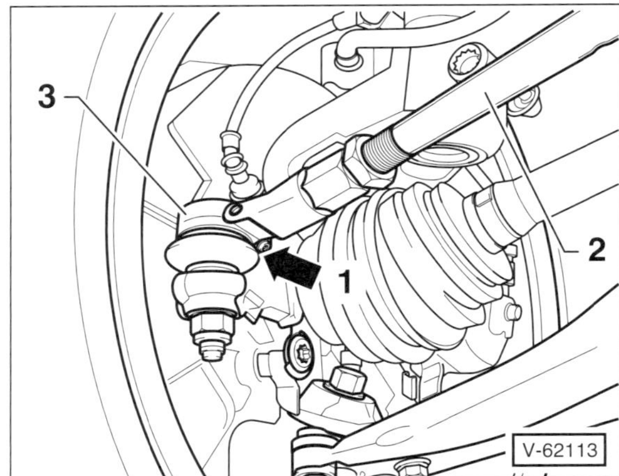

- Staubkappe –1– für Kugelgelenk der Spurstange links und rechts mit Lampe anstrahlen und auf Beschädigungen überprüfen.
- Bei beschädigter Staubkappe sicherheitshalber entsprechendes Gelenk mit Schutzkappe auswechseln. Eingedrungener Schmutz zerstört auf jeden Fall das Gelenk.
- Spurstange –2– links und rechts kräftig von Hand hin- und herbewegen. Das jeweilige Kugelgelenk –3– darf kein Spiel aufweisen, andernfalls Spurstangengelenk ersetzen.
- Festsitz der Kontermutter am Spurstangenkopf und Befestigungsmutter des Kugelgelenks prüfen, ohne sie dabei zu verdrehen.
- Manschetten am Lenkgetriebe auf Beschädigung prüfen, gegebenenfalls erneuern.

Manschetten der Antriebswellen prüfen

Erforderliches Spezialwerkzeug:

- Werkstattwagenheber.
- Lampe.

Prüfen

> **Sicherheitshinweis**
> Beim Aufbocken des Fahrzeugs besteht Unfallgefahr! Deshalb vorher das Kapitel »Fahrzeug aufbocken« durchlesen.

- Fahrzeug aufbocken.

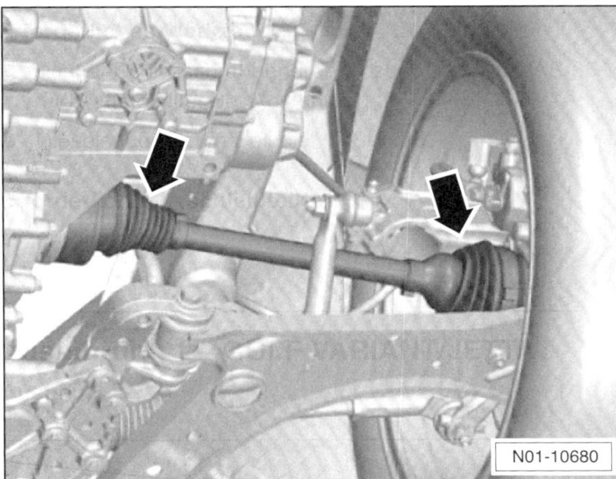

- Manschetten –Pfeile– mit Lampe anstrahlen und auf Porosität und Risse untersuchen. Eingerissene Manschetten umgehend erneuern.
- Manschetten auf der anderen Fahrzeugseite auf die gleiche Weise prüfen.
- Sollte eine Manschette durch Unterdruck im Gelenk nach innen gezogen oder defekt sein, so ist sie umgehend auszutauschen.
- Auf sichtbare Fettspuren an den Manschetten und in deren Umgebung achten.
- Festen Sitz der Klemmschellen prüfen.
- Fahrzeug ablassen.

Bremsen/Reifen/Räder

Folgende Wartungsarbeiten müssen nach dem Wartungsplan in unterschiedlichen Intervallen durchgeführt werden:

- Bremsflüssigkeitsstand: Prüfen.
- Belagstärke der vorderen und hinteren Bremsbeläge prüfen.
- Sichtprüfung von Bremsleitungen, -schläuchen und Anschlüssen auf Undichtigkeiten und Beschädigungen.
- Bremsflüssigkeit: Erneuern.
- Bereifung (einschließlich Reserverad): Profiltiefe, Reifenfülldruck und Reifenventil prüfen; Reifen auf Verschleiß und Beschädigungen prüfen.
- Reifenreparaturset, sofern vorhanden: Haltbarkeitsdatum prüfen, gegebenenfalls Reifenreparaturset ersetzen.

Bremsflüssigkeitsstand prüfen

Spezialwerkzeug: nicht erforderlich.

Erforderliche Betriebsmittel/Verschleißteile zum Nachfüllen:

- Bremsflüssigkeit der Spezifikation **VW-501 14.**

Der Vorratsbehälter für die Bremsflüssigkeit befindet sich im Motorraum.

Der Vorratsbehälter ist durchscheinend, so dass der Bremsflüssigkeitsstand von außen überprüft werden kann. Außerdem wird ein zu niedriger Bremsflüssigkeitsstand durch eine Warnleuchte im Kombiinstrument signalisiert. Dennoch ist es ratsam, bei der regelmäßigen Motor-Ölstandkontrolle auch den Bremsflüssigkeitsstand im Vorratsbehälter zu prüfen.

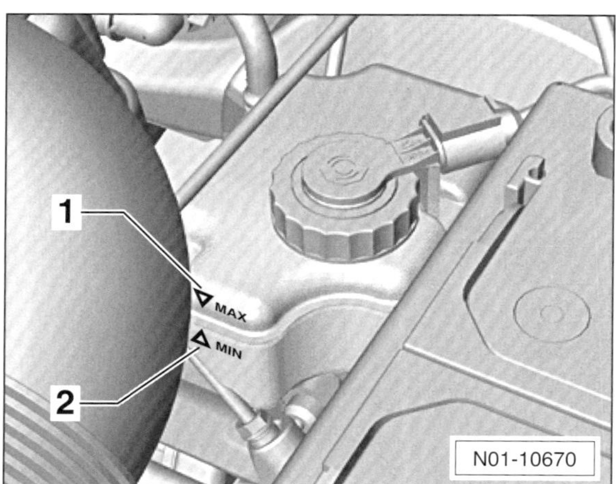

- Der Bremsflüssigkeitsstand soll zwischen der MAX- –1– und der MIN-Marke –2– liegen.
- Bei Bedarf nur **neue** Bremsflüssigkeit der VW-Spezifikation **501 14** einfüllen.

Achtung: Durch Abnutzung der Scheibenbremsbeläge entsteht ein geringfügiges Absinken der Bremsflüssigkeit. Das ist normal. Es muss keine Bremsflüssigkeit nachgefüllt werden. Beispielsweise kann die Bremsflüssigkeit bis zur MIN-Marke absinken, wenn die Bremsbeläge annähernd die Verschleißgrenze erreicht haben. In diesem Fall **keine** Bremsflüssigkeit nachfüllen.

- Sinkt die Bremsflüssigkeit jedoch innerhalb kurzer Zeit stark ab oder liegt der Flüssigkeitsspiegel unter der MIN-Marke, ist das ein Zeichen für Bremsflüssigkeitsverlust.
- Bei Bremsflüssigkeitsverlust muss die Leckstelle sofort ausfindig gemacht werden. Sicherheitshalber sollte die Überprüfung und Reparatur der Anlage von einer Fachwerkstatt durchgeführt werden.

Bremsbelagdicke prüfen

Erforderliches Spezialwerkzeug:

- Taschenlampe und Spiegel.
- Schieblehre.

Prüfvoraussetzung

Hinweis: Durch Schmutzpartikel am Fahrbahnrand ist der Belagverschleiß auf der Beifahrerseite erfahrungsgemäß minimal größer als auf der Fahrerseite. Daher ist es sinnvoll, das vordere Rad auf der Beifahrerseite abzunehmen.

Sicherheitshinweis
Beim Aufbocken des Fahrzeugs besteht Unfallgefahr! Deshalb vorher das Kapitel »Fahrzeug aufbocken« durchlesen.

- Reifen-Laufrichtung mit Pfeil am Reifen markieren. Radschrauben lösen. Fahrzeug aufbocken und Räder abnehmen. **Achtung:** Unbedingt Hinweise im Kapitel »Rad aus- und einbauen« beachten.

Achtung: Bei der Belagkontrolle gleichzeitig auf verschmierte Beläge achten. In diesem Fall Bremsbeläge umgehend erneuern und Defekt beseitigen.

Vorderrad-Scheibenbremse

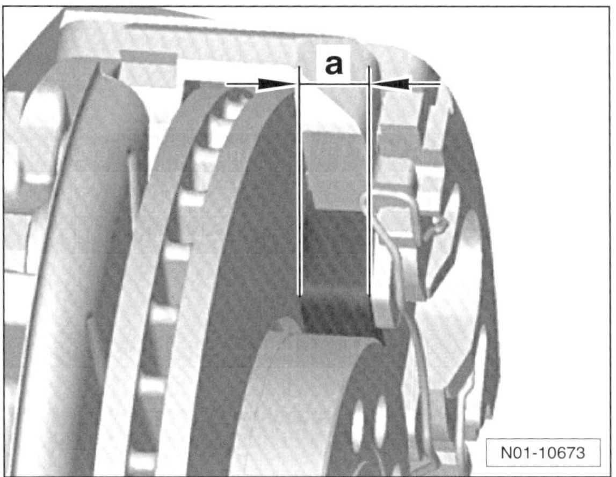

- Belagdicke –a–, ohne Metall-Trägerplatte, mit einer Schieblehre messen.
- Die Verschleißgrenze der vorderen Scheibenbremsbeläge ist erreicht, wenn ein Belag nur noch eine Dicke –a– von **2 mm** (ohne Metall-Trägerplatte) aufweist. In diesem Fall Bremsbeläge an der Vorderachse wechseln, siehe Seite 155.

Hinweis: Wenn die Bremsbeläge ersetzt werden, Bremsscheiben auf Verschleiß prüfen, siehe Seite 161.

- Reifen-Laufrichtung beachten, Räder anschrauben, Fahrzeug ablassen, erst dann Radschrauben über Kreuz mit **120 Nm** festziehen. **Achtung:** Unbedingt Hinweise im Kapitel »Rad aus- und einbauen« beachten.

Hinweis: Nach einer Faustregel entspricht 1 mm Bremsbelag einer Fahrleistung von mindestens 1000 km. Diese Faustregel gilt unter ungünstigen Bedingungen.

Hinterrad-Scheibenbremse

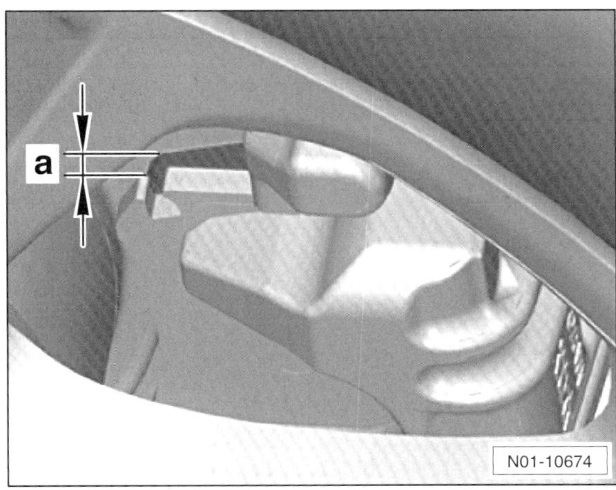

- Dicke der äußeren Bremsbeläge –a– durch einen Durchbruch im Scheibenrad prüfen, falls erforderlich, Lampe verwenden. Das Rad muss nicht abgenommen werden. Falls vorhanden, Radvollblende abziehen.
- Inneren Belag mit Hilfe einer Lampe und eines Spiegels sichtprüfen.
- Die Verschleißgrenze der Scheibenbremsbeläge ist erreicht, wenn ein Belag ohne Metall-Trägerplatte nur noch eine Dicke von a = **2 mm** aufweist.

Sichtprüfung der Bremsleitungen

Spezialwerkzeug: nicht erforderlich.

> **Sicherheitshinweis**
> Beim Aufbocken des Fahrzeugs besteht Unfallgefahr! Deshalb vorher das Kapitel »Fahrzeug aufbocken« durchlesen.

- Fahrzeug aufbocken.
- Verschmutzte Bremsleitungen reinigen.

Achtung: Die Bremsleitungen sind zum Schutz gegen Korrosion mit einer Kunststoffschicht überzogen. Wird diese Schutzschicht beschädigt, kann es zur Korrosion der Leitungen kommen. Daher dürfen Bremsleitungen nicht mit Drahtbürste oder Schmirgelleinen gereinigt werden.

- Bremsleitungen vom Hauptbremszylinder zur ABS-Hydraulikeinheit und den einzelnen Radbremsen mit Lampe anstrahlen und überprüfen. Der Hauptbremszylinder sitzt im Motorraum unter dem Vorratsbehälter für Bremsflüssigkeit.
- Bremsleitungen dürfen weder geknickt noch gequetscht sein. Auch dürfen sie keine Rostnarben oder Scheuerstellen aufweisen. Andernfalls Leitung bis zur nächsten Trennstelle ersetzen.
- Bremsschläuche verbinden die Bremsleitungen mit den Radbremszylindern an den beweglichen Teilen des Fahrzeugs. Sie bestehen aus hochdruckfestem Material, können aber mit der Zeit porös werden, aufquellen oder durch scharfe Gegenstände angeschnitten werden. In einem solchen Fall sind die Bremsschläuche sofort zu ersetzen.

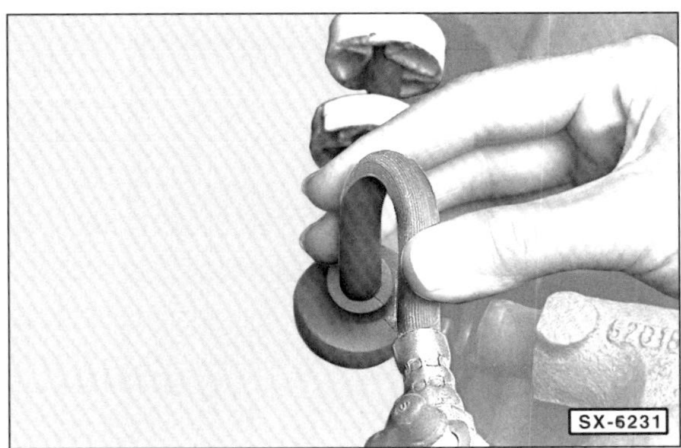

- Bremsschläuche mit der Hand hin- und herbiegen, um brüchige Stellen und Beschädigungen festzustellen. Die Schläuche dürfen nicht verdreht sein. Farbige Kennlinie beachten, falls vorhanden!

- Anschlussstellen von Bremsleitungen und -schläuchen dürfen nicht durch ausgetretene Flüssigkeit feucht sein.
- Fehlende Staubkappen für Entlüftungsventile ersetzen.
- Lenkrad nach links und rechts bis zum Anschlag drehen. Die Bremsschläuche dürfen dabei in keiner Stellung Fahrzeugteile berühren.
- Fahrzeug ablassen.
- Lenkrad nochmals nach links und rechts bis zum Anschlag drehen und sicherstellen, dass die Bremsschläuche in keiner Stellung Fahrzeugteile berühren.

Bremsflüssigkeit wechseln

Erforderliches Spezialwerkzeug:

- Ringschlüssel für Entlüftungsschrauben.
- Durchsichtiger Kunststoffschlauch und Auffangflasche.

Erforderliches Betriebsmittel:

- Bremsflüssigkeit der Spezifikation **VW-501 14**:
  1,15 l für Fahrzeuge mit Schaltgetriebe;
  1,0 l für Fahrzeuge mit Automatikgetriebe.

Bremsflüssigkeit nimmt durch die Poren der Bremsschläuche sowie durch die Entlüftungsöffnung des Vorratsbehälters Luftfeuchtigkeit auf. Dadurch sinkt im Laufe der Betriebszeit der Siedepunkt der Bremsflüssigkeit. Bei starker Beanspruchung der Bremse kann es deshalb zur Dampfblasenbildung in den Bremsleitungen kommen, wodurch die Funktion der Bremsanlage stark beeinträchtigt wird.

Die Bremsflüssigkeit ist erstmals nach 3 Jahren, dann alle 2 Jahre, möglichst im Frühjahr, zu erneuern. Bei vielen Gebirgsfahrten, Bremsflüssigkeit in kürzeren Abständen wechseln.

Achtung: Die Arbeitsschritte zum Wechseln der Bremsflüssigkeit sind weitgehend gleich wie beim Entlüften der Bremsanlage. In der folgenden Beschreibung wird nur auf die Unterschiede eingegangen, daher muss auf jeden Fall auch das Kapitel »Bremsanlage entlüften« durchgelesen werden, siehe Seite 166.

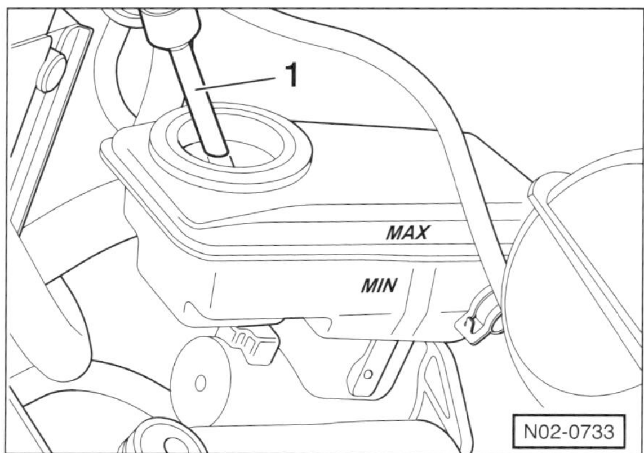

- Bremsflüssigkeitsstand auf dem Vorratsbehälter mit Filzstift markieren. Nach Erneuern der Bremsflüssigkeit ursprünglichen Flüssigkeitsstand wieder herstellen. Dadurch wird ein Überlaufen des Bremsflüssigkeitsbehälters beim Wechsel der Bremsbeläge vermieden.
- Mit einer Absaugflasche –1– aus dem Bremsflüssigkeitsbehälter so viel wie möglich Bremsflüssigkeit absaugen, maximal aber bis zu einem Stand von ca. 10 mm.

Achtung: Das Sieb im Bremsflüssigkeitsbehälter darf nicht entfernt werden. Abgesaugte Bremsflüssigkeit auf keinen Fall wieder verwenden.

- Vorratsbehälter bis zur MAX-Marke mit **neuer** Bremsflüssigkeit füllen.
- Alte Bremsflüssigkeit nacheinander aus den Bremssätteln herauspumpen. Die abfließende Bremsflüssigkeit muss in jedem Fall klar und blasenfrei sein. An den **vorderen** Bremssätteln jeweils ca. **200 cm³**, an den **hinteren** Bremssätteln jeweils **300 cm³** Bremsflüssigkeit herauspumpen. Dabei am vorderen linken Bremssattel beginnen, dann in der Reihenfolge vorn rechts, hinten links und hinten rechts fortfahren.

Achtung: Vorratsbehälter zwischendurch immer mit **neuer** Bremsflüssigkeit auffüllen. Er darf nie ganz leer sein, sonst gelangt Luft in das Bremssystem. **Falls der Bremsflüssigkeitsbehälter dennoch leer läuft, Bremsanlage in der Fachwerkstatt entlüften lassen, da für die Entlüftung der ABS-Hydraulik das Werkstatt-Diagnosegerät erforderlich ist.**

- Nach dem Bremsflüssigkeitswechsel das Bremspedal betätigen und Leerweg prüfen. Der Leerweg darf maximal ⅓ des gesamten Pedalwegs betragen, sonst Entlüftungsvorgang wiederholen beziehungsweise Hauptbremszylinder überprüfen lassen (Werkstattarbeit).

Bremsflüssigkeit aus der Kupplungsbetätigung herauspumpen

Da die Kupplungsbetätigung ebenfalls mit Bremsflüssigkeit arbeitet, muss auch der Inhalt des Kupplungssystems ersetzt werden.

- Falls erforderlich, Luftfilter ausbauen, siehe Seite 64.

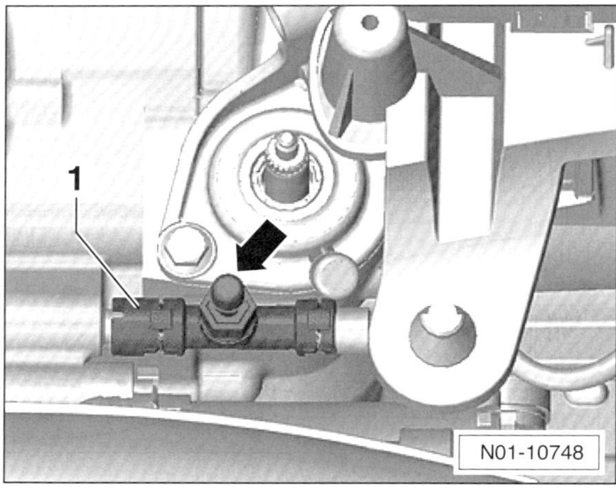

- Staubkappe –Pfeil– vom Entlüftungsventil am Kupplungs-Nehmerzylinder –1– abziehen. Entlüftungsventil reinigen.
- Durchsichtigen, sauberen Schlauch auf das Entlüftungsventil aufschieben.

- Freies Schlauchende in eine mit Bremsflüssigkeit halbvoll gefüllte Flasche stecken. Einen geeigneten Schlauch und passendes Gefäß gibt es im Autozubehör-Handel.
- Entlüftungsschraube lösen und durch Helfer Kupplungspedal betätigen lassen. Dabei 100 cm^3 Bremsflüssigkeit herausfließen lassen.
- Kupplungspedal in gedrückter Stellung halten lassen und Entlüftungsschraube festziehen.
- Kupplungspedal zurücknehmen lassen.
- Kupplungspedal 10- bis 15-mal schnell hintereinander bis zum Anschlag durchtreten und loslassen.
- Entlüftungsschraube lösen und durch Helfer Kupplungspedal betätigen lassen. Dabei 50 cm^3 beziehungsweise 50 ml Bremsflüssigkeit herausfließen lassen.
- Kupplungspedal in gedrückter Stellung halten lassen und Entlüftungsschraube festziehen.
- Kupplungspedal zurücknehmen lassen.
- Kupplungspedal mehrmals bis Anschlag durchtreten und loslassen.
- Entlüftungsschlauch abziehen und mit Auffanggefäß zur Seite stellen.
- Falls ausgebaut, Luftfilter einbauen, siehe Seite 64.

- Bremsflüssigkeit im Vorratsbehälter bis zum markierten Stand vor dem Bremsflüssigkeitswechsel auffüllen.
- Verschlussdeckel am Vorratsbehälter festschrauben.

Achtung, Sicherheitskontrolle durchführen:
- Sind die Entlüftungsschrauben angezogen?
- Ist genügend Bremsflüssigkeit eingefüllt?
- Bei laufendem Motor Dichtheitskontrolle durchführen. Hierzu Bremspedal mit 200 bis 300 N (entspricht 20 bis 30 kg) etwa 10 Sekunden betätigen. Das Bremspedal darf nicht nachgeben. Sämtliche Anschlüsse auf Dichtheit kontrollieren.

- Nach dem Entlüften darf sich beim Treten auf das Bremspedal der Druck nicht schwammig anfühlen. Falls doch, Anlage nochmals entlüften. Dabei an jedem Bremssattel den Entlüftungsvorgang 5-mal durchführen.
- Anschließend einige Bremsungen auf einer Straße ohne Verkehr durchführen. Dabei sollte mindestens einmal die Bremsregelung des ABS-Systems geprüft werden, beispielsweise auf losem Untergrund. Dazu Bremse stark betätigen, bis am spürbaren Pulsieren des Bremspedals der Beginn der Bremsregelung erkennbar ist.

Achtung: Falls der Bremspedalweg nach der Probefahrt zu groß ist, obwohl er direkt nach dem Entlüften in Ordnung war, dann ist möglicherweise Luft in der ABS-Hydraulikeinheit. In diesem Fall Bremsanlage umgehend in der Fachwerkstatt entlüften lassen.

Reifenprofil prüfen

Spezialwerkzeug: nicht erforderlich.

Die Reifen ausgewuchteter Räder nutzen sich bei gewissenhaftem Einhalten des vorgeschriebenen Fülldrucks und bei fehlerfreier Radeinstellung und Stoßdämpferfunktion auf der gesamten Lauffläche annähernd gleichmäßig ab. Bei ungleichmäßiger Abnutzung können verschiedene Fehler vorliegen, siehe Kapitel »Räder und Reifen«. Im Übrigen lässt sich keine generelle Aussage über die Lebensdauer bestimmter Reifenfabrikate machen, denn die Lebensdauer hängt von unterschiedlichen Faktoren ab:

- Fahrbahnoberfläche
- Reifenfülldruck
- Fahrweise
- Witterung

Vor allem sportliche Fahrweise, scharfes Anfahren und starkes Bremsen fördern den schnellen Reifenverschleiß.

Achtung: Die Rechtsprechung verlangt, dass Reifen lediglich bis zu einer Profiltiefe von 1,6 mm abgefahren werden dürfen, und zwar müssen die Profilrillen auf der gesamten Lauffläche noch mindestens 1,6 mm Tiefe aufweisen. Es empfiehlt sich jedoch, sicherheitshalber die Reifen bereits bei einer Mindestprofiltiefe von 2 mm auszutauschen.

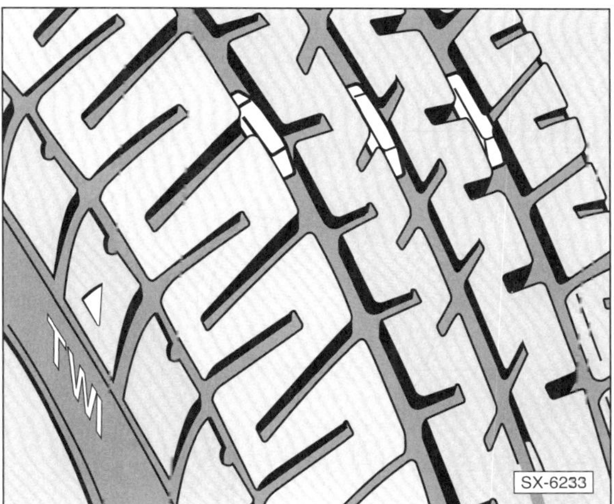

Nähert sich die Profiltiefe der gesetzlich zulässigen Mindestprofiltiefe, das heißt, weist der mehrmals am Reifenumfang angeordnete 1,6 mm hohe Verschleißanzeiger mindestens an einer Stelle kein Profil mehr auf, müssen die Reifen gewechselt werden.

Achtung: »M+S«-Reifen haben auf Matsch und Schnee nur den gewünschten Grip, wenn ihr Profil noch mindestens 4 mm tief ist.

Achtung: Reifen auf Schnittstellen untersuchen und mit kleinem Schraubendreher Tiefe der Schnitte feststellen. Wenn die Schnitte bis zur Karkasse reichen, korrodiert durch eindringendes Wasser der Stahlgürtel. Dadurch löst sich unter Umständen die Lauffläche von der Karkasse, der Reifen platzt. Deshalb: Bei tiefen Einschnitten im Profil aus Sicherheitsgründen Reifen austauschen.

Reifenfülldruck prüfen

Erforderliches Spezialwerkzeug:

- Reifenfüllgerät an der Tankstelle.

Prüfen

- Reifenfülldruck nur am kalten Reifen prüfen.
- Ventilkappe abschrauben.

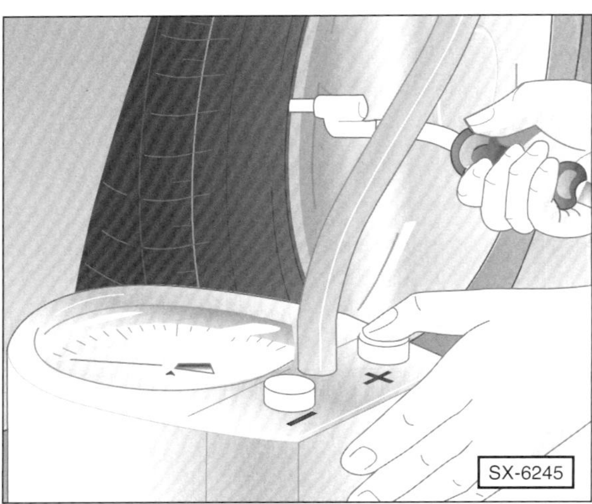

- Reifenfülldruck einmal im Monat sowie im Rahmen der Wartung (einschließlich Reserverad, falls vorhanden) prüfen.
- Zusätzlich sollte der Fülldruck vor längeren Autobahnfahrten kontrolliert werden, da hierbei die Temperaturbelastung für den Reifen am größten ist.

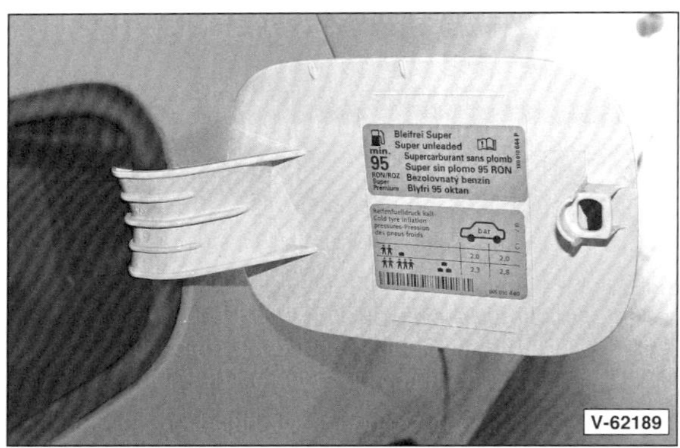

- Der richtige Fülldruck steht auf einem Aufkleber an der Innenseite der Tankklappe oder an der B-Säule und gilt für Sommer- und Winterreifen.
- Falls ein **Reserverad** vorhanden ist, entspricht der richtige Fülldruck dem der hinteren Reifen bei höchster Beladung.

Reifenventil prüfen

Erforderliches Spezialwerkzeug:

- Ventil-Metallschutzkappe oder HAZET 666-1.

Prüfen

- Staubschutzkappe vom Ventil abschrauben.

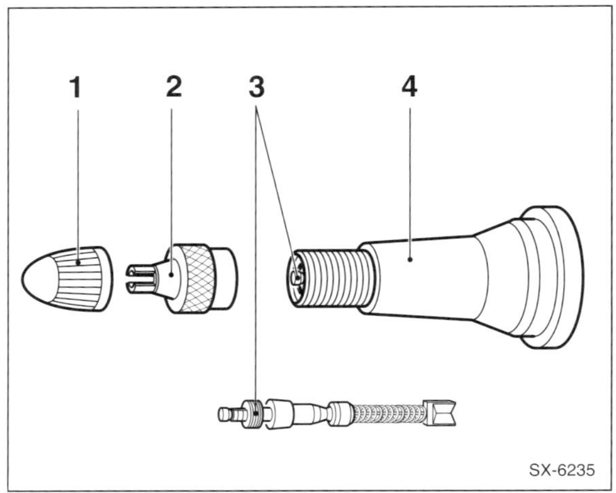

- Etwas Seifenwasser oder Speichel auf das Ventil geben. Wenn sich eine Blase bildet, Ventileinsatz –3– mit umgedrehter Metallschutzkappe –2– festdrehen.

Achtung: Zum Anziehen des Ventileinsatzes kann nur eine Metallschutzkappe –2– verwendet werden. Metallschutzkappen sind an der Tankstelle erhältlich. 1 – Gummischutzkappe, 4 – Ventil.

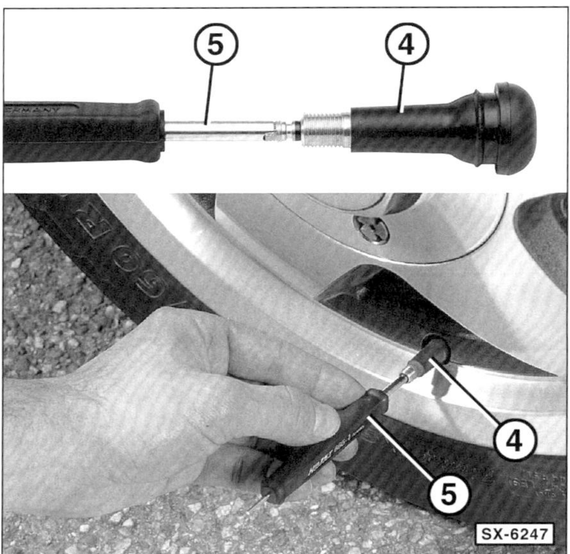

Hinweis: Anstelle der Metallschutzkappe kann auch das Werkzeug HAZET 666-1 –5– verwendet werden. 4 – Ventil.

- Ventil erneut prüfen. Falls sich wieder Blasen bilden oder das Ventil sich nicht weiter anziehen lässt, Ventileinsatz erneuern.
- Grundsätzlich Staubschutzkappe wieder aufschrauben.

Reifenreparatur-Set prüfen/ersetzen

Spezialwerkzeug: nicht erforderlich.

Prüfen/Ersetzen

Das Reifenpannen-Set befindet sich im Kofferraum in der Reserveradmulde.

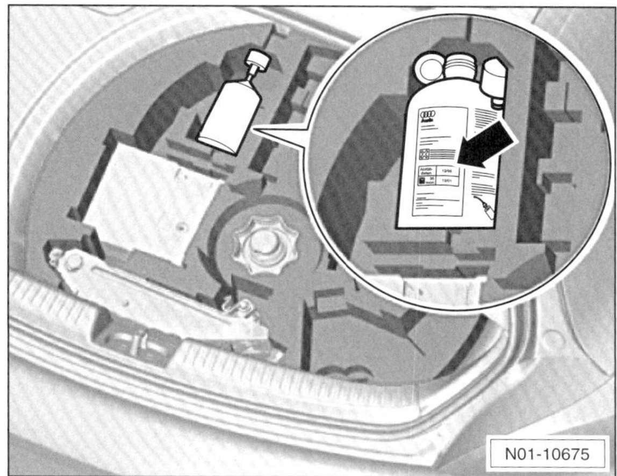

N01-10675

- Haltbarkeitsdatum –Pfeil– überprüfen. Bei Ablauf des Verfalldatums Flasche erneuern. In der Regel ist das Reifenpannen-Set alle 3 Jahre zu erneuern. Das Reifendichtungsmittel darf nicht älter als 4 Jahre sein.
- Nach Benutzung muss das Reifendichtungsmittel grundsätzlich ersetzt werden.

Reifen-Kontroll-Anzeige: Grundeinstellung durchführen

Spezialwerkzeug: nicht erforderlich.

Die Grundeinstellung der Reifen-Kontroll-Anzeige grundsätzlich nur durchführen, nachdem die Reifenfülldruckwerte, vorher auf die richtigen Werte korrigiert worden sind.

Hinweis: Wird nach einer Reifendruckwarnung kein Druckverlust und kein Reifenschaden festgestellt, so kann eine irrtümliche Warnung durch eine Grundeinstellung behoben werden.

Das Reifen-Kontroll-System vergleicht mit Hilfe der ABS-Sensoren die Drehzahl und somit den Abrollumfang der einzelnen Räder. Bei Veränderung des Abrollumfanges eines Rades wird dies durch die Reifen-Kontroll-Anzeige angezeigt. Der Abrollumfang des Reifens kann sich verändern wenn:

- Der Reifenfülldruck zu gering ist.
- Der Reifen Strukturschäden hat.
- Das Fahrzeug einseitig belastet ist.
- Die Räder einer Achse stärker belastet sind (zum Beispiel bei Anhängerbetrieb oder bei Berg- und Talfahrt).
- Schneeketten montiert sind.
- Ein Rad pro Achse gewechselt wurde.

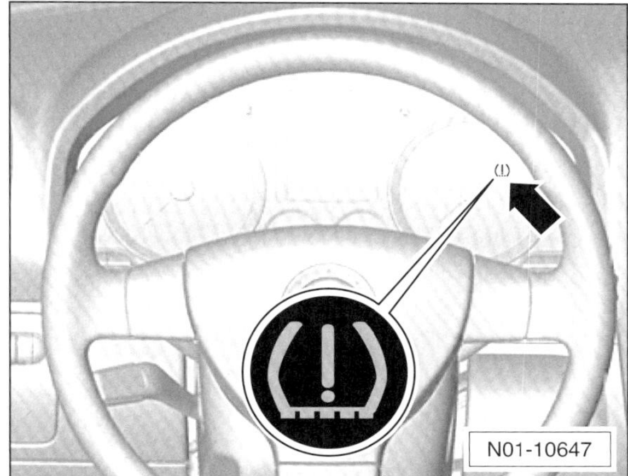

N01-10647

- Die Reifen-Kontroll-Anzeige erfolgt über eine gelbe Kontrollleuchte im Kombiinstrument (Schalttafeleinsatz) –Pfeil–
- »BLINKENDE LEUCHTE« bedeutet, es wurde noch keine »ERSTMALIGE GRUNDEINSTELLUNG« durchgeführt.
- »STÄNDIGES LEUCHTEN« bedeutet, in Verbindung mit einem Warnton, dass ein Druckverlust erkannt wurde. In diesem Fall Reifenfülldrücke prüfen und anschließend Grundeinstellung durchführen.

Erstmalige Grundeinstellung durchführen

- Zündung einschalten.

- Taste für »ESP«, sowie die Taste »SET« in der Mittelkonsole gleichzeitig drücken und länger als 2 Sekunden halten. **Hinweis:** Die Taste »SET« kann sich auch im Handschuhfach über dem Airbag-Schlüsselschalter befinden. Wenn »ESP« nicht vorhanden ist, stattdessen die Taste für »ASR« drücken. Der Beginn der Grundeinstellung wird durch einen Hinweiston bestätigt.
- Zündung ausschalten. Damit ist die erstmalige Grundeinstellung durchgeführt.

Grundeinstellung durchführen

- Zündung einschalten.
- Taste »SET« in der Mittelkonsole oder im Handschuhfach drücken und länger als 2 Sekunden halten.
- Die Kontrolllampe für Reifen-Kontroll-Anzeige im Kombiinstrument –Pfeil– leuchtet solange die Taste gedrückt wird. Der Beginn der Grundeinstellung wird durch einen Hinweiston bestätigt.
- Zündung ausschalten. Damit ist die Grundeinstellung durchgeführt.

Karosserie/Innenausstattung

Folgende Wartungsarbeiten müssen nach dem Wartungsplan in unterschiedlichen Intervallen durchgeführt werden:

- Sicherheitsgurte: Auf Beschädigungen sichtprüfen.
- Frontscheibe: Auf Beschädigungen sichtprüfen.
- Unterbodenschutz: Auf Beschädigungen sichtprüfen.
- Lüftung/Heizung: Staub-/Pollenfilter-Einsatz erneuern, Gehäuse reinigen.
- Verbandkasten: Haltbarkeitsdatum überprüfen, gegebenenfalls Verbandkasten ersetzen.
- Motorhaube: Fanghaken schmieren.
- Schiebedach: Führungsschienen reinigen und fetten.
- Wasserkasten und Wasserablauföffnungen: Sichtprüfen und reinigen.
- Türfeststeller: Schmieren.
- Abnehmbare Anhängerkupplung: Prüfen/instand setzen.

Sicherheitsgurte sichtprüfen

Spezialwerkzeug und Verschleißteile/Betriebsmittel sind nicht erforderlich.

Achtung: Geräusche, die beim Aufrollen des Gurtbandes entstehen, sind funktionsbedingt. Auf keinen Fall darf zur Behebung von Geräuschen Öl oder Fett verwendet werden. Der Aufroll- und Gurtstrafferautomat darf aus Sicherheitsgründen nicht zerlegt werden.

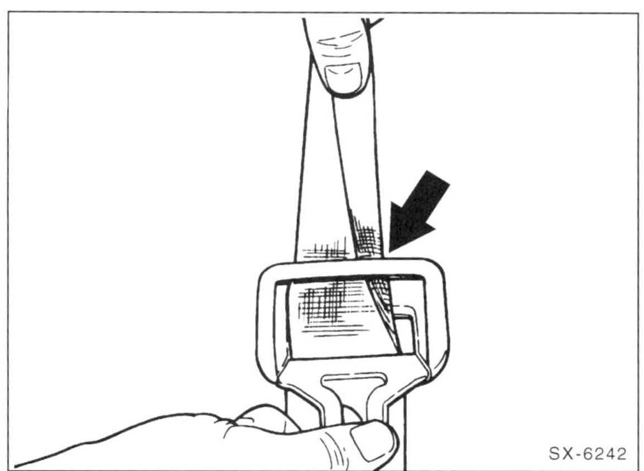

- Sicherheitsgurt ganz herausziehen und Gurtband auf durchtrennte Fasern prüfen.
- Beschädigungen können zum Beispiel durch Einklemmen des Gurtes oder durch brennende Zigaretten entstehen. In diesem Fall Gurt austauschen.
- Sind Scheuerstellen vorhanden, ohne dass Fasern durchtrennt sind, braucht der Gurt nicht ausgewechselt zu werden.
- Schwer gängigen Gurt auf Verdrehungen prüfen, gegebenenfalls Verkleidung an der Mittelsäule ausbauen.
- Wenn die Aufrollautomatik nicht mehr funktioniert, Gurt auswechseln (Werkstattarbeit).
- Gurtbänder nur mit Seife und Wasser reinigen, keinesfalls Lösungsmittel oder chemische Reinigungsmittel verwenden.

Staub-/Pollenfilter-Einsatz erneuern

Spezialwerkzeug: nicht erforderlich.

Erforderliche Betriebsmittel/Verschleißteile:

- Staub-/Pollenfilter.

Der Filter befindet sich unter der Armaturentafel.

Ausbau

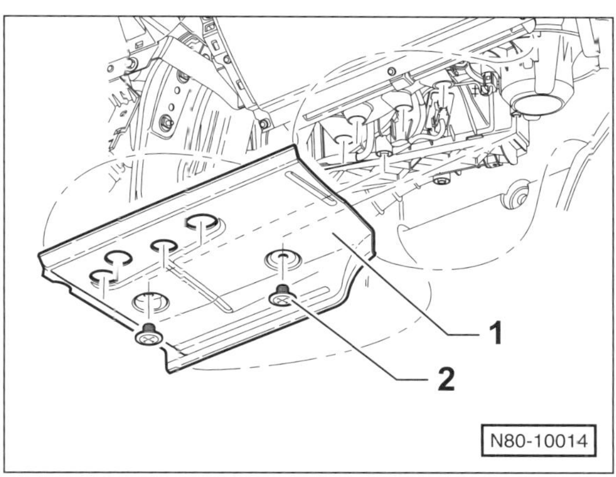

- Abdeckung –1– unter dem Handschuhfach ausbauen. Dazu 2 Schraubclips –2– herausdrehen. **Hinweis:** Es reicht auch, die Abdeckung nach dem Abschrauben herunterzuklappen. Das Aussehen der Schraubclips kann von der Abbildung abweichen.

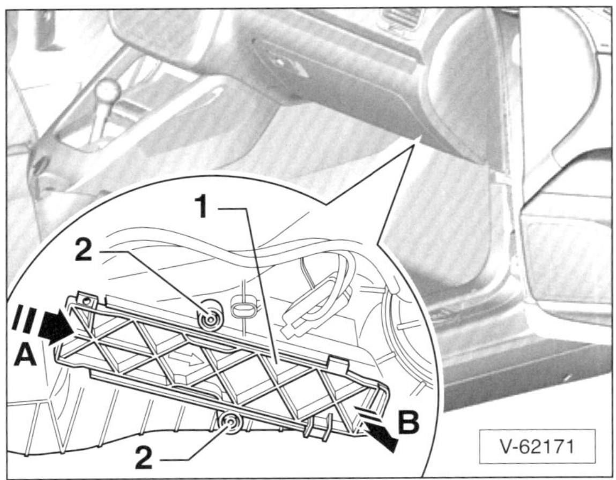

- Falls vorhanden, die Schrauben –2– herausdrehen. **Achtung:** Die Schrauben –2– sind nicht bei allen Fahrzeugen vorhanden. Die Schrauben sichern den Deckel –1–, falls die Verrastungen nicht mehr halten.
- Deckel –1– in Pfeilrichtung –A– schieben und und in Pfeilrichtung –B– abnehmen.

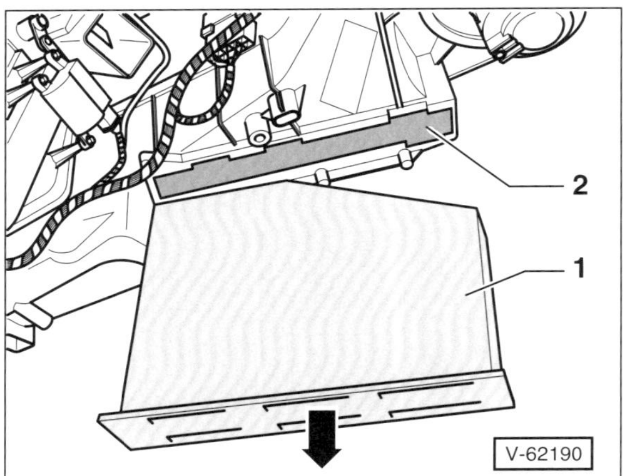

- Filtereinsatz –1– aus dem Schacht –2– des Klimagerätes beziehungsweise der Heizung herausnehmen.
- Schacht –2– mit einem Staubsauger aussaugen.

Einbau

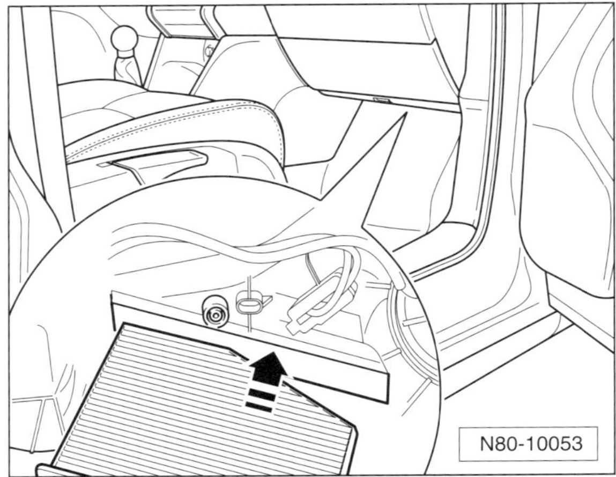

- Filtereinsatz in Pfeilrichtung in den Einbauschacht einsetzen, dabei auf richtige Einbaulage achten, siehe Abbildung.
- Der weitere Einbau erfolgt in umgekehrter Ausbaureihenfolge.

Türfeststeller und Befestigungsbolzen schmieren

Spezialwerkzeug: nicht erforderlich.

Erforderliches Betriebsmittel:

- Spezialfett VW-G 000 150

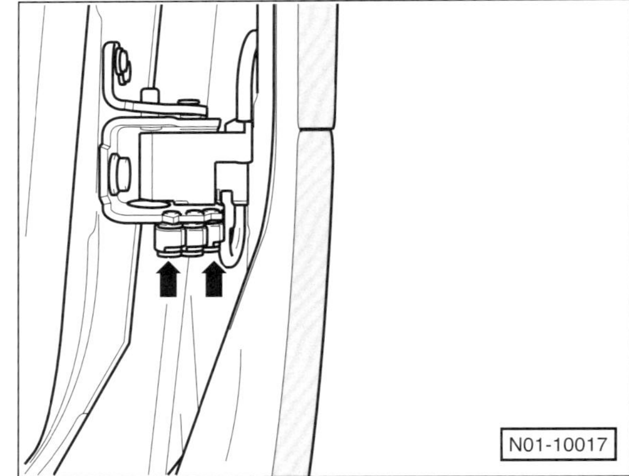

- Türfeststeller an den mit Pfeilen gekennzeichneten Stellen mit dem Schmierfett VW-G 000 150 schmieren.

Abnehmbare Anhängerkupplung prüfen/instand setzen

Spezialwerkzeug: Nicht erforderlich.

Erforderliches Betriebsmittel:

- Spezialfett VW-G 000 650 oder G 000 150.

Prüfen

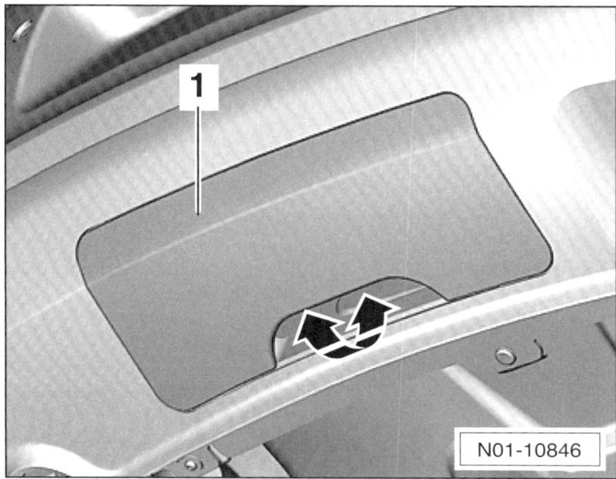

- Abdeckung –1– abnehmen –Pfeil–.

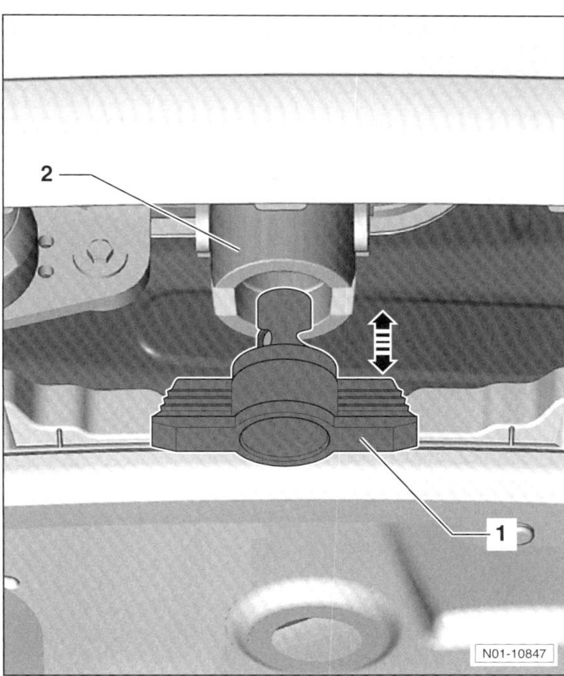

- Schutzkappe –1– von der Aufnahme –2– abziehen.
- Kugelhals in die Aufnahme einsetzen.
- Nachdem der Kugelhals eingesetzt wurde, muss die grüne Markierung am Handrad zur weißen Markierung am Kugelhals zeigen. Das Handrad muss vollständig anliegen.

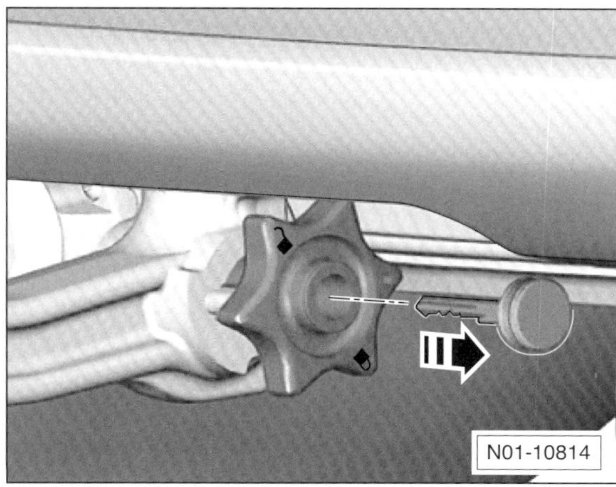

- Schlüssel abziehen –Pfeil– und dadurch prüfen, ob sich das Schloss der Anhängevorrichtung verschließen lässt. Andernfalls Anhängerkupplung instand setzen.

Instand setzen

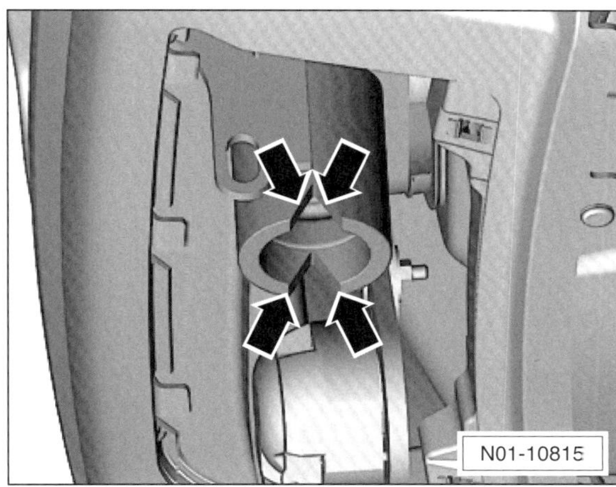

- Kontaktflächen –Pfeile– der Aufnahme auf Korrosion prüfen. Gegebenenfalls Korrosion mit einem Dreikantschaber beseitigen und die behandelten Stellen mit einem Silikonentferner reinigen.
- Festschmierstoffpaste VW-G 000 650 oder G 000 150 dünn auf die gereinigten Flächen auftragen.

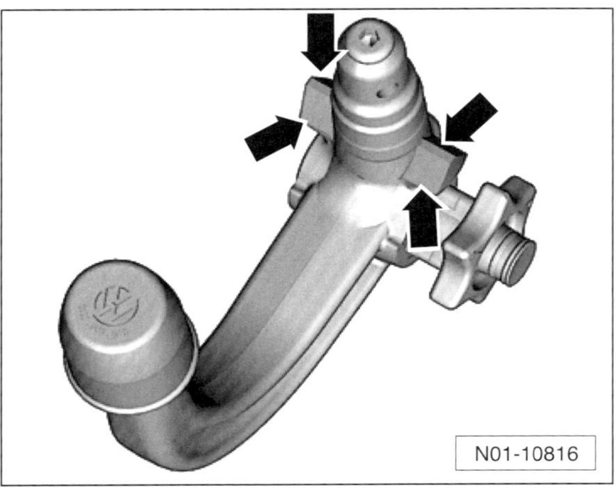
N01-10816

- Kontaktflächen –Pfeile– am Kugelhals auf Korrosion prüfen. Gegebenenfalls Korrosion mit einem Dreikantschaber beseitigen und die behandelten Stellen mit einem Silikonentferner reinigen.
- Festschmierstoffpaste VW-G 000 650 oder G 000 150 dünn auf die gereinigten Flächen auftragen.
- Erneut den Sitz des Kugelhalses in der Aufnahme prüfen.
- Schutzkappe in die Kugelhals-Aufnahme einsetzen. Sollte die Schutzkappe nicht vorhanden oder beschädigt sein, neue Ersatzteil-Schutzkappe einsetzen, um die Kugelhals-Aufnahme vor Korrosion zu schützen.

Motorhaube: Fanghaken schmieren

Spezialwerkzeug ist nicht erforderlich.

Erforderliche Betriebsmittel/Verschleißteile:

- Universalöl-Spray, zum Beispiel VW-G 000 115 A2.

Schmieren

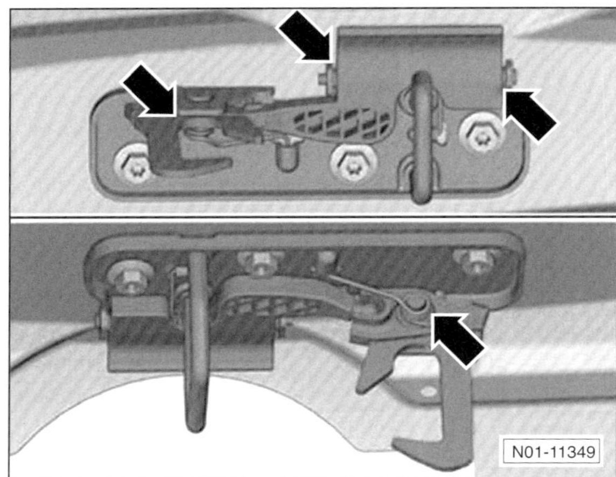
N01-11349

- Motorhaubenfanghaken an den gekennzeichneten Stellen –Pfeile– schmieren.
- Bewegliche Teile mehrmals betätigen, damit dass Universalöl einkriechen kann.

- Überschüssiges Schmiermittel mit einem fusselfreien Lappen entfernen.

Schiebedach: Führungsschienen reinigen/schmieren

Spezialwerkzeug: nicht erforderlich.

Erforderliches Betriebsmittel:

- Spezialfett VW-G 052 147.

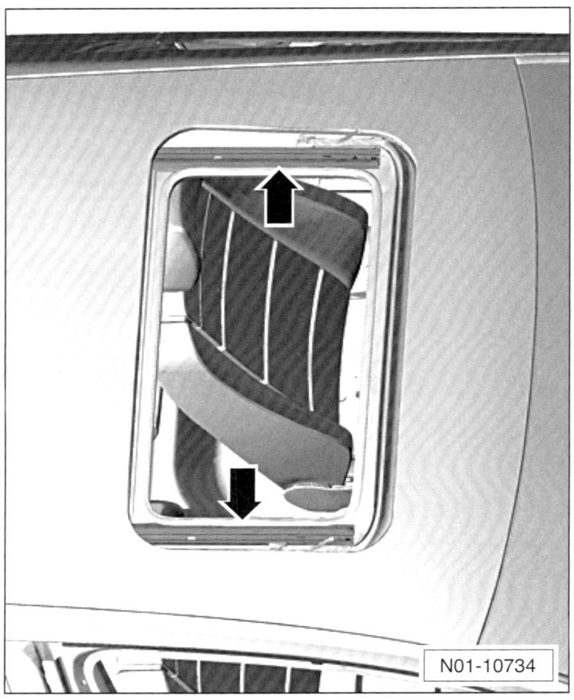
N01-10734

- Schiebedach öffnen und die sichtbar werdenden, blanken Führungsschienen –Pfeile– abwischen.

Achtung: Angrenzende Karosserieteile mit Zeitungspapier abdecken. Schmiermittel nicht auf den Autolack bringen, andernfalls sofort wieder abwischen.

- Führungsschienen mit dem Spezialfett VW-G 052 147 schmieren.
- Dringt bei Regen oder der Fahrzeugwäsche Wasser über das Schiebedach in den Innenraum, Undichtigkeiten von einer Fachwerkstatt beheben lassen.

Panorama-Schiebedach: Funktion prüfen, reinigen

Spezialwerkzeug: nicht erforderlich.

Erforderliches Betriebsmittel:

- Spezialfett VW-G 052 147 A2

Prüfen

- Panorama-Schiebedach öffnen und schließen, dabei auf Geräusche und starke Verschmutzung achten.

Reinigen/Fetten

Normalerweise ist keine regelmäßige Wartung des Panorama-Schiebedachs notwendig. Nur wenn Geräusche auftreten und bei starker Verschmutzung muss das Schiebedach gereinigt und gefettet werden.

- Panorama-Schiebedach öffnen.

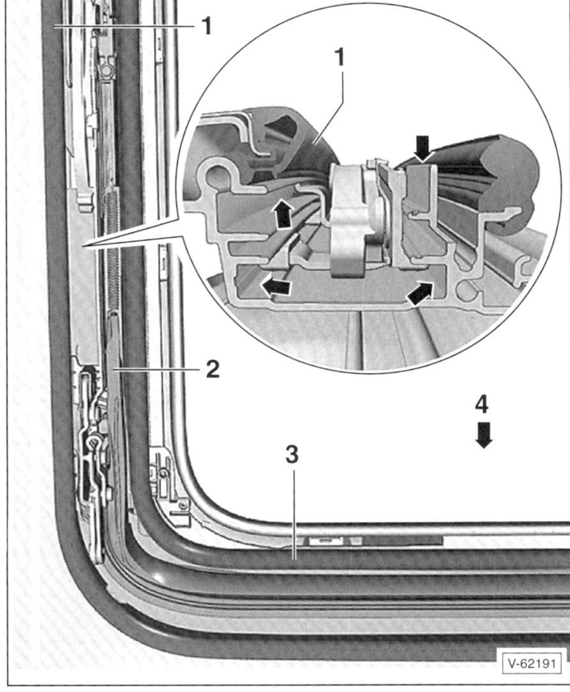

1 – Dichtung außen
3 – Dichtung innen
2 – Windabweiser
4 – Pfeil zeigt in Fahrtrichtung

- Führungsschienen unterhalb der äußeren Dichtung –1– reinigen –Pfeile–.
- In den Gleitbereichen der gesamten Führungsschiene –Pfeile– Lithium-Schmierfett dünn auftragen.
- Windabweiser –2– reinigen.

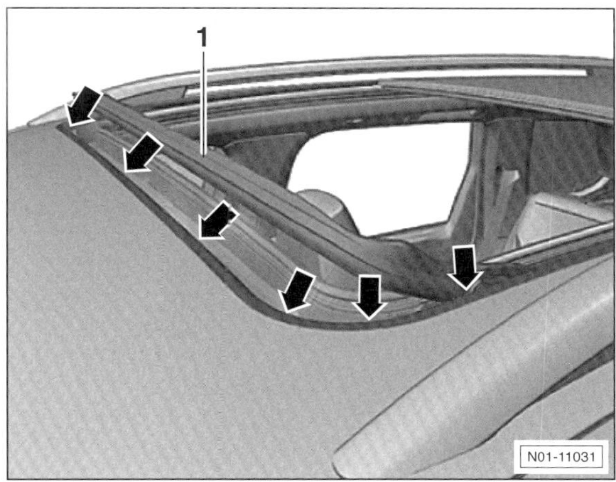

- Windabweiser besonders auf Schmutzablagerungen im unteren Bereich –Pfeile– sichtprüfen. Schmutzablagerungen mit einem Nass-/Trockensauger entfernen. **Achtung:** Geeignete Düse verwenden, damit das Netz nicht beschädigt wird.

Hinweis: Um festsitzende Insekten und Partikel aus dem Netz und vom Windabweiserrahmen zu lösen, Schwamm und Seifenlauge benutzen. Dazu Seifenlauge aus 3 Tropfen Pril auf 1 Liter Wasser mischen. **Achtung:** Keine handelsüblichen Insektenentferner oder andere Lösungsmittel verwenden.

Schiebedachabläufe: Auf Durchfluss prüfen/reinigen

Spezialwerkzeug:

- Biegsame Welle oder VW-Reinigungswerkzeug VAS-6620.

Betriebsmittel: nicht erforderlich.

Prüfen

- Schiebedach öffnen.

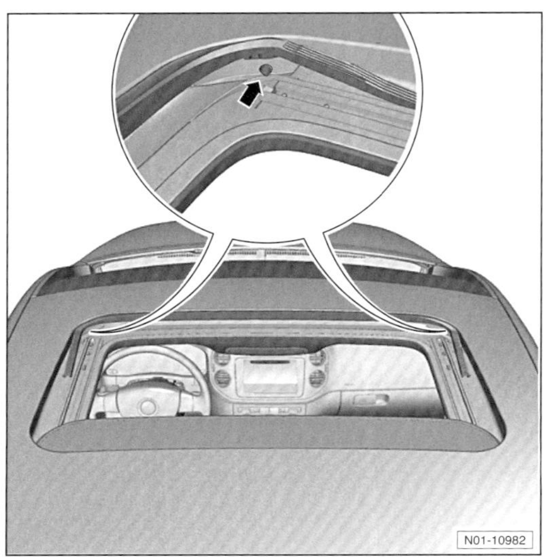

- Ablauflöcher –Pfeil– auf Schmutz prüfen. Gegebenenfalls Verschmutzung entfernen.
- Leitungswasser in die Schiebedachabläufe fließen lassen und prüfen, ob das Wasser in annähernd gleicher Menge aus den Radhauskästen herausläuft.
- Sollte nur wenig oder gar kein Wasser an den Radkästen austreten, Abläufe reinigen.

Reinigen

- Windlaufgrill ausbauen, siehe Seite 239/271/294.

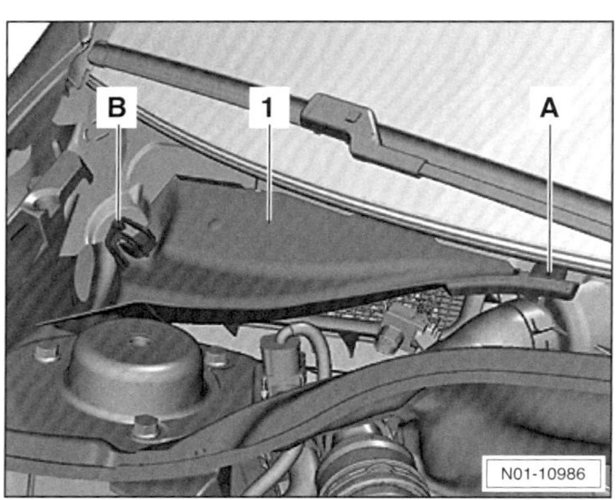

- Abdeckung –1– ausbauen. Dazu die Verrastungen –A– und –B– lösen.
- Biegsame Welle oder VW-Reinigungswerkzeug VAS-6620 in die Ablauföffnung langsam hineindrücken und herausziehen. Schließlich das Werkzeug bis zu den Ablaufventilen führen und damit den Schmutz herausdrücken.

- Die Abläufe –Pfeile– befinden sich auf der linken und rechten Seite im Wasserkasten.
- Anschließend Wasserkasten-Abläufe auf Verschmutzung prüfen und gegebenenfalls reinigen.
- Zur Kontrolle nochmals Leitungswasser durch die Schiebedachablauflöcher fließen lassen.
- Seitliche Abdeckung einsetzen und einrasten.
- Windlaufgrill einbauen, siehe Seite 239/271/294.

Wasserkasten und Wasserablauföffnungen sichtprüfen und reinigen

Spezialwerkzeug und Verschleißteile/Betriebsmittel sind nicht erforderlich.

Reinigen

- Sämtliche Verschmutzungen, beispielsweise Blätter, aus dem Wasserkasten entfernen. Gegebenenfalls mit einem handelsüblichen flexiblen Greifwerkzeug herausnehmen.
- Gummitüllen der Wasserabläufe links und rechts reinigen und auf freien Durchgang prüfen.
- Feine Verschmutzungen mit einem dünnen Wasserstrahl und gegebenenfalls mit einer flexiblen Nylonsonde reinigen.

Unterboden: Sichtprüfung auf Beschädigungen, Leitungsverlegung, Stopfen

Erforderliches Spezialwerkzeug:

- Werkstattwagenheber, Unterstellböcke.
- Lampe.

Prüfen

Sicherheitshinweis
Beim Aufbocken des Fahrzeugs besteht Unfallgefahr! Deshalb vorher das Kapitel »Fahrzeug aufbocken« durchlesen.

- Fahrzeug vorn aufbocken.
- Unterboden mit einer Taschenlampe anstrahlen und auf Beschädigungen sichtprüfen.
- Prüfen, ob alle Leitungen in den dazugehörigen Halterungen befestigt sind.
- Prüfen, ob alle Stopfen vorhanden sind.

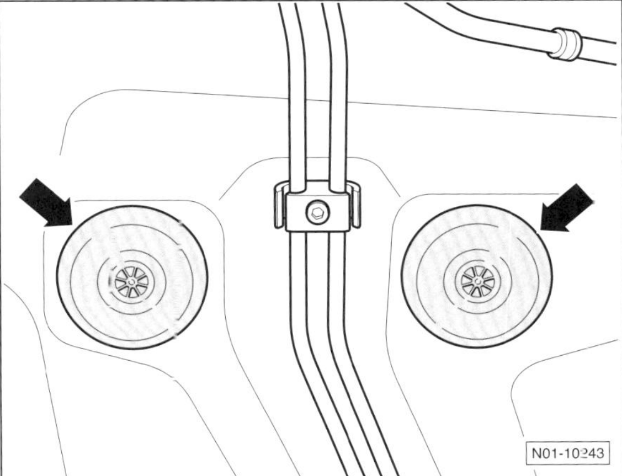

- Bei den Verschlussdeckeln –Pfeile– besonders auf Risse und Ablösungen des Unterbodenschutzes sowie auf Korrosion achten.

Elektrische Anlage

Folgende Wartungsarbeiten müssen nach dem Wartungsplan in unterschiedlichen Intervallen durchgeführt werden:

- Alle Stromverbraucher: Funktion prüfen.
- Scheibenwischerblätter: Wischergummis auf Verschleiß sichtprüfen.
- Scheibenwaschanlage, Scheinwerfer-Waschanlage: Flüssigkeitsstand, Frostschutz und Funktion prüfen, Düsenstellung kontrollieren, siehe Kapitel »Scheibenwischeranlage«.
- Batterie: Prüfen.
- Automatische Fahrlichtsteuerung prüfen.
- Scheinwerfer: Einstellung prüfen (Werkstattarbeit).
- Service-Intervall-Anzeige zurücksetzen.

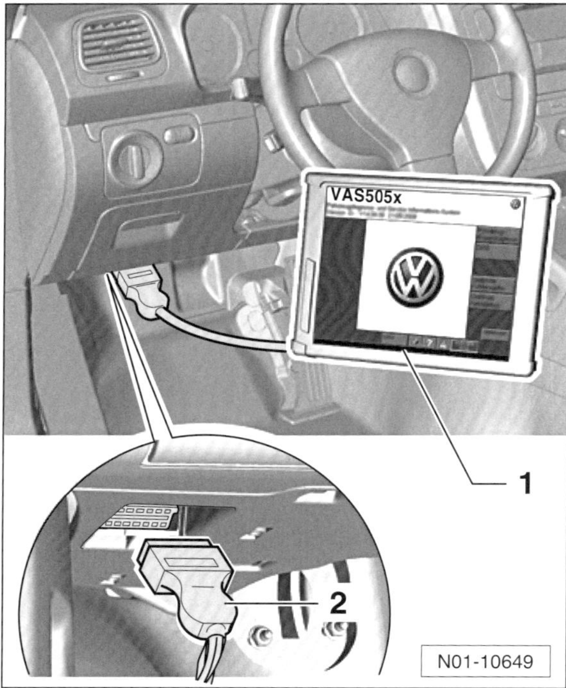

- Eigendiagnose: Fehlerspeicher auslesen (Werkstattarbeit). Dazu wird ein geeignetes Fahrzeugdiagnosegerät –1–, zum Beispiel VW-VAS-5052 mit einem passenden Verbindungskabel –2–, zum Beispiel VAS-5051/6A, benötigt. Diagnosegerät bei ausgeschalteter Zündung an den Diagnoseanschluss im Fahrerfußraum unter der Armaturentafel anschließen.
- Service-Intervallanzeige zurücksetzen: Die Serviceanzeige wird mit dem Diagnosegerät zurückgesetzt beziehungsweise von »flexiblen Wartungsintervallen« auf »feste Wartungsintervalle« umgestellt.

  Eine auf »feste Wartungsintervalle« eingestellte Serviceanzeige kann auch mit den verschiedenen Fahrzeugtasten zurückgestellt werden. Werden »flexible Wartungsintervalle« mit den Fahrzeugtasten zurückgestellt, dann wird die Serviceanzeige automatisch auf »feste Wartungsintervalle« umgestellt.

Stromverbraucher prüfen

Spezialwerkzeug: nicht erforderlich.

Folgende Funktionen prüfen, gegebenenfalls Fehler beheben. **Hinweis:** Je nach Ausstattung sind im Fahrzeug nicht alle hier aufgeführten Verbraucher vorhanden.

- Beleuchtung, Scheinwerfer, Nebellampen, Blinkleuchten, Warnblinkanlage, Schlussleuchten, Nebelschlussleuchten, Rückfahrleuchten, Bremsleuchten, Parklichtschaltung.
- Innen- und Leseleuchten (Abschaltautomatik für Innenleuchten vorn), beleuchtetes Handschuhfach, beleuchteter Ascher, Kofferraumbeleuchtung.
- Warnsummer für nicht ausgeschaltetes Licht und/oder Radio.
- Alle Schalter in der Armaturentafel beziehungsweise Mittelkonsole.
- Kombiinstrument (Schalttafeleinsatz) mit allen Anzeigen, Zählern, Leuchten und Beleuchtung.
- Hupe.
- Scheibenwisch-/Scheibenwaschanlage, Scheinwerferreinigungsanlage.
- Zigarettenanzünder.
- Elektrische Außenspiegel (beheizbar, einstellbar, anklappbar, Beifahrerspiegelabsenkung).
- Elektrische Fensterheber.
- Elektrisches Schiebe-/Ausstelldach.
- Zentralverriegelung, Funkfernbedienung, Komfortschließung.
- Elektrische Sitzverstellung, Gurthöhenverstellung.
- Beheizbare Sitze.
- Radio.

Batterie prüfen

Batterie sichtprüfen

- Batteriegehäuse auf Beschädigungen sichtprüfen. Bei beschädigtem Gehäuse kann Batteriesäure auslaufen und die umliegenden Bauteile beschädigen. Bei beschädigtem Gehäuse Batterie schnellstmöglich ersetzen.

Batterie/Batterieklemmen auf festen Sitz prüfen

Eine lockere Batterie hat eine verkürzte Lebensdauer durch Rüttelschäden. Lockere Batterieanschlüsse können einen Kabelbrand oder Funktionsstörungen in der elektrischen Anlage nach sich ziehen und die Crash-Sicherheit des Fahrzeuges vermindern.

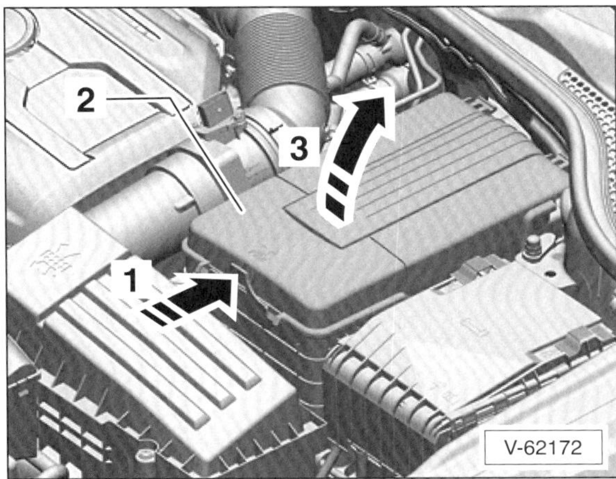

V-62172

- Falls ein Batteriedeckel vorhanden ist, Verschluss –Pfeil 1– drücken, Deckel –2– hochschwenken –Pfeil 3–. Deckel hinten aushängen und abnehmen.
- Batterie kräftig hin- und herbewegen.
- Sitzt die Batterie lose, Batterie-Halteplatte mit **35 Nm** festziehen, siehe Kapitel »Batterie aus- und einbauen« auf Seite 80.

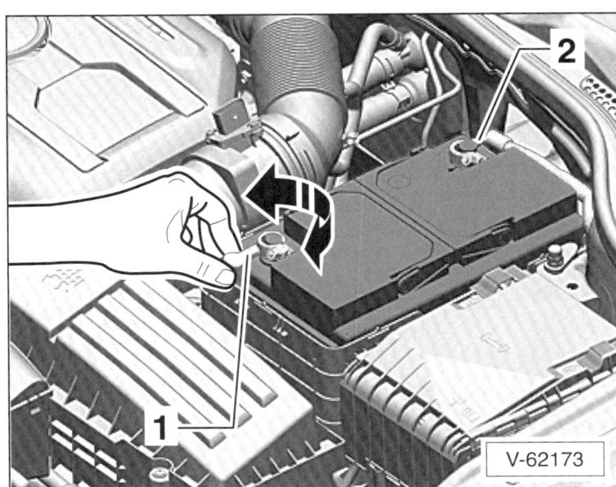

V-62173

- Batterieklemmen –1– und –2– hin- und herbewegen und festen Sitz prüfen, gegebenenfalls Befestigungsmuttern nachziehen. Anzugsdrehmoment: **6 Nm**.

Achtung: Falls die Batterie-Plusklemme (+) locker ist, muss vor dem Festziehen der Plusklemme wegen Kurzschlussgefahr die Masseklemme (–) an der Batterie abgeklemmt werden. Nachdem die Plusklemme festgezogen ist, Massekabel wieder anklemmen. Batterie-Massekabel abklemmen, siehe Seite 80.

- Gegebenenfalls Batteriedeckel zurückklappen und einrasten.

Automatische Fahrlichtsteuerung prüfen

Spezialwerkzeug: nicht erforderlich.

- Prüfvoraussetzung: Fahrzeug muss sich im Tageslicht befinden.

Prüfen

- Zündung einschalten.
- Lichtschalter in Stellung 2 »AUTO« drehen. Die Scheinwerfer dürfen nicht leuchten.
- Zündung bleibt eingeschaltet und Lichtschalter steht weiterhin auf »AUTO«.

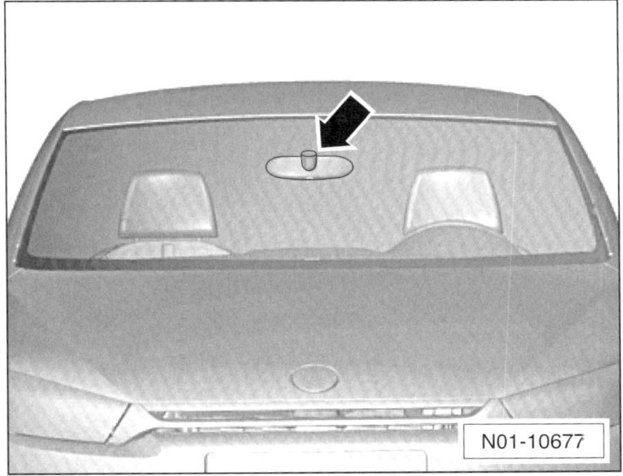
N01-10677

- Befestigungsbereich des Innenspiegels –Pfeil– außen an der Windschutzscheibe mit der Hand oder einem geeigneten Gegenstand abdecken. Daraufhin erkennt der Sensor für Regen- und Lichterkennung am Halter des Innenspiegels eine Helligkeitsabnahme und schaltet die Scheinwerfer ein.
- Lichtschalter in Stellung »0« drehen und Zündung ausschalten.

Service-Intervall-Anzeige zurücksetzen

Achtung: Durch Zurücksetzen der Service-Intervallanzeige über die Schalter am Scheibenwischerhebel, am Multifunktionslenkrad oder am Kombiinstrument wird das Wartungs-System von »flexiblen« auf »feste« Service-Intervalle umgestellt. Wenn die »flexiblen« Service-Intervalle erhalten bleiben sollen, dann muss die Service-Anzeige mit dem VW-Diagnosegerät zurückgesetzt werden.

Fahrzeuge bis Modelljahr 2013

Mit der Wippe am Scheibenwischerhebel

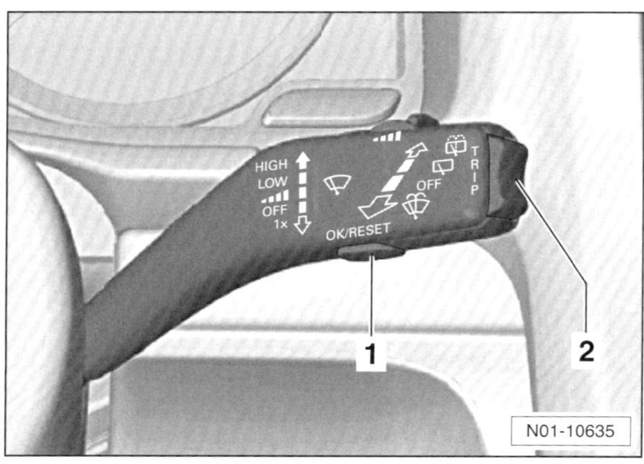

N01-10635

- Wippe –2– am Scheibenwischerhebel so oft betätigen, bis in der Multifunktionsanzeige das Menü »Einstellungen« angezeigt wird.
- Zunächst das Untermenü »Service« aufrufen, dann den Menüpunkt »Reset« markieren.
- »OK«-Taste –1– drücken und dadurch die Service-Intervall-Anzeige zurücksetzen.
- Anschließende Sicherheitsabfrage durch Drücken der »OK«-Taste bestätigen.

Mit den Tasten am Multifunktionslenkrad

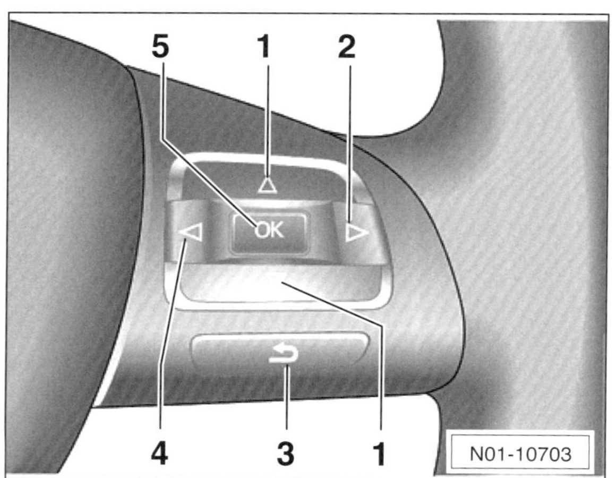

N01-10703

- Mit den Tasten –1– bis –4– am Multifunktionslenkrad das Menü »Einstellungen« aufrufen.
- Zunächst das Untermenü »Service« auswählen, dann den Menüpunkt »Reset« markieren.
- »OK«-Taste –5– drücken und dadurch die Service-Intervall-Anzeige zurücksetzen.
- Anschließende Sicherheitsabfrage durch Drücken der »OK«-Taste bestätigen.

Mit den Bedientasten am Kombiinstrument (Schalttafeleinsatz)

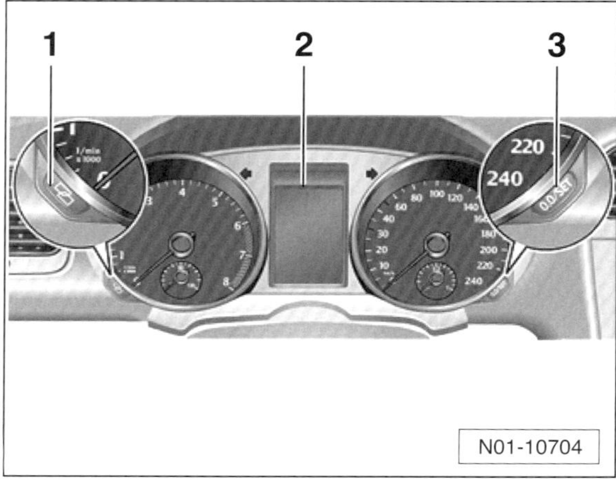

N01-10704

- Bei ausgeschalteter Zündung den Taster –3– drücken und halten.
- Zündung einschalten.
- Taster –3– loslassen.
- Stelltaste für die Uhr –1– einmal kurz drücken. Dadurch wird die Service-Intervall-Anzeige in den Rückstellmodus geschaltet. Nach kurzer Zeit schaltet das Display –2– in die Normalanzeige zurück. Die Service-Intervall-Anzeige ist damit zurückgesetzt.

Fahrzeuge ab Modelljahr 2014

Zurücksetzen von Ölwechsel-Service oder Inspektion, je nachdem, was gerade angezeigt wird:

- Nur für das Zurücksetzen der Inspektion: Warnblinkanlage einschalten.
- Bei ausgeschalteter Zündung den Taster –3– drücken und gedrückt halten (Abbildung N01-10704).
- Die Zündung einschalten, dann den Taster –3– loslassen. Die Service-Intervall-Anzeige befindet sich nun im Rückstellmodus.
- Am Lenkrad oder am Scheibenwischerhebel die OK-Taste –1– (Abbildung N01-10703/N01-10635) drücken und damit Ölwechsel-Service/Inspektion zurücksetzen. Das Display schaltet nach kurzer Zeit in die Normalanzeige zurück.
- Nur nach Zurücksetzen der Inspektion: Warnblinkanlage ausschalten.

Motorabdeckung oben aus- und einbauen

Achtung: Ausgebaute Motorabdeckung auf einer weichen Unterlage ablegen, damit die Oberfläche nicht zerkratzt wird. Beim Einbau nicht mit der Faust oder einem Werkzeug auf die Motorabdeckung schlagen.

1,4-l-Benzinmotor 59 kW

Ausbau - Ausführung 1

- Schlauch für Ölabscheider beziehungsweise Rückschlagventil vom Luftfiltergehäuse-Oberteil abziehen.

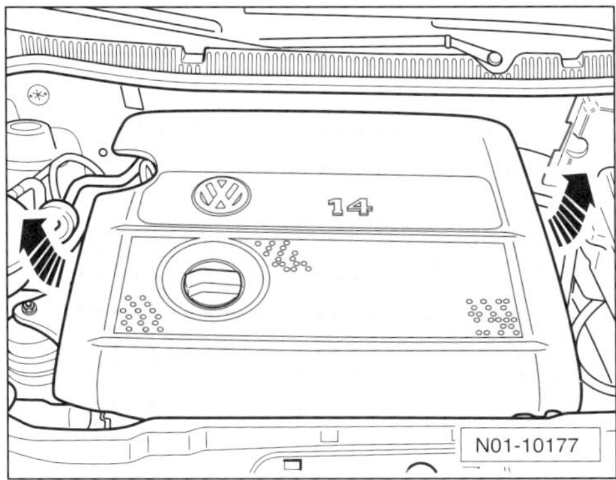

- Seitlich unter die Motorabdeckung fassen und diese in Pfeilrichtung ausrasten.
- Motorabdeckung von der Drosselklappensteuereinheit abziehen und nach oben herausnehmen.

Einbau

- Motorabdeckung an den Befestigungspunkten aufsetzen, nach unten drücken und spürbar einrasten.
- Schlauch für Ölabscheider beziehungsweise Rückschlagventil am Luftfiltergehäuse-Oberteil aufschieben.

Ausbau - Ausführung 2

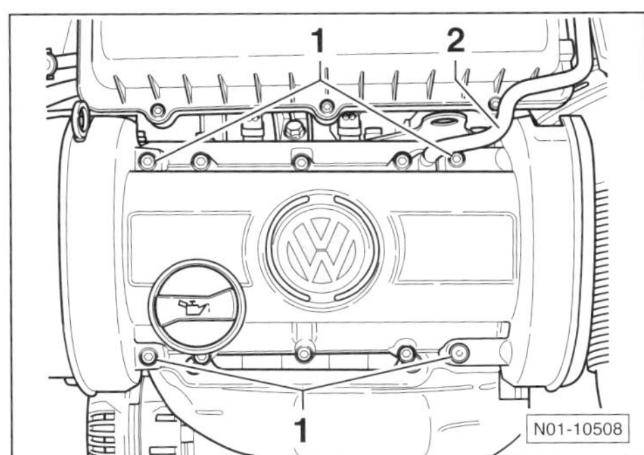

- Schlauch –2– vorsichtig abziehen.
- 4 Schrauben –1– herausdrehen und Abdeckung abnehmen.

Einbau

- Abdeckung aufsetzen und mit **10 Nm** anschrauben.

Ausbau - Ausführung 3

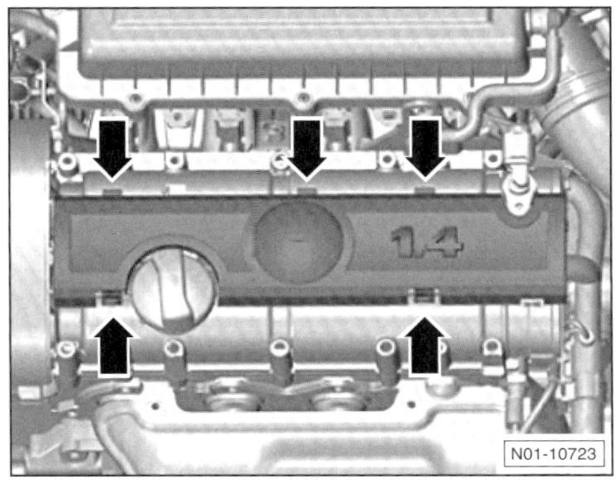

- 5 Schrauben –Pfeile– herausdrehen und Abdeckung abnehmen.

Einbau

- Abdeckung aufsetzen und mit **10 Nm** anschrauben.

1,4-l-TSI-Benzinmotor

Ausbau – Ausführung 1

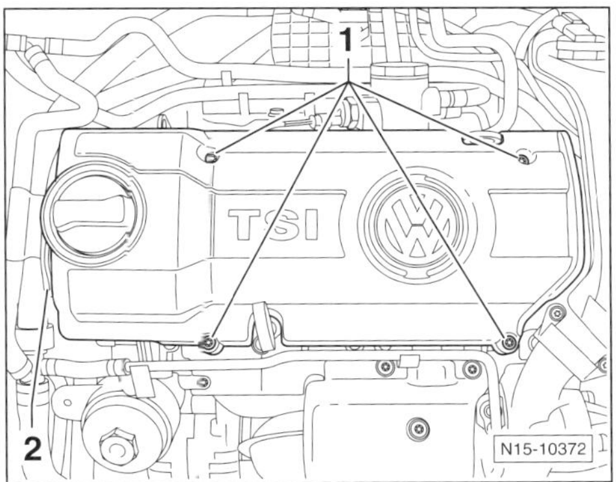

- Schlauch aus der Halterung –2– ziehen.
- Schrauben –1– herausdrehen und Motorabdeckung abnehmen.

Einbau

- Motorabdeckung aufsetzen und mit **10 Nm** anschrauben.
- Kühlmittelschlauch am Halter einhängen.

Ausbau – Ausführung 2

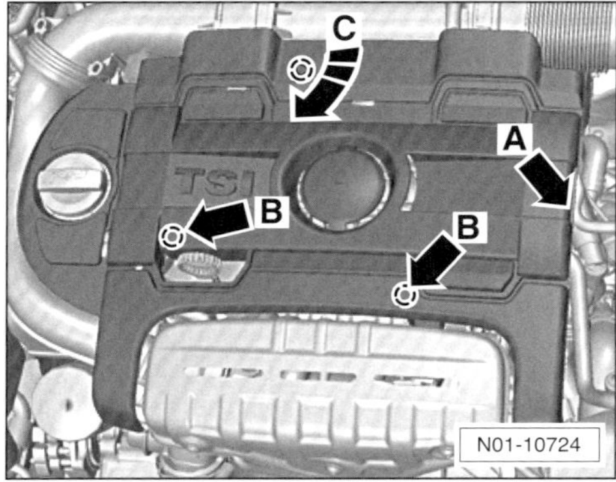

- Unterdruckschlauch –Pfeil A– vom Stutzen abziehen.
- Motorabdeckung an den vorderen Befestigungspunkten –Pfeile B– ausrasten, etwas anheben und anschließend aus der Halterung –C– in Pfeilrichtung herausziehen.

Einbau

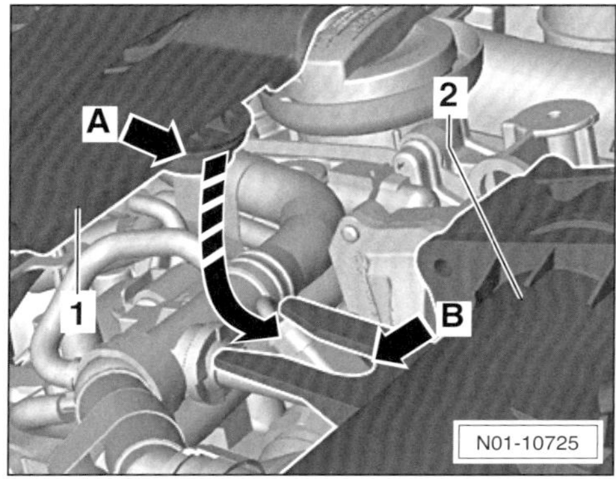

- Motorabdeckung –1– mit der Lasche –Pfeil A– am Befestigungspunkt –2– in den Halter –Pfeil B– in Pfeilrichtung einschieben.
- Motorabdeckung auf die anderen Befestigungspunkte aufsetzen, nach unten drücken und spürbar einrasten.
- Schlauch am Anschlussstutzen aufstecken und verriegeln.

Ausbau – Ausführung 3

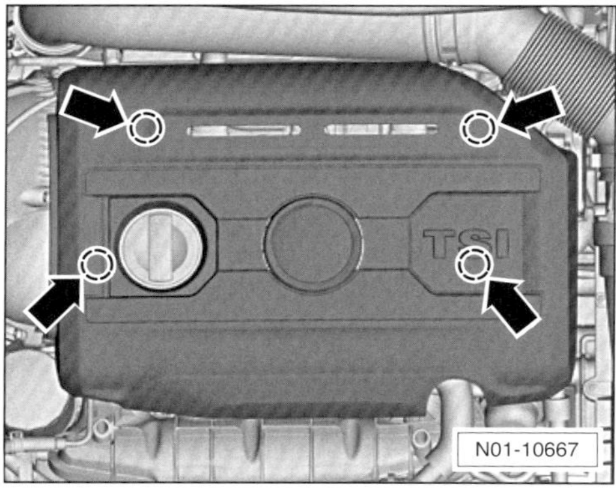

- Motorabdeckung an den Befestigungspunkten –Pfeile– ausrasten, etwas anheben und nach oben abnehmen.

Einbau

- Motorabdeckung an den Befestigungspunkten aufsetzen, nach unten drücken und spürbar einrasten.

CR-Dieselmotor

Ausbau

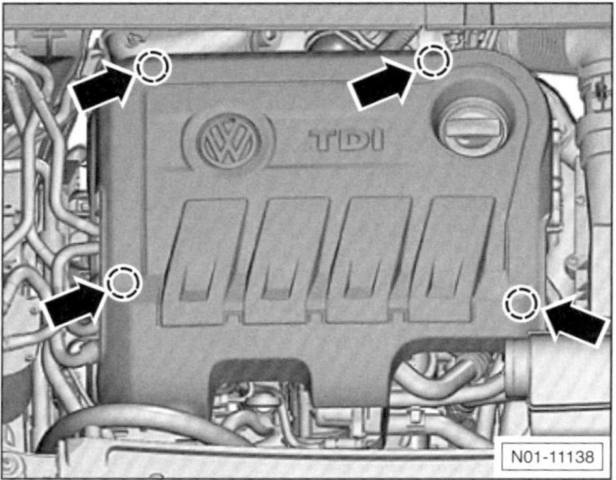

- Motorabdeckung an den Befestigungspunkten –Pfeile– ausrasten, etwas anheben und nach oben abnehmen. **Hinweis:** Die Abbildung zeigt die Abdeckung im **TOURAN**.

Achtung: Dabei so weit wie möglich unter die Motorabdeckung greifen. Die Halter für die Motorabdeckung können leicht abbrechen, deshalb vorsichtig vorgehen.

Einbau

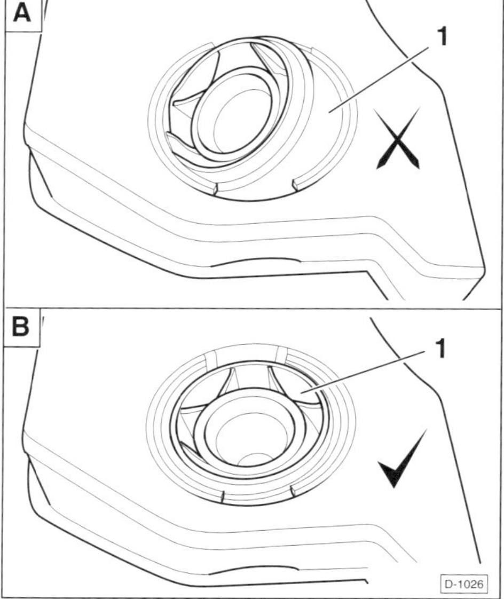

- Vor dem Einbau der Motorabdeckung unbedingt korrekte Einbaulage –B– der Kugelpfannen –1– prüfen. Gegebenenfalls Kugelpfannen aus Position –A– in Position –B– drücken.
- Motorabdeckung auflegen und über den Befestigungs-Kugelköpfen ausrichten. Motorabdeckung an den Ecken nach unten drücken und einrasten.

Motorraumabdeckung unten aus- und einbauen

Die Motorraumabdeckung gibt es in 2 Ausführungen. Ausführung 1: große Abdeckung; Ausführung 2: kleine Abdeckung.

Ausbau

Sicherheitshinweis
Beim Aufbocken des Fahrzeugs besteht Unfallgefahr! Deshalb vorher das Kapitel »Fahrzeug aufbocken« durchlesen.

- Fahrzeug vorne aufbocken.

Ausführung 1:

- 11 Schrauben herausdrehen und Abdeckung aus den vorderen Führungen nach hinten herausziehen.
- Abdeckung abnehmen.

Einbau

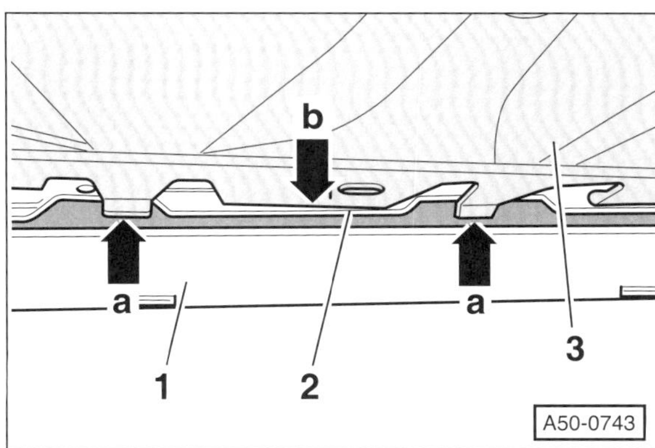

- Abdeckung –3– nach vorn unten in den Schlossträger –2– einschieben. Dabei müssen die schmalen Laschen –Pfeil a– unterhalb und die breiten Laschen –Pfeil b– oberhalb der Kante für den Schlossträger –2– eingeschoben werden.

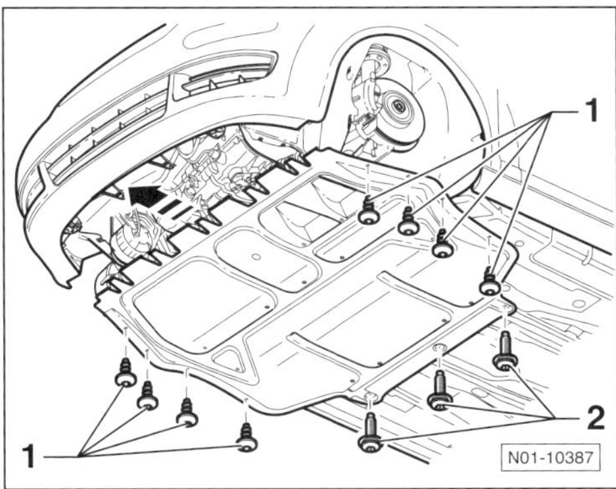

- Abdeckung hinten anheben und die Schrauben –2– mit **6 Nm** anziehen.
- Blechschrauben –1– mit **2 Nm** festziehen.

Ausführung 2:

- 8 Schrauben herausdrehen und Abdeckung aus den vorderen Führungen nach hinten herausziehen.
- Abdeckung abnehmen.

Einbau

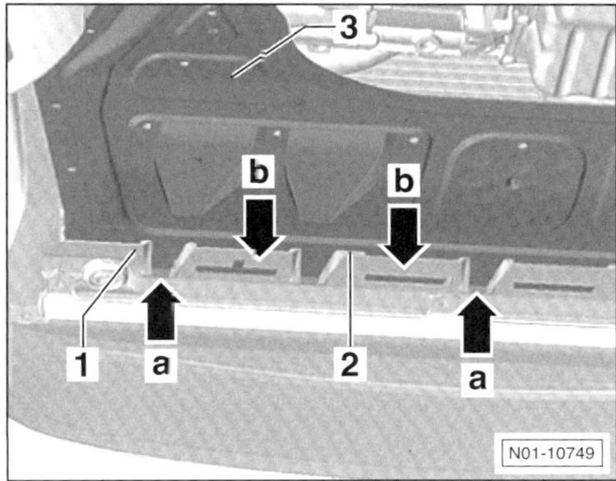

- Abdeckung –3– nach vorn unten in den Schlossträger –2– einschieben. Dabei müssen die schmalen Laschen –Pfeil a– unterhalb und die breiten Laschen –Pfeile b– oberhalb der Kante für den Schlossträger –2– eingeschoben werden.

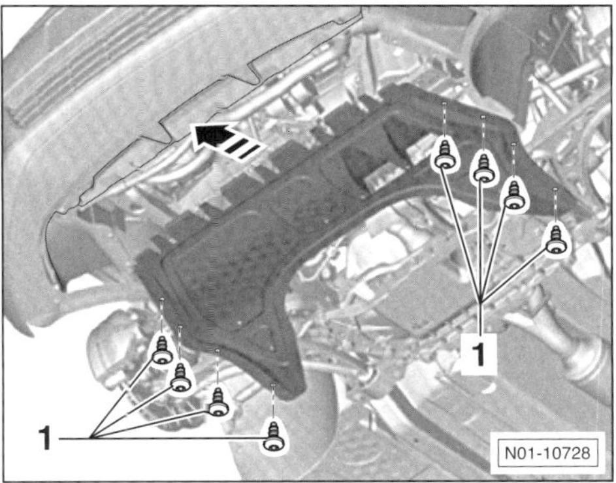

- Abdeckung hinten anheben und die Blechschrauben –1– mit **2 Nm** anziehen.

- Fahrzeug ablassen.

Luftfiltergehäuse – Detailübersicht

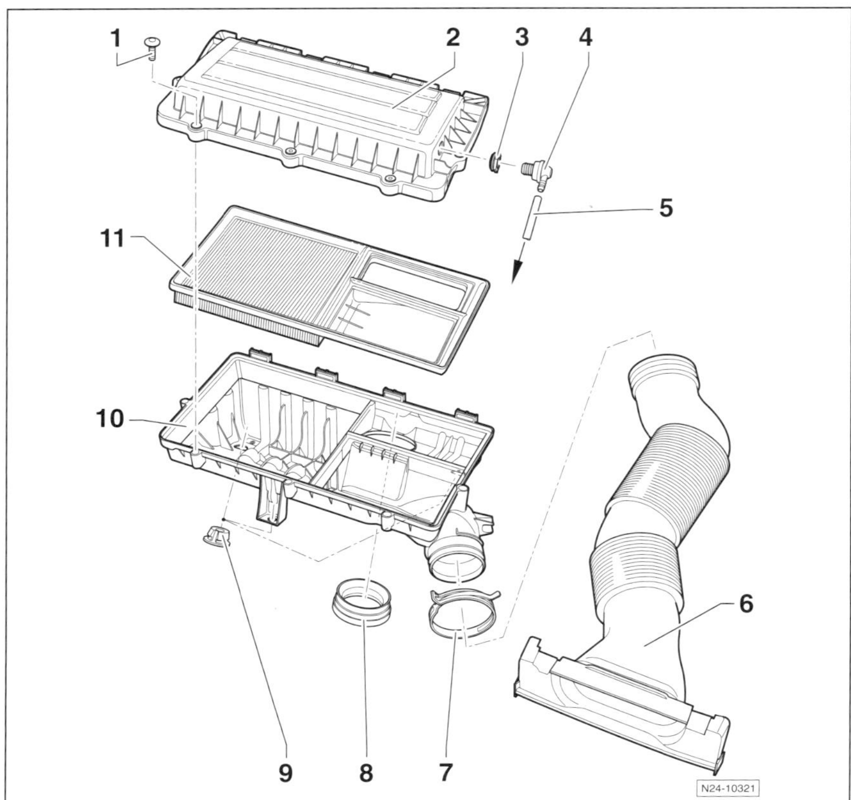

1,4-l-Benzinmotor CGGA

1 – **Schraube, 3 Nm**
Achtung: Die selbstschneidenden Schrauben nur von Hand lösen und anziehen.

2 – **Luftfilterdeckel**

3 – **Dichtring**

4 – **Rückschlagventil**

5 – **Schlauch**
Zum Nockenwellengehäuse.

6 – **Ansaugschlauch**
Mit Ansauglufthutze. Die Hutze ist mit 2 Rastnasen an der Ansaugluftführung eingerastet.

7 – **Federbandschelle**

8 – **Dichtring**

9 – **Gummitülle**
Hält den Luftfilter auf dem Lagerbolzen.

10 – **Luftfiltergehäuse**

11 – **Filtereinsatz**

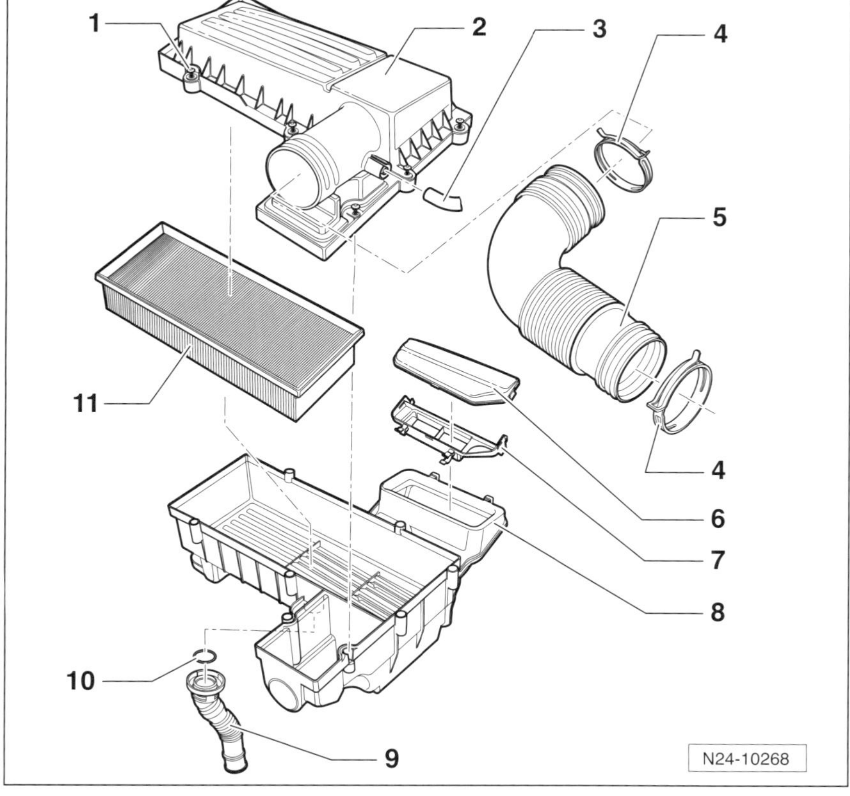

1,4-l-TSI-Benzinmotor CAVC/CAVD/CDGA

1 – **Schraube, 1,6 Nm**

2 – **Luftfilter-Oberteil**

3 – **Unterdruckschlauch**
Vom Nockenwellengehäuse.
Bei Beschädigung ersetzen.
Um Beschädigungen zu vermeiden, keine scharfkantigen Werkzeuge zum Abziehen des Schlauches verwenden.

4 – **Federbandschelle**

5 – **Ansaugschlauch**

6 – **Abdeckung**
Verrastungen drücken und nach oben abziehen.

7 – **Ansaugluftführung**

8 – **Luftfilter-Unterteil**
Mit unverlierbarer Befestigungsschraube.
Anzugsdrehmoment: **8 Nm**.

9 – **Wassserablaufstutzen**
Beim Einbau müssen sich die Pfeile auf dem Luftfilter-Unterteil und dem Wasserablaufstutzen gegenüberstehen.

10 – **O-Ring**
Nach jeder Demontage ersetzen.

11 – **Filtereinsatz**

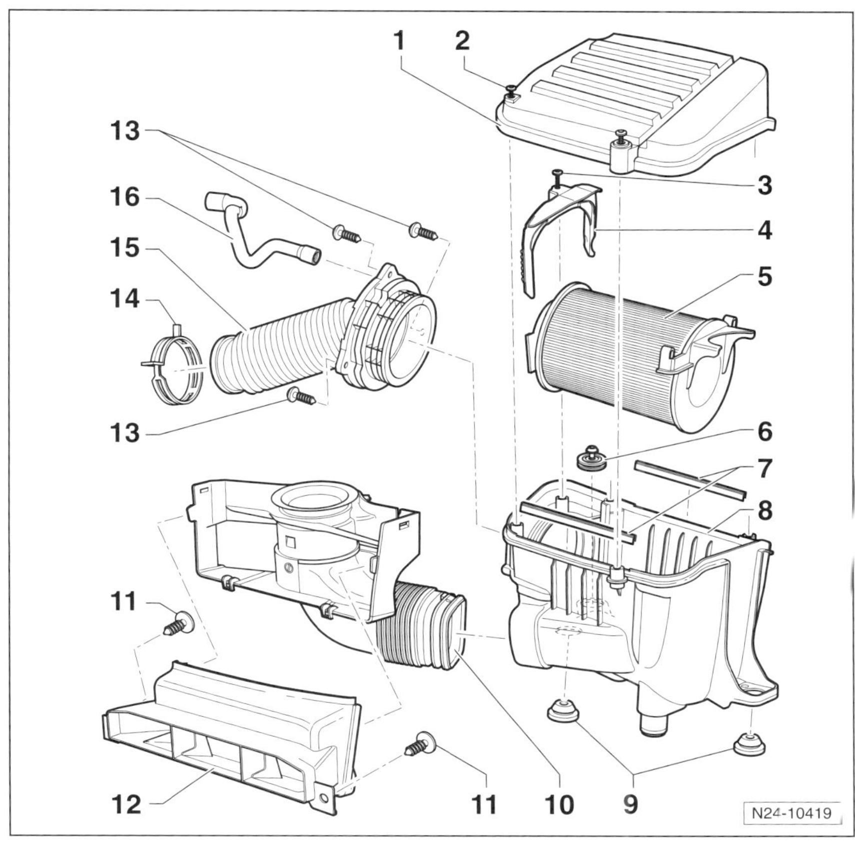

1,2-/1,4-l-TSI-Benzinmotor CBZA/CBZB/CAXA

1 – **Luftfilteroberteil**

2 – **Schraube, 1,6 Nm**

3 – **Schraube, 1,6 Nm**

4 – **Halter**

5 – **Filtereinsatz**

6 – **Gummimetalllager, 8 Nm**
Mit unverlierbarer Schraube.

7 – **Dichtleisten**
Bei Beschädigung ersetzen.

8 – **Luftfilterunterteil**

9 – **Gummilager**

10 – **Ansaugstutzen**

11 – **Schraube, 3 Nm**

12 – **Ansaugluftführung**

13 – **Schraube, 1,6 Nm**

14 – **Federbandschelle**

15 – **Ansaugschlauch**

16 – **Unterdruckschlauch**
Zum Zylinderkopfdeckel.
Bei Beschädigung ersetzen.

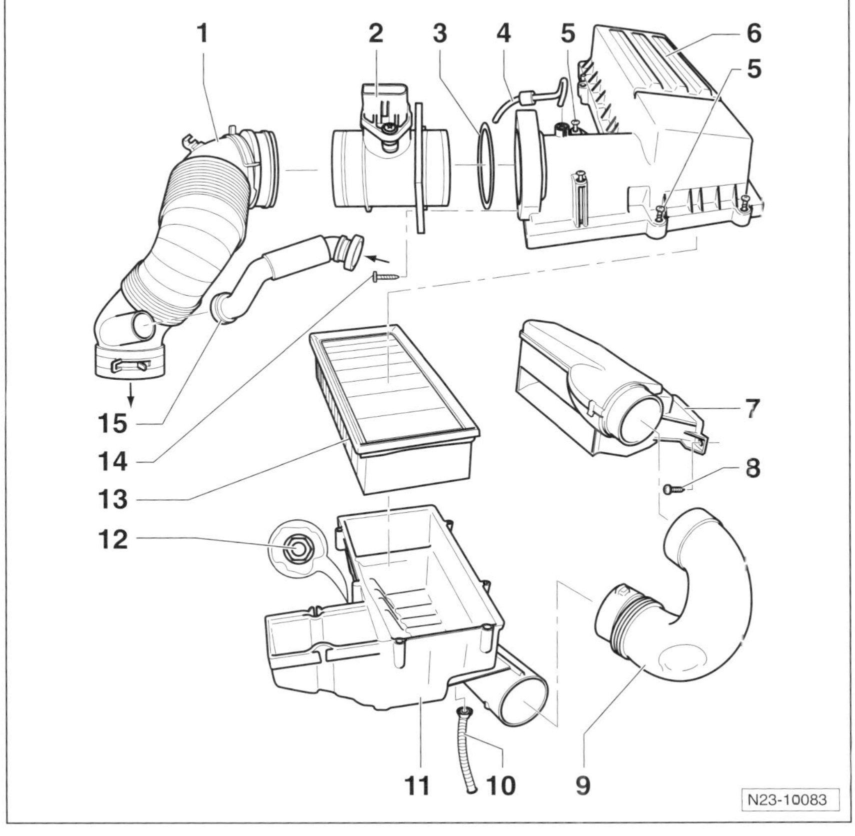

Dieselmotor

1 – **Luftführungsschlauch**
Zum Abgasturbolader.

2 – **Luftmassenmesser**

3 – **O-Ring**
Bei Beschädigung ersetzen. Mit silikonfreiem Gleitmittel montieren.

4 – **Utnerdruckschlauch**
Zum Magnetventil für Ladedruckbegrenzung.

5 – **Schraube, 2 Nm**

6 – **Luftfilter-Oberteil**

7 – **Ansaugstutzen**
Am Schlossträger angeschraubt.
3 Verrastungen anheben und Deckel nach oben abziehen.

8 – **Schraube, 2 Nm**

9 – **Verbindungsschlauch**
Beim Abziehen die Rastnasen eindrücken.

10 – **Entwässerungsrohr**

11 – **Luftfilter-Unterteil**

12 – **Mutter, 8 Nm**

13 – **Filtereinsatz**

14 – **Schraube, 2 Nm**

15 – **Verbindungsrohr**
Vom Zylinderkopfdeckel.
Für Kurbelgehäuseentlüftung.

Kühlmittel wechseln

Das Kühlmittel muss nur nach Reparaturen am Kühlsystem oder am Motor erneuert werden, wenn dabei das Kühlmittel abgelassen wurde. Ein Wechsel im Rahmen der Wartung ist nicht vorgesehen. Falls bei Reparaturen der Zylinderkopf, die Zylinderkopfdichtung, der Kühler, der Wärmetauscher oder der Motor ersetzt wurden, muss die Kühlflüssigkeit auf jeden Fall ersetzt werden. Das ist erforderlich, weil sich die Korrosionsschutzanteile in der Einlaufphase an den neuen Leichtmetallteilen absetzen und somit eine dauerhafte Korrosionsschutzschicht bilden. Bei gebrauchter Kühlflüssigkeit ist der Korrosionsschutzanteil in der Regel nicht mehr groß genug, um eine ausreichende Schutzschicht an den neuen Teilen zu bilden.

Achtung: Kühlmittel ist leicht giftig. Gemeinde- und Stadtverwaltungen informieren darüber, wie das alte Kühlmittel entsorgt werden soll.

Hinweis: In der Fachwerkstatt wird das Kühlsystem mit einer Unterdruck-Befüllanlage aufgefüllt, zum Beispiel VW-VAS-6096 oder HAZET 4801-1 mit Adaptern 4801-2/3. Hinweise zum Befüllen mit der Unterdruckanlage stehen am Ende des Kapitels.

Kühlmittel ablassen

- Untere Motorraumabdeckung ausbauen, siehe Seite 63.

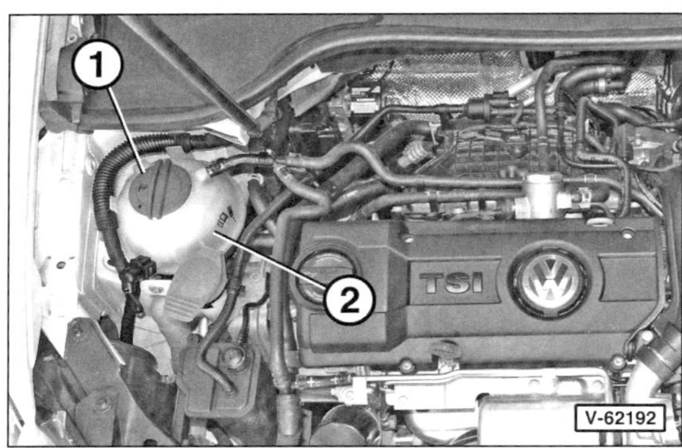

- Verschlussdeckel –1– am Ausgleichbehälter –2– öffnen. Bei warmem Motor einen Lappen über den Verschlussdeckel legen. Deckel etwas nach links drehen und Überdruck im Kühlsystem entweichen lassen. Anschließend Deckel ganz abschrauben.
- Sauberes Auffanggefäß auf der linken Seite unter den Kühler stellen.

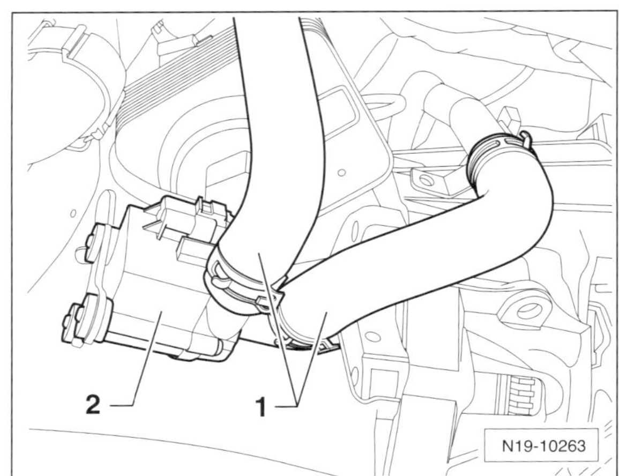

- **Dieselmotor:** Kühlmittelschläuche –1– an der Kühlmittelnachlaufpumpe –2– abziehen, vorher Federbandschellen öffnen und zurückschieben. **Hinweis:** Je nach Modell kann die Anordnung der Nachlaufpumpe im Fahrzeug etwas von der Darstellung in der Abbildung abweichen. Nach Ablassen der Kühlflüssigkeit Kühlmittelschläuche wieder aufstecken und mit Federbandschellen sichern.

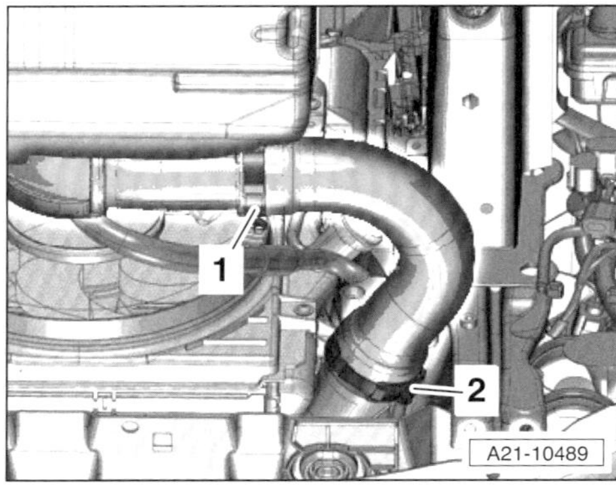

- **2,0-l-TDI-Motor 103/125 kW:** Luftführungsschlauch ausbauen. Dazu die Schlauchschellen –1– und –2– lösen und zurückschieben.
- **1,2-l-TSI-Motor 63/77 kW:** Stecker vom Kühlmittel-Temperaturgeber am unteren Kühleranschlussstutzen abziehen.

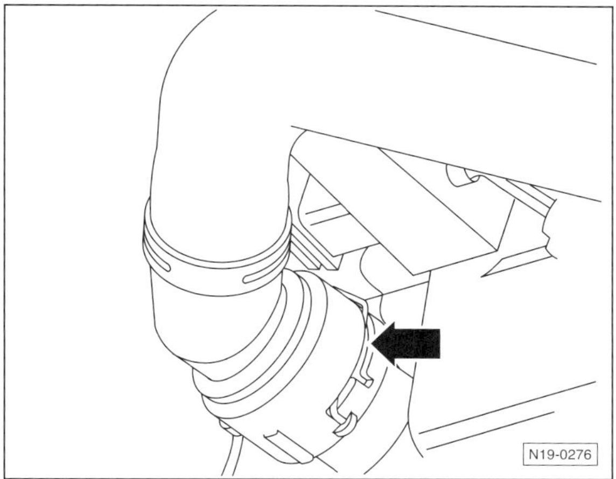

- Halteklammer –Pfeil– seitlich herausziehen, Kühlmittelschlauch vom Kühler abziehen und Kühlmittel ablaufen lassen. Anschließend Kühlmittelschlauch wieder aufstecken und mit Halteklammer sichern.
- **1,2-l-TSI-Motor 63/77 kW:** Stecker vom Kühlmittel-Temperaturgeber aufstecken.

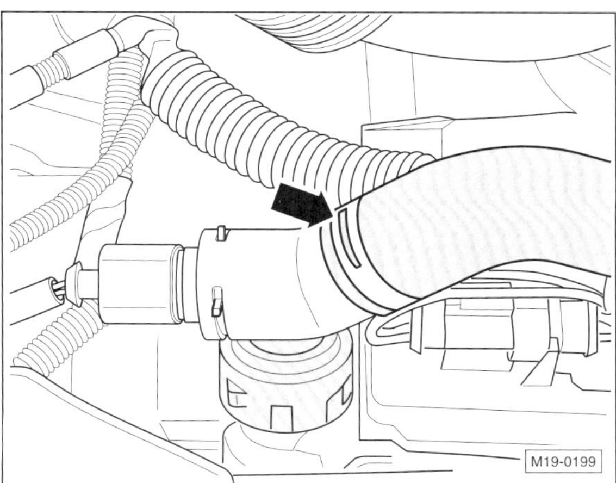

- **1,4-l-TSI-Motor 90/118 kW:** Federbandschelle –Pfeil– öffnen und zurückschieben. Kühlmittelschlauch unten vom Kühler abziehen und Kühlmittel ablaufen lassen. Anschließend Kühlmittelschlauch wieder aufstecken und mit Federbandschelle sichern. **Hinweis:** Wenn anstelle der Federbandschelle die seitliche Halteklammer herausgezogen und die Schnellkupplung abgezogen wird, dann läuft viel Kühlmittel auf die Stoßfängerabdeckung.

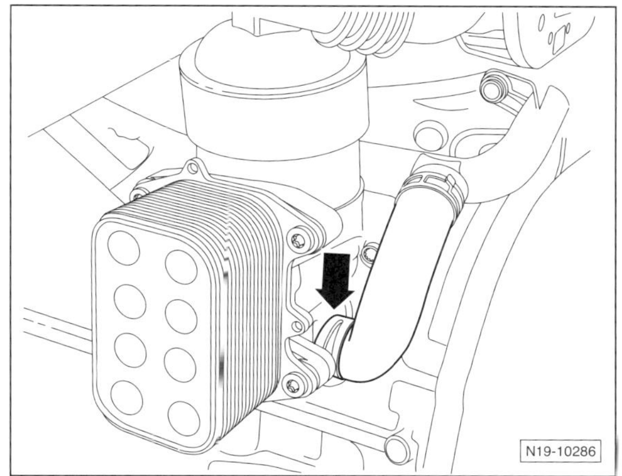

- **Dieselmotor:** Um das Kühlmittel aus dem Motor abzulassen Kühlmittelschlauch am Motorölkühler –Pfeil– abziehen, vorher Federbandschelle öffnen und zurückschieben. Nach Ablassen der Kühlflüssigkeit Kühlmittelschlauch wieder aufstecken und mit Federbandschelle sichern.

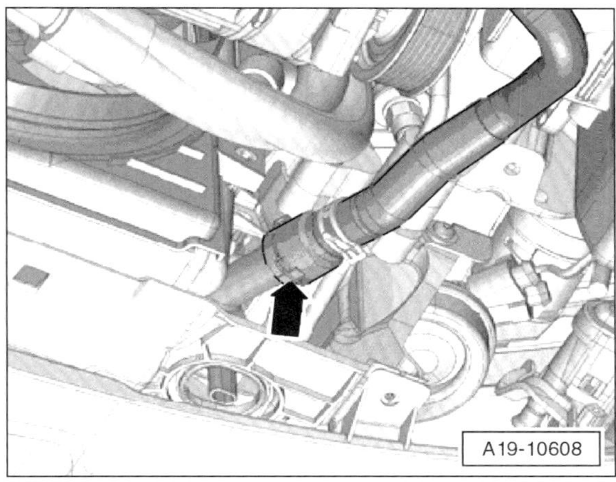

- **1,4-l-TSI-Motor 90 kW:** Kühlmittel aus dem Ladeluftkühler ablassen. Dazu Schnellkupplung –Pfeil– öffnen und Kühlmittelschlauch am unteren Anschlussstutzen des Zusatzkühlers für das Ladeluftsystem abziehen. Kühlmittel in die Auffangwanne ablaufen lassen. Anschließend Kühlmittelschlauch sofort wieder aufschieben und einrasten.
- **1,4-l-TSI-Motor 118 kW:** Unteren Kühlmittelschlauch am Kühlmittel-Ausgleichbehälter abziehen und ganz nach unten führen. Restliches Kühlmittel in die Auffangwanne ablaufen lassen. Anschließend Kühlmittelschlauch sofort wieder aufschieben und mit Federbandschelle sichern.

Kühlmittel einfüllen

- Kühlmittel aus 50% destilliertem Wasser und 50% VW-Kühlerfrost- und Korrosions-Schutzmittel mischen. Spezifikation des Kühlkonzentrats siehe unter »Frostschutz prüfen«; Kühlmittel-Füllmenge siehe unter »Motordaten« auf Seite 14.

Hinweis: Wasser hat auf die die Effektivität der Kühlflüssigkeit einen großen Einfluss. Da die Inhaltsstoffe im Trinkwasser regional sehr unterschiedlich sind, ist zum Mischen der Kühlflüssigkeit **nur** noch **destilliertes Wasser** zu verwenden.

- Sicherstellen, dass sämtliche Schläuche aufgesteckt und mit Schellen gesichert wurden.
- Motorraumabdeckung unten einbauen, siehe Seite 63.
- Fahrzeug ablassen.

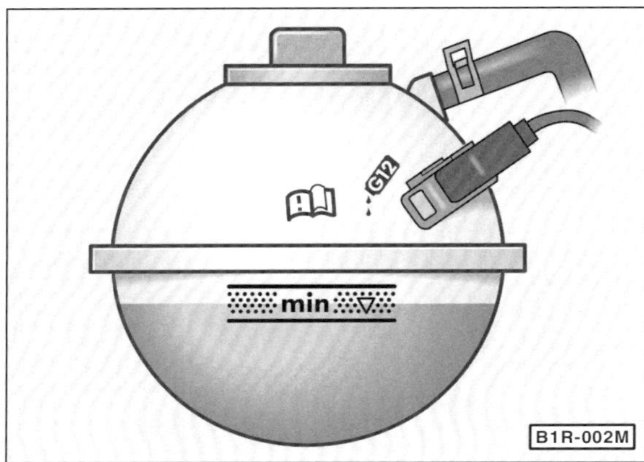

- Kühlmittelmischung über die Öffnung am Ausgleichbehälter langsam bis zur oberen Markierung des gerasterten Feldes (MAX-Markierung) auffüllen.

Kühlsystem entlüften

- Ausgleichbehälter verschließen.
- Heizungsbetätigung im Innenraum auf »kalt« stellen.
- Klimaanlage ausschalten.
- Motor starten und Drehzahl für etwa 3 Minuten auf 2.000/min halten.
- Anschließend den Motor im Leerlauf so lange weiter laufen lassen, bis der Kühlerlüfter anläuft.

Achtung: Beim 1,4-l-Benzinmotor mit Standheizung muss mit dem VW-Diagnosegerät eine Stellglieddiagnose des Absperrventils für Kühlmittel der Heizung durchgeführt werden (Werkstattarbeit). Vorher darf die Standheizung nicht in Betrieb genommen werden.

Sicherheitshinweis
Bei heißem Motor vor dem Öffnen des Ausgleichbehälters einen dicken Lappen auflegen, um Verbrühungen durch heiße Kühlflüssigkeit oder Dampf zu vermeiden. Deckel nur bei Kühlmitteltemperaturen unter +90° C abnehmen.

- Kühlmittelstand prüfen und gegebenenfalls bis an die obere Markierung ergänzen.
- Bei betriebswarmem Motor muss der Kühlmittelstand an der oberen Markierung (MAX-Markierung), bei kaltem Motor in der Mitte des gerasterten Feldes liegen (zwischen der MAX- und der MIN-Markierung).
- Motor abstellen.

Speziell Kühlmittel einfüllen mit Unterdruck-Befüllsystem

Die Fachwerkstatt benutzt für das Auffüllen und Entlüften des Kühlsystems eine Unterdruckanlage, zum Beispiel HAZET 4801-1. Dabei ist folgendermaßen vorzugehen:

- Kühlmittel aus 50% destiliertem Wasser und 50% VW-Kühlerfrost- und Korrosions-Schutzmittel mischen. Dabei sollte die Kühlflüssigkeitsmenge um ca. 2 Liter über der Kühlmittel-Füllmenge liegen, wie sie in der Tabelle »Motordaten« angegeben ist, siehe Seite 14.
- Sicherstellen, dass sämtliche Schläuche aufgesteckt und mit Schellen gesichert wurden.
- Motorraumabdeckung unten einbauen, siehe Seite 63.
- Fahrzeug ablassen.

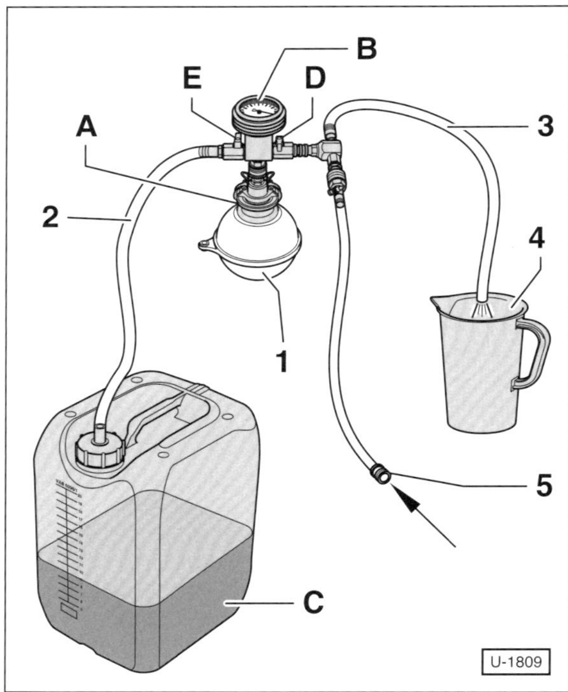

- Anschluss –A– (HAZET 4801-2/3) mit Befülleinheit –B– (HAZET 4801-1) an Kühlmittel-Ausgleichbehälter –1– aufsetzen. **Hinweis:** Der Anschluss-Konus wird durch den Unterdruck auf die Behälter-Öffnung gepresst.
- Zulaufschlauch –2– auf den gefüllten Kühlmittelbehälter –C– aufstecken. **Achtung:** Damit keine Luft angesaugt wird darauf achten, dass sich im Kühlmittelbehälter mehr Kühlflüssigkeit befindet, als für die maximale Füllmenge des Fahrzeuges erforderlich ist.

- Abluftschlauch –3– in einen leeren Behälter –4– führen. **Hinweis:** Die Abluft reißt eine geringe Menge Kühlmittel mit, die aufgefangen werden soll.
- Ventile –E– und –D– schließen, dazu Hebel quer zur Durchflussrichtung stellen.
- Druckluftschlauch –5– an Druckluft anschließen und mit 6 bis 10 bar Überdruck beaufschlagen –Pfeil–.

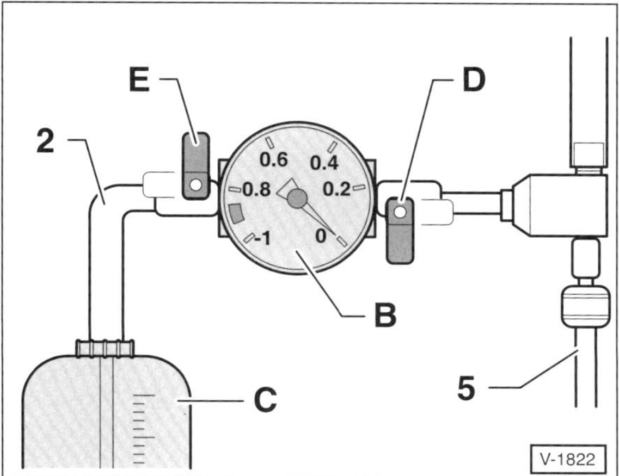

- Ablaufventil –D– öffnen. Dadurch wird im Kühlsystem Unterdruck erzeugt. Der Zeiger des Anzeigeinstruments muss in den grünen Bereich wandern. B – Befülleinheit, C – Kühlmittelbehälter.
- Zusätzlich Zulaufventil –E– so lange öffnen, bis sich der Zulaufschlauch –2– mit Kühlmittel gefüllt hat. Ventil –E– schließen.
- Ablaufventil –D– weitere 2 Minuten geöffnet lassen. Der Zeiger des Anzeigeinstruments muss weiterhin im grünen Bereich stehen.
- Ablaufventil –D– schließen. Der Zeiger des Anzeigeinstruments muss weiterhin im grünen Bereich stehen.

Hinweis: Wenn der Zeiger unterhalb des grünen Bereichs steht, Ablaufventil –D– erneut öffnen und Kühlsystem mit Unterdruck beaufschlagen. Wenn der Unterdruck abfällt, Kühlsystem auf undichte Stellen überprüfen.

- Druckluftschlauch –5– abziehen.
- Zulaufventil –E– öffnen und Kühlsystem befüllen. **Hinweis**: Indem die Venturidüse mit Druckluft beaufschlagt wird, erzeugt sie einen Unterdruck im Kühlsystem, so dass die Kühlflüssigkeit aus dem Vorratsbehälter in das Kühlsystem gesaugt wird.
- Ablaufventil –D– öffnen, wenn kein Kühlmittel mehr angesaugt wird.
- Kontrolleinheit –B– mit allen Anschlüssen vom Adapter –A– abbauen, siehe Abbildung U-1809.
- Kühlsystem entlüften.

Werkzeugausrüstung

Langfristig zahlt es sich immer aus, wenn man qualitativ hochwertiges Werkzeug kauft. Neben einer Grundausstattung mit Maul- und Ringschlüsseln in den gängigen Größen und verschiedenen Torxschraubendrehern sowie einem Satz Steckschlüssel empfiehlt sich auch der Kauf eines Drehmomentschlüssels. Darüber hinaus ist bei manchen Arbeitsgängen der Einsatz von Spezialwerkzeug zwingend erforderlich.

Gutes und stabiles Werkzeug wird von der Firma HAZET (42804 Remscheid, Postfach 100461) angeboten. In den Tabellen sind die Werkzeuge mit der HAZET-Bestellnummer aufgeführt. Vertrieben wird das Werkzeug über den Fachhandel.

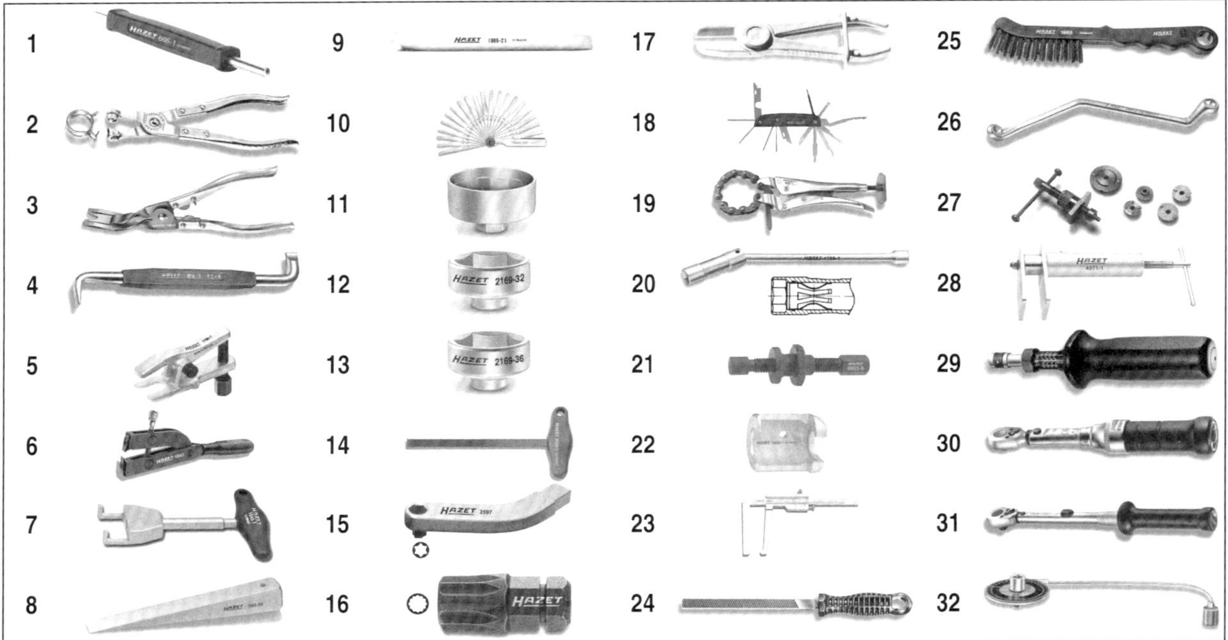

Abb.	Werkzeug	Hazet-Nr.
1	Ventildreher für Reifenventile	666-1
2	Schlauchklemmenzange für Lenkmanschette	798-5
3	Türverkleidungs-Lösezange	799-4
4	Abgewinkelter Schraubendreher zum Entriegeln von Steckern oder zum Abheben des Kraftstofffilterdeckels beim Dieselmotor	818-2
5	Kugelgelenk-Abzieher	1790-7
6	Spannzange für Edelstahlklammern der Gelenkwellenmanschetten	1847
7	Zündkerzenstecker-Abzieher (1,4-l-Benzinmotor)	1849-7
8	Montagekeil	1965-20
9	Montagekeil	1965-21
10	Fühlerblattlehre 0,05 - 1,0 mm	2147
11	Ölfilterschlüssel für Ölfilterpatrone	2169
12	Schlüssel für Ölfilterdeckel (Dieselmotor)	2169-32
13	Schlüssel für Ölfilterdeckel (1,4-l-Benzinmotor außer 118 kW)	2169-36
14	Abziehhaken	2520-1

Abb.	Werkzeug	Hazet-Nr.
15	Spezialschlüssel für Türeinstellung	2597
16	Vielzahn-Bit für Türeinstellung	2597-03
17	Abklemmzangen-Satz	4590/3
18	Radio-Demontagewerkzeug	4655-1
19	Ketten-Abgasrohrschneider	4682
20	Zündkerzenschlüssel	4766-1
21	Wischerarmabzieher	4855-8
22	Abziehkopf für Wischerarm	4855-1
23	Bremsscheiben-Messschieber	4956-1
24	Bremssattelfeile	4968-1
25	Bremssatteldrahtbürste	4968-3
26	Brems-Entlüftungsschlüssel (Satz)	4968/5
27	Bremskolbendrehwerkzeug für hintere Scheibenbremsen	4970/6
28	Kolbenrücksetzvorrichtung Scheibenbremse	4971-1
29	Drehmomentschlüssel 1 – 6 Nm	6003 CT
30	Drehmomentschlüssel 4 – 40 Nm	6109-2 CT
31	Drehmomentschlüssel 40 – 200 Nm	6122–1CT
32	Winkelscheibe für drehwinkelgesteuerten Schraubenanzug	6690

Motorstarthilfe

Sicherheitshinweise

Werden die vorgeschriebenen Anschlusshinweise nicht genau eingehalten, besteht die Gefahr der Verätzung durch austretende Batteriesäure. Außerdem können Verletzungen oder Schäden durch eine Batterieexplosion entstehen oder Defekte an der Fahrzeugelektrik auftreten.

- Batterieflüssigkeit von Augen, Haut, Gewebe und lackierten Flächen fern halten. Die Flüssigkeit ist ätzend. Säurespritzer sofort mit klarem Wasser gründlich abspülen. Gegebenenfalls einen Arzt aufsuchen.
- Keine Funken oder offenen Flammen in Batterienähe, da aus der Batterie brennbare Gase austreten können.
- Augenschutz tragen.
- Darauf achten, dass die Starthilfekabel nicht durch drehende Teile wie zum Beispiel den Kühlerventilator beschädigt werden.

- Die Starthilfekabel sollten einen Leitungsquerschnitt von 25 mm^2 aufweisen und mit isolierten Kabelzangen ausgestattet sein. In der Regel ist der Leitungsquerschnitt auf der Packung der Starthilfekabel angegeben.
- Bei beiden Batterien muss die Spannung 12 Volt betragen. Die Kapazität der stromgebenden Batterie darf nicht wesentlich unter der der entladenen Batterie liegen.
- Falls vorhanden, Deckel über der Fahrzeugbatterie öffnen.
- Eine entladene Batterie kann bereits bei –10° C gefrieren. Vor Anschluss der Starthilfekabel muss eine gefrorene Batterie unbedingt aufgetaut werden.
- Die entladene Batterie muss ordnungsgemäß am Bordnetz angeklemmt sein.
- Wenn möglich, Säurestand der entladenen Batterie prüfen, gegebenenfalls destilliertes Wasser auffüllen und Batterie verschließen.
- Fahrzeuge so weit auseinander stellen, dass kein metallischer Kontakt besteht. Andernfalls könnte bereits beim Verbinden der Pluspole ein Strom fließen.
- Bei beiden Fahrzeugen Handbremse anziehen. Schaltgetriebe in Leerlaufstellung, automatisches Getriebe in Parkstellung »P« schalten.
- Alle Stromverbraucher, auch das Autotelefon, ausschalten.
- Grundsätzlich Motor des Spenderfahrzeuges ca. 1 Minute vor dem Startvorgang und während des Startvorganges mit Leerlaufdrehzahl drehen lassen. Dadurch wird eine Beschädigung des Generators durch Spannungsspitzen beim Startvorgang vermieden.

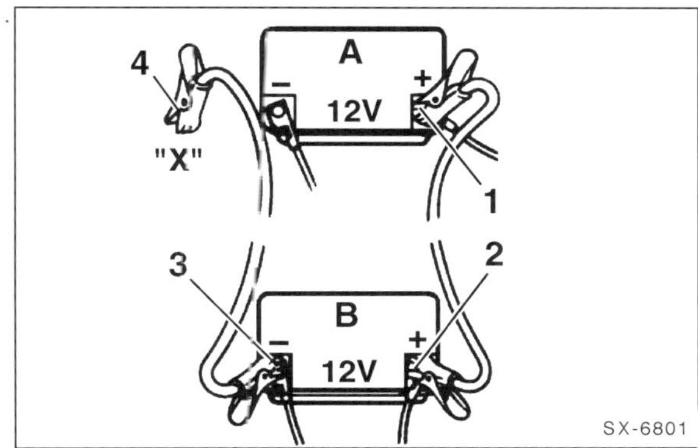

- Starthilfekabel in folgender Reihenfolge anschließen:
  1. Rotes Kabel –1– an den Pluspol (+) der entladenen Batterie –A– anklemmen.
  2. Das andere Ende des roten Kabels –2– an den Pluspol (+) der Strom gebenden Batterie –B– anklemmen.
  3. Schwarzes Kabel –3– an den Minuspol (–) der Strom gebenden Batterie anklemmen.
  4. Das andere Ende des schwarzen Kabels –4– an eine gute Massestelle –X– des Empfängerfahrzeuges anschließen. **Achtung: Nicht an den Minuspol (–) der leeren Batterie.** Am besten eignet sich ein mit dem Motorblock verschraubtes Metallteil. Unter ungünstigen Umständen könnte beim Anschließen des Kabels an den Minuspol der leeren Batterie, durch Funkenbildung und Knallgasentwicklung, die Batterie explodieren.

Achtung: Die Klemmen der Starthilfekabel dürfen bei angeschlossenen Kabeln nicht in Kontakt miteinander kommen, beziehungsweise die Plusklemmen dürfen keine Massestellen (Karosserie oder Rahmen) berühren – Kurzschlussgefahr!

- Motor des Empfängerfahrzeuges (leere Batterie) starten und laufen lassen. Beim Starten Anlasser nicht länger als 10 Sekunden ununterbrochen betätigen, da sich durch die hohe Stromaufnahme Polzangen und Kabel erwärmen. Deshalb zwischendurch eine »Abkühlpause« von mindestens ½ Minute einlegen.
- Bei Startschwierigkeiten nicht unnötig lange den Anlasser betätigen. Während des Anlassens wird permanent Kraftstoff eingespritzt. Fehlerursache ermitteln und beseitigen.
- Nach erfolgreichem Start beide Fahrzeuge mit der »Strombrücke« noch 3 Minuten laufen lassen.
- Um Spannungsspitzen beim Trennen abzubauen, im Fahrzeug mit der leeren Batterie Heizgebläse und Heckscheibenheizung einschalten. Nicht das Fahrlicht einschalten. Glühlampen brennen bei Überspannung durch.
- **Nach der Starthilfe** Kabel in **umgekehrter** Reihenfolge abklemmen: Zuerst schwarzes Kabel –4– (–) am Empfängerfahrzeug, dann am stromgebenden Fahrzeug abklemmen. Rotes Kabel –2– zuerst am stromgebenden und dann am Empfängerfahrzeug abklemmen.

Fahrzeug aufbocken

Bei Arbeiten unter dem Fahrzeug muss dieses, falls es nicht auf einer Hebebühne steht, auf zwei oder vier stabilen Unterstellböcken stehen.

Sicherheitshinweis
Wenn unter dem Fahrzeug gearbeitet werden soll, muss es mit geeigneten Unterstellböcken sicher abgestützt werden. Abstützen nur mit dem Wagenheber ist unzureichend. **Lebensgefahr!**

- Das Fahrzeug nur in unbeladenem Zustand auf ebener, fester Fläche aufbocken.
- Bei Arbeiten unter dem Fahrzeug, dieses zusätzlich mit Unterstellböcken so abstützen, dass jeweils ein Bein seitlich nach außen zeigt. Unterstellböcke an den Aufbockpunkten oder direkt daneben anordnen.

Aufnahmepunkte für Hebebühne und Werkstattwagenheber

Achtung: Um Beschädigungen am Unterbau zu vermeiden, geeignete Gummi- oder Holzzwischenlage verwenden. Der Wagen darf keinesfalls am Antriebsaggregat, der Motorölwanne oder an Vorder- oder Hinterachse angehoben werden, da dadurch große Schäden entstehen können.

- Vorderer Aufnahmepunkt an der senkrechten Versteifung –Pfeil– des Bodenblechs unterhalb der Einprägung am Unterholm.

- Hinterer Aufnahmepunkt an der senkrechten Versteifung –Pfeil– des Bodenblechs unterhalb der Einprägung am Unterholm.
- Mit einem Werkstatt-Wagenheber oder einer Hebebühne darf das Fahrzeug nur an diesen Aufbockpunkten angehoben werden. Dabei muss die Versteifung mittig auf dem Aufnahmeteller von Hebebühne/Werkstattwagenheber aufliegen –Pfeil–.
- Die Räder, die beim Anheben auf dem Boden stehen bleiben, mit Keilen gegen Vor- oder Zurückrollen sichern. Nicht nur auf die Feststellbremse verlassen, diese muss bei einigen Reparaturarbeiten gelöst werden.

Achtung: Niemals bei angehobenem Fahrzeug den Motor anlassen und einen Gang einlegen, solange auch nur ein Rad noch den Boden berührt.

Achtung: Bevor die Schwerpunktlage des Fahrzeugs durch Demontagen erheblich verändert wird, muss das Fahrzeug auf der Hebebühne befestigt werden, zum Beispiel mit entsprechenden Gurten und Spannern.

Elektrische Anlage

Aus dem Inhalt:

- Sicherungen auswechseln
- Beleuchtungsanlage
- Batterie ausbauen
- Armaturen/Schalter
- Scheibenwischer

Steckverbinder trennen

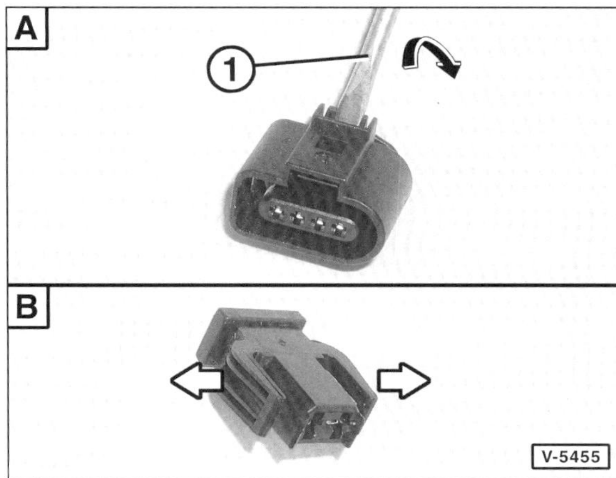

- –A–: Lasche mit einem Schraubendreher –1– herunterdrücken –Pfeil–, Stecker dabei ziehen und Verbindung trennen. Stecker beim Aufschieben hörbar einrasten lassen. **Hinweis:** An schwer zugänglichen Stellen zum Entriegeln der Lasche einen abgewinkelten Schraubendreher verwenden, zum Beispiel HAZET 818-2.
- –B–: 2 Laschen nach außen spreizen –Pfeile– und Steckverbindung trennen.

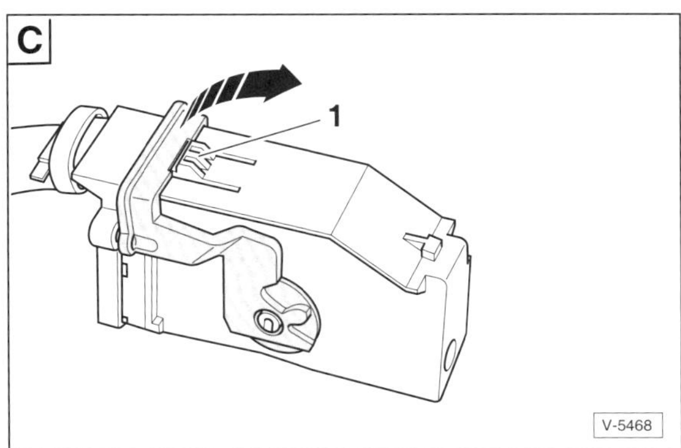

- –C–: Sicherungsraste –1– drücken, Haltebügel in Pfeilrichtung drehen und Stecker abziehen.

Lichtwellenleiter

Als Steuerleitungen kommen zum Teil Lichtwellenleiter zum Einsatz, die sich durch verlustarme Datenübertragung sowie eine hohe Bandbreite auszeichnen.

Sicherheitshinweise im Umgang mit Lichtwellenleitern beachten:

- Steckverbindungen für Lichtwellenleiter vorsichtig trennen.
- Die Übergangsstellen des Lichtwellenleiters dürfen nicht verschmutzt oder verkratzt werden.
- Lichtwellenleiter nicht knicken, strecken oder quetschen.
- **Kontaktstellen mit Abdeckkappen und Stopfen schützen.**

Signalhorn aus- und einbauen

Ausbau

Die beiden Signalhörner sind jeweils am linken und rechten Längsträger angeschraubt. Jedes Signalhorn besteht aus einem Hochtonhorn und einem Tieftonhorn, die parallel geschaltet sind.

- Zündung und alle elektrischen Verbraucher ausschalten, Zündschlüssel abziehen.
- Untere Motorraumabdeckung ausbauen, siehe Seite 63.

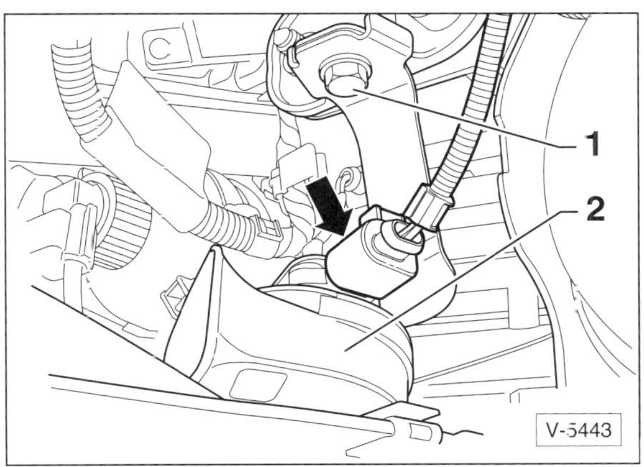

- Stecker –Pfeil– am Signalhorn abziehen.

- Schraube –1– herausdrehen und Signalhorn –2– zusammen mit dem Halter herausnehmen.

Einbau

- Der Einbau erfolgt in umgekehrter Ausbaureihenfolge. Dabei darauf achten, dass das Signalhorn nicht an umliegenden Bauteilen anliegt. Schraube am Längsträger mit **20 Nm** festziehen.

Batterien für Schlüssel mit Funkfernbedienung aus- und einbauen

GOLF VARIANT/GOLF PLUS/JETTA/TOURAN

Ausbau

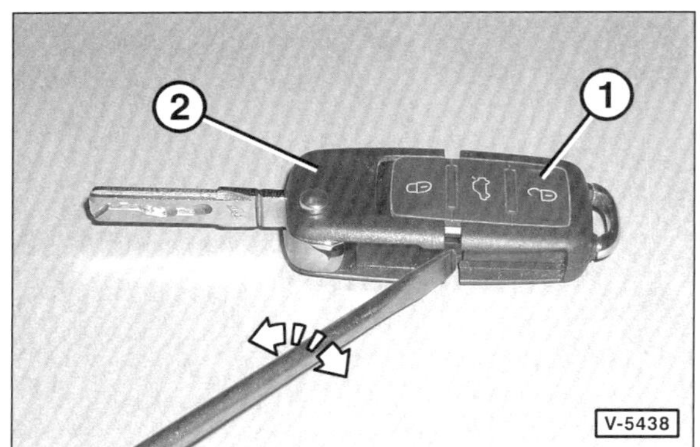

- Sendeeinheit –1– vom Schlüssel –2– trennen. Dazu Schraubendreher in den Schlitz einsetzen und in Pfeilrichtung drehen.

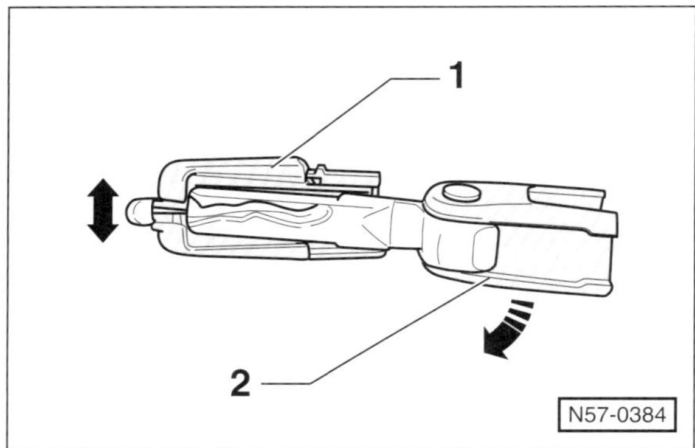

- Sendeeinheit –1– mit dem Schlüsselbart des Schlüssels –2– auseinander drücken.
- Batterie mit kleinem Schraubendreher nach oben aus der Halterung ausclipsen.

Achtung: Beim Ausbau der Batterie prüfen, ob die Polarität auf der Batterie eingeprägt ist, andernfalls Einbaulage notieren.

Einbau

Achtung: Vor Einbau der Batterie eine beliebige Taste der Sendeeinheit drücken. Dadurch wird die Sendeeinheit zurückgesetzt und kann jetzt eine neue Batterie erkennen.

- Batterie mit dem Pluspol nach unten in die Sendeeinheit einlegen und mit leichtem Druck einrasten lassen.
- Deckel auflegen und zusammen mit der Sendeeinheit am Schlüssel einrasten. Dabei darauf achten, dass die Dichtung nicht beschädigt wird.
- Sendeeinheit auf den Schlüssel aufschieben und einrasten.

Geber für Einparkhilfe aus- und einbauen

GOLF VARIANT/GOLF PLUS/JETTA/TOURAN

Die Sensoren sind in der vorderen und hinteren Stoßfängerabdeckung eingesetzt.

Ausbau

Achtung: Je nach Einbauort werden unterschiedliche Geber verwendet, daher Geber beim Ausbau markieren oder so ablegen, dass sie an gleicher Stelle wieder eingebaut werden können. Die Ausbaureihenfolge ist auf jeden Fall einzuhalten. Ausrichtung der Geberanschlüsse notieren.

- Zündung ausschalten, Zündschlüssel abziehen.
- Stoßfängerabdeckung ausbauen, siehe Kapitel »Karosserie außen«.

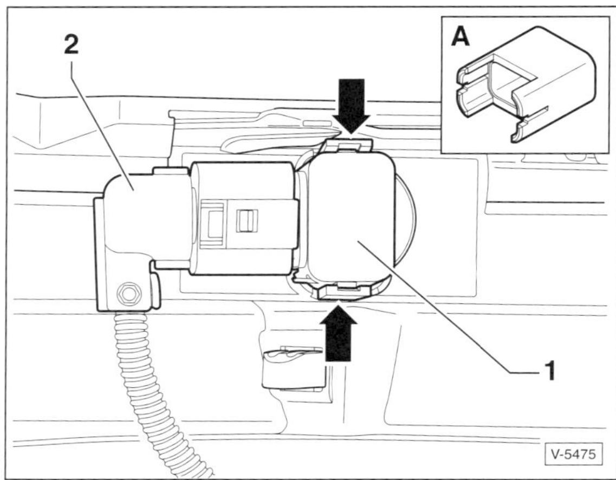

- Haltelaschen –Pfeile– am Halter auseinanderdrücken und Geber –1– mit angeschlossener Leitung –2– herausziehen. In der Abbildung ist der hintere Geber dargestellt. A – Entriegelungswerkzeug. **Achtung:** Beim Herausnehmen des Gebers darauf achten, dass der schwarze Silikonring (Entkopplungsring) auf dem Geberkopf bleibt und nicht im Halter stecken bleibt oder verloren geht. Beim Ausbau des Gebers darf der Silikonring auf keinen Fall gedehnt werden.

Achtung: Durch zu große Krafteinwirkung auf den Geber können Haarrisse entstehen, die zu einem Ausfall des Gebers führen.

Werden mehrere Geber ausgebaut, Einbaulage und Geber markieren, damit die Geber wieder in der gleichen Position eingebaut werden können.

- Steckverbindung –2– entriegeln und vom Geber abziehen.

Einbau

- Der Einbau erfolgt in umgekehrter Ausbaureihenfolge. Dabei ist Folgendes zu beachten:
- Entkopplungsring nicht dehnen.
- Beschädigten Entkopplungsring ersetzen.

Achtung: Bei falschem oder beschädigtem Entkopplungsring kann es zu Funktionsstörungen der Einparkhilfe kommen.

- Der Entkopplungsring muss richtig auf dem Geber sitzen und darf sich beim Einstecken in den Halter nicht verwerfen oder aufrollen.
- Geber an gleicher Position wie vor dem Ausbau einbauen. Auf richtige Position der Geberanschlüsse achten.
- Beide Rastnasen des Halters müssen bei der Montage des Gebers hörbar einrasten.
- Richtigen Sitz des Gebers im Halter prüfen. Auf der Außenseite des Stoßfängers muss der Ringspalt zwischen Geberkopf und Halter ringsum gleich stark sein.

Sicherungen auswechseln

GOLF VARIANT/JETTA/GOLF PLUS/TOURAN

Um Kurzschluss- und Überlastungsschäden an den Leitungen und Verbrauchern der elektrischen Anlage zu verhindern, sind die einzelnen Stromkreise durch Schmelzsicherungen geschützt.

- Vor dem Auswechseln einer Sicherung immer alle Stromverbraucher und die Zündung ausschalten.

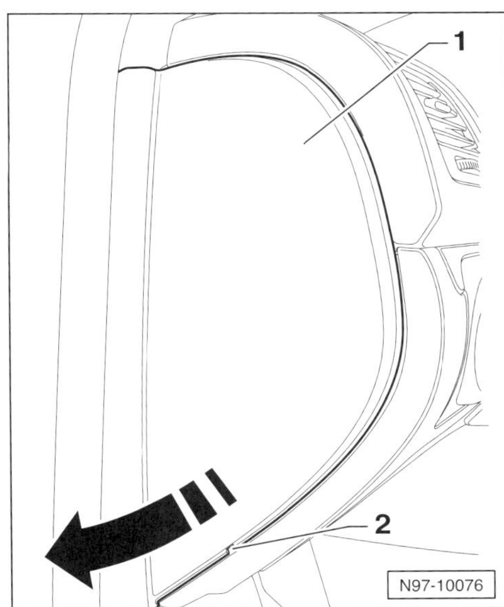

- **GOLF VARIANT/JETTA:** Die meisten Sicherungen befinden sich in einem Sicherungskasten links an der Stirnseite der Armaturentafel hinter einer Abdeckung –1–.
- **GOLF PLUS/TOURAN:** Die meisten Sicherungen befinden sich im Sicherungsträger –C– unterhalb vom Relaisträger hinter der Armaturentafel, siehe Abbildung V-5477 auf Seite 79.
- **GOLF VARIANT/JETTA:** Abdeckung –1– abnehmen, dazu einen Schraubendreher in die Aussparung –2– unten an der Abdeckung einsetzen und Abdeckung etwas anheben. Damit das Armaturenbrett nicht verkratzt wird, einen Lappen unterlegen.
- Eine Übersicht der aktuellen Sicherungsbelegung befindet sich auf der Rückseite der Sicherungskasten-Abdeckung. **Hinweis:** Die Sicherungsbelegung ist abhängig von der Ausstattung und vom Baujahr des Fahrzeugs.

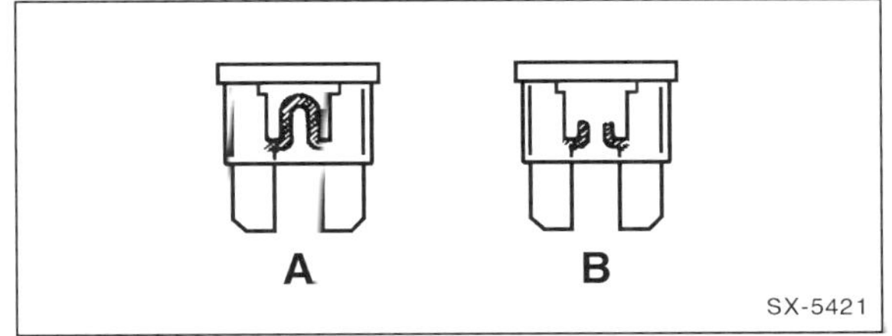

- Eine durchgebrannte Sicherung erkennt man am durchgeschmolzenen Metallstreifen. A – Sicherung in Ordnung, B – Sicherung durchgebrannt.

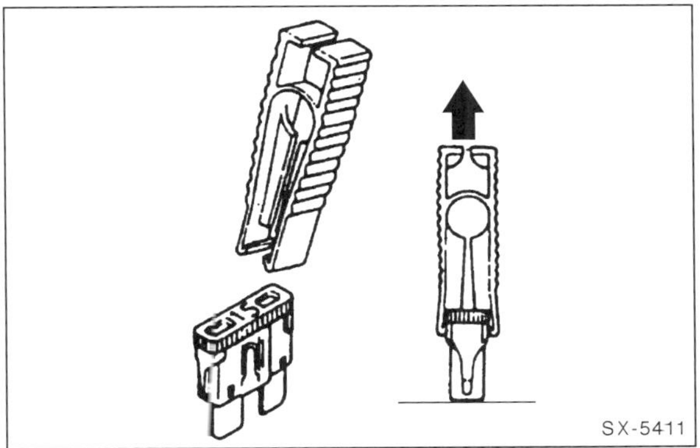

- Defekte Sicherung herausziehen. Eine Kunststoffklammer befindet sich an der Rückseite der Abdeckung seitlich am Armaturenbrett.

Nennstromstärke in Ampere	Kennfarbe
5	beige
7,5	braun
10	rot
15	blau
20	gelb
25	weiß
30	grün
35	grün-blau

- Neue Sicherung **gleicher Sicherungsstärke** einsetzen. Die Nennstromstärke der Sicherung ist auf der Rückseite des Sicherungsgriffes aufgedruckt. Außerdem hat der Griff der Sicherungen eine Kennfarbe, an der ebenfalls die Nennstromstärke zu erkennen ist.

- Es empfiehlt sich, stets einige Ersatzsicherungen im Wagen mitzuführen.
- Brennt eine neu eingesetzte Sicherung nach kurzer Zeit wieder durch, muss der entsprechende Stromkreis überprüft werden.
- Auf keinen Fall Sicherung durch Draht oder ähnliche Hilfsmittel ersetzen, weil dadurch ernste Schäden an der elektrischen Anlage auftreten können.
- Abdeckung mit den Clips über den Aussparungen im Armaturenbrett ansetzen, andrücken und einrasten.

Sicherungs- und Relaisbelegung

Die Sicherungsbelegung ist abhängig von der Ausstattung und vom Baujahr des Fahrzeugs. Die Belegung im aktuellen Fahrzeug steht in der Betriebsanleitung oder auf der Innenseite der Abdeckung für den Sicherungshalter.

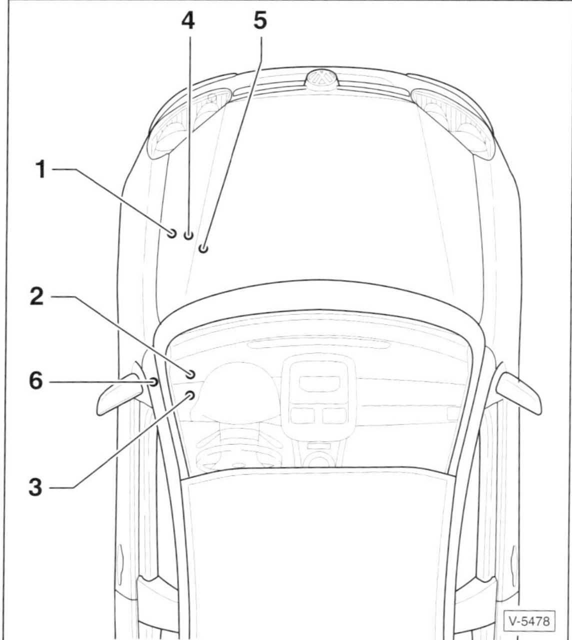

1 – Relaisträger auf der E-Box
Mit Sicherungshalter A und B.

2 – Relaisträger über dem Bordnetzsteuergerät

3 – Relaisträger unter dem Bordnetzsteuergerät
Darunter sitzt beim GOLF PLUS/TOURAN der Sicherungskasten C.

4 – Steuergerät für Glühzeitautomatik
Nur Dieselmotor.

5 – Steuergerät für Batterieüberwachung
Nur bei Start-Stopp-System. Sitzt an der Batterie-Masseklemme.

6 – Sicherungshalter C
Nur GOLF VARIANT/JETTA.

Die Sicherungen befinden sich hauptsächlich in 3 Sicherungshaltern mit den Bezeichnungen A, B und C.

Der **Sicherungshalter A** sitzt am Relaisträger –1–.

Der **Sicherungshalter B** sitzt im Relaisträger –1–.

Der **Sicherungshalter C** sitzt beim GOLF VARIANT/JETTA auf der linken Seite in der Armaturentafel –6– hinter einer Abdeckung, beim GOLF PLUS/TOURAN unter dem Relaisträger –3–.

Im Stromlaufplan wird eine Sicherung, die sich im Sicherungshalter C befindet mit SC bezeichnet.

Beispiel: SC1 = Sicherung 1 im Sicherungshalter C. Beim **GOLF VARIANT** wird mit der Sicherung SC1 der Regler für die Instrumentenbeleuchtung, der Ansauglufttemperaturgeber, der Luftmassenmesser, die Leuchtweitenregelung und der Anschluss für Eigendiagnose abgesichert.

Sicherungs- und Relaisträger im Motorraum

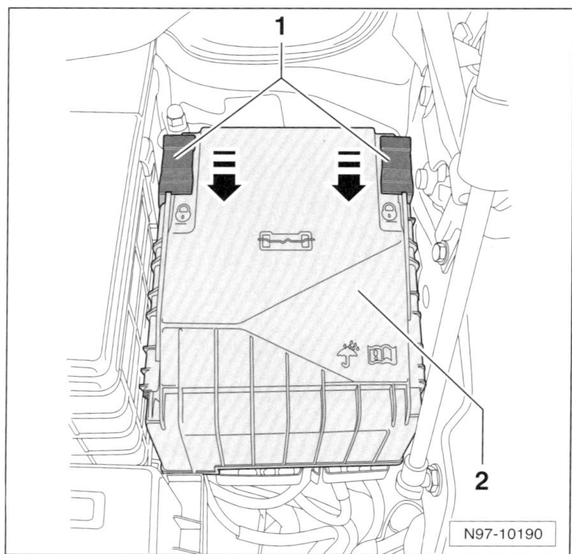

- Verriegelungsschieber –1– nach vorne schieben –Pfeile– und Deckel –2– nach oben vom Sicherungskasten abnehmen. Beim Einbau Deckel auf den Sicherungskasten setzen, andrücken und dabei die Schieber zum Verriegeln nach hinten drücken.

Hinweis: Die Sicherungsbelegung ist abhängig von der Ausstattung und vom Baujahr des Fahrzeugs.

Sicherungshalter B

GOLF VARIANT/GOLF PLUS/TOURAN

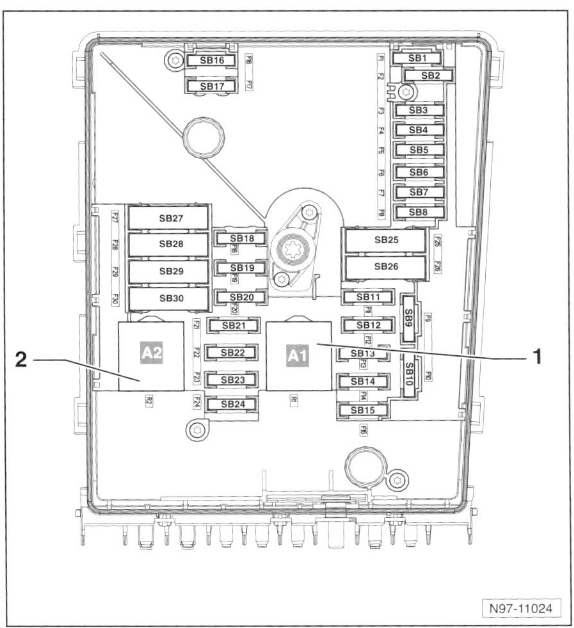

Relaisbelegung

1 – Stromversorgungsrelais für die Motronic Spannungsversorgung der Klemme 30 beim Dieselmotor

2 – Relais für Kühlmittelzusatzpumpe (Motor CBZA/CBB/ CAXA/CAVD)
Dieselmotor: Leitungsbrücke, **TOURAN**: Steuergerät für Glühzeitautomatik

VARIANT: Am Zusatzrelaisträger unter dem Relaiskasten im Motorraum befindet sich das Steuergerät für Glühzeitautomatik.

Bei Fahrzeugen mit Start-Stopp-System befindet sich am Minuspol der Batterie das Steuergerät für Batterieüberwachung.

Relaisbelegung

GOLF VARIANT

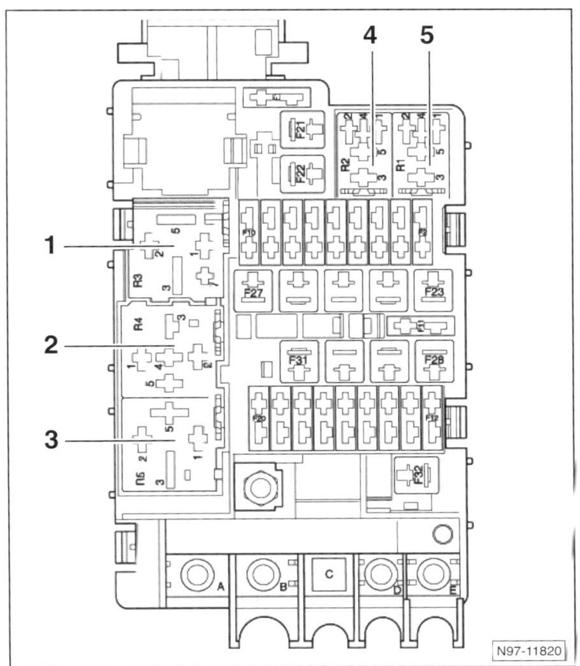

Nr.	Benennung
1	Umschaltrelais 1 für Wischermotor
2	Umschaltrelais 2 für Wischermotor
3	Hauptrelais / Relais für Spannungsversorgung Klemme 30
4	Relais für kleine Heizleistung
5	Relais für große Heizleistung (Dieselmotor) / Relais für Sekundärluftpumpe (Benzinmotor)

Relaisträger unter der Armaturentafel GOLF VARIANT

Ein weiterer Relaisträger befindet sich im Fahrerfußraum hinter der oberen Abdeckung.

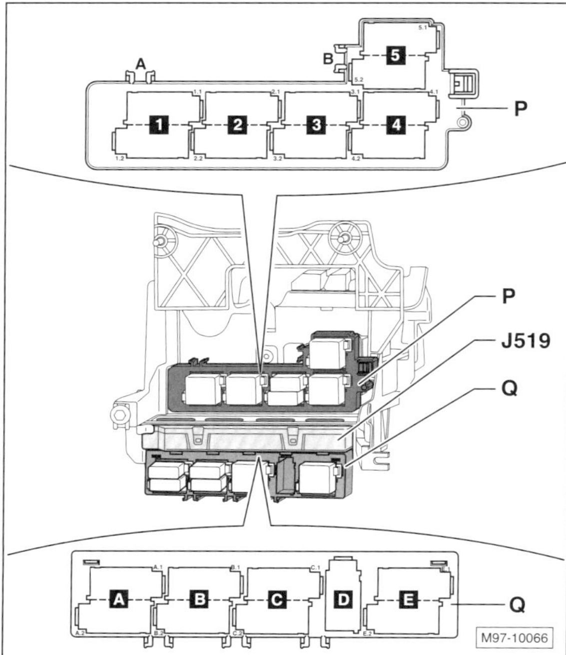

P – Oberer Relaisträger
Q – Unterer Relaisträger
J519 – Bordnetzsteuergerät

Nr.	Benennung
1	Relais für Spannungsversorgung Klemme 15 (Spannungsversorgung bei eingeschalteter Zündung)
2	Relais 1 für Spannungsversorgung Klemme 75
3/1	Relais für Doppeltonhorn
3/2	Relais für Scheinwerferreinigungsanlage
4	Relais für heizbare Heckscheibe
5	Relais für Spannungsversorgung Klemme 50 (Anlasserstrom, nur Fahrzeuge ohne Start-Stopp-Funktion); Starterrelais (nur Fahrzeuge mit Start-Stopp-Funktion)
A	Relais für Zusatzkraftstoffpumpe (Motor CFHC), Starterrelais 2
B/1	Kraftstoffpumpenrelais
B/2	Relais für elektrische Kraftstoffpumpe 2, Kraftstoffvorlauf, Zusatzkraftstoffpumpe
C/1	Relais für kleine Heizleistung
C/2	Relais für Heiz- und Frischluftgebläse
D	Relais für Standheizung
E	Relais für große Heizleistung

Hinweis: »/1« und »/2« sind zwei Minirelais, die sich zusammen auf einem Relaissteckplatz befinden.

Relaisträger hinter der Armaturentafel GOLF PLUS

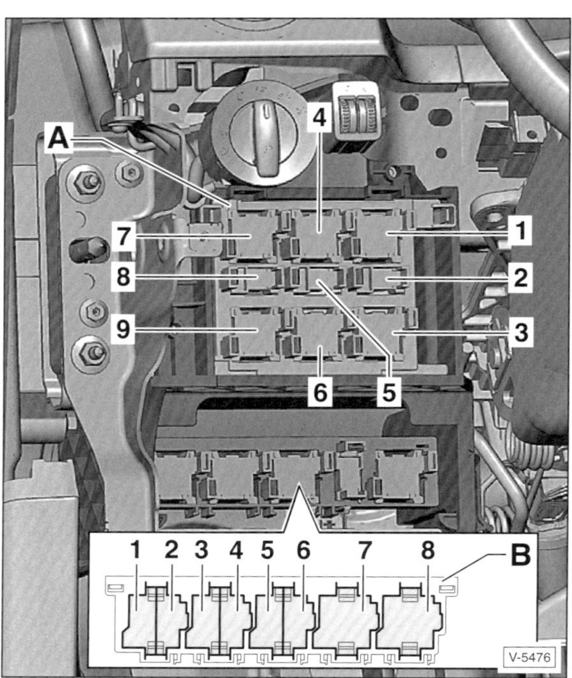

Nr.	Benennung
A1	Nicht belegt
A2	Relais für heizbare Heckscheibe
A3	Relais für Spannungsversorgung Klemme 15 (Zündung ein)
A4	Relais für Doppeltonhorn (Hupe)
A5	Nicht belegt
A6	Entlastungsrelais für X-Kontakt
A7	Starterrelais (bei Start-Stopp-Funktion) / Relais für Spannungsversorgung Klemme 50 (Anlasserstromkreis)
A8	Relais für Scheinwerferreinigungsanlage
A9	Nicht belegt
B1	Abschaltrelais für Kraftstoffpumpe
B2	Nicht belegt
B3	Relais für Kraftstoffvorlauf
B4	Relais für Standheizung
B5	Relais für kleine Heizleistung
B6	Relais für Standheizung
B7	Relais für große Heizleistung
B8	Relais für Frischluftgebläse

Hinweis: A1 steht beispielsweise für Relais 1 am Relaishalter A in Abbildung V-5476.

Relaisträger hinter der Armaturentafel
TOURAN

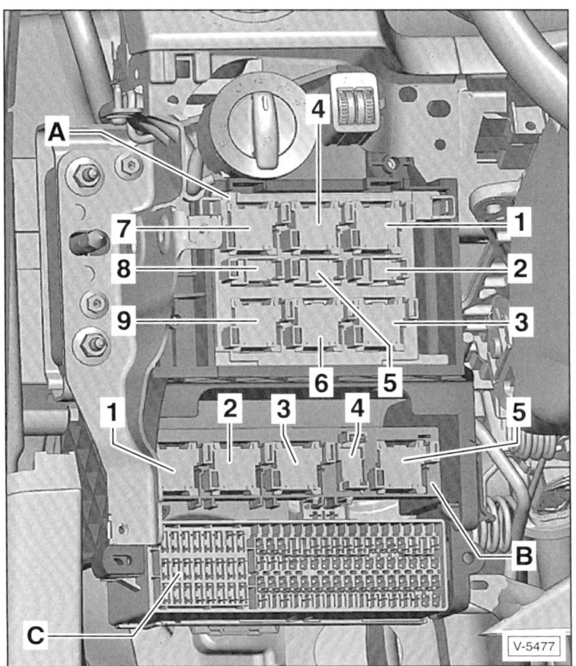

Nr.	Benennung
A1	Nicht belegt
A2	Relais für Standheizung
A3	Relais für Doppeltonhorn (Hupe)
A4	Relais für Zusatzkraftstoffpumpe / elektrische Kraftstoffpumpe 2
A5	Relais für Spannungsversorgung Klemme 50 (Anlasserstromkreis)
A6	Nicht belegt
A7	Nicht belegt
A8	Kraftstoffpumpenrelais für Zusatzheizung
A9	Krafstoffpumpenrelais / Relais für Gasabsperrventile
B1	Entlastungsrelais für X-Kontakt
B2	Relais für Spannungsversorgung Klemme 15 (Zündung ein)
B3	Relais für heizbare Heckscheibe
B4	Relais für Frischluftgebläse
B5	Starterrelais 2 (bei Start-Stopp-Funktion)
C	Sicherungsträger

Hinweis: A1 steht beispielsweise für Relais 1 am Relaishalter A in Abbildung V-5477.

Relaisträger unter der Armaturentafel
JETTA

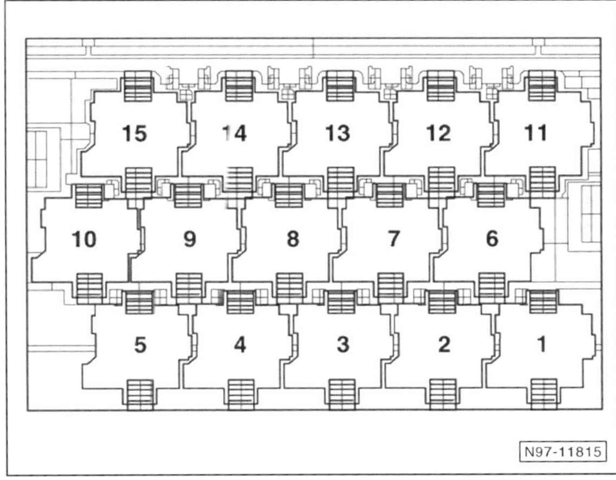

Nr.	Benennung
1	Nicht belegt
2	Nicht belegt
3	Relais für Standheizung / Relais für Nebelscheinwerfer
4	Nicht belegt
5	Nicht belegt
6	Relais für Standheizung / Relais für heizbare Heckscheibe
7	Relais für Spannungsversorgung Klemme 15 (Zündung ein) / Relais für elektrische Kraftstoffpumpe 2
8	Relais für Spannungsversorgung Klemme 50 (Anlasserstromkreis)
9	Relais für Spannungsversorgung Klemme 75
10	Nicht belegt
11	Relais für Kraftstoffvorlauf / Kraftstoffpumpenrelais
12	Nicht belegt
13	Relais für Alarmhorn
14	Relais für Doppeltonhorn (Hupe) / Relais für Scheinwerferreinigungsanlage
15	Nicht belegt

Batterie aus- und einbauen

GOLF VARIANT/GOLF PLUS/JETTA/TOURAN

Achtung: Durch das Abklemmen der Batterie werden einige **elektronische Speicher gelöscht**:

- Je nach Ausführung des Radios Radiocode vor Abklemmen der Batterie oder Ausbau des Radios feststellen. Ansonsten kann das Radio nur durch die Fachwerkstatt oder den Hersteller wieder in Betrieb genommen werden. Die Code-Nummer ist in der Radio-Bedienungsanleitung angegeben. Sie sollte nicht im Fahrzeug aufbewahrt werden. **Hinweis:** Die VW-Radioanlagen sind auf das Fahrzeug abgestimmt. Daher ist bei diesen Geräten keine Codeeingabe erforderlich.
- Nach dem Anklemmen der Batterie die elektrischen Fensterheber neu aktivieren:
  - Alle Türen schließen.
  - Alle Fenster ganz öffnen und wieder schließen.
  - Bei geschlossenem Türfenster den Fensterheberschalter mindestens 2 Sekunden lang ziehen, bis das Relais hörbar schaltet.
  - Gesamten Vorgang ein zweites Mal durchführen.

Hinweis: Damit die gespeicherten Daten nicht verloren gehen, sollte möglichst ein Ruhestrom-Erhaltungsgerät verwendet werden. Das Gerät wird vor Abklemmen der Batterie nach Herstelleranweisung am Zigarettenanzünder angeschlossen.

Hinweis: Wird die Autobatterie ersetzt, unbedingt die Altbatterie zum Händler mitnehmen und zurückgeben. Sonst muss Pfand für die neue Batterie bezahlt werden.

Achtung: Bei Fahrzeugen mit Start-Stopp-System ist eine speziell dafür geeignete Batterie eingebaut. Beim Erneuern darf nur eine Batterie gleichen Typs verwendet werden. Nach dem Einbau der neuen Batterie muss der am Massekabel angebrachte Batteriesensor mit dem Fahrzeug-Diagnosegerät aktualisiert werden (Werkstattarbeit).

Hinweis: Bei Ersatz einer AGM- oder Vlies-Batterie unbedingt wieder eine Vlies-Batterie einbauen.

Ausbau

- Alle elektrischen Verbraucher ausschalten. Zündung ausschalten, Zündschlüssel abziehen. Dadurch werden Schäden an elektronischen Steuergeräten vermieden.
- Motorhaube öffnen.

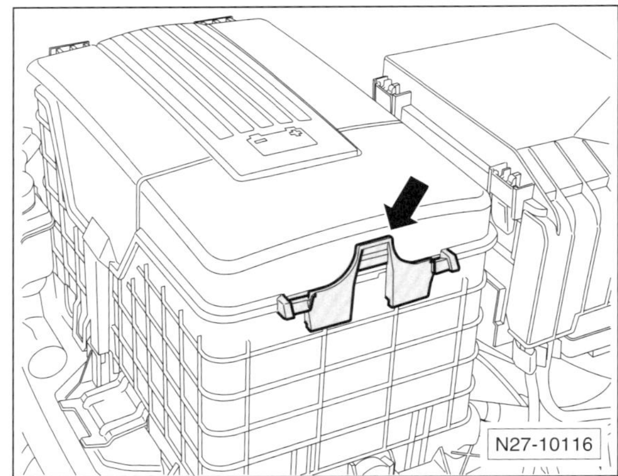

- Fahrzeuge mit Batteriekasten: Verriegelungslasche –Pfeil– drücken, Batteriedeckel nach oben schwenken und an der Gegenseite der Batterie aushängen.
- Fahrzeuge mit Batterieschutzhülle: Abdecklasche hochziehen und zur Seite klappen.

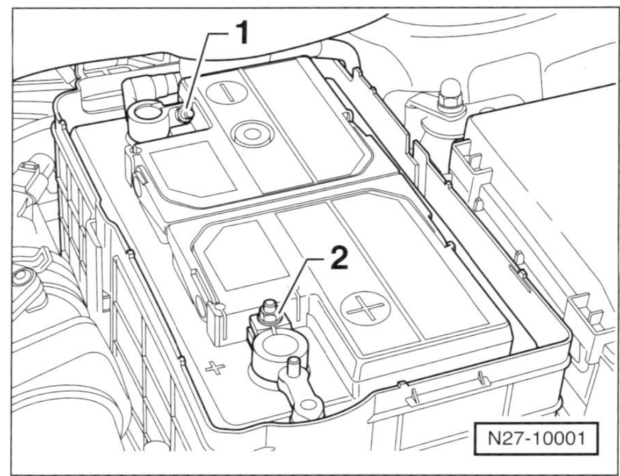

- **Zuerst Massekabel** von der Batterie abklemmen. Dazu Mutter –1– lockern, Klemme vom Minuspol (–) abziehen und Massekabel zur Seite legen.

Achtung: Für Arbeiten an der elektrischen Anlage des Fahrzeuges reicht es in der Regel lediglich das Massekabel abzuklemmen. Um einen versehentlichen Kontakt des Minuspols mit der Fahrzeugmasse zu verhindern, empfiehlt es sich, den **Minuspol** zu **isolieren**. Die Plusklemme nur abschrauben, wenn die Batterie ausgebaut wird.

Achtung: Niemals die Batterie-Plusklemme ab- oder anschrauben, wenn die Minusklemme angeschlossen ist. Kurzschlussgefahr.

- Mutter –2– lockern, Klemme vom Pluspol (+) abziehen und Pluskabel zur Seite legen.
- **Dieselmotor:** Obere Motorabdeckung ausbauen, siehe Seite 61.
- **Dieselmotor:** Luftfiltergehäuse ausbauen, siehe Seite 64.

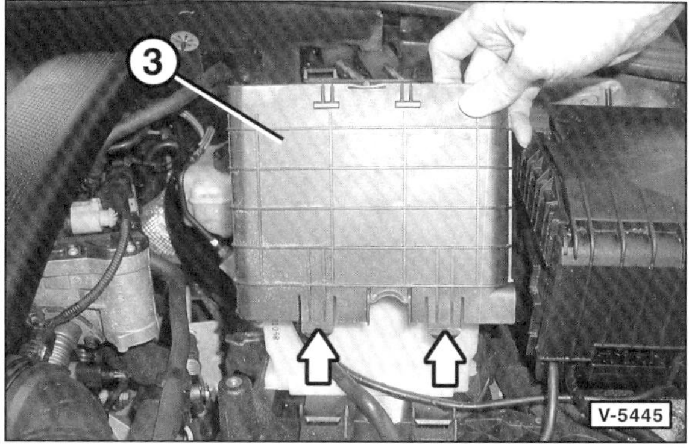

- 2 Haltelaschen unten drücken –Pfeile– und vordere Batterieabdeckung –3– nach oben aus den seitlichen Führungen herausziehen.
- Falls statt der Batterieabdeckung eine Vliestasche vorhanden ist, diese nach oben abziehen.

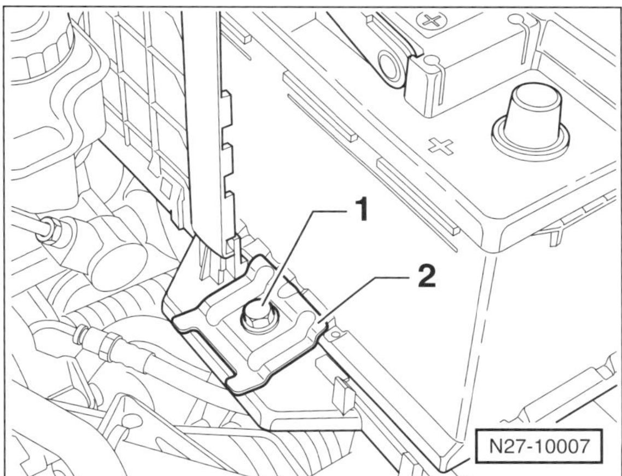

- Schraube –1– herausdrehen und Halteplatte –2– am Batteriefuß abnehmen.
- Batterie unter der Halteschiene hervorziehen.

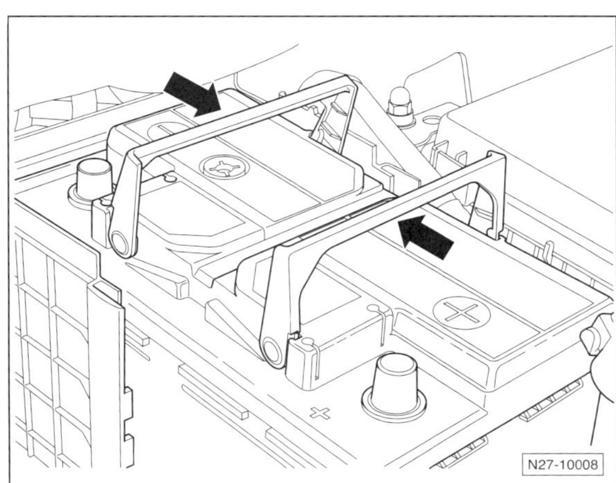

- Haltegriffe an der Batterie nach oben klappen und Batterie nach oben aus dem Batterieträger herausheben.

Einbau

- Sicherstellen, dass nur Batterien mit gleichen Abmessungen gegeneinander ausgetauscht werden.

Hinweis: Bei Ersatz einer AGM- oder Vlies-Batterie unbedingt wieder eine Vlies-Batterie einbauen.

- Sicherheitshinweise an der Batterie beachten. Originalteile-Batterien sind mit Sicherheitshinweisen ausgestattet.
- Vor dem Einbau gegebenenfalls Batteriepole blank kratzen, geeignet ist dazu eine Messingdrahtbürste.
- Batterie einsetzen und Batteriefuß unter die Halteschiene schieben. Dabei auf richtige Lage der Batterie auf dem Batterieträger achten.
- Batterie mit Schlauch für die Zentralentgasung: Darauf achten, dass der Schlauch nicht abgeklemmt wird.
- Bei einer Batterie ohne Schlauch für die Zentralentgasung darauf achten, dass eine Öffnung an der oberen Deckelseite der Batterie nicht verstopft ist.
- Halteplatte einsetzen und über den Batteriefuß legen. Schraube eindrehen und mit **35 Nm** festziehen.
- Festen Sitz der Batterie durch kräftiges hin- und herbewegen prüfen.
- Vordere Batterieabdeckung von oben in die seitlichen Führungen einschieben und einrasten. Falls vorhanden, Vliestasche einsetzen.
- Vor dem Anklemmen der Batterie sicherstellen, dass die Zündung und alle Stromverbraucher ausgeschaltet sind

Achtung: Batteriepole nicht einfetten, andernfalls können sich die Polklemmen lockern.

- **Zuerst Pluskabel** am Pluspol (+) anklemmen, danach Massekabel am Minuspol (–). Muttern mit **6 Nm** festziehen. **Niemals** Batterie-Pluskabel anschließen, wenn die Minusklemme an der Batterie angeschlossen ist.

Achtung: Um Beschädigungen des Batteriegehäuses zu vermeiden, Batterie-Polklemmen nur von Hand aufstecken.

Hinweis: Durch eine falsch angeschlossene Batterie können erhebliche Schäden am Generator und an der elektrischen Anlage entstehen.

- Batteriedeckel hinten einhängen und nach unten klappen, bis die Verriegelungslasche einrastet.
- Anbauteile wie Wärmeschutzmantel oder Entgasungsschlauch wieder ordnungsgemäß einbauen.
- **Dieselmotor:** Obere Motorabdeckung und Luftfiltergehäuse einbauen..
- Zündung mit dem Zündschlüssel einschalten und wieder ausschalten.

Hinweis: Nach dem Einschalten der Zündung leuchtet die Kontrollleuchte für ESP und ASR dauerhaft, weil der Lenkwinkelgeber deaktiviert ist. Sie erlischt automatisch, wenn eine kurze Wegstrecke mit 15 bis 20 km/h geradeaus gefahren wird.

- Wenn nötig, Radiocode eingeben.
- Radioprogramme, falls erforderlich, neu eingeben.
- Zeituhr prüfen und gegebenenfalls neu einstellen.
- Elektrischen Fensterheber neu aktivieren.

- Wenn möglich, Fehlerspeicher mit einem Diagnosegerät auslesen und gegebenenfalls Reparaturmaßnahmen durchführen.
- Generatorspannung prüfen. Dazu Motor starten und im Leerlauf drehen lassen. Batteriespannung prüfen. Wenn sie über 14,5 Volt liegt, ist die Ladespannung zu hoch. In der Regel ist dann der Spannungsregler am Generator defekt.

Hinweis: Eine zu hohe Ladespannung des Generators kann die Ursache für den Ausfall der bisherigen Batterie sein und, falls der Fehler weiter besteht, die neue Batterie schädigen.

Batterieträger aus- und einbauen

GOLF VARIANT/GOLF PLUS/JETTA/TOURAN

Ausbau

- Batterie ausbauen, siehe entsprechendes Kapitel.

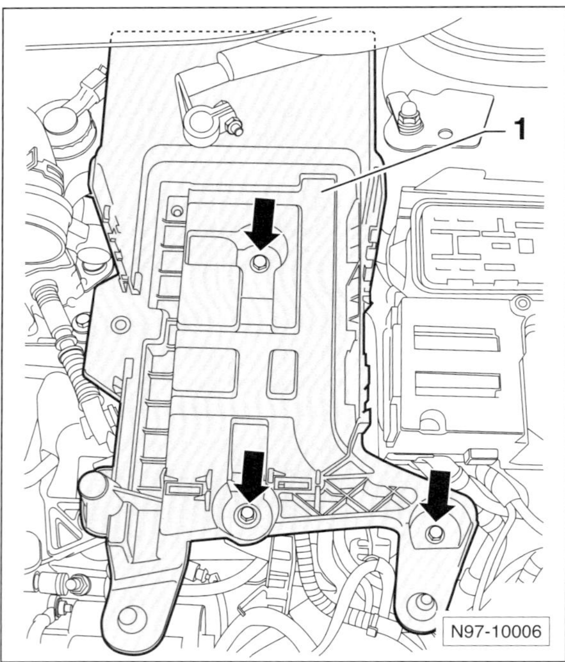

- Schrauben –Pfeile– herausdrehen und Batterieträger –1– aus dem Motorraum herausziehen. **Hinweis:** Je nach Ausführung kann der Batterieträger auch mit 4 Schrauben befestigt sein.

Einbau

- Der Einbau erfolgt in umgekehrter Ausbaureihenfolge.

Batterie prüfen

Mechanische Prüfung

- Batterie sichtprüfen sowie Batterie beziehungsweise Batterieklemmen auf festen Sitz prüfen, siehe Seite 59.

Ladezustand und Säurestand prüfen

Vor Beginn des Winters sollte die Batterie unbedingt überprüft werden. Bei großer Kälte sinkt die Batteriespannung einer nur mäßig geladenen Batterie während des Anlassvorgangs stark ab.

Serienmäßig ist eine wartungsfreie Batterie eingebaut bei der kein destilliertes Wasser nachgefüllt werden kann. Zur Ermittlung des Ladezustandes dient ein »magisches Auge« auf der Oberseite der Batterie.

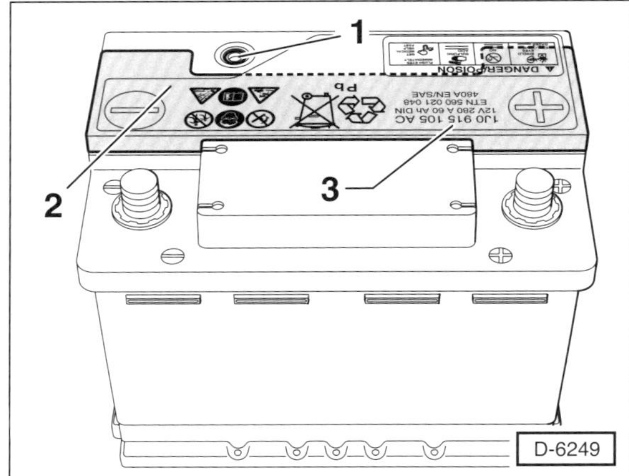

Das magische Auge –1– sitzt oben auf der Batterie. Die Position des magischen Auges ist je nach Batterieausführung unterschiedlich. Die Zellöffnungen sind mit einer Abdeckung –2– verschlossen. 3 – Kennnummer der Batterie.

Hinweis: Die Abdeckung –2– dient nur zur Befüllung in der Produktion. **Die Abdeckung darf auf keinen Fall abgenommen werden, sonst wird die Batterie unbrauchbar und muss ersetzt werden.**

Magisches Auge prüfen

Anhand der Farbe des magischen Auges können der Säurestand und damit der Ladezustand der Batterie abgelesen werden. Da sich das magische Auge nur in einer Batteriezelle befindet, ist die Anzeige auch nur für diese Zelle gültig. Eine exakte Beurteilung des Batteriezustandes ist nur durch eine Belastungsprüfung mit einem entsprechenden Prüfgerät möglich (Werkstattarbeit).

Hinweis: Je nach Baujahr gibt es 2 unterschiedlichen Ausführungen des magischen Auges. Ältere Batterien besitzen ein magisches Auge mit **3-farbiger** Anzeige, bei neueren Batterien ist die Anzeige **2-farbig**. Die jeweilige Ausführung des magischen Auges ist an der Batterie-Kennnummer –3– erkennbar.

3-farbige Anzeige: Die Batterie-Kennnummer beginnt mit »1J0«, »7N0« oder »3B0«. Eine Ersatzteil-Batterie hat die Kennnummer »000 915 105 Ax«, wobei »x« für einen beliebigen Buchstaben stehen kann.

2-farbige Anzeige: Die Batterie-Kennnummer beginnt mit »5K0«. Eine Ersatzteil-Batterie hat die Kennnummer »000 915 105 Dx«, wobei »x« für einen beliebigen Buchstaben stehen kann.

- Magisches Auge mit einer Taschenlampe anleuchten und Farbanzeige prüfen. **Hinweis:** Durch Luftblasen unter dem magischen Auge kann die Farbanzeige verfälscht werden. Daher bei der Prüfung mit einem Schraubendrehergriff leicht auf das Batteriegehäuse klopfen.
- Magisches Auge mit **3-farbiger** Anzeige beurteilen:
  - ◆ Grün – die Batterie ist ausreichend geladen, der Säurestand ist in Ordnung.
  - ◆ Schwarz – die Batterie ist zu gering geladen oder entladen. Batterie laden.
  - ◆ Farblos oder gelb – der Säurestand ist zu niedrig. Die Batterie muss ersetzt werden.
- Magisches Auge mit **2-farbiger** Anzeige beurteilen:
  - ◆ Schwarz – der Säurestand ist in Ordnung. Der Ladezustand kann nur mit einer Batterie-Belastungsprüfung festgestellt werden.
  - ◆ Farblos oder gelb – der Säurestand ist zu niedrig. Die Batterie muss ersetzt werden.

Achung: Batterien, bei denen das magische Auge farblos oder hellgelb anzeigt, dürfen nicht unter Belastung geprüft oder geladen werden. Es darf auch keine Starthilfe gegeben werden. Beim Prüfen, Laden oder bei der Starthilfe besteht Explosionsgefahr!

Ruhespannung messen

- Zündung ausschalten. Alle elektrischen Verbraucher ausschalten. Zündschlüssel abziehen.
- Batterie-Massekabel abklemmen, siehe entsprechendes Kapitel.
- Bis zum Messen der Ruhespannung mindestens 2 Stunden warten. Die Batterie darf in diesem Zeitraum weder geladen noch entladen werden.

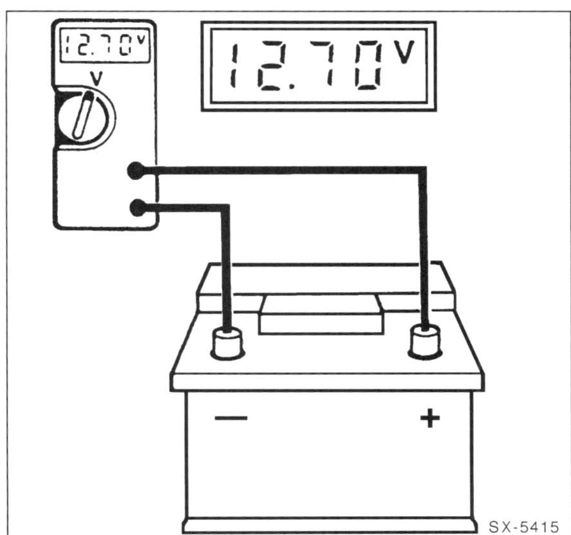

- Multimeter zwischen den beiden Batteriepole anschließen und Spannung messen.
- **Beurteilung des Spannungsmesswertes:**

12,7 Volt oder darüber:	Batterie in gutem Zustand.
11,6 – 12,6 Volt:	Batterie laden.
unter 11,6 Volt:	Batterie tiefentladen, Batterie laden oder ersetzen.

- Falls die Batterie geladen wurde, nach einer Wartezeit von 2 Stunden Ruhespannung erneut prüfen. Liegt der Messwert abermals unter 12,7 Volt, empfiehlt es sich die Batterie zu ersetzen.

Batterie unter Belastung prüfen

Achung: Wenn das **magische Auge farblos** oder **hellgelb** anzeigt, darf die Batterie **nicht geprüft** werden. **Explosionsgefahr!**

- Voltmeter an den Batteriepole anschließen. Anschlusskabel **nicht** abklemmen.
- Motor starten und Spannung ablesen.
- Während des Startvorganges darf bei einer **vollen** Batterie die Spannung nicht unter 10 Volt (bei einer Säuretemperatur von ca. +20° C) abfallen.
- Bricht die Spannung sogar zusammen, dann ist die Batterie defekt.

Batterie laden

Sicherheitshinweise

- ■ Batterie **nicht** bei laufendem Motor abklemmen.
- ■ Batterie **niemals kurzschließen,** das heißt Plus- (+) und Minuspol (–) dürfen nicht verbunden werden. Bei Kurzschluss erhitzt sich die Batterie und kann platzen.
- ■ Wenn das **magische Auge farblos** oder **hellgelb** anzeigt, darf die Batterie **nicht geprüft** werden. **Explosionsgefahr!**
- ■ Gefrorene Batterie vor dem Laden auftauen. Eine geladene Batterie gefriert bei ca. –65° C, eine halbentladene bei ca. –30° C und eine entladene bei ca. –12° C. Aufgetaute Batterie vor dem Laden auf Gehäuserisse prüfen, gegebenenfalls ersetzen. Die von der ausgelaufenen Säure betroffenen Fahrzeugteile müssen umgehend mit Seifenlauge behandelt oder ausgetauscht werden. VW empfiehlt eine einmal gefrorene Batterie grundsätzlich zu ersetzen.
- ■ Batterie nur in gut belüftetem Raum oder im Freien laden. Beim Laden der eingebauten Batterie Motorhaube geöffnet lassen.

Zum Laden der Batterie nur ein elektronisch gesteuertes Ladegerät verwenden.

Beim Laden muss die Batterie eine Temperatur von mindestens +10° C aufweisen.

Laden

- Bei ausgeschaltetem Ladegerät Pluskabel (+) des Ladegerätes an den Pluspol (+) der Batterie anschließen. Minuskabel (–) des Ladegerätes mit dem Minuspol (–) der Batterie verbinden.
- Netzstecker des Ladegerätes in die Steckdose stecken. Falls erforderlich, Ladegerät einschalten.
- Nach dem Laden der Batterie Ladegerät ausschalten (wenn möglich) und Netzstecker des Ladegerätes ziehen.
- Anschlusskabel des Ladegerätes von der Batterie abklemmen.
- Geladene Batterie prüfen, siehe entsprechendes Kapitel.

Batterie lagern

Wird das Fahrzeug länger als 2 Monate stillgelegt, Batterie ausbauen und im aufgeladenen Zustand lagern. Die günstigste Lagertemperatur liegt zwischen 0° C und +27° C. Bei diesen Temperaturen hat die Batterie die günstigste Selbstentladungsrate. Spätestens nach 2 Monaten Batterie erneut aufladen, da sie sonst unbrauchbar wird.

Batteriepole reinigen

Batteriepole auf Korrosion überprüfen. Korrosion an den Batteriepolen zeigt sich in Form von weißen oder gelblichen pulverartigen Ablagerungen an den Polen.

- Batterie ausbauen, siehe entsprechendes Kapitel.
- Zur Entfernung von Korrosion Batteriepole mit einer Lösung aus Wasser und Soda bestreichen. Es kommt zu einer chemischen Reaktion mit Blasenbildung und einer braunen Verfärbung an den Polen.
- Gegebenenfalls Batteriepole mit einem Polreiniger oder einer Drahtbürste von Korrosionsrückständen reinigen.
- Nach Abklingen dieser Reaktion Batteriepole und Batterie mit klarem Wasser abwaschen und Batterie abtrocknen.
- Batterie einbauen, siehe entsprechendes Kapitel.

Zentralentgasung

Bei der Zentralentgasung tritt das Gas an einer definierten Stelle aus der Batterie aus. Mit Hilfe eines Entgasungsschlauches kann die Ableitung des Gases gezielt zu einer unkritischen Seite erfolgen. Je nach Einbau kann die Batterie von einer unterschiedlichen Seite entgasen.

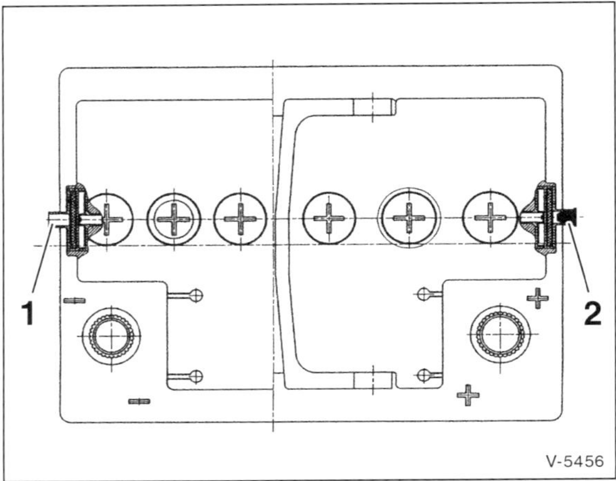

In der Regel sind Original-VW-Batterien mit jeweils einer Entgasungsöffnung –1/2– an jeder Polseite versehen. Von diesen beiden Öffnungen muss eine immer verschlossen sein –2–. Damit ist sichergestellt, dass die Entgasung nur gezielt über den angeschlossenen Schlauch erfolgt. Sollten beide Öffnungen verschlossen sein, unbedingt einen Stopfen aus der Entgasungsöffnung gemäß der Einbauanleitung der Batterie entfernen.

Batterietypen

Je nach Modell und Ausstattung können technisch recht unterschiedliche Batterietypen im Fahrzeug eingebaut sein. .

Nass-Batterie

Eine Batterie mit flüssigem Elektrolyt wird als Nass-Batterie bezeichnet. Diese Batterie besitzt ein magisches Auge zur Kontrolle von Ladezustand und Säurestand. Es darf kein destilliertes Wasser nachgefüllt werden, wie bei früheren Ausführungen der Nass-Batterie. Wenn der Säurestand zu niedrig ist, muss die Batterie ersetzt werden. Die Nassbatterie ist nicht für Fahrzeuge mit Start-Stopp-System geeignet.

EFB-Batterie

EFB = Enhanced **F**looded **B**attery. Die EFB-Batterie ist eine Weiterentwicklung der Standard-Nass-Batterie und kann auch für Fahrzeuge mit Start-Stopp-System verwendet werden. Allerdings nur, wenn der Fahrzeughersteller nicht ausdrücklich eine AGM-Stromquelle vorschreibt.

AGM-Batterie (Vlies-Batterie)

AGM = Absorbent-**G**lass-**M**att-Battery. Bei der AGM-Batterie ist der Elektrolyt in einem Mikroglasvlies festgelegt; sie gilt dadurch als auslaufsicher. Die Batterie ist mit einem Batteriedeckel verschlossen, Zellverschluss-Stopfen und Entgasungskanal sind im Deckel integriert. Die AGM-Batterien hat kein magisches Auge und bietet folgende Vorteile: hohe Zyklenfähigkeit (Zyklus = abwechselnder Lade- und Entladevorgang), Auslaufsicherheit, wartungsarm, geringe Gasung und gute Kaltstarteigenschaften. Wird häufig bei Fahrzeugen mit Start-Stopp-System verwendet. **Hinweis:** Bei Ersatz einer AGM- oder Vlies-Batterie unbedingt wieder eine Vlies-Batterie einbauen.

VRLA-Batterie

Bei der **V**alve-**R**egulated-**L**ead-**A**cid-Batterie (VRLA) handelt es sich um wartungsfreie Stromspeicher mit festgelegtem Elektrolyt. Die Zellverschluss-Stopfen lassen sich nicht herausschrauben. Wird die Batterie überladen, werden die entstehenden Wasserstoff- und Sauerstoffgase innerhalb der jeweiligen Zelle wieder zu Wasser zurückgewandelt. Bei zu starker Ladung tritt das überschüssige Gas über ein Entspannungsventil aus. Da diese Flüssigkeitsmengen nicht wieder ersetzt werden können, ist eine nachhaltige Beschädigung der Batterie möglich. Deshalb muss beim Laden unbedingt ein Batterieladegerät mit einer Ladebegrenzung von 14,4 Volt eingesetzt werden.

Gel-Batterie

Bei der Gel-Batterie ist der Elektrolyt durch die Zugabe von Kieselsäure zur Schwefelsäure in einer gelartigen Masse eingebunden. Entsprechend ihrem Entgasungsprinzip zählt die Gel-Batterie zu den VRLA-Batterien. Dieser Batterietyp zeichnet sich durch eine hohe Zyklenfestigkeit aus, die Batterie kann also öfters ent- und geladen werden. Eine Gel-Batterie hat kein magisches Auge. Sie ist wartungsfrei und auslaufsicher. Da die Batterie nicht hochtemperaturfähig ist, eignet sie sich nicht für den Einbau im Motorraum.

Batterie entlädt sich selbstständig

Je nach Fahrzeugausstattung addiert sich zur natürlichen Selbstentladung der Batterie auch die Stromaufnahme der verschiedenen Stromverbraucher im Ruhezustand. Daher sollte die Batterie in einem abgestellten Fahrzeug alle 6 Wochen nachgeladen werden. Wenn der Verdacht auf Kriechströme besteht, Bordnetz nach folgender Anleitung prüfen:

- Zur Prüfung eine geladene Batterie verwenden.

Achtung: Da für diese Prüfung ein Ruhestrom-Erhaltungsgerät nicht angeschlossen werden kann, vorher mit der Fachwerkstatt klären, welche Speicher eventuell vor der Prüfung auszulesen und später wieder einzulesen sind.

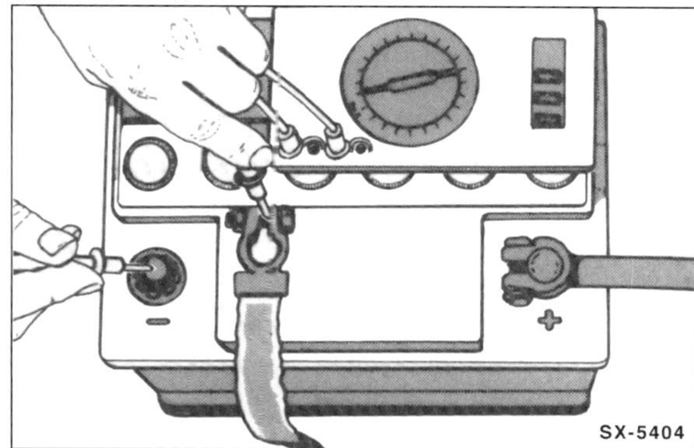

- Am Amperemeter den höchsten Messbereich einstellen.
- Batterie-Massekabel (–) abklemmen. **Achtung:** Hinweise im Kapitel »Batterie aus- und einbauen« beachten.
- Amperemeter zwischen Batterie-Minuspol (–) und Massekabel schalten: Amperemeter-Plus-Anschluss (+) an Massekabel und Minus-Anschluss (–) an Batterie-Minuspol (–).

Achtung: Die Prüfung kann auch mit einer Prüflampe durchgeführt werden. Leuchtet die Lampe zwischen Massekabel und Minuspol der Batterie jedoch nicht auf, ist auf jeden Fall ein Amperemeter zu verwenden.

- Alle Verbraucher ausschalten, vorhandene Zeituhr (und andere Dauerverbraucher) abklemmen, Türen schließen.
- Vom Amperebereich solange auf den Milliamperebereich zurückschalten bis eine ablesbare Anzeige erfolgt (1–3 mA sind zulässig).
- Durch Herausnehmen der Sicherungen nacheinander die verschiedenen Stromkreise unterbrechen. Geht bei einem unterbrochenen Stromkreis die Anzeige auf Null zurück, ist hier die Fehlerquelle zu suchen.
- Fehler können sein: korrodierte und verschmutzte Kontakte, durchgescheuerte Leitungen, interner Kurzschluss in Aggregaten.
- Wird in den abgesicherten Stromkreisen kein Fehler gefunden, so sind die Leitungen an den nicht abgesicherten Aggregaten, wie Generator und Anlasser, abzuziehen.
- Geht beim Abklemmen von einem der ungesicherten Aggregate die Anzeige auf Null zurück, betreffendes Bauteil überholen oder austauschen. Bei Stromverlust in der Anlasser- oder Zündanlage immer auch den Zünd-Anlassschalter nach Schaltplan prüfen.
- Batterie-Massekabel (–) anklemmen. **Achtung:** Hinweise im Kapitel »Batterie aus- und einbauen« beachten.

Scheibenwischeranlage

Sicherheitshinweis
Bei Wartungs- und Reparaturarbeiten an der Scheibenwischanlage besteht Verletzungsgefahr der Hände durch Klemmen oder Quetschen. Im Extremfall durch Abscheren von Gliedmaßen bei Eingriffen in die Scheibenwischermechanik. Vor jeglichen Reparaturarbeiten ist stets der Zündschlüssel abzuziehen.

Wischerblatt aus- und einbauen

Frontscheibenwischer
GOLF VARIANT/GOLF PLUS/JETTA

Ausbau

- Wischerarme in die »Servicestellung« fahren: Dazu Zündung ausschalten und innerhalb von 10 Sekunden Wischerschalter kurz nach unten drücken beziehungsweise antippen.
- Zündung ausschalten. Zündschlüssel abziehen.
- Wischerarm hochklappen.

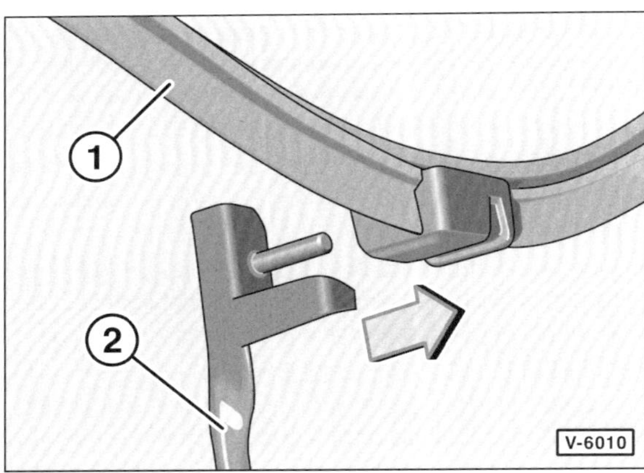

- Wischerblatt –1– rechtwinklig zum Wischerarm –2– stellen und Wischerblatt von der Achse abziehen –Pfeil–.

Einbau

Hinweis: Darauf achten, dass das längere Wischerblatt auf der Fahrerseite eingesetzt wird.

- Wischerblatt in die Wischerblattbefestigung einschieben und hörbar einrasten.
- Wischerblatt auf der Achse des Wischerarmes bis zum Anschlag zurückdrehen.
- Wischerarm vorsichtig auf die Frontscheibe zurückklappen.

Frontscheibenwischer
TOURAN

Achtung: Es werden Wischerblätter der Firmen BOSCH und FEDERAL MOGUL verwendet. Beim Ersetzen der Wischerblätter darauf achten, dass das neue Wischerblatt vom gleichen Hersteller ist.

Ausbau

- Wischerarme in die »**Servicestellung**« fahren: Dazu Zündung ausschalten und innerhalb von 10 Sekunden Wischerschalter kurz nach unten drücken beziehungsweise antippen. **Hinweis:** Falls ein Kontaktschalter für die Motorhaube vorhanden ist (ausstattungsabhängig), kann der Frontscheibenwischer nur bei geschlossener Motorhaube in Betrieb genommen werden.
- Wischerarm hochklappen. Dabei nur den Wischerarm oder das Wischerblatt im Bereich der Befestigung anfassen.

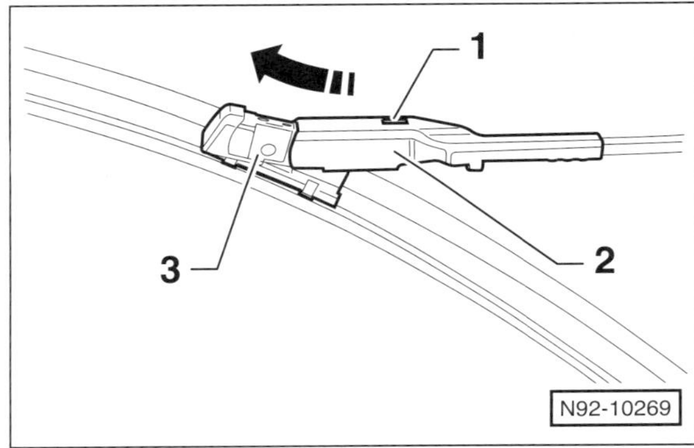

- Verriegelungstaste –1– drücken und Aufnahme –3– am Wischerblatt in Pfeilrichtung vom Wischerarm –2– abziehen.

Einbau

- Aufnahme –3– am Wischerblatt bis zum Anschlag in den Wischerarm –2– einschieben. Die Verriegelungstaste –1– muss dabei sicher einrasten.
- Wischerarm vorsichtig zurückklappen.

Achtung: Das längere Wischerblatt wird auf der Fahrerseite eingesetzt.

Heckscheibenwischer

GOLF VARIANT/GOLF PLUS

Ausbau

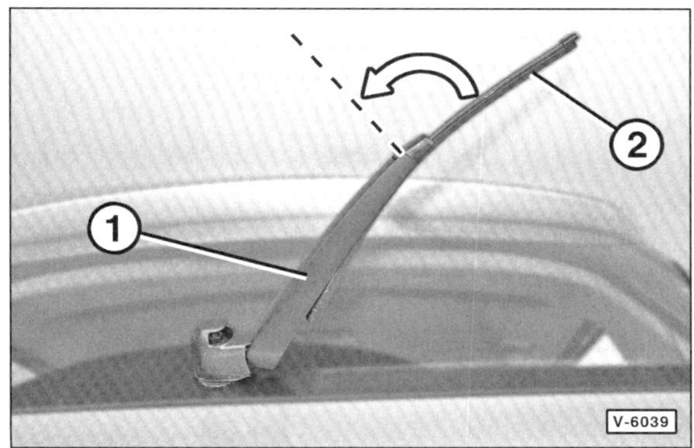

- Wischerarm –1– hochklappen.
- Wischerblatt –2– rechtwinklig zum Wischerarm stellen. Dabei geringen Widerstand überwinden. Dadurch wird der Befestigungsclip etwas verschoben.
- Wischerblatt entgegen der Pfeilrichtung zurückschwenken.

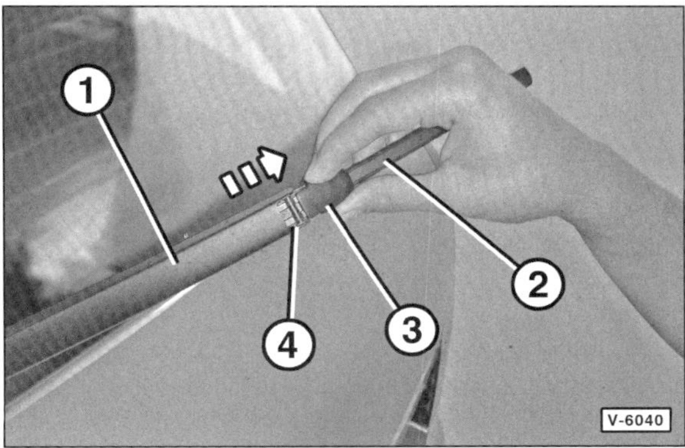

- Befestigungsclip –3– in Pfeilrichtung schieben, bis die Achse –4– des Wischerarms –1– frei liegt.

Einbau

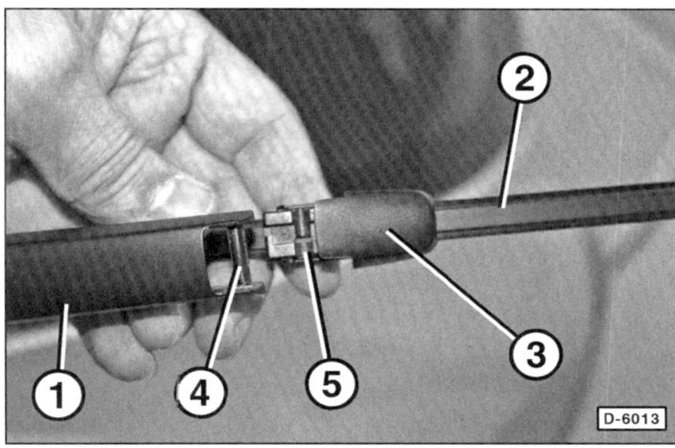

- Wischerblatt –2– mit der Aufnahme –5– des Befestigungsclips an der Achse –4– des Wischerarms ansetzen.
- Befestigungsclip –3– gegen den Wischerarm –1– schieben und einrasten.
- Wischerarm mit Wischerblatt vorsichtig auf die Heckscheibe zurückklappen.

Heckscheibenwischer

TOURAN

Ausbau

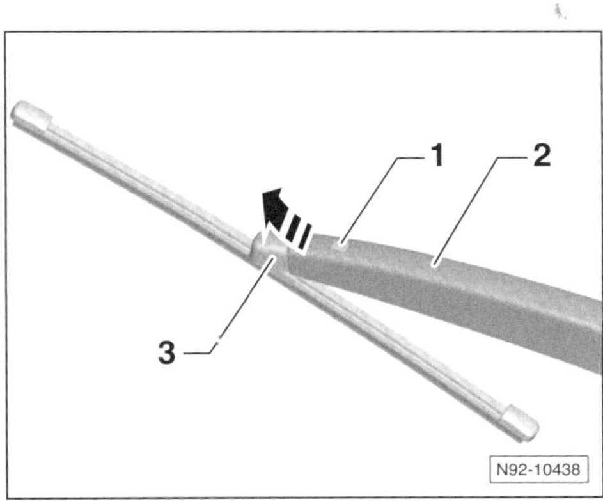

- Wischerarm –2– hochklappen.
- Entriegelungstaste –1– drücken und Wischerblatt an der Wischerblattbefestigung –3– in Pfeilrichtung aus dem Wischerarm –2– herausziehen.

Einbau

- Wischerblatt mit dem Befestigungsclip in den Wischerarm schieben und einrasten.
- Wischerarm auf die Heckscheibe zurückklappen.

Wischerarm an der Frontscheibe aus- und einbauen

GOLF VARIANT/GOLF PLUS/JETTA/TOURAN

Ausbau

Hinweis: Zum Abziehen kann das VW-Werkzeug T10369/1 oder die Spindel HAZET 4855-8 mit Abziehkopf 4855-1 verwendet werden.

- **GOLF VARIANT/JETTA/TOURAN:** Zündung einschalten und Scheibenwischer in die Endstellung fahren. Die Endstellung ist die untere Stellung der Wischerblätter, siehe entsprechendes Kapitel.
- **GOLF VARIANT/JETTA/TOURAN:** Zündung ausschalten, Zündschlüssel abziehen.
- **GOLF PLUS:** Wischerarme in die »Servicestellung« fahren: Dazu Zündung kurz ein- und wieder ausschalten. Anschließend innerhalb von 10 Sekunden den Wischerschalter kurz nach unten drücken beziehungsweise antippen. **Hinweis:** Die Motorhaube muss dabei geschlossen sein.
- **GOLF PLUS:** Batterie-Massekabel abklemmen, siehe Seite 80.
- Stellung der Wischergummis auf der Frontscheibe markieren. Dazu Klebeband neben den Wischergummis auf die Scheibe kleben.
- Motorhaube öffnen.

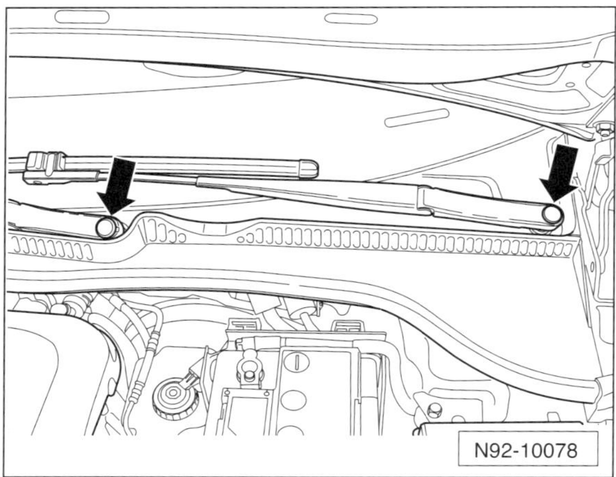

- Mit einem Schraubendreher die Abdeckkappen –Pfeile– an den Wischerarmen abhebeln. Abgebildete Wischerarme: **GOLF VARIANT**.
- Darunter liegende Mutter am jeweiligen Wischerarm abschrauben. **Achtung:** Dabei kann unter Umständen der Lack der Motorhaube beschädigt werden. Um das zu verhindern empfiehlt es sich, die Motorhaube im Arbeitsbereich mit einem Klebeband abzukleben.
- Wischerarm leicht hin und her bewegen, bis er sich von der Wischerwelle löst. Mutter ganz abschrauben und Wischerarm von der Welle abziehen.

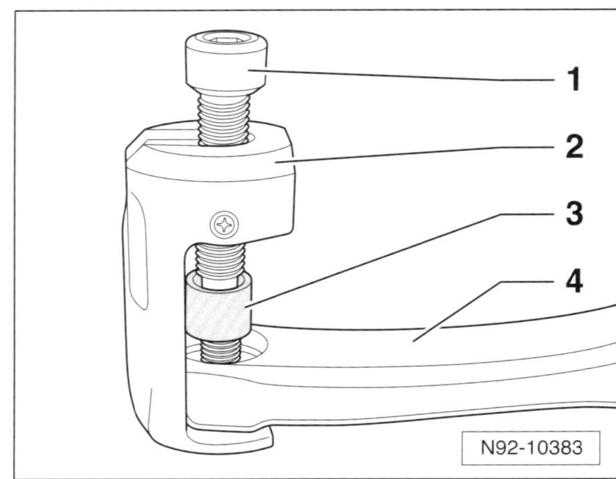

- Läßt sich der Wischerarm auf diese Weise nicht lösen, muss ein geeignetes Abziehwerkzeug verwendet werden. Dabei die Arme des Abziehers –2– unter den Wischerarm –4– schieben.

Achtung: Vorsichtig vorgehen, damit die Wischerwelle nicht beschädigt wird. Grundsätzlich geeignetes Druckstück –3– verwenden.

- Druckschraube –1– des Abziehers im Uhrzeigersinn drehen, bis das Druckstück –3– auf der Welle aufliegt.
- Druckschraube –1– mit einem Innensechskantschlüssel, Schlüsselweite 6 mm, im Uhrzeigersinn drehen, bis sich der Wischerarm –4– von der Welle löst.

Einbau

Hinweis: Falls das Batterie-Massekabel abgeklemmt ist und der Wischermotor betätigt werden muss, dieses kurzzeitig anklemmen und danach wieder abklemmen. Batterie-Massekabel erst nach Abschluss der Arbeiten entgültig wieder anklemmen.

- Falls der Wischermotor bei ausgebauten Wischerarmen betätigt wurde, sicherstellen, dass sich der Scheibenwischermotor in Endstellung befindet, siehe entsprechendes Kapitel.
- Wischerarm anhand der beim Ausbau angebrachten Klebeband-Markierung ausrichten und auf die Wischerwelle aufsetzen. Klebeband-Markierung abnehmen.
- Mutter aufschrauben und handfest anziehen.
- Falls ausgebaut 2. Wischerarm auf dieselbe Weise einbauen.
- Endstellung der Wischerarme überprüfen. Dazu Motorhaube schließen, Scheibe mit Wasser benetzen, Scheibenwischer kurz laufen lassen und in Endstellung abschalten. Die Wischerblätter dürfen sich beim Wischen nicht über den Scheibenrand hinausbewegen.
- Gegebenenfalls Muttern lösen und Einstellung korrigieren. Eventuell Ruhestellung der Wischerblätter prüfen, siehe entsprechendes Kapitel.
- Muttern für Wischerarme mit **20 Nm** festziehen.
- Abdeckkappen aufdrücken.

Ruhestellung der Wischerblätter prüfen

GOLF VARIANT/GOLF PLUS/JETTA/TOURAN

Frontscheibe

Prüfen

- Frontscheibe mit Wasser benetzen, Scheibenwischer kurze Zeit laufen lassen und über den Wischerschalter abschalten. Dadurch läuft der Wischer nach jedem 2. Abschalten in die Endstellung; Wischer dabei beobachten.

Hinweis: Die Scheibenwischeranlage ist mit der so genannten APS-Funktion ausgestattet. Sie bewirkt, dass der Wischer nach jedem 2. Abschalten entweder in der Endstellung zum Stillstand kommt, oder aus der Endstellung in die »**al**ternierende **P**ark**s**tellung« vorgeschoben wird.

- Zündung ausschalten.

GOLF VARIANT/JETTA

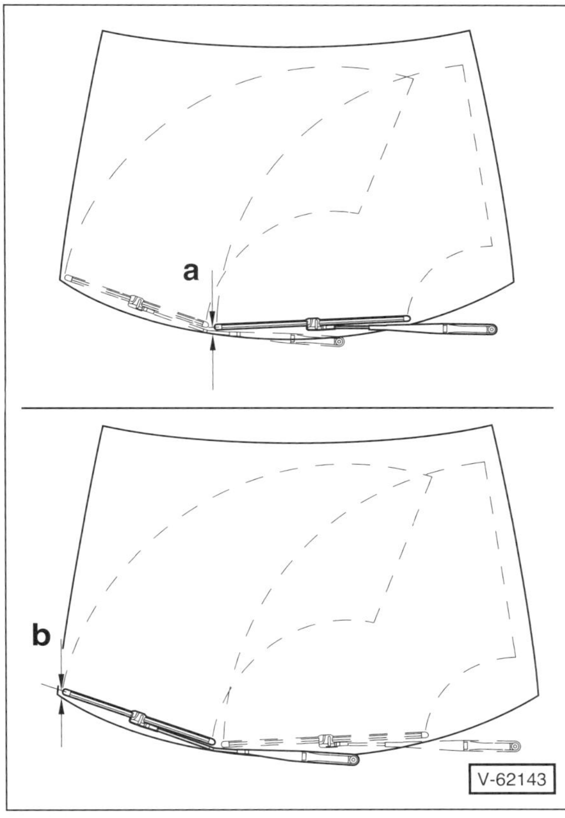

- Abstand der Wischerblattspitzen zur Oberkante vom Windlaufgrill messen und mit Sollwert vergleichen:

Maß/Modell	GOLF VARIANT	JETTA
a	0 – 10 mm	10 mm
b	10 – 20 mm	10 mm

- Gegebenenfalls Wischerarme ausbauen und entsprechend umsetzen, siehe entsprechendes Kapitel.

GOLF PLUS

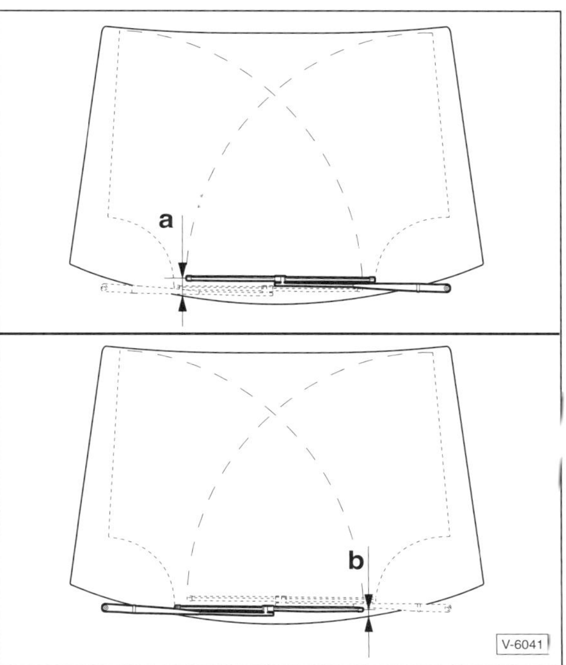

- **Wischer Fahrerseite:** Abstand zwischen Wischergummi und Oberkante vom Windlaufgrill messen und mit Sollwert vergleichen:
  a = 58 + 10 mm.
- **Wischer Beifahrerseite:** Abstand zwischen Wischergummi und Oberkante vom Windlaufgrill messen und mit Sollwert vergleichen:
  b = 19 + 10 mm.
- Gegebenenfalls Wischerarme ausbauen und entsprechend umsetzen, siehe entsprechendes Kapitel.

TOURAN

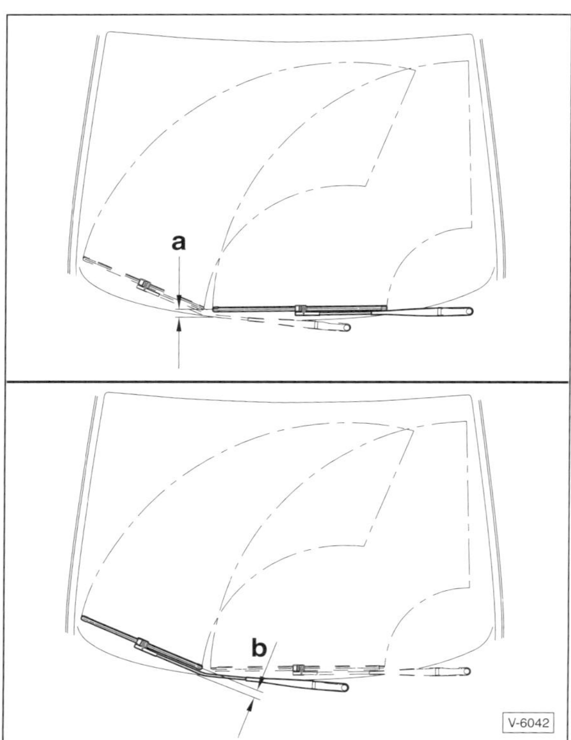

- **Wischer Fahrerseite:** Abstand zwischen Wischergummi und Oberkante vom Windlaufgrill messen und mit Sollwert vergleichen:
  a = 30 mm.
- **Wischer Beifahrerseite:** Abstand zwischen Wischergummi und Oberkante vom Windlaufgrill messen und mit Sollwert vergleichen:
  b = 30 mm.
- Gegebenenfalls Wischerarme ausbauen und entsprechend umsetzen, siehe entsprechendes Kapitel.

Heckscheibe

Prüfen

- Heckscheibenwischer ein- und ausschalten und in Endstellung laufen lassen.

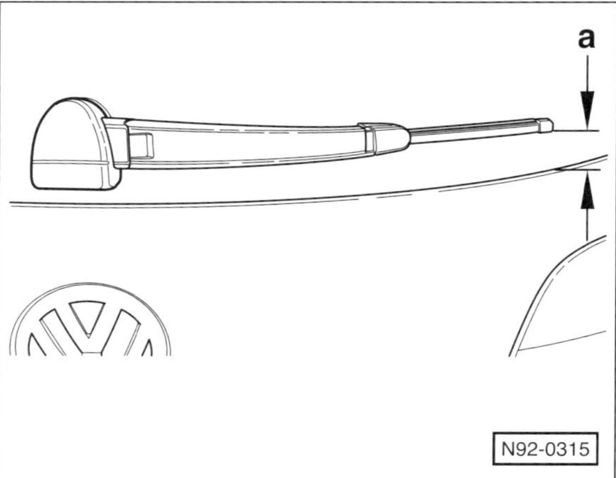

- Abstand der Wischerblattspitze zur Scheibenunterkante messen und mit Sollwert vergleichen:
  GOLF VARIANT: a = 15^{+5} mm.
  GOLF PLUS: a = $23^{\pm 5}$ mm
  TOURAN: a = 33 mm
- Gegebenenfalls Wischerarm ausbauen und entsprechend umsetzen, siehe Seite 88.

Wischergestänge/Wischermotor an der Frontscheibe aus- und einbauen

GOLF VARIANT/JETTA/TOURAN

Ausbau

- Sicherstellen, dass sich der Scheibenwischer in Endstellung befindet, siehe Kapitel »Wischerarm aus- und einbauen«.
- Batterie abklemmen. **Achtung:** Hinweise im Kapitel »Batterie aus- und einbauen« beachten.
- Wischerarme ausbauen, siehe entsprechendes Kapitel.
- Windlaufgrill und gegebenenfalls Wasserkasten-Stirnwand ausbauen, siehe Kapitel »Karosserie außen«.

GOLF VARIANT/JETTA

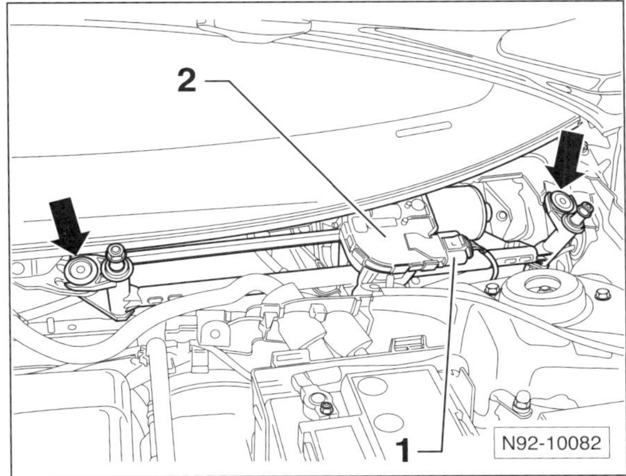

TOURAN

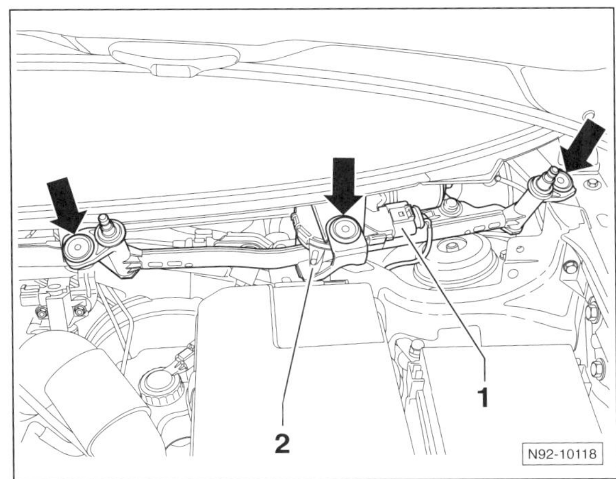

- Stecker –1– vom Wischermotor abziehen.
- Schrauben –Pfeile– am Wischerrahmen –2– herausdrehen und Wischerrahmen komplett mit Wischergestänge sowie Wischermotor nach oben herausschwenken.

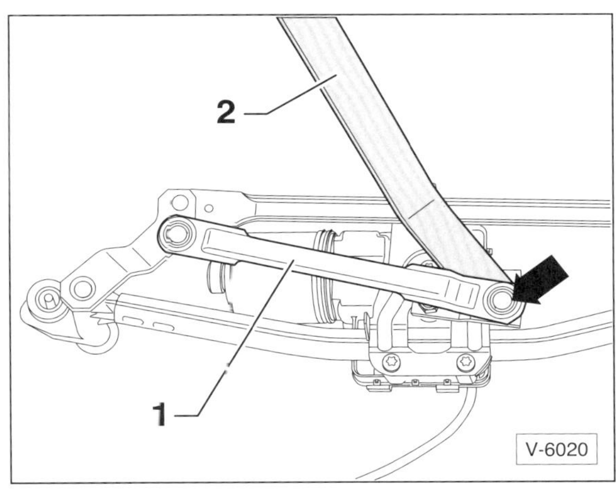

- Kugelkopf –Pfeil– des Gestänges –1– mit dem VW-Abdrückhebel 80-200 –2– oder einem großen Schraubendreher von der Kurbel des Scheibenwischermotors abhebeln.

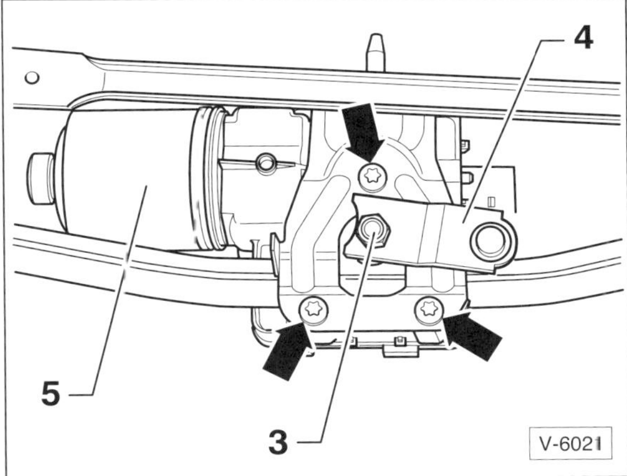

- Mutter –3– abschrauben und Kurbel –4– von der Motorwelle abziehen.
- 3 Schrauben –Pfeile– herausdrehen und Scheibenwischermotor –5– mit Steuergerät vom Wischerrahmen abnehmen.

Einbau

- Wischermotor am Wischerrahmen mit **8 Nm** anschrauben.

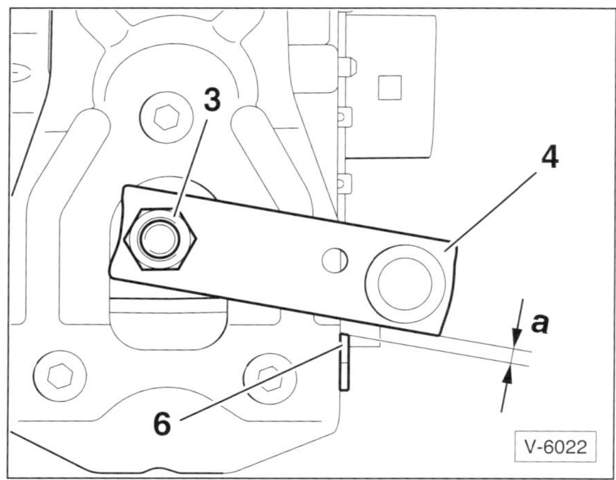

- Kurbel –4– auf die Motorwelle aufsetzen, dabei beträgt der Abstand –a– zum Anschlag –6– a = 3 ± 1 mm. In dieser Stellung Mutter –3– mit **18 Nm** anziehen.
- Kugelkopf des Gestänges auf die Kurbel aufdrücken und einrasten.

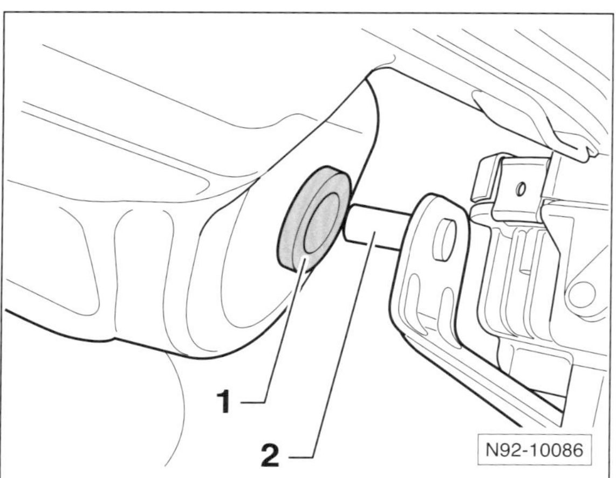

- Wischerrahmen mit Motor und Gestänge einsetzen, dabei darauf achten, dass der Zapfen –2– des Wischerrahmens in das Gummistück –1– der Aufnahme an der Spritzwand gesteckt wird.
- Wischerrahmen mit **8 Nm** an der Karosserie festschrauben.
- Stecker am Wischermotor aufschieben.
- Der weitere Einbau erfolgt in umgekehrter Ausbaureihenfolge.
- Einstellung der Wischerarme überprüfen.

Wischergestänge/Wischermotor an der Frontscheibe aus- und einbauen

GOLF PLUS

Die Frontscheibenwischanlage besteht aus zwei getrennten Anlagen ohne mechanische Verbindung.

Jeder Wischerarm wird von einem eigenen Motor angetrieben.

Der synchrone Bewegungsablauf der Frontwischanlage wird durch die Steuergeräte der Wischermotoren sichergestellt. Steuergeräte und Wischermotoren bilden ein Baueinheit.

Ausbau

- Sicherstellen, dass sich der Scheibenwischer in Endstellung befindet, siehe Kapitel »Wischerarm aus- und einbauen«.
- Batterie abklemmen. **Achtung:** Hinweise im Kapitel »Batterie aus- und einbauen« beachten.
- Wischerarme ausbauen, siehe entsprechendes Kapitel.
- Windlaufgrill und gegebenenfalls Wasserkasten-Stirnwand ausbauen, siehe Kapitel »Karosserie außen«.

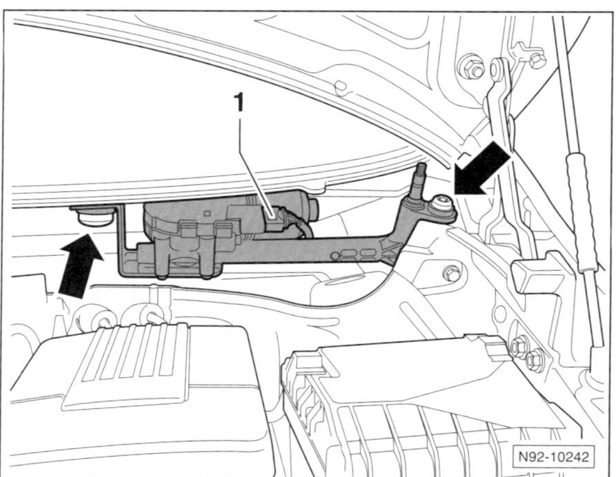

- Stecker –1– abziehen.
- 2 Schrauben –Pfeile– herausdrehen.
- Wischerrahmen nach vorn aus dem Fahrzeug herausziehen. **Hinweis:** In der Abbildung ist der Wischerrahmen auf der Fahrerseite dargestellt.

Einbau

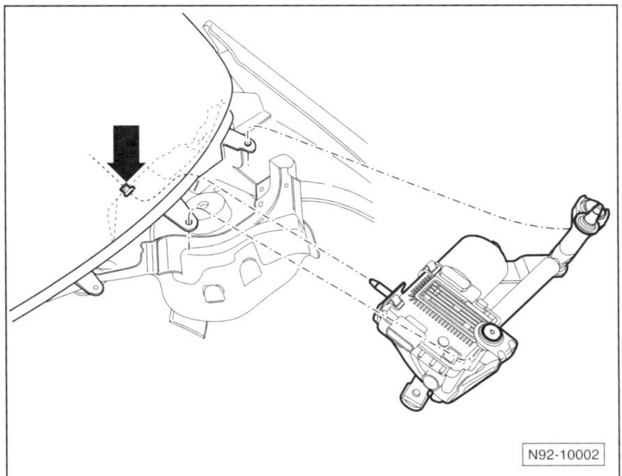

- Wischerrahmen so einsetzen, dass der Befestigungsstift des Wischerrahmens in die Tülle –Pfeil– an der Querwand eingesteckt werden kann.
- Wischerrahmen mit **8 Nm** festschrauben.
- Stecker am Wischermotor aufstecken und einrasten.
- Stirnwand und Windlaufgrill einbauen, siehe Kapitel »Karosserie außen«.
- Wischerarme einbauen, siehe Seite 88.
- Batterie anklemmen, siehe Seite 80.

Wischerarm an der Heckscheibe aus- und einbauen

GOLF VARIANT/GOLF PLUS/TOURAN

Ausbau

- Heckscheibe mit Wasser benetzen.
- Heckscheibenwischer kurze Zeit laufen lassen und über den Scheibenwischerschalter abschalten. Dadurch läuft der Wischer in die Endstellung.
- Stellung des Wischergummis auf der Heckscheibe markieren. Dazu Klebeband neben dem Wischergummi auf die Scheibe kleben.

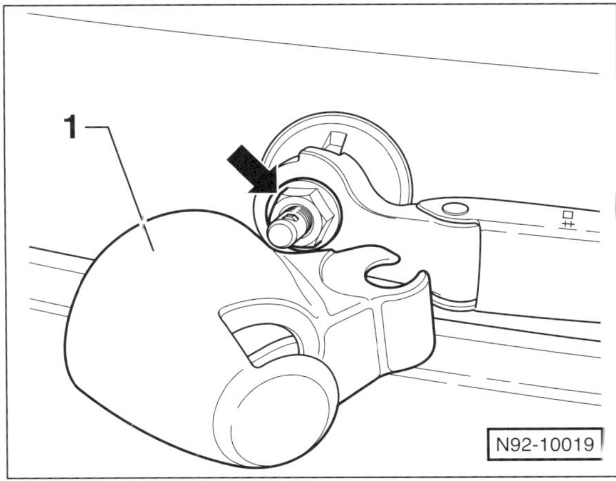

- Abdeckkappe –1– hochklappen und vom Wischerarm abziehen.
- Mutter –Pfeil– um ca. 2 Umdrehungen lockern.
- Wischerarm hochklappen und seitlich hin- und herbewegen. Dadurch wird der Wischerarm vom Konus der Wischerwelle gelöst.
- Mutter ganz abschrauben und Wischerarm abnehmen.

Einbau

- Sicherstellen, dass der Scheibenwischermotor in Endstellung steht. Gegebenenfalls Motor kurz laufen lassen und mit Wischerschalter abschalten.
- Wischerarm auf die Wischerwelle aufsetzen und anhand der beim Ausbau angebrachten Klebeband-Markierung ausrichten.
- Mutter aufschrauben und mit **12 Nm** festziehen.
- Abdeckkappe zurückklappen und hörbar einrasten.
- Heckscheibe mit Wasser benetzen.
- Heckscheibenwischer kurze Zeit laufen lassen und über den Scheibenwischerschalter abschalten. Stellung des Wischerarms kontrollieren, gegebenenfalls korrigieren, siehe entsprechendes Kapitel.

Wischermotor an der Heckscheibe aus- und einbauen

GOLF VARIANT/GOLF PLUS/TOURAN

Ausbau

- Sicherstellen, dass sich der Scheibenwischer in Endstellung befindet, siehe Kapitel »Wischerarm aus- und einbauen«.
- Batterie abklemmen. **Achtung:** Hinweise im Kapitel »Batterie aus- und einbauen« beachten.
- Wischerarm ausbauen, siehe entsprechendes Kapitel.
- Heckklappe öffnen und untere Heckklappenverkleidung ausbauen, siehe Kapitel »Karosserie außen«.

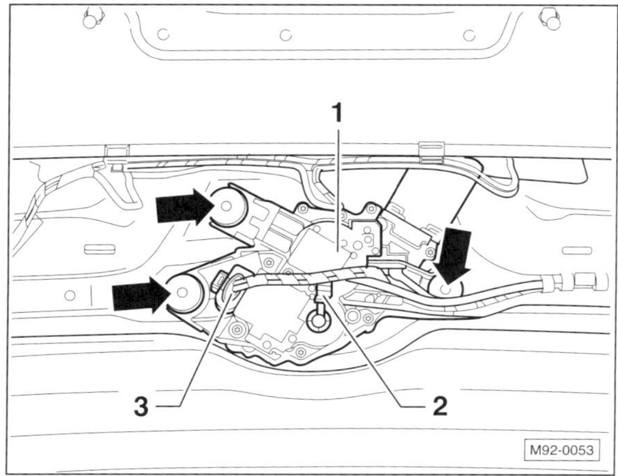

- Stecker –3– entriegeln und vom Wischermotor abziehen.
- **GOLF PLUS:** Waschwasserschlauch –2– vom Wischermotor abziehen, dazu Sicherungsclips an der Schlauchverbindung entriegeln.
- Muttern –Pfeile– abschrauben und Wischermotor vorsichtig aus der Heckklappe herausziehen.

Einbau

Achtung: Vor dem Einbau prüfen, ob sich der Wischermotor in Endstellung befindet. Dazu kurzzeitig Anschlussstecker aufschieben und Batterie anschließen. Motor kurz laufen lassen und anschließend mit Wischerschalter ausschalten, damit der Motor in Endstellung stehen bleibt.

- Innenseite der Dichtung in der Heckscheibe mit gummi- und kunsststoffverträglichem Gleitmittel (Polyethylenglykol) bestreichen damit sich der Wischermotor leichter einsetzen lässt.

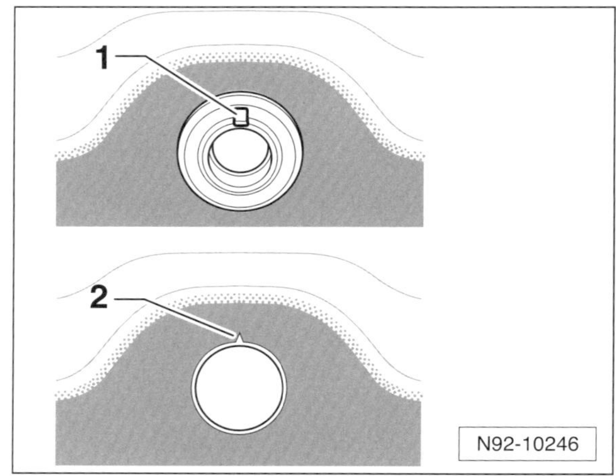

- Wischermotor vorsichtig durch die Öffnung in der Heckscheibe einsetzen. Dabei auf richtigen Sitz der Dichtung achten. Die Markierung –1– auf der Dichtung muss mit der Markierung –2– auf der Heckscheibe übereinstimmen.
- Wischermotor mit **8 Nm** anschrauben.
- Der weitere Einbau erfolgt in umgekehrter Ausbaureihenfolge. Einstellung des Wischerarms überprüfen.

Scheibenwaschanlage

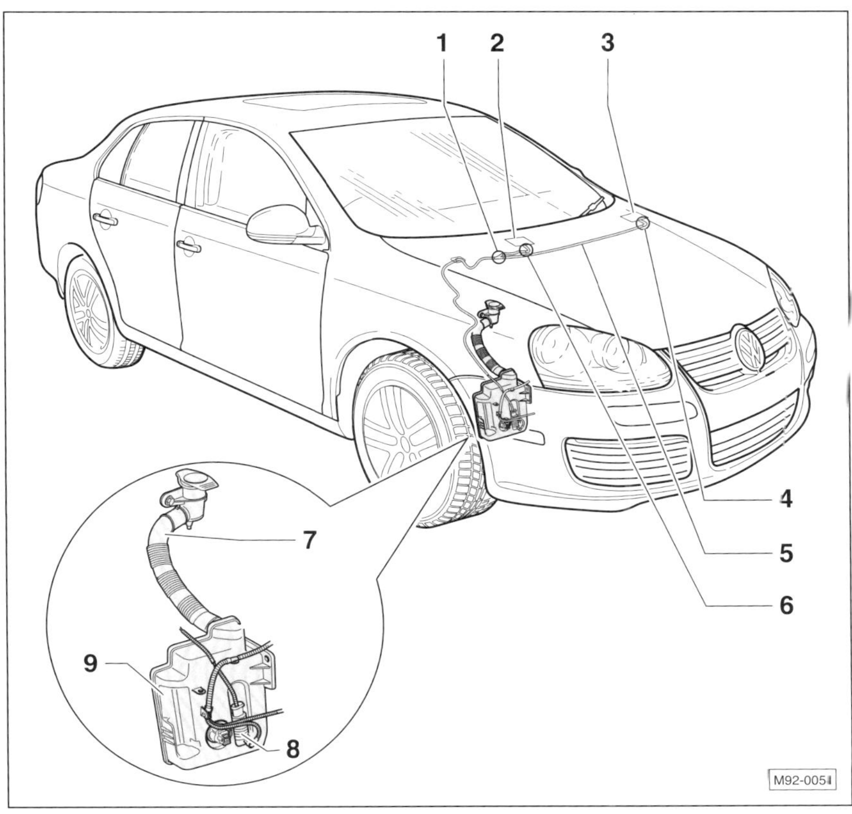

Frontscheiben-Waschanlage

JETTA/GOLF VARIANT

1 – **Y-Stück**
Verteilung der Waschwasserleitung zu den Spritzdüsen.

2 – **Rechte Spritzdüse**

3 – **Linke Spritzdüse**

4 – **Winkelstück**
Anschluss an Spritzdüse links.

5 – **Schlauch**

6 – **Winkelstück**
Anschluss an Spritzdüse rechts.

7 – **Einfüllstutzen**
Für Waschwasserbehälter.

8 – **Waschwasserpumpe**
Für Front- und Heckscheibe.

9 – **Waschwasserbehälter**
Anzugsdrehmoment der Befestigungsschrauben: **8 Nm**.

Hinweis: Die Abbildung zeigt die Waschanlage im **JETTA**.

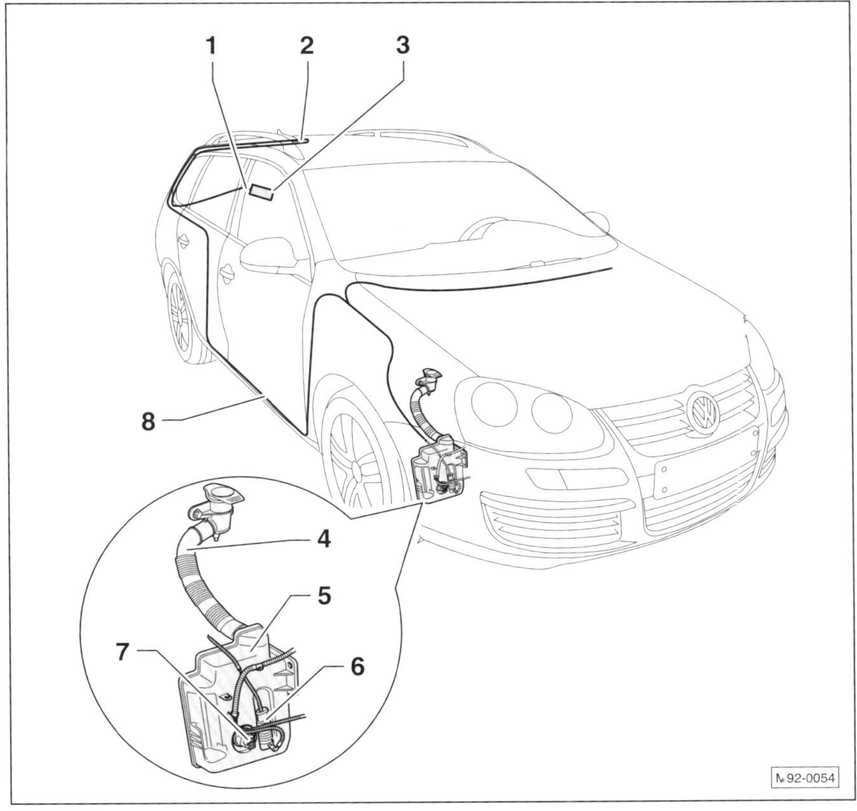

Heckscheiben-Waschanlage

GOLF VARIANT

1 – **Anschlussstück**
Anschluss an Spritzdüse Heckscheibenwaschanlage.

2 – **Anschlussstück**
Trennstelle für Waschwasserleitung »Innenraum« an Leitung »Heckklappe«.

3 – **Spritzdüse**
Sitzt in der Wischerwelle.

4 – **Einfüllrohr**

5 – **Waschwasserbehälter**
Für Scheiben- und Scheinwerfer-Waschanlage.

6 – **Waschwasserpumpe**
Für Front- und Heckscheibe.

7 – **Waschwasserstandsgeber**

8 – **Schlauch**

Scheibenwaschdüse für Frontscheibe aus- und einbauen

GOLF VARIANT/GOLF PLUS/JETTA/TOURAN

Ausbau

- Motorhaube öffnen.

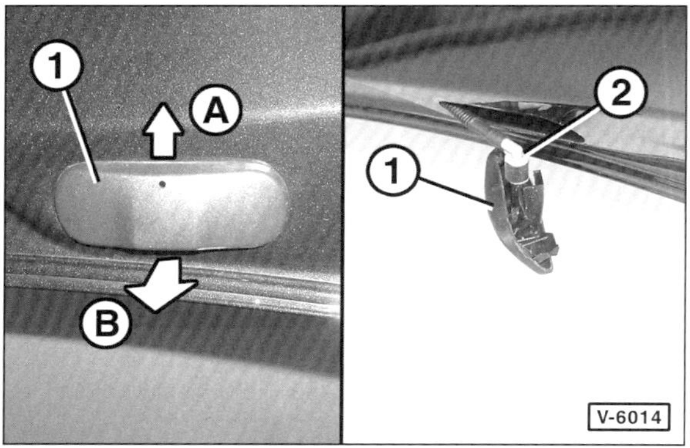

- Scheibenwaschdüse –1– nach oben drücken –Pfeil A– und unten aus der Motorhaube herausziehen –Pfeil B–.
- Scheibenwaschdüse –1– herausziehen.
- Sicherungsring am Schlauchanschluss –2– zum Entriegeln verdrehen und Wasserschlauch abziehen.
- Gegebenenfalls Stecker für Düsenbeheizung abziehen.

Einbau

- Wenn nötig, Scheibenwaschdüse reinigen. Dabei Scheibenwaschdüse mit Wasser entgegen der Spritzrichtung durchspülen. Dann Düse mit Druckluft entgegen der Spritzrichtung durchblasen.
- Der Einbau erfolgt in umgekehrter Ausbaureihenfolge, die Scheibenwaschdüse muss dabei hörbar einrasten.

Scheibenwaschdüse einstellen GOLF VARIANT/GOLF PLUS/JETTA

Die Scheibenwaschdüsen sind voreingestellt. Es können nur kleine Höhenunterschiede ausgeglichen werden.

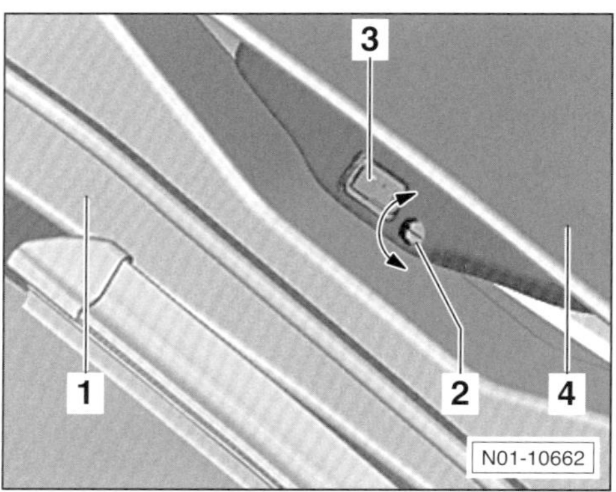

1 – Windlaufgrill
2 – Einsteller Torx Größe 8
3 – Fächerdüse
4 – Motorhaube

- Mit einem Torx-Schraubendreher die Spritzrichtung durch Drehen am Einsteller –2– verstellen. **Hinweis:** Drehen im Uhrzeigersinn bewirkt eine Verstellung nach unten; gegen den Uhrzeigersinn ergibt eine Verstellung nach oben.

Scheibenwaschdüse einstellen TOURAN

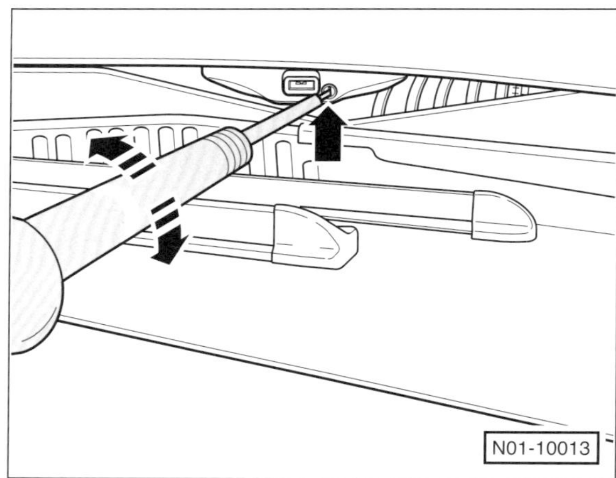

- Mit einem Schraubendreher Spritzrichtung durch Drehen an der Einstellschraube –Pfeil– in der Höhe verstellen. **Hinweis:** Drehen im Uhrzeigersinn bewirkt eine Verstellung nach unten.

Scheibenwaschdüse für Heckscheibe aus- und einbauen

GOLF VARIANT/GOLF PLUS

Ausbau

- Heckwischer in Endstellung laufen lassen. Dazu Heckscheibe mit Wasser benetzen, Heckwischer kurze Zeit laufen lassen und mit dem Wischerschalter ausschalten.
- Zündung ausschalten. Zündschlüssel abziehen.

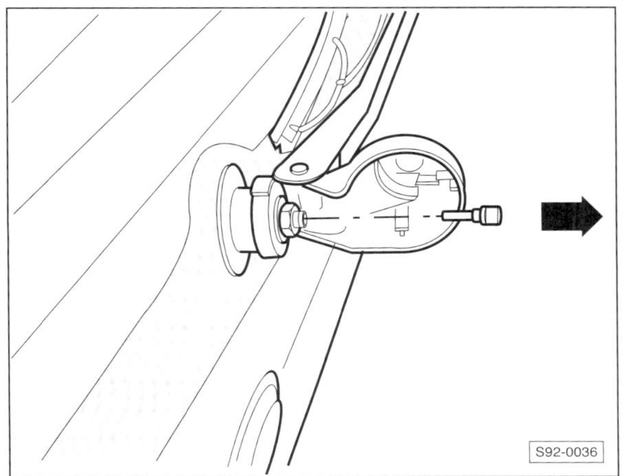

- Abdeckkappe am Wischerarm abklappen.
- Scheibenwaschdüse mit einer Spitzzange vorsichtig in Pfeilrichtung herausziehen.

Einbau

- Waschdüse bis zum Anschlag so in die Wischerwelle einschieben, dass die Spritzdüsenöffnung senkrecht nach oben zeigt.

Scheibenwaschdüse einstellen

- Spritzrichtung der Düse mit einem Dorn, ∅ 0,8 mm, zum Beispiel HAZET 4850-1, einstellen. Dazu Dorn in die Waschdüse einführen und Zielpunkt des Spritzstrahls auf der Scheibe anpeilen.
- Die Spritzstrahlen sollen bei stehendem Fahrzeug im oberen Drittel auf die Heckscheibe auftreffen.
- Abdeckkappe zurückklappen.

TOURAN

Die Spritzdüse ist in der mittleren Bremsleuchte eingebaut.

Ausbau

- Mittlere Bremsleuchte ausbauen, siehe Seite 110.

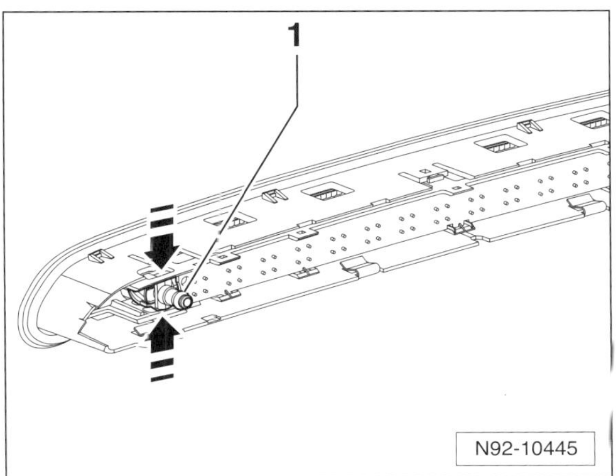

- Rasten der Scheibenwaschdüse –1– zusammendrücken –Pfeile– und Scheibenwaschdüse nach hinten aus der Bremsleuchte herausziehen.

Einbau

- Scheibenwaschdüse in die Öffnung der Bremsleuchte drücken und einrasten.

Scheibenwaschdüse einstellen

- Spritzdüse mit dem Einstellwerkzeug, zum Beispiel VW-T10127 oder HAZET 4850-1, so einstellen, dass der Wasserstrahl auf das obere Drittel der Heckscheibe auftrifft.

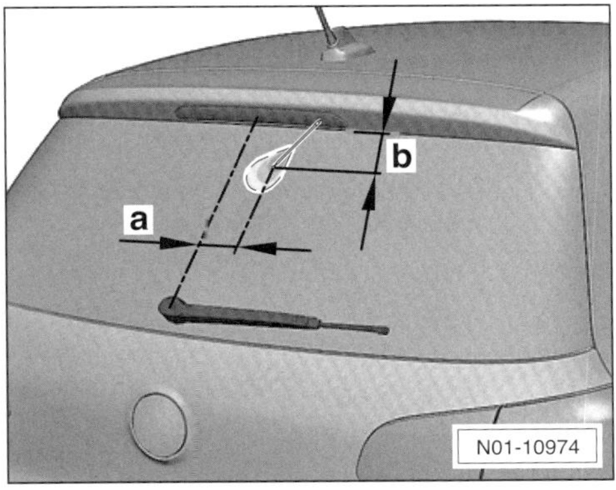

Einstellmaße: a – ca. 100 mm; b – ca. 80 mm.

Wasserschlauchverbindungen lösen

GOLF VARIANT/GOLF PLUS

Beim Anschluss der Schläuche an Pumpen und Spritzdüsen werden verschiedene Sicherungsarten verwendet.

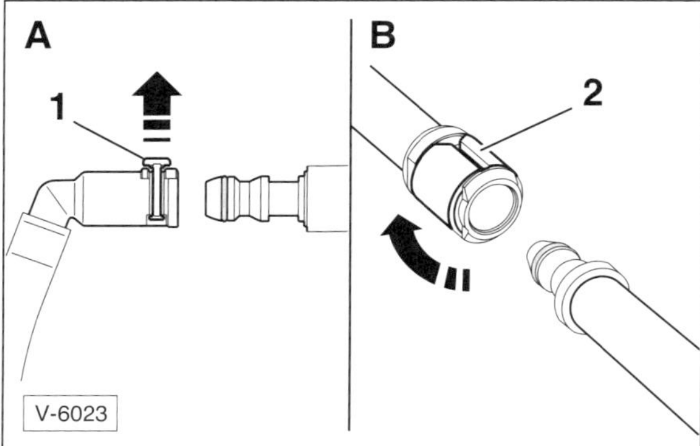

- Sicherungsclip –1– etwa 1 mm hochziehen –Pfeil A– und Schlauchanschluss abziehen. Zum Verbinden Schlauchanschluss aufstecken, Sicherungsclip eindrücken und einrasten.
- Sicherungsring –2– um 90° verdrehen –Pfeil B– und Schlauchanschluss abziehen. Zum Verbinden Schlauchanschluss aufstecken, dabei Sicherungsring verdrehen, und einrasten.

Scheibenwaschpumpe/ Wasserstandgeber aus- und einbauen

GOLF VARIANT/GOLF PLUS/JETTA/TOURAN

Ausbau

- Alle elektrischen Verbraucher und die Zündung ausschalten. Zündschlüssel abziehen.
- Stoßfängerabdeckung vorn ausbauen.

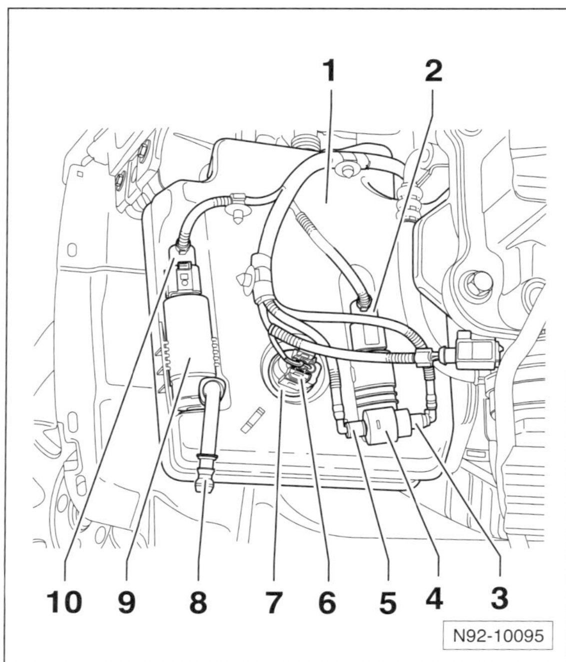

- Auffangbehälter für ausfließende Scheibenwasch-Flüssigkeit unterstellen.
- Sicherungsring an den Schlauchanschlüssen –3/5– zum Entriegeln verdrehen und Schläuche von der Scheibenwaschpumpe –4– abziehen.

Hinweis: Die Anschlüsse an der Scheibenwaschpumpe sowie an den Schläuchen für vordere und hintere Spritzdüsen sind zur Unterscheidung farblich gekennzeichnet. Beim **JETTA** weichen die Anordnung der Waschpumpen und des Wasserstandgebers von der Abbildung ab.

- Stecker –6– vom Wasserstandgeber –7– abziehen. **Hinweis:** Wasserstandgeber zum Ausbau aus der Gummidichtung herausziehen.
- Scheibenwaschpumpe –4– nach oben aus der Halterung am Scheibenwaschbehälter –1– herausziehen.
- Stecker –2– von der Scheibenwaschpumpe abziehen.
- Je nach Ausstattung Schlauch –8– abziehen und Pumpe –9– für Scheinwerfer-Reinigungsanlage nach oben aus der Halterung herausziehen. Stecker –10– abziehen.

Einbau

- Der Einbau erfolgt in umgekehrter Ausbaureihenfolge.

Beleuchtungsanlage

Aufbau des Kapitels »Beleuchtung« für die Modelle GOLF VARIANT, GOLF PLUS, JETTA und TOURAN:

Im Hauptkapitel »**Beleuchtung**« werden die Arbeitsschritte vornehmlich für den GOLF VARIANT beschrieben. Außerdem werden hier Arbeiten beschrieben für die Modelle GOLF PLUS, JETTA und TOURAN, die denen beim GOLF VARIANT entsprechen oder nur geringe Abweichungen aufweisen.

Bei größeren Abweichungen beziehungsweise wenn spezielle Abbildungen erforderlich sind, stehen diese Arbeitsanweisungen in Unterkapiteln zum Kapitel »Beleuchtung«, beispielsweise im Kapitel »**Beleuchtung: GOLF PLUS**« usw.

Glühlampen für Außenbeleuchtung vorn auswechseln

Glühlampen grundsätzlich nur durch solche gleicher Ausführung ersetzen. Vor einem Lampenwechsel sicherstellen, dass der betreffende Schalter ausgeschaltet ist.

Die richtige Lampenbezeichnung seht in der Betriebsanleitung oder auf dem Sockel der ausgebauten Lampe.

Den Glaskolben einer leistungsstarken Glühlampe nicht mit bloßen Fingern berühren. Dies gilt insbesondere für die Haupt- und Nebelscheinwerfer. Am besten ein sauberes Stofftuch dazwischen legen oder Baumwollhandschuhe anziehen. Versehentlich entstandene Berührungsflecken auf dem Glaskolben mit einem sauberen, nicht fasernden Tuch und etwas Spiritus abwischen.

Beim Hauptscheinwerfer kommen neben **Halogenlampen** auch **Bi-Xenonlampen mit Kurvenlicht** zum Einsatz.

Hinweis: Der Aufbau sowie die Anordnung der Glühlampen bei Xenon-Scheinwerfern entspricht denen bei Halogen-Scheinwerfern.

Achtung: Halogen- und Xenon-Lampen stehen unter Druck und können platzen. Deshalb beim Lampenwechsel Schutzbrille und Handschuhe tragen. Xenon-Lampen sind Sondermüll, da sie Quecksilber und Spuren von Thallium enthalten. Hautkontakt mit zerstörten Lampen vermeiden.

Achtung: Die mit einem Schutzlack beschichteten Kunststoffscheiben der Hauptscheinwerfer dürfen auf keinen Fall mit einem trockenen oder gar scheuernden Lappen gesäubert werden. Es dürfen auch keine Reinigungs- oder Lösungsmittel benutzt werden. Die Scheiben nur mit einem weichen, feuchten Tuch reinigen.

Sicherheitshinweis Xenon-Scheinwerfer
Vorsicht beim Lampenwechsel an Xenon-Scheinwerfern. Verletzungsgefahr durch Hochspannung! Personen mit Herzschrittmacher dürfen keine Arbeiten an Xenon-Scheinwerfern vornehmen. **Auf jeden Fall Scheinwerfer ausschalten und Zündschlüssel abziehen.** Anschließend Scheinwerferschalter kurz ein- und wieder ausschalten, um **Restspannungen abzubauen**. Sicherheitshalber Schutzbrille, Handschuhe sowie Schuhe mit Gummisohlen tragen.

- Das Steuergerät der Xenonlampe darf nicht ohne Lampe betrieben werden.
- Die Xenonlampe darf aufgrund der hohen Spannungen (über 28.000 Volt beim Zünden) nur im Scheinwerfergehäuse betrieben werden.
- Der Glaskolben der Xenonlampe steht unter Druck; bei kalter Lampe mit ca. 7 bar, bei heißer Lampe mit bis zu 100 bar Am heißen Glaskolben können bis zu +700° C erreicht werden.

Allgemeine Hinweise zum Lampenwechsel

- Grundsätzlich Lichtschalter ausschalten, Zündung ausschalten. Zündschlüssel abziehen.
- Bei Arbeiten an **Xenon-Scheinwerfern** die **Sicherheitshinweise** im grauen Kasten beachten.
- Motorhaube öffnen.
- Beim Einbau darauf achten, dass die Steckverbindungen richtig einrasten und fest sitzen.
- Nach dem Einbau neue Glühlampe auf Funktion überprüfen. Gegebenenfalls Scheinwerfer-Einstellung von einer Werkstatt kontrollieren und einstellen lassen.
- Zum Wechseln der Lampen am **Halogen-Scheinwerfer** muss der Scheinwerfer nicht ausgebaut werden. In den folgenden Abbildungen werden die Arbeitsschritte der Übersichtlichkeit wegen teilweise am ausgebauten Scheinwerfer dargestellt.
- Sicherstellen, dass die Abdeckkappe hinten am Scheinwerfer fest sitzt. Bei undichter oder nicht richtig sitzender Abdeckkappe wird der Scheinwerfer durch Wassereintritt beschädigt.

Abblendlicht (Halogen-Scheinwerfer)

GOLF VARIANT

Hinweis: Es können Scheinwerfer der Firmen HELLA oder VALEO eingebaut sein. Der Aufbau der Scheinwerfer ist identisch, bis auf den Wechsel der Stellmotoren für Leuchtweitenregelung und der Kappe hinter der Abblendlichtlampe.

Ausbau

- Zündung ausschalten, Zündschlüssel abziehen.
- Lichtschalter kurz ein- und wieder ausschalten.

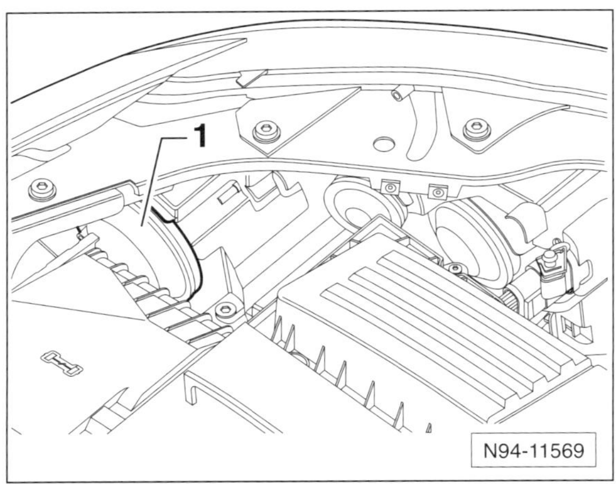

- HELLA: Abdeckkappe –1– von der Rückseite des Scheinwerfers abziehen.

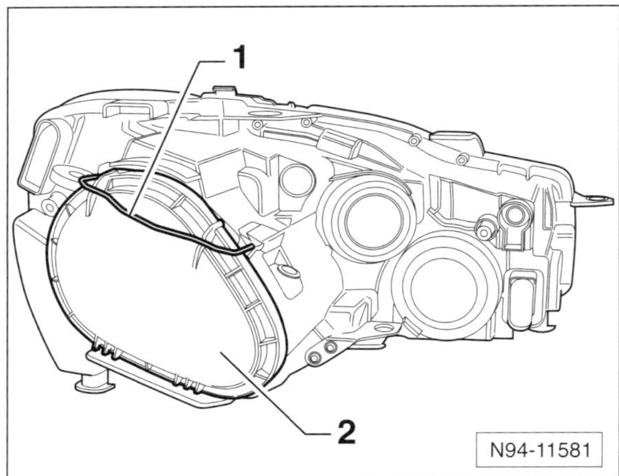

- VALEO: Halteklammer –1– nach oben schwenken und Abdeckkappe –2– von der Rückseite des Scheinwerfers abnehmen.

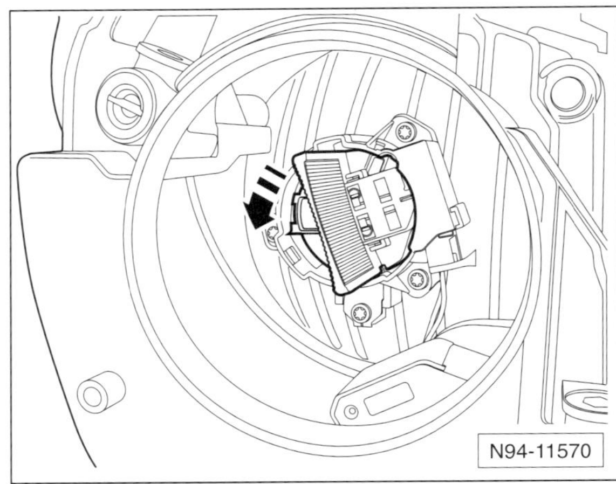

- Lampenfassung mit Lampe in Pfeilrichtung drehen und aus dem Scheinwerfer herausnehmen.

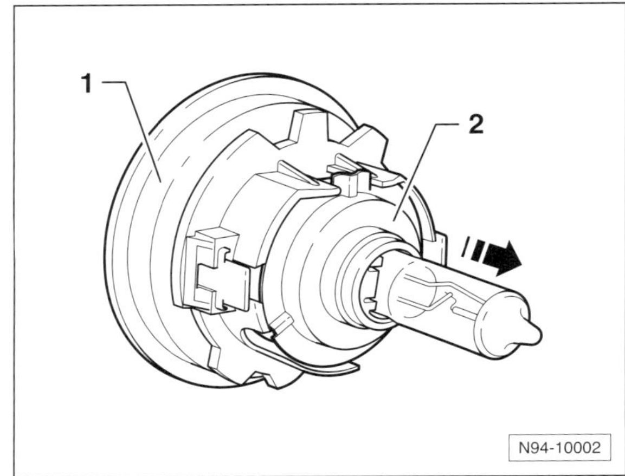

- Lampe –2– in Pfeilrichtung aus der Lampenfassung –1– herausziehen.

Einbau

Achtung: Glaskolben der Glühlampe nicht mit bloßen Fingern berühren.

- Neue Lampe in die Fassung eindrücken.
- Lampenfassung mit Lampe in die Öffnung am Scheinwerfer einsetzen und bis zum Anschlag im Uhrzeigersinn drehen.
- Festen Sitz der Lampe im Gehäuse nochmals kontrollieren.
- Abdeckkappe aufdrücken und, falls vorhanden, mit Drahtklammer sichern.
- Funktion der Abblendlichtlampe prüfen.

Fernlicht/Tagesfahrlicht (Halogen-Scheinwerfer)

GOLF VARIANT

Die 2-Faden-Lampe übernimmt gleichzeitig die Funktion des Tagesfahrlichts.

Ausbau

- Zündung ausschalten, Zündschlüssel abziehen.
- Lichtschalter kurz ein- und wieder ausschalten.

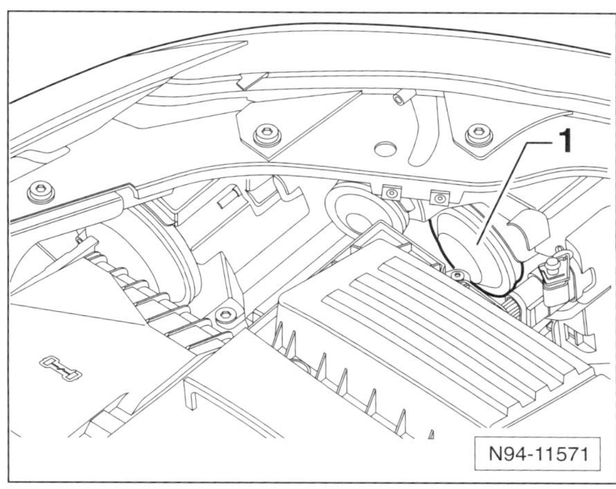

- Abdeckkappe –1– von der Rückseite des Scheinwerfers abziehen.

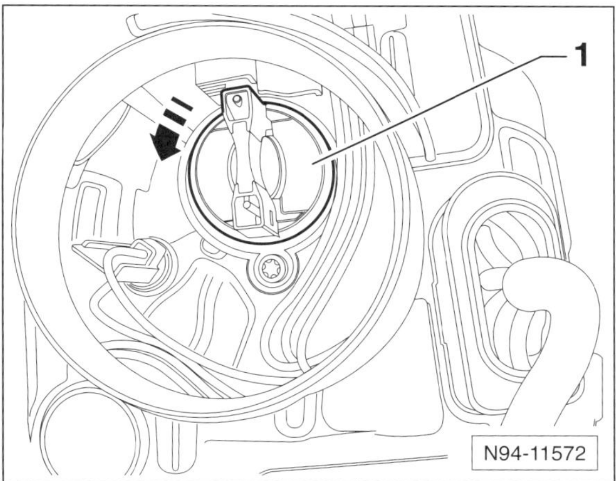

- Lampenfassung –1– mit Lampe in Pfeilrichtung drehen und aus dem Scheinwerfer herausnehmen.

Hinweis: Die Fernlichtlampe ist fest mit der Fassung verbunden und kann nicht weiter zerlegt werden.

Einbau

- Der Einbau erfolgt in umgekehrter Ausbaureihenfolge.

Standlicht (Halogen-Scheinwerfer)

GOLF VARIANT

Ausbau

- Zündung ausschalten, Zündschlüssel abziehen.
- Abdeckkappe für Fernlicht von der Rückseite des Scheinwerfers abziehen, siehe Abbildung N94-11571.

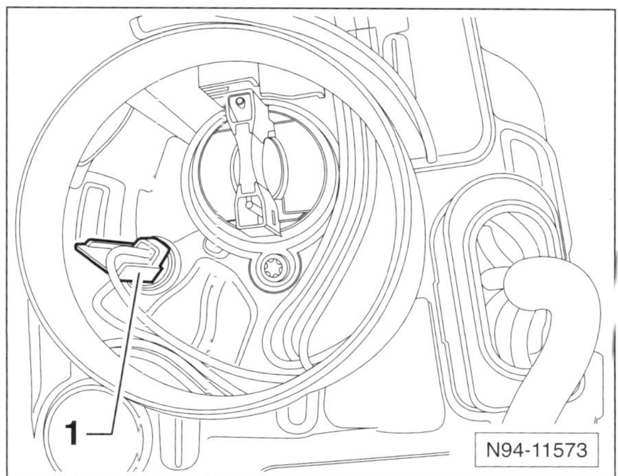

- Lampenfassung –1– mit Lampe aus dem Scheinwerfer herausziehen.

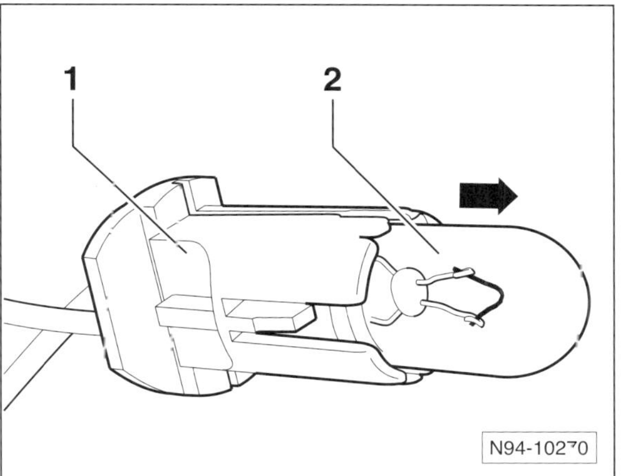

- Lampe –2– gerade aus der Lampenfassung –1– herausziehen.

Einbau

- Der Einbau erfolgt in umgekehrter Ausbaureihenfolge.

Blinklicht (Halogen-Scheinwerfer)
GOLF VARIANT

Ausbau

- Zündung ausschalten, Zündschlüssel abziehen.

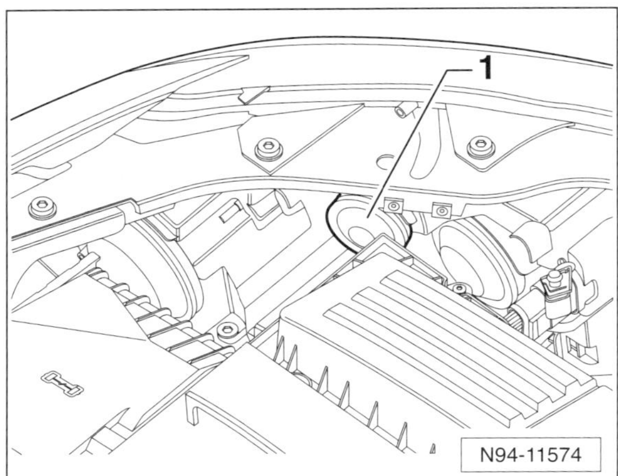

- Abdeckkappe –1– von der Rückseite des Scheinwerfers abziehen.

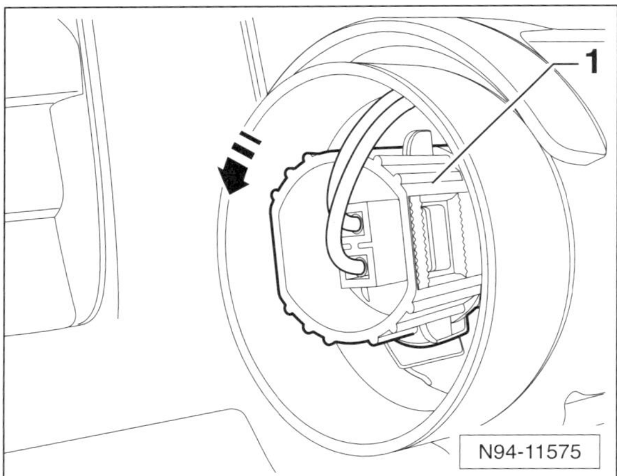

- Lampenfassung –1– mit Lampe in Pfeilrichtung drehen und aus dem Scheinwerfer herausnehmen.

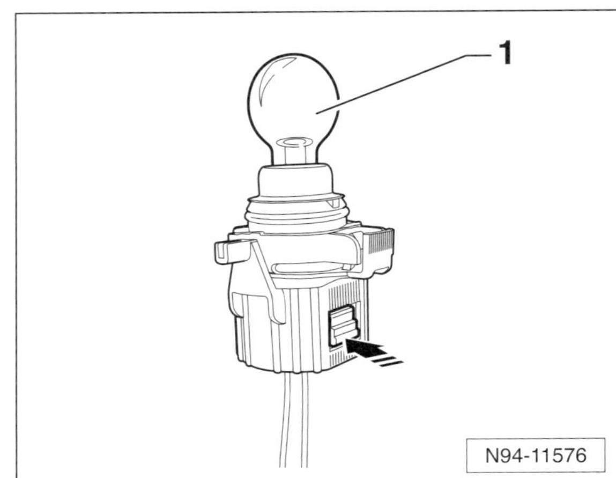

- Verriegelungstaste in Pfeilrichtung drücken und Blinklichtlampe –1– nach oben herausziehen. **Hinweis:** Die Lampe kann nicht weiter zerlegt werden.

Einbau

- Neue Lampe in die Fassung drücken und einrasten.
- Lampenfassung so am Scheinwerfer einsetzen, dass die längere Rastnase nach oben zeigt.
- Lampenfassung im Uhrzeigersinn bis zum Anschlag drehen.
- Festen Sitz der Lampe im Gehäuse nochmals kontrollieren.
- Abdeckkappe aufdrücken. Anschließend festen Sitz der Abdeckkappe prüfen.
- Funktion der Blinklichtlampe prüfen.

Abblend-/Fernlicht (Xenon-Scheinwerfer)

GOLF VARIANT/TOURAN

Ausbau

- Zündung ausschalten, Zündschlüssel abziehen.
- Lichtschalter kurz ein- und wieder ausschalten um Restspannungen abzubauen.
- Scheinwerfer ausbauen, siehe entsprechendes Kapitel.

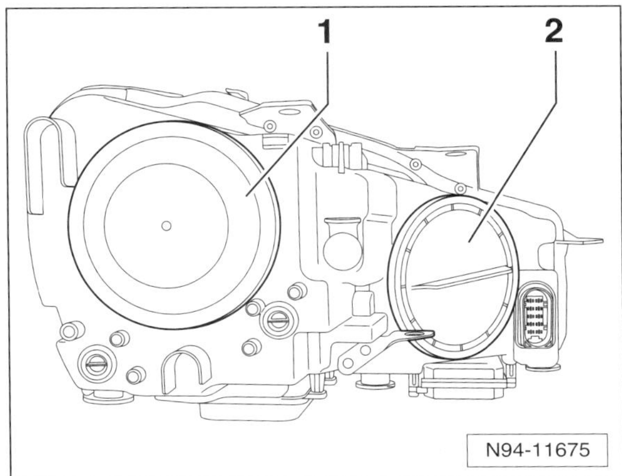

- Abdeckkappe –1– von der Scheinwerfer-Rückseite abziehen. 2 – Abdeckkappe für Blinklicht/Standlicht.

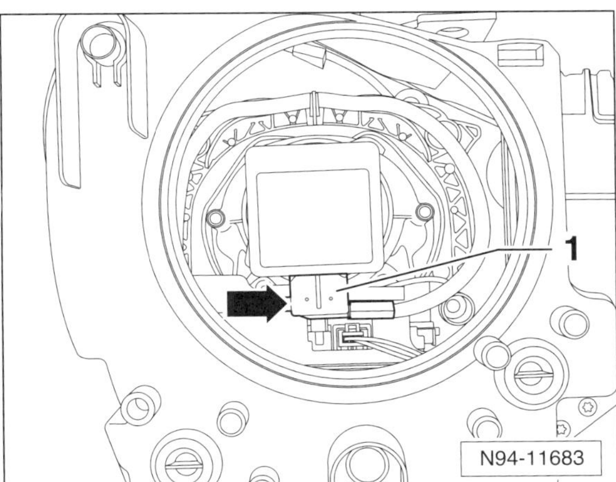

- Seitlich auf die Taste drücken –Pfeil– und dadurch den Stecker –1– entriegeln. Stecker nach unten abziehen.

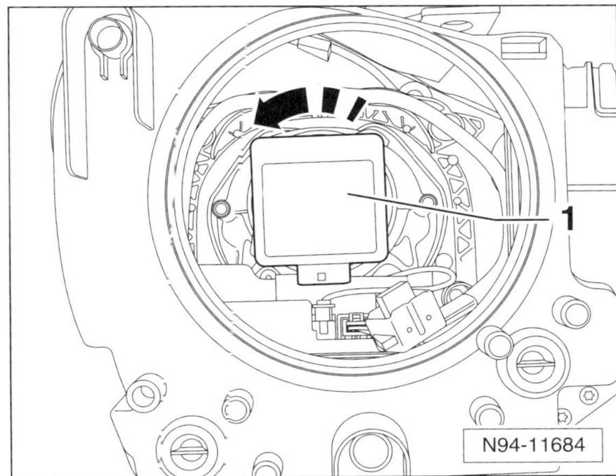

- Xenonlampe –1– in Pfeilrichtung drehen und vorsichtig nach hinten aus dem Reflektor herausziehen.

Einbau

- Der Einbau erfolgt in umgekehrter Ausbaureihenfolge.

Blinklicht (Xenon-Scheinwerfer)

GOLF VARIANT

Hinweis: Zum Wechseln der Lampe muss der Scheinwerfer nicht ausgebaut werden. In den folgenden Abbildungen werden die Arbeitsschritte der Übersichtlichkeit wegen teilweise am ausgebauten Scheinwerfer dargestellt.

Ausbau

- Zündung ausschalten, Zündschlüssel abziehen.
- Lichtschalter kurz ein- und wieder ausschalten.

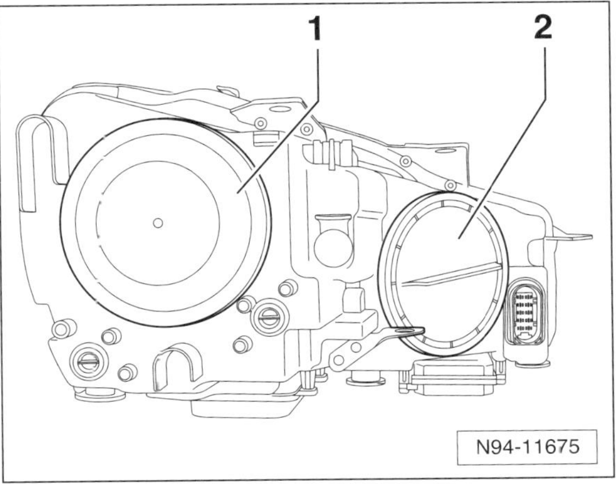

- Abdeckkappe –2– an der Scheinwerfer-Rückseite im Uhrzeigersinn drehen und abziehen. 1 – Abdeckkappe für Abblend-/Fernlicht.

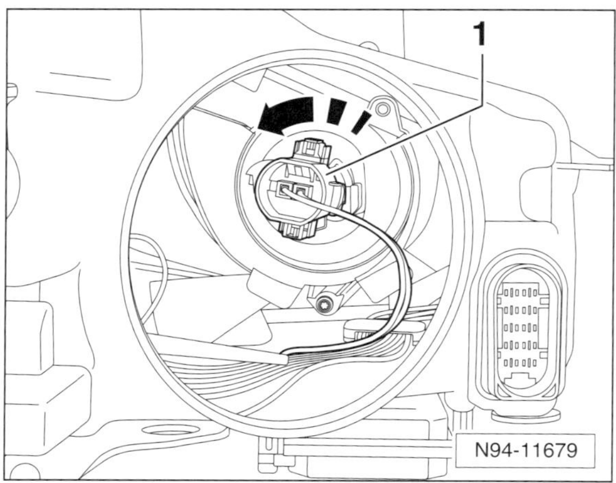

- Lampenfassung –1– in Pfeilrichtung drehen und zusammen mit der Lampe herausnehmen.

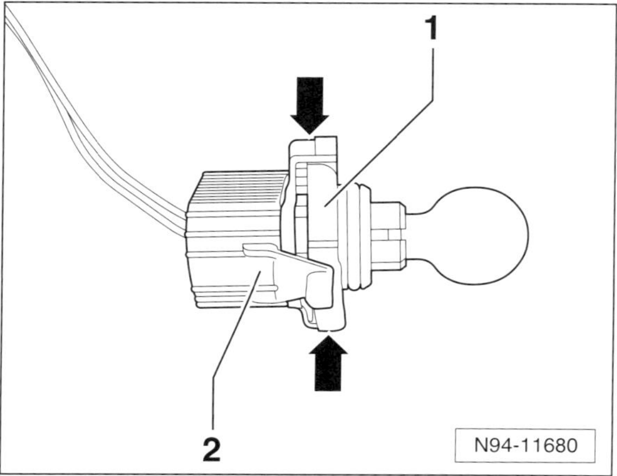

- Verriegelung in Pfeilrichtung zusammendrücken und Blinklichtlampe –1– aus der Fassung –2– herausziehen. **Hinweis:** Die Lampe kann nicht weiter zerlegt werden.

Einbau

- Der Einbau erfolgt in umgekehrter Ausbaureihenfolge.

Standlicht (Xenon-Scheinwerfer)

GOLF VARIANT

Hinweis: Zum Wechseln der Lampe muss der Scheinwerfer nicht ausgebaut werden. In den folgenden Abbildungen werden die Arbeitsschritte der Übersichtlichkeit wegen teilweise am ausgebauten Scheinwerfer dargestellt.

Ausbau

- Zündung ausschalten, Zündschlüssel abziehen um Restspannungen abzubauen.
- Lichtschalter kurz ein- und wieder ausschalten.
- Abdeckkappe –2– an der Scheinwerfer-Rückseite im Uhrzeigerzinn drehen und abziehen. 1 – Abdeckkappe für Abblend-/Fernlicht, siehe Abbildung N94-11675.

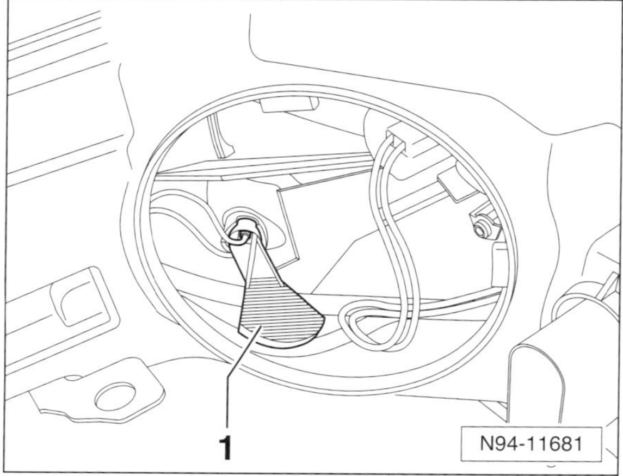

- Lampenfassung am Griff –1– zusammen mit der Lampe aus dem Reflektor herausnehmen.

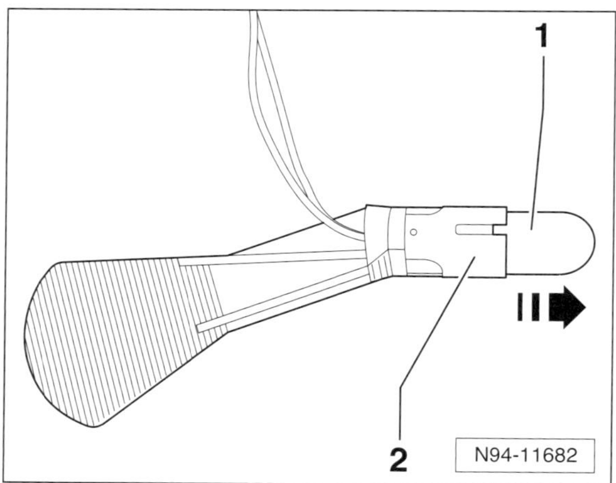

- Standlichtlampe –1– in Pfeilrichtung gerade aus der Fassung –2– herausziehen.

Einbau

- Der Einbau erfolgt in umgekehrter Ausbaureihenfolge.

Nebellicht vorn

GOLF VARIANT/GOLF PLUS/JETTA/TOURAN

Hinweis: Die Glühlampe im Nebelscheinwerfergehäuse übernimmt, je nach Ansteuerung, die Funktion des statischen Kurvenlichts oder die des Nebelscheinwerfers.

Ausbau

- Nebelscheinwerfer ausbauen, siehe entsprechendes Kapitel.

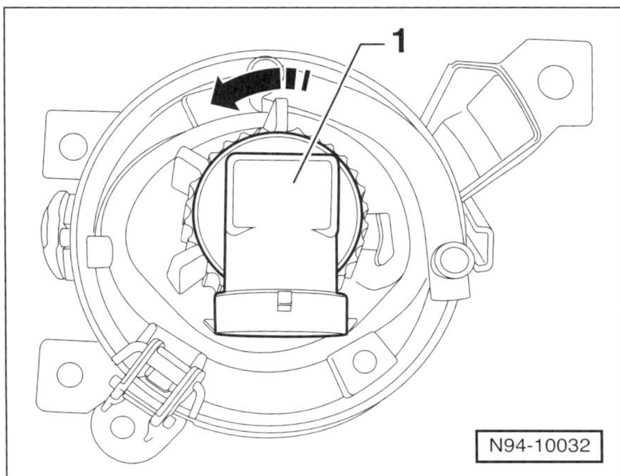

- Lampenfassung –1– mit Glühlampe in Pfeilrichtung drehen und aus dem Nebelscheinwerfer herausnehmen.

Hinweis: Die Glühlampe ist mit der Fassung fest verbunden und kann nicht einzeln ersetzt werden.

Einbau

- Der Einbau erfolgt in umgekehrter Ausbaureihenfolge.

Blinkleuchte im Außenspiegel

GOLF VARIANT/GOLF PLUS/JETTA

Die Arbeitsschritte für den Ausbau der Blinkleuchte im Außenspiegel und der Wechsel der Leuchteneinheit stehen im Kapitel »Karosserie außen«, siehe Seite 269.

Glühlampen für Außenbeleuchtung hinten auswechseln

GOLF VARIANT

Schlusslicht

Ausbau

- Zündung ausschalten, Zündschlüssel abziehen.
- Im Laderaum die Seitenverkleidung zur Seite drücken.

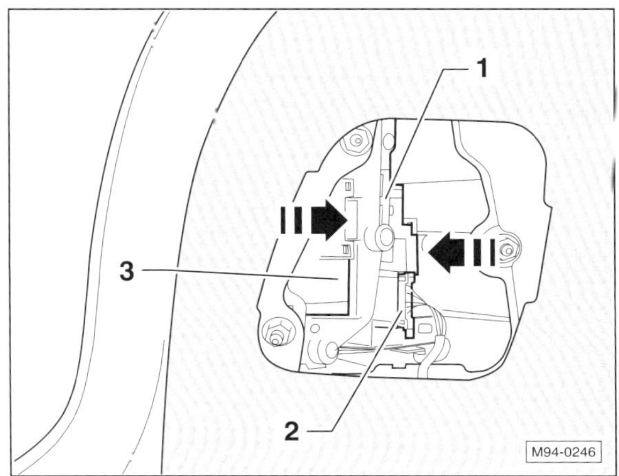

- Steckverbindung –2– entriegeln und abziehen.
- Befestigungslaschen in Pfeilrichtung entriegeln und Lampenträger –1– aus dem Leuchtengehäuse –3– aushaken und herausnehmen.
- Lampe für Brems- und Schlusslicht gerade aus dem Lampenträger herausziehen.

Hinweis: Bei der Lampe für Brems- und Schlusslicht handelt es sich um eine Einfaden-Glassockellampe, die je nach Ansteuerung die Funktion des Schlusslichts oder des Bremslichts übernimmt.

- Gelbe Blinklichtlampe gerade nach oben aus dem Lampenträger herausziehen.

Hinweis: Anordnung der Lampen, siehe unter »Heckleuchte aus- und einbauen.

Einbau

- Der Einbau erfolgt in umgekehrter Ausbaureihenfolge.

Kennzeichenlicht

Geschraubte Ausführung

GOLF VARIANT/JETTA

Ausbau

- Zündung ausschalten, Zündschlüssel abziehen.
- Kennzeichenleuchte ausbauen, siehe entsprechendes Kapitel.

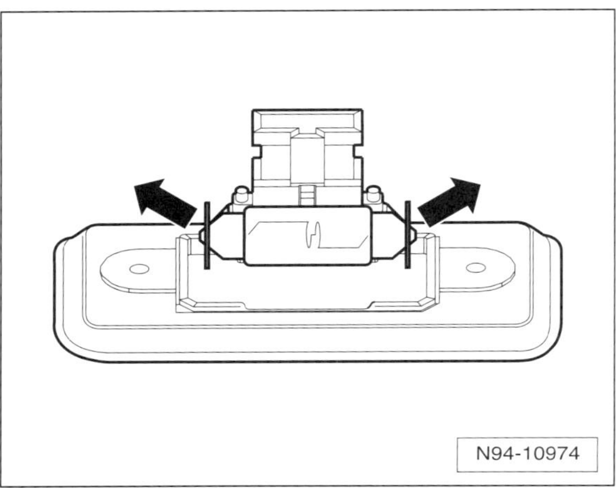

- Geschraubte Leuchte: Kontaktbleche in Pfeilrichtung auseinanderdrücken und Soffittenlampe herausnehmen.

Einbau

- Der Einbau erfolgt in umgekehrter Ausbaureihenfolge.

Geclipste Ausführung

GOLF PLUS

Ausbau

- Zündung ausschalten, Zündschlüssel abziehen.
- Kennzeichenleuchte ausbauen, siehe entsprechendes Kapitel.
- Lampe mit einem kleinen Schraubendreher herausdrücken, siehe Abbildung V-5694 auf Seite 112.

Hochgesetztes Bremslicht

GOLF VARIANT/JETTA

In der hochgesetzten Bremsleuchte sind Leuchtdioden (LEDs) eingesetzt. Einzelne LEDs können nicht ersetzt werden. Bei Ausfall einer LED werden die anderen LEDs höher belastet. Sind mehr als 4 Einzel-LEDs ausgefallen, muss die komplette Bremsleuchte ersetzt werden, siehe Seite 110.

Scheinwerfer aus- und einbauen

GOLF VARIANT

Ausbau

Hinweis: Halogen- und Xenon-Scheinwerfer werden auf die gleiche Weise aus- und eingebaut.

- Zündung ausschalten, Zündschlüssel abziehen. Lichtschalter kurz ein- und ausschalten.
- Kühlergrill ausbauen, siehe Seite 244.
- Vordere Stoßfängerabdeckung ausbauen, siehe Seite 242.

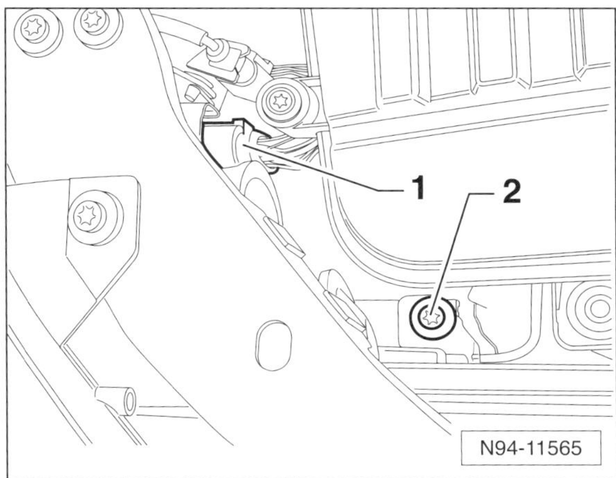

N94-11565

- Stecker –1– entriegeln und abziehen.
- Schraube –2– hinten am Scheinwerfer herausdrehen.

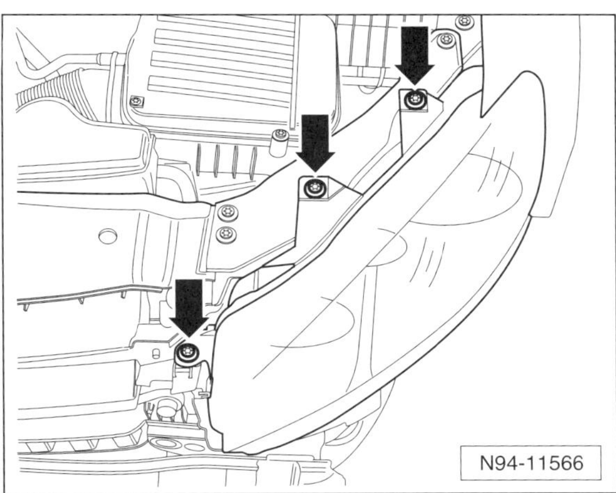
N94-11566

- 3 Schrauben –Pfeile– herausdrehen und Scheinwerfer gerade nach vorn aus dem Karosserie-Ausschnitt herausziehen.

Einbau

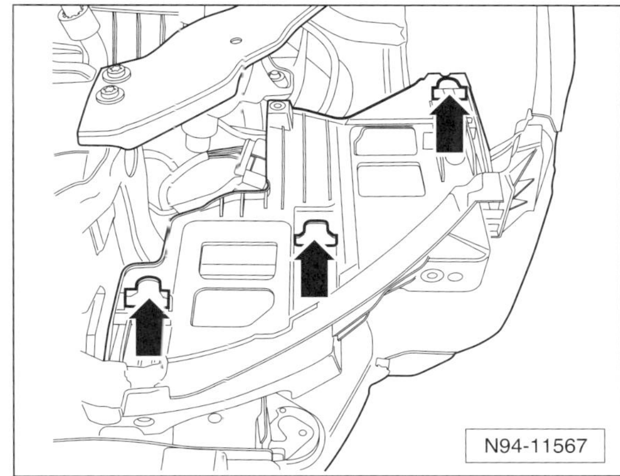
N94-11567

- Scheinwerfer mit den 3 Führungen an der Unterseite in die Aufnahmen –Pfeile– am Führungsteil einschieben.
- Der weitere Einbau erfolgt in umgekehrter Ausbaureihenfolge. Dabei darauf achten, dass der Scheinwerfer zu den umliegenden Bauteilen bündig ist und gleichmäßige Spaltmaße aufweist.

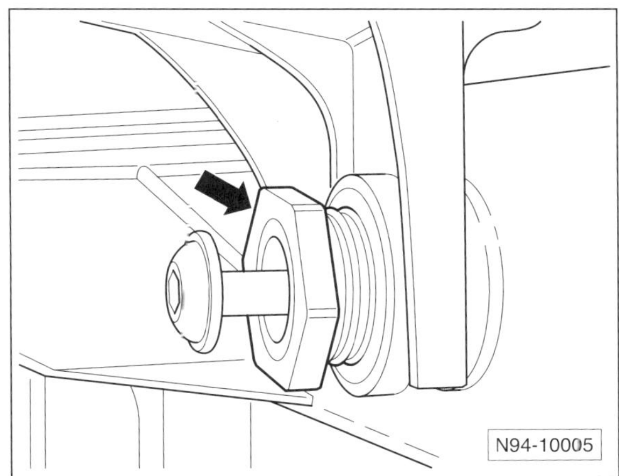
N94-10005

- Auf gleichmäßige Fugenmaße und Bündigkeit zu den anschließenden Karosserieteilen achten. Wenn nötig, Einstellbuchsen an der unteren Befestigungsschraube –Pfeil– hinein- und herausdrehen.
- Scheinwerfer-Einstellung so bald wie möglich von einer Werkstatt kontrollieren und gegebenenfalls einstellen lassen. **Hinweis:** Nach dem Ausbau von Xenon-Scheinwerfern muss in der Fachwerkstatt eine Grundeinstellung vorgenommen werden.

Achtung: Für die Verkehrssicherheit ist die exakte Einstellung der Scheinwerfer von großer Bedeutung (Werkstattarbeit).

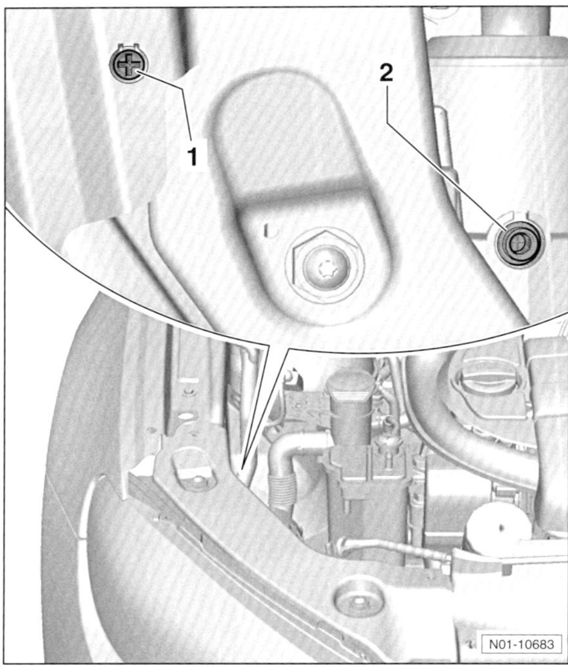

- Position der Scheinwerfer-Einstellschrauben:
  1 – Seitenverstellung.
  2 – Höhenverstellung. Zur Verstellung wird ein Innensechskantschlüssel benötigt.

Nebelscheinwerfer aus- und einbauen

GOLF VARIANT/GOLF PLUS/JETTA/TOURAN

Ausbau

- Zündung ausschalten, Zündschlüssel abziehen.

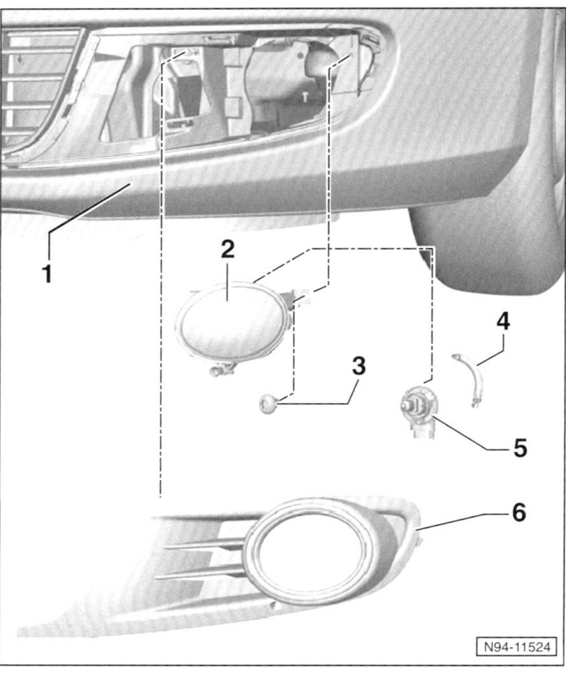

1 – Stoßfängerabdeckung vorn

2 – Nebelscheinwerfer

3 – Schraube, 2 Nm

4 – Entlüftungsschlauch

5 – Lampe
GOLF VARIANT/GOLF PLUS/ TOURAN: HB4/ 51W.
JETTA: H11/ 55W.

6 – Abdeckung

- Abdeckung –6– mit einem Kunststoffkeil aus den Verrastungen ausclipsen.
- Schraube –3– herausdrehen.
- Nebelscheinwerfer –2– so weit herausschwenken wie es die Kabellänge erlaubt.
- Stecker entriegeln und abziehen.

Einbau

- Der Einbau erfolgt in umgekehrter Ausbaureihenfolge.

Einstellen

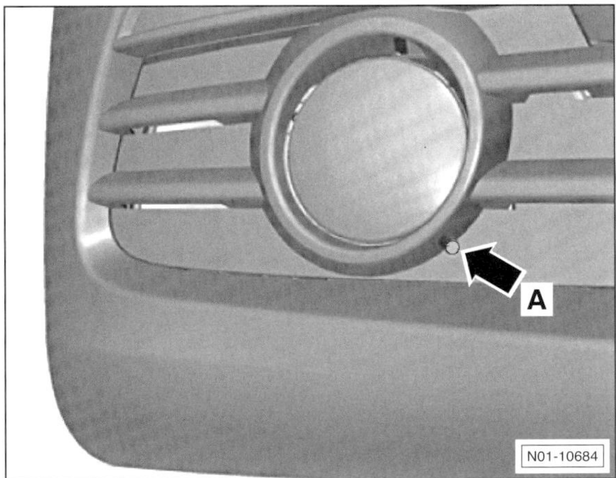

- Einstellschraube für Höheneinstellung –Pfeil A–. **Hinweis:** Die Einstellschraube kann sich je nach Modell auch auf der gegenüberliegenden Seite befinden beziehungsweise ist erst nach Abbau der Abdeckung –6– in Abbildung N94-11524 zugänglich. Eine Seitenverstellung der Nebelscheinwerfer ist nicht vorgesehen.

Heckleuchte aus- und einbauen

GOLF VARIANT

Ausbau

- Zündung ausschalten, Zündschlüssel abziehen.

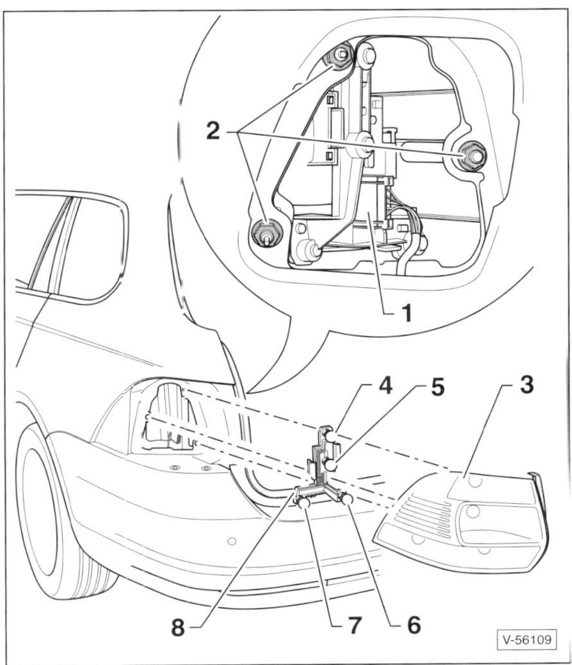

- Im Laderaum den Deckel in der Seitenverkleidung zur Seite drücken.
- Stecker –1– entriegeln und abziehen.

Achtung: Sicherstellen, dass die Heckleuchte nach dem Abschrauben nicht herunterfällt.

- Muttern –2– abschrauben und Heckleuchte –3– nach hinten aus dem Karosserieausschnitt herausnehmen.

Lampenbelegung:

4 – Lampe für Bremslicht
5 – Lampe für Schlusslicht
6 – Lampe für Nebelschlusslicht
7 – Lampe für Blinklicht
8 – Lampenträger

Einbau

- Der Einbau erfolgt in umgekehrter Ausbaureihenfolge.

Kennzeichenleuchte aus- und einbauen

Geschraubte Ausführung

GOLF VARIANT/JETTA

Ausbau

- Zündung ausschalten, Zündschlüssel abziehen.

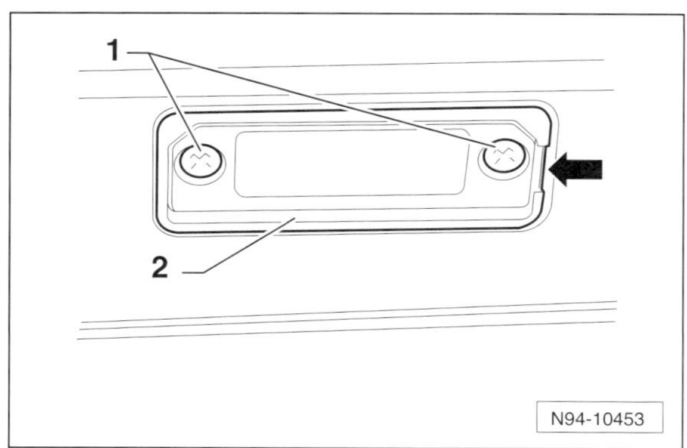

- Schrauben –1– herausdrehen.
- An der Schlitzöffnung –Pfeil– mit einem kleinen Schraubendreher den Rasthaken eindrücken, Kennzeichenleuchte –2– etwas anheben und herausschwenken.

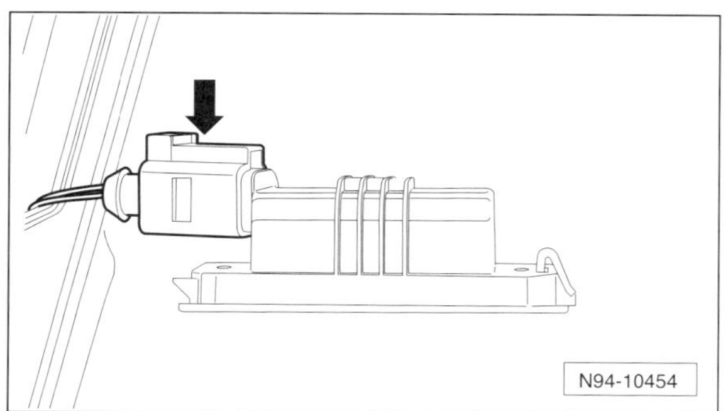

- Stecker-Verriegelung drücken –Pfeil– und Stecker von der Leuchte abziehen.

Einbau

- Der Einbau erfolgt in umgekehrter Ausbaureihenfolge. Schrauben mti **2 Nm** anziehen.

Geclipste Ausführung

GOLF PLUS/TOURAN

Ausbau

- Zündung ausschalten, Zündschlüssel abziehen.

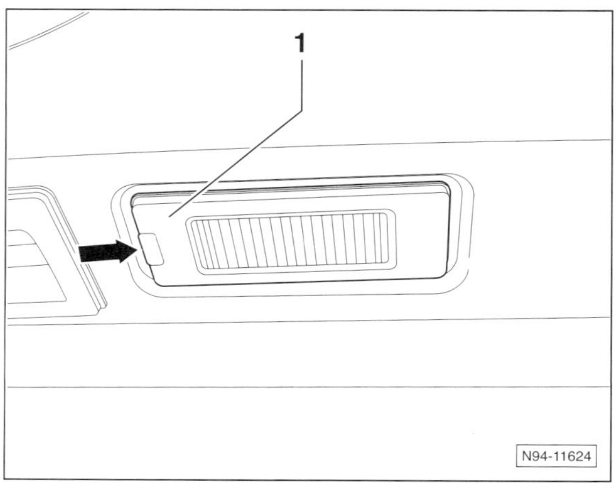

- Haltenase mit einem kleinen Schraubendreher in Pfeilrichtung zur Kennzeichenleuchte –1– drücken, Kennzeichenleuchte etwas anheben und herausschwenken.
- Lampe mit einem kleinen Schraubendreher herausdrücken, siehe Abbildung V-5694 auf Seite 112.

Hochgesetzte Bremsleuchte aus- und einbauen

GOLF VARIANT/GOLF PLUS/TOURAN

Ausbau

- Zündung ausschalten, Zündschlüssel abziehen.

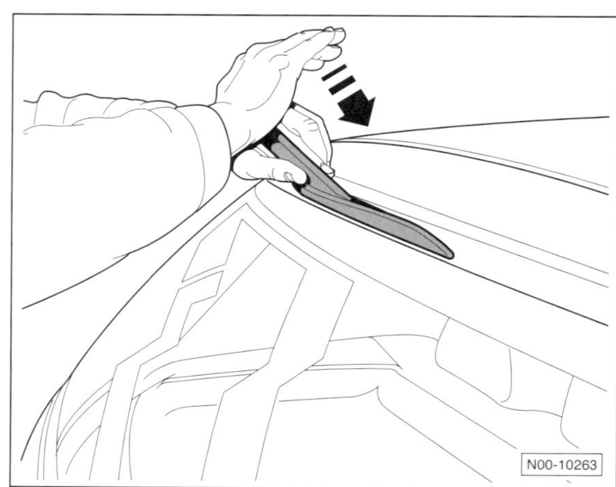

Achtung: Den Lack im Ansetzbereich des Kunststoffkeils mit Klebeband abkleben, um Beschädigungen zu vermeiden.

- Kunststoffkeil zwischen Oberkante der Bemsleuchte und dem Dachkantenspoiler hineinstecken.
- Leuchte mit dem Keil nach unten drücken und die oberen Rastnasen nach hinten ausrasten.

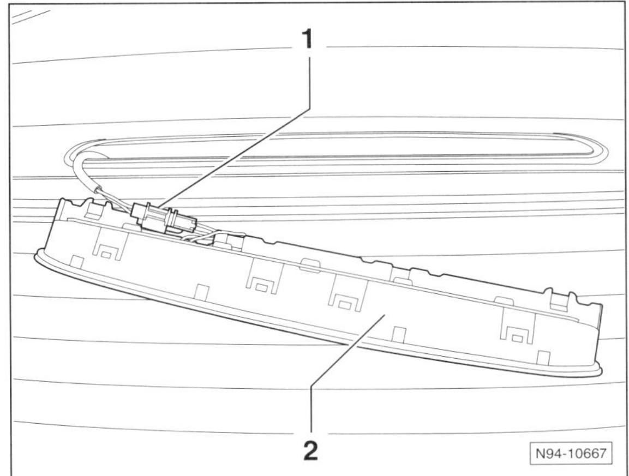

- Bremsleuchte –2– etwas herausziehen.
- Steckverbindung –1– entriegeln und trennen.
- **TOURAN:** Sicherung am Schlauchanschluss herausziehen und Waschwasserschlauch von der Spritzdüse abziehen.

Einbau

- Der Einbau erfolgt in umgekehrter Ausbaureihenfolge, dabei auf richtigen Sitz der Dichtung achten. Die Dichtung darf keine Schlaufen werfen und nicht beschädigt sein.
- Bremsleuchte in die Heckklappe einsetzen und einrasten, dabei unten beginnen.

Glühlampen für Innenleuchten auswechseln

- Zündung und Schalter der Leuchte ausschalten. Zündschlüssel abziehen.
- Stelle, an welcher der Schraubendreher für den Ausbau der Leuchte angesetzt wird, zum Schutz mit Klebeband abdecken.

Hinweis: Nach dem Einbau die neue Glühlampe auf Funktion überprüfen.

Innenleuchte vorn
GOLF VARIANT/JETTA

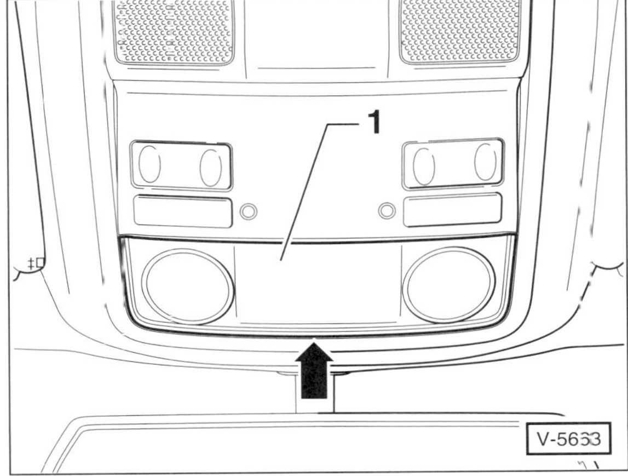

- Leuchtenglas –1– mit einem Kunststoffkeil, zum Beispiel HAZET 1965-20, vorsichtig aus der Deckenleuchte heraushebeln –Pfeil–.

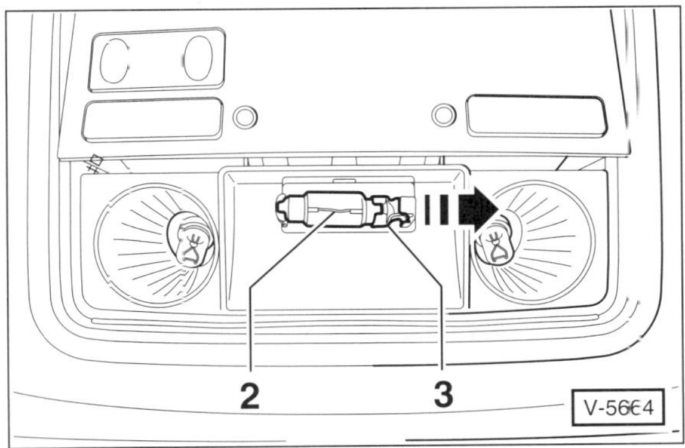

- Kontaktblech –3– in Pfeilrichtung drücken und Soffittenlampe –2– mit dem Kontaktblech aus der Halterung herausnehmen.
- Kontaktblech von der Soffittenlampe abziehen.
- Neue Soffittenlampe mit Kontaktblech in die Halterung einsetzen.

Leseleuchten vorn
GOLF VARIANT/JETTA

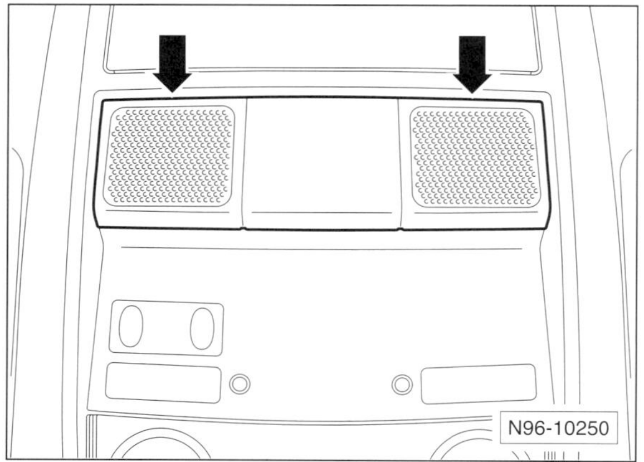

- Mit einem Kunststoffkeil Blende vorsichtig aus der Innenleuchte heraushebeln –Pfeile–.

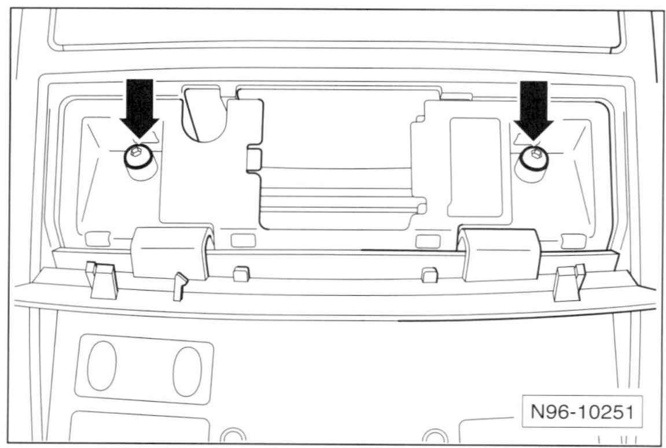

- 2 Schrauben –Pfeile– herausdrehen und Innenleuchte aus dem Dachhimmel herausziehen.
- Stecker an der Rückseite der Innenleuchte abziehen.

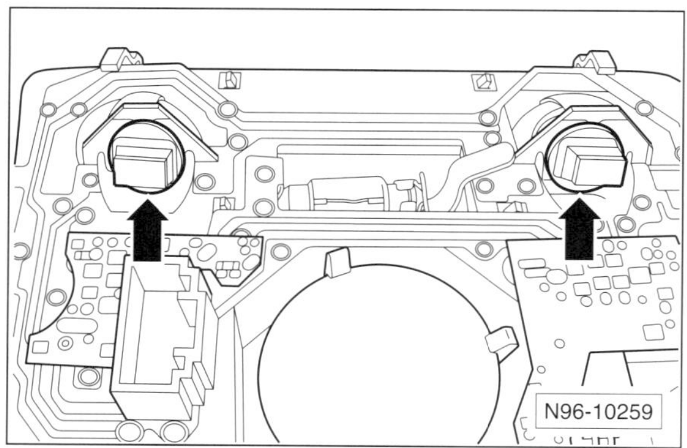

- Jeweilige Fassung –Pfeile– an der Rückseite der Deckenleuchte gegen den Uhrzeigersinn drehen und mit Glühlampe herausnehmen.
- Defekte Glühlampe aus der Fassung herausziehen und ersetzen.

Handschuhfachleuchte/Fußraumleuchte rechts
GOLF VARIANT/JETTA

- Handschuhfachleuchte: Handschuhfach öffnen.

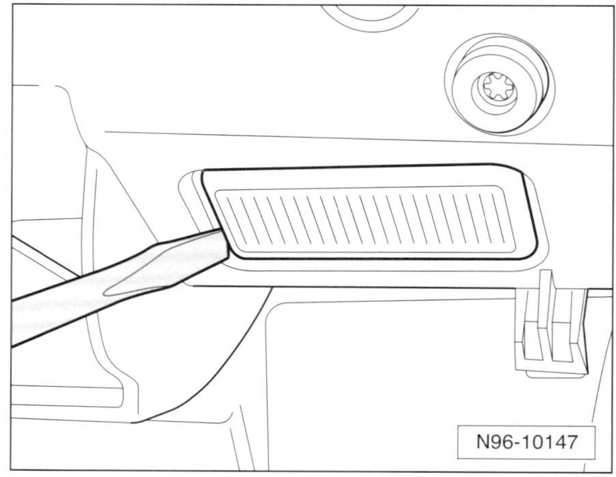

- Leuchte mit flachem Schraubendreher aus der Einbauöffnung heraushebeln und herausziehen.

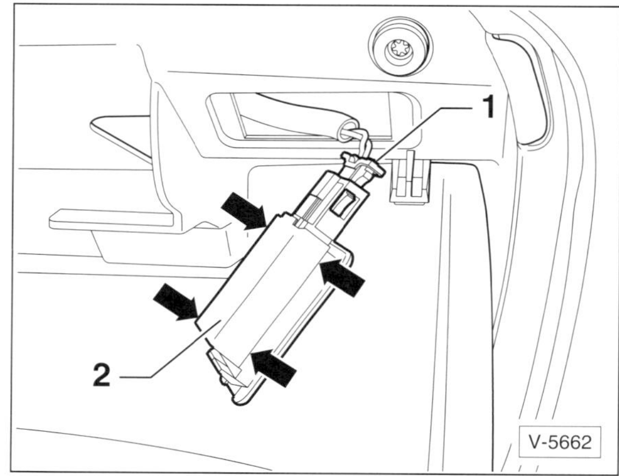

- Stecker –1– entriegeln und von der Leuchte abziehen.
- Schutzblech –2– abclipsen –Pfeile– und vom Streuglas abnehmen.

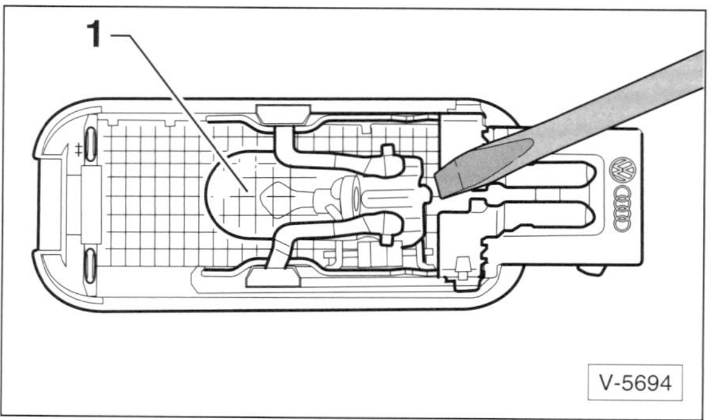

- Mit einem Schraubendreher Glühlampe –1– vorsichtig aus der Fassung herausdrücken und herausnehmen.
- Neue Glühlampe in die Fassung einsetzen.

- Leuchte an der Steckerseite einsetzen, in die Öffnung schwenken und einrasten.

Leuchte für Kosmetikspiegel/Kofferraumleuchte
GOLF VARIANT/JETTA

- Kosmetikleuchte im Dachhimmel: Sonnenblende nach vorne klappen.

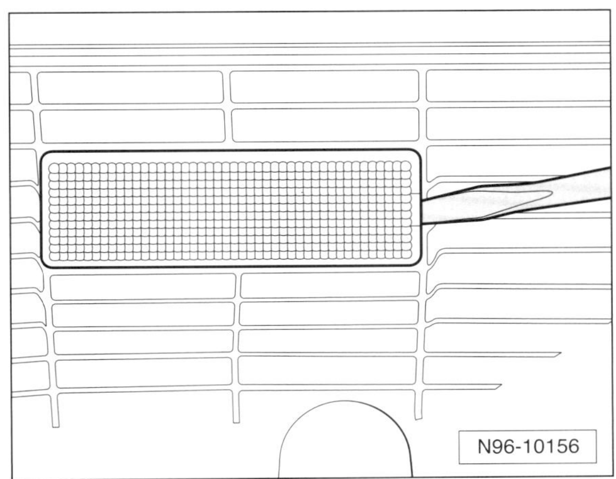

- Flachen Schraubendreher an der seitlichen Aussparung ansetzen und Leuchte heraushebeln.

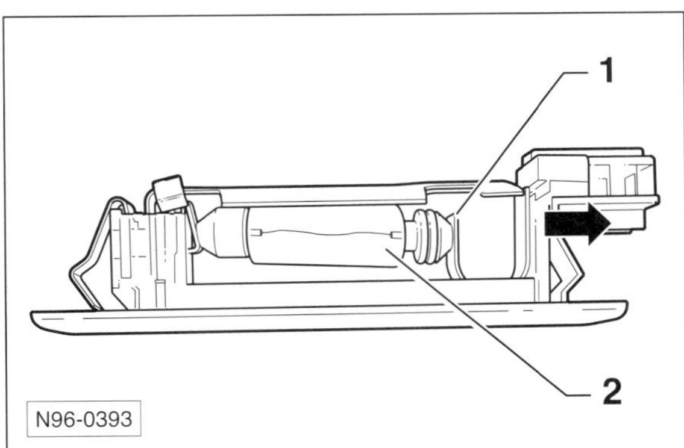

- Kontaktblech –1– in Pfeilrichtung drücken und Soffittenlampe –2– aus der Halterung herausnehmen.
- Neue Soffittenlampe in die Halterung einsetzen.
- Leuchte an der Steckerseite einsetzen, in die Öffnung schwenken und einrasten.

Innenleuchte hinten
GOLF VARIANT

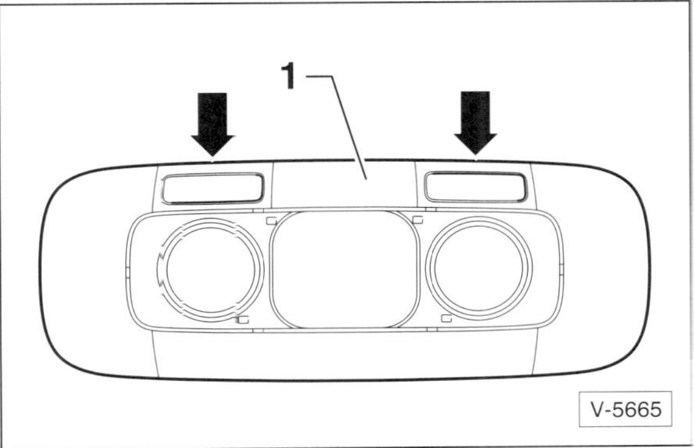

- Blende –1– mit Leuchtenglas und Reflektoren von der Deckenleuchte abhebeln, dabei Rasthaken –Pfeile– mit einem Kunststoffkeil, zum Beispiel HAZET 1965-20, entriegeln.

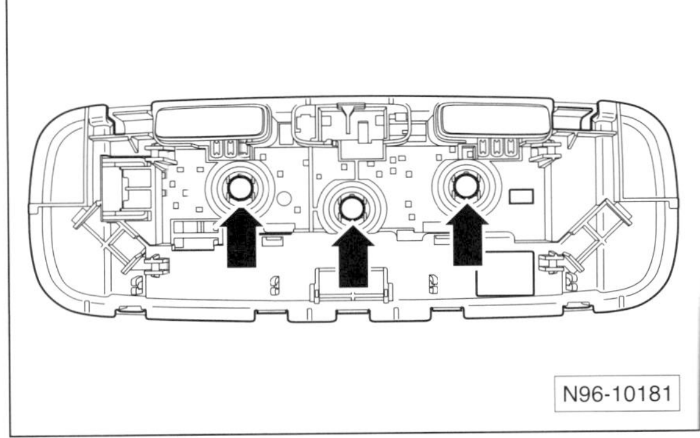

- Defekte Glühlampe –Pfeile– vorsichtig aus der jeweiligen Fassung herausziehen und ersetzen.

Hinweis: Soll die Deckenleuchte ausgebaut werden, müssen nach Abnehmen der Leuchtenblende 2 Rasthaken entriegelt werden. Anschließend Leuchte aus dem Dachhimmel herausziehen.

Innenleuchte hinten
JETTA/TOURAN

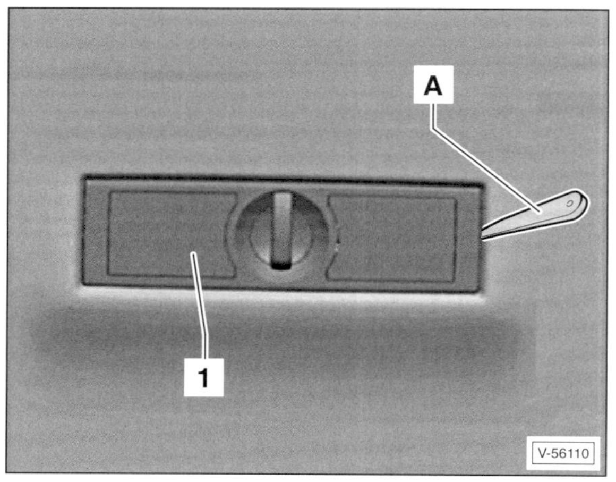

- Innenleuchte hinten –1– mit einem Kunststoffkeil –A– aus der Dachverkleidung herausclipsen.
- Stecker an der Innenleuchte entriegeln und Leuchte herausnehmen.

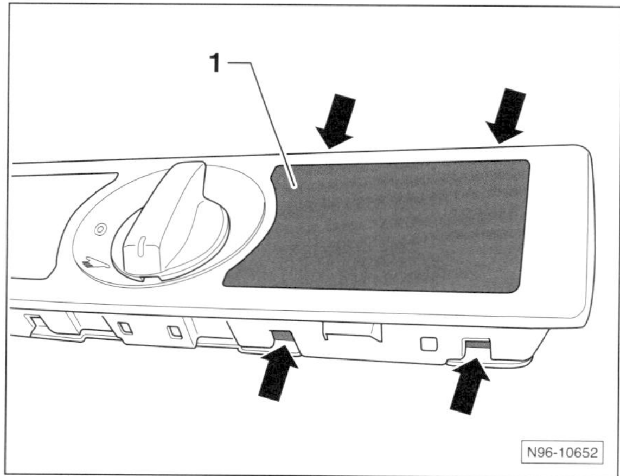

- Rastnasen –Pfeile– der Streuscheibe –1– entriegeln und Streuscheibe gerade nach oben aus der Innenleuchte herausnehmen.

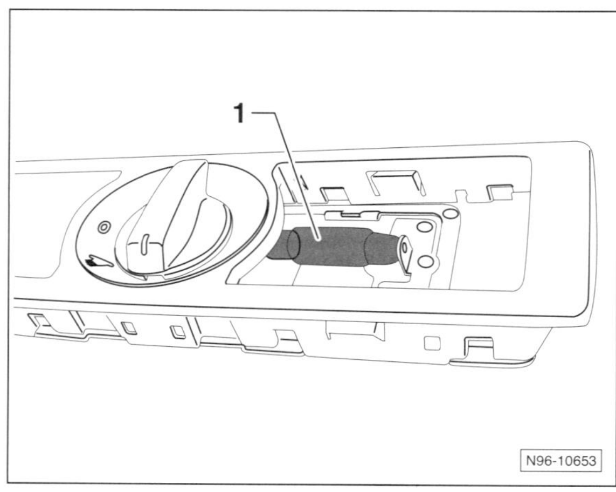

- Defekte Lampe –1– aus der Fassung herausnehmen.

Beleuchtung: GOLF PLUS

Achtung: In diesem Kapitel werden die Arbeitsschritte für das Modell »**GOLF PLUS**« beschrieben. Arbeiten, die weitgehend gleich wie beim **GOLF VARIANT** sind, stehen im Hauptkapitel »**Beleuchtung**«.

Glühlampen für Außenbeleuchtung vorn auswechseln

Abblendlicht (Halogen-Scheinwerfer)

GOLF PLUS

Hinweis: Es können Scheinwerfer der Firmen HELLA oder VALEO eingebaut sein. Der Aufbau der Scheinwerfer ist identisch bis auf den Wechsel von Fernlichtlampe und der Kappe hinter der Abblendlichtlampe.

Ausbau

- Zündung ausschalten, Zündschlüssel abziehen.
- Lichtschalter kurz ein- und wieder ausschalten.

Hinweis: Um besseren Zugang zur Scheinwerferrückseite zu erhalten, müssen je nach Motor und Ausstattung einige der angrenzenden Bauteile ausgebaut werden, zum Beispiel:

- Aktivkohlebehälter ausbauen und mit angeschlossenen Leitungen zur Seite legen.
- Luftfiltergehäuse ausbauen, siehe Seite 64.
- Kraftstofffilter ausbauen und mit angeschlossenen Leitungen zur Seite legen, siehe dazu auch Seite 27.

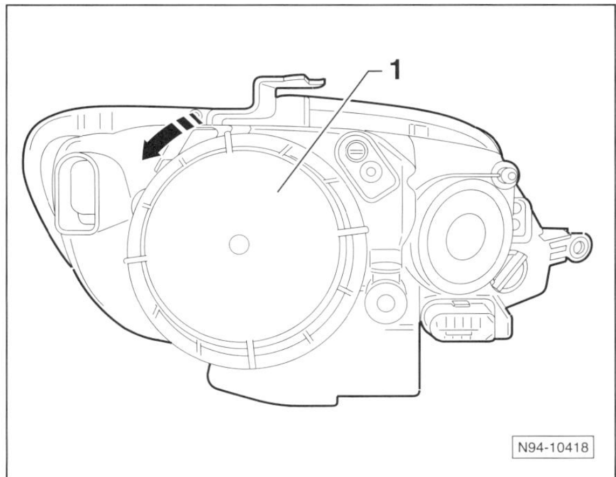

- HELLA: Abdeckkappe –1– an der Rückseite des Scheinwerfers in Pfeilrichtung drehen und abnehmen.

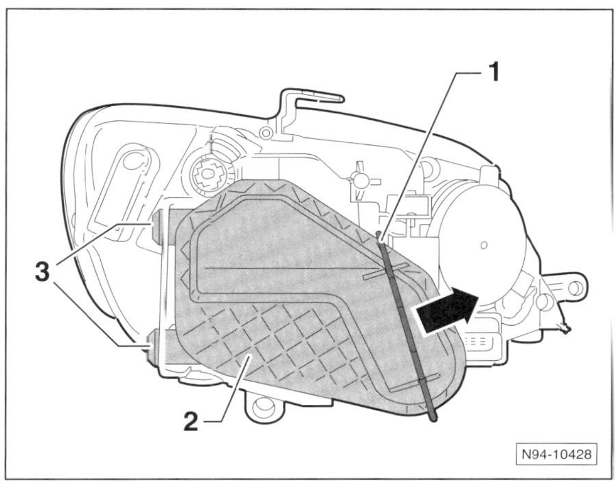

- VALEO: Drahtbügel –1– in Pfeilrichtung drücken.
- VALEO: Abdeckkappe –2– zur Seite schwenke und mit den Haltenasen –3– aushängen.

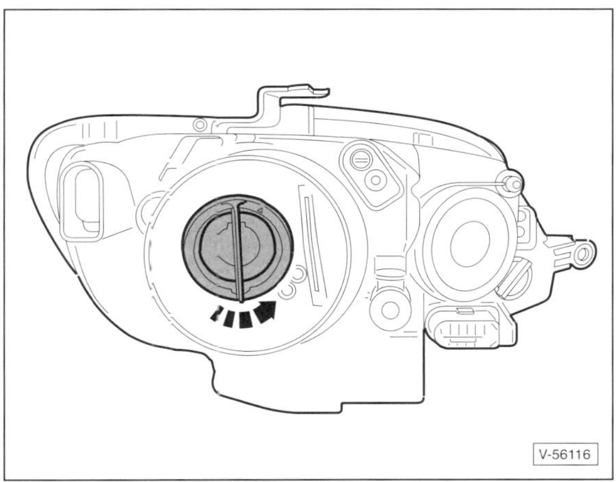

- Lampenfassung mit Lampe in Pfeilrichtung drehen und aus dem Scheinwerfer herausnehmen. Ausbauposition der Lampenfassung merken und später die Fassung mit der neuen Lampe in gleicher Stellung einsetzen.

Achtung: Glaskolben der Glühlampe nicht mit bloßen Fingern berühren.

- Lampe aus der Lampenfassung herausziehen, siehe auch Abbildung N94-10002 auf Seite 100.

Einbau

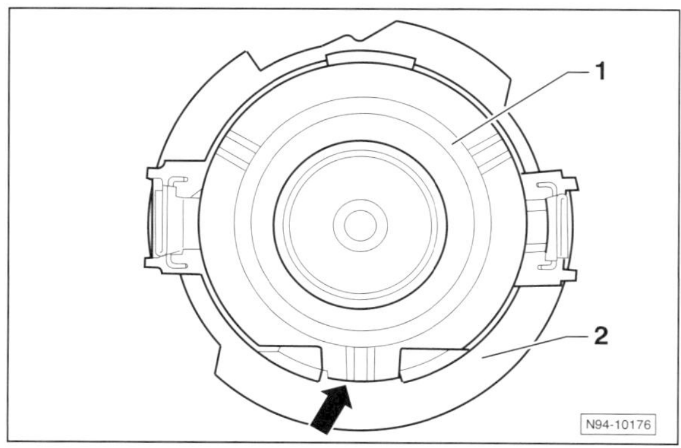

- Neue Lampe so in die Fassung stecken, dass der Zapfen an der Lampe in der Aussparung –Pfeil– der Lampenfassung –2– liegt.
- Lampenfassung mit Lampe in die Öffnung am Scheinwerfer einsetzen und bis zum Anschlag im Uhrzeigersinn drehen.
- Festen Sitz der Lampe im Gehäuse nochmals kontrollieren.
- Abdeckkappe ansetzen und bis zum Anschlag nach rechts drehen.
- Funktion der Abblendlichtlampe prüfen.

Fernlicht (Halogen-Scheinwerfer)
GOLF PLUS

Ausbau

- Zündung ausschalten, Zündschlüssel abziehen.
- Lichtschalter kurz ein- und wieder ausschalten.
- Je nach Bedarf Arbeitsschritte für Zugänglichkeit der Scheinwerferrückseite durchführen, siehe unter »Abblendlicht«.

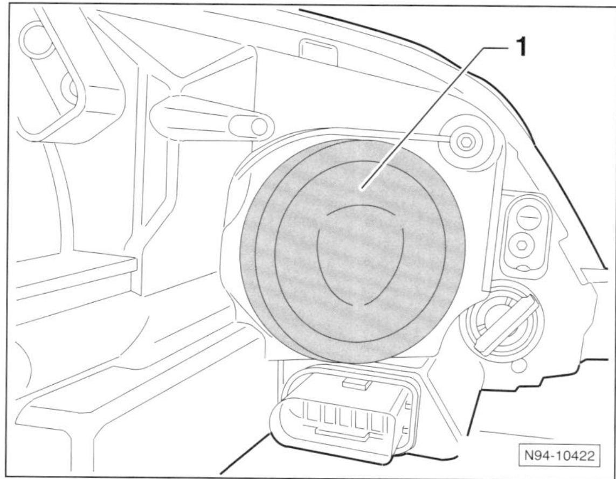

- Abdeckkappe –1– von der Rückseite des Scheinwerfers abziehen.

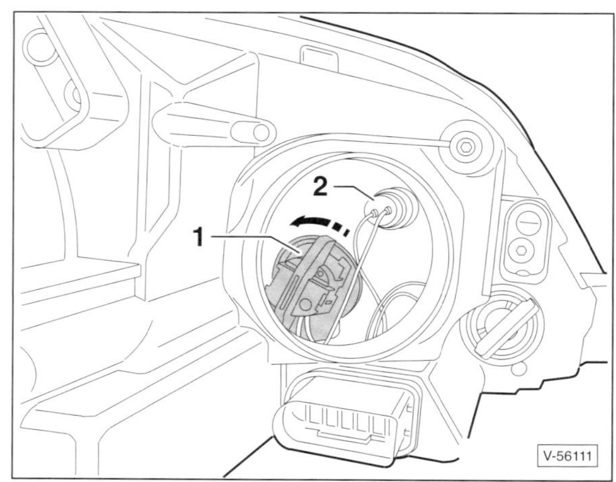

- HELLA: Lampenfassung –1– in Pfeilrichtung drehen und mit Lampe aus dem Scheinwerfer herausnehmen. 2 – Standlichtlampe.
- HELLA: Lampenfassung außerhalb des Reflektors drehen soweit es die Kabellängen zulassen und Lampe aus der Fassung herausziehen.

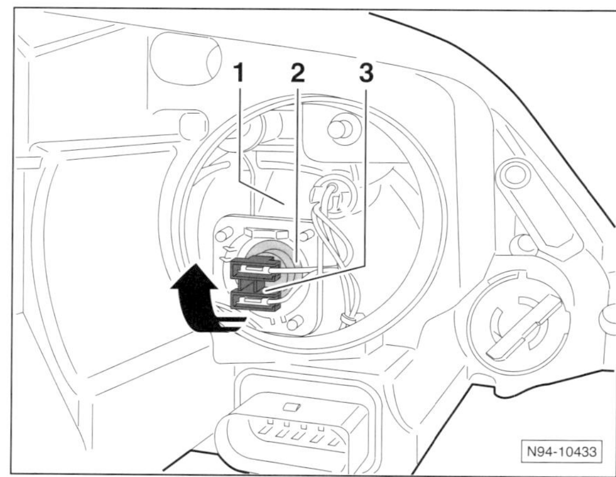

- VALEO: Stecker –3– und damit auch die Lampenfassung –2– nach unten drücken, bis die Lampe fühlbar locker ist.
- VALEO: Stecker zusammen mit der Lampe in Pfeilrichtung aus dem Reflektor –3– des Scheinwerfers herausziehen.
- VALEO: Lampe aus dem Stecker herausziehen.

Einbau

- Der Einbau erfolgt in umgekehrter Ausbaureihenfolge. Zum Abschluss dichten Sitz der Abdeckkappe prüfen, da durch etwaigen Wassereintritt der Scheinwerfer zerstört wird.

Standlicht (Halogen-Scheinwerfer)
GOLF PLUS

Ausbau

- Vorarbeiten siehe unter »Fernlicht«.
- Standlichtfassung –2– soweit es die Kabellängen zulassen aus dem Scheinwerfer herausziehen, siehe Abbildung V-56111.
- Lampe aus der Fassung herausziehen.

Einbau

- Der Einbau erfolgt in umgekehrter Ausbaureihenfolge.

Blinklicht (Halogen-Scheinwerfer)
GOLF PLUS

Ausbau

- Zündung ausschalten, Zündschlüssel abziehen.
- Lichtschalter kurz ein- und wieder ausschalten.
- Je nach Bedarf Arbeitsschritte für Zugänglichkeit der Scheinwerferrückseite durchführen, siehe unter »Abblendlicht«.

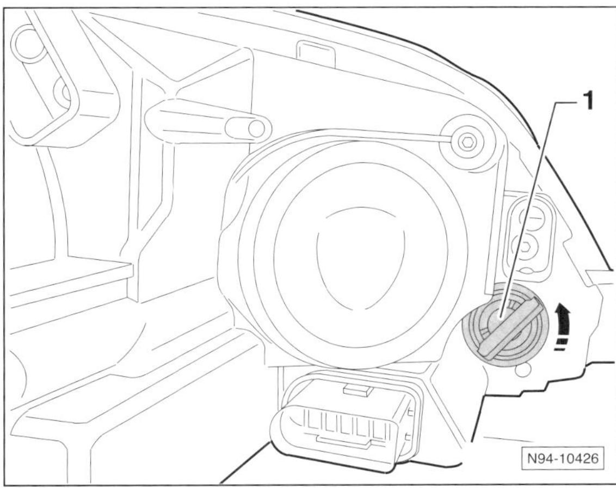

- Lampenfassung –1– in Pfeilrichtung drehen und mit Lampe aus dem Scheinwerfer herausnehmen.

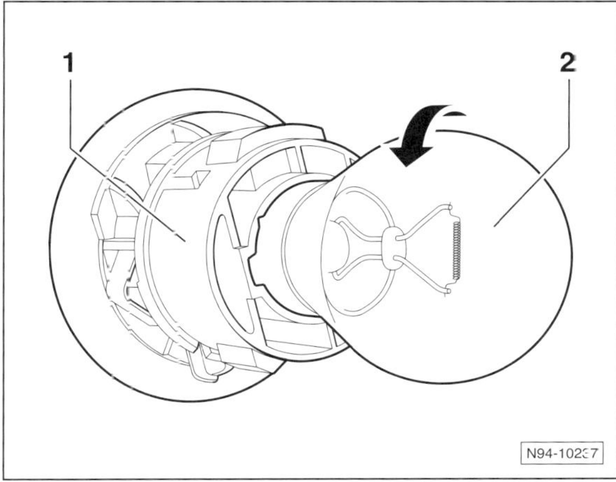

- Lampe –2– in die Fassung –1– drücken und gleichzeitig in Pfeilrichtung drehen.
- Anschließend Lampe aus der Fassung herausziehen.

Einbau

- Der Einbau erfolgt in umgekehrter Ausbaureihenfolge. Dabei auf richtigen Sitz des Dichtrings achten, da durch etwaigen Wassereintritt der Scheinwerfer zerstört wird.

Abblend-/Fernlicht (Xenon-Scheinwerfer)

GOLF PLUS

Ausbau

- Zündung ausschalten, Zündschlüssel abziehen.
- Lichtschalter kurz ein- und wieder ausschalten um Restspannungen abzubauen.
- Scheinwerfer ausbauen, siehe entsprechendes Kapitel.

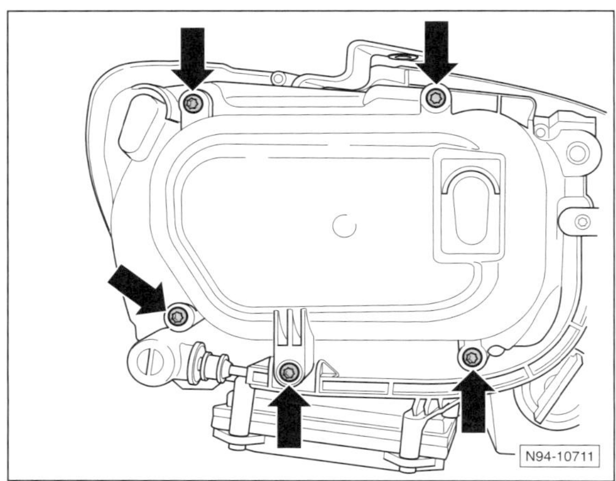

- Schrauben –Pfeile– herausdrehen und Deckel vom Scheinwerfer abnehmen.

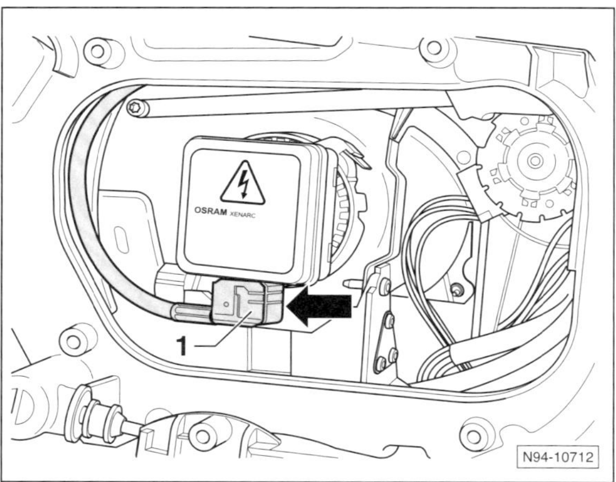

- Sicherung –Pfeil– am Stecker –1– drücken und den Stecker nach unten abziehen.

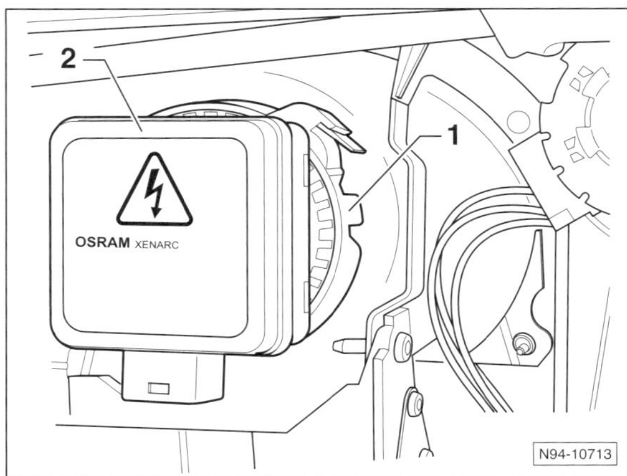

- Xenonlampe –2– zusammen mit dem Haltering –1– um 45° nach links drehen.
- Xenonlampe vorsichtig nach hinten aus dem Scheinwerfer herausnehmen.

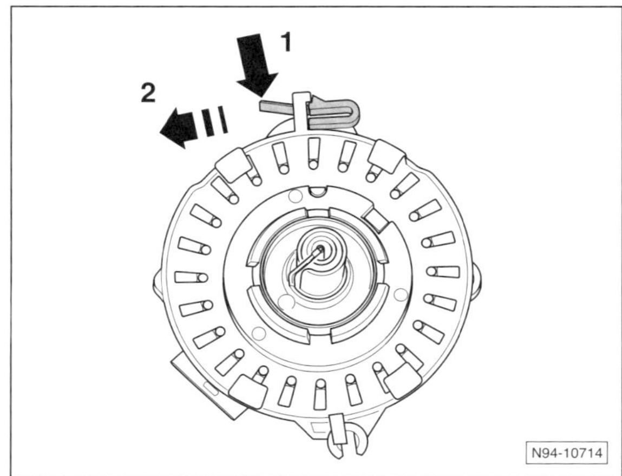

- Haltering öffnen. Dazu die Lasche drücken –Pfeil 1– und gleichzeitig in Pfeilrichtung –2– herausführen.

Einbau

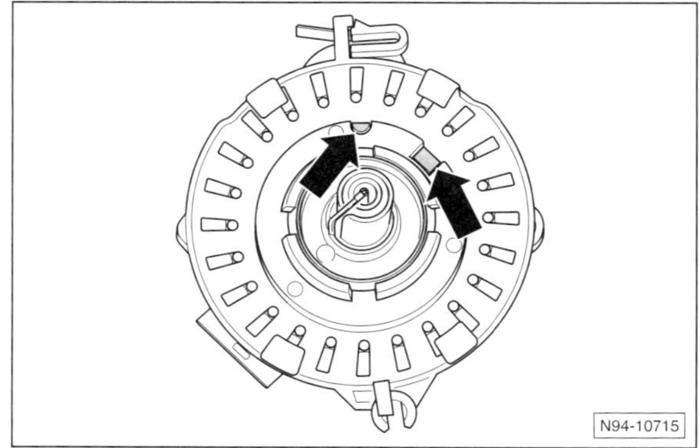

- Haltering aufsetzen und einrasten. Dabei auf richtigen Sitz der Haltenasen –Pfeile– achten.
- Der weitere Einbau erfolgt in umgekehrter Ausbaureihenfolge. Deckel mit **2 Nm** anschrauben.

Blinklicht (Xenon-Scheinwerfer)

GOLF PLUS

Hinweis: Zum Wechseln der Lampe muss der Scheinwerfer nicht ausgebaut werden. In den folgenden Abbildungen werden die Arbeitsschritte der Übersichtlichkeit wegen teilweise am ausgebauten Scheinwerfer dargestellt.

Ausbau

- Zündung ausschalten, Zündschlüssel abziehen.
- Lichtschalter kurz ein- und wieder ausschalten.

Hinweis: Um besseren Zugang zur Scheinwerferrückseite zu erhalten, müssen je nach Motor und Ausstattung einige der angrenzenden Bauteile ausgebaut werden, zum Beispiel:

- Aktivkohlebehälter ausbauen und mit angeschlossenen Leitungen zur Seite legen.
- Luftfiltergehäuse ausbauen, siehe Seite 64.
- Kraftstofffilter ausbauen und mit angeschlossenen Leitungen zur Seite legen, siehe dazu auch Seite 27.

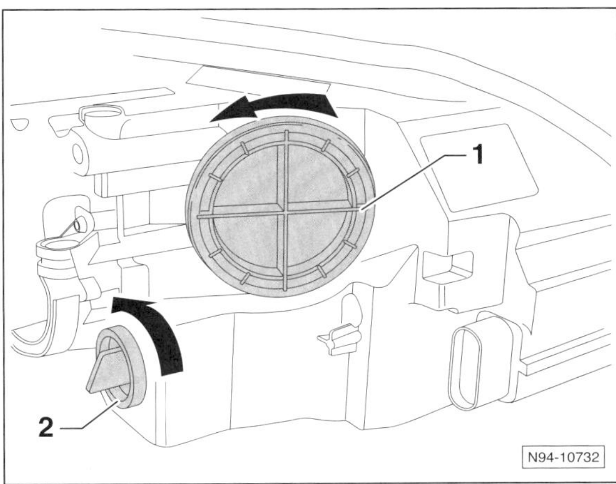

- Lampenfassung –2– nach links drehen und herausnehmen, 1 – Abdeckung für Standlicht.
- Lampe in die Fassung drücken und gleichzeitig im Gegenuhrzeigersinn drehen.
- Anschließend Lampe aus der Fassung herausziehen.

Einbau

- Der Einbau erfolgt in umgekehrter Ausbaureihenfolge. Dabei auf richtigen Sitz des Dichtrings achten, da durch etwaigen Wassereintritt der Scheinwerfer zerstört wird.

Standlicht/Tagesfahrlicht (Xenon-Scheinwerfer)

GOLF PLUS

Hinweis: Zum Wechseln der Lampe muss der Scheinwerfer nicht ausgebaut werden. In den folgenden Abbildungen werden die Arbeitsschritte der Übersichtlichkeit wegen teilweise am ausgebauten Scheinwerfer dargestellt.

Ausbau

- Zündung ausschalten, Zündschlüssel abziehen.
- Lichtschalter kurz ein- und wieder ausschalten.

Hinweis: Um besseren Zugang zur Scheinwerferrückseite zu erhalten, müssen je nach Motor und Ausstattung einige der angrenzenden Bauteile ausgebaut werden, zum Beispiel:

- Aktivkohlebehälter ausbauen und mit angeschlossenen Leitungen zur Seite legen.
- Luftfiltergehäuse ausbauen, siehe Seite 64.
- Kraftstofffilter ausbauen und mit angeschlossenen Leitungen zur Seite legen, siehe dazu auch Seite 27.
- Abdeckkappe –1– an der Scheinwerfer-Rückseite im Gegenuhrzeigerzinn drehen und abziehen, siehe Abbildung N94-10732.

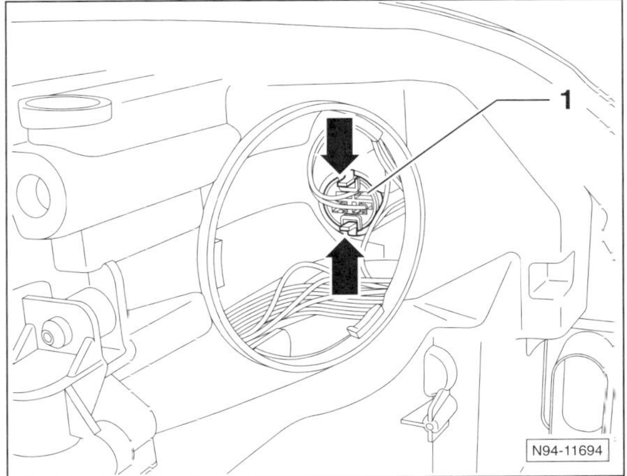

- Rastnasen der Standlichlampenfassung zusammendrücken –Pfeile– und Lampenfassung nach hinten aus dem Scheinwerfer herausziehen.
- Lampe für Standlicht/Tagesfahrlicht gerade aus der Fassung herausziehen.

Einbau

- Der Einbau erfolgt in umgekehrter Ausbaureihenfolge.

Scheinwerfer aus- und einbauen

GOLF PLUS

Ausbau

Hinweis: Halogen- und Xenon-Scheinwerfer werden auf die gleiche Weise aus- und eingebaut.

- Zündung ausschalten, Zündschlüssel abziehen. Lichtschalter kurz ein- und ausschalten.

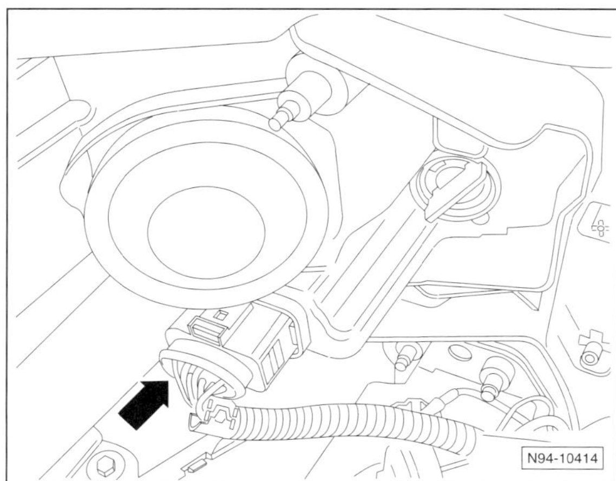

- Mehrfachsteckverbindung –Pfeil– entriegeln und abziehen.
- Kühlergrill ausbauen, siehe Seite 273.
- Vordere Stoßfängerabdeckung ausbauen, siehe Seite 272.

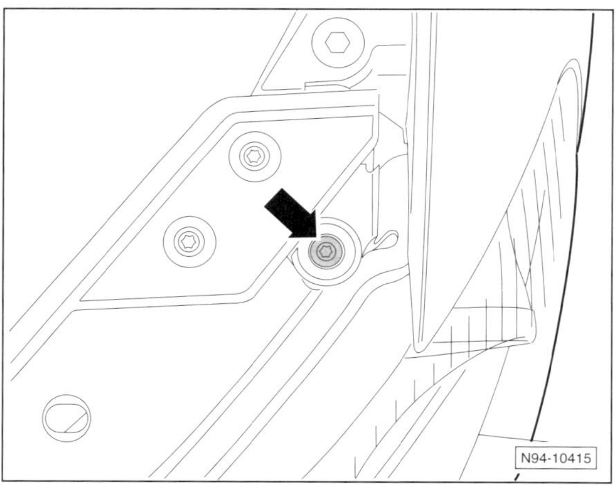

- Halogen-Scheinwerfer: Obere Befestigungsschraube –Pfeil– für den Scheinwerfer herausdrehen.
- Xenon-Scheinwerfer: 2 obere Befestigungsschrauben für den Scheinwerfer herausdrehen.

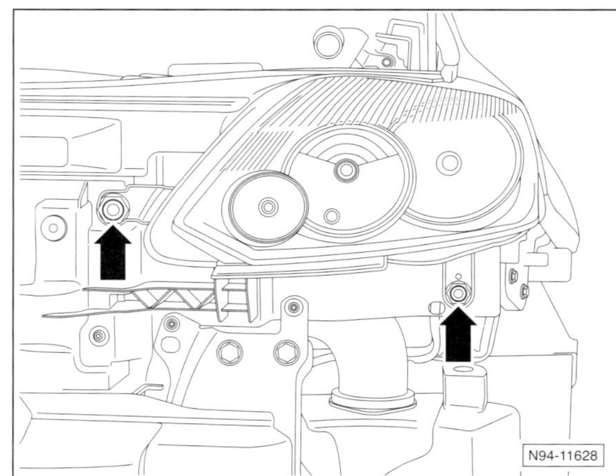

- 2 vordere Schrauben –Pfeile– links und rechts herausdrehen und Scheinwerfer gerade nach vorn aus dem Karosserie-Ausschnitt herausziehen.

Einbau

- Der Einbau erfolgt in umgekehrter Ausbaureihenfolge. Schrauben mit **3,5 Nm** festziehen.
- Auf gleichmäßige Fugenmaße und Bündigkeit zu den anschließenden Karosserieteilen achten. Wenn nötig, Einstellbuchsen an der unteren Befestigungsschraube –Pfeil– hinein- und herausdrehen, siehe Abbildung N94-10005 auf Seite 107.
- Scheinwerfer-Einstellung so bald wie möglich von einer Werkstatt kontrollieren und gegebenenfalls einstellen lassen, siehe Abbildung N01-10683 auf Seite 108.
- Xenon-Scheinwerfer: Grundeinstellung der Scheinwerfer durchführen lassen (Werkstattarbeit).

Glühlampen für Außenbeleuchtung hinten auswechseln

GOLF PLUS

Schlusslicht

Beim **GOLF PLUS** sind die Heckleuchten mit Leuchtdioden ausgestattet. Lediglich für Nebelschlusslicht und Rückfahrlicht sind Glühlampen vorhanden. Die Leuchtdioden sind in Gruppen zu je 4 LEDs zusammengefasst. Wenn eine Leuchtgruppe ausfällt, wird deren Funktion durch die anderen LEDs übernommen. Dadurch werden diese stärker belastet. Wenn mehr als 4 Einzel-LEDs ausgefallen sind, muss die komplette Heckleuchte ersetzt werden. Defekte Glühlampen können gewechselt werden. Dazu muss die Heckleuchte ausgebaut werden.

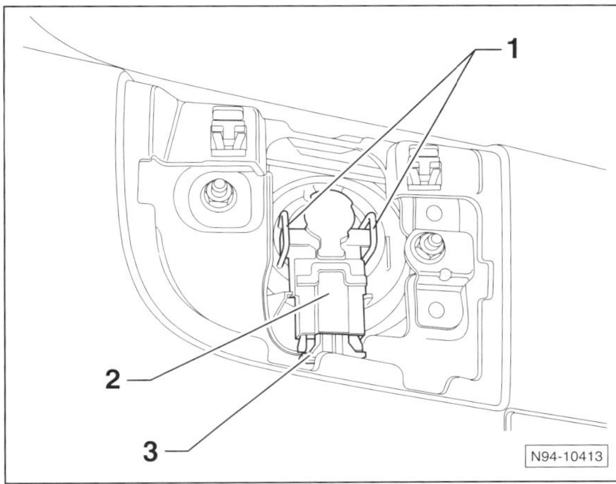

- Nach Ausbau der Heckleuchte in der Heckklappe die beiden Haltebügel –1– nach außen drücken und den Lampenträger –2– herausnehmen. 3 – Stecker.
- Glühlampe aus dem Bajonettverschluss des Lampenträgers ausbauen, siehe Abbildung N94-10237 auf Seite 117.

Heckleuchte aus- und einbauen

GOLF PLUS

Heckleuchte im Seitenteil

Ausbau

- Zündung ausschalten, Zündschlüssel abziehen.

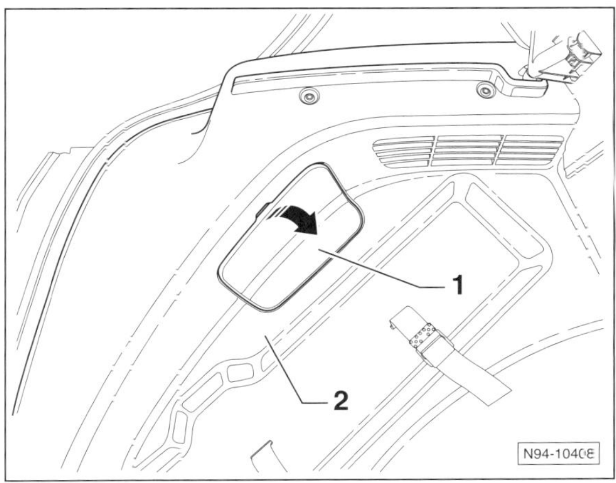

- Im Laderaum den Deckel –1– in Pfeilrichtung aus der Seitenverkleidung –2– ausclipsen.

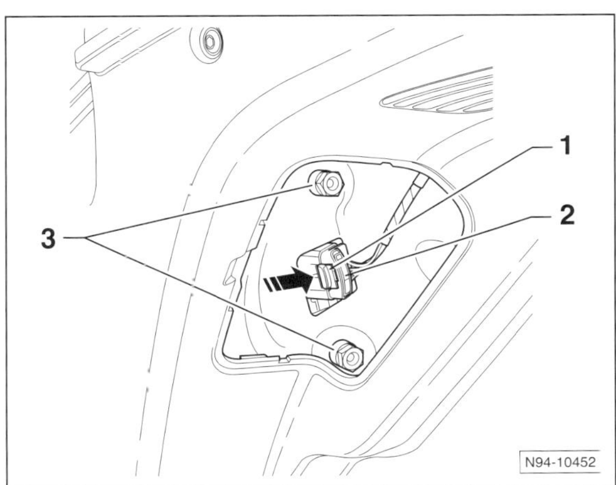

- Stecker –2– entriegeln, dazu Sperrtaste –1– in Pfeilrichtung ziehen. Stecker abziehen.

Achtung: Sicherstellen, dass die Heckleuchte nach dem Abschrauben nicht herunterfällt.

- Muttern –3– abschrauben und Heckleuchte nach hinten aus dem Karosserieausschnitt herausnehmen.

Einbau

- Der Einbau erfolgt in umgekehrter Ausbaureihenfolge. Muttern mit **3 Nm** festziehen. Der Stecker muss beim Aufstecken hörbar einrasten. Stellung der Sperrtaste am Stecker kontrollieren.

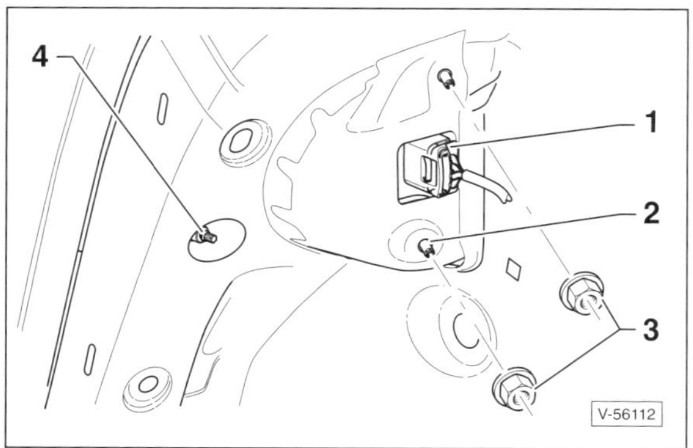

- Schlussleuchte auf gleichmäßige Spaltmaße zu den umliegenden Karosserieteilen prüfen, gegebenenfalls mit einem Steckschlüssel, Schlüsselweite 10 mm, am Einstellteil –4– korrigieren. 1 – Stecker, 2 – Gewindebolzen, 3 – Muttern.

Heckleuchte in der Heckklappe

Ausbau

- Zündung ausschalten, Zündschlüssel abziehen.

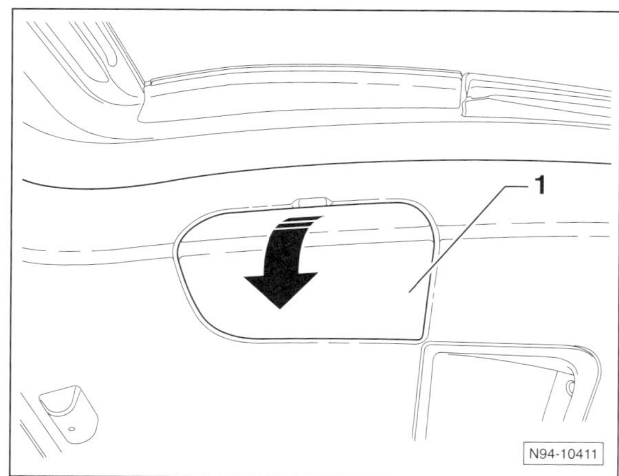

- Servicedeckel –1– in Pfeilrichtung aus der Verkleidung der Heckklappe ausclipsen.

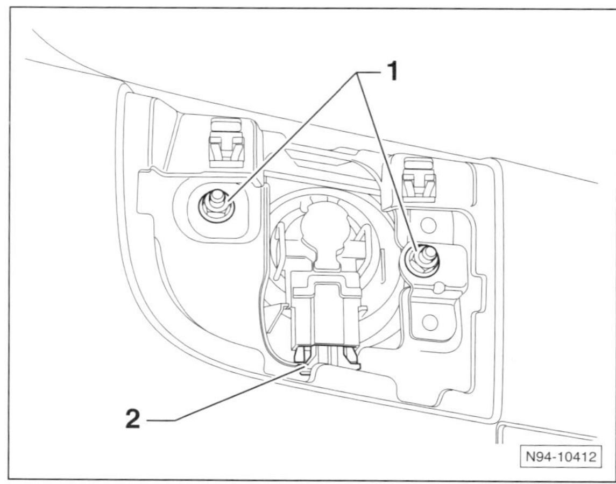

- Stecker –2– entriegeln und abziehen.

Achtung: Sicherstellen, dass die Heckleuchte nach dem Abschrauben nicht herunterfällt.

- Muttern –1– abschrauben und Heckleuchte abnehmen.

Einbau

- Der Einbau erfolgt in umgekehrter Ausbaureihenfolge. Zuerst obere, dann untere Mutter mit **3 Nm** festschrauben.

Beleuchtung: JETTA

Achtung: In diesem Kapitel werden die Arbeitsschritte für das Modell »**JETTA**« beschrieben. Arbeiten, die weitgehend gleich wie beim **GOLF VARIANT** sind, stehen im Hauptkapitel »**Beleuchtung**«.

Glühlampen für Außenbeleuchtung hinten auswechseln

JETTA

Schlusslicht

Ausbau

- Zündung ausschalten, Zündschlüssel abziehen.
- Im Kofferraum die Seitenverkleidung zur Seite drücken.
- Steckverbindung entriegeln und abziehen.

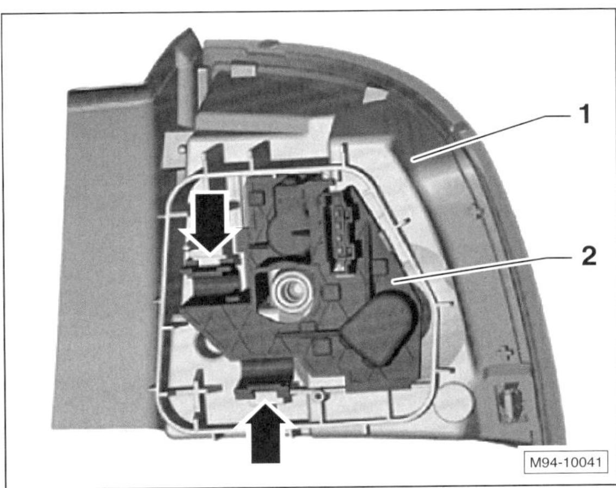

- Lampenträger im Seitenteil ausbauen. Dazu Befestigungslaschen in Pfeilrichtung drücken und Lampenträger –2– aus der Heckleuchte –1– herausnehmen.

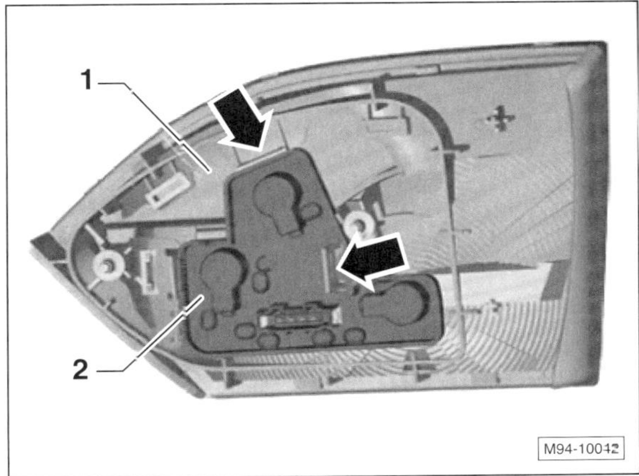

- Lampenträger im Kofferraumdeckel ausbauen. Dazu Heckleuchte ausbauen. Befestigungslaschen in Pfeilrichtung drücken und Lampenträger –2– von der Heckleuchte –1– abnehmen.

Einbau

- Der Einbau erfolgt in umgekehrter Ausbaureihenfolge

Scheinwerfer aus- und einbauen

JETTA

Ausbau

- Zündung ausschalten, Zündschlüssel abziehen. Lichtschalter kurz ein- und ausschalten.
- Vordere Stoßfängerabdeckung ausbauen, siehe Seite 242.
- Stecker hinten am Scheinwerfer entriegeln und abziehen.

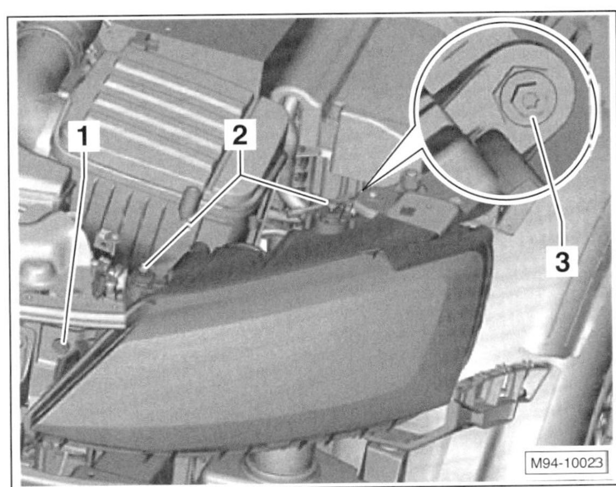

- Schraube –3– hinten am Scheinwerfer herausdrehen.
- Schraube –1– vorn am Scheinwerfer herausdrehen.
- 2 Schrauben –2– oben am Scheinwerfer herausdrehen.

- Scheinwerfer gerade nach vorn aus dem Karosserieausschnitt herausziehen.

Einbau

- Der Einbau erfolgt in umgekehrter Ausbaureihenfolge. Schrauben in der Reihenfolge –2–, –1– und –3– anschrauben und mit **5 Nm** festziehen.
- Auf gleichmäßige Fugenmaße und Bündigkeit zu den anschließenden Karosserieteilen achten. Wenn nötig, Einstellbuchse an der unteren Befestigungsschraube –Pfeil– hinein- oder herausdrehen, siehe Abbildung N94-10005 auf Seite 107.
- Scheinwerfer-Einstellung so bald wie möglich von einer Werkstatt kontrollieren und gegebenenfalls einstellen lassen, siehe Abbildung N01-10683 auf Seite 108.

Heckleuchte aus- und einbauen

JETTA

Heckleuchte im Seitenteil

Ausbau

- Zündung ausschalten, Zündschlüssel abziehen.
- Im Kofferraum den Deckel in der Seitenverkleidung abnehmen.

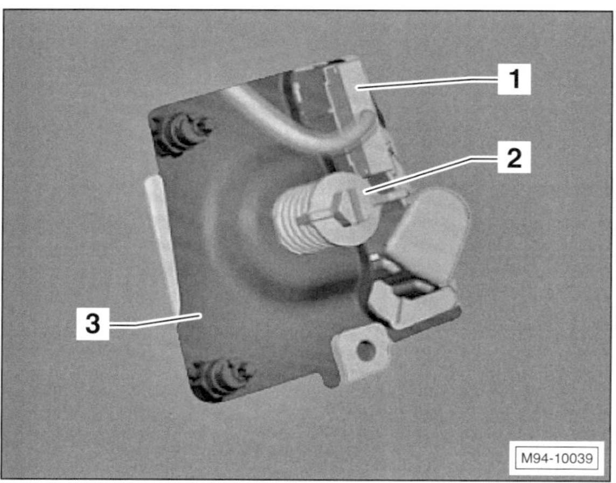

- Stecker –1– entriegeln und abziehen.

Achtung: Sicherstellen, dass die Heckleuchte nach dem Abschrauben nicht herunterfällt.

- Schraube –2– abschrauben und Heckleuchte –3– nach hinten aus dem Karosserieausschnitt herausnehmen.

Einbau

- Der Einbau erfolgt in umgekehrter Ausbaureihenfolge.

Heckleuchte im Kofferraumdeckel

Ausbau

- Zündung ausschalten, Zündschlüssel abziehen.

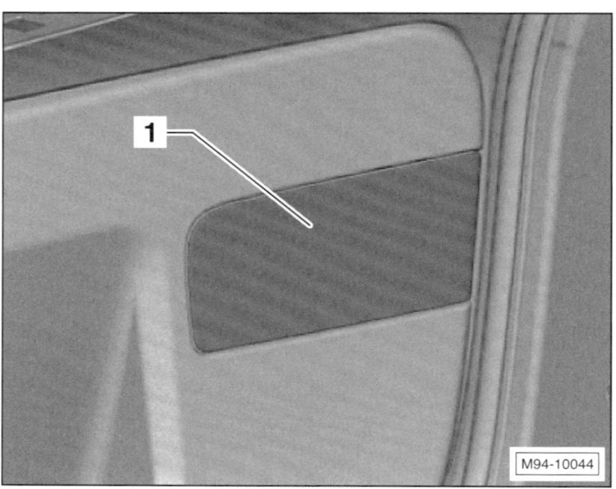

- Servicedeckel –1– aus der Verkleidung des Kofferraumdeckels ausclipsen.

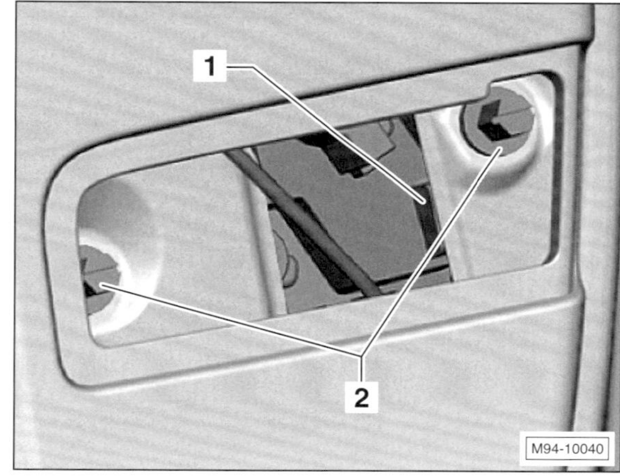

- Stecker –1– entriegeln und abziehen.

Achtung: Sicherstellen, dass die Heckleuchte nach dem Abschrauben nicht herunterfällt.

- Schrauben –2– abschrauben und Heckleuchte abnehmen.

Einbau

- Der Einbau erfolgt in umgekehrter Ausbaureihenfolge.

Hochgesetzte Bremsleuchte aus- und einbauen

JETTA

Ausbau

- Zündung ausschalten, Zündschlüssel abziehen.
- Abdeckung unten an der Hutablage ausclipsen.

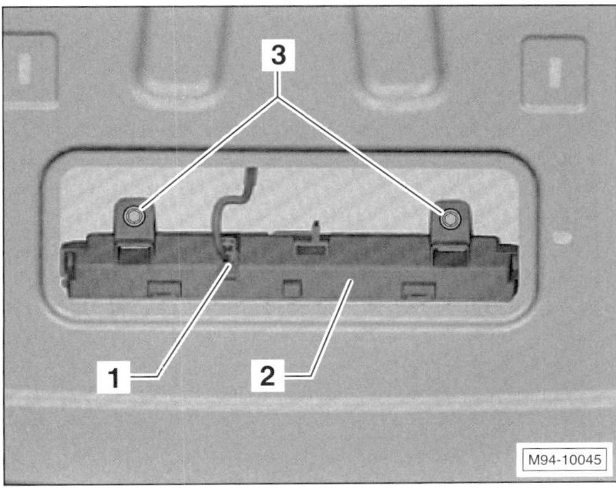

- Steckverbindung –1– entriegeln und abziehen.
- Schrauben –3– heraudrehen und Bremsleuchte –2– nach unten abnehmen.

Einbau

- Der Einbau erfolgt in umgekehrter Ausbaureihenfolge. Schrauben mti **2 Nm** anziehen.

Beleuchtung: TOURAN

Achtung: In diesem Kapitel werden die Arbeitsschritte für das Modell »**TOURAN**« beschrieben. Arbeiten, die weitgehend gleich wie beim **GOLF VARIANT** sind, stehen im Hauptkapitel »**Beleuchtung**«.

Glühlampen für Außenbeleuchtung vorn auswechseln

Abblendlicht (Halogen-Scheinwerfer) TOURAN

Ausbau

- Zündung ausschalten, Zündschlüssel abziehen.
- Lichtschalter kurz ein- und wieder ausschalten.

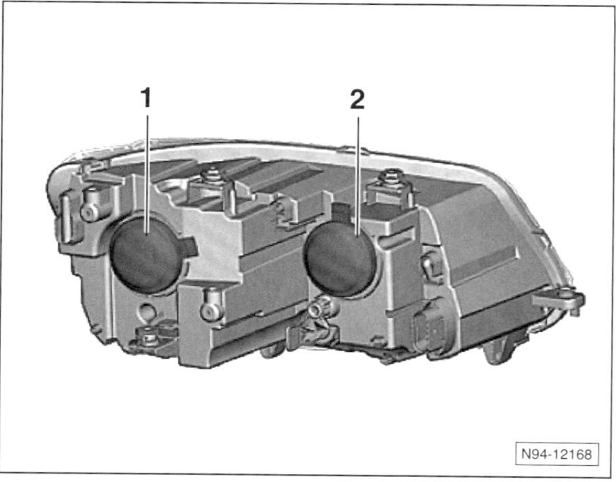

- Abdeckkappe –1– von der Rückseite des Scheinwerfers abziehen. 2 – Abdeckkappe für Fernlicht.

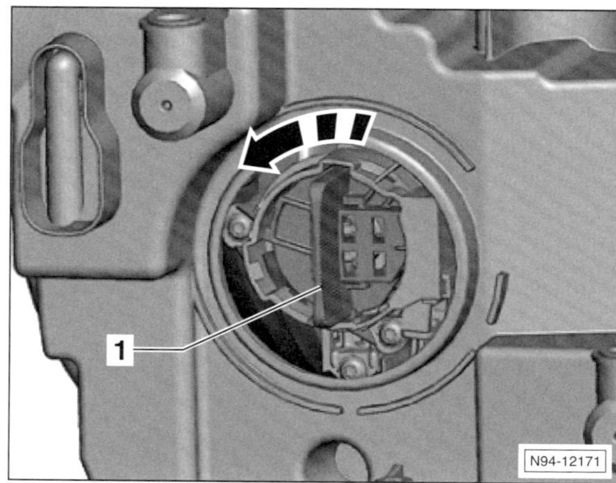

- Lampenfassung am Griffstück –1– in Pfeilrichtung drehen und zusammen mit der Abblendlichtlampe aus dem Scheinwerfer herausnehmen.
- Lampe gerade aus der Lampenfassung herausziehen, siehe Abbildung N94-10002 auf Seite 93.

Einbau

Achtung: Glaskolben der Glühlampe nicht mit bloßen Fingern berühren.

- Neue Lampe in die Fassung eindrücken.
- Lampenfassung mit Lampe in die Öffnung am Scheinwerfer einsetzen und bis zum Anschlag im Uhrzeigersinn drehen.
- Festen Sitz der Lampe im Gehäuse nochmals kontrollieren.
- Abdeckkappe aufdrücken und festen und dichten Sitz überprüfen, da durch etwaigen Wassereintritt der Scheinwerfer zerstört wird.
- Funktion der Abblendlichtlampe prüfen.

Fernlicht/Tagesfahrlicht (Halogen-Scheinwerfer)

TOURAN

Die 2-Faden-Lampe übernimmt gleichzeitig die Funktion des Tagesfahrlichts.

Ausbau

- Zündung ausschalten, Zündschlüssel abziehen.
- Lichtschalter kurz ein- und wieder ausschalten.
- Abdeckkappe –2– von der Rückseite des Scheinwerfers abziehen, siehe Abbildung N94-12168.

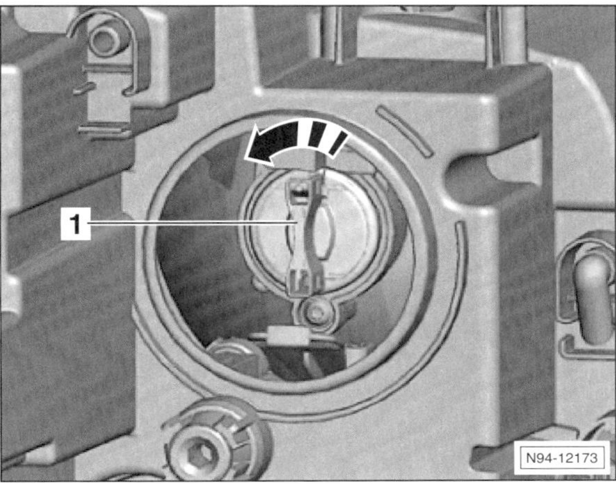

- Lampenfassung –1– in Pfeilrichtung drehen und zusammen mit der Lampe aus dem Scheinwerfer herausnehmen.
- Lampe gerade aus der Lampenfassung herausziehen, siehe Abbildung N94-10002 auf Seite 100.

Einbau

- Der Einbau erfolgt in umgekehrter Ausbaureihenfolge.

Standlicht (Halogen-Scheinwerfer)

TOURAN

Ausbau

- Zündung ausschalten, Zündschlüssel abziehen.
- Abdeckkappe –2– von der Rückseite des Scheinwerfers abziehen, siehe Abbildung N94-12168.

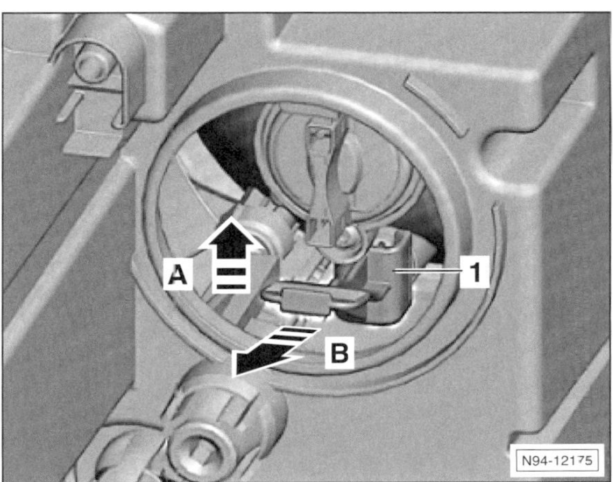

- Lampenfassung am Griffstück –1– in Pfeilrichtung –A– ausclipsen und nach hinten aus dem Scheinwerfer herausziehen –Pfeil B–. Dabei darauf achten, dass die angeschlossenen Kabel nicht beschädigt werden.
- Lampe für Standlicht gerade aus der Lampenfassung –1– herausziehen, siehe Abbildung N94-10270 auf Seite 101.

Einbau

- Der Einbau erfolgt in umgekehrter Ausbaureihenfolge.

Blinklicht (Halogen-/Xenon-Scheinwerfer)

TOURAN

Ausbau

- Zündung ausschalten, Zündschlüssel abziehen.

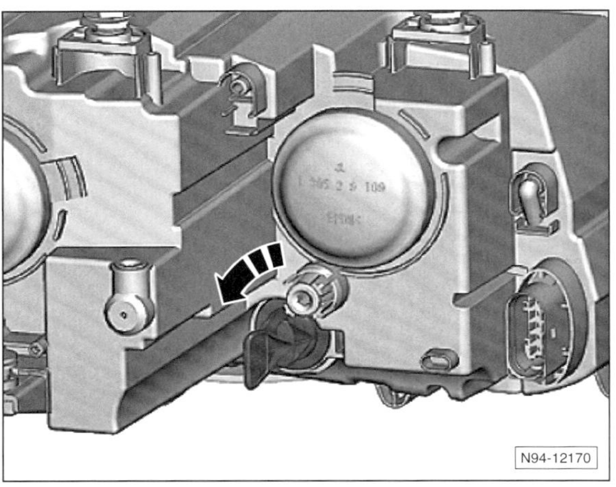

- Lampenfassung mit Lampe in Pfeilrichtung drehen und aus dem Scheinwerfer herausnehmen.

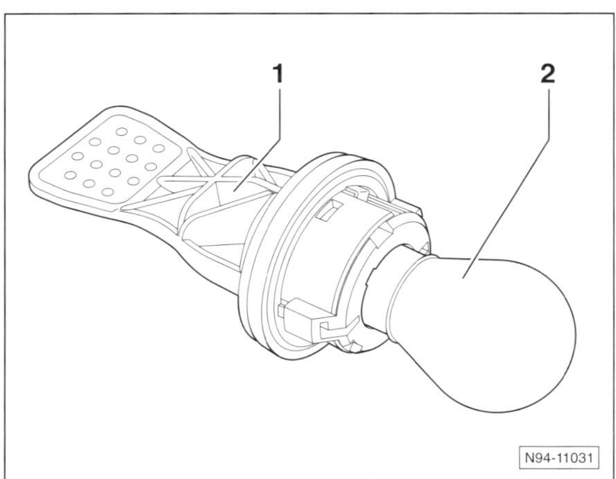

- Lampe –2– in die Fassung –1– drücken und gleichzeitig im Gegenuhrzeigersinn drehen.
- Anschließend Lampe aus der Fassung herausziehen.

Einbau

- Der Einbau erfolgt in umgekehrter Ausbaureihenfolge. Dabei auf richtigen Sitz des Dichtrings achten, da durch etwaigen Wassereintritt der Scheinwerfer zerstört wird.

Kurvenlicht (Xenon-Scheinwerfer)

TOURAN

Ausbau

- Zündung ausschalten, Zündschlüssel abziehen.

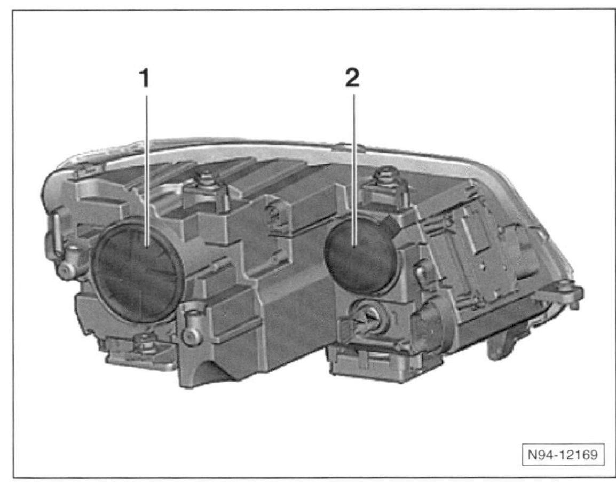

- Abdeckkappe –2– abziehen. 1 – Abdeckkappe für Abblend-/Fernlicht.

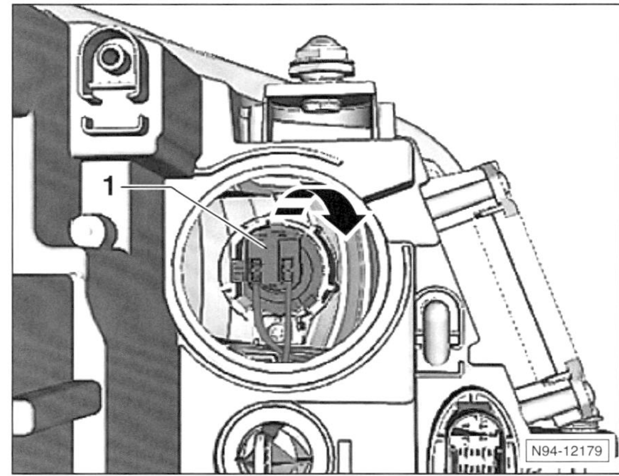

- Lampe für Kurvenlicht am Reflektor ausclipsen. Dazu Stecker –1– mit der Lampenfassung in Pfeilrichtung drücken, bis die Lampe fühlbar locker ist.
- Stecker zusammen mit der Lampe aus dem Reflektor des Scheinwerfers herausziehen.
- Lampe gerade vom Stecker abziehen.

Einbau

- Lampe in das Scheinwerfergehäuse führen und in den Reflektor drücken. Die Lampe muss hörbar einrasten.
- Der weitere Einbau erfolgt in umgekehrter Ausbaureihenfolge. Zum Abschluss dichten Sitz der Abdeckkappe prüfen, da durch etwaigen Wassereintritt der Scheinwerfer zerstört wird.

LED-Modul für Tagesfahrlicht und Standlicht (Xenon-Scheinwerfer)

TOURAN

Das LED-Modul befindet sich innerhalb des Scheinwerfers und kann nicht einzeln ersetzt werden. Bei einem Defekt muss der komplette Scheinwerfer ersetzt werden.

Glühlampen für Außenbeleuchtung hinten auswechseln

TOURAN

Heckleuchte im Seitenteil

Ausbau

- Heckleuchte ausbauen, siehe entsprechendes Kapitel.
- 4 Kreuzschlitzschrauben herausdrehen und Lampenträger von der Heckleuchte abnehmen.

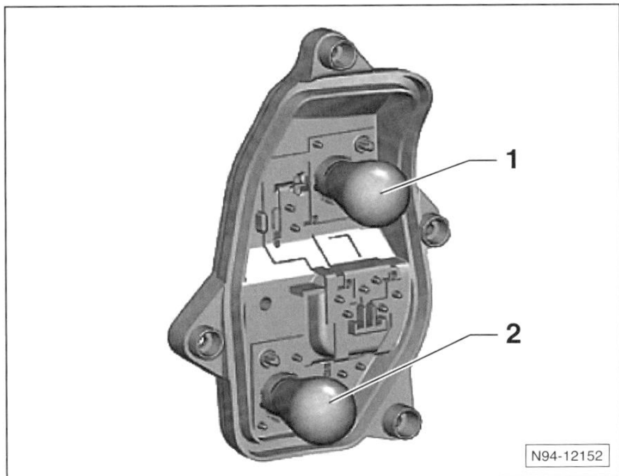

1 – Lampe für Brems-/Schlusslicht.
2 – Lampe für Blinklicht.

- Defekte Lampe etwas in die Fassung drücken, gleichzeitig entgegen dem Uhrzeigersinn drehen und aus dem Lampenträger herausziehen.

Einbau

- Der Einbau erfolgt in umgekehrter Ausbaureihenfolge.

Heckleuchte in der Heckklappe

Ausbau

- Zündung ausschalten, Zündschlüssel abziehen.
- Heckklappe öffnen.
- Servicedeckel aus der Heckklappenverkleidung ausclipsen.

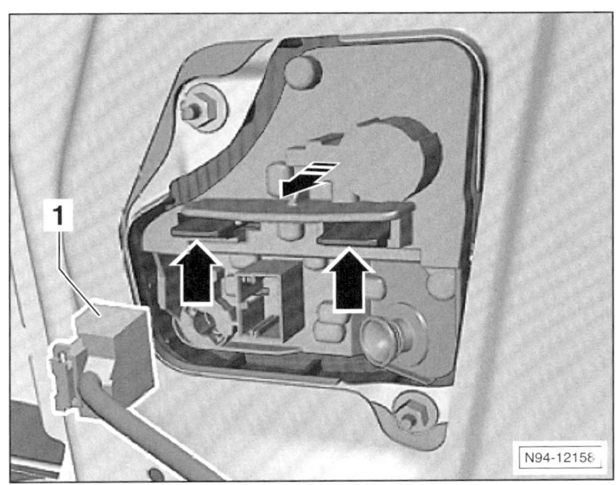

- Stecker –1– entriegeln und abziehen.
- 2 Verriegelungslaschen nach oben drücken –Pfeile– und Lampenträger in Pfeilrichtung nach hinten aus der Heckklappe herausnehmen.

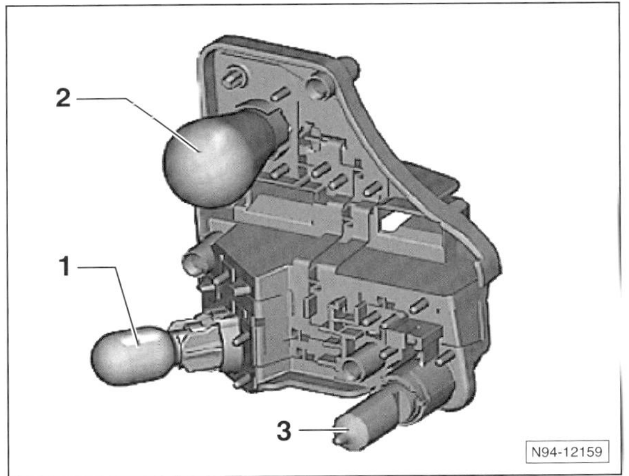

1 – Lampe für Rückfahrlicht.
2 – Lampe für Schlusslicht.
3 – Lampe für Nebelschlusslicht.

- Defekte Lampe für Schlusslicht –2– etwas in die Fassung drücken, gleichzeitig entgegen dem Uhrzeigersinn drehen und aus dem Lampenträger herausziehen.
- Defekte Lampe –1/3– aus dem Lampenträger herausziehen.

Einbau

- Der Einbau erfolgt in umgekehrter Ausbaureihenfolge.

Heckleuchte aus- und einbauen

TOURAN

Heckleuchte im Seitenteil

Ausbau

- Zündung ausschalten, Zündschlüssel abziehen.
- Heckklappe öffnen.
- Drahtbügel aus dem Bordwerkzeug in die Bohrung der Heckleuchtenverkleidung einsetzen. Bügel zur Fahrzeugmitte drehen, so dass der Haken an der Verkleidung anliegt.
- Bügel und damit die Verkleidung ca. 1 cm zur Fahrzeugmitte ziehen.

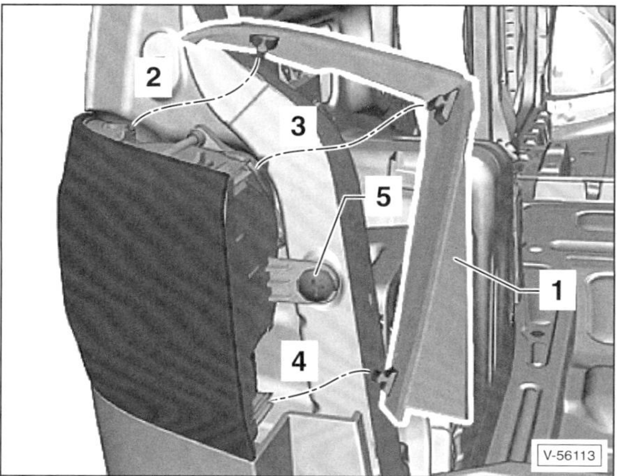

- In dieser Stellung die Verkleidung –1– im unteren Teil nach hinten ziehen und damit seitlichem Clip –4– ausrasten.
- Durch weiteres Drehen der Verkleidung werden die oberen Clips –2– und –3– ausgerastet.
- Verkleidung abnehmen.
- Schraube –5– herausdrehen.

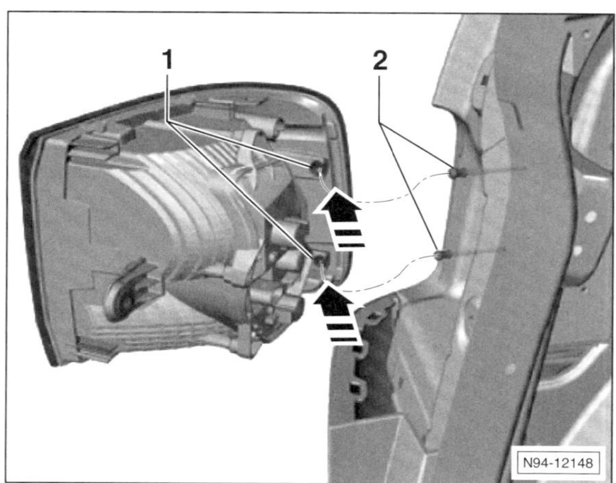

- Heckleuchte nach außen schwenken –Pfeile– und dadurch die Kugelpfannen –1– aus den Kugelköpfen –2– aushängen.

Einbau

- Der Einbau erfolgt in umgekehrter Ausbaureihenfolge.

Heckleuchte in der Heckklappe

Ausbau

- Zündung ausschalten, Zündschlüssel abziehen.
- Heckklappe öffnen.

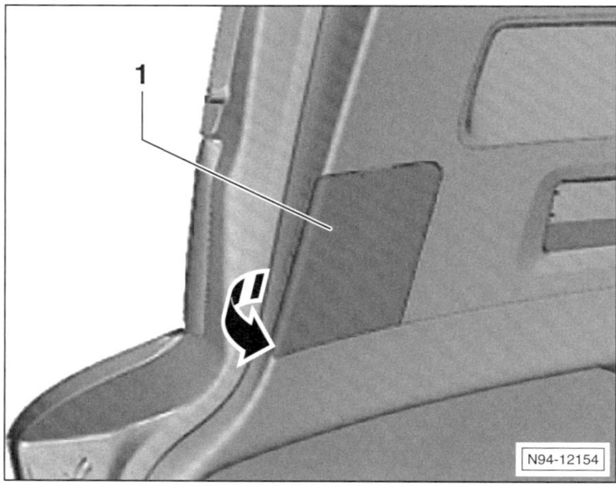

- Servicedeckel –1– in Pfeilrichtung aus der Heckklappenverkleidung ausclipsen.
- Stecker entriegeln und abziehen.

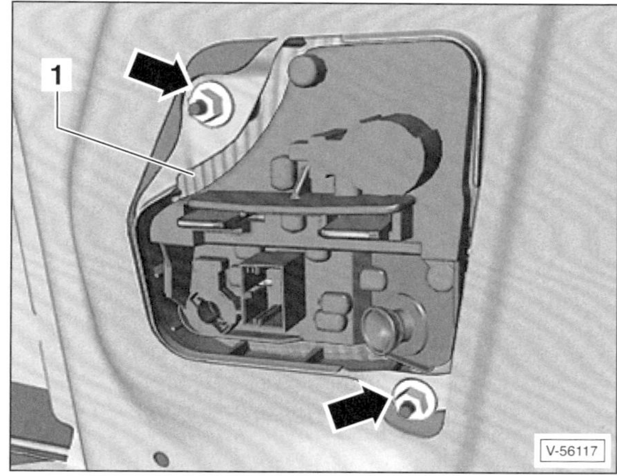

Achtung: Sicherstellen, dass die Heckleuchte –1– nach dem Abschrauben nicht herunterfällt.

- Muttern –Pfeile– abschrauben.

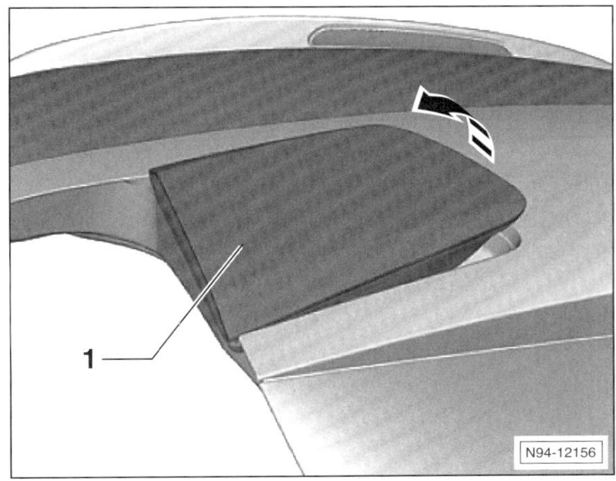

- Heckleuchte –1– in Pfeilrichtung aus der Heckklappe herausschwenken.

Einbau

- Heckleuchte –1– entgegen der Pfeilrichtung in die Montageöffnung der Heckklappe einschwenken und nach oben und zur Mitte hin bis zur Anlage schieben.
- Zuerst obere, dann untere Befestigungsmutter mit **3 Nm** anschrauben.
- Stecker aufschieben und hörbar einrasten.
- Servicedeckel in die Heckklappenverkleidung einclipsen.

Glühlampen für Innenleuchten auswechseln

TOURAN

- Zündung und Schalter der Leuchte ausschalten. Zündschlüssel abziehen.
- Stelle, an der ein Schraubendreher für den Ausbau der Leuchte angesetzt wird, zum Schutz mit Klebeband abdecken.

Hinweis: Nach dem Einbau die neue Glühlampe auf Funktion überprüfen.

Handschuhfachleuchte/Fußraumleuchten/Laderaumleuchte/Make-Up-Leuchte

TOURAN

- Handschuhfachleuchte: Handschuhfach öffnen.

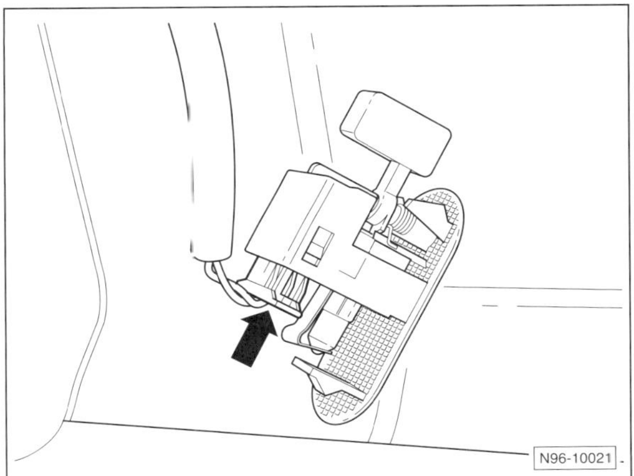

- Leuchte mit flachem Schraubendreher aus der Einbauöffnung heraushebeln und herausziehen.
- Stecker entriegeln und von der Leuchte abziehen.

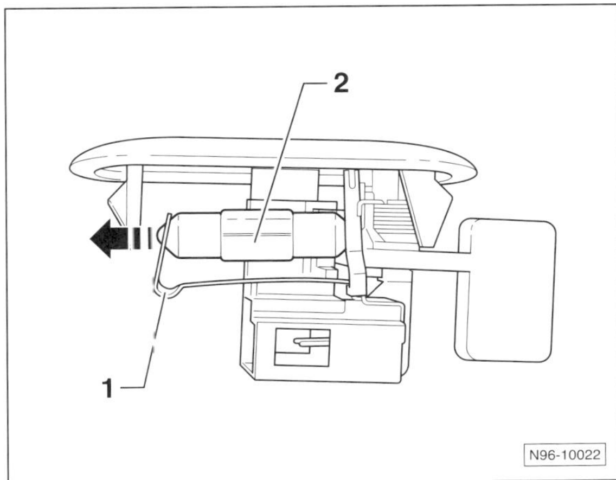

- **Handschuhfachleuchte/Laderaumleuchte:** Kontaktblech –1– in Pfeilrichtung drücken und Soffittenlampe –2– aus der Fassung herausnehmen.

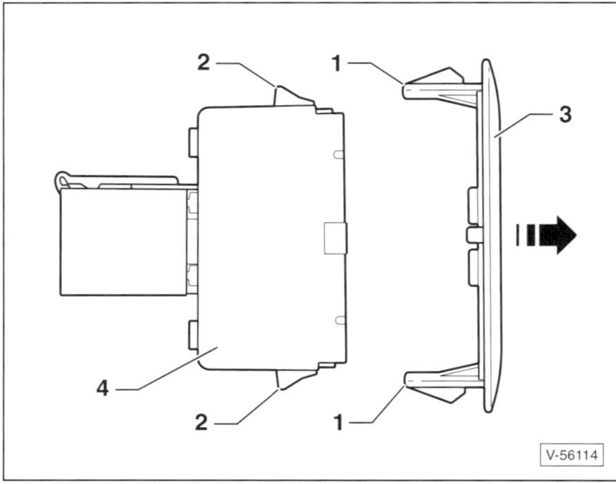

- **Fußraumleuchte:** Laschen –1– über die Rastnasen –2– heben und Streuglas –3– vom Lampenträger –4– abnehmen.
- **Fußraumleuchte:** Kontaktblech zurückdrücken und Soffittenlampe aus der Fassung herausnehmen.

Einbau

- Der Einbau erfolgt in umgekehrter Ausbaureihenfolge.

Innenleuchte vorn
TOURAN

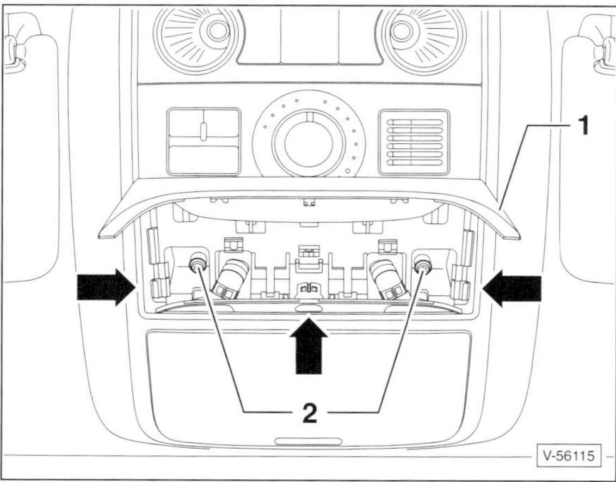

- Blende –1– mit einem Kunststoffkeil oder einem Schraubendreher an den Verrastungen –Pfeile– abhebeln und hochklappen.
- 2 Schrauben –2– herausdrehen und Innenleuche aus der Dachkonsole schwenken.
- Sämtliche Steckverbindungen entriegeln und abziehen.
- Defekte Lampe ausbauen, siehe Abbildung N96-10259 auf Seite 112.

Einbau

- Der Einbau erfolgt in umgekehrter Ausbaureihenfolge.

Kombiinstrument aus- und einbauen

GOLF VARIANT/GOLF PLUS/JETTA/TOURAN

Hinweis: Bei den Kontrollleuchten des Kombiinstrumentes handelt es sich um Leuchtdioden. Bei einem Defekt einer Leuchtdiode wird das Kombiinstrument komplett ausgetauscht. Im Kombiinstrument befinden sich 2 Steuergeräte: für das Kombiinstrument und die Wegfahrsicherung.

Beim Ersetzen des Kombiinstruments müssen die Daten für Kilometerstand sowie verschiedene Ausstattungsmerkmale auf das neue Exemplar übertragen werden. Außerdem müssen die Wegfahrsicherung und alle Zündschlüssel angepasst werden. Dazu ist das VW-Diagnosesystem VAS-5051A erforderlich.

Ausbau

- Zündung ausschalten, Zündschlüssel abziehen.

Hinweis: Das Lenkrad braucht nicht ausgebaut zu werden.

- Lenkrad lösen, ganz herausziehen und in der untersten Stellung arretieren.
- Obere Lenksäulenverkleidung ausbauen, siehe Seite 196.

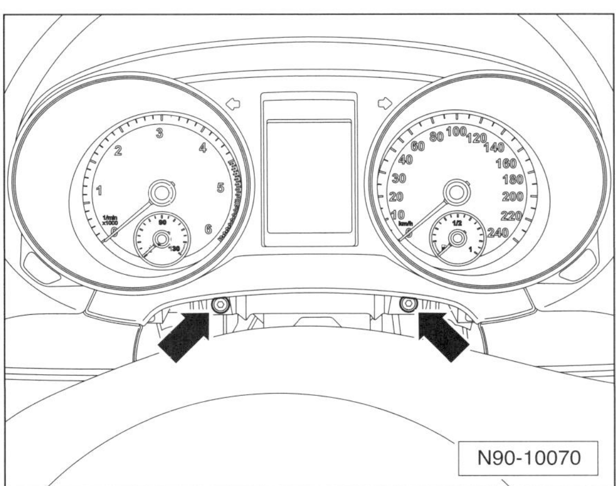

- 2 Schrauben –Pfeile– herausdrehen und Kombiinstrument gerade nach hinten so weit aus der Armaturentafel herausziehen bis die Steckverbindung an der Rückseite zugänglich wird.

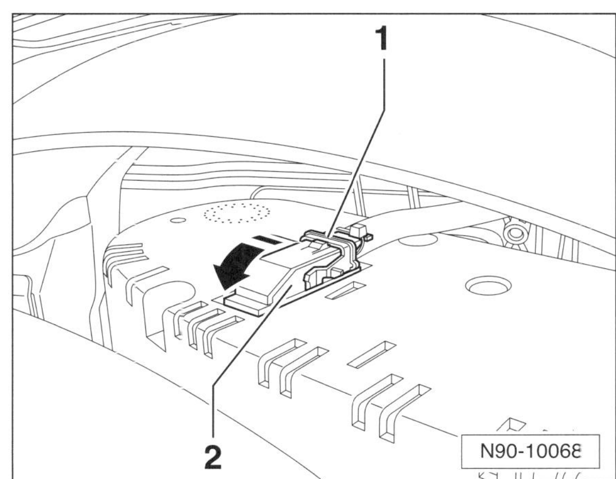

- Sicherungsbügel –1– in Pfeilrichtung schwenken und Mehrfachstecker –2– abziehen.

Einbau

- Der Einbau erfolgt in umgekehrter Ausbaureihenfolge.

Lichtschalter/Leuchtweitenregler aus- und einbauen

GOLF VARIANT/GOLF PLUS/JETTA/TOURAN

Ausbau

- Zündung ausschalten und Zündschlüssel abziehen.

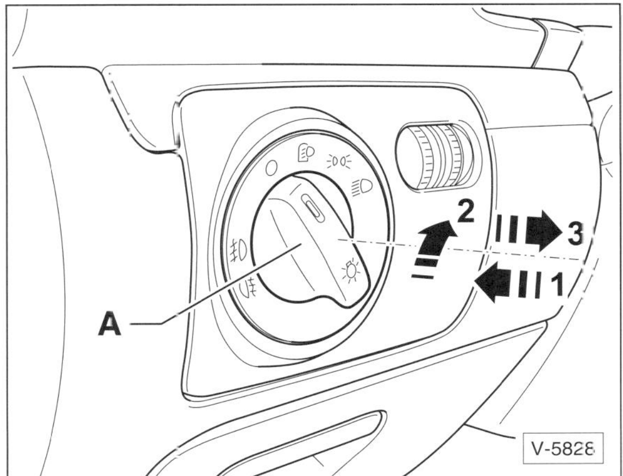

- Drehgriff –A– des Lichtschalters in Stellung »0« drehen.
- Drehgriff des Lichtschalters fest hineindrücken –1– und gleichzeitig etwas nach rechts drehen –2–, bis er senkrecht steht.

- Drehgriff in dieser Stellung halten und Lichtschalter am Drehgriff aus der Armaturentafel herausziehen –3–.
- Stecker an der Rückseite des Schalters entriegeln und abziehen.

Einbau

- Stecker am Schalter aufschieben.
- Zum Einbau Lichtschalter festhalten, Drehgriff für Lichtschalter fest hineindrücken und gleichzeitig nach rechts drehen. Dadurch werden die beiden Verriegelungshaken des Schalters versenkt.
- Drehgriff in dieser Stellung halten und Lichtschalter in die Öffnung der Armaturentafel eindrücken.
- Drehgriff in Stellung »0« drehen und Schalter einrasten.
- Sämtliche Positionen des Schalters durchschalten und festen Sitz des Schalters prüfen.

Leuchtweitenregler

GOLF VARIANT/GOLF PLUS/JETTA

Ausbau

- Zündung ausschalten und Zündschlüssel abziehen.
- Lichtschalter ausbauen, siehe entsprechendes Kapitel.
- Verkleidung Armaturentafel Fahrerseite unten ausbauen, siehe Seite 197.

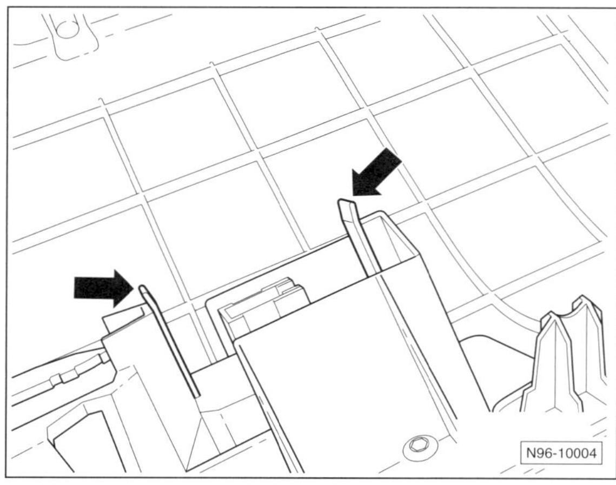

- Hinter die Armaturentafel greifen, die 2 Rasthaken –Pfeile– zusammendrücken und den Leuchtweitenregler aus der Verkleidung herausdrücken.
- Stecker abziehen.

Einbau

- Der Einbau erfolgt in umgekehrter Ausbaureihenfolge.

Schalter im Fahrzeuginnenraum aus- und einbauen

Schalter für Warnblinkleuchte

GOLF VARIANT/GOLF PLUS/JETTA/TOURAN

Ausbau

- Zündung ausschalten und Zündschlüssel abziehen.
- Mittlere Blende, je nach Modell mit Luftaustrittsdüsen, ausbauen, siehe Kapitel »Innenausstattung«.

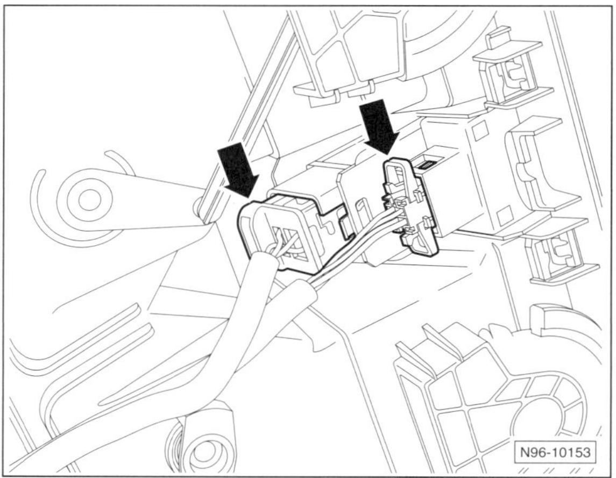

- Steckverbindungen –Pfeile– entriegeln und abziehen.

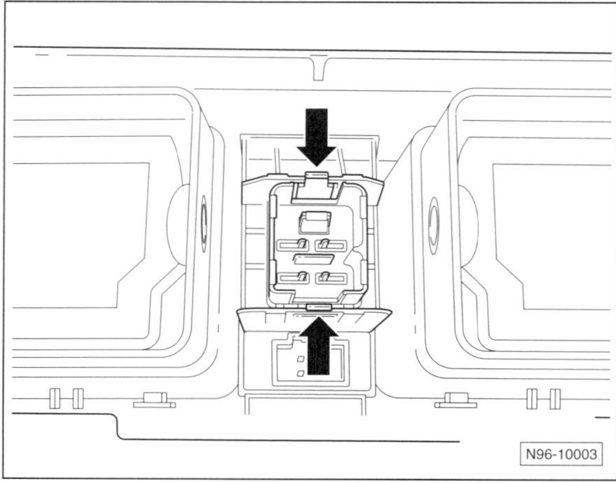

- Rasthaken –Pfeile– zusammendrücken und den Warnlichtschalter herausdrücken.

Einbau

- Der Einbau erfolgt in umgekehrter Ausbaureihenfolge.

Schlüsselschalter für Airbagabschaltung
GOLF VARIANT/GOLF PLUS/JETTA/TOURAN

Ausbau

- Zündung ausschalten und Zündschlüssel abziehen.
- Handschuhfach ausbauen, siehe Kapitel »Innenausstattung.

Sicherheitshinweis
Unbedingt Airbag-Sicherheitshinweise befolgen, siehe Seite 148.

- An der Rückseite des Handschuhfachs Stecker vom Schlüsselschalter abziehen, 2 Rastnasen entriegeln und Schalter aus dem Handschuhfach herausziehen.

Einbau

- Der Einbau erfolgt in umgekehrter Ausbaureihenfolge.

Schalter für Handschuhfachleuchte
GOLF VARIANT/JETTA

Ausbau

- Zündung ausschalten und Zündschlüssel abziehen.
- Handschuhfach ausbauen, siehe Kapitel »Innenausstattung«.
- Rastnase entriegeln und Schalter an der Rückseite des Handschuhfachs aus der Führungsschiene herausschieben.

Einbau

- Der Einbau erfolgt in umgekehrter Ausbaureihenfolge.

Schalter in der Mittelkonsole
GOLF VARIANT/JETTA

Ausbau

- Zündung ausschalten und Zündschlüssel abziehen.
- Schalt-/Wählhebel-Manschette ausclipsen und nach oben stülpen, siehe Seite 188.

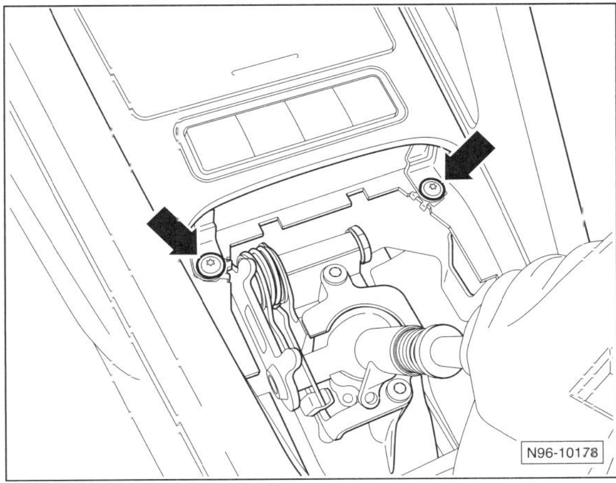

- Schrauben –Pfeile– herausdrehen.
- Einbaurahmen mit Aschenbecher aus der Mittelkonsole herausnehmen.

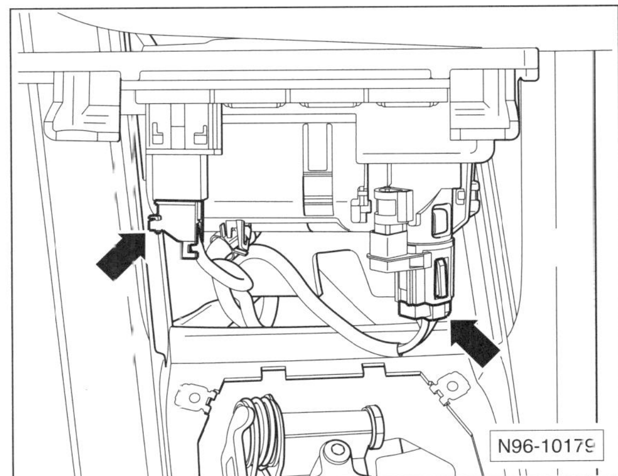

- Stecker –Pfeile– an der Rückseite der Schalterblende von den Schaltern abziehen.
- Rastnasen entriegeln und Schalter aus der Blende herausziehen.

Einbau

- Der Einbau erfolgt in umgekehrter Ausbaureihenfolge.

Schalter für Fensterheber und Spiegelverstellung in der Fahrertür

GOLF VARIANT/GOLF PLUS/JETTA/TOURAN

Ausbau

- Zündung ausschalten und Zündschlüssel abziehen.
- Mit einem Kunststoffkeil Griffschale nach oben aus der Türverkleidung heraushebeln, siehe Kapitel »Türverkleidung aus- und einbauen«.
- Steckverbindung an der Rückseite der Griffschale entriegeln und abziehen.

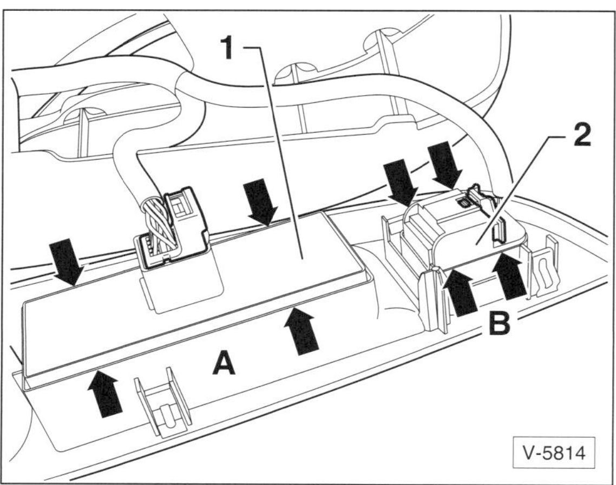

- 4 Rastnasen –Pfeile A– entriegeln und Schalter –1– für Fensterheber aus der Griffschale herausnehmen.
- 4 Rastnasen –Pfeile B– entriegeln und Schalter –2– für Spiegelverstellung aus der Griffschale herausnehmen.

Einbau

- Der Einbau erfolgt in umgekehrter Ausbaureihenfolge.

Taster für Zentralverriegelung, Fahrertür

GOLF VARIANT

Ausbau

- Zündung ausschalten und Zündschlüssel abziehen.
- Türverkleidung Fahrertür ausbauen, siehe Kapitel »Karosserie außen«.

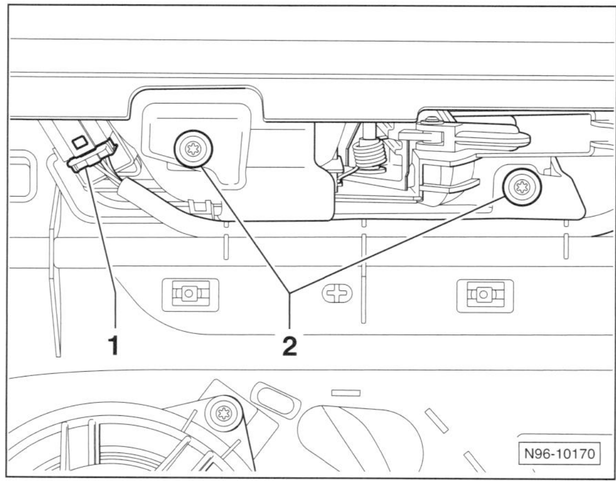

- Stecker –1– entriegeln und abziehen.
- Schrauben –2– herausdrehen.
- Türöffner mit Taster für Innenverriegelung aus der Türverkleidung herausnehmen.

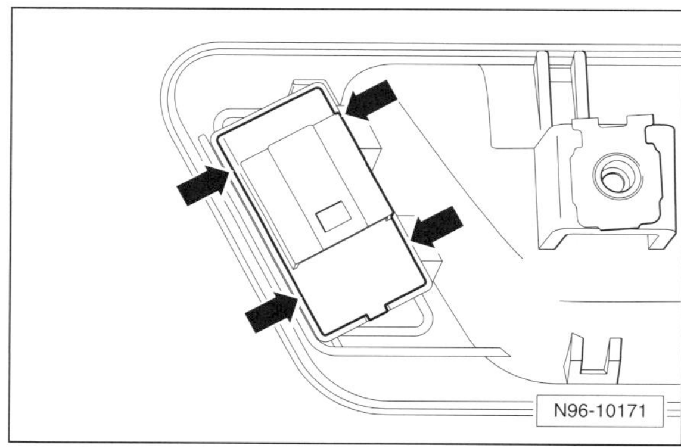

- 4 Rastnasen entriegeln und Taster aus dem Einbaurahmen herausnehmen.

Einbau

- Der Einbau erfolgt in umgekehrter Ausbaureihenfolge.

Taster in der B-Säulenverkleidung, links
GOLF VARIANT/GOLF PLUS

Ausbau

- Tür mit der Funkfernbedienung am Zündschlüssel öffnen; dadurch wird die Diebstahlwarnanlage deaktiviert.
- Zündung ausschalten und Zündschlüssel abziehen.
- Taster für Innenraumüberwachung und Abschleppschutz mit einem Schraubendreher aus der linken B-Säulenverkleidung unten heraushebeln.
- Stecker entriegeln und vom Taster abziehen.

Einbau

- Der Einbau erfolgt in umgekehrter Ausbaureihenfolge.

Schalter im Lenkrad
GOLF VARIANT/GOLF PLUS/JETTA

Ausbau

- Batterie abklemmen. **Achtung:** Hinweise im Kapitel »Batterie aus- und einbauen« beachten.

Sicherheitshinweis
Unbedingt Airbag-Sicherheitshinweise befolgen, siehe Seite 148.

- Airbageinheit am Lenkrad ausbauen, siehe Seite 149.

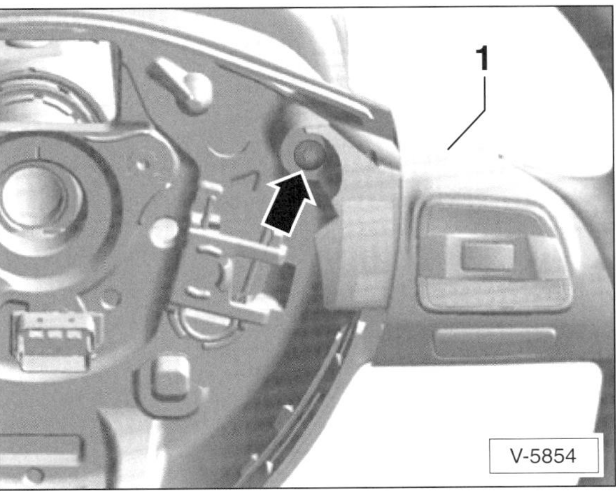

- Schraube –Pfeil– herausdrehen und Tastenblock –1– am Lenkrad herausziehen.

Achtung: Leitungsverlegung um Lenkrad merken und darauf achten, dass die Leitung nach dem Einbau des Schalters genau gleich verlegt ist.

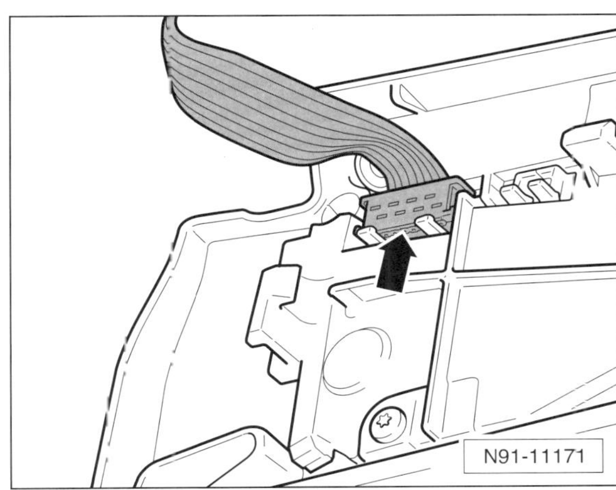

- Stecker –Pfeil– am Tastenblock abziehen.

Einbau

- Der Einbau erfolgt in umgekehrter Ausbaureihenfolge

Radio aus- und einbauen

GOLF VARIANT/GOLF PLUS/JETTA/TOURAN

Serienmäßig ist ein Radio mit **Anti-Diebstahl-Codierung** eingebaut. Diese verhindert die unbefugte Inbetriebnahme des Gerätes, wenn die Stromversorgung unterbrochen wurde. Die Stromversorgung ist beispielsweise unterbrochen beim Abklemmen der Batterie, beim Ausbau des Radios oder wenn die Radiosicherung durchgebrannt ist.

Die VW-Radioanlagen werden über das Werkstatt-Diagnosegerät auf das Fahrzeug abgestimmt. Daher ist beim Trennen und Wiederanschließen der Stromversorgung, beziehungsweise beim Aus- und Einbau desselben Radios keine Codeeingabe erforderlich.

Beim Einbau eines **neuen** Radios oder bei einem Defekt muss das Radio in der Fachwerkstatt auf das Fahrzeug angepasst und codiert werden.

Achtung: Bei einem nachträglich eingebauten Radio muss der Diebstahlcode vor dem Abklemmen der Batterie oder dem Ausbau des Radios festgestellt werden. Ansonsten kann das Radio nur durch den Hersteller wieder in Betrieb genommen werden. Die Code-Nummer ist in der Radio-Bedienungsanleitung angegeben. Sie sollte nicht im Fahrzeug aufbewahrt werden.

Ausbau

Hinweis: Der Aus- und Einbau des Radio-/Navigationsgerätes erfolgt in gleicher Weise.

- Gegebenenfalls eingelegte CD aus dem Player herausnehmen.
- Zündung ausschalten und Zündschlüssel abziehen.

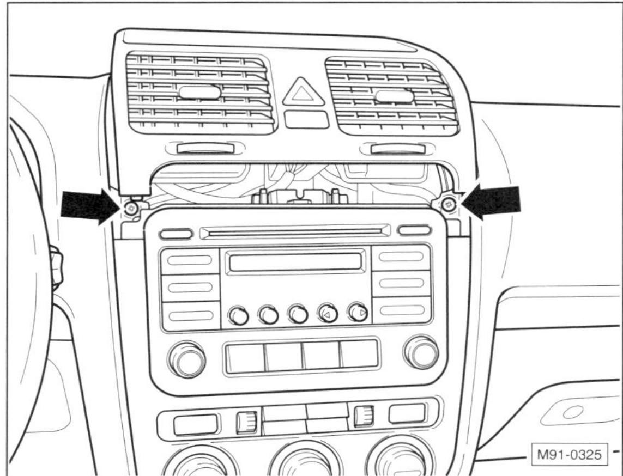

- **GOLF VARIANT/JETTA:** Obere Abdeckung mit Ausströmern so weit abbauen, bis die darunterliegenden Schrauben der mittleren Abdeckung der vorderen Mittelkonsole zugänglich sind.
- **GOLF VARIANT/JETTA:** Schrauben –Pfeile– herausdrehen.

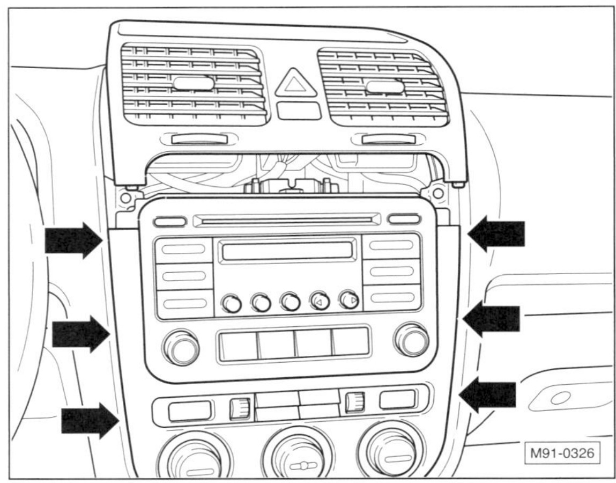

- Mittlere Blende mit einem Kunststoffkeil abhebeln. Dabei Keil an den mit Pfeilen markierten Stellen ansetzen.

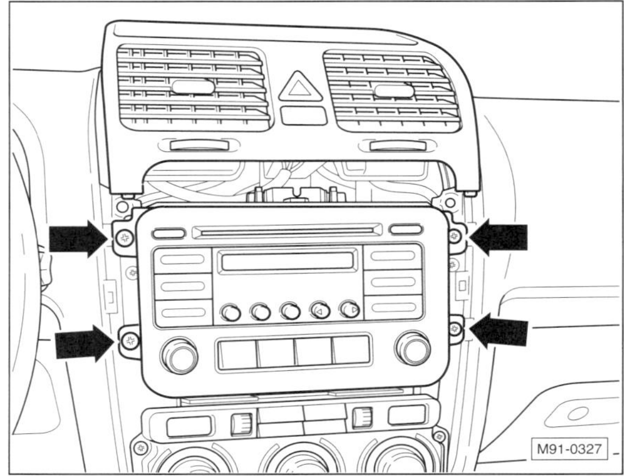

- 4 Schrauben –Pfeile– herausdrehen und Radio soweit aus dem Einbauschacht herausziehen, dass die Anschlüsse an der Rückseite des Radios zugänglich sind.

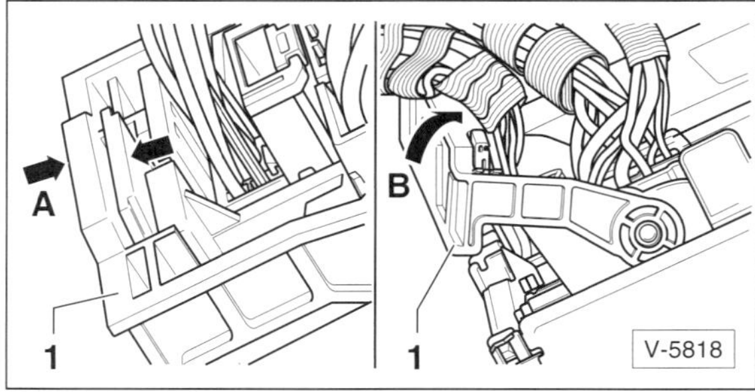

- Steckerarretierung an der Rückseite des Radios zusammendrücken –Pfeile A–, Verriegelungsbügel –1– hochschwenken –Pfeil B– und Stecker abziehen.

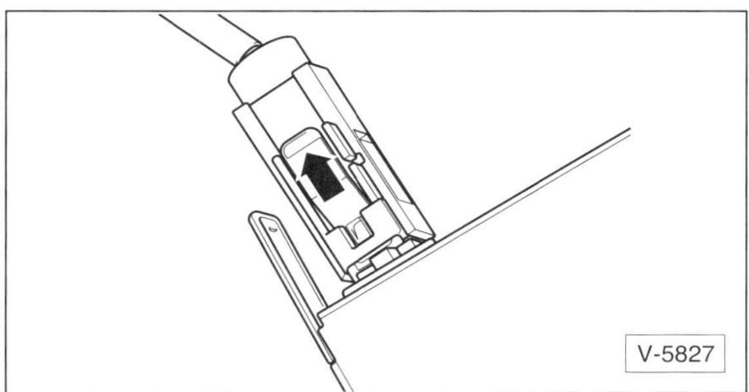

- Stecker entriegeln –Pfeil– und Antennenkabel an der Rückseite des Radios abziehen. **Hinweis:** Je nach Radiomodell können auch 2 Antennenkabel angeschlossen sein.

Einbau

- Stecker sowie Antennenkabel an der Rückseite des Radios anschließen und Radio in den Einbauschacht schieben. Dabei nicht auf das Display und die Bedienungstasten drücken, das Radio könnte sonst beschädigt werden.
- Radio mit 4 Schrauben festschrauben.
- Mittlere Blende in der Armaturentafel einbauen, siehe Kapitel »Innenausstattung«.
- Zündung einschalten.
- Wenn nötig, Radiocode eingeben, Radio einschalten und auf Funktion überprüfen.

CD-Wechsler in der Mittelkonsole aus- und einbauen

GOLF VARIANT/GOLF PLUS/JETTA/TOURAN

Ausbau

Hinweis: Zum Ausbau des Gerätes sind 2 Entriegelungsschlüssel VW-3316 oder das Radio-Demontagewerkzeug HAZET 4655-1 erforderlich.

- Gegebenenfalls eingelegte CDs aus dem Wechsler herausnehmen.
- Zündung ausschalten und Zündschlüssel abziehen.
- Mittelarmlehne hochklappen.

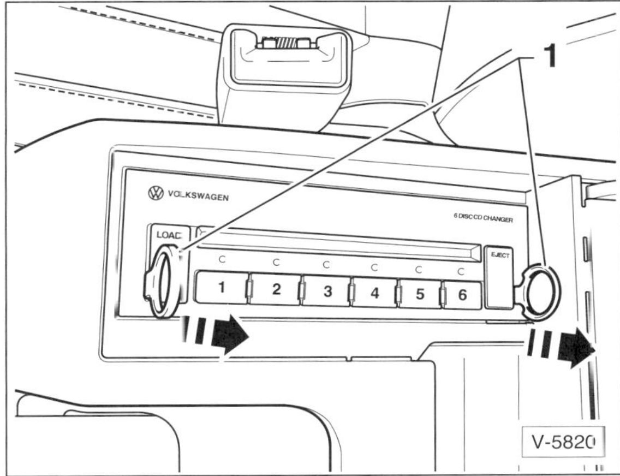

- Entriegelungswerkzeuge –1– in die Schlitze rechts und links am CD-Wechsler einschieben, bis sie einrasten. **Achtung:** Entriegelungsschlüssel nicht zur Seite drücken oder verkanten.
- CD-Wechsler an den Griffen der Entriegelungswerkzeuge aus dem Einbauschacht in der hinteren Mittelkonsole in Pfeilrichtung herausziehen.
- Steckverbindung entriegeln und trennen.
- Seitliche Rastnasen am CD-Wechsler nach innen drücken und Entriegelungsschlüssel aus den Schlitzen herausziehen.

Einbau

- Stecker an der Rückseite anschließen.
- CD-Wechsler in die Einbauöffnung schieben und einrasten.

Lautsprecher aus- und einbauen

GOLF VARIANT/GOLF PLUS/JETTA

Tiefton-/Mitteltonlautsprecher

Ausbau

- Zündung ausschalten und Zündschlüssel abziehen.
- Türverkleidung ausbauen, siehe Kapitel »Karosserie außen«.

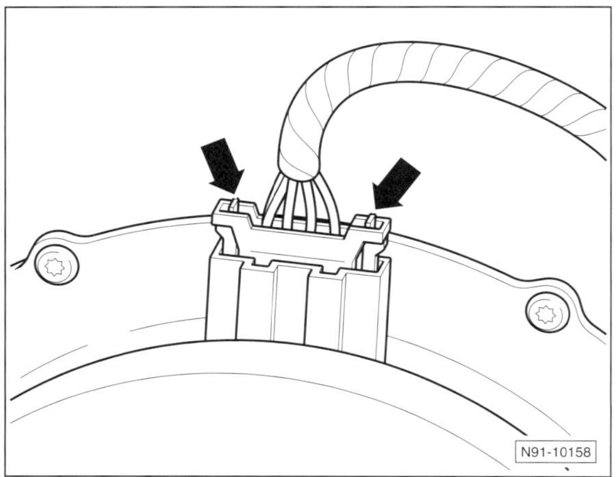
N91-10158

- Stecker oben am jeweiligen Lautsprecher entriegeln –Pfeile– und abziehen.

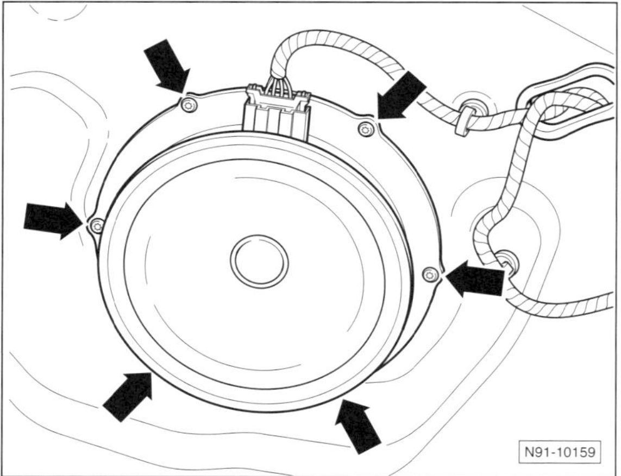
N91-10159

- **Tieftonlautsprecher:** Nieten –Pfeile– mit einem geeigneten Bohrer ausbohren und defekten Lautsprecher von der Tür abnehmen.
- **Tieftonlautsprecher:** Sämtliche Bohrspäne aus der Tür entfernen. Eventuell entstandene Lackschäden ausbessern.

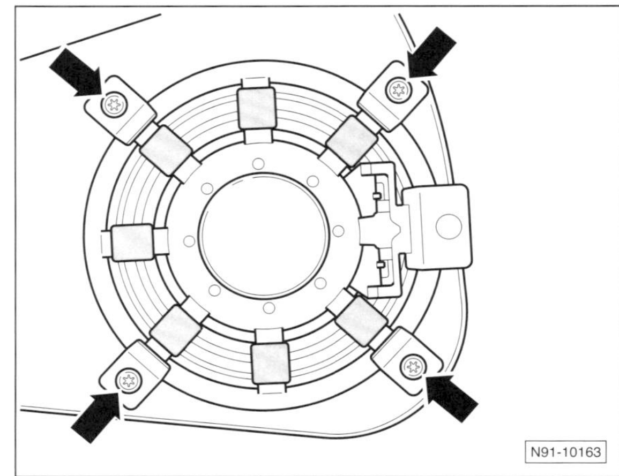
N91-10163

- **Mitteltonlautsprecher** von der Rückseite der Türverkleidung abschrauben –Pfeile– und abnehmen.

Einbau

- Neuen Lautsprecher mit handelsüblichen Blindnieten oder mit Blechschrauben befestigen. Mitteltonlautsprecher mit **1,5 Nm** anschrauben.
- Stecker für Lautsprecher aufschieben und einrasten.
- Türverkleidung einbauen, siehe Kapitel »Karosserie außen«.

Hochtonlautsprecher vorn

Die vorderen Hochtonlautsprecher sind in den Dreieckblenden der vorderen Türen integriert. Ein defekter Lautsprecher muss zusammen mit der Dreieckblende ersetzt werden. Dreieckblende/Hochtonlautsprecher an der Vordertür ausbauen, siehe Kapitel »Türverkleidung aus- und einbauen«.

Hochtonlautsprecher hinten

Die Hochtonlautsprecher hinten sind in den Türverkleidungen eingebaut.

Ausbau

- Zündung ausschalten und Zündschlüssel abziehen.
- Türverkleidung hinten ausbauen, siehe Kapitel »Karosserie außen«.
- Stecker vom Hochtonlautsprecher entriegeln und abziehen.

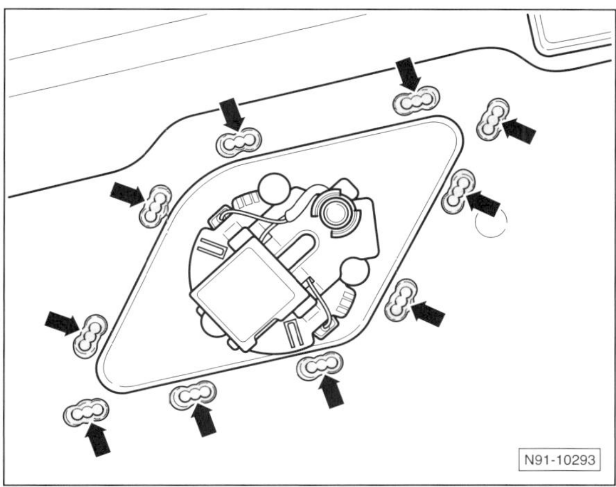

- Verschweißte Kunststoffclips –Pfeile– abschneiden und Lautsprecher mit Blende aus der Verkleidung herausnehmen. Lautsprecher und Blende sind ein Bauteil. **Hinweis:** In der Abbildung ist der Lautsprecher im **GOLF VARIANT/ JETTA** abgebildet.

Einbau

- Neuen Lautsprecher einsetzen und Kunststoffclips mit einem Lötkolben verschweißen.
- Stecker aufschieben.
- Türverkleidung einbauen, siehe Kapitel »Karosserie außen«.

Armaturen: GOLF PLUS

Achtung: In diesem Kapitel werden die Arbeitsschritte für das Modell »**GOLF PLUS**« beschrieben. Arbeiten, die weitgehend gleich wie beim **GOLF VARIANT** sind, stehen im Hauptkapitel »**Armaturen/Schalter/Radioanlage**«.

Schalter im Fahrzeuginnenraum aus- und einbauen

Schalter für Handschuhfachleuchte GOLF PLUS

Ausbau

- Zündung ausschalten und Zündschlüssel abziehen.
- Rechte Seitenabdeckung an der Armaturentafel ausclipsen, siehe Seite 196.
- Handschuhfach ausbauen, siehe Seite 212.

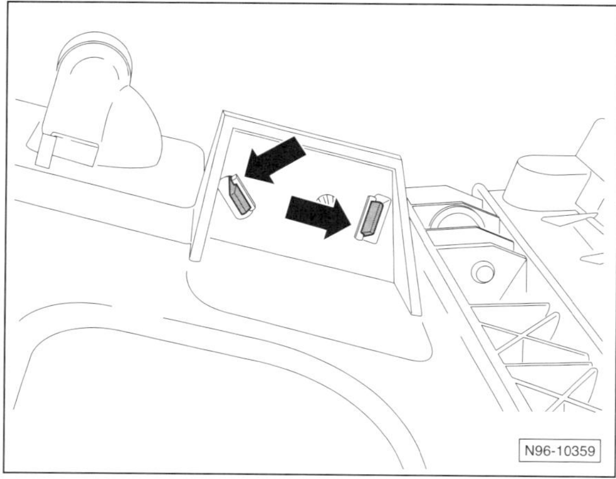

- Rastnasen –Pfeile– entriegeln und Schalter für Handschuhfachleuchte abnehmen.

Einbau

- Der Einbau erfolgt in umgekehrter Ausbaureihenfolge.

Schalter in der Mittelkonsole GOLF PLUS

Ausbau

- Zündung ausschalten und Zündschlüssel abziehen.
- Schalt-/Wählhebel-Manschette ausclipsen und nach oben stülpen, siehe Seite 188.
- Geräuschdämpfung für Schaltung ausclipsen und etwas nach oben ziehen.
- Vordere Mittelkonsole abschrauben, ausclipsen und abnehmen, siehe Kapitel »Innenausstattung«.
- Stecker an der Rückseite der vorderen Mittelkonsole entriegeln und von den Schaltern abziehen.
- Rastnasen entriegeln und Schalter aus der Blende herausdrücken.

Einbau

- Der Einbau erfolgt in umgekehrter Ausbaureihenfolge.

Armaturen: JETTA

Achtung: In diesem Kapitel werden die Arbeitsschritte für das Modell »**JETTA**« beschrieben. Arbeiten, die weitgehend gleich wie beim **GOLF VARIANT** sind, stehen im Hauptkapitel »**Armaturen/Schalter/Radioanlage**«.

Schalter im Fahrzeuginnenraum aus- und einbauen

Taster für Zentralverriegelung, Fahrertür

JETTA

Ausbau

- Zündung ausschalten und Zündschlüssel abziehen.
- Türverkleidung Fahrertür ausbauen, siehe Kapitel »Karosserie außen«.
- Stecker entriegeln und abziehen.

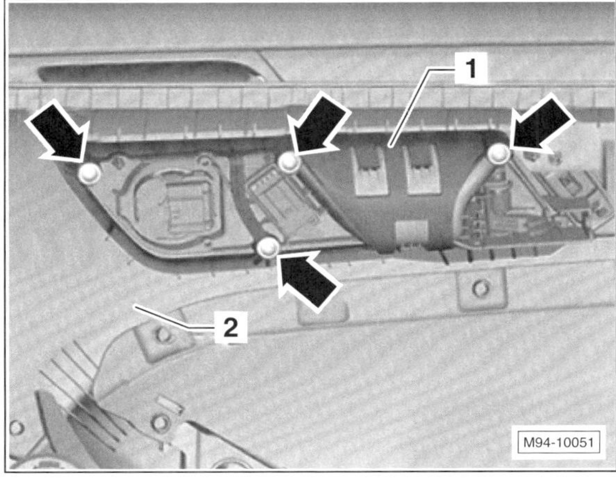

- Schrauben –Pfeile– herausdrehen.
- Abdeckung –1– von der Türverkleidung –2– abnehmen.

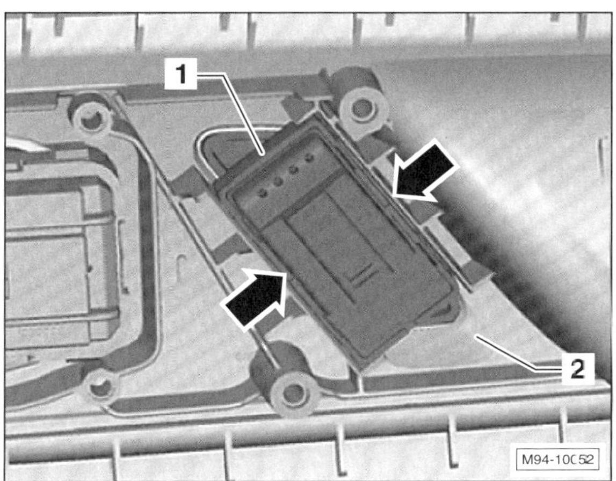

- Rastnasen –Pfeile– entriegeln und Taster –1– aus der Türverkleidung –2– herausnehmen.

Einbau

- Der Einbau erfolgt in umgekehrter Ausbaureihenfolge.

Armaturen: TOURAN

Achtung: In diesem Kapitel werden die Arbeitsschritte für das Modell »**TOURAN**« beschrieben. Arbeiten, die weitgehend gleich wie beim **GOLF VARIANT** sind, stehen im Hauptkapitel »**Armaturen/Schalter/Radioanlage**«.

Schalter im Fahrzeuginnenraum aus- und einbauen

Leuchtweitenregler
TOURAN

Ausbau

- Zündung ausschalten und Zündschlüssel abziehen.
- Lichtschalter ausbauen, siehe entsprechendes Kapitel.
- Linke Seitenabdeckung der Armaturentafel ausclipsen, siehe Seite 196.

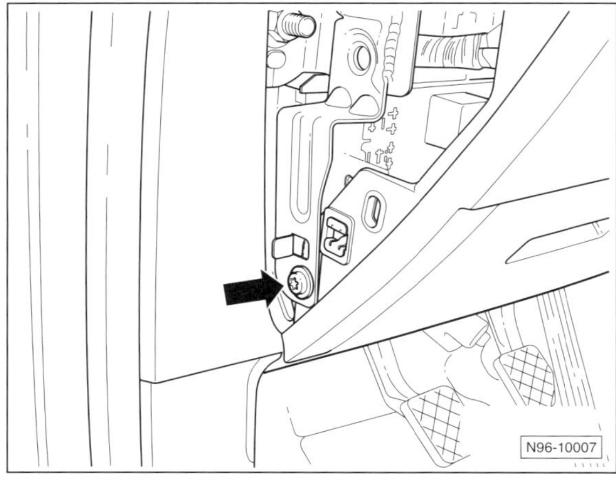

- Schraube –Pfeil– herausdrehen.

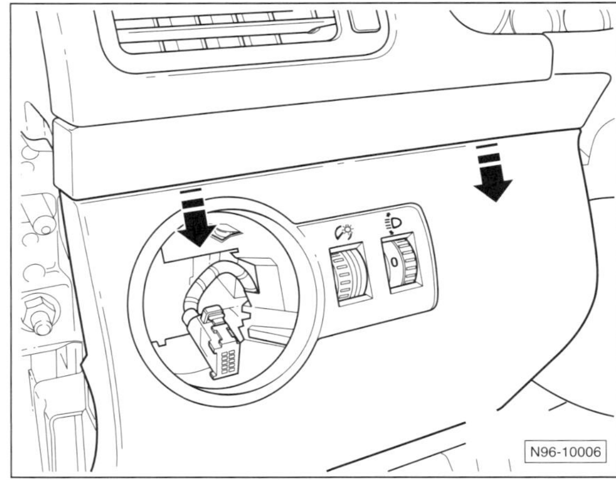

- Verkleidung in Pfeilrichtung ausclipsen.
- Stecker am Regler entriegeln und abziehen.

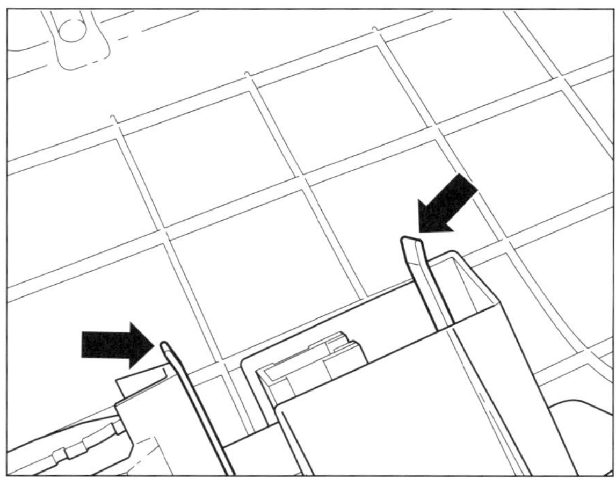

- Hinter die Armaturentafel greifen, die 2 Rasthaken –Pfeile– zusammendrücken und den Leuchtweitenregler aus der Verkleidung herausdrücken.
- Stecker abziehen.

Einbau

- Der Einbau erfolgt in umgekehrter Ausbaureihenfolge.

Taster für Zentralverriegelung, Fahrertür
TOURAN

Ausbau

- Zündung ausschalten und Zündschlüssel abziehen.
- Türverkleidung Fahrertür ausbauen, siehe Seite 303.

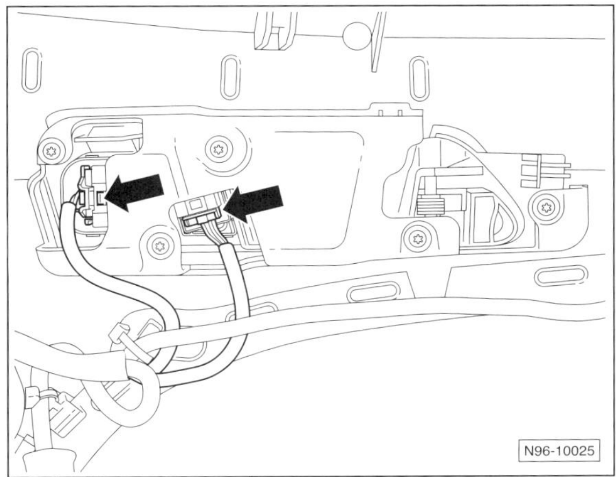

- Stecker –Pfeile– entriegeln und abziehen.

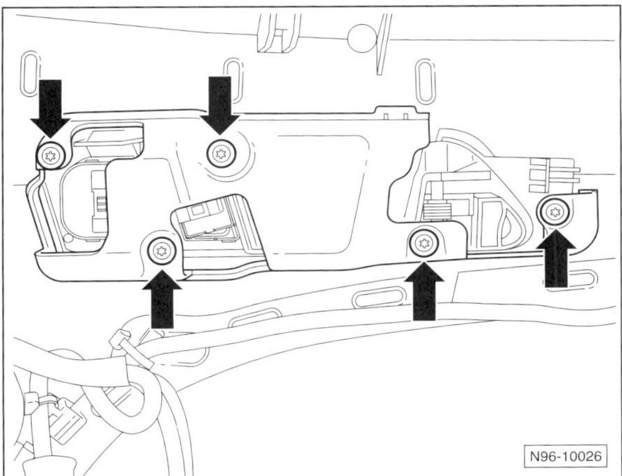

- Schrauben –Pfeile– herausdrehen.
- Abdeckung mit den Schaltern von der Türverkleidung abnehmen.

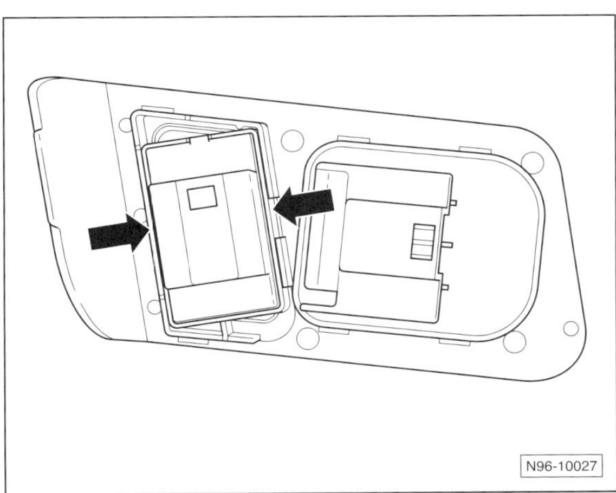

- Rastnasen –Pfeile– entriegeln und Taster aus dem Einbaurahmen herausnehmen.

Einbau

- Der Einbau erfolgt in umgekehrter Ausbaureihenfolge.

Schalter in der Mittelkonsole

TOURAN

Ausbau

- Zündung ausschalten und Zündschlüssel abziehen.
- Gummimatte aus dem Ablagefach herausnehmen.
- Darunterliegende Schraube herausdrehen.

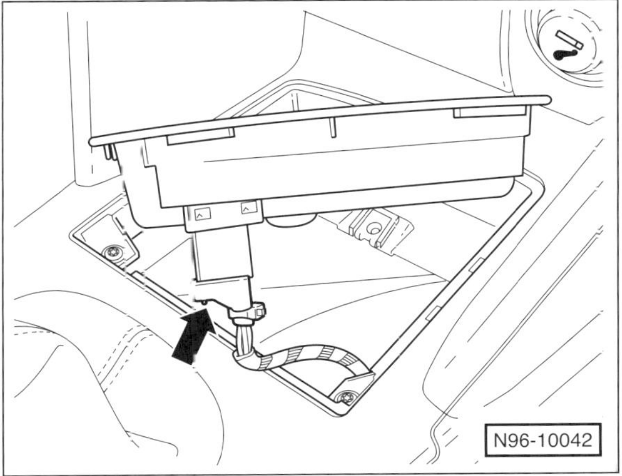

- Ablagefach aus der Mittelkonsole herausnehmen.
- Stecker –Pfeil– entriegeln und abziehen.
- Rastnasen entriegeln und Schalter aus dem Einbaurahmen herausziehen.

Einbau

- Der Einbau erfolgt in umgekehrter Ausbaureihenfolge.

Lautsprecher aus- und einbauen

Tieftonlautsprecher

TOURAN

Ausbau

- Zündung ausschalten und Zündschlüssel abziehen.
- Türverkleidung ausbauen, siehe Seite 303.

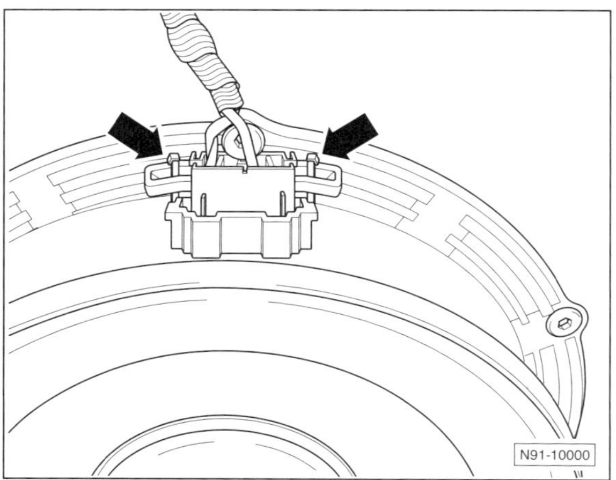

- Stecker oben am jeweiligen Lautsprecher entriegeln –Pfeile– und abziehen.

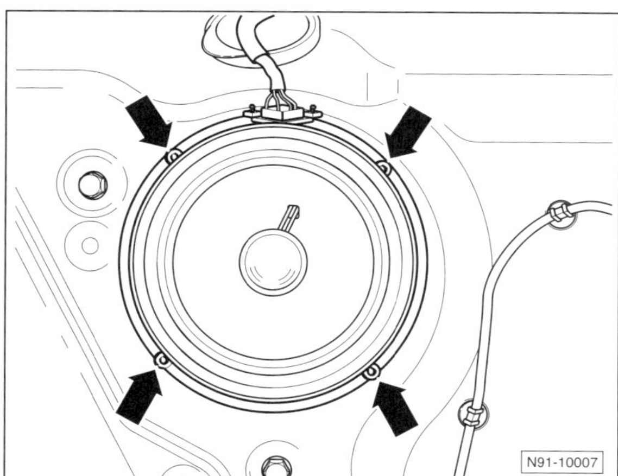

- Nieten –Pfeile– mit einem geeigneten Bohrer ausbohren und defekten Lautsprecher von der Tür abnehmen.
- Sämtliche Bohrspäne entfernen. Eventuell entstandene Lackschäden ausbessern.

Einbau

- Neuen Lautsprecher mit handelsüblichen Blindnieten oder mit Blechschrauben befestigen.
- Stecker für Lautsprecher aufschieben und einrasten.
- Türverkleidung einbauen, siehe Seite 303.

Mittel- und Hochtonlautsprecher

TOURAN

Ausbau

- Zündung ausschalten und Zündschlüssel abziehen.

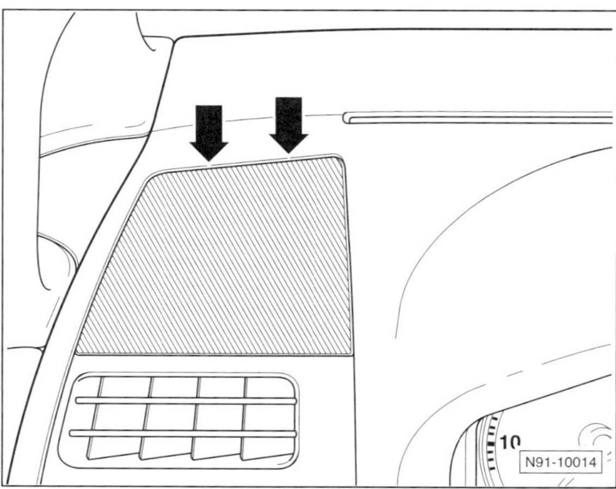

- Lautsprecherblende mit einem Kunststoffkeil an den mit Pfeilen gekennzeichneten Stellen vorsichtig heraushebeln.

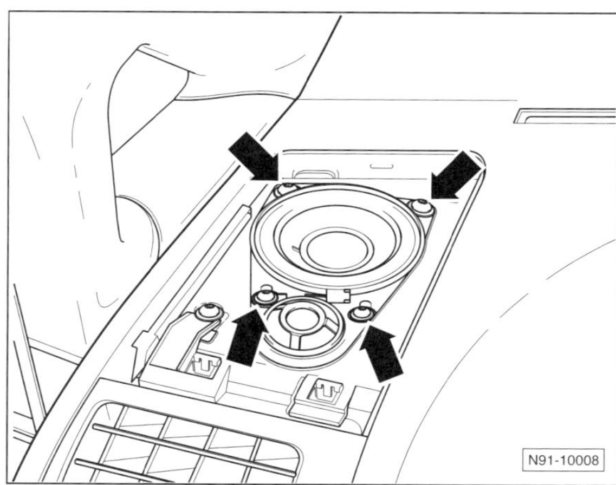

- Schrauben für Lautsprecher –Peile– herausdrehen.
- Stecker am Lautsprecher abziehen.
- Lautsprecher herausnehmen.

Einbau

- Der Einbau erfolgt in umgekehrter Ausbaureihenfolge.

Schalter im Lenkrad

TOURAN

Ausbau

- Batterie abklemmen. **Achtung:** Hinweise im Kapitel »Batterie aus- und einbauen« beachten.

Sicherheitshinweis
Unbedingt Airbag-Sicherheitshinweise befolgen, siehe Seite 148.

- Airbageinheit am Lenkrad ausbauen, siehe Seite 149.

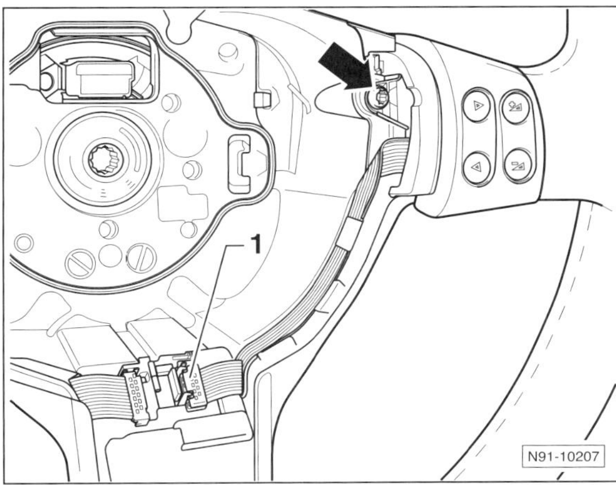

- Stecker –1– abziehen.
- Schraube –Pfeil– herausdrehen und Tastenblock am Lenkrad herausziehen.

Einbau

- Der Einbau erfolgt in umgekehrter Ausbaureihenfolge.

Lenkung/Airbag

Airbag-Sicherheitshinweise

Das Airbag-System besteht aus dem Aufprallsensor, dem Gasgenerator, dem Steuergerät und dem Airbag. Das Aufblasen des Airbags wird elektrisch ausgelöst.

Je nach Ausstattung ist das Fahrzeug mit Front-, Seiten-, Knie- und Kopf-Airbags sowie Gurtstraffern ausgestattet. Es handelt sich dabei um pyrotechnische Bauteile, für die dieselben Sicherheitsvorschriften gelten.

Auf dem Beifahrersitz darf kein gegen die Fahrtrichtung angeordneter Babysitz montiert werden, wenn der Beifahrer-Airbag aktiviert ist; ausgenommen ist ein spezieller Kindersitz in Zusammenhang mit der automatischen Kindersitzerkennung.

Achtung: Aus Sicherheitsgründen keine Arbeiten an Teilen des Airbag- oder Gurtstraffer-Systems durchführen.

Vor Aus- und Einbau der Fahrer-Airbag-Einheit folgende Hinweise unbedingt befolgen:

- **Batterie-Massekabel (–) bei eingeschalteter Zündung *abklemmen*.** Anschließend **Minuspol isolieren**, um einen versehentlichen Kontakt zu vermeiden. Nach dem Abklemmen ist eine **Wartezeit** von mindestens **10 Sekunden** erforderlich, bis sich sämtliche Kondensatoren entladen haben. **Achtung:** Hinweise im Kapitel »Batterie aus- und einbauen« durchlesen.
- **Batterie-Massekabel (–)** nur bei **eingeschalteter Zündung *anklemmen*. Achtung:** Beim **Anklemmen** der Batterie darf sich **keine Person** im **Innenraum** des Fahrzeuges **aufhalten.** Befindet sich die **Batterie im Innenraum,** darf sich **niemand** im **Wirkungsbereich von Airbags und Gurtstraffern aufhalten.**
- Räder in Geradeausstellung, Lenkrad in Mittelstellung bringen.
- Vor dem Abnehmen (Berühren) der Airbag-Einheit **elektrostatische Aufladung** abbauen. Dazu kurz den **Schließkeil der Tür oder die Karosserie anfassen.**

Allgemeine Hinweise:

- Für Airbageinheiten gibt es keine Wechselintervalle.
- Niemals Airbag-Komponenten eines anderen Fahrzeugs oder ein anderes Lenkrad einbauen. Beim Austausch stets neue Teile verwenden.
- Selbst nach einem leichten Unfall, der nicht zum Auslösen des Airbags führte, Airbag- und Gurtstraffer-System von einer Fachwerkstatt überprüfen lassen.
- **Das Airbag-System darf nur in der Fachwerkstatt geprüft werden. Keinesfalls mit Prüflampe, Voltmeter oder Ohmmeter prüfen.**
- Airbag-Komponenten, die auf eine harte Unterlage herabgefallen sind, müssen grundsätzlich ersetzt werden.
- Airbag-Komponenten vor großer Hitze und direkter Flammeneinwirkung schützen und keinen Temperaturen über +100° C aussetzen, auch nicht kurzfristig.
- Airbag-Komponenten vor Kontakt mit Wasser, Fett oder Öl schützen. Sofort mit einem trockenen Lappen abwischen.
- Die Airbag-Einheit ist im ausgebauten Zustand immer so abzulegen, dass das Lenkradpolster nach oben zeigt. Bei umgekehrter Lagerung besteht die Gefahr, dass bei eventueller Zündung der Gasgenerator nach oben geschleudert wird. Dadurch erhöht sich die Verletzungsgefahr.
- Bei Arbeitsunterbrechung die Airbag-Einheit nicht unbeaufsichtigt liegen lassen.
- Die Airbag-Einheit oder Gurtstraffer dürfen nicht zerlegt werden, bei einem Defekt sind sie immer komplett zu ersetzen. Da die Airbag-Einheit Explosivstoffe enthält, ist sie unter Verschluss oder geeigneter Aufsicht aufzubewahren.
- Vor Verschrotten des Fahrzeugs müssen die Airbag-Einheiten entsorgt werden. Die Entsorgung erfolgt nur durch eine Fachwerkstatt.
- Lenkrad, Armaturentafel und Vordersitzlehnen im Bereich der Airbag-Einheit nicht bekleben und von Gegenständen freihalten.
- Die Airbag-Kontrolllampe im Kombiinstrument muss beim Einschalten der Zündung aufleuchten und nach etwa 4 Sekunden erlöschen. Andernfalls liegt eine Störung vor.

Speziell beim Seitenairbag ist Folgendes zu beachten:

- Es dürfen nur original Sitzbezüge und Rücksitzbezüge verbaut werden, die für Seitenairbags freigegeben sind (erkennbar am Airbag-Annäher auf dem Bezug).
- Die Rückenlehnen dürfen nicht mit Schonbezügen überzogen werden, da dadurch die Funktion des Seitenairbags beeinflusst wird.
- Sitzplatzauflagen, -matten oder Ähnliches, die die Funktion der Sitzbelegungserkennung und der Airbags beeinträchtigen, sind nicht zulässig.
- Bei Beschädigung des Bezuges (durch Risse, Brandlöcher usw.) im Bereich des Seitenairbags ist aus Sicherheitsgründen immer der Bezug zu wechseln, da sich sonst der Seitenairbag nicht richtig entfaltet.
- Nicht mit der Polsternadel oder ähnlich spitzen Gegenständen im Bereich Airbag und Sensormatte in den Bezug stechen.

Speziell beim Kopfairbag ist Folgendes zu beachten:

- Kopfairbag nicht knicken oder verdrehen.
- Beschädigte Verkleidungen an den Fahrzeugsäulen immer ersetzen, nie reparieren.

Airbag-Einheit aus- und einbauen

GOLF VARIANT/GOLF PLUS/JETTA/TOURAN

Ausbau

- **Airbag-Sicherheitshinweise durchlesen und befolgen.**
- **Nur bei dieser Arbeit: Batterie-Massekabel (–) bei eingeschalteter Zündung abgeklemmen.**

Achtung: Hinweise im Kapitel »Batterie aus- und einbauen« durchlesen.

- **Minuspol** der Batterie **isolieren**, um einen versehentlichen Kontakt zu vermeiden.
- Nach dem Abklemmen des Massekabels mindestens 10 Sekunden warten, bis mit weiterführenden Arbeiten begonnen wird.
- Lenksäulenverstellung entriegeln. Lenksäule ganz herausziehen und in unterster Position verriegeln.

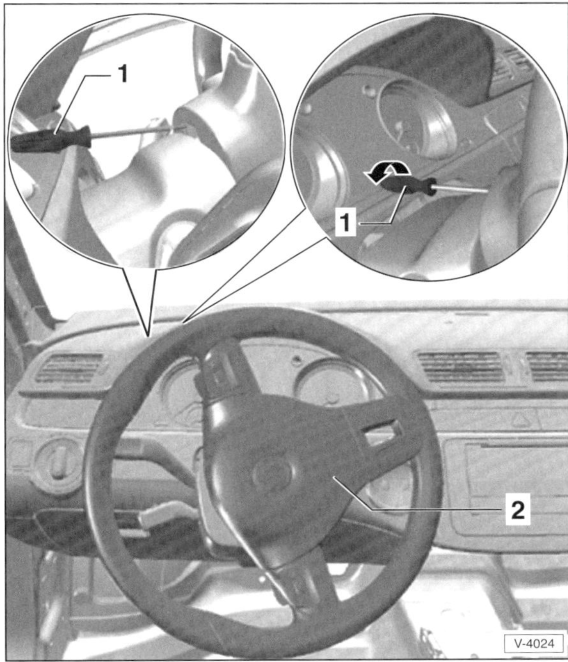

- Lenkrad ¼ Umdrehung gegen den Uhrzeigersinn drehen.
- Einen etwa 7 mm breiten und 18 cm langen Schlitz-Schraubendreher –1– bis zum Anschlag (ca. 8 mm) in die Bohrung an der Rückseite des Lenkrads stecken.
  TOURAN: Schraubendreher –1– bis zum Anschlag (ca. 28 mm) in die Bohrung an der Rückseite des Lenkrads stecken.
- Schraubendreher in Pfeilrichtung drehen. Dadurch wird die Airbag-Einheit –2– entriegelt und springt ein Stück aus dem Lenkrad.
  TOURAN: Schraubendreher am Griff nach oben schwenken. Dadurch wird die Airbag-Einheit –2– entriegelt und springt ein Stück aus dem Lenkrad.
- Lenkrad um 180° zurückdrehen und zweite Verrastung an der gegenüberliegenden Seite auf die gleiche Weise entriegeln.
- Lenkrad um 90° auf die Mittelstellung zurückdrehen und Airbag-Einheit –2– vorsichtig ein Stück vom Lenkrad abnehmen. Falls kein Multifunktionslenkrad eingebaut ist, Airbag an der Oberkante aus dem Lenkradtopf herausziehen.

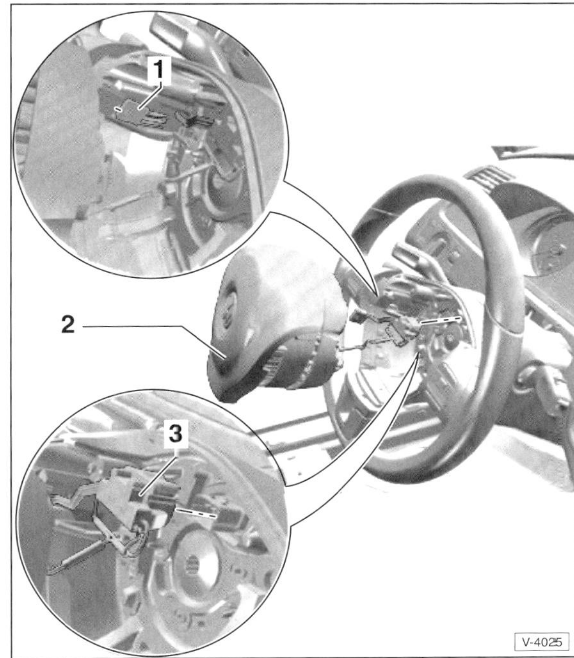

Achtung: Vor dem Trennen der Airbag-Leitung eventuelle elektrostatische Ladungen abbauen. Dazu kurz den Schließkeil der Tür oder die Karosserie anfassen.

- **Multifunktionslenkrad:** Stecker –1– für Lenkrad-Bedientasten an der Rückseite der Airbag-Einheit –2– entriegeln und trennen.
- Sicherungslasche am Stecker –3– herausziehen und Stecker der Airbag-Einheit trennen.
- Airbag-Einheit –2– vom Lenkrad abnehmen.
- Airbag-Einheit so ablegen, dass das Prallpolster nach oben zeigt.

Einbau

- Airbag-Stecker –3– verbinden und Sicherungslasche hörbar einrasten.
- Multifunktionslenkrad: Stecker –1– für Lenkrad-Bedientasten verbinden.
- Airbag-Einheit –2– ins Lenkrad einsetzen. Airbag-Einheit rechts und links eindrücken und hörbar einrasten.
- Überprüfen, ob die Airbag-Einheit korrekt im Lenkrad verrastet ist.

Achtung: Beim Anklemmen der Batterie darf sich keine Person im Fahrzeug-Innenraum befinden!

- Nur bei dieser Arbeit: Zündung einschalten. Und erst dann Isolierband am Minuspol der Batterie entfernen und Massekabel (–) an der Batterie anklemmen. **Achtung:** Hinweise im Kapitel »Batterie aus- und einbauen« beachten.

Lenkrad aus- und einbauen

GOLF VARIANT/GOLF PLUS/JETTA/TOURAN

Ausbau

- Airbageinheit ausbauen, dabei Sicherheitshinweise befolgen, siehe entsprechende Kapitel.
- Lenkrad in Mittelstellung drehen, so dass sich die Räder in Geradeausstellung befinden.

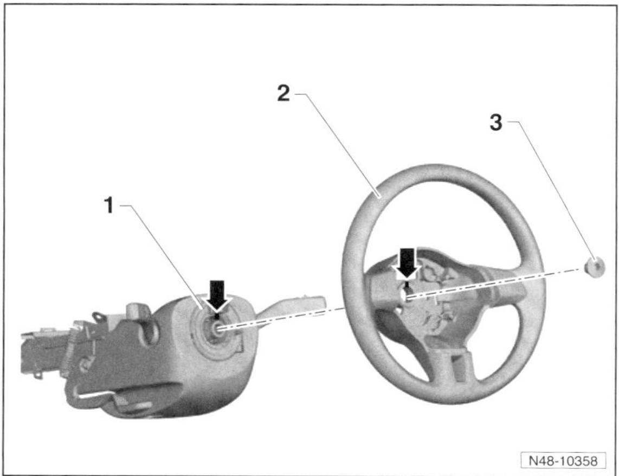

- Schraube –3– herausdrehen.
- Prüfen, ob auf Lenkrad und Lenksäule Markierungen vorhanden sind, welche die Einbaulage kennzeichnen –Pfeile–. Sind keine Markierungen vorhanden, Stellung des Lenkrades zur Lenksäule mit einem Filzstift markieren.
- Lenkrad –2– von der Lenksäule abziehen.

Einbau

- Sicherstellen, dass sich die Räder in Geradeausstellung befinden.
- Lenkrad so ansetzen, dass die Markierungen –Pfeile– auf der Nabe des Lenkrades und auf der Lenksäule übereinstimmen.

Hinweis: Ein neues Lenkrad hat möglicherweise keine Markierung. In diesem Fall Lenkrad so aufschieben, dass die Lenkradspeiche waagerecht steht.

- Lenkrad aufschieben und dabei den Steckkontakt –1– für Lenkwinkelgeber in die Aussparung am Lenkradboden einführen.
- **Neue** Schraube –3– einschrauben und mit **30 Nm** festziehen. Anschließend die Schraube mit einem starren Schlüssel **90°** (1/4 Umdrehung) **weiterdrehen**.
- Airbageinheit einbauen, siehe entsprechendes Kapitel.
- Probefahrt auf verkehrsfreier Straße durchführen. Bei Geradausfahrt müssen die Lenkradspeichen waagerecht stehen, gegebenenfalls Lenkrad umsetzen.

Bremsanlage

Aus dem Inhalt:

- **Bremsbeläge wechseln**
- **Bremsscheibe prüfen**
- **Bremsscheibe wechseln**
- **Bremse entlüften**
- **Handbremse einstellen**
- **ABS/EBV/EDS/ASR/ESP**
- **Handbremsseil**
- **Bremskraftverstärker**
- **Bremslichtschalter**

Das Arbeiten an der Bremsanlage erfordert peinliche Sauberkeit und exakte Arbeitsweise. Falls die nötige Arbeitserfahrung fehlt, sollten Reparaturarbeiten an der Bremsanlage von einer Fachwerkstatt durchgeführt werden.

Das Bremssystem besteht aus dem Hauptbremszylinder, dem Bremskraftverstärker und den **Scheibenbremsen** für die Vorder- und Hinterräder. Das hydraulische Bremssystem ist in zwei Kreise aufgeteilt, die diagonal wirken. Ein Bremskreis ist mit den Bremssätteln vorn rechts/hinten links verbunden, der zweite mit den Bremssätteln vorn links/hinten rechts. Dadurch kann bei Ausfall eines Bremskreises, zum Beispiel durch ein Leck, das Fahrzeug über den anderen Bremskreis zum Stehen gebracht werden. Der Druck für beide Bremskreise wird im Tandem-Hauptbremszylinder über das Bremspedal aufgebaut.

Der Bremsflüssigkeitsbehälter befindet sich im Motorraum über dem Hauptbremszylinder. Er versorgt das Bremssystem und das hydraulische Kupplungssystem mit Bremsflüssigkeit.

Der Bremskraftverstärker speichert beim Benzinmotor einen Teil des vom Motor erzeugten Ansaugunterdruckes. Beim Betätigen des Bremspedals wird dann die Pedalkraft durch den Unterdruck verstärkt. Beim Dieselmotoren erzeugt eine **Vakuumpumpe** den Unterdruck für den Bremskraftverstärker. Die Vakuumpumpe sitzt am Zylinderkopf und wird über die Nockenwelle angetrieben.

Die Bremsbeläge sind Bestandteil der Allgemeinen Betriebserlaubnis (ABE), außerdem sind sie vom Werk auf das jeweilige Fahrzeugmodell abgestimmt. Es dürfen deshalb nur die vom Automobilhersteller beziehungsweise vom Kraftfahrtbundesamt (KBA) freigegebenen Bremsbeläge verwendet werden. Diese Bremsbeläge haben eine KBA-Freigabenummer.

Hinweis: Es empfiehlt sich während des Fahrens auf stark regennassen Fahrbahnen die Fußbremse von Zeit zu Zeit zu betätigen, um die Bremsscheiben von Rückständen zu befreien. Während der Fahrt wird zwar durch die Zentrifugalkraft das Wasser von den Bremsscheiben geschleudert, doch bleibt teilweise ein dünner Film von Fett und Verschmutzungen zurück, der das Ansprechen der Bremse vermindert.

Eingebrannter Schmutz auf den Bremsbelägen und zugesetzte Regennuten in den Bremsbelägen führen zur Riefenbildung auf den Bremsscheiben. Dadurch kann eine verminderte Bremswirkung eintreten.

Sicherheitshinweis
Beim Reinigen der Bremsanlage fällt Bremsstaub an, der zu gesundheitlichen Schäden führen kann. Beim Reinigen der Bremsanlage Bremsstaub nicht einatmen. Bremsanlage nicht mit Druckluft ausblasen.

ABS/HBA/EBV/EDS/ASR/ESP

Grundsätzlich dürfen Arbeiten an den elektronisch gesteuerten Brems- und Fahrwerkskomponenten nur in der Fachwerkstatt ausgeführt werden.

ABS: Das **A**nti-**B**lockier-**S**ystem verhindert bei scharfem Abbremsen das Blockieren der Räder, dadurch bleibt das Fahrzeug lenkbar.

HBA: Der **h**ydraulische **B**rems**a**ssistent erkennt aufgrund der Geschwindigkeit und der Kraft, mit der das Bremspedal heruntergedrückt wird, ob eine Notbremssituation gegeben ist. In diesem Fall erhöht der Bremsassistent innerhalb von Millisekunden automatisch den Bremsdruck über den vom Fahrer vorgegebenen Wert, bis die ABS-Regelung einsetzt. Dadurch wird der Bremsweg verkürzt.

EBV: Die **E**lektronische **B**remskraft**v**erteilung verteilt mittels ABS-Hydraulik die Bremskraft an die Hinterräder. Bei Geradeausfahrt wird die Hinterradbremse voll an der Bremsleistung beteiligt. Über die ABS-Drehzahlsensoren erkennt die EBV, ob das Fahrzeug geradeaus oder durch eine Kurve fährt. Bei Kurvenfahrt wird der Bremsdruck für die Hinterräder reduziert. Dadurch können die Hinterräder die maximale Seitenführungskraft aufbringen und ein Schleudern des Fahrzeugs beim Bremsen in der Kurve wird verhindert.

EDS: Die **E**lektronische **D**ifferenzial**s**perre bremst ein durchdrehendes Antriebsrad ab und lenkt dadurch das Antriebsdrehmoment auf das andere, greifende Rad um. Die EDS ist beim Anfahren und bis zu einer Geschwindigkeit von etwa 40 km/h voll wirksam. Danach lässt die EDS-Regelung allmählich nach. Die EDS ist ebenfalls bei Rückwärtsfahrt aktiv.

ASR: Die elektronische **A**ntriebs-**S**chlupf-**R**egelung verhindert beim Beschleunigen den Schlupf der zum Durchdrehen neigenden Räder. Dies wird durch das Abbremsen der Räder und die Reduzierung der Motorleistung erreicht. Die ASR- beziehungsweise die ESP-Warnleuchte im Kombiinstrument blinkt, wenn ein Rad die Schlupfgrenze erreicht hat. Die Antriebs-Schlupf-Regelung lässt sich über den ASR- beziehungsweise ESP-Schalter in der Mittelkonsole abschalten, dann leuchtet die Warnleuchte im Kombiinstrument.

Hinweis: Bei Fahrbahnen mit Sand, Kies oder im Tiefschnee sowie bei Schneekettenbetrieb kann es von Vorteil sein, ASR abzuschalten, um mit höherem Antriebsschlupf und ohne elektronischen Motoreingriff fahren zu können.

ESP: Über die ABS-Funktionen hinaus verringert das **E**lektronische **S**tabilitäts-**P**rogramm das Schleuderrisiko des Fahrzeugs. Im ESP sind die Funktionen der Traktionskontrolle (EDS, ASR) integriert. In schnell durchfahrenen Kurven oder bei abrupten Ausweichmanövern erkennt ESP, ob das Fahrzeug auszubrechen droht. Über Sensoren erfasst ESP den Lenkwinkel und die Drehgeschwindigkeit des Fahrzeugs um die Hochachse. Unstabile Fahrzustände werden sofort erkannt. Durch das Abbremsen einzelner Räder und die Regulierung der Motorleistung wird das Fahrzeug bestmöglichst auf dem gewünschten Kurs gehalten.

Achtung: Damit ESP ohne Störungen funktionieren kann, müssen an allen 4 Rädern die gleichen Reifen montiert sein.

Ist die ESP-Regelung aktiv, wird dies durch Blinken der ESP-Warnleuchte im Kombiinstrument signalisiert. Die Fahrweise sollte dann den Straßenverhältnissen angepasst werden, sonst besteht Unfallgefahr.

Hinweise zum ABS/ESP/EDS

Eine Sicherheitsschaltung im elektronischen Steuergerät sorgt dafür, dass sich die Anlage bei einem **Defekt** (zum Beispiel Kabelbruch) oder bei zu niedriger Betriebsspannung (Batteriespannung unter 10 Volt) selbst abschaltet. Angezeigt wird dies durch das Aufleuchten der Kontrolllampen im Kombiinstrument. Die herkömmliche Bremsanlage bleibt dabei in Betrieb. Das Fahrzeug verhält sich dann beispielsweise beim Bremsen so, als ob keine ABS/ESP/EDS-Anlage eingebaut wäre.

Sicherheitshinweis
Wenn während der Fahrt die Kontrollleuchten für das ABS und für die Bremsanlage leuchten, können bei starkem Abbremsen die Hinterräder blockieren, da die Bremskraftverteilung ausgefallen ist.

Leuchten während der Fahrt eine oder mehrerer **Kontrolllampen** im Kombiinstrument auf, folgende Punkte beachten:

- Fahrzeug kurz anhalten, Motor abstellen und wieder starten.
- Batteriespannung prüfen. Wenn die Spannung unter 10,5 Volt liegt, Batterie laden.

Achtung: Wenn die Kontrolllampen am Anfang einer Fahrt aufleuchten und nach einiger Zeit wieder erlöschen, deutet das darauf hin, dass die Batteriespannung zunächst zu gering war, bis sie sich während der Fahrt durch Ladung über den Generator wieder erhöht hat.

- Prüfen, ob die Batterieklemmen richtig festgezogen sind und einwandfreien Kontakt haben.
- Fahrzeug aufbocken, Räder abnehmen, elektrische Leitungen zu den Drehzahlfühlern auf äußere Beschädigungen (Scheuerstellen) prüfen. Weitere Prüfungen der ABS/ESP/EDS-Anlage sollten von einer Fachwerkstatt durchgeführt werden.

Achtung: Vor **Schweißarbeiten** mit einem elektrischen Schweißgerät muss der Stecker von der ABS-Steuereinheit im Motorraum abgezogen werden. Stecker nur bei ausgeschalteter Zündung abziehen. Bei **Lackierarbeiten** darf das Steuergerät kurzzeitig mit max. +95° C und langzeitig (max. 2 Std.) mit +85° C belastet werden.

Zuordnung der Bremsanlage

Anhand der **PR-Nummer** auf dem Fahrzeugdatenträger kann festgestellt werden, welche Bremsanlage im Fahrzeug eingebaut ist. Der Fahrzeugdatenträger befindet sich in der Reserveradmule und im Serviceplan.

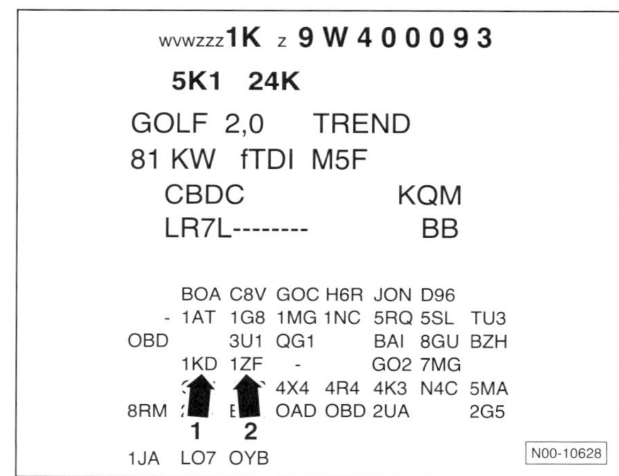

Pfeil 1 = Hinterradbremse PR-Nr. 1KD.
Pfeil 2 = Vorderradbremse PR-Nr. 1ZF.

Technische Daten Bremsanlage

Scheibenbremse	vorn			hinten			
PR-Nummer	1ZM/F/Q	1ZA/D/E/P	1ZA/B/D/1LJ/V	1KD	1KE/1KF	1KJ	1KS/1KT
Bremssattelbezeichnung	FS III (15")	FN-3 (15")	FN-3 (16")	C II 38 (15")	C II 41 (15")	C II 38/41 (16")	Bosch
Bremsbelagdicke[1] – neu (ohne Rückenplatte)	14 mm	14 mm	14 mm	11 mm	11 mm	11 mm	12 mm
Bremsbelagdicke[1] – Verschleissgrenze (ohne Rückenpl.)	2 mm	2 mm	2 mm	2 mm	2 mm	2 mm	2 mm
Bremscheibendurchmesser	280 mm	288 mm	312 mm	253 mm	256/260 mm	282 mm	272
Bremsscheibendicke – neu	22 mm	25 mm	25 mm	10 mm	12 mm	12 mm	10 mm
Bremsscheibendicke – Verschleißgrenze	19 mm	22 mm	22 mm	8 mm	10 mm	10 mm	8 mm

[1]) Eingebaute Bremse anhand der PR-Nummer ermitteln, siehe Abbildung N00-10628.

Vorderrad-Scheibenbremse FS-III

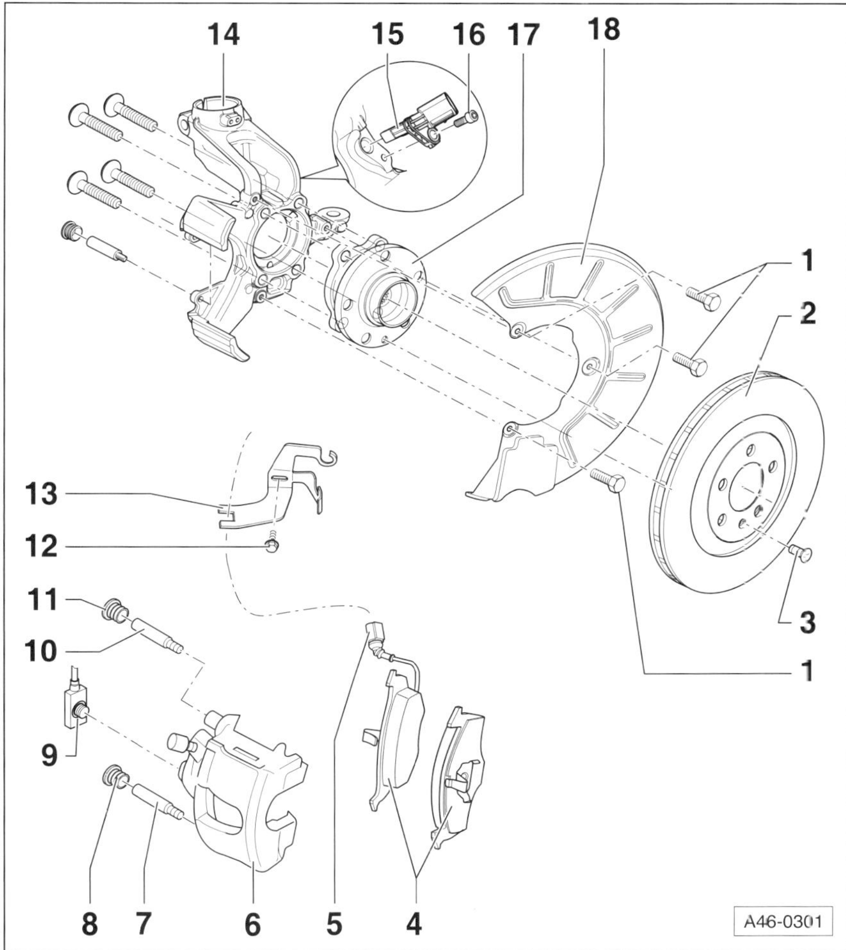

GOLF VARIANT/GOLF PLUS/ JETTA/TOURAN

1 – **Schrauben, 12 Nm**

2 – **Bremsscheibe**
Grundsätzlich achsweise ersetzen.

3 – **Sicherungsschraube, 4 Nm**
Für Bremsscheibe.

4 – **Bremsbeläge**
Mit Verschleißanzeige.
Grundsätzlich achsweise ersetzen.

5 – **Verschleißanzeige**
Mit Stecker.

6 – **Bremssattel**

7 – **Führungsbolzen, 30 Nm**

8 – **Abdeckkappe**

9 – **Bremsschlauch**
Mit Ringstutzen und Hohlschraube, **35 Nm**.

10 – **Führungsbolzen, 30 Nm**

11 – **Abdeckkappe**

12 – **Schraube**

13 – **Halterung**
Für Leitung Verschleißanzeige und Bremsschlauch.

14 – **Achsschenkel**
Mit integriertem Bremssattelträger.

15 – **ABS-Drehzahlsensor**
Vor dem Einsetzen des Sensors die Innenfläche der Bohrung reinigen und mit Hochtemperaturfett, zum Beispiel Keramikpaste von Liqui Moly, bestreichen.

16 – **Innensechskantschraube, 8 Nm**

17 – **Radnabeneinheit**
Mit integriertem ABS-Sensorring.

18 – **Abdeckblech**

Vorderrad-Scheibenbremse FN-3

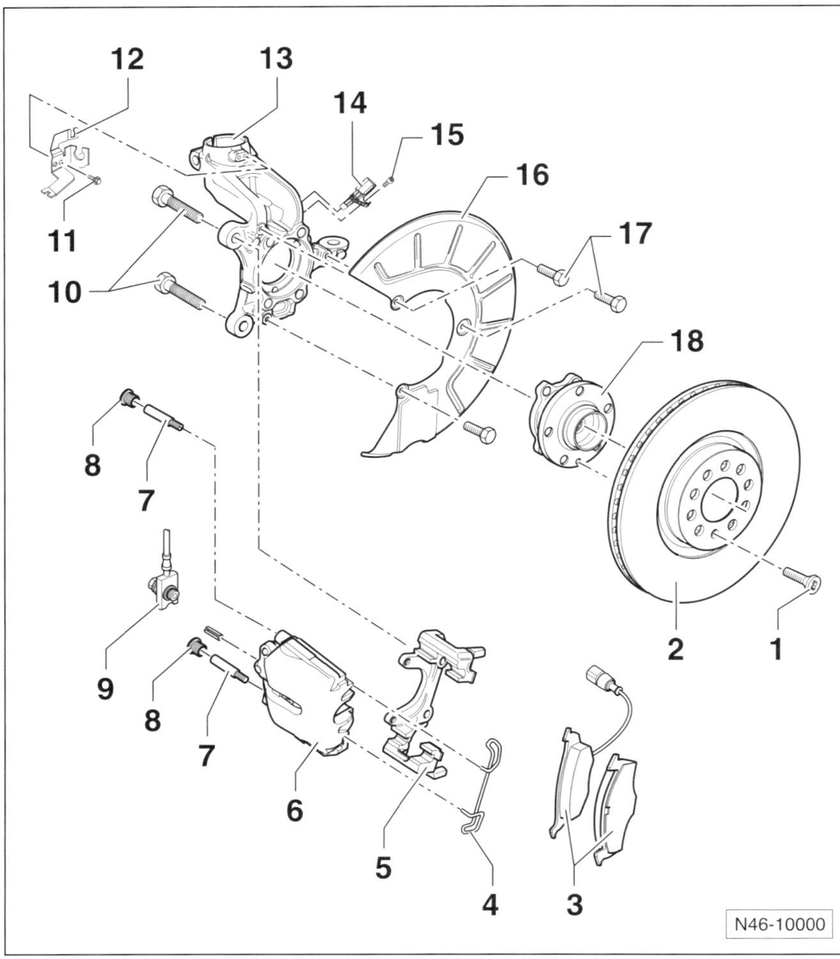

GOLF VARIANT/GOLF PLUS/ JETTA/TOURAN

1 – **Sicherungsschraube, 4 Nm**
Für Bremsscheibe.

2 – **Bremsscheibe**
Grundsätzlich achsweise ersetzen.

3 – **Bremsbeläge**
Mit Verschleißanzeige. Grundsätzlich achsweise ersetzen.

4 – **Haltefeder**
In beide Bohrungen des Bremssattels einsetzen.

5 – **Bremssattelträger**
Am Achsschenkel angeschraubt.

6 – **Bremssattel**

7 – **Führungsbolzen, 30 Nm**

8 – **Abdeckkappe**

9 – **Bremsschlauch**
Mit Ringstutzen und Hohlschraube, **35 Nm**.

10 – **Schrauben, 190 Nm**
Für Bremssattelträger.
Rippschraube.
Bei Wiederverwendung reinigen.

11 – **Schraube**

12 – **Halterung**
Für Leitung Verschleißanzeige, ABS-Sensor und Bremsschlauch.

13 – **Achsschenkel**

14 – **ABS-Drehzahlsensor**
Vor dem Einsetzen des Sensors die Innenfläche der Bohrung reinigen und mit Hochtemperaturfett, zum Beispiel Keramikpaste von Liqui Moly, bestreichen.

15 – **Innensechskantschraube, 8 Nm**

16 – **Abdeckblech**

17 – **Schrauben, 12 Nm**

18 – **Radnabeneinheit**
Mit integriertem ABS-Sensorring.

Hinweis: In der Abbildung ist die 15"-Variante der FN-3-Bremse dargestellt.

Bremsbeläge vorn aus- und einbauen

GOLF VARIANT/GOLF PLUS/JETTA/TOURAN

Bremssattel FS-III/FN-3

Achtung: Es gibt unterschiedliche Bremssattel-Ausführungen. Deshalb zuerst anhand der Tabelle »Technische Daten Bremsanlage« und der PR-Nummer klären, welche Ausführung im eigenen Fahrzeug eingebaut ist.

Ausbau

Achtung: Bremsbeläge sind Bestandteil der Allgemeinen Betriebserlaubnis (ABE) und vom Werk auf das jeweilige Modell abgestimmt. Es dürfen deshalb nur die vom Automobilhersteller freigegebenen Bremsbeläge verwendet werden.

Achtung: Sollen die Bremsbeläge wieder verwendet werden, müssen sie beim Ausbau gekennzeichnet werden. Ein Wechsel der Beläge von der Außen- zur Innenseite oder vom rechten zum linken Rad ist nicht zulässig.

Achtung: Grundsätzlich alle Scheibenbremsbeläge einer Achse gleichzeitig ersetzen, auch wenn nur ein Belag die Verschleißgrenze erreicht hat.

- Reifen-Laufrichtung mit Pfeil am Reifen markieren. Radschrauben lösen. Fahrzeug vorne aufbocken und Rad abnehmen.

Sicherheitshinweis
Beim Aufbocken des Fahrzeugs besteht Unfallgefahr! Hinweise im Kapitel »Fahrzeug aufbocken« beachten.

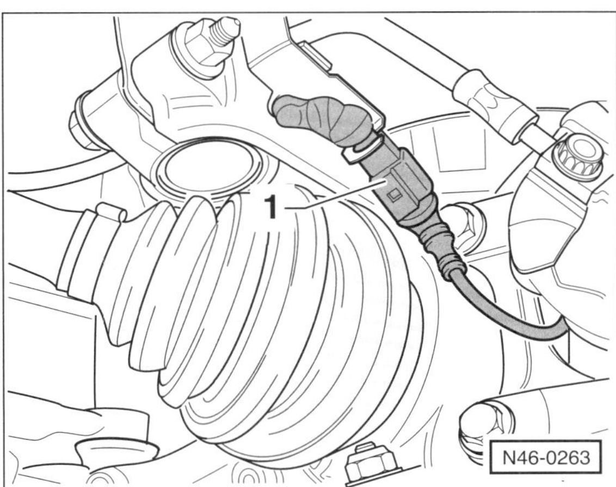

- Wo vorhanden, Steckerverbindung –1– für Bremsbelagverschleißanzeige trennen. Dazu Fixierlasche am Steckerunterteil mit kleinem Schraubedreher etwas anheben und gleichzeitig Steckverbindung um 90° (¼ Umdrehung) drehen.
- Steckverbindung aus dem Halter herausnehmen, mit kleinem Schraubendreher entriegeln und trennen.

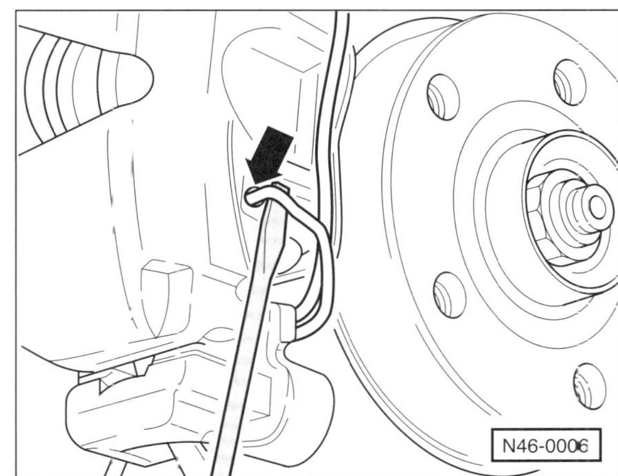

- Haltefeder für Bremsbeläge mit einem Schraubendreher aus den Bohrungen –Pfeil– heraushebeln und abnehmen. **Achtung:** Unfallgefahr! Haltefeder kann dabei unkontrolliert wegspringen. Deshalb Arbeitshandschuhe tragen und Haltefeder mit einer Hand abdecken.

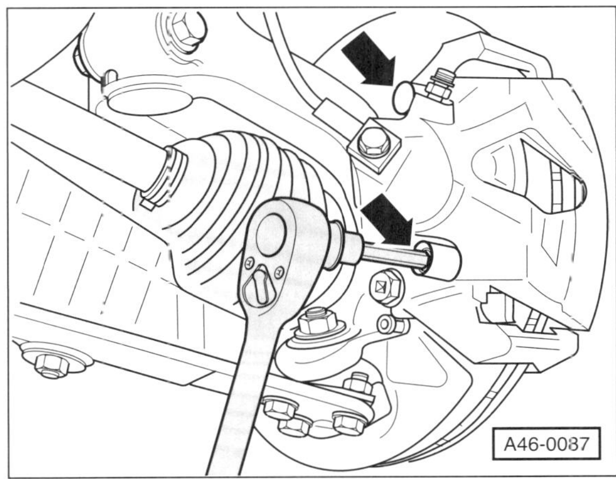

- Abdeckkappen von den Lagerbuchsen des Bremssattels abziehen und beide Führungsbolzen –Pfeile– aus dem Bremssattel herausdrehen.
- Bremssattel vom Bremsträger abnehmen und mit Draht am Aufbau aufhängen. **Achtung:** Bremssattel nicht einfach nach unten hängen lassen; der Bremsschlauch darf nicht auf Zug beansprucht oder verdreht werden.
- Bremsbeläge herausziehen.

Einbau

Achtung: Bei ausgebauten Bremsbelägen nicht auf das Bremspedal treten, sonst wird der Kolben aus dem Gehäuse herausgedrückt. In diesem Fall Bremssattel komplett ausbauen und Kolben in der Werkstatt einsetzen lassen.

- Vor Einbau der Beläge die Bremsscheibe durch Abtasten mit den Fingern auf Riefen untersuchen. Riefige Bremsscheiben können abgedreht werden (Werkstattarbeit), sofern sie noch eine ausreichende Dicke aufweisen. Grundsätzlich beide Bremsscheiben einer Achse auf gleiches Maß abdrehen lassen.
- Bremsscheibendicke messen, bei Erreichen der Verschleißgrenze Bremsscheibe ersetzen, siehe entsprechendes Kapitel.
- Anlageflächen sowie Belagführungsflächen mit einer Weichmetallbürste oder einer alten Zahnbürste reinigen. Anschließend mit einem Lappen und Spiritus reinigen.

Achtung: Zum Reinigen der Bremse **ausschließlich** Spiritus verwenden. Keine scharfkantigen Werkzeuge verwenden. Staubmanschette nicht beschädigen

- Beide Führungsbolzen für Bremssattel säubern.
- Staubkappe für Bremskolben auf Anrisse prüfen. Eine beschädigte Staubkappe umgehend ersetzen lassen, da eingedrungener Schmutz schnell zu Undichtigkeiten des Bremssattels führt. Der Bremssattel muss hierzu zerlegt werden (Werkstattarbeit).
- Bei hohem Bremsbelagverschleiß Leichtgängigkeit des Kolbens prüfen. Dazu einen Holzklotz in den Bremssattel einsetzen und durch Helfer langsam auf das Bremspedal treten lassen. Der Bremskolben muss sich leicht heraus- und hineindrücken lassen. Zur Prüfung muss der andere Bremssattel eingebaut sein. Darauf achten, dass der Bremskolben nicht ganz herausgedrückt wird. Angerosteten Bremskolben nur mit Bremsflüssigkeit oder Spiritus reinigen. Bei schwergängigem Kolben Bremssattel ersetzen.

Achtung: Beim Zurückdrücken des Kolbens wird Bremsflüssigkeit aus dem Bremszylinder in den Bremsflüssigkeitsbehälter gedrückt; daher Deckel des Bremsflüssigkeitsbehälters abschrauben. Flüssigkeit im Behälter beobachten, eventuell Bremsflüssigkeit mit einem Saugheber absaugen.

Sicherheitshinweis
Zum Absaugen eine Entlüfter- oder Plastikflasche verwenden, die nur mit Bremsflüssigkeit in Berührung kommt. Keine Trinkflaschen verwenden! **Bremsflüssigkeit ist giftig und darf auf gar keinen Fall mit dem Mund über einen Schlauch abgesaugt werden. Saugheber verwenden.** Auch nach dem Belagwechsel darf die MAX-Marke am Bremsflüssigkeitsbehälter nicht überschritten werden, da sich die Flüssigkeit bei Erwärmung ausdehnt. Ausgelaufene Bremsflüssigkeit läuft am Hauptbremszylinder herunter, zerstört den Lack und führt zur Rostbildung.

- Deckel des Bremsflüssigkeitsbehälters aufschrauben.

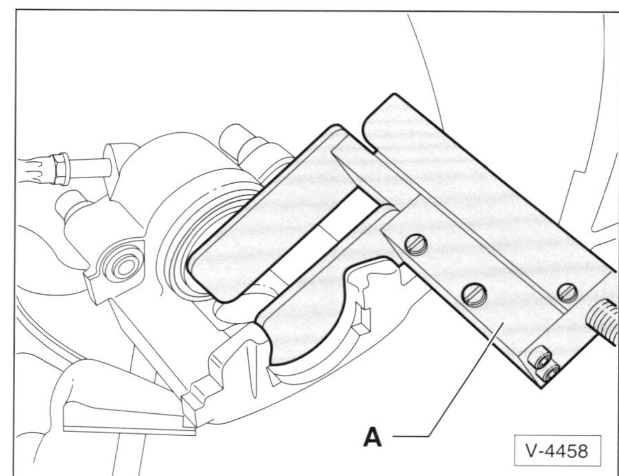

- Bremskolben mit Rücksetzwerkzeug –A–, zum Beispiel HAZET 4971-1, zurückdrücken. Es geht auch mit einem Hartholzstab, zum Beispiel einem Hammerstiel. Dabei jedoch besonders darauf achten, dass der Bremskolben nicht verkantet wird und Kolbenfläche sowie Staubkappe nicht beschädigt werden. **Hinweis:** Gegebenenfalls alten Bremsbelag als Auflagefläche zwischenlegen, und zwar vor den Bremskolben.

Achtung: Kolben nicht verkanten. Kolbenfläche und Staubkappe nicht beschädigen.

- Vor dem Einsetzen neuer Bremsbeläge Bremse gründlich reinigen und hitzebeständiges Schmierfett, zum Beispiel Bremsen-Antiquietschpaste von Liqui Moly, dünn auf die Belagführungsflächen auftragen.

Bremssattel FS-III

- Bremsbeläge in die Führungen des Bremssattels einsetzen. **Achtung:** Innere und äußere Bremsbeläge nicht vertauschen.

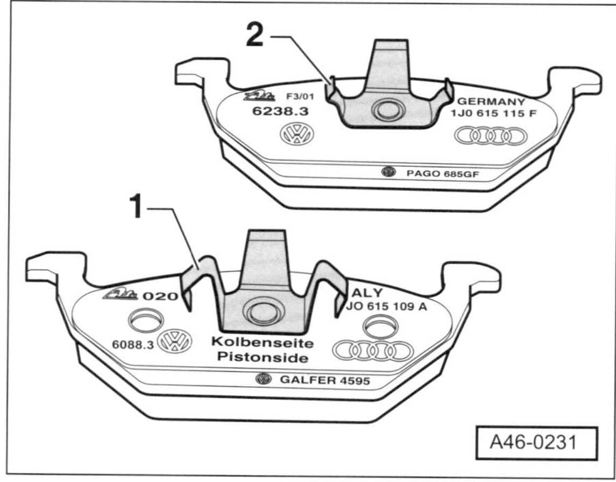

- Inneren Bremsbelag mit dem großen Clip –1– an der Kolbenseite in den Bremssattel einsetzen, dabei Spreizclip –1– in den Bremskolben eindrücken.
- Äußeren Bremsbelag mit dem kleinen, schwarz gefärbten Clip –2– in den Bremssattel einsetzen.

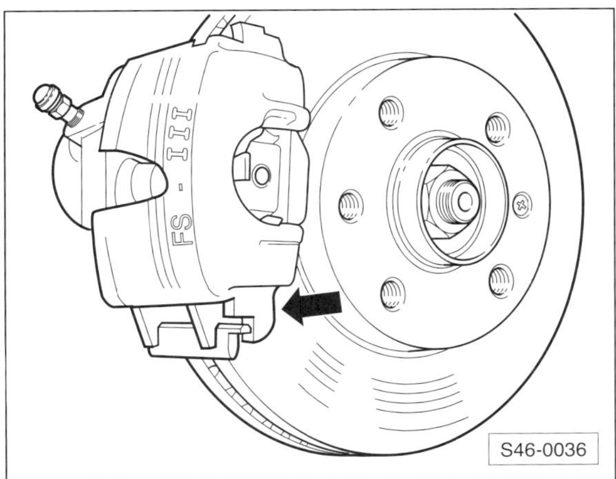

- Bremssattel mit Bremsbelägen zuerst unten –Pfeil– am Bremssattelträger ansetzen, dabei muss der Zapfen –Pfeil– vom Bremssattel hinter der Führung des Bremssattelträgers stehen.

Bremssattel FN-3

- Schutzfolie von der Rückenplatte des äußeren Bremsbelags abziehen und Bremsbelag auf den Bremssattelträger aufsetzen.

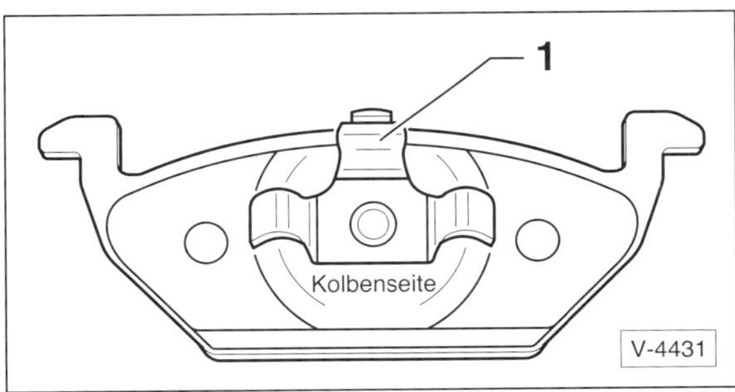

- Inneren Bremsbelag in den Bremssattel einsetzen, dabei Spreizclip –1– in den Bremskolben drücken.
- Bremssattel am Bremssattelträger ansetzen, dabei darauf achten, dass der äußere Bremsbelag nicht zu früh mit dem Bremssattel verklebt. Erst wenn der Bremssattel die richtige Einbaulage hat, diesen gegen den äußeren Bremsbelag schieben und verkleben.

Bremssattel FS-III und FN-3

- Beide Führungsbolzen für Bremssattel am Bremssattelträger einschrauben und mit **30 Nm** festziehen.
- Beide Abdeckkappen einsetzen.

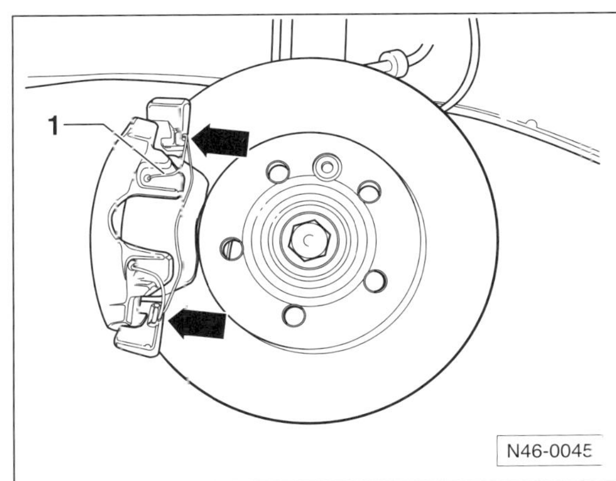

- **Bremssattel FN-3:** Haltefeder –1– in den Bremssattel einsetzen. **Achtung:** Nach dem Einsetzen in die beiden Bohrungen muss die Haltefeder unter den Bremssatteltträger gedrückt werden –Pfeile–. Bei fehlerhafter Montage stellt sich trotz Verschleiß der äußere Bremsbelag nicht nach, so dass sich der Pedalweg vergrößert.
- Stecker für Bremsbelag-Verschleißanzeige verbinden.
- Reifen-Laufrichtung beachten, Räder anschrauben, Fahrzeug ablassen, erst dann Radschrauben über Kreuz mit **120 Nm** festziehen.

Achtung: Bremspedal im Stand mehrmals kräftig niedertreten, bis fester Widerstand spürbar ist. Dadurch legen sich die Bremsbeläge an die Bremsscheiben an und nehmen einen dem Betriebszustand entsprechenden Sitz ein.

- Bremsflüssigkeit im Vorratsbehälter prüfen, gegebenenfalls bis zur MAX-Marke auffüllen. Deckel des Behälters festschrauben.
- Neue Bremsbeläge vorsichtig einbremsen, dazu Fahrzeug mehrmals von ca. 80 km/h auf 40 km/h mit geringem Pedaldruck abbremsen. Dazwischen Bremse etwas abkühlen lassen.

Achtung: Nach dem Einbau neuer Bremsbeläge müssen diese eingebremst werden. Während einer Fahrtstrecke von rund 200 km sollten unnötige Vollbremsungen unterbleiben.

Hinweis: Bremsbeläge müssen in einigen Kommunen als Sondermüll entsorgt werden. Die örtlichen Behörden geben darüber Auskunft, ob auch eine Entsorgung über den hausmüllähnlichen Gewerbemüll zulässig ist.

Achtung, Sicherheitskontrolle durchführen:

- ◆ Sind die Bremsschläuche festgezogen?
- ◆ Befindet sich der Bremsschlauch in der Halterung?
- ◆ Sind die Entlüftungsschrauben angezogen?
- ◆ Ist genügend Bremsflüssigkeit eingefüllt?
- ◆ Bei laufendem Motor Dichtheitskontrolle durchführen. Hierzu Bremspedal mit 200 bis 300 N (entspricht 20 bis 30 kg) etwa 10 Sekunden betätigen. Das Bremspedal darf nicht nachgeben. Sämtliche Anschlüsse auf Dichtheit kontrollieren.
- ◆ Anschließend einige Sicherheitsbremsungen auf einer Straße ohne Verkehr durchführen.

Hinterrad-Scheibenbremse

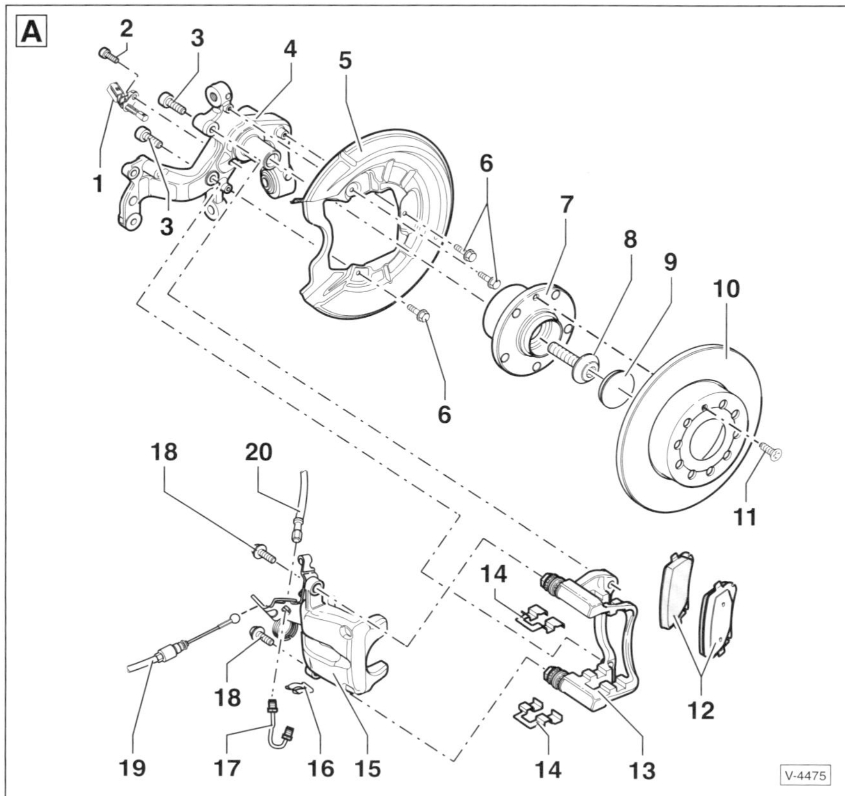

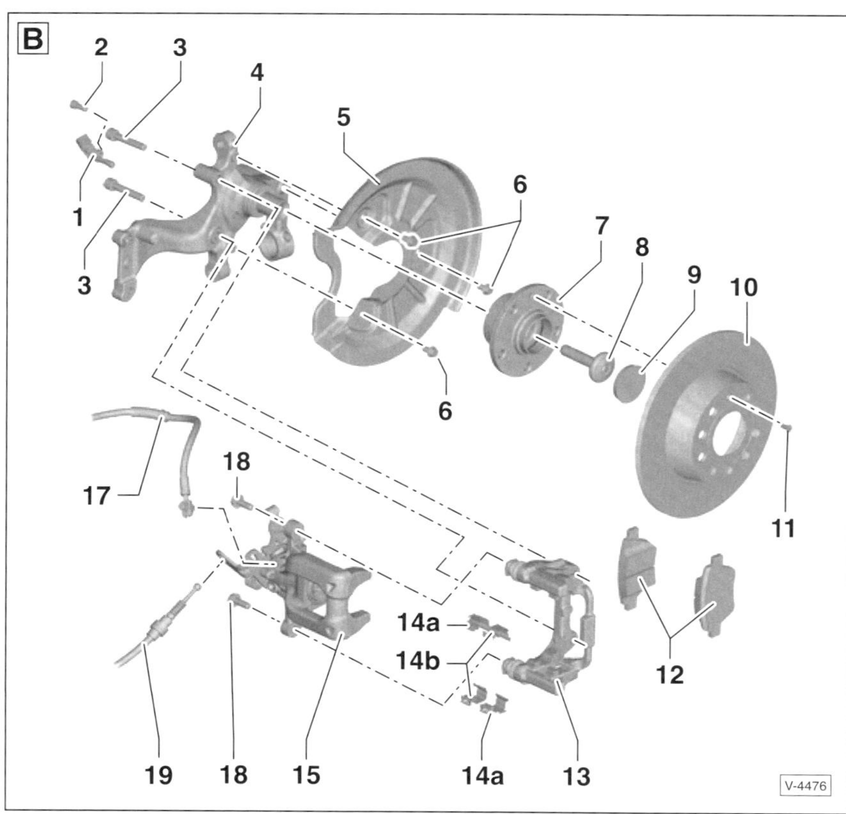

GOLF VARIANT/ GOLF PLUS/TOURAN

A – Bremssattel C-II 41 TRW

B – Bremssattel BOSCH

1 – **ABS-Drehzahlsensor**
Vor dem Einsetzen des Sensors die Innenfläche der Bohrung reinigen und mit Hochtemperaturfett, zum Beispiel Keramikpaste von Liqui Moly, bestreichen.

2 – **Innensechskantschraube, 8 Nm**

3 – **Innenvielzahnschrauben,***
Anzugsmethode: **90 Nm + 90°**
Für Bremssattelträger. **Achtung:** Schrauben können unterschiedlich sein. Beim Ausbau die Einbauposition der Schrauben notieren.

4 – **Radlagergehäuse**

5 – **Abdeckblech**

6 – **Schrauben**
C-II Frontantrieb: . . . . . **9 Nm**
C-II Allradantrieb: . . . . **12 Nm**
BOSCH-Bremse: . . . . **12 Nm**

7 – **Radlager-/Radnabeneinheit**
Mit integriertem ABS-Sensorring.

8 – **Radnabenschraube,***

9 – **Staubkappe**
Bei BOSCH-Bremse nur Frontantrieb.

10 – **Bremsscheibe**
Grundsätzlich achsweise ersetzen.

11 – **Sicherungsschraube, 4 Nm**
Für Bremsscheibe.

12 – **Bremsbeläge**
Grundsätzlich achsweise ersetzen.

13 – **Bremssattelträger**
Mit Führungsbolzen. Am Achsschenkel angeschraubt.

14 – **Belaghaltebleche**
Bei Belagwechsel immer ersetzen. **Achtung:** Bei der BOSCH-Bremsanlage die Belaghaltebleche –a– und –b– immer diagonal zueinander einbauen.

15 – **Bremssattel**

16 – **Halterung**
Für Bremsschlauch.
Nur C-II 41-TRW-Bremse.

17 – **Bremsleitung**
Hohlschraube (C-II 41-TRW-Bremsanlage): **14 Nm.**
Hohlschraube mit Dichtringen (BOSCH-Bremsanlage): **35 Nm.**

18 – **Schrauben, 35 Nm ***
Selbstsichernd. Für Bremssattel.

19 – **Handbremsseil**

20 – **Bremsschlauch**

*) Nach jeder Demontage ersetzen.

Bremsbeläge hinten aus- und einbauen

GOLF VARIANT/GOLF PLUS/TOURAN

Bremssattel C-II 41/C-II 38/BOSCH

Achtung: Es gibt unterschiedliche Bremssattel-Ausführungen. Deshalb zuerst anhand der Tabelle »Technische Daten Bremsanlage« und der PR-Nummer klären, welche Ausführung im eigenen Fahrzeug eingebaut ist.

Ausbau

Achtung: Bremsbeläge sind Bestandteil der Allgemeinen Betriebserlaubnis (ABE) und vom Werk auf das jeweilige Modell abgestimmt. Deshalb dürfen nur die vom Automobilhersteller freigegebenen Bremsbeläge verwendet werden.

Sicherheitshinweis
Beim Aufbocken des Fahrzeugs besteht Unfallgefahr! Deshalb vorher das Kapitel »Fahrzeug aufbocken« durchlesen.

- Fahrzeug aufbocken.
- Reifen-Laufrichtung mit Pfeil am Reifen markieren. Radschrauben lösen. Fahrzeug hinten aufbocken und Hinterrad abnehmen.

Achtung: Sollen die Bremsbeläge wieder verwendet werden, müssen sie beim Ausbau gekennzeichnet werden. Ein Wechsel der Beläge von der Außen- zur Innenseite und umgekehrt oder auch vom rechten zum linken Rad ist nicht zulässig. **Grundsätzlich alle Scheibenbremsbeläge an einer Achse gleichzeitig ersetzen, auch wenn nur ein Belag die Verschleißgrenze erreicht hat.**

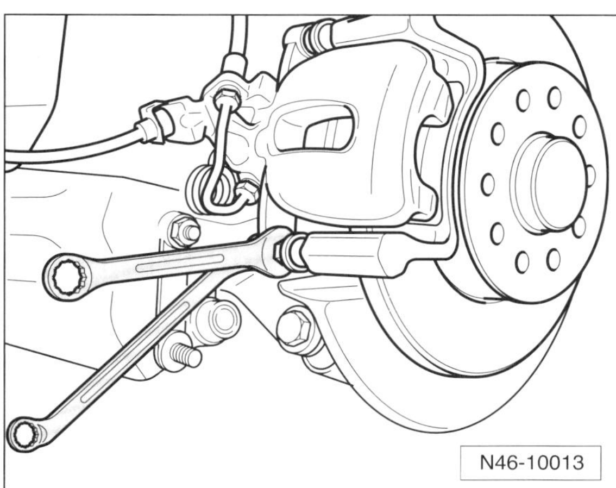

- Befestigungsschrauben für Bremssattel oben und unten herausdrehen, dabei am Führungsbolzen gegenhalten.
- Bremssattel vom Bremssattelträger abnehmen und mit angeschlossenem Bremsschlauch mit Draht am Aufbau aufhängen. **Achtung:** Bremssattel nicht einfach nach unten hängen lassen; der Bremsschlauch darf nicht auf Zug beansprucht oder verdreht werden.

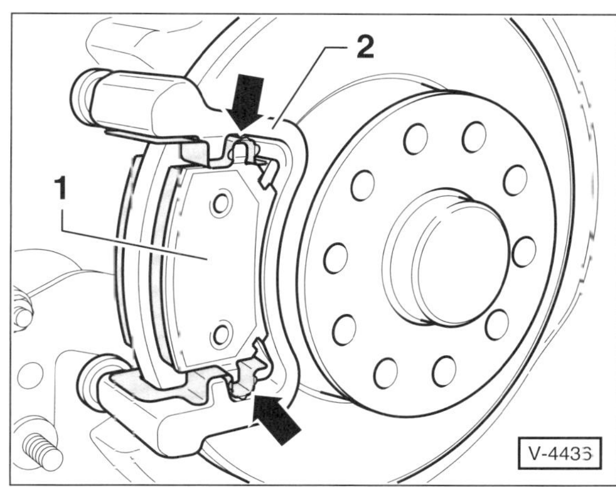

- **C-II 41/BOSCH:** Bremsbeläge –1– mit Belaghalteblechen –Pfeile– aus dem Bremssattelträger –2– herausnehmen. **C-II 38:** Belaghaltebleche sind nicht vorhanden.

Einbau

Achtung: Bei ausgebauten Bremsbelägen nicht auf das Bremspedal treten, sonst wird der Kolben aus dem Gehäuse herausgedrückt.

- Bremsscheibe auf Schäden und Verschleiß untersuchen. Bremssattel **ausschließlich** mit Spiritus reinigen. **Achtung:** Keine scharfkantigen Werkzeuge oder eine **Drahtbürste** verwenden. Siehe Anweisungen und Hinweise im Kapitel für die Vorderradbremse, Seite 155.

Achtung: Beim Zurückdrehen des Kolbens wird Bremsflüssigkeit aus dem Bremszylinder in den Vorratsbehälter gedrückt. Flüssigkeit im Behälter beobachten, gegebenenfalls etwas Bremsflüssigkeit aus dem Vorratsbehälter mit einer Entlüfterflasche oder einem geeigneten Saugheber absaugen. Sonst kann, wenn zwischenzeitlich Bremsflüssigkeit nachgefüllt wurde, Bremsflüssigkeit auslaufen und umliegende Bauteile beschädigen.

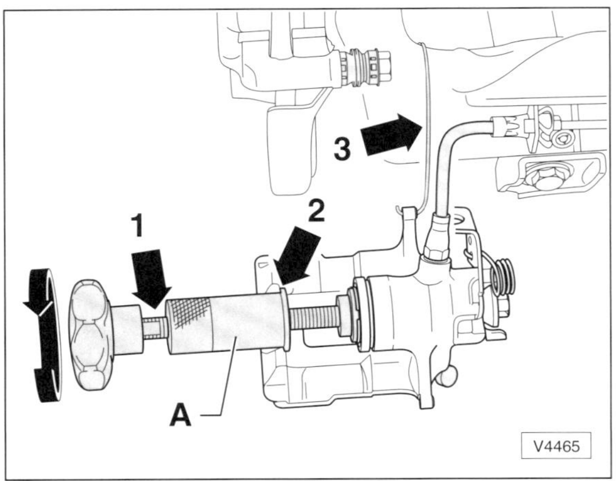

- Bremskolben mit Spezial-Rückstellwerkzeug –A– für Hinterradscheibenbremsen zurückdrehen, zum Beispiel HAZET 4970/6 oder VW-T10165 mit Halteplatte VW-T10165/1.

Achtung: Der Bremskolben darf nicht mit einem herkömmlichen Rückstellwerkzeug zurückgedrückt werden. Dadurch würde die Nachstellung für die Handbremse zerstört werden.

- Kolben durch Drehen im Uhrzeigersinn mit dem Spezialwerkzeug langsam einschrauben. Der Bund –2– des Werkzeugs muss dabei am Bremssattel anliegen. Darauf achten, dass die Staubkappe nicht beschädigt wird. Bei schwergängigem Kolben mit einem Maulschlüssel an den Abflachungen –1– des Werkzeugs, falls vorhanden, drehen. 3 – Aufhängedraht für Bremssattel.
- **C-II 41/BOSCH:** Anlageflächen für Bremsbeläge und Belaghaltebleche gründlich reinigen, etwaige Korrosion entfernen. Besonders die Klebeflächen müssen frei von Kleberesten und Fett sein.

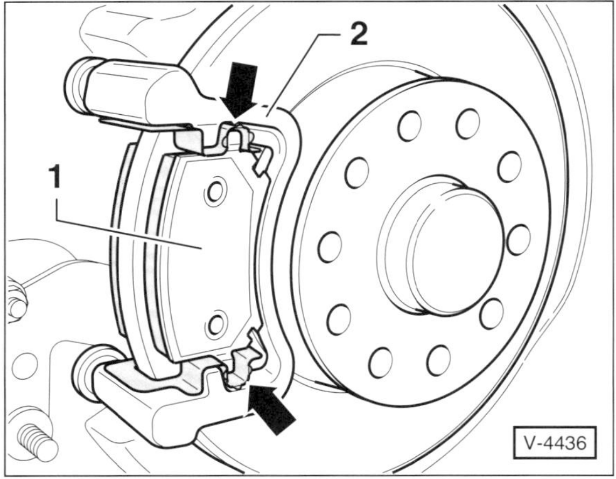

- **C-II 41/BOSCH: Neue** Belaghaltebleche –Pfeile– und **neue** Bremsbeläge –1– im Bremssattelträger –2– einsetzen. Dabei auf korrekten Sitz der Bremsbeläge in den Belaghalteblechen achten.

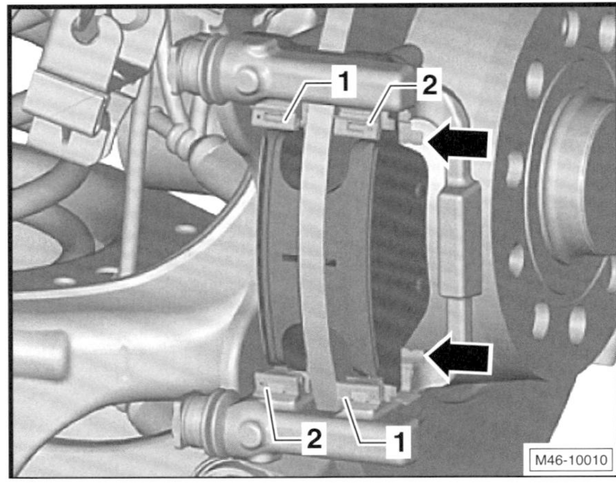

- **BOSCH:** Die 4 Belaghaltebleche sind unterschiedlich. Sie können nur diagonal zueinander (1 zu 1 und 2 zu 2) eingebaut werden. Die Führungsnasen –Pfeile– der Haltebleche müssen auf beiden Seiten des Bremssattelträgers nach außen zeigen.
- **C-II 38:** Schutzfolien von den Rückenplatten der Bremsbeläge abziehen.

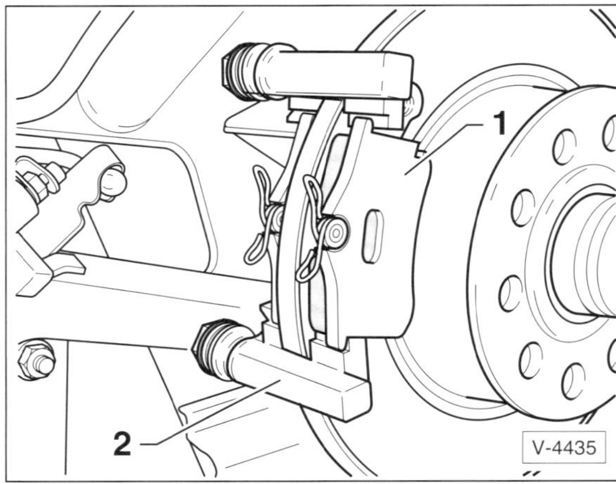

- **C-II 38:** Bremsbeläge –1– am Bremssattelträger –2– einsetzen.
- **C-II 38:** Bremssattel aufsetzen, dabei darauf achten, dass die Bremsbeläge nicht zu früh mit dem Bremssattel verkleben. Sobald der Bremssattel sich in der richtigen Einbauposition befindet, Bremssattel zuerst gegen den einen, dann gegen den anderen Bremsbelag schieben und dadurch Bremsbeläge mit dem Bremssattel verkleben.
- Bremssattel mit **neuen, selbstsichernden** Schrauben und mit **35 Nm** festschrauben, dabei am Führungsbolzen gegenhalten. **Achtung: Im Reparatursatz sind selbstsichernde Schrauben enthalten, die in jedem Fall einzubauen sind.**
- Reifen-Laufrichtung beachten, Hinterrad anschrauben. Fahrzeug ablassen, erst dann Radschrauben über Kreuz mit **120 Nm** festziehen.

- Bremspedal im Stand mehrmals kräftig niedertreten, bis fester Widerstand spürbar ist. Dadurch legen sich die Bremsbeläge an die Bremsscheiben an.
- Bremsflüssigkeit im Vorratsbehälter prüfen, gegebenenfalls bis zur MAX-Marke auffüllen.

Bremsscheibendicke prüfen

GOLF VARIANT/GOLF PLUS/JETTA/TOURAN

Prüfen

- Reifen-Laufrichtung mit Pfeil am Reifen markieren. Radschrauben lösen. Fahrzeug aufbocken und Räder abnehmen.

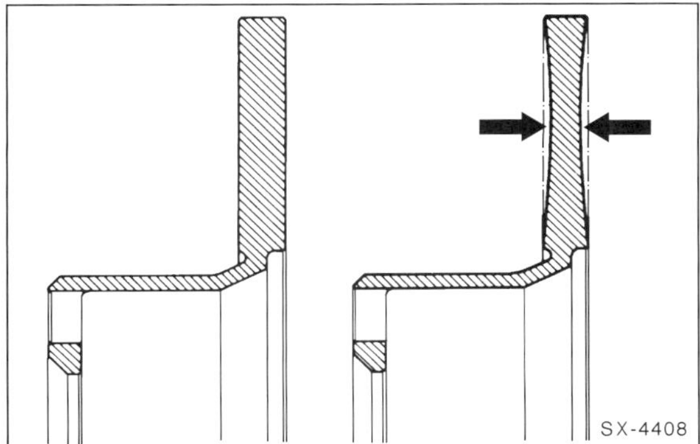

- Bremsscheibendicke immer an der dünnsten Stelle –Pfeile– messen. Die Werkstatt benutzt dazu einen speziellen Messschieber oder eine Mikrometer-Bügelmessschraube, da sich durch die Abnutzung der Bremsscheibe ein Rand bildet. Man kann die Bremsscheibendicke auch mit einer normalen Schieblehre messen, allerdings muss dann auf jeder Seite der Bremsscheibe eine entsprechend starke Unterlage zwischengelegt werden (beispielsweise 2 Münzen). Um das exakte Maß der Bremsscheibendicke zu ermitteln, müssen von dem gemessenen Wert die Dicke der Münzen beziehungsweise der Unterlage abgezogen werden. **Achtung:** Messung an mehreren Punkten der Bremsscheibe vornehmen.
- Soll- und Verschleißwerte für Bremsscheibe, siehe »Technische Daten Bremsanlage«.
- Wird die Verschleißgrenze erreicht, Bremsscheibe erneuern.
- Bei größeren Rissen oder bei Riefen, die tiefer als 0,5 mm sind, Bremsscheibe erneuern, siehe entsprechendes Kapitel.
- Reifen-Laufrichtung beachten, Räder anschrauben, Fahrzeug ablassen, erst dann Radschrauben über Kreuz mit **120 Nm** festziehen.

Bremsscheibe aus- und einbauen

GOLF VARIANT/GOLF PLUS/JETTA/TOURAN

Bremsscheiben erneuern, wenn sie korrodiert sind oder die Verschleißgrenze erreicht haben.

Um beidseitig eine gleichmäßige Verzögerung sicherzustellen, müssen alle Bremsscheiben die gleiche Oberfläche bezüglich Schliffbild und Rautiefe aufweisen. Deshalb **grundsätzlich beide** Bremsscheiben einer Achse ersetzen, beziehungsweise abdrehen lassen.

Achtung: Wenn die Bremsscheiben ersetzt oder abgedreht werden, müssen gleichzeitig auch neue Bremsbeläge eingebaut werden.

Korrodierte Bremsscheiben erzeugen beim Abbremsen einen Rubbeleffekt, der sich auch durch längeres Bremsen nicht beseitigen lässt. In diesem Fall müssen die Bremsscheiben erneuert werden.

Ausbau

Sicherheitshinweis
Beim Aufbocken des Fahrzeugs besteht Unfallgefahr! Deshalb vorher das Kapitel »Fahrzeug aufbocken« durchlesen.

- Reifen-Laufrichtung mit Pfeil am Reifen markieren. Radschrauben lösen. Fahrzeug aufbocken und Räder abnehmen.
- **FS-III-Bremssattel:** Bremsbeläge und Bremssattel ausbauen, siehe entsprechendes Kapitel.
- **FN-3-Bremssattel:** Bremsträger mit Bremssattel und Bremsbelägen ausbauen, siehe Abbildung N46-10000 auf Seite 154.
- **Hinterradbremse:** Bremsbeläge, Bremssattel und Bremsträger ausbauen, siehe Übersichts-Abbildungen auf Seite 158.
- Um ein Herausgleiten des Bremskolbens zu verhindern, Holzstück zwischen Bremskolben und Bremssattel klemmen.
- Bremssattel mit Drahthaken so am Aufbau oder an der Schraubenfeder aufhängen, dass der Bremsschlauch nicht verdreht oder auf Zug beansprucht wird.
- Sicherungsschraube für Bremsscheiben-Befestigung herausdrehen, siehe entsprechende Bremsen-Abbildung.
- Bremsscheibe abnehmen.

Achtung: Die Bremsscheibe darf nicht durch Gewaltanwendung (Hammerschläge) von der Radnabe getrennt werden, um Schäden an der Bremsscheibe zu vermeiden. Stattdessen handelsüblichen Rostlöser anwenden. Falls der Ausbau nur durch kräftige Hammerschläge möglich ist, aus Sicherheitsgründen Bremsscheibe und Radlager erneuern. Auch wenn ein Abzieher verwendet wird, Bremsscheibe erneuern.

Einbau

Die Werkstatt kann die Bremsscheibe auf Schlag prüfen. Maximaler Scheibenschlag an der Bremsfläche gemessen: 0,05 mm. Maximal zulässige Dickentoleranz: 0,01 mm.

- Bremsscheibendicke messen, siehe entsprechendes Kapitel.
- Falls vorhanden, Rost am Flansch der Bremsscheibe und der Radnabe entfernen.
- Neue Bremsscheibe mit Verdünnung vom Schutzlack reinigen.
- Bremsscheibe auf Radnabe aufsetzen, Sicherungsschraube eindrehen und mit **5 Nm** festziehen.
- **FS-III-Bremssattel:** Bremsbeläge und Bremssattel einbauen, siehe entsprechendes Kapitel.
- **FN-3-Bremssattel:** Bremsträger mit Bremssattel und Bremsbelägen einbauen, siehe Abbildung N46-10000 auf Seite 154.
- **Hinterradbremse:** Bremsbeläge, Bremssattel und Bremsträger einbauen, siehe Übersichts-Abbildungen auf Seite 158.
- **Hinterradbremse:** Handbremse einstellen, siehe entsprechendes Kapitel.

Achtung: War der Bremsschlauch demontiert, Bremsschlauch anschrauben und Bremsanlage entlüften, siehe entsprechendes Kapitel.

- Reifen-Laufrichtung beachten, Räder anschrauben, Fahrzeug ablassen, erst dann Radschrauben über Kreuz mit **120 Nm** festziehen.

Achtung: Bremspedal im Stand mehrmals kräftig niedertreten, bis fester Widerstand spürbar ist.

- Bremsflüssigkeitsstand im Bremsflüssigkeitsbehälter prüfen, gegebenenfalls auffüllen.

Achtung, Sicherheitskontrolle durchführen:

- ◆ Sind die Bremsschläuche festgezogen?
- ◆ Befindet sich der Bremsschlauch in der Halterung?
- ◆ Sind die Entlüftungsschrauben angezogen?
- ◆ Ist genügend Bremsflüssigkeit eingefüllt?
- ◆ Bei laufendem Motor Dichtheitskontrolle durchführen. Hierzu Bremspedal mit 200 bis 300 N (entspricht 20 bis 30 kg) etwa 10 Sekunden betätigen. Das Bremspedal darf nicht nachgeben. Sämtliche Anschlüsse auf Dichtheit kontrollieren.

- Neue Bremsscheiben vorsichtig einbremsen, dazu Fahrzeug mehrmals von ca. 80 km/h auf 40 km/h mit geringem Pedaldruck abbremsen. Dazwischen Bremse etwas abkühlen lassen.

Handbremshebel – Detailübersicht

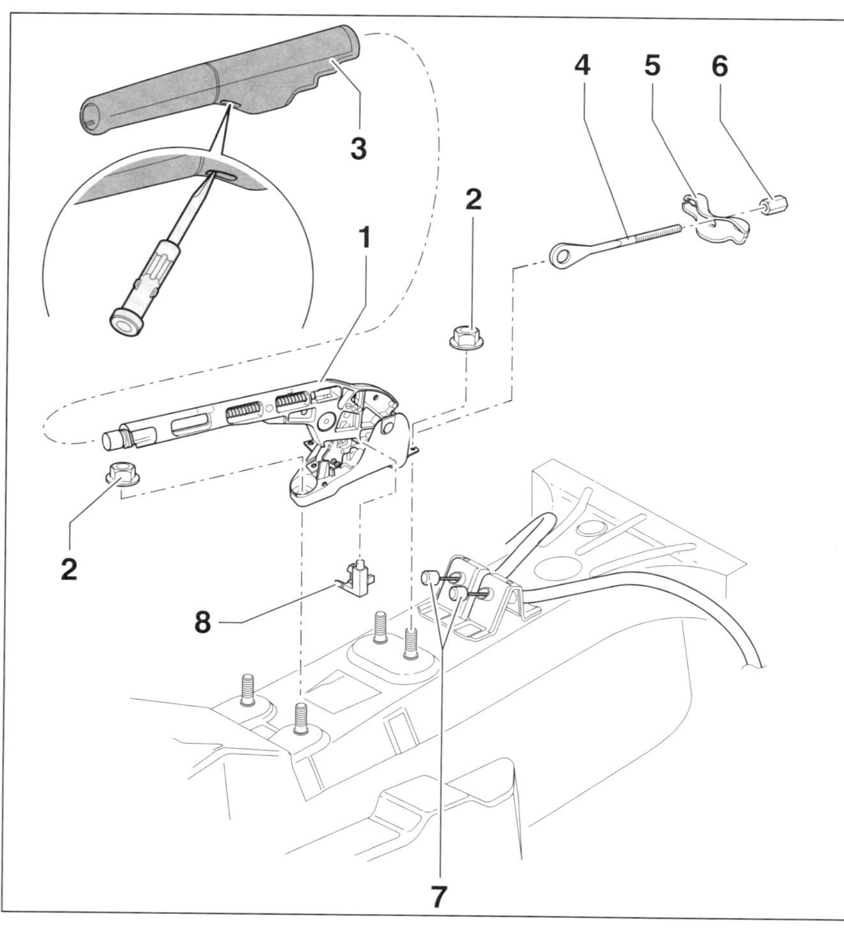

GOLF PLUS

1 – **Handbremshebel**

2 – **Sechskantmutter, 15 Nm**

3 – **Verkleidung Handbremshebel**

Ausbau

◆ Entriegelungslasche im hinteren, unteren Griffbereich, siehe Bildausschnitt, mit einem Schraubendreher abhebeln.

◆ Verkleidung nach vorn abziehen.

Hinweis: Bei Lederausstattung ist das Leder im Bereich der Verriegelung eingeschnitten.

Einbau

◆ Verkleidung aufschieben und einrasten.

4 – **Zugstange**
Mit dem Handbremshebel vernietet.

5 – **Ausgleichbügel**

6 – **Nachstellmutter**

7 – **Handbremsseile**

8 – **Schalter für Handbremskontrolle**

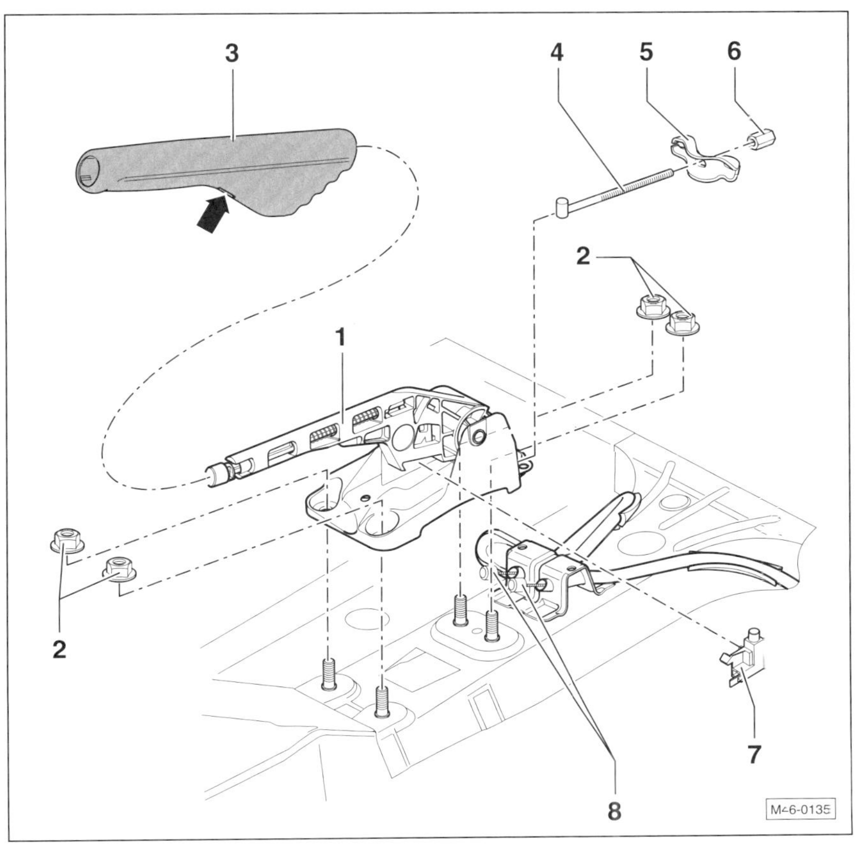

GOLF VARIANT/TOURAN

1 – **Handbremshebel**

2 – **Sechskantmuttern, 20 Nm**

3 – **Verkleidung Handbremshebel**

Ausbau

◆ Entriegelungslasche im hinteren, unteren Griffbereich –Pfeil– mit einem Schraubendreher abhebeln.

◆ Verkleidung nach vorn abziehen.

Hinweis: Bei Lederausstattung ist das Leder im Bereich der Verriegelung eingeschnitten.

Einbau

◆ Verkleidung aufschieben und einrasten.

4 – **Zugstange**

5 – **Ausgleichbügel**

6 – **Nachstellmutter**

7 – **Schalter für Handbremskontrolle**

8 – **Handbremsseile**

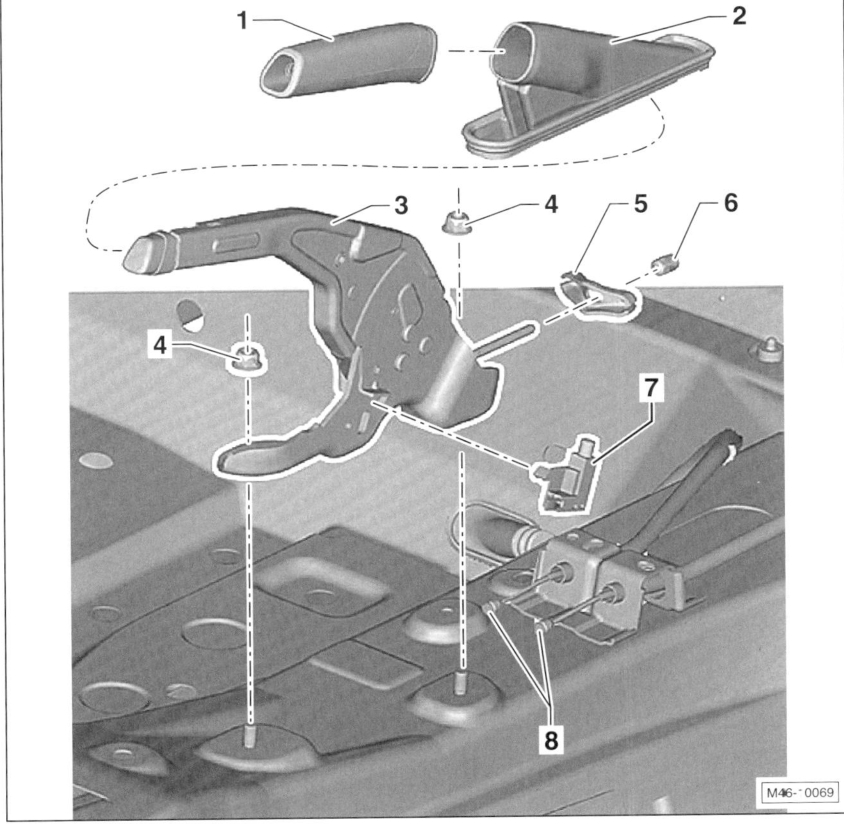

JETTA

1 – **Griffstück für Handbremshebel**
Der Griff darf nicht wiederverwendet werden. Aus- und Einbau, siehe Seite 217.

2 – **Verkleidung Handbremshebel**
Aus- und Einbau, siehe Seite 217.

3 – **Handbremshebel**

4 – **Sechskantmutter, 20 Nm**

5 – **Ausgleichbügel**

6 – **Nachstellmutter**

7 – **Schalter für Handbremskontrolle**

8 – **Handbremsseile**

Handbremsseil aus- und einbauen

GOLF VARIANT/GOLF PLUS/JETTA/TOURAN

Ausbau

- Handbremse lösen.
- Mittelkonsole ausbauen, siehe Kapitel »Innenausstattung«.

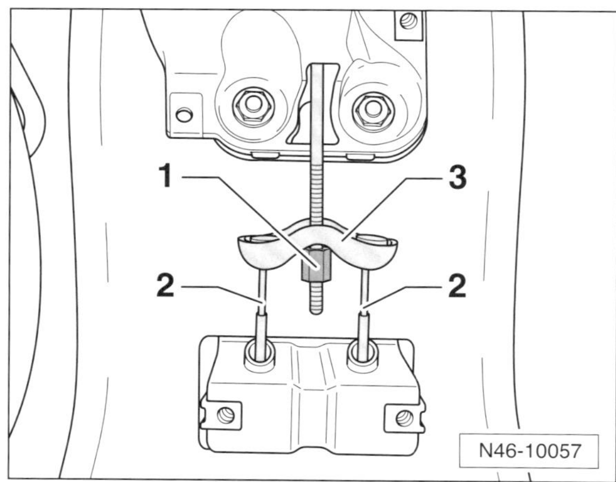

- Nachstellmutter –1– am Handbremshebel so weit lösen, bis das Handbremsseil –2– aus dem Ausgleichbügel –3– ausgehängt werden kann. Handbremsseil aushängen.

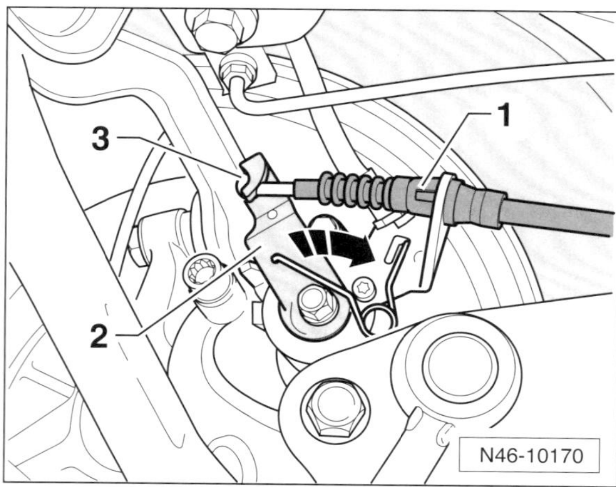

- Hebel –2– am Bremssattel in Pfeilrichtung drücken und Handbremsseil –3– aushängen.
- 2 Rastnasen –1– zusammendrücken und Handbremsseil aus dem Widerlager herausziehen.

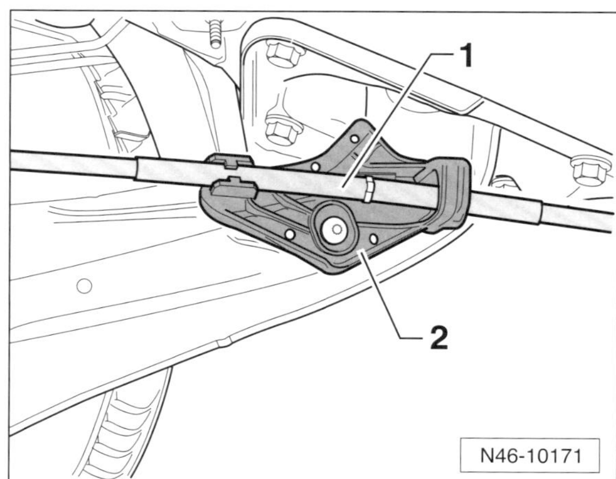

- Handbremsseil –1– zuerst aus den Klemmnasen und dann komplett aus dem Halter –2– herausziehen.

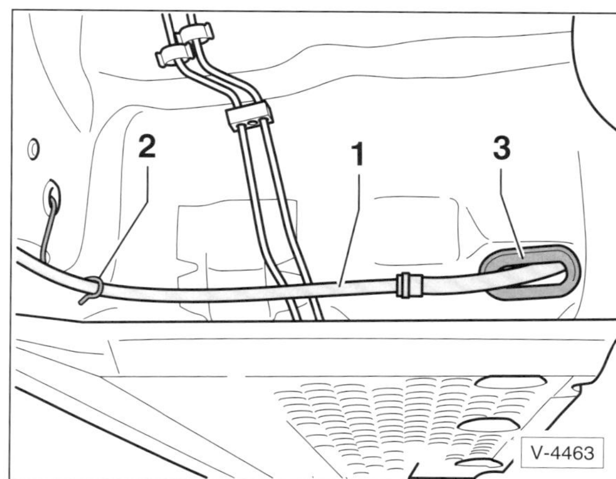

- Handbremszug –1– aus der vorderen Halterung –2– aushängen und aus der Durchführung –3– herausziehen.
- Handbremszug vom Fahrzeugunterboden abnehmen.

Einbau

- Handbremszug –1– am Fahrzeugunterboden durch die Durchführung –3– zum Handbremshebel durchschieben und an der vorderen Halterung –2– einhängen.
- Handbremszug durch die Öffnung am Halter stecken und festklemmen, siehe Abbildung N46-10171.
- Handbremszug in das Gegenlager am Bremssattel einführen, bis die Rastnasen einrasten.
- Hebel am Bremssattel nach vorne drücken und Handbremsseil einhängen.

Hinweis: Der Handbremszug muss zwischen der Halterung am Bremssattel und dem Halteclip am Längsträger spannungsfrei verlegt werden.

- Linken und rechten Handbremszug am Ausgleichbügel einhängen und mit der Nachstellmutter vorspannen.
- Handbremse einstellen, siehe entsprechendes Kapitel.
- Mittelkonsole einbauen, siehe Kapitel »Innenausstattung«.

Handbremse einstellen

GOLF VARIANT/GOLF PLUS/JETTA/TOURAN

Die Hinterradbremse verfügt über eine automatische Nachstellung, so dass die Handbremse im Rahmen der Wartung nicht nachgestellt werden muss. Erforderlich ist die Einstellung der Handbremse nach dem Aus- und Einbau von:

- Handbremsseilen.
- Bremssattel/Bremssattelträger hinten.
- Bremsscheiben hinten.

Einstellen

- Handbremse lösen.
- Je nach Ausstattung den Getränkehalter, die hintere Abdeckung oder die komplette Mittelkonsole ausbauen, siehe Kapitel »Innenausstattung«.
- Bremspedal mindestens 3-mal kräftig betätigen.

Hinweis: Die Fußbremse muss funktionsfähig und entlüftet sein.

- Handbremse 3-mal kräftig anziehen und wieder lösen. **Hinweis:** Der Handbremshebel muss unterhalb der ersten Raste selbsttätig in die Ruhestellung zurückgehen, gegebenenfalls gangbar machen.

Sicherheitshinweis
Beim Aufbocken des Fahrzeugs besteht Unfallgefahr! Deshalb vorher das Kapitel »Fahrzeug aufbocken« durchlesen.

- Fahrzeug hinten aufbocken, die Hinterräder müssen vom Boden abheben.

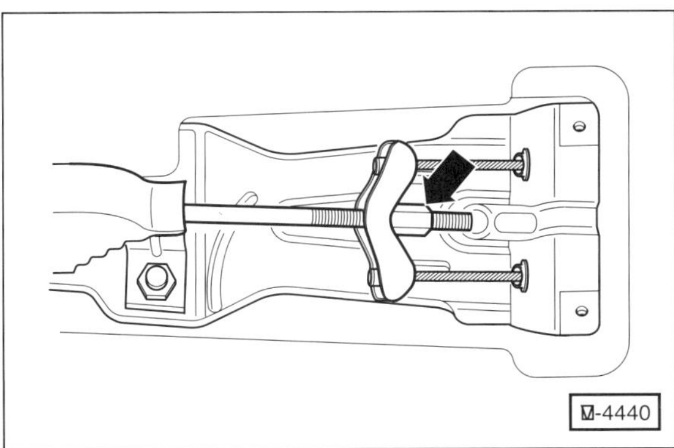

Pfeil – Nachstellmutter am Ausgleichbügel der Zugstange.

Hinterrad-Bremshebel der C-II-TRW-Bremse

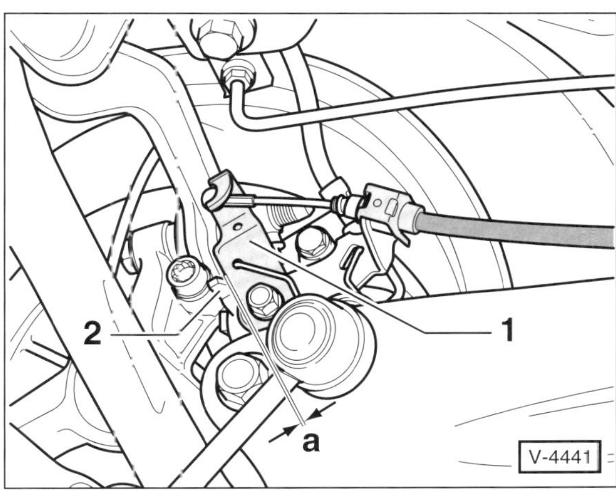

Hinterrad-Bremshebel der BOSCH-Bremse

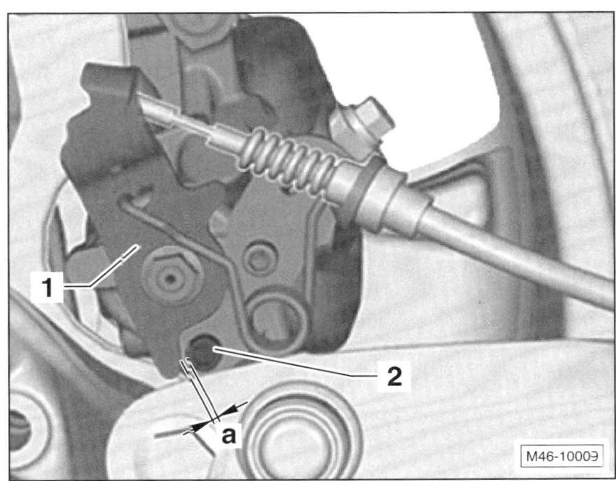

- Handbremshebel in Ruhestellung. Nachstellmutter –Pfeil– (Abbildung V-4440) so weit anziehen, bis sich links und rechts die Hebel –1– an den Bremssätteln vom Anschlag –2– abheben, siehe Abbildungen V-4441 beziehungsweise M46-10009.
- Nachstellmutter weiter verdrehen, bis bei gelöster Handbremse der Abstand –a– zwischen Hebel –1– und Anschlag –2– an beiden Bremssätteln **zusammen** maximal **1,5 mm** beträgt.
- Sicherstellen, dass beide Hinterräder frei drehen. Gegebenenfalls die Nachstellmutter etwas zurückdrehen.
- Fahrzeug ablassen.

Hinweis: Nach der Neueinstellung ist durch die automatische Nachstellung der Hinterradbremse ein Nachstellen der Handbremse nicht mehr erforderlich.

Bremsanlage entlüften

GOLF VARIANT/GOLF PLUS/JETTA/TOURAN

Beim Umgang mit Bremsflüssigkeit sind folgende Hinweise zu beachten:

Sicherheitshinweis
Bremsflüssigkeit ist giftig. Keinesfalls Bremsflüssigkeit mit dem Mund über einen Schlauch absaugen. Bremsflüssigkeit nur in Behälter füllen, bei denen ein versehentlicher Genuss ausgeschlossen ist.

- Bremsflüssigkeit ist ätzend und darf deshalb nicht mit dem Autolack in Berührung kommen, gegebenenfalls Bremsflüssigkeit sofort abwischen und mit viel Wasser abwaschen.
- Bremsflüssigkeit ist hygroskopisch, das heißt, sie nimmt aus der Luft Feuchtigkeit auf. Bremsflüssigkeit deshalb nur in geschlossenen Behältern aufbewahren.
- **Bremsflüssigkeit, die schon einmal im Bremssystem verwendet wurde, darf nicht wieder verwendet werden. Auch beim Entlüften der Bremsanlage nur neue Bremsflüssigkeit verwenden.**
- Bremsflüssigkeits-Spezifikation: **VW 501 14.**
- **Bremsflüssigkeit darf nicht mit Mineralöl in Berührung kommen.** Schon geringe Spuren von Mineralöl machen die Bremsflüssigkeit unbrauchbar, beziehungsweise führen zum Ausfall des Bremssystems. Stopfen und Manschetten der Bremsanlage werden beschädigt, wenn sie mit mineralölhaltigen Mitteln zusammenkommen. Zum Reinigen keine mineralölhaltigen Putzlappen verwenden.
- Bremsflüssigkeit **alle 2 Jahre wechseln**, möglichst nach der kalten Jahreszeit.

Achtung: Bremsflüssigkeit ist ein Problemstoff und darf auf keinen Fall einfach weggeschüttet oder dem Hausmüll mitgegeben werden. Gemeinde- und Stadtverwaltungen informieren darüber, wo sich die nächste Problemstoff-Sammelstelle befindet.

Entlüften

Nach jeder Reparatur an der Bremse, bei der die Bremsanlage geöffnet wurde, kann Luft in die Druckleitungen eingedrungen sein. Dann muss das Bremssystem entlüftet werden. Luft ist auch dann in den Leitungen, wenn sich beim Treten des Bremspedals der Bremsdruck schwammig anfühlt. In diesem Fall muss die Undichtigkeit beseitigt und die Bremsanlage entlüftet werden.

In der Werkstatt wird die Bremse in der Regel mit einem Bremsentlüftungsgerät entlüftet. **Zwingend vorgeschrieben ist die Verwendung eines Bremsentlüftungsgerätes, wenn ein Bremsschlauch demontiert wurde, wenn nur eine Kammer des Bremsflüssigkeitsbehälters leer war oder wenn die hydraulische Kupplungsbetätigung ebenfalls entlüftet werden muss.** Im Normalfall geht es auch ohne das Bremsentlüftungsgerät. Die Bremsanlage wird dann durch Pumpen mit dem Bremspedal entlüftet, dazu ist eine zweite Person notwendig.

Muss die ganze Anlage entlüftet werden, jede Radbremse einzeln und den Kupplungsnehmerzylinder entlüften. Das ist immer dann der Fall, wenn Luft in jeden einzelnen Bremszylinder gedrungen ist. Dafür immer ein **Bremsentlüftungsgerät** verwenden. Falls nur ein Bremssattel erneuert bzw. überholt wurde, genügt in der Regel das Entlüften des betreffenden Bremszylinders.

Sicherheitshinweis
Ist eine Kammer des Bremsflüssigkeitbehälters komplett leergelaufen (zum Beispiel bei Undichtigkeiten im Bremssystem oder wenn beim Entlüften vergessen wurde, Bremsflüssigkeit nachzufüllen), wird Luft angesaugt, die in die ABS-Hydraulikpumpe gelangt. **Die Bremsanlage muss dann in der Werkstatt mit dem Diagnose- und Entlüftungsgerät vorentlüftet werden.** Außerdem muss eine Grundeinstellung der Hydraulikeinheit durchgeführt werden. **Bei Einbau eines neuen Bremsschlauchs muss die Anlage ebenfalls mit einem Entlüftungsgerät entlüftet werden.**

Die Reihenfolge der Entlüftung: 1. Bremssattel vorn links, 2. Bremssattel vorn rechts, 3. Bremssattel hinten links, 4. Bremssattel hinten rechts.

- Fahrzeug aufbocken.
- Reifen-Laufrichtung mit Pfeil am Reifen markieren. Radschrauben lösen. Fahrzeug hinten aufbocken und Hinterräder abnehmen.

Hinweis: Die Entlüfterventile der hinteren Bremssättel sind erst nach Abnahme der Hinterräder zugänglich.

- Bremsflüssigkeitsbehälter bis MAX-Markierung auffüllen.

Achtung: Entlüfterventile reinigen und vorsichtig öffnen, damit sie nicht abgedreht werden. Es empfiehlt sich, die Ventile ca. 1 Stunde vor dem Entlüften mit Rostlöser einzusprühen. Bei festsitzenden Ventilen das Entlüften von einer Werkstatt durchführen lassen.

Achtung: Während des Entlüftens den Bremsflüssigkeitsbehälter beobachten. Der Flüssigkeitsspiegel darf nicht zu weit sinken, sonst wird über den Bremsflüssigkeitsbehälter Luft angesaugt. **Immer nur neue Bremsflüssigkeit nachgießen!**

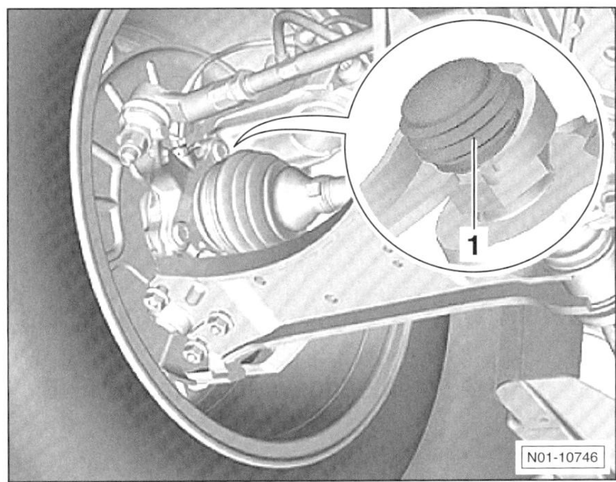

- Staubkappe –1– vom Entlüfterventil des Bremszylinders abnehmen.

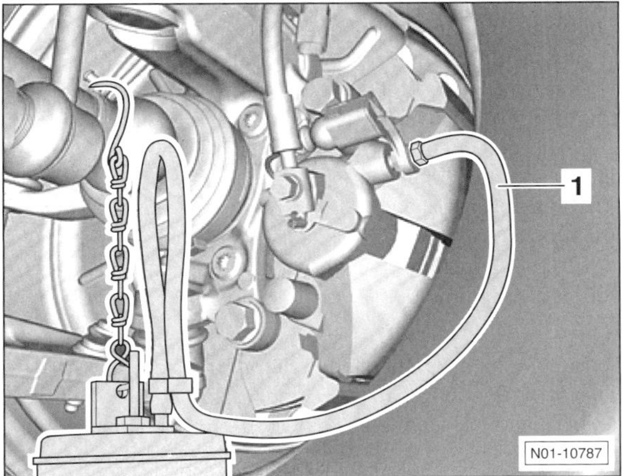

- Entlüfterventil reinigen, sauberen Schlauch –1– aufstecken, anderes Schlauchende in eine mit Bremsflüssigkeit halbvoll gefüllte Flasche stecken. **Achtung:** Der Schlauch muss straff auf dem Entlüftungsventil sitzen, damit keine Luft in die Bremsanlage eindringen kann. **Hinweis:** Einen geeigneten Schlauch und ein passendes Gefäß gibt es im Autozubehör-Handel.
- Von einem Helfer Bremspedal so oft niedertreten lassen, »pumpen«, bis sich im Bremssystem Druck aufgebaut hat – zu spüren am wachsenden Widerstand beim Betätigen des Pedals.
- Ist genügend Druck vorhanden, Bremspedal ganz durchtreten und Fuß auf dem Bremspedal halten.

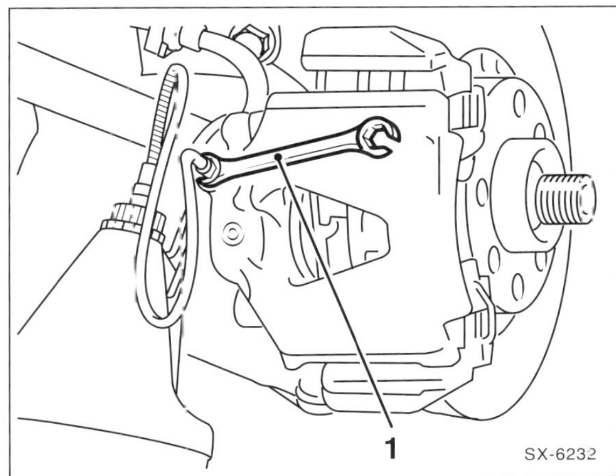

- Entlüfterventil am Bremssattel etwa ½ Umdrehung mit Ringschlüssel –1– öffnen. Zum Öffnen der Ventile gibt es spezielle Entlüftungsschlüssel, zum Beispiel HAZET 4968. Ausfließende Bremsflüssigkeit in der Flasche sammeln.
- Ausfließende Bremsflüssigkeit in der Flasche sammeln. Darauf achten, dass sich das Schlauchende in der Flasche ständig unterhalb des Flüssigkeitsspiegels befindet und dass die Flasche über dem Bremssattel steht.
- Sobald der Flüssigkeitsdruck nachlässt, Entlüfterventil bei weiterhin niedergetretenem Bremspedal schließen.
- Pumpvorgang wiederholen, bis sich Druck aufgebaut hat. Bremspedal niedertreten, Fuß auf dem Bremspedal lassen, Entlüfterventil öffnen, bis der Druck nachlässt. Entlüfterventil schließen.
- Entlüftungsvorgang an einem Bremszylinder so oft wiederholen, bis sich in der Bremsflüssigkeit, die in die Entlüfterflasche strömt, keine Luftblasen mehr zeigen.
- Nach dem Entlüften Schlauch vom Entlüfterventil abziehen, Entlüfterventil mit **10 Nm** festziehen und Staubkappe auf Ventil stecken.
- Die Bremszylinder an den anderen Rädern auf die gleiche Weise entlüften, dabei Reihenfolge einhalten.
- Nach dem Entlüften den Bremsflüssigkeitsbehälter bis zur MAX-Markierung auffüllen.

Entlüften mit Bremsentlüftungsgerät

- Verschlussdeckel vom Bremsflüssigkeitsbehälter abschrauben und Entlüftungsgerät über einen Adapter am Bremsflüssigkeitsbehälter anschließen.
- Im Bremssystem einen Arbeitsdruck von 2 bar einstellen.
- **Fahrzeuge mit ABS/EDS:** Bremsanlage **vorentlüften**, wenn eine Kammer des Bremsflüssigkeitsbehälters leer gelaufen ist. Zunächst vordere Bremssättel gleichzeitig entlüften, anschließend hintere Bremssättel. Dazu Schläuche an beide Entlüfterventile aufstecken, Ventile öffnen und Flüssigkeit ausströmen lassen, bis sich keine Luftblasen mehr zeigen. Anschließend Ventile schließen. Zuletzt Grundeinstellung durch ein Testgerät einleiten und Bremsanlage nochmals entlüften.

- **Alle Fahrzeuge:** In der angegebenen Reihenfolge jeden Bremszylinder einzeln entlüften. Dazu Schlauch am Entlüfterventil aufstecken, Ventil öffnen und Flüssigkeit ausströmen lassen, bis sich keine Luftblasen mehr zeigen. Anschließend Ventil schließen.
- Nach dem Entlüften Adapter und Entlüftungsgerät abbauen, dabei darauf achten, dass der Bremsflüssigkeitsbehälter unter Druck steht.
- Jeden Bremssattel 5-mal nach der konventionellen Methode ohne Entlüftungsgerät **nachentlüften**.
- Reifen-Laufrichtung beachten, Hinterräder anschrauben. Fahrzeug ablassen, erst dann Radschrauben über Kreuz mit **120 Nm** festziehen.

Achtung, Sicherheitskontrolle durchführen:

- ◆ Sind die Entlüftungsschrauben angezogen?
- ◆ Ist genügend Bremsflüssigkeit eingefüllt?
- ◆ Bei laufendem Motor Dichtheitskontrolle durchführen. Hierzu Bremspedal mit 200 bis 300 N (entspricht 20 bis 30 kg) etwa 10 Sekunden betätigen. Das Bremspedal darf nicht nachgeben. Sämtliche Anschlüsse auf Dichtheit kontrollieren.

- Nach dem Entlüften darf sich beim Treten auf das Bremspedal der Druck nicht schwammig anfühlen. Falls doch, Anlage nochmals entlüften. Dabei an jedem Bremssattel den Entlüftungsvorgang 5-mal durchführen.
- Anschließend einige Bremsungen auf einer Straße ohne Verkehr durchführen. Dabei sollte mindestens einmal die Bremsregelung des ABS-Systems geprüft werden, beispielsweise auf losem Untergrund. Dazu Bremse stark betätigen, bis am spürbaren Pulsieren des Bremspedals der Beginn der Bremsregelung erkennbar ist.

Achtung: Falls der Bremspedalweg nach der Probefahrt zu groß ist, obwohl er direkt nach dem Entlüften in Ordnung war, dann ist möglicherweise Luft in der ABS-Hydraulikeinheit. In diesem Fall Bremsanlage umgehend in der Fachwerkstatt entlüften lassen.

Bremskraftverstärker prüfen

GOLF VARIANT/GOLF PLUS/JETTA/TOURAN

Der Bremskraftverstärker ist auf Funktion zu überprüfen, wenn zur Erzielung ausreichender Bremswirkung die Pedalkraft außergewöhnlich hoch ist.

- Bremspedal bei stehendem Motor mindestens 5-mal kräftig durchtreten, dann bei belastetem Bremspedal Motor starten. Das Bremspedal muss jetzt unter dem Fuß spürbar nachgeben.
- Andernfalls Unterdruckschlauch am Bremskraftverstärker herausziehen, Motor starten. Durch Fingerauflegen am Ende des Unterdruckschlauches prüfen, ob Unterdruck vorhanden ist.
- Ist kein Unterdruck vorhanden: Unterdruckschlauch auf Undichtigkeiten und Beschädigungen prüfen, gegebenenfalls ersetzen. Sämtliche Schellen fest anziehen.
- **Dieselmotor:** Unterdruckschlauch von der Vakuumpumpe abziehen und mit dem Finger prüfen, ob Unterdruck am Schlauchanschluss anliegt.
- Ist Unterdruck vorhanden: Unterdruck messen, gegebenenfalls Bremsservo ersetzen (Werkstattarbeit).

Bremsschlauch aus- und einbauen

GOLF VARIANT/GOLF PLUS/JETTA/TOURAN

Achtung: Die starren Bremsleitungen aus Metall sollen von einer Fachwerkstatt verlegt werden, da zur fachgerechten Montage einige Erfahrung nötig ist.

Als flexible Verbindungen zwischen den starren Fahrzeugteilen und den Bremssätteln werden druckfeste Bremsschläuche verwendet. Diese müssen bei erkennbaren Schäden sofort ausgewechselt werden. Ältere Bremsschläuche können so aufquellen, dass sich in ihrem Innern der Durchflussquerschnitt verringert. In diesem Fall kann die Bremsflüssigkeit nicht aus dem Radbremszylinder in den Hauptbremszylinder zurückfließen; die Radbremse erhitzt sich. Wird dann das betreffende Entlüfterventil am Radbremszylinder geöffnet und das Rad blockiert nicht mehr, ist das ein Zeichen für einen defekten Bremsschlauch.

Sicherheitshinweis
Ist ein Bremsschlauch montiert worden oder eine Kammer des Bremsflüssigkeitsbehälters leergelaufen, muss die Bremsanlage in der Werkstatt mit dem Entlüftungsgerät entlüftet werden. Fahrzeug dabei an ein Diagnosegerät anschließen.

Achtung: Bremsschläuche nicht mit Öl oder Petroleum in Berührung bringen, nicht lackieren oder mit Unterbodenschutz besprühen.

Achtung: Regeln im Umgang mit Bremsflüssigkeit beachten, siehe Kapitel »Bremsanlage entlüften«.

Ausbau

Sicherheitshinweis
Beim Aufbocken des Fahrzeugs besteht Unfallgefahr! Deshalb vorher das Kapitel »Fahrzeug aufbocken« durchlesen.

- Fahrzeug aufbocken.

Achtung: Beim Öffnen vom Bremskreis läuft Bremsflüssigkeit aus. Um den Bremsflüssigkeitsverlust zu vermeiden, beziehungsweise möglichst gering zu halten, gibt es 2 Möglichkeiten:

Möglichkeit 1: Bremsflüssigkeits-Vorratsbehälter randvoll mit Bremsflüssigkeit auffüllen. Verschlussdeckel zuschrauben und Belüftungsbohrung mit einem Klebeband dicht verschließen. Durch die fehlende Belüftung kann sich das Bremssystem nicht entleeren.

Möglichkeit 2: Entlüftungsflasche mit einem Schlauch am Entlüftungsventil eines Bremssattels anschließen, siehe »Bremsanlage entlüften«. Durch Helfer auf das Bremspedal treten lassen, Enlüftungsventil öffnen und Bremsflüsssigkeit in die Entlüfterflasche abfließen lassen. Anschließend Bremspedal in niedergetretenem Zustand belassen, beispielweise indem ein Brett zwischen Sitz und Bremspedal geklemmt wird. Dadurch werden im Hauptbremszylinder die Ventile für den Nachlauf der Bremsflüssigkeit aus dem Vorratsbehälter verschlossen.

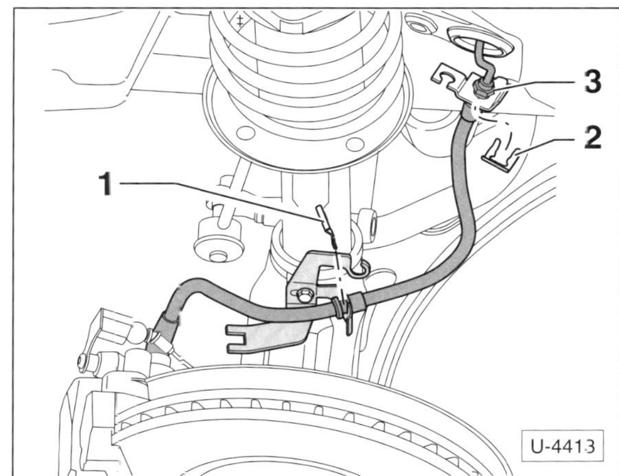

- Sicherungsklammer –1– herausziehen und Bremsschlauch aus dem Halter herausziehen.
- Bremsschlauch zuerst von der Bremsleitung trennen. Dazu Sicherungsklammer –2– herausziehen und Hohlschraube –3– herausdrehen. Bremsschlauch dabei nicht verdrillen.

Achtung: Auslaufende Bremsflüssigkeit mit Lappen auffangen. Leitungsanschluss in Richtung Hauptbremszylinder zusätzlich mit einem geeignetem Stopfen verschließen.

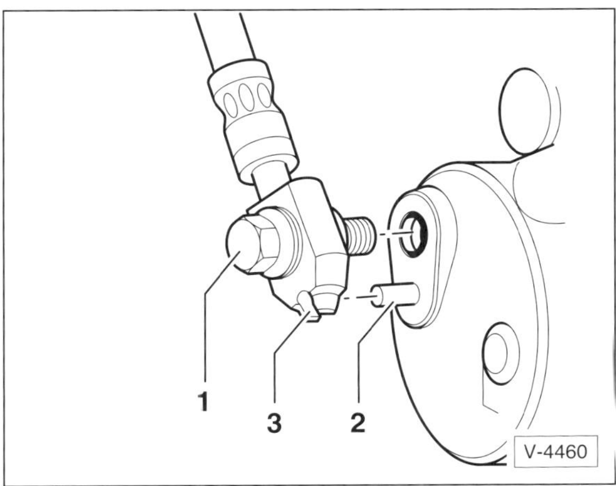

- Hohlschraube –1– für Bremsschlauch am Bremssattel abschrauben. **Hinweis:** In der Abbildung ist der Bremsschlauch am vorderen Bremssattel FS-III/FN-3 dargestellt. Beim Einbau darauf achten, dass die Fixiernase –2– des Bremssattels in die Nut –3– des Anschlussstücks eingreift.

Einbau

- Nur vom Werk freigegebene Bremsschläuche einbauen. Neuen Bremsschlauch so einbauen, dass er ohne Drall durchhängt.

- Bremsschlauch am Bremssattel mit **35 Nm** festziehen. **Achtung:** Bremsschlauch, sofern erforderlich, mit **neuem** Dichtring anschrauben.
- Bremsleitung mit **14 Nm** am Bremsschlauch festschrauben.
- Bremsanlage entlüften.

Achtung: Falls Luft in die ABS-Hydraulikpumpe gelangt ist, **Bremsanlage mit dem Diagnose- und Entlüftungsgerät vorentlüften.** Außerdem muss eine Grundeinstellung der Hydraulikeinheit durchgeführt werden.

- Fahrzeug ablassen.

Achtung, Sicherheitskontrolle durchführen:

- Sind die Bremsschläuche festgezogen?
- Befindet sich der Bremsschlauch in der Halterung?
- Sind die Entlüftungsschrauben angezogen?
- Ist genügend Bremsflüssigkeit eingefüllt?
- Bei laufendem Motor Dichtheitskontrolle durchführen. Hierzu Bremspedal mit 200 bis 300 N (entspricht 20 bis 30 kg) etwa 10 Sekunden betätigen. Das Bremspedal darf nicht nachgeben. Sämtliche Anschlüsse auf Dichtheit kontrollieren.
- Anschließend einige Sicherheitsbremsungen auf einer Straße ohne Verkehr durchführen.

Bremslichtschalter aus- und einbauen

GOLF VARIANT/GOLF PLUS/JETTA/TOURAN

Der Bremslichtschalter sitzt im Motorraum am Hauptbremszylinder. Beim Betätigen des Bremspedals wird über den Schalter das Bremslicht eingeschaltet. Außerdem dient der Bremslichtschalter dem ABS/EDS-Steuergerät als Signalgeber für den Beginn eines Bremsvorganges. Daher ist eine korrekte Funktion äußerst wichtig.

Ausbau

- Obere Motorabdeckung ausbauen, siehe Seite 61.
- Damit der Bremslichtschalter zugänglich wird, muss bei einigen Fahrzeugen der Ansaugschlauch ausgebaut werden.

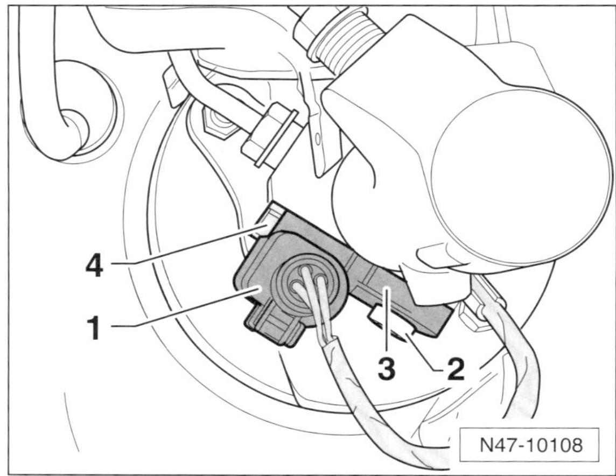

- Stecker –1– vom Bremslichtschalter –3– abziehen.
- Torxschraube –2– am Hauptbremszylinder herausdrehen.
- Bremslichtschalter –3– unten vom Hauptbremszylinder abziehen und oben aus dem Clip –4– herausnehmen.

Einbau

- Der Einbau erfolgt in umgekehrter Ausbaureihenfolge. Torxschraube mit **5 Nm** festziehen.
- Bremslichtschalter auf Funktion prüfen.

Störungsdiagnose Bremse

Störung	Ursache	Abhilfe
Leerweg des Bremspedals zu groß.	Ein Bremskreis ausgefallen.	■ Bremskreise auf Flüssigkeitsverlust prüfen.
Bremspedal lässt sich weit und federnd durchtreten.	Luft im Bremssystem.	■ Bremse entlüften.
	Zu wenig Bremsflüssigkeit im Bremsflüssigkeitsbehälter.	■ Neue Bremsflüssigkeit nachfüllen. Bremse entlüften.
	Dampfblasenbildung. Tritt meist nach starker Beanspruchung auf, z. B. Passabfahrt.	■ Bremsflüssigkeit wechseln. Bremse entlüften.
Bremswirkung lässt nach, und Bremspedal lässt sich durchtreten.	Undichte Leitung.	■ Leitungsanschlüsse nachziehen oder Leitung erneuern.
	Beschädigte Manschette im Haupt- oder Radbremszylinder.	■ Manschette erneuern. Beim Hauptbremszylinder Innenteile ersetzen (Werkstatt), gegebenenfalls Hauptbremszylinder ersetzen oder Radbremszylinder überholen lassen.
Schlechte Bremswirkung trotz hohen Fußdrucks.	Bremsbeläge verölt.	■ Bremsbeläge erneuern.
	Ungeeigneter oder verhärteter Bremsbelag.	■ Beläge erneuern. Nur vom Automobilhersteller freigegebene Bremsbeläge verwenden.
	Bremsbeläge abgenutzt.	■ Bremsbeläge erneuern.
	Bremskraftverstärker defekt, Unterdruckleitung porös, defekt.	■ Bremskraftverstärker und Unterdruckleitung prüfen.
Bremse zieht einseitig.	Unvorschriftsmäßiger Reifendruck.	■ Reifendruck prüfen und berichtigen.
	Bereifung ungleichmäßig abgefahren.	■ Abgefahrene Reifen ersetzen.
	Bremsbeläge verölt.	■ Bremsbeläge erneuern.
	Verschiedene Bremsbelagsorten auf einer Achse.	■ Beläge erneuern. Nur vom Automobilhersteller freigegebene Bremsbeläge verwenden.
	Schlechtes Tragbild der Bremsbeläge.	■ Bremsbeläge austauschen.
	Verschmutzte Bremssattelschächte.	■ Sitz- und Führungsflächen der Bremsbeläge im Bremssattel reinigen.
	Korrosion in den Bremssattelzylindern.	■ Bremssattel erneuern.
	Bremsbelag ungleichmäßig verschlissen.	■ Bremsbeläge erneuern (an beiden Rädern), Bremssättel auf Leichtgängigkeit prüfen.
Bremse zieht von selbst an.	Hauptbremszylinder defekt.	■ Hauptbremszylinder ersetzen.
Bremsen erhitzen sich während der Fahrt.	Bremse schwergängig.	■ Bewegliche Teile der Bremse schmieren. Bremssattel überholen lassen (Werkstattarbeit).
	Handbremsseil schwergängig.	■ Seil schmieren oder erneuern.
	Bremsschlauch innen aufgequollen, dicht.	■ Bremsschlauch erneuern.
	Korrosion in den Bremsattelzylindern.	■ Bremssattel erneuern.
Bremsen rattern.	Ungeeigneter Bremsbelag.	■ Beläge erneuern. Nur vom Automobilhersteller freigegebene Bremsbeläge verwenden.
	Bremsscheibe stellenweise korrodiert.	■ Scheibe mit Schleifklötzen sorgfältig glätten.
	Bremsscheibe hat Seitenschlag.	■ Scheibe nacharbeiten oder ersetzen.

Störung	Ursache	Abhilfe
Räder lassen sich schwer von Hand drehen.	Bremsbeläge lösen sich nicht von der Bremsscheibe, Korrosion in den Bremssattelzylindern.	■ Bremssattel überholen, eventuell austauschen.
Ungleichmäßiger Belag-Verschleiß.	Ungeeigneter Bremsbelag.	■ Beläge erneuern.
	Bremssattel verschmutzt.	■ Bremssattelschächte reinigen.
	Bremssattel klemmt.	■ Führungsbuchsen und -stifte gangbar machen.
	Kolben nicht leichtgängig.	■ Kolben gangbar machen (Werkstattarbeit).
	Bremssystem undicht.	■ Bremssystem auf Dichtigkeit prüfen.
Keilförmiger Bremsbelag-Verschleiß.	Bremsscheibe läuft nicht parallel zum Bremssattel.	■ Anlagefläche des Bremssattels prüfen.
	Korrosion in den Bremssätteln.	■ Verschmutzung beseitigen oder Bremssattel erneuern.
Bremsbeläge lösen sich nicht von der Bremsscheibe, Räder lassen sich schwer von Hand drehen.	Korrosion in den Bremssattelzylindern.	■ Bremssattel überholen, eventuell austauschen.
	Bremsschlauch innen aufgequollen, dicht.	■ Bremsschlauch erneuern.
Bremse quietscht.	Oft auf atmosphärische Einflüsse (Luftfeuchtigkeit) zurückzuführen.	■ Keine Abhilfe erforderlich, wenn Quietschen nach längerem Stillstand des Wagens bei hoher Luftfeuchtigkeit auftritt, sich dann aber nach den ersten Bremsungen nicht wiederholt.
	Ungeeigneter Bremsbelag.	■ Beläge erneuern. Rückenplatte mit Anti-Quietsch-Paste bestreichen.
	Bremsscheibe läuft nicht parallel zum Bremssattel.	■ Anlagefläche des Bremssattels prüfen.
	Verschmutzte Schächte im Bremssattel.	■ Bremssattelschächte reinigen.
Bremse pulsiert.	ABS bei Vollbremsung in Funktion.	■ Normal, keine Abhilfe.
	Seitenschlag oder Dickentoleranz der Bremsscheibe zu groß.	■ Schlag und Toleranz prüfen. Scheibe nacharbeiten oder ersetzen.
	Bremsscheibe läuft nicht parallel zum Bremssattel.	■ Anlagefläche des Bremssattels prüfen.
ABS-Kontrollleuchte leuchtet während der Fahrt.	Betriebsspannung zu niedrig (unter ca. 10 Volt).	■ Batteriespannung prüfen. Prüfen, ob Kontrolllampe für Generator nach dem Motorstart erlischt, andernfalls Keilrippenriemen und Generator prüfen.
		■ Hinweise zu ABS/ESP/EDS beachten.
	ABS-Anlage defekt.	■ ABS-Anlage in der Fachwerkstatt prüfen lassen.
Wirkung der Handbremse nicht ausreichend.	Bowdenzüge korrodiert.	■ Neuteile einbauen.

Abgasanlage

Aus dem Inhalt:

- **Katalysator- und Filtersysteme**
- **Abgasturbolader**
- **Abgasanlagen-Übersicht**
- **Abgasanlage demontieren**
- **Abgasanlage prüfen**

Die Abgasanlage besteht beim Benzinmotor aus Abgaskrümmer, Abgas-Turbolader (nur TSI), vorderem und mittlerem Abgasrohr, Haupt- oder Nachschalldämpfer und Endrohr(en). Je nach Ausführung können auch ein Vor- und ein Mittelschalldämpfer vorhanden sein. Jeweils zwei Lambdasonden, die direkt vor und hinter dem Katalysator eingeschraubt sind, dienen zur Abgasregelung. Die Abgasanlage des Dieselmotors ist zusätzlich mit einem Partikelfilter bestückt, der sich zusammen mit dem Katalysator in einem Gehäuse befindet.

Bei einer Reparatur lassen sich sämtliche Teile der Abgasanlage einzeln auswechseln.

Katalysatorschäden vermeiden

Um Beschädigungen am Katalysator zu vermeiden, sind folgende Hinweise unbedingt zu beachten:

Benzinmotor

- Grundsätzlich nur **bleifreies** Benzin tanken.
- Das Anlassen des Motors durch **Anschieben** oder Anschleppen darf nur in **einem** Versuch über eine Strecke von etwa 50 Metern erfolgen. Besser: Starthilfekabel verwenden. Unverbrannter Kraftstoff könnte bei einer Zündung zur Überhitzung des Katalysators und zu seiner Zerstörung führen. Ist der Motor **betriebswarm**, darf er **nicht** angeschoben oder angeschleppt werden.
- Treten Zündaussetzer auf, hohe Motordrehzahlen vermeiden und Fehler umgehend beheben.
- Nur die vorgeschriebenen Zündkerzen verwenden.
- Keine Funkenprüfung ohne ausreichende Masseverbindung durchführen.
- Es darf kein Zylindervergleich (Balancetest) durch Zündabschaltung eines Zylinders durchgeführt werden. Bei Zündabschaltung der einzelnen Zylinder – auch über Motortester – gelangt unverbrannter Kraftstoff in den Katalysator.

Benzin- und Dieselmotor

- Keinen Unterbodenschutz auf Abgasrohre auftragen.
- Die Hitzeschilde der Abgasanlage nicht verändern.
- Bei Startschwierigkeiten nicht unnötig lange den Anlasser betätigen. Während des Anlassens wird permanent Kraftstoff eingespritzt. Fehlerursache ermitteln und beseitigen.
- Kraftstofftank nie ganz leer fahren.
- Beim Ein- oder Nachfüllen von Motoröl besonders darauf achten, dass auf keinen Fall die Maximum-Markierung am Ölmessstab (obere Markierung) überschritten wird. Das überschüssige Öl gelangt sonst aufgrund unvollständiger Verbrennung in den Katalysator und kann das Edelmetall beschädigen oder den Katalysator zerstören.

Aufbau des Katalysators

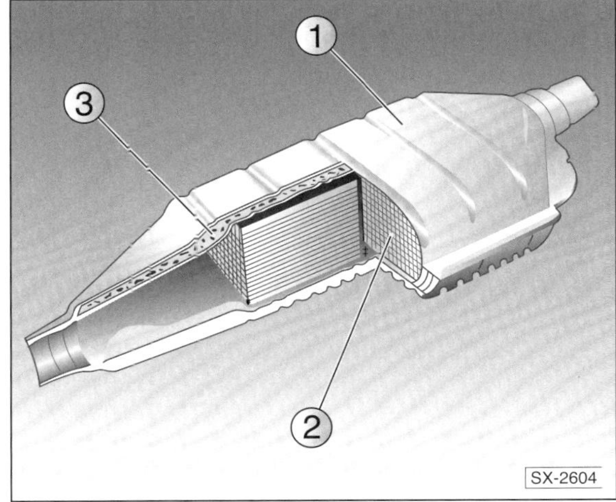

Der Katalysator dient zur Abgasumwandlung. Er besteht aus einem Keramik-Wabenkörper –2–, der mit einer Trägerschicht überzogen ist. Auf der Trägerschicht befinden sich Edelmetallsalze, die den Umwandlungsprozess bewirken. Im Gehäuse –1– wird der Katalysator durch eine Isolations-Stützmatte –3– fixiert, die außerdem Wärmeausdehnungen ausgleicht.

In Verbindung mit der elektronischen Benzin-Einspritzanlage und der oder den Lambdasonde(n) wird die Kraftstoffmenge für die Verbrennung so dosiert, dass der Katalysator die Schadstoffe optimal reduzieren kann.

Der Diesel-Katalysator wandelt die im Abgas befindlichen giftigen Kohlenmonoxide und Kohlenwasserstoffverbindungen in Kohlendioxid (CO_2) und Wasser (H_2O) um. Außerdem vermindert sich der dieseltypische Abgasgeruch.

Der höhere Anteil von Stickoxiden (NOX) im Abgas des Dieselmotors wird durch ein zusätzliches Abgas-Rückführungssystem (ARF) auf geringem Niveau gehalten.

Abgas-Turbolader

Alle Dieselmotoren wie auch die TSI-Benzinmotoren sind mit einem Abgas-Turbolader ausgerüstet.

Beim Turbolader sitzen zwei Turbinenräder auf einer Welle, die in zwei voneinander getrennten Gehäusen untergebracht sind. Für den Antrieb der Turbinenräder sorgen die Abgase. Sie bringen die Laderwelle auf bis zu 300.000 Umdrehungen in der Minute. Und da Abgas- und Frischluftrotor auf gleicher Welle sitzen, wird mit gleicher Drehzahl Frischluft in die Zylinder gedrückt. Zur Schmierung ist der Lader an den Ölkreislauf des Motors angeschlossen, beim Benziner wird er zusätzlich durch das Kühlmittel gekühlt.

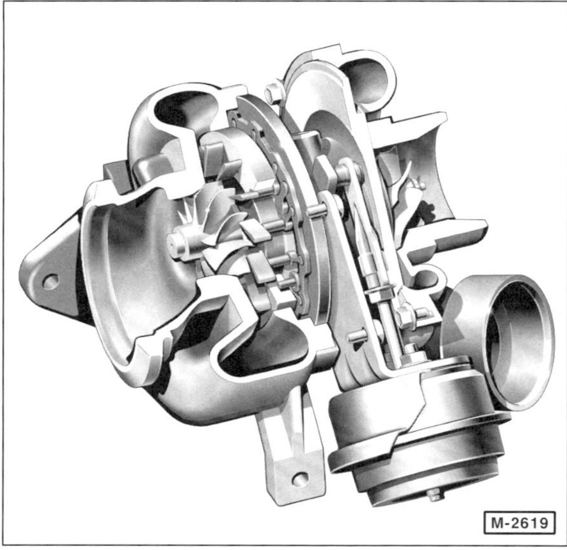

Der VTG-Turbolader (VTG = Variable Turbinen-Geometrie) besitzt verstellbare Leitschaufeln, die vom Motor-Steuergerät über ein Magnetventil und eine Unterdruckdose stufenlos geregelt werden. Dadurch kann bei allen Drehzahlen der optimale Ladedruck erzeugt werden, was zu einem höheren Drehmoment und auch zu mehr Leistung führt.

Zwischen Turbolader und Einlasskanal des Motors befindet sich ein Ladeluftkühler, der die vorverdichtete Luft abkühlt. Das erhöht die Motorleistung, weil kühle Luft durch die höhere Luftdichte einen höheren Sauerstoffanteil besitzt.

Der Lader ist ein äußerst präzise hergestelltes Bauteil. Daher wird er in der Regel bei einem Defekt komplett ausgetauscht.

Diesel-Partikelfilter

Der Diesel-Partikelfilter filtert die bei der Verbrennung im Motor entstehenden Rußpartikel aus dem Abgas heraus. Dabei werden die Rußpartikel zunächst im Wabensystem des Filters gesammelt und anschließend in einem separaten Vorgang rückstandslos verbrannt.

Achtung: Fahrzeuge mit Diesel-Partikelfilter dürfen nicht mit **Bio-Diesel** (RME nach DIN EN 14214) gefahren werden.

Für die VW-Motoren wird ein »katalytisches Filtersystem« verwendet, das ohne zusätzliche Kraftstoff-Additive auskommt. Damit der Diesel-Partikelfilter durch die angelagerten Rußpartikel mit der Zeit nicht verstopft und dadurch in seiner Funktion beeinträchtigt wird, muss er regelmäßig regeneriert werden. Dabei wird zwischen passiver und aktiver Regeneration unterschieden.

Passive Regeneration: Die Rußpartikel werden während des normalen Motorbetriebes kontinuierlich verbrannt. Bei Abgastemperaturen von +350° – +500° C, beispielsweise bei Autobahnfahrten, werden die Rußpartikel durch chemische Reaktion mit dem im Abgas enthaltenen Stickstoffoxid (NO_X) zu Kohlendioxid (CO_2) umgewandelt. Dieser Vorgang erfolgt langsam und kontinuierlich und wird über die innere Platin-Beschichtung des Filters in Gang gesetzt.

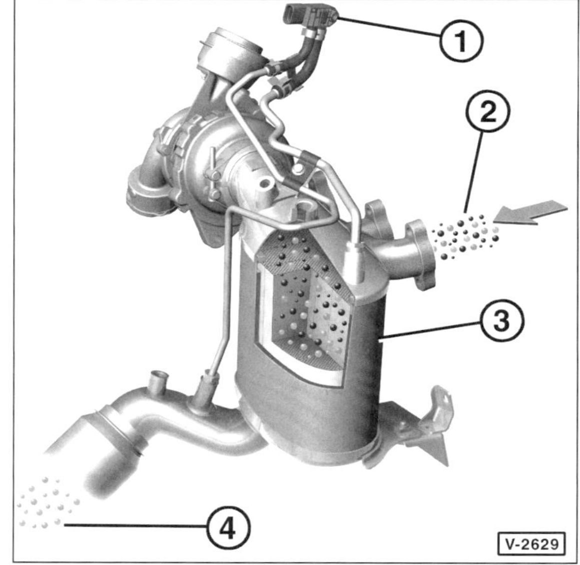

1 – Drucksensor
2 – Abgas mit Rußpartikeln
3 – Diesel-Partikelfilter
4 – Abgas ohne Rußpartikel

Aktive Regeneration: Der Drucksensor –1– vergleicht den Abgasdruck vor und hinter dem Partikelfilter –3–. Hoher Druckunterschied deutet darauf hin, dass der Filter zum Verstopfen neigt. In diesem Fall wird die aktive Filter-Regeneration eingeleitet. In der Regel geschieht das dann, wenn die Abgastemperaturen für die passive Regeneration des Filters zu niedrig sind, zum Beispiel bei häufigem Stadtverkehr. Für die aktive Regeneration verändert das Motor-Steuergerät den Einspritzvorgang und erhöht dadurch die Abgastemperatur auf +600° – +650° C. Bei dieser Temperatur werden die Rußpartikel zu Kohlendioxid (CO_2) verbrannt. Der aktive Regenerationsvorgang dauert ca. 10 Minuten und wird vom Fahrer in der Regel nicht bemerkt.

Abgasanlagen-Übersicht

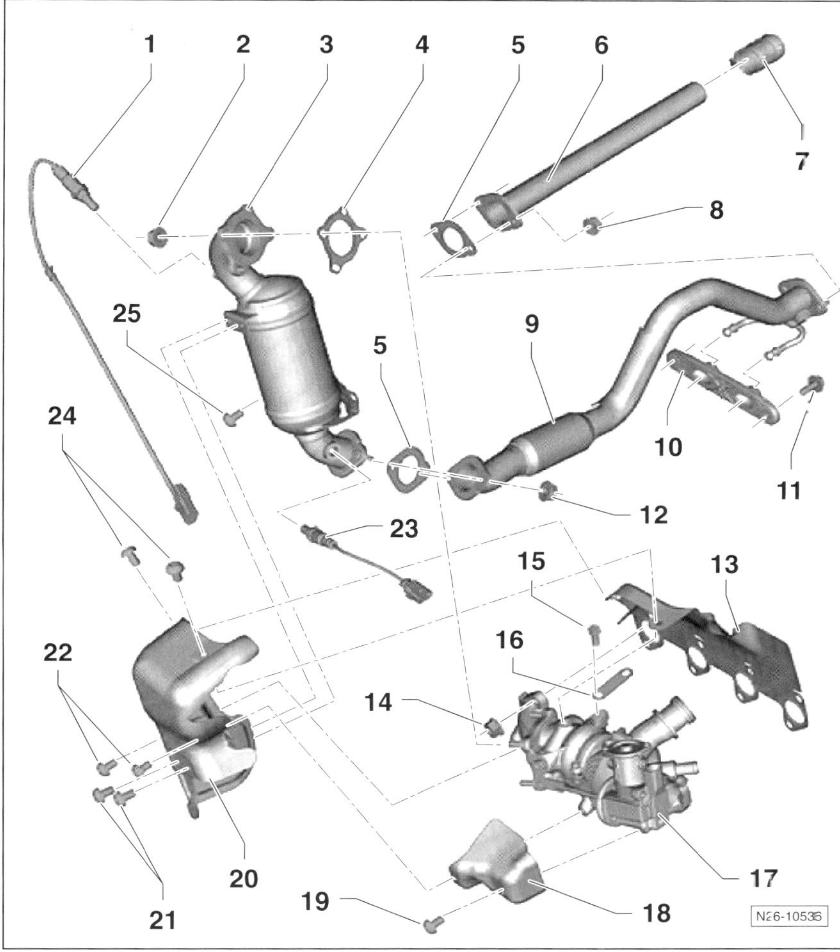

1,2-l-Benzinmotor CBZA/CBZB
GOLF VARIANT/GOLF PLUS/
JETTA/TOURAN

1 – **Lambdasonde 1 [2], 55 Nm**
Vor dem Katalysator.

2 – **Mutter[1], 23 Nm**

3 – **Hauptkatalysator**

4 – **Dichtung[1]**

5 – **Dichtung[1]**

6 – **Zwischenrohr**

7 – **Klemmhülse vorn, 23 Nm**
Vor dem Anziehen Abgasanlage in kaltem Zustand spannungsfrei ausrichten. Gleichmäßig anziehen.

8 – **Mutter[1], 23 Nm**

9 – **Abgasrohr vorn**
Mit Abkoppelelement. Abkoppelelement nicht mehr als 10° abwinkeln.

10 – **Aufhängung**

11 – **Schraube, 25 Nm**

12 – **Mutter, 25 Nm**

13 – **Dichtung[1]**

14 – **Mutter, 18 Nm + 12 Nm + 12 Nm**
Achtung: Muttern müssen in 3 Stufen von innen nach außen über Kreuz angezogen werden.

15 – **Schraube, 20 Nm**

16 – **Halter**

17 – **Abgasturbolader**

18 – **Wärmeschutzblech**

19/21/22/24 – **Schraube, 10 Nm**
Zunächst alle Schrauben handfest anziehen, danach mit Drehmoment.

20 – **Wärmeschutzblech**

23 – **Lambdasonde 2 [2], 55 Nm**
Nach dem Katalysator.

25 – **Schraube, 23 Nm**

[1]) Immer ersetzen.

[2]) Nur Gewinde mit »G052112A3« fetten. Fett darf nicht auf Schlitze kommen.

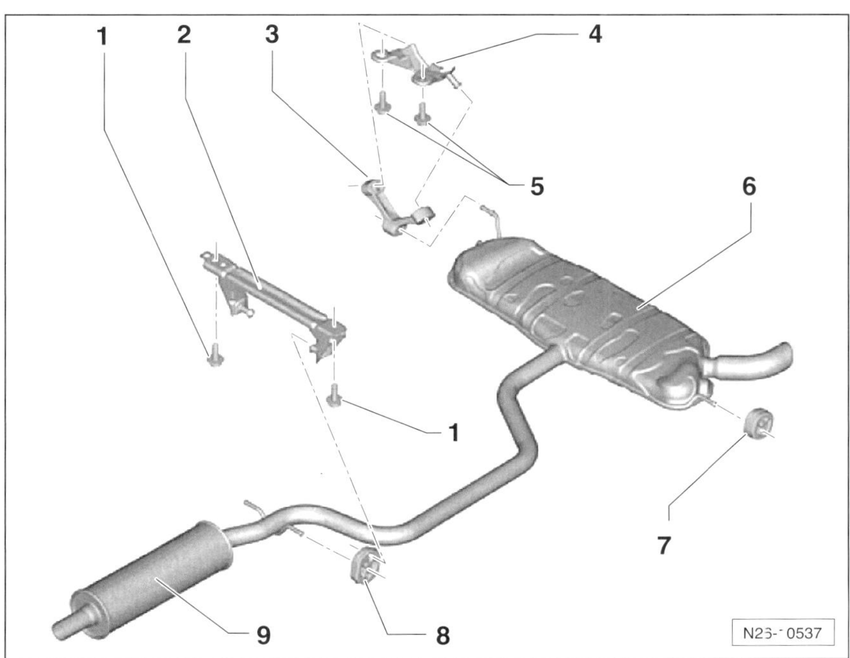

Schalldämpfer hinten

1,2-l-Benzinmotor CBZA/CBZB
GOLF PLUS/TOURAN

1 – **Schraube, 25 Nm**

2 – **Halter**
Einbaulage beachten.

3 – **Aufhängung**
Bei Beschädigung ersetzen.

4 – **Halter**
Einbaulage beachten.

5 – **Schrauben, 25 Nm**

6 – **Nachschalldämpfer**

7 – **Halteschlaufe**
Bei Beschädigung ersetzen.

8 – **Halteschlaufe**
Bei Beschädigung ersetzen.

9 – **Mittelschalldämpfer**

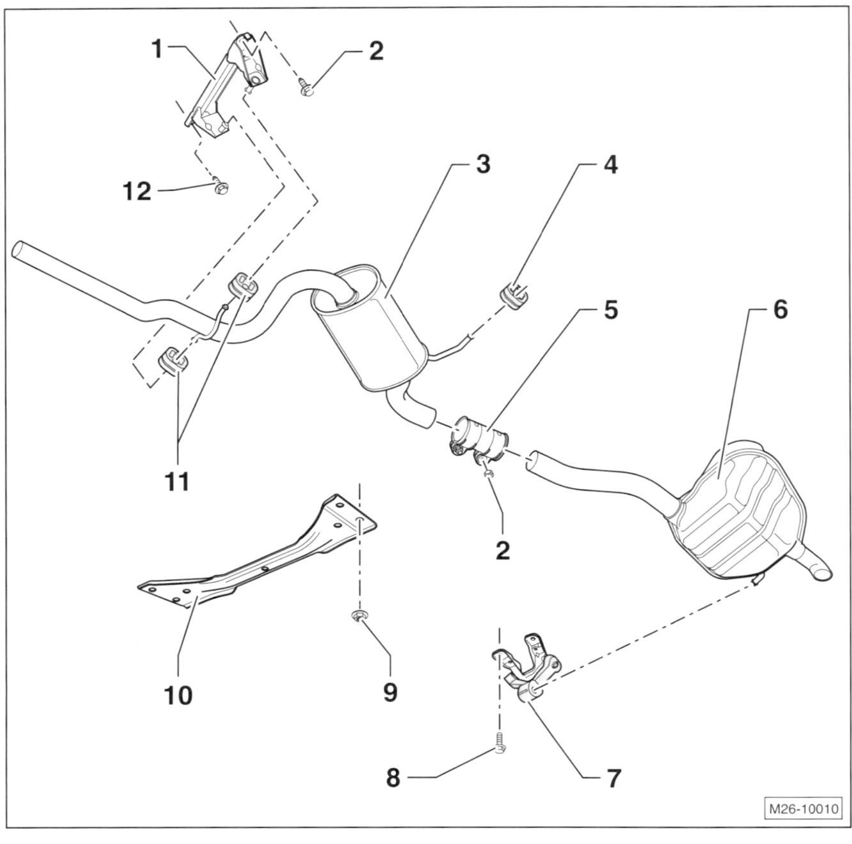

Schalldämpfer hinten

1,2-l-Benzinmotor CBZA/CBZB

GOLF VARIANT/JETTA

1 – **Aufhängung**

2 – **Schraube, 23 Nm**

3 – **Vorschalldämpfer**

4 – **Halteschlaufe**
Bei Beschädigung ersetzen.

5 – **Reparatur-Klemmschelle**
Serienmäßig werden Vor- und Nachschalldämpfer als ein Teil eingebaut. Die Schalldämpfer können jedoch einzeln ersetzt werden. In diesem Fall Verbindungsrohr an der Trennstelle mit einer Metallsäge rechtwinklig trennen. Beim Einbau Abgasrohre mit einer Reparatur-Doppelschelle verbinden. Schrauben für Klemmhülse mit **23 Nm** festziehen.

6 – **Nachschalldämpfer**

7 – **Aufhängung**
Bei Beschädigung ersetzen.

8 – **Schraube, 23 Nm**

9 – **Mutter, 20 Nm**

10 – **Querstrebe**

11 – **Halteschlaufe**
Bei Beschädigung ersetzen.

12 – **Schraube, 25 Nm**
Immer ersetzen. Für Befestigung Kraftstoffbehälter.

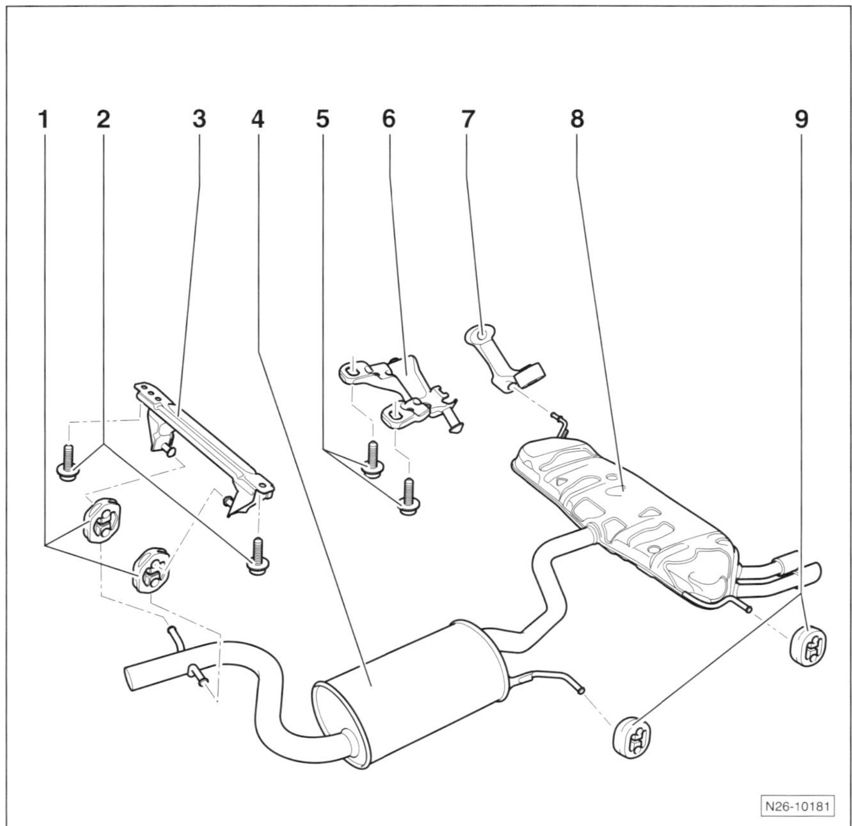

Schalldämpfer hinten

1,4-l-Benzinmotor CAVC

GOLF PLUS/TOURAN

1 – **Halteschlaufen**
Bei Beschädigung ersetzen.

2 – **Schrauben, 25 Nm**

3 – **Halter**
Einbaulage beachten.

4 – **Mittelschalldämpfer**

5 – **Schrauben, 25 Nm**

6 – **Halter**
Einbaulage beachten.

7 – **Aufhängung**
Bei Beschädigung ersetzen.

8 – **Nachschalldämpfer**

9 – **Halteschlaufen**
Bei Beschädigung ersetzen.

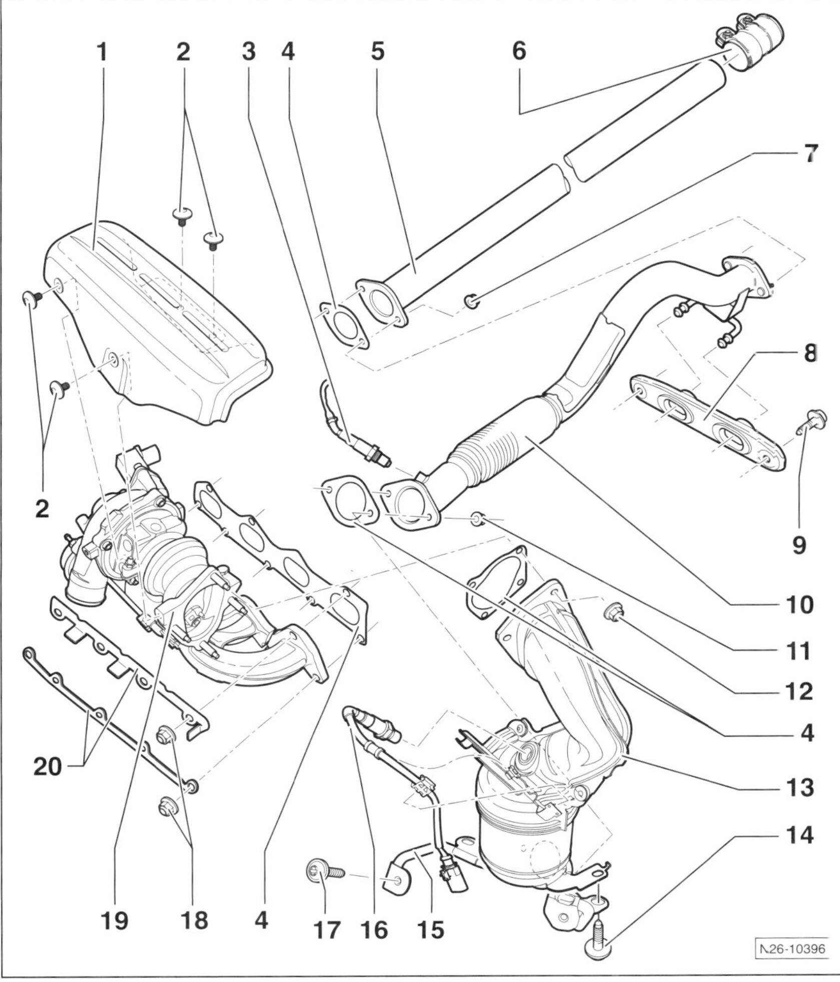

1,4-l-Benzinmotor CAVC/CAVD/CAVB

GOLF VARIANT/GOLF PLUS TOURAN

1 – **Wärmeschutzblech**

2 – **Schrauben, 10 Nm**

3 – **Lambdasonde 2 [2], 50 Nm**
Nach Katalysator.

4 – **Dichtung[1]**

5 – **Abgasrohr**

6 – **Doppelschelle, 25 Nm**

7 – **Mutter[1], 25 Nm**

8 – **Aufhängung**

9 – **Schraube[)], 25 Nm**

10 – **Abgasrohr vorn**
Mit Abkoppelelement. Abkoppelelement nicht mehr als 10° abwinkeln.

11 – **Mutter[1], 25 Nm**

12 – **Mutter[1], 23 Nm**
Stiftschrauben des Turboladers mit Heißschraubenpaste einstreichen.

13 – **Hauptkatalysator mit Abgasrohr**

14 – **Schraube, 25 Nm**

15 – **Halter**

16 – **Lambdasonde 1 [2], 50 Nm**
Vor Katalysator.

17 – **Schraube, 10 Nm**

18 – **Mutter[1], 12 Nm**
Achtung: Unterschiedliche Muttern. Richtige Zuordnung sicherstellen.

19 – **Abgasturbolader**
Turbolader und Abgaskrümmer können nur zusammen ersetzt werden

20 – **Halter**
Je nach Baujahr nicht mehr vorhanden.

---

[1]) Immer ersetzen.

[2]) Nur Gewinde mit »G052112A3« fetten. Fett darf nicht auf Schlitze kommen.

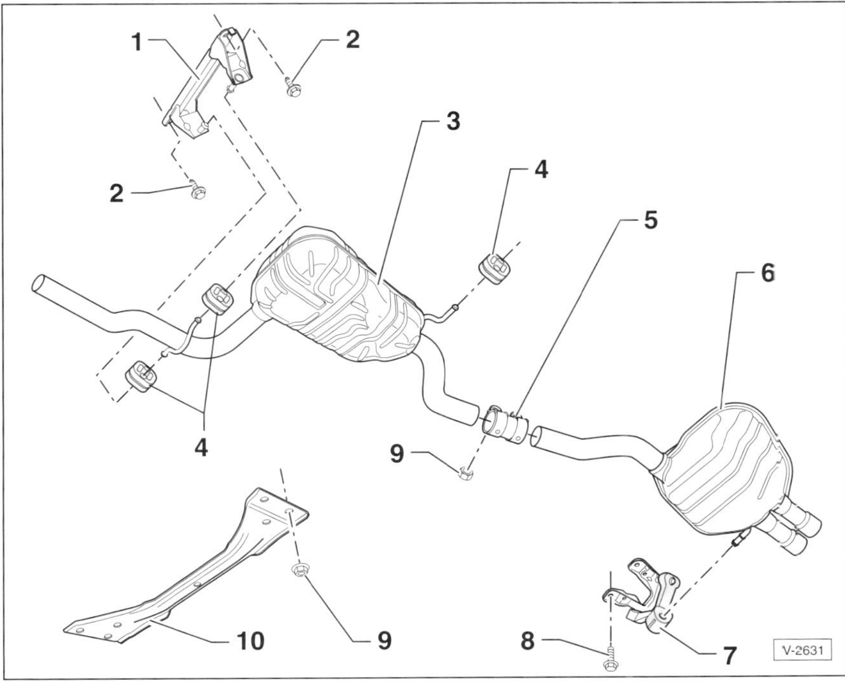

Schalldämpfer hinten

1,4-l-Benzinmotor CAVC/CAVD/CAVB

GOLF PLUS/TOURAN

1 – **Aufhängung**
Bei Beschädigung ersetzen.

2 – **Schrauben, 25 Nm**

3 – **Vorschalldämpfer**

4 – **Halteschlaufen**
Bei Beschädigung ersetzen.

5 – **Reparatur-Klemmhülse**

6 – **Nachschalldämpfer**

7 – **Aufhängung**
Bei Beschädigung ersetzen.

8 – **Schraube, 25 Nm**

9 – **Muttern, 25 Nm**

10 – **Tunnelbrücke**

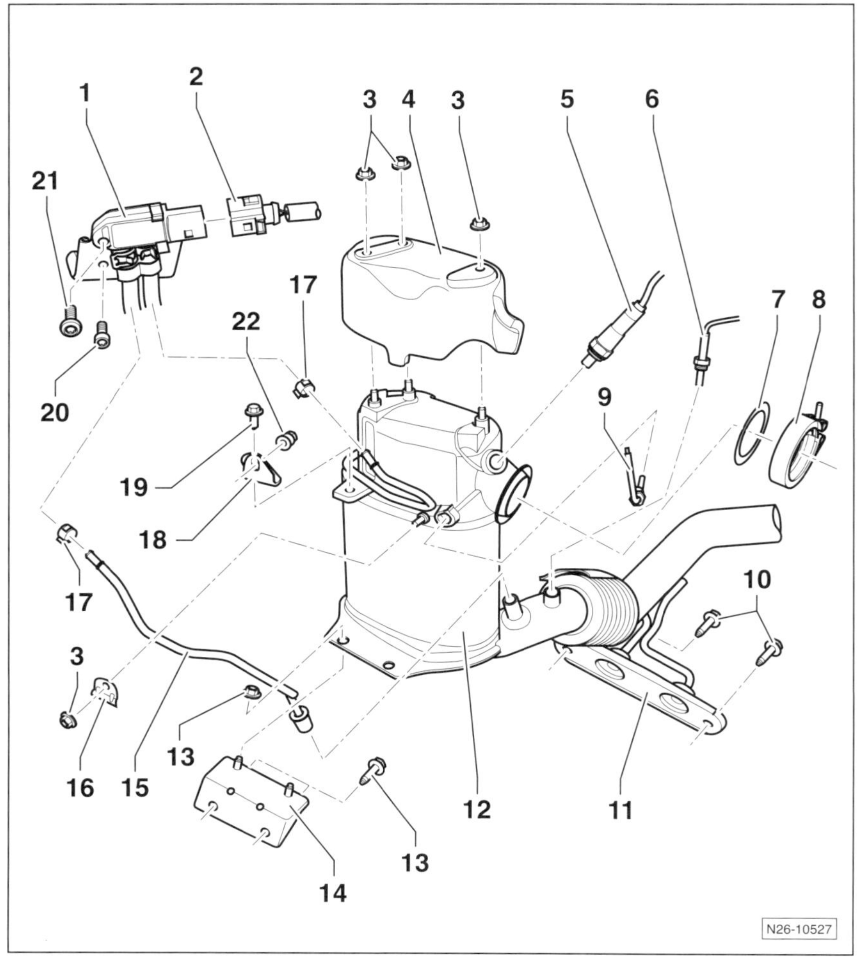

1,6-l-Dieselmotor

GOLF PLUS/TOURAN

1 – **Abgas-Drucksensor 1**

2 – **Stecker**

3 – **Muttern, 10 Nm**

4 – **Abschirmblech**

5 – **Lambdasonde**[3]**, 50 Nm**

6 – **Abgas-Temperaturgeber 4**[3]**, 45 Nm**

7 – **Dichtung**[1]
Einbaulage beachten.

8 – **Schelle, 7 Nm**

9 – **Abgas-Temperaturgeber 3**[3]**, 45 Nm**

10 – **Schrauben, 25 Nm**

11 – **Aufhängung**[2]

12 – **Partikelfilter**
Mit Katalysator und vorderem Abgasrohr.
Nach dem Ersetzen mit dem VW-Diagnosegerät anpassen.

13 – **Mutter/Schraube, 25 Nm**

14 – **Halter**
Am Motorblock angeschraubt. Mit angenieteten Gewindebolzen.

15 – **Steuerleitung, 45 Nm**

16 – **Halter**
Am Partikelfilter angeschraubt.

17 – **Klemmschelle**[1]

18 – **Halter**
Am Zylinderkopf angeschraubt.

19 – **Schraube, 25 Nm**

20 – **Schraube, 3 Nm**

21 – **Schraube, 3 Nm**

22 – **Mutter, 25 Nm**

---

[1]) Immer ersetzen.

[2]) Bei Beschädigung ersetzen.

[3]) Gewinde mit Heißschraubenpaste fetten. Fett darf nicht auf die Schlitze (Lambdasonde) kommen.

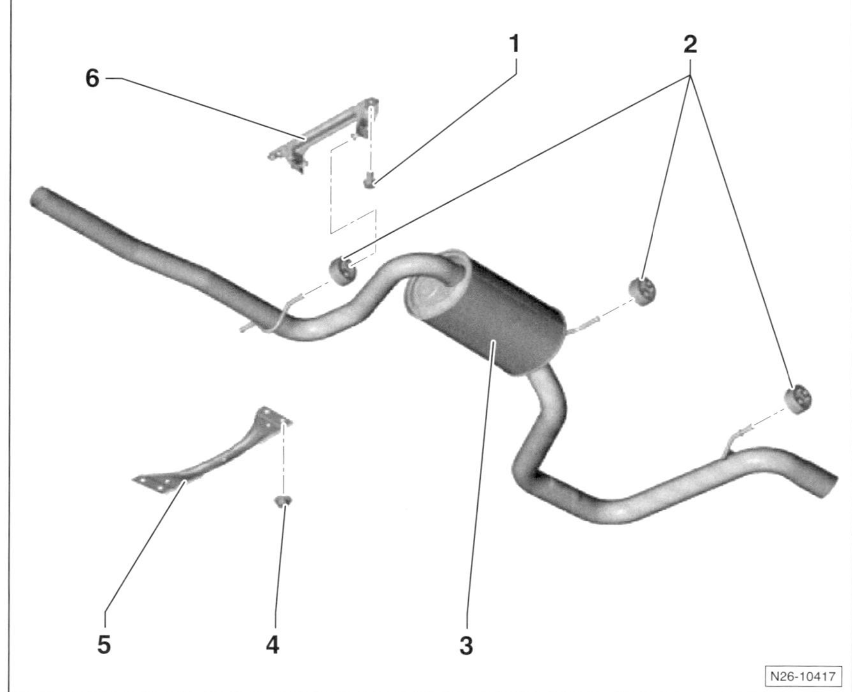

Schalldämpfer hinten

1,6-l-Dieselmotor

GOLF PLUS/TOURAN

1 – **Schraube**[1]**, 25 Nm**

2 – **Halteringe**[2]

3 – **Nachschalldämpfer**

4 – **Mutter, 25 Nm**

5 – **Tunnelbrücke**

6 – **Aufhängung**[2]

---

[1]) Immer ersetzen.

[2]) Bei Beschädigung ersetzen.

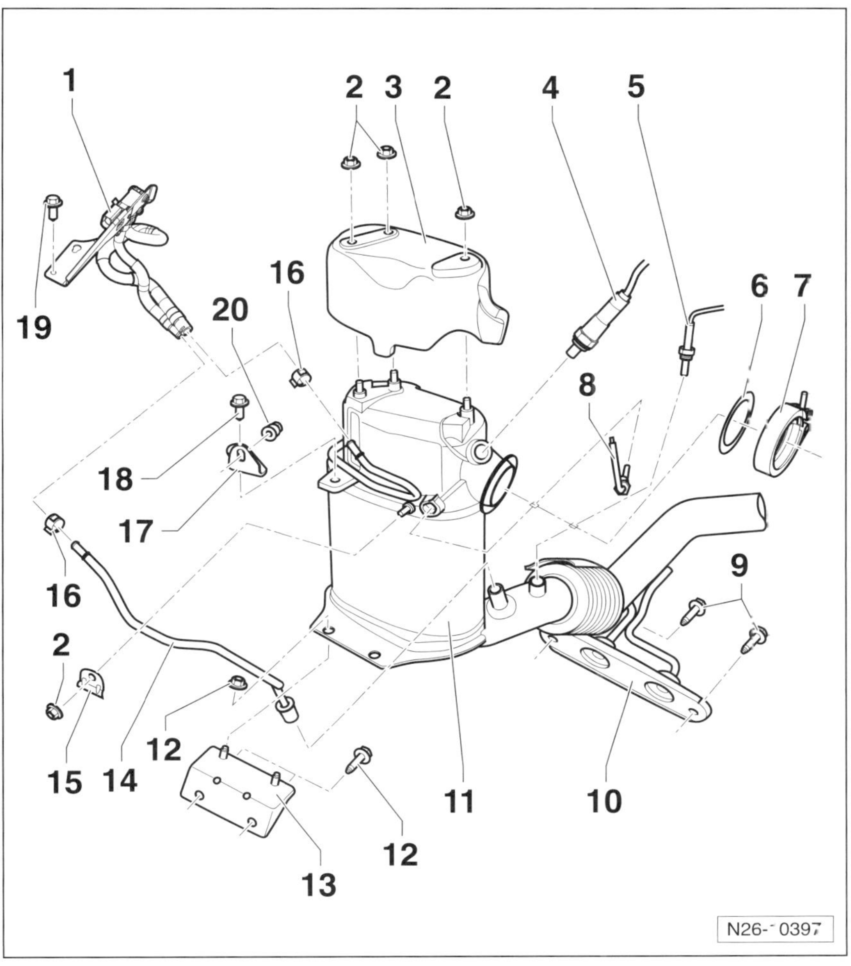

2,0-l-Dieselmotor

GOLF VARIANT/TOURAN

1 – **Abgas-Drucksensor 1**

2 – **Muttern, 10 Nm**

3 – **Abschirmblech**

4 – **Lambdasonde [3], 50 Nm**

5 – **Abgas-Temperaturgeber 4[3], 45 Nm**

6 – **Dichtung [1]**
Einbaulage beachten.

7 – **Schelle, 7 Nm**

8 – **Abgas-Temperaturgeber 3[3], 45 Nm**

9 – **Schrauben, 25 Nm**

10 – **Aufhängung [2]**

11 – **Partikelfilter**
Mit Katalysator und vorderem Abgasrohr.
Nach dem Ersetzen mit dem VW-Diagnosegerät anpassen.

12 – **Mutter, 25 Nm**

13 – **Halter**
Am Motorblock angeschraubt.

14 – **Steuerleitung, 45 Nm**

15 – **Halter**
Am Partikelfilter angeschraubt.

16 – **Klemmschelle [1]**

17 – **Halter**
Am Zylinderkopf angeschraubt.

18 – **Schraube, 25 Nm**

19 – **Schraube, 8 Nm**

20 – **Mutter, 25 Nm**

[1]) Immer ersetzen.

[2]) Bei Beschädigung ersetzen.

[3]) Gewinde mit Heißschraubenpaste fetten. Fett darf nicht auf die Schlitze (Lambdasonde) kommen.

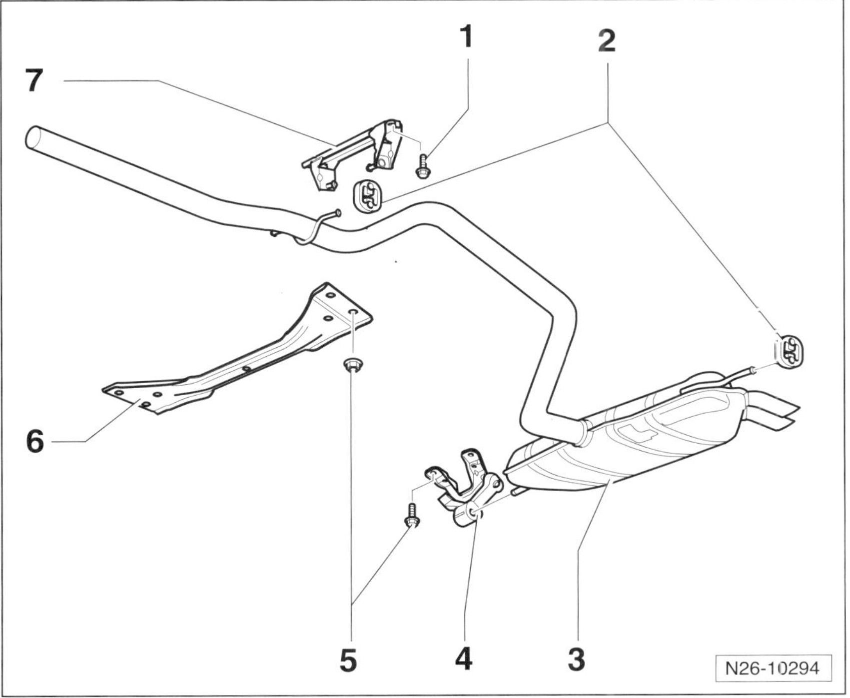

Schalldämpfer hinten

2,0-l-Dieselmotor

GOLF VARIANT/TOURAN

1 – **Schraube [1], 25 Nm**

2 – **Haltering [2]**

3 – **Nachschalldämpfer**

4 – **Aufhängung [2]**

5 – **Mutter, 25 Nm**

6 – **Tunnelbrücke**

[1]) Immer ersetzen.

[2]) Bei Beschädigung ersetzen.

Abgasanlage aus- und einbauen

Benzinmotor

Die Teile der Abgasanlage können auch einzeln ausgebaut werden. Falls der Vor- oder Nachschalldämpfer bei der serienmäßigen Anlage ersetzt werden soll, muss das Verbindungsrohr an der markierten Stelle durchgesägt werden, siehe auch Kapitel »Vorschalldämpfer/Nachschalldämpfer ersetzen«.

Ausbau

Sicherheitshinweis
Beim Aufbocken des Fahrzeugs besteht Unfallgefahr! Deshalb das Kapitel »Fahrzeug aufbocken« durchlesen.

- Fahrzeug aufbocken.
- Untere Motorraumabdeckung ausbauen, siehe Seite 63.
- Sämtliche Schrauben und Muttern der Abgasanlage mit Rost lösendem Mittel einsprühen. Rostlöser einige Zeit einwirken lassen.

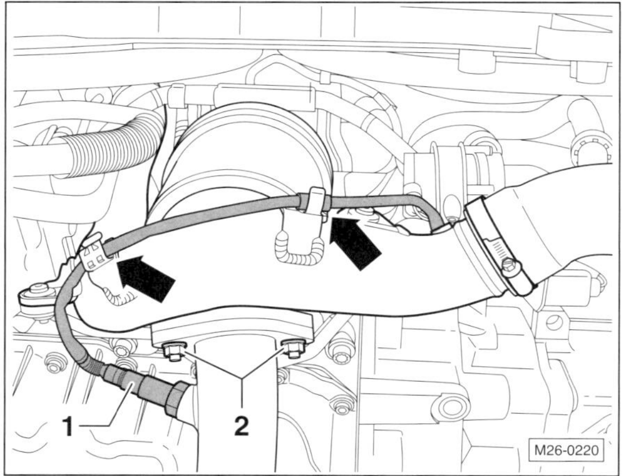

- Steckverbindung für Lambdasonde 2 –1– trennen. Leitung aus den Halterungen –Pfeile– herausziehen.
- Abgasanlage abstützen oder mit Draht am Unterboden aufhängen, damit sie nicht nach unten fällt.
- Je nach Motor vorderes Abgasrohr am Katalysator, Abgaskrümmer oder Turbolader von unten abschrauben –2–.
- Wo vorhanden, Tunnelbrücke (Querträger) abschrauben.
- Vorderen Halter der Abgasanlage abschrauben. Gegebenenfalls Wärmeschutzblech im Tunnel abschrauben.

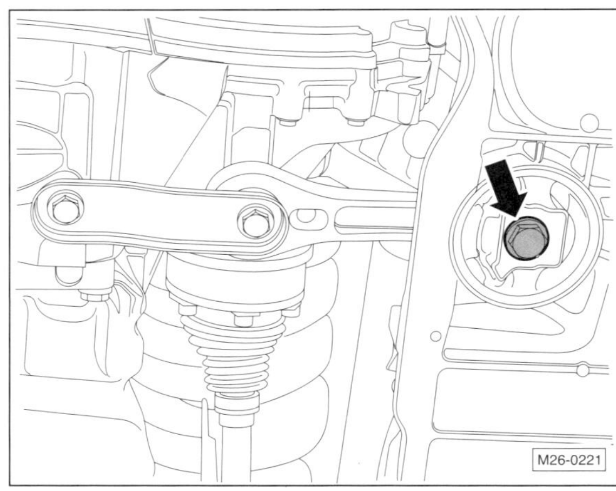

- **1,4-l-TSI-Motor CAV:** Schraube –Pfeil– der Pendelstütze herausdrehen.

Achtung: Das flexible Abkoppelelement im vorderen Abgasrohr darf nicht über ca. 10° abgewinkelt werden, sonst wird es beschädigt.

- Sämtliche Halterungen abschrauben und Abgasanlage aus den Halteschlaufen aushängen.
- Abgasanlage mit Helfer abnehmen.

Hinweis: Die Teile der Abgasanlage können auch einzeln ausgebaut werden. Falls sich Verbindungsstücke oder Schrauben nicht lösen lassen, Abgasrohr an der Verbindungsstelle mit Schweißbrenner erhitzen. Aluminiumplatte zwischenlegen! **Achtung:** Brandgefahr!

Einbau

Achtung: Dichtungen, Muttern und Schrauben grundsätzlich erneuern. Um die Muttern und Schrauben der Abgasanlage später leichter lösen zu können, empfiehlt es sich, diese mit einer Hochtemperaturpaste (Kupferpaste), zum Beispiel Liqui Moly-3080, einzustreichen. Gummi-Halteschlaufen auf Beschädigungen sichtprüfen, gegebenenfalls erneuern.

- Werden Abgasrohre nicht erneuert, Dicht- und Klemmflächen vor dem Zusammenfügen mit Schmirgelleinen von Ruß und Dichtungsresten reinigen.
- Abgasanlage zusammensetzen, Verbindungsschellen handfest anziehen.
- **Ausrichtung der Verbindungsschellen:** Verschraubungen zeigen nach hinten oder, in Fahrtrichtung gesehen, nach rechts.
- Abgasanlage mit Helfer einsetzen und abstützen.
- Abgasanlage in die Halteschlaufen einhängen.
- Sämtliche Halterungen der Abgasanlage anschrauben.
- Vorderes Abgasrohr mit **neuer** Dichtung am Katalysator, Abgaskrümmer oder Turbolader handfest anschrauben.
- Vorderen Halter der Abgasanlage mit **25 Nm** anschrauben.
- Falls ausgebaut, Tunnelbrücke mit **23 Nm** anschrauben.

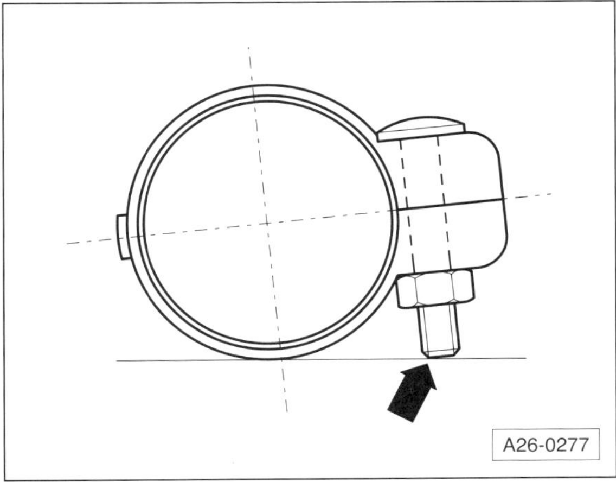

- Schrauben der Klemmhülse(n) lockern und Schelle(n), wie in der Abbildung gezeigt, ausrichten. Dabei darf das Schraubenende nicht über die Unterkante der Schelle hinausragen –Pfeil–.
  Bei der vorderen Klemmhülse zeigt die Verschraubung nach rechts, bei der hinteren Klemmhülse nach hinten.
- Abgasanlage so ausrichten, dass sie spannungsfrei in den Aufhängungen sitzt. Dabei auf ausreichenden Abstand von mindestens 25 mm zum Aufbau achten. Gegebenenfalls Anlage verdrehen oder in Längsrichtung verschieben. Die Halterungen müssen gleichmäßig belastet werden. Darauf achten, dass die Rohre weit genug in die Schellen geschoben werden. Dafür sind als Markierungen in den Rohren Eindrückungen angebracht. Nachschalldämpfer waagerecht ausrichten. **Achtung:** Ausrichthinweise für einzelne Motoren stehen am Ende des Kapitels.
- Schrauben und Muttern festziehen. Die **Anzugsdrehmomente** stehen in den Legenden zu den Übersichtsabbildungen und im Abschnitt »Einbaumaß der Klemmhülse«.
- Leitung für Lambdasonde in die Halterungen einsetzen. Stecker verbinden.
- Untere Motorraumabdeckung einbauen, siehe Seite 63.
- Fahrzeug ablassen.
- Abgasanlage auf Dichtheit prüfen, siehe entsprechendes Kapitel.

Hinweise zum spannungsfreien Ausrichten der Abgasanlage

- Nachschalldämpfer waagerecht ausrichten.

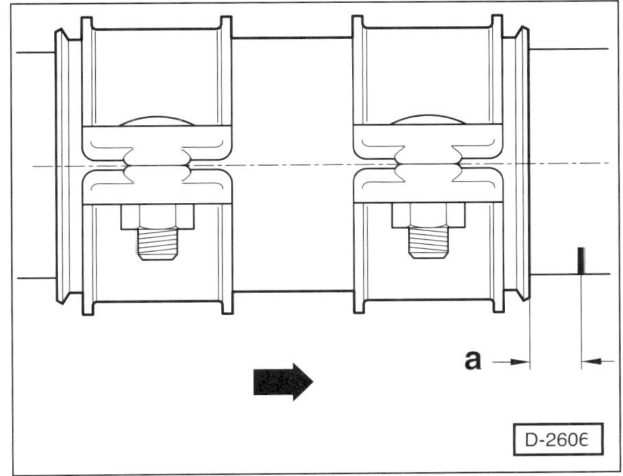

- Klemmhülse so ausrichten, dass der Abstand zur Markierung am vorderen Abgasrohr bei der 2-teiligen Schelle a = 5 mm, bei der durchgehenden Schelle a = 8,5 mm beträgt. Die Verschraubungen müssen nach rechts zeigen und dürfen nicht über die Unterkante der Klemhülse hinausragen. Der Pfeil zeigt in Fahrtrichtung.
- Vordere Schelle handfest anziehen.

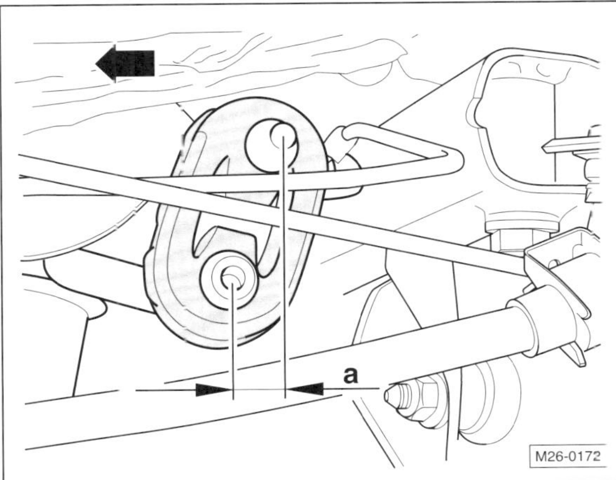

- **Benzinmotor:** Abgasanlage so weit nach vorn schieben, bis das Maß an der äußeren Halteschlaufe des Vorschalldämpfers a ≈ 9 bis 11 mm beträgt. Der Pfeil zeigt in Fahrtrichtung.

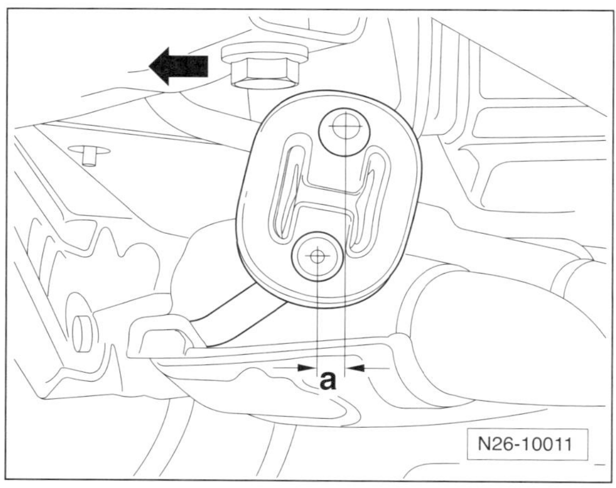

- **Dieselmotor:** Schalldämpfer so weit nach vorn in die Doppelschelle schieben, bis das Maß a ≈ 15 bis 17 mm beträgt.
- In dieser Stellung Klemmhülse festziehen.

Anzugsdrehmoment der Klemmhülse:

Klemmhülse mit einzelnen Schellen. . . . . **25 Nm**
Klemmhülse mit durchgehender Schelle . . . . **35 Nm**

- Nach dem Anziehen das Maß –a– in Abbildung D-2606 nochmals prüfen, gegebenenfalls korrigieren.

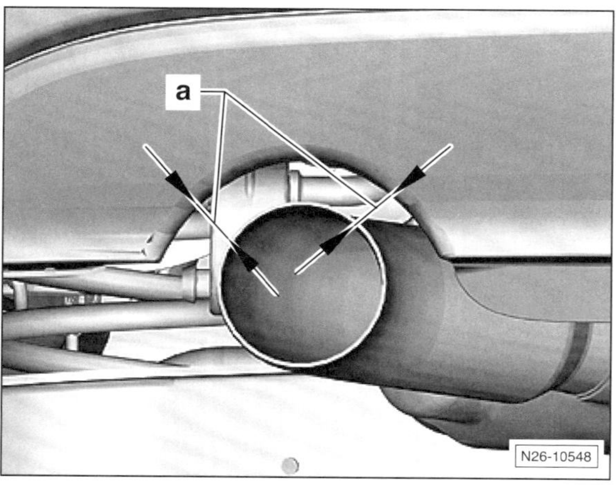

- Endrohr der Abgasanlage so ausrichten, dass der Abstand –a– rechts und links gleich groß ist.

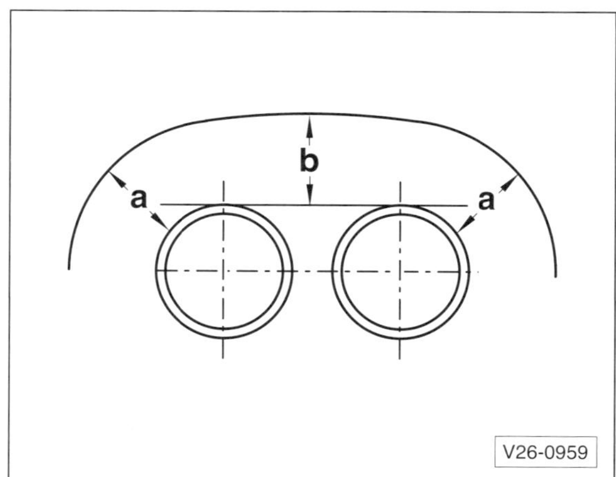

- Abgasanlage mit Doppelendrohr so ausrichten, dass der Abstand –a– rechts und links gleich groß ist und der Abstand –b– vom Stoßfängerausschnitt zu den Endrohren parallel verläuft.

Speziell 1,6-l-Dieselmotor GOLF VARIANT

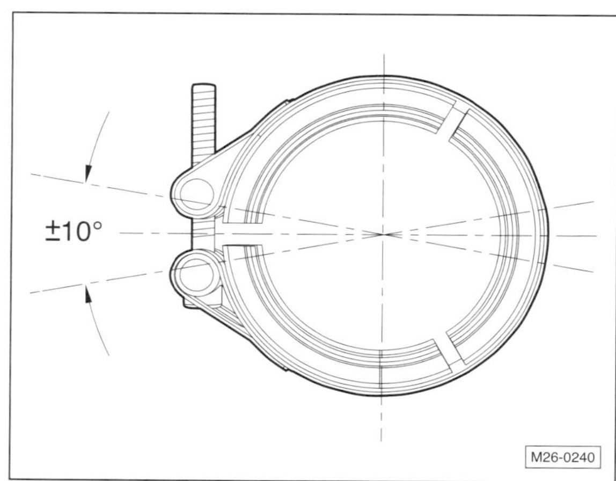

- Befestigungsschelle zwischen Katalysator und Abgasturbolader so einbauen, dass die Klemmschraube nach unten zeigt und der Winkel von ± 10° eingehalten wird.

Vorschalldämpfer/Nachschalldämpfer ersetzen

Ab Werk sind Vor- und Nachschalldämpfer als eine Einheit eingebaut; die Schalldämpfer können jedoch einzeln erneuert werden. Zum Trennen wird ein handelsüblicher Ketten-Abgasrohrschneider benötigt, zum Beispiel HAZET 4682. Steht das Werkzeug nicht zur Verfügung, Abgasanlage mit einer Eisensäge durchsägen.

Hinweis: Wenn sich ein Schalldämpfer nicht aus der Klemmschelle ziehen lässt, gibt es zum Lösen zwei Möglichkeiten: 1. Möglichkeit: Abgasrohr etwa 5 cm hinter der Schelle durchsägen. Anschließend das Restrohr längs aufsägen und mit Hammer und Meißel abschlagen. 2. Möglichkeit: Steht ein Autogen-Schweißgerät zur Verfügung, die Klemmschelle erwärmen, dadurch dehnt sie sich aus, und das Rohr lässt sich abziehen.

Sicherheitshinweis
Vor Einsatz des Schweißgerätes den Fahrzeugunterboden mit einer Aluminiumplatte schützen, Brandgefahr. Feuerlöscher bereitstellen.

Ausbau bei einteiliger Vor-/Nachschalldämpfer-Anlage

Sicherheitshinweis
Beim Aufbocken des Fahrzeugs besteht Unfallgefahr! Deshalb das Kapitel »Fahrzeug aufbocken« durchlesen.

- Fahrzeug aufbocken.

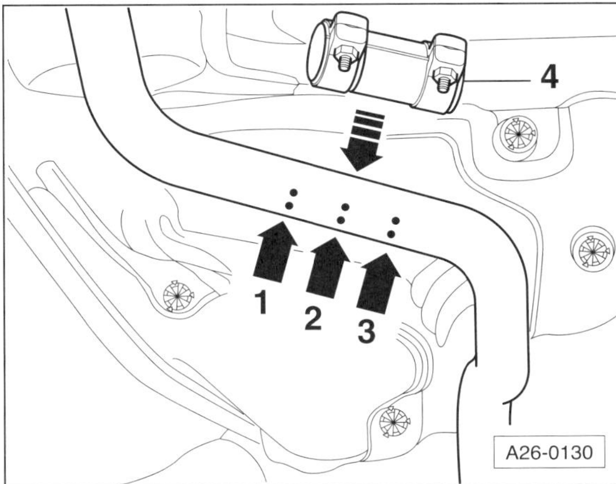

- Die Trennstelle ist durch Eindrückungen gekennzeichnet. An den mittleren Eindrückungen –Pfeil 2– wird das Abgasrohr getrennt. Die seitlichen Markierungen –Pfeile 1/3– dienen als Markierung, damit die Abgasrohre gleich weit in die Klemmschelle –4– hineingeschoben werden.
- Kette des Abgasrohrschneiders an den mittleren Eindrückungen –Pfeil 2– um das Rohr herumlegen und spannen. Kette hin- und herrollen und dabei nachspannen, jedoch nicht zu stark, damit das Rohr beim Schneiden nicht verformt wird.
- Schalldämpfer aus den Gummihalterungen aushängen und herausnehmen.

Einbau

- Schalldämpfer in die Gummihalterungen einhängen.

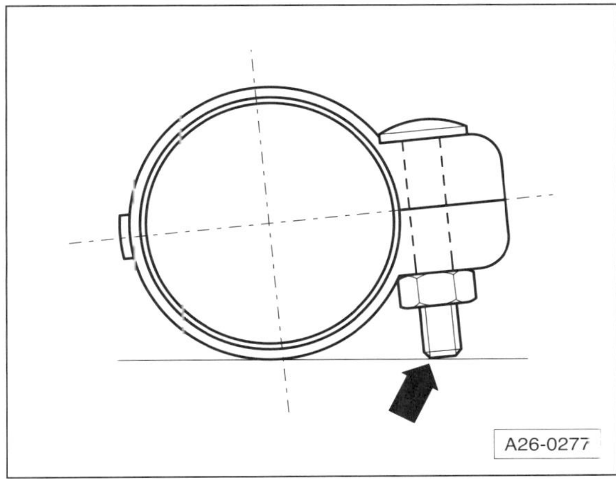

- Zum Verbinden der Abgasrohre wird eine Ersatzteil-Klemmschelle verwendet. **Achtung:** Bereits montierte Klemmschellen immer erneuern, nicht wieder verwenden. Da je nach Fahrzeugmodell unterschiedliche Rohrdurchmesser verwendet werden, auf richtige Ersatzteilzuordnung achten. Klemmschelle wie in der Abbildung gezeigt ausrichten. Dabei darf das Schraubenende nicht über die Unterkante der Schelle hinausragen –Pfeil–.
- **Ausrichtung der Klemmschelle:** Verschraubung zeigt nach hinten.
- Abgasanlage ausrichten, siehe Kapitel »Abgasanlage einbauen«.
- Klemmschelle festziehen.
  Anzugsdrehmoment:
  Klemmschelle mit 2 einzelnen Schellen: . . . . . . **25 Nm**
  Klemmschelle mit durchgehender Schelle: . . . . **35 Nm**

Abgasanlage auf Dichtigkeit prüfen

Prüfen

- Motor starten und bei laufendem Motor Abgasanlage mit einem Lappen oder Stöpsel verschließen.
- Abgasanlage auf Undichtigkeit abhören. Gegebenenfalls Verbindungsstellen Zylinderkopf/Krümmer und Krümmer/Abgasrohr vorn mit handelsüblichem »Lecksuch-Spray« einsprühen und auf Blasenbildung untersuchen.
- Undichtigkeit beseitigen.

Innenausstattung

Aus dem Inhalt:

- Innenspiegel ersetzen
- Sonnenblende ersetzen
- Dachhaltegriffe ersetzen
- Handschuhfach ausbauen
- Mittelkonsole demontieren
- Innenverkleidungen
- Sitze ausbauen

Aufbau des Kapitels »Innenausstattung« für die Modelle GOLF VARIANT, GOLF PLUS, JETTA und TOURAN:

Im Hauptkapitel »**Innenausstattung**« werden die Arbeitsschritte hauptsächlich für den GOLF VARIANT beschrieben. Außerdem befinden sich hier Reparaturhinweise für die Modelle GOLF PLUS, JETTA und TOURAN, sofern die Arbeitsschritte ähnlich wie beim GOLF VARIANT sind.

Bei größeren Abweichungen, beziehungsweise wenn spezielle Abbildungen erforderlich sind, stehen diese Arbeitsanweisungen in Unterkapiteln zum Kapitel »Innenausstattung«, beispielsweise im Kapitel »**Innenausstattung: GOLF PLUS**« usw.

Wichtige Arbeits- und Sicherheitshinweise

Werden Arbeiten an der Innenausstattung ausgeführt, sind folgende Hinweise unbedingt zu beachten:

- Zum Abhebeln von Kunststoffverkleidungen und -blenden einen Kunststoffkeil verwenden, zum Beispiel HAZET 1965-20, 1965-21 oder einen Lösehebel, zum Beispiel HAZET- 799-3 beziehungsweise eine Lösezange, zum Beispiel HAZET 799-4.
- Bereiche, an denen ein Kunststoffkeil oder ein Schraubendreher angesetzt wird, zum Schutz mit Klebeband abkleben.
- Clips, die beim Ausbau von Verkleidungen beschädigt werden, immer erneuern.
- Die Fenster- und Türsäulen der Karosserie werden von vorn nach hinten als A-, B-, C- und D-Säulen bezeichnet.
- Sitze, Sicherheitsgurte und Airbags sind sicherheitsrelevante Bauteile. **Aus Sicherheitsgründen nur die hier beschriebenen Arbeiten durchführen. Komplexere Arbeiten nicht in Eigenregie vornehmen, sondern von einer Fachwerkstatt durchführen lassen.**

Achtung: Airbag-Sicherheitshinweise unbedingt befolgen, insbesondere bei Arbeiten an der Armaturentafel, siehe Seite 148.

Um ein Auslösen des Airbags zu verhindern, vor dem Trennen von Kabeln des Airbag-Systems die Zündung ausschalten und dann die Batterie abklemmen. Außerdem muss aus Sicherheitsgründen der Minuspol (–) von der Batterie isoliert werden, siehe Seite 80.

Achtung: Wenn im Rahmen von Arbeiten an der Karosserie auch Arbeiten an der elektrischen Anlage durchgeführt werden, **grundsätzlich** Zündung ausschalten und Zündschlüssel abziehen. Als Arbeit an der elektrischen Anlage ist dabei schon zu betrachten, wenn eine elektrische Leitung vom Anschluss abgezogen beziehungsweise abgeklemmt wird.

Halteclips/Halteklammern aus- und einbauen

Zahlreiche Abdeckungen und Verkleidungen sind mit Halteclips und Halteklammern an der Karosserie befestigt.

Ausbau

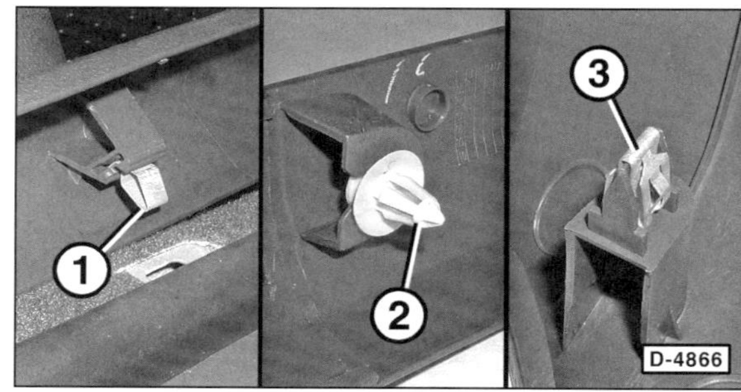

- **Halteclip an der Rückseite der Verkleidung:** Geeignetes Werkzeug, zum Beispiel HAZET-Lösehebel 799-3, unter die Verkleidung schieben und Halteclip –2– aus der Bohrung herausziehen. **Hinweis:** Die Clips werden dabei häufig beschädigt und müssen ersetzt werden.

- **Halteklammer an der Rückseite der Verkleidung:** Verkleidung im Bereich der Halteklammer –1/3– von der Karosserie abziehen und dadurch die Halteklammer aus der Bohrung herausziehen.

Einbau

- Vor dem Einbau Halteclips oder Halteklammern auf Beschädigungen überprüfen, wenn nötig ersetzen. Richtigen Sitz an der Verkleidung überprüfen.
- Halteklammer –1– gegebenenfalls in die Führung an der Rückseite der Verkleidung schieben.
- Verkleidung so ansetzen, dass sich die Halteclips oder Halteklammern über den Bohrungen befinden. Verkleidung im Bereich der Clips fest andrücken und einrasten.

Innenspiegel aus- und einbauen

Spiegel ohne Regensensor GOLF VARIANT/GOLF PLUS/JETTA/TOURAN

Ausbau

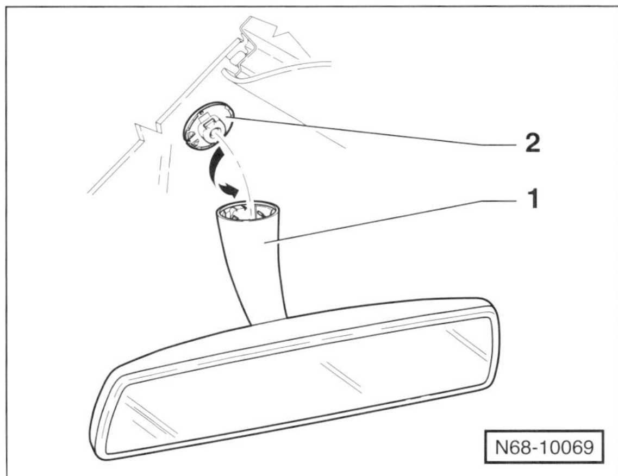

- Innenspiegel –1– um 90° gegen den Uhrzeigersinn drehen –Pfeil– und von der Halteplatte –2– abnehmen.

Einbau

- Der Einbau erfolgt in umgekehrter Ausbaureihenfolge.

Spiegel mit Regensensor GOLF VARIANT/JETTA/TOURAN

Ausbau

- Zündung ausschalten und Zündschlüssel abziehen.

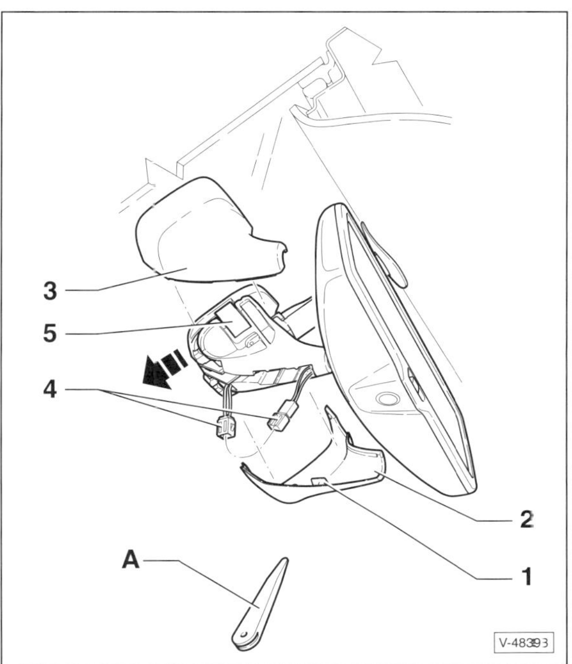

- Mit einem Kunststoffkeil –A– die Lasche –1– an der rechten Abdeckkappe –2– ausrasten.
- Abdeckkappen –2/3– auseinander drücken und vom Spiegelfuß abnehmen.
- Steckverbindung –4– aus dem Spiegelfuß herausziehen und trennen.
- Halteklammern –5– mit einem kleinen Schlitzschraubendreher auf beiden Seiten etwas lösen. **Hinweis:** In der Abbildung ist die gegenüberliegende Halteklammer verdeckt.
- Spiegelfuß mit Spiegel entlang der Frontscheibe in Pfeilrichtung nach unten aus der Halteplatte abziehen.

Einbau

- Der Einbau erfolgt in umgekehrter Ausbaureihenfolge.

Spiegel bei Fahrzeugen mit automatischer Distanzregelung

GOLF VARIANT/JETTA

Ausbau

Hinweis: Beim JETTA erfolgt der Ausbau des Innenspiegels mit »automatischer Distanzregelung« auf die gleiche Weise wie der Spiegel mit »Regensensor«.

- Zündung ausschalten.

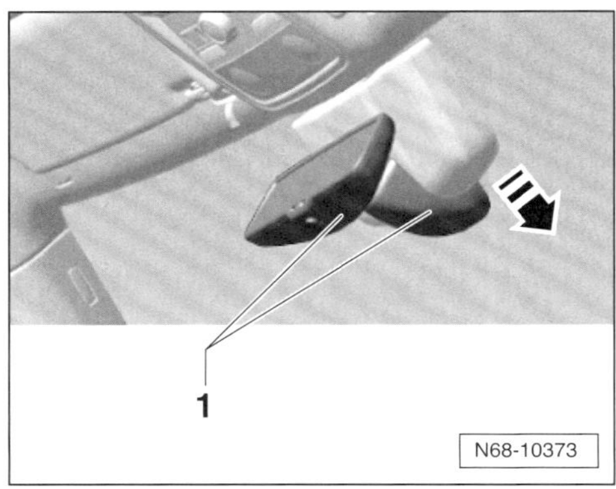

- Innenspiegel –1– vorsichtig in Pfeilrichtung aus der Halteplatte schieben.

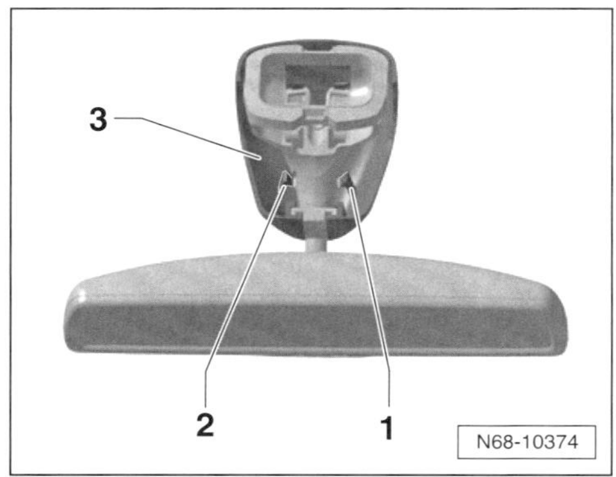

- Rastlaschen –1– und –2– nach außen drücken und Abdeckkappe –3– vom Spiegel abziehen.
- Dahinterliegende Steckverbindung am Spiegelfuß trennen.

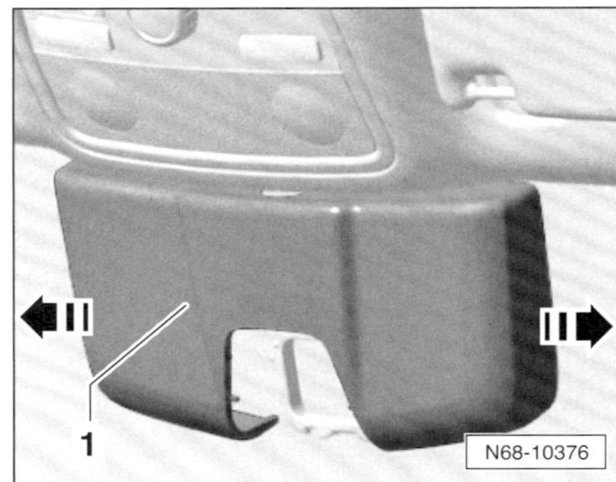

- Abdeckkappe –1– aus den seitlichen Verrastungen lösen –Pfeile– und abnehmen.

Einbau

- Der Einbau erfolgt in umgekehrter Ausbaureihenfolge.

Sonnenblende aus- und einbauen

GOLF VARIANT/GOLF PLUS/JETTA

Ausbau

- Zündung ausschalten.

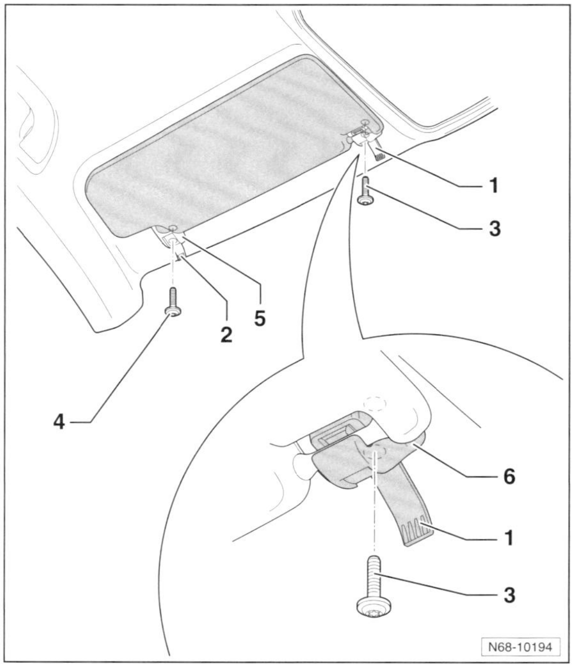

- Abdeckkappe –2– mit einem Schraubendreher aufhebeln und herunterklappen. **JETTA:** Abdeckkappe mit einem kleinen Schraubendreher heraushebeln und abnehmen.

- Sonnenblende am Aufnahmelager –6– aushängen. **Hinweis:** Nur wenn das innere Aufnahmelager abgebaut werden soll, die Abdeckkappe –1– öffnen und die Schraube –3– herausdrehen.
- **VARIANT/PLUS:** Schraube –4– herausdrehen und Sonnenblendenlager –5– an der Außenseite vorsichtig aus der Aufnahme herausziehen.

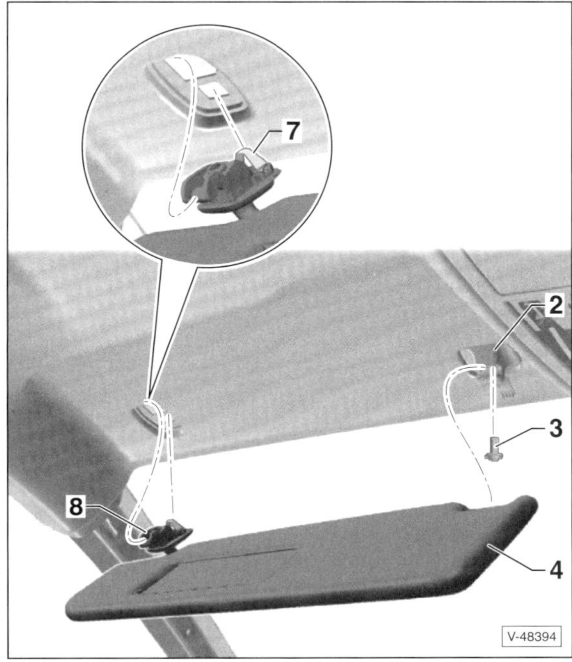

- **JETTA:** Halteklammer –7– des Sonnenblendenlagers –8– an der Außenseite vorsichtig aus der Verrastung lösen. Sonnenblendenlager aus dem Dachquerträger herausführen. 2 – rechtes Sonnenblendenlager, 3 – Schraube, 4 – Sonnenblende.

Hinweis: Die folgenden Arbeitsschritte entfallen bei einer Sonnenblende ohne beleuchteten Spiegel.

Achtung: Sonnenblende festhalten, nicht am Leitungsstrang hängen lassen. Dadurch kann dieser beschädigt werden.

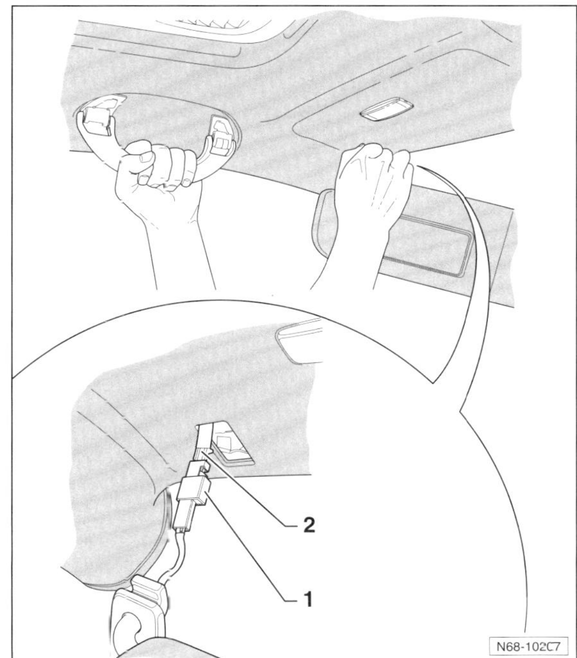

- Mit einer Hand am Haltegriff festhalten. Leitungsstrang mit Daumen und Zeigefinger greifen und leicht in Richtung Frontscheibe ziehen bis die Steckverbindung –1– aus der Halteklammer im Dachhimmel herausrutscht. Zur besseren Dosierung der Zugkraft die Hand hierbei mit dem Handballen am Fahrzeug abstützen **Achtung:** Auf keinen Fall zu stark ziehen, sonst kann sich die Steckverbindung ruckartig aus der Halteklammer lösen und der Leitungsstrang kann beschädigt werden.
- Steckverbindung –1– vorsichtig ganz herausziehen. **Achtung:** Die Flachleitung –2– darf nur maximal 1 cm herausgezogen werden, sonst kann sie abreißen.
- Steckverbindung trennen. Dabei darauf achten, dass kein Zug auf die Flachleitung ausgeübt wird.

Einbau

- Der Einbau erfolgt in umgekehrter Ausbaureihenfolge. Schraube(n) mit **2 Nm** anziehen. **Hinweis:** Beim Einbau der Sonnenblende ein Schaumstoffröhrchen (ET-Nr.: 535.97[illegible].790) über die Steckverbindung schieben, damit später keine Klappergeräusche durch die Steckverbindung entstehen können.

Haltegriff am Dach aus- und einbauen

GOLF VARIANT/PLUS/TOURAN

Ausbau

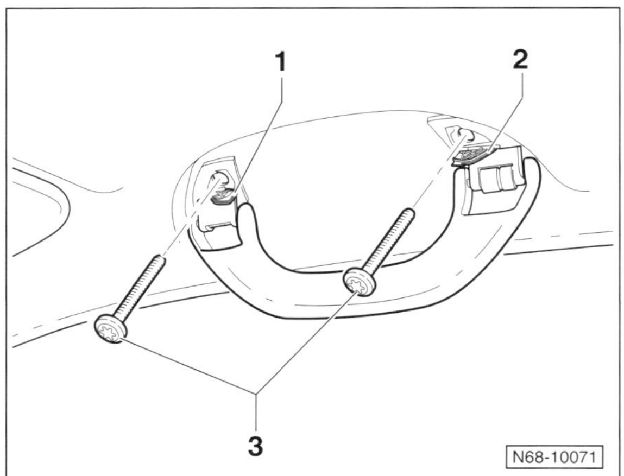

- Haltegriff nach unten klappen.
- Abdeckkappen –1– und –2– mit einem Schraubendreher aufhebeln und herunterklappen.
- Schrauben –3– herausdrehen und Haltegriff abnehmen.

Einbau

- Der Einbau erfolgt in umgekehrter Ausbaureihenfolge. Schrauben mit **2 Nm** festziehen.

Abdeckung für Schalt-/Wählhebel aus- und einbauen

GOLF VARIANT/GOLF PLUS/JETTA/TOURAN

Schaltgetriebe

Ausbau

- Mit einem Kunststoffkeil Faltenbalg aus der Abdeckung in der Mittelkonsole ausclipsen –Pfeile– und nach oben über den Schalthebel stülpen. **Hinweis:** Bei einigen Ausstattungsvarianten muss die Manschette im vorderen Bereich abgehebelt werden.

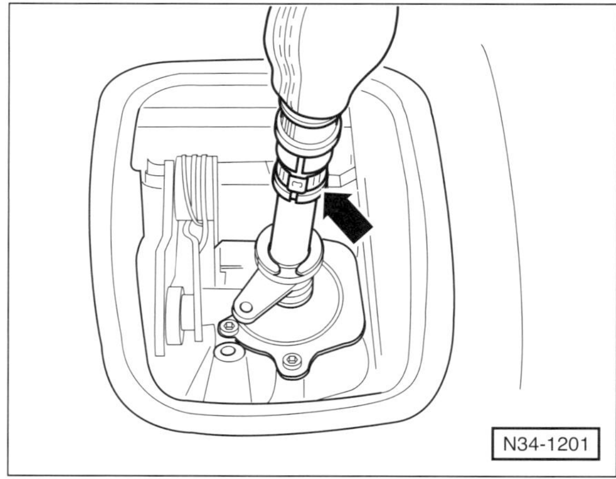

- Schelle –Pfeil– öffnen und Schaltknauf zusammen mit der Schalthebelmanschette vom Schalthebel abziehen.
- Falls erforderlich, Geräuschdämpfung über den Schalthebel herausziehen.

Einbau

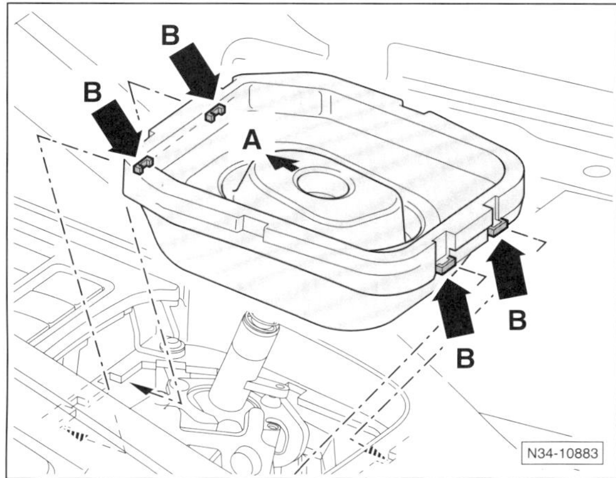

- Falls ausgebaut, Geräuschdämpfung wie in der Abbildung gezeigt, einsetzen. Der Pfeil –A– zeigt in Fahrtrichtung. Die Rasten –Pfeile B– in der Mittelkonsole arretieren.
- Schaltknauf mit umgestülpter Schalthebelmanschette und **neuer** Klemmschelle auf den Schalthebel aufstecken. Schaltknauf bis zum Anschlag aufdrücken.
- **Neue** Klemmschelle mit geeigneter Zange zusammendrücken.
- Faltenbalg nach unten stülpen und in der Mittelkonsole einclipsen.

DSG-Getriebe

Ausbau

- Wählhebel in Stellung »D« schalten.

Griff mit seitlicher Drucktaste

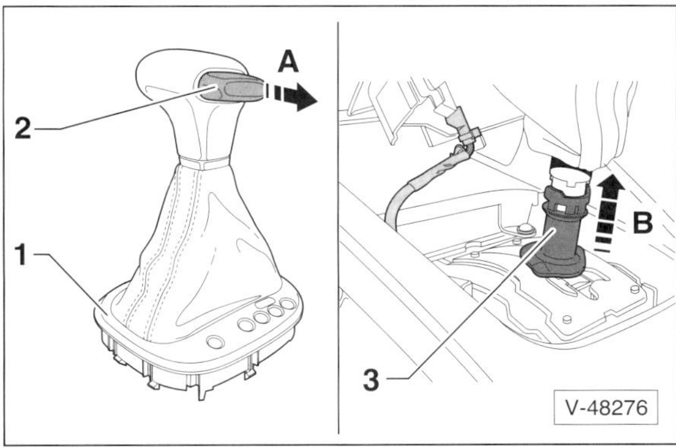

- Sperrtaste –2– über den Widerstand hinaus so weit aus dem Wählhebelgriff herausziehen –Pfeil A–, bis ein kleiner Spalt zwischen Griff und Taste sichtbar wird. Die Taste arretiert beim Loslassen.
- In dieser Stellung die Taste mit einem Kabelbinder gegen Eindrücken sichern. **Achtung:** Die Sperrtaste darf weder ganz herausgezogen werden noch in den Griff hineingedrückt werden.

Achtung: Ist beim Wählhebelgriff die **Drucktaste vorn** angeordnet, dann braucht die Taste nicht von Hand herausgezogen werden. Beim Abziehen des Griffs verrastet die Taste selbstständig in Einbaustellung. Die weiteren beiden Arbeitsschritte gelten für beide Drucktastenanordnungen.

- Mit einem Kunststoffkeil Abdeckung –1– für Wählhebel aus der Mittelkonsole ausclipsen und Faltenbalg nach oben über den Wählhebel stülpen.
- Verriegelung –3– unter dem Knauf hochschieben –Pfeil B– und Knauf vom Wählhebel abziehen.

Einbau

- Knauf so auf den Wählhebel stecken, dass die Sperrtaste nach links zum Fahrer zeigt.
- Knauf einrasten und Verriegelung nach unten drücken. **Hinweis:** Die Sperrtaste muss wie beim Ausbau herausgezogen und gesichert sein.
- Kabelbinder entfernen und Sperrtaste in den Wählhebelknauf hineindrücken.
- Faltenbalg nach unten stülpen und Abdeckung für Wählhebel in die Mittelkonsole einclipsen.

Speziell Fahrzeuge mit Sperrtaste vorn im Griff

Darauf achten, dass die Sperrtaste beim Ab- und Anbau des Griffs nicht eingedrückt ist. Falls dies doch der Fall war, Griffblende mit der Aufschrift »DSG« nach oben ausclipsen. In der darunterliegenden Öffnung den kleinen Hebel für die Zugstange wieder in die Nut drücken. Anschließend kann der Griff eingebaut werden.

Mittlere Blende in der Armaturentafel aus- und einbauen

GOLF VARIANT/JETTA/TOURAN

Hinweis: Beim **JETTA/TOURAN** sind die mittlere Blende in der Armaturentafel und die Blende für die Bedieneinheit von Heizung beziehungsweise Klimaanlage ein Bauteil. In der Abbildung ist die Blende beim **GOLF VARIANT** dargestellt.

Ausbau

- Blende –1– im Bereich der 6 Verrastungen mit einem Kunststoffkeil –A– aus den Aufnahmen in der Armaturentafel heraushebeln.

Einbau

- Blende über den Aufnahmen ansetzen, andrücken und einrasten.

Mittleres Ablagefach in der Armaturentafel aus- und einbauen

GOLF VARIANT/JETTA/GOLF PLUS

Ausbau

- Mittlere Blende in der Armaturentafel ausbauen, siehe entsprechendes Kapitel beziehungsweise für den **GOLF PLUS**, siehe Seite 207.
- Falls vorhanden, Radio ausbauen, siehe Seite 138.

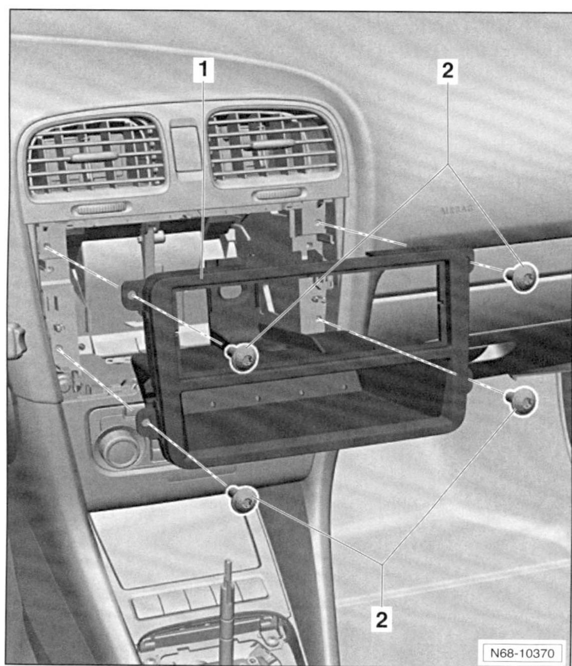

- 4 Schrauben –2– herausdrehen.
- Ablagefach –1– aus der Armaturentafel herausziehen.

Einbau

- Der Einbau erfolgt in umgekehrter Ausbaureihenfolge. Schauben mit **1,5 Nm** anziehen.

Blende für Bedieneinheit Heizung/ Klimaanlage aus- und einbauen

GOLF VARIANT/JETTA

Hinweis: Beim **JETTA** sind die mittlere Blende in der Armaturentafel und die Blende für die Bedieneinheit von Heizung beziehungsweise Klimaanlage ein Bauteil. In der Abbildung ist die Blende beim **GOLF VARIANT** dargestellt.

Ausbau

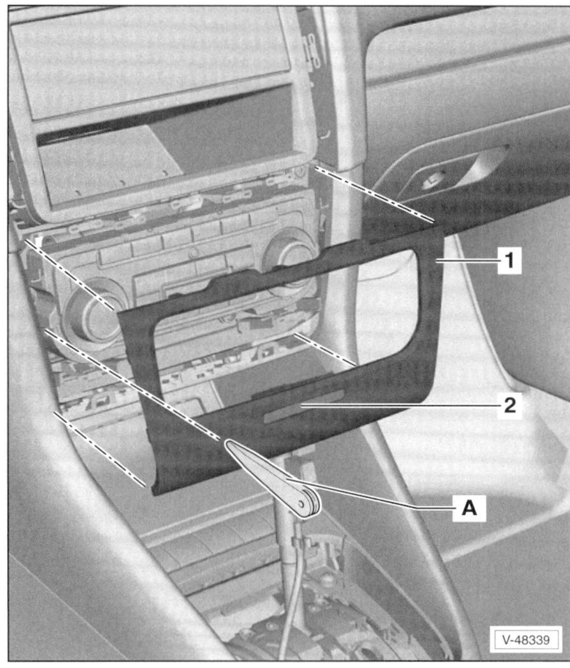

- Blende –1– im Bereich der Verrastungen mit einem Kunststoffkeil –A– aus den Aufnahmen in der Armaturentafel heraushebeln.
- Stecker für Kontrollleuchte Beifahrer-Airbag –2– abziehen.

Einbau

- Der Einbau erfolgt in umgekehrter Ausbaureihenfolge.

Mittlere Abdeckung an der Armaturentafel aus- und einbauen

GOLF VARIANT/JETTA

Ausbau

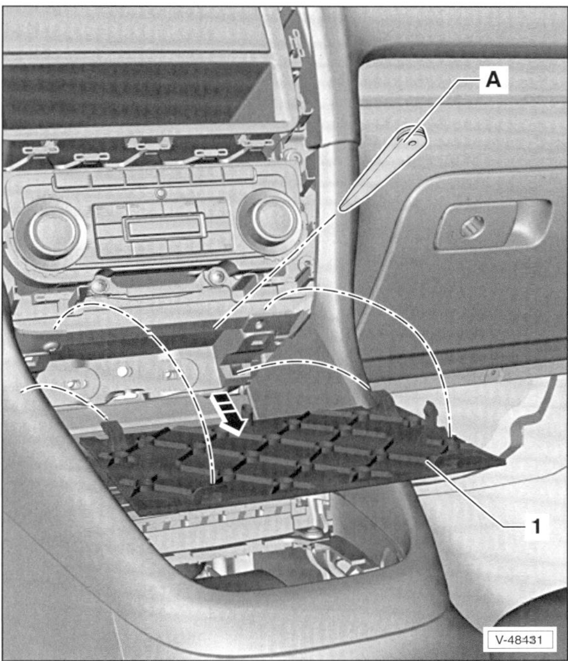

- Abdeckung –1– im Bereich der hinteren Verrastungen mit einem Kunststoffkeil –A– aus den Aufnahmen in der Armaturentafel heraushebeln.
- Abdeckung aus den vorderen Aufnahmen in Pfeilrichtung herausziehen.

Einbau

- Der Einbau erfolgt in umgekehrter Ausbaureihenfolge.

Mittelkonsole aus- und einbauen

GOLF VARIANT/JETTA (Ausführung 1)

Beschrieben wird der Ausbau der Basisausstattung, Besonderheiten der Highline-Ausstattung stehen am Ende des Kapitels.

Hinweis: Für den JETTA gibt es unterschiedliche Ausführungen der Mittelkonsole. Hier wird der Ausbau der Ausführung 1, die identisch zu der im VARIANT ist, beschrieben. Der Ausbau der Ausführung 2 steht in einem separaten Kapitel, siehe Seite 219.

Ausbau

- Zündung ausschalten.
- Faltenbalg für Schalt-/Wählhebel aus der Mittelkonsole ausclipsen und nach oben stülpen, siehe entsprechendes Kapitel.

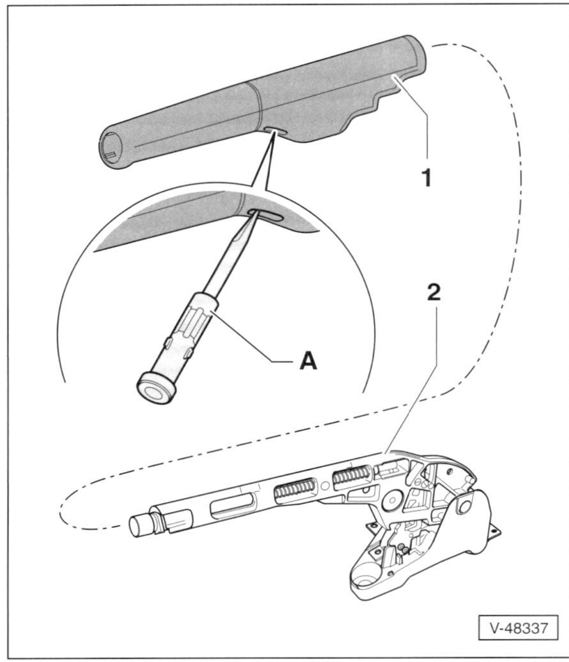

- Verkleidung –1– vom Handbremshebel –2– abbauen. Dazu Entriegelungslasche im hinteren, unteren Griffbereich mit einem Schraubendreher –A– abhebeln. Anschließend Verkleidung nach vorn über den Handbremshebel abziehen. **Hinweis:** Bei Lederausstattung ist das Leder im Bereich der Verriegelung eingeschnitten.
- Mittlere Blende in der Armaturentafel ausbauen, siehe entsprechendes Kapitel.
- Blende für Bedieneinheit der Heizungs-/Klimaanlage ausbauen, siehe entsprechendes Kapitel.
- Mittlere Abdeckung an der Armaturentafel ausbauen, siehe entsprechendes Kapitel.

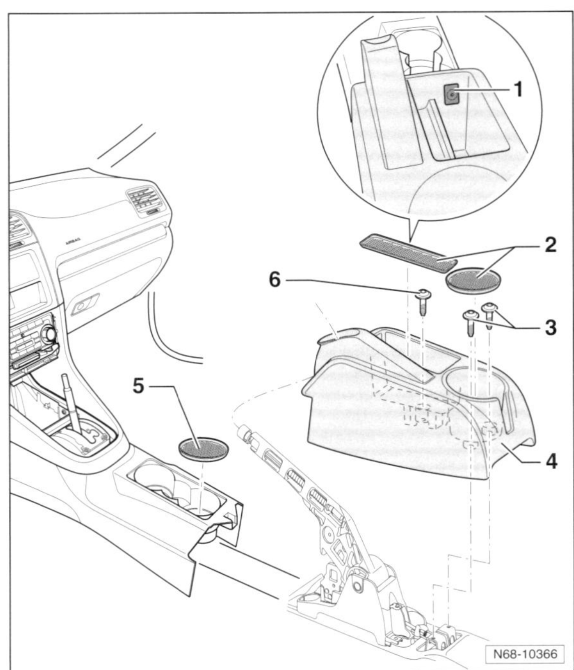

- Einlegematten –2/5– herausnehmen.

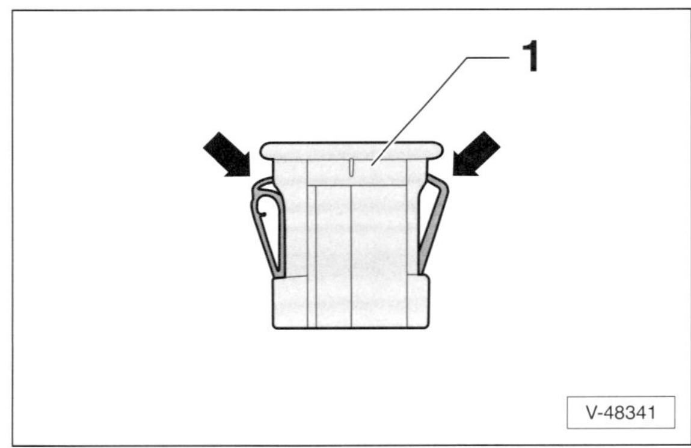

- AUX-Buchse –1–, falls vorhanden, ausbauen. Dazu mit einem Kunststoffkeil die Halteklammern –Pfeile– zusammendrücken und die Buchse herausschieben.
- Schrauben –3/6– herausdrehen, siehe Abbildung N68-10366.
- Hintere Mittelkonsole –4– aus den Aufnahmen lösen und nach vorn über den Handbremshebel abnehmen, siehe Abbildung N68-10366.

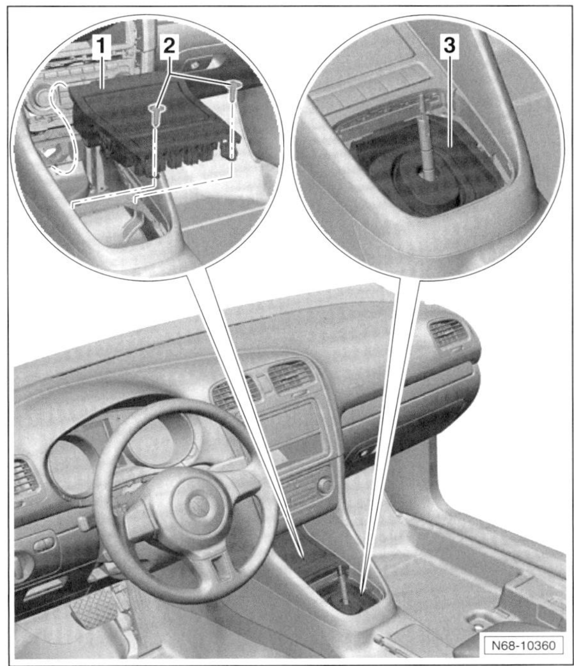

- Fahrzeuge mit Schaltgetriebe: Geräuschdämmung –3– am Schalthebel aus der vorderen Mittelkonsole herausziehen.
- 2 Schrauben –2– herausdrehen, Aschenbecher –1– aus der Mittelkonsole herausziehen und, falls vorhanden, Stecker an der Rückseite abziehen. **Hinweis:** Je nach Ausstattung ist anstelle des Aschenbechers ein Ablagefach vorhanden.

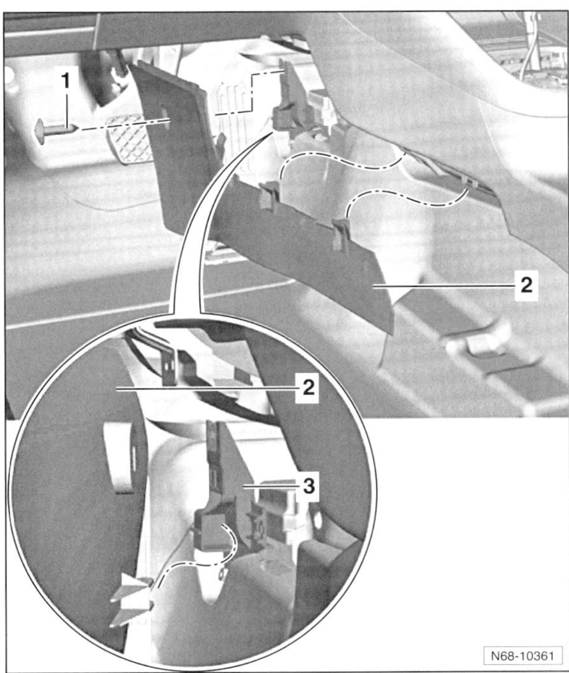

- **PLUS:** Falls vorhanden, Abdeckung über der Schraube –1– mit einem kleinen Schraubendreher heraushebeln.
- Schraube –1– herausdrehen, linke Verkleidung –2– aus den Aufnahmen der Mittelkonsole herausziehen und abnehmen. 3 – Vordere Aufnahme.
- Rechte Verkleidung in gleicher Weise von der Mittelkonsole abbauen

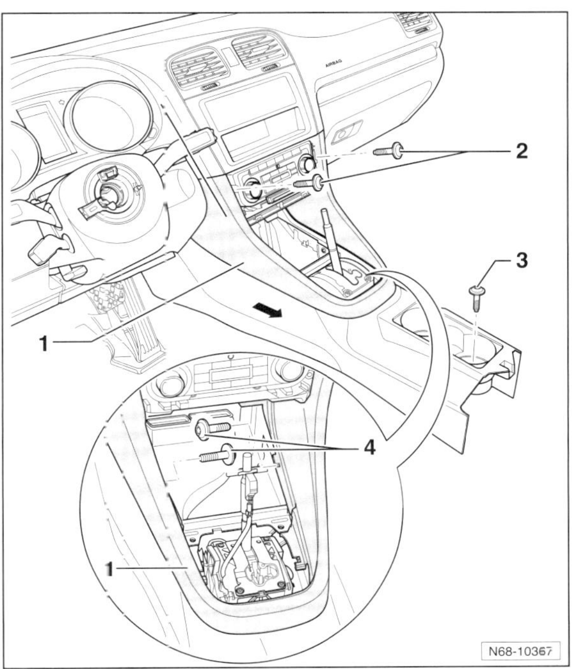

- Schrauben –4/3/2– herausdrehen.
- Abdeckung –1– der vorderen Mittelkonsole abheben und in Pfeilrichtung herausziehen.

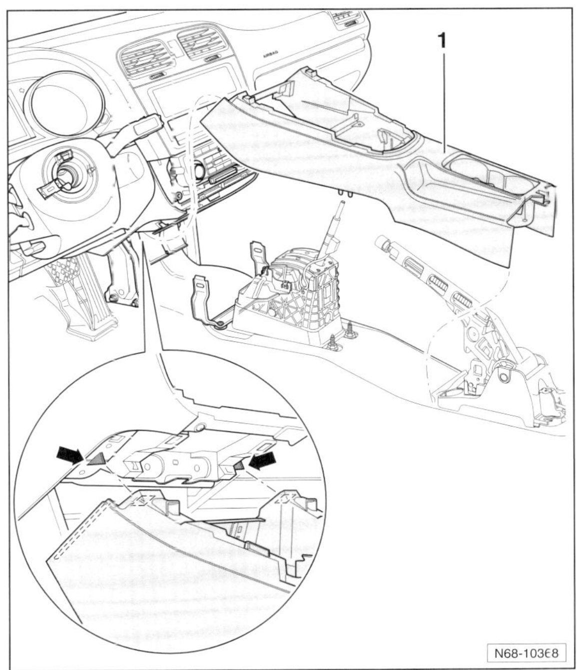

- Mittleren Teil der Mittelkonsole vorn aushängen –Pfeile– und über den Schalthebel herausheben.

Einbau

- Der Einbau erfolgt in umgekehrter Ausbaureihenfolge. Dabei ist folgendes zu beachten:
- Mittelteil –1– der Mittelkonsole vorn in die Armaturentafel einhängen und einrasten –Pfeile–, siehe Abbildung N68-10368.
- Vordere Mittelkonsole in der Reihenfolge –2–, –3– und –4– anschrauben. Schrauben mit **1,5 Nm** festziehen, siehe Abbildung N68-10367.
- Seitliche Verkleidung –2– zuerst in die Aufnahme –3–, dann in die anderen Aufnahmen einsetzen. Schraube –1– mit **1,5 Nm** anziehen, siehe Abbildung N68-10361.
- Schrauben ganz leicht mit **1,5 Nm** anziehen.

Speziell Highline-Ausstattung GOLF VARIANT/JETTA

Hinweis: Hier werden nur die Unterschiede zur Basis-Ausstattung beschrieben.

Ausbau

Ausführung ohne CD-Wechsler:

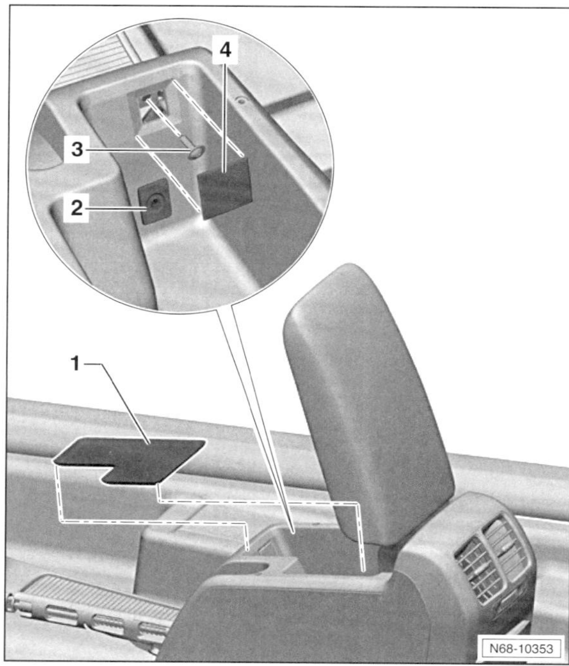

- Einlegematte –1– herausnehmen.
- »AUX-IN«-Buchse –2–, falls vorhanden, herausdrücken, siehe Abbildung V-48341.
- Deckel –4– ausclipsen und Schraube –3– herausdrehen.

Ausführung mit CD-Wechsler:

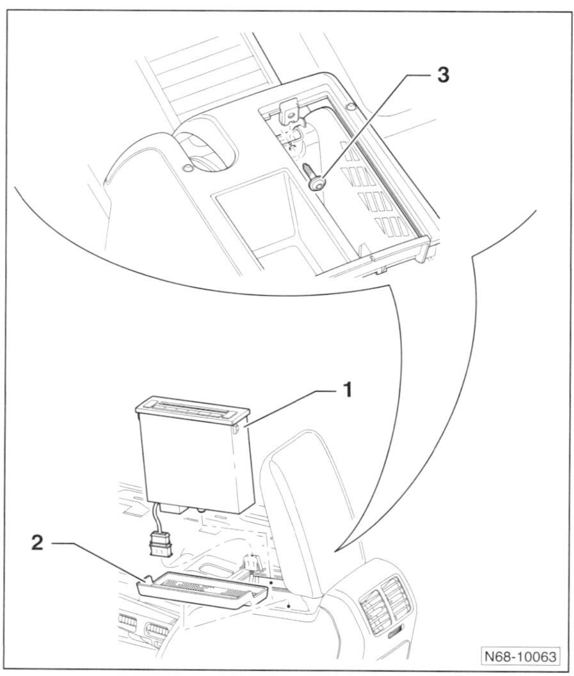

- CD-Wechsler –1– ausbauen, siehe Seite 139.
- Einlegematte –2– herausnehmen.
- Schraube –3– herausdrehen.

Alle Fahrzeuge:

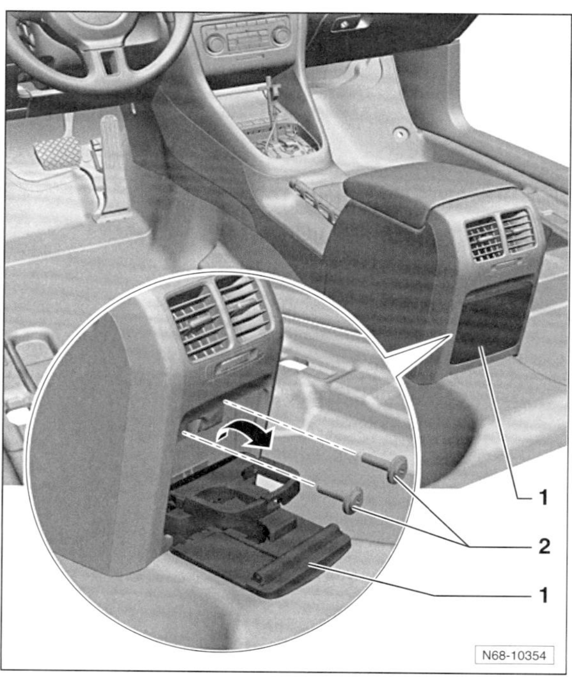

- Getränkehalter –1– öffnen.

- 2 Schrauben –2– herausdrehen und Getränkehalter –1– aus der Mittelkonsole herausziehen.

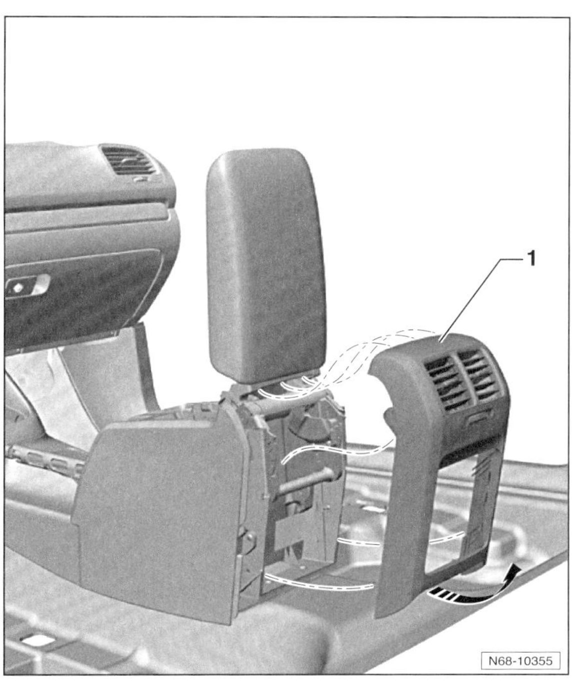

- Blende –1– zuerst unten in Pfeilrichtung aus den Aufnahmen herausziehen. Danach Blende im oberen Bereich aus den Aufnahmen in der Mittelkonsole herausnehmen.

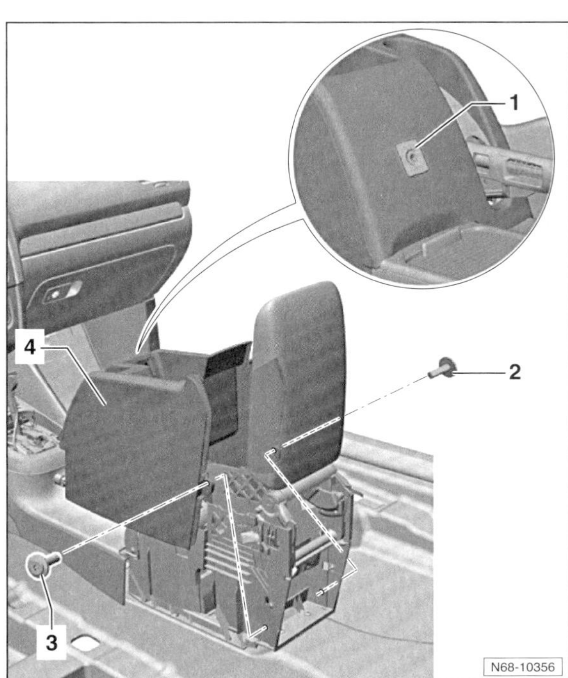

- Falls vorhanden und noch nicht ausgebaut, »AUX-IN«-Buchse –1– ausbauen, siehe Abbildung V-48341.
- Schrauben –2– und –3– herausdrehen.
- Verkleidung –4– aus den Befestigungen im unteren Bereich lösen.

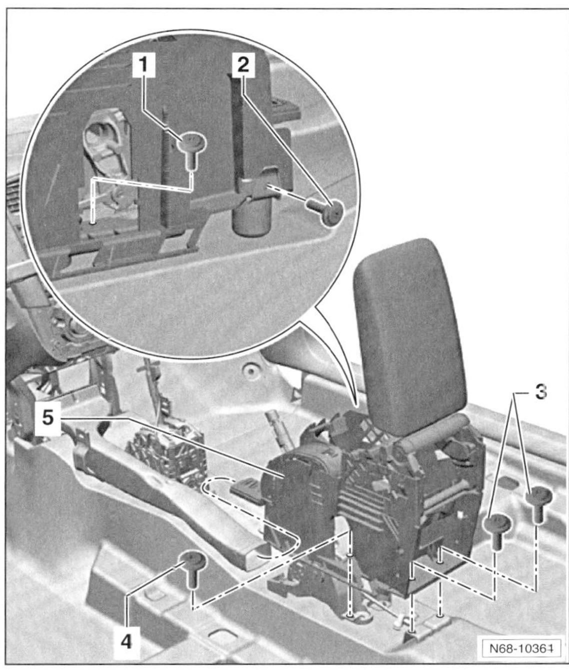

- Nachdem der vordere und mittlere Teil der Mittelkonsole ausgebaut wurde, am hinteren Teil –5– die Schrauben –1–, –2–, –3– und –4– herausdrehen.
- Hintere Mittelkonsole –5– herausnehmen.

Einbau

- Der Einbau erfolgt in umgekehrter Ausbaureihenfolge. Dabei ist folgendes zu beachten:
- Getränkehalter in geschlossenem Zustand zuerst unten in die Mittelkonsole einsetzen, dann öffnen und mit 2 Schrauben und **1,5 Nm** anschrauben.

Seitliche Abdeckungen an der Armaturentafel aus- und einbauen

GOLF VARIANT/GOLF PLUS/JETTA/TOURAN

Ausbau

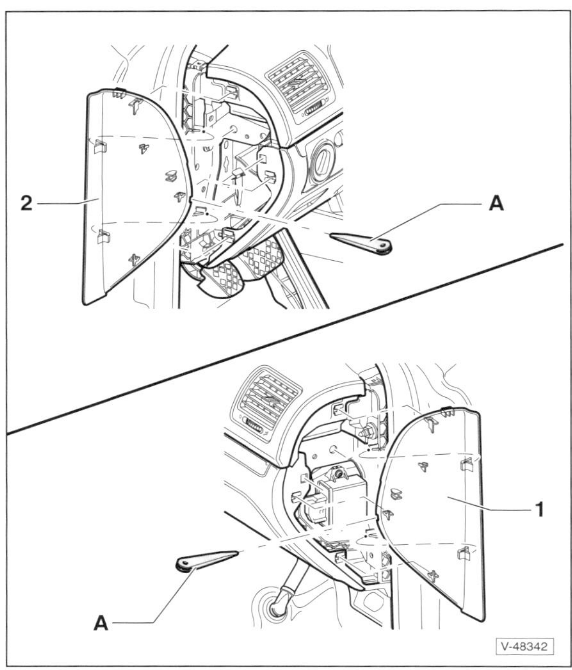

- Mit einem Kunststoffkeil –A–, zum Beispiel HAZET 1965-20, die Abdeckung –1/2– seitlich an der Armaturentafel abdrücken, im vorderen Bereich aus der mittleren A-Säulen-Verkleidung nach hinten herausziehen und abnehmen. **Hinweis:** Die Abbildung zeigt die Abdeckung beim **GOLF VARIANT** dargestellt. 1 – Rechte Seitenabdeckung, 2 – Linke Seitenabdeckung.

Einbau

- Der Einbau erfolgt in umgekehrter Ausbaureihenfolge.

Lenksäulenverkleidung aus- und einbauen

GOLF VARIANT/GOLF PLUS/JETTA/TOURAN

Ausbau

Hinweis: Zur besseren Übersicht ist das Lenkrad in den Abbildungen nicht abgebildet, der Ausbau des Lenkrades ist beim **GOLF VARIANT/GOLF PLUS/JETTA** nicht erforderlich.

- **TOURAN:** Lenkrad ausbauen, siehe Seite 150.

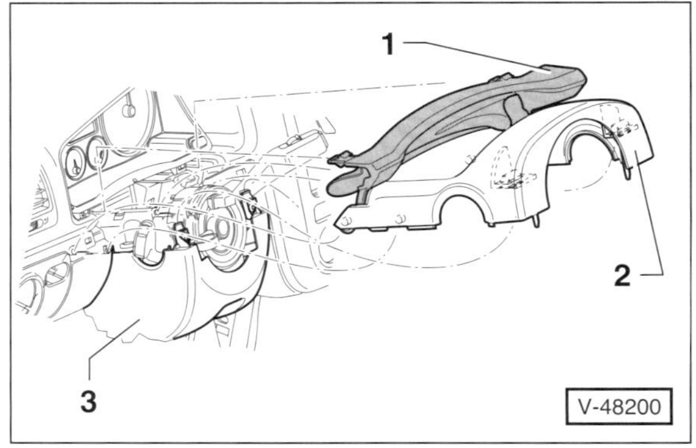

- Abdeckung –1– über der Lenksäulenfuge mit einem Kunststoffkeil aus den Aufnahmen an der oberen Lenksäulenverkleidung heraushebeln.
- Obere Lenksäulenverkleidung –2– mit einem Kunststoffkeil an den Einraststellen von der unteren Lenksäulenverkleidung –3– abclipsen und abnehmen.
- Lenkradverstellhebel umklappen.

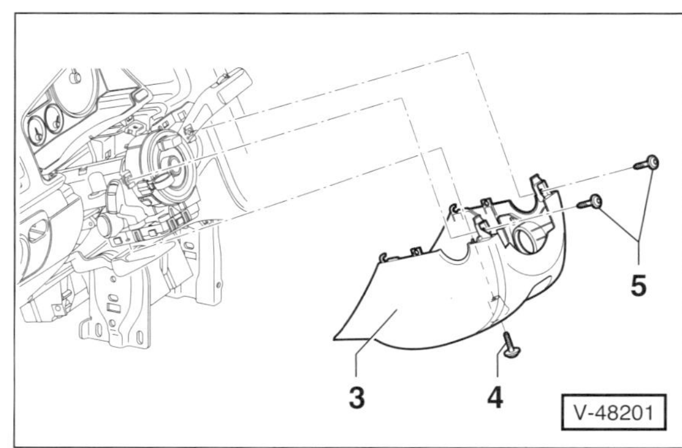

- Schraube –4– unten herausdrehen.
- 2 Schrauben –5– herausdrehen, untere Lenksäulenverkleidung –3– aus den Aufnahmen ausclipsen und von der Lenksäule abnehmen.

Einbau

- Der Einbau erfolgt in umgekehrter Ausbaureihenfolge. Schrauben mit **3,5 Nm** festziehen.

Linke Verkleidung der Armaturentafel aus- und einbauen

GOLF VARIANT/JETTA

Ausbau

- Zündung ausschalten und Zündschlüssel abziehen.
- Seitliche Abdeckung links an der Armaturentafel ausbauen, siehe entsprechendes Kapitel.
- Lichtschalter ausbauen, siehe Seite 133.
- Abdeckung über der Lenksäulenfuge aus den Aufnahmen ausclipsen, siehe Kapitel »Lenksäulenverkleidung aus- und einbauen«. **Hinweis:** Die komplette Lenksäulenverkleidung braucht nicht ausgebaut zu werden.
- Kombiinstrument ausbauen, siehe Seite 133.

Hinweis: Der Leitungsstrang für das Kombiinstrument muss nicht getrennt werden.

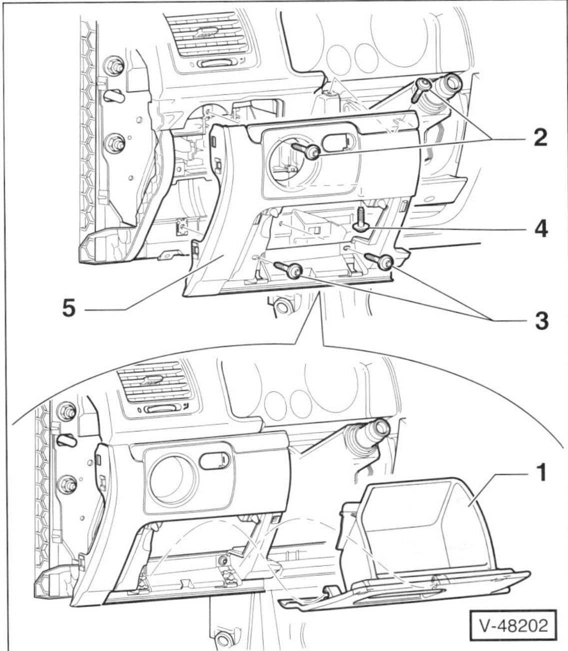

- Ablagefach –1– öffnen. Seitenwände des Ablagefachs zusammendrücken und Ablagefach über den Anschlag hinaus ganz herausklappen. Ablagefach kräftig nach hinten ziehen, dabei unten an den Scharnieren ausrasten und aus der Armaturentafel herausziehen.

Hinweis: Das Lenkrad muss nicht, wie in der Abbildung gezeigt, ausgebaut werden.

- Schrauben –2/3/4– herausdrehen und Verkleidung –5– von der Armaturentafel abnehmen.
- An der Rückseite der Verkleidung den Stecker vom Einsteller für Leuchtweitenregulierung abziehen.

Einbau

- Der Einbau erfolgt in umgekehrter Ausbaureihenfolge.

Untere Verkleidung der Armaturentafel aus- und einbauen

GOLF VARIANT

Ausbau

- Zündung ausschalten und Zündschlüssel abziehen.
- Seitliche Abdeckung links an der Armaturentafel ausbauen, siehe entsprechendes Kapitel.
- Linke Verkleidung der Armaturentafel unten ausbauen, siehe entsprechendes Kapitel.
- Blende für Informationssystem ausbauen, siehe entsprechendes Kapitel.
- Blende für Heizungs-/Klima-Bedieneinheit ausbauen, siehe entsprechendes Kapitel.
- Mittlere Abdeckung ausbauen, siehe entsprechendes Kapitel.
- Schalt-/Wählhebelmanschette aus der Abdeckung ausclipsen.
- Aschenbecher vorn beziehungsweise Ablagefach ausbauen, siehe »Mittelkonsole aus- und einbauen«.
- Abdeckung der Mittelkonsole ausbauen, siehe entsprechendes Kapitel. **Hinweis:** Die komplette Mittelkonsole muss nicht abgebaut werden.

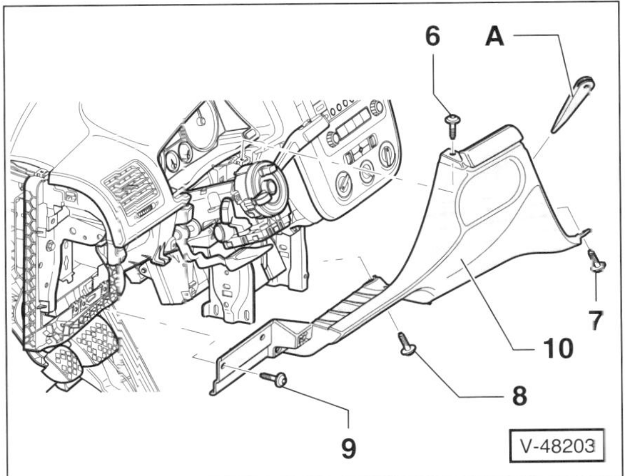

- Schrauben –6/7/8/9– herausdrehen.

Hinweis: Lenkrad und Lenksäulenverkleidung müssen nicht, wie in der Abbildung gezeigt, ausgebaut werden.

- Mit einem Kunststoffkeil –A– die rechte Verkleidung –10– an den Einraststellen lösen und von der Armaturentafel abnehmen.

Einbau

- Der Einbau erfolgt in umgekehrter Ausbaureihenfolge, dabei nacheinander die Schrauben –6–, –7–, –8– und –9– mit **1,5 Nm** anschrauben.

Obere Abdeckung im Fahrerfußraum aus- und einbauen

GOLF VARIANT

Ausbau

- Zündung ausschalten und Zündschlüssel abziehen.

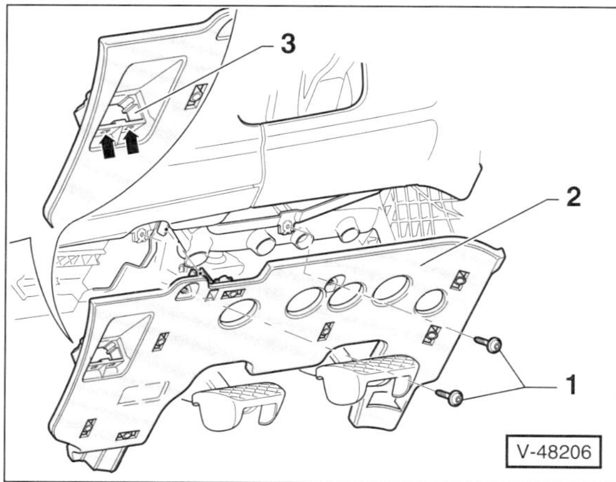

- 2 Schrauben –1– herausdrehen.
- Abdeckung –2– an den Einraststellen lösen und nach unten abnehmen.
- Stecker von der Fußraumleuchte abziehen.
- 2 Rastlaschen –Pfeile– entriegeln und Diagnosestecker –3– aus der Abdeckung herausziehen.

Einbau

- Der Einbau erfolgt in umgekehrter Ausbaureihenfolge.

Einstiegsleiste aus- und einbauen

GOLF VARIANT

Ausbau

- Rücksitzbank aus den vorderen Verankerungen herausziehen, siehe entsprechendes Kapitel. **Hinweis:** Die Rücksitzbank muss nicht komplett ausgebaut werden.
- Innenverkleidung Radkasten im Übergangsbereich zur Einstiegsleiste aus den Aufnahmen herausziehen, siehe entsprechendes Kapitel.

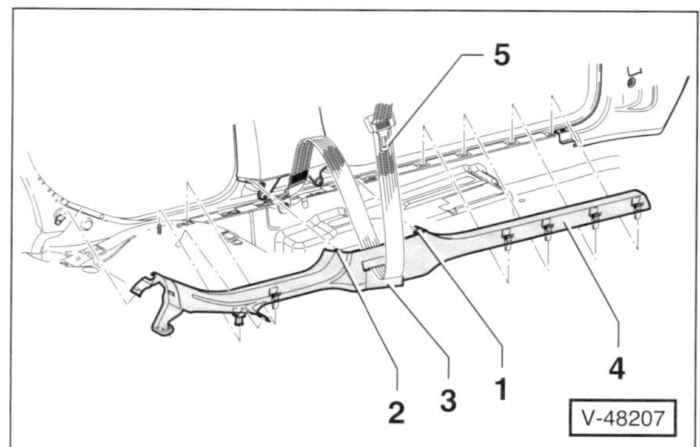

- Einen Kunststoffkeil vorne zwischen Einstiegsleiste –4– und Türschweller führen und Halteklammern an der Rückseite der Einstiegsleiste aus den Bohrungen herausziehen. Einstiegsleiste vorne aus der Türdichtung herausziehen.
- Führung –1– der Einstiegsleiste von der unteren Verkleidung der B-Säule lösen.
- Einstiegsleiste –4– hinten vom Türschweller abziehen und aus der Türdichtung herausziehen.
- Führung –2– der Einstiegsleiste von der unteren Verkleidung der B-Säule lösen.
- Lasche –3– öffnen und Sicherheitsgurt –5– hindurchfädeln.
- Einstiegsleiste vom Türschweller abnehmen.

Einbau

- Halteklammern auf Beschädigungen und auf richtigen Sitz an der Verkleidung überprüfen, wenn nötig ersetzen.
- Der Einbau erfolgt in umgekehrter Ausbaureihenfolge, dabei darauf achten, dass die Halteklammern korrekt in die Bohrungen eingreifen und dass die Türdichtung über die Einstiegsleiste greift.

Handschuhfach aus- und einbauen

GOLF VARIANT

Ausbau

- Zündung ausschalten und Zündschlüssel abziehen.
- Seitliche Klappe rechts aus der Armaturentafel ausbauen, siehe entsprechendes Kapitel.
- Mittlere und untere A-Säulen-Verkleidung auf der Beifahrerseite ausbauen.
- Vordere Mittelkonsole ausbauen, siehe N68-10367 auf Seite 193.

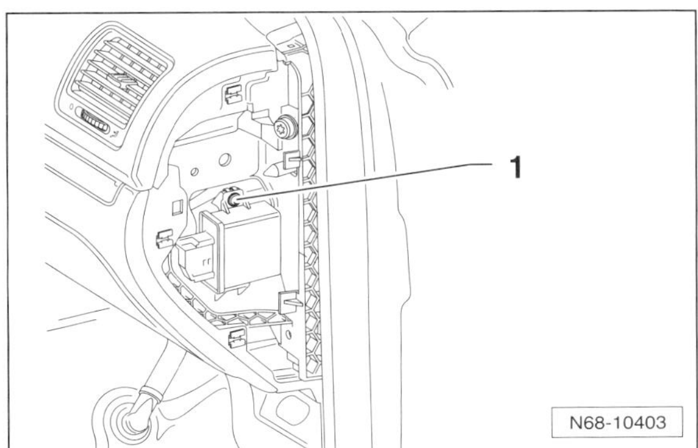

- Am Steuergerät für Leuchtweitenregelung (und Kurvenlicht) die Schraube –1– herausdrehen.

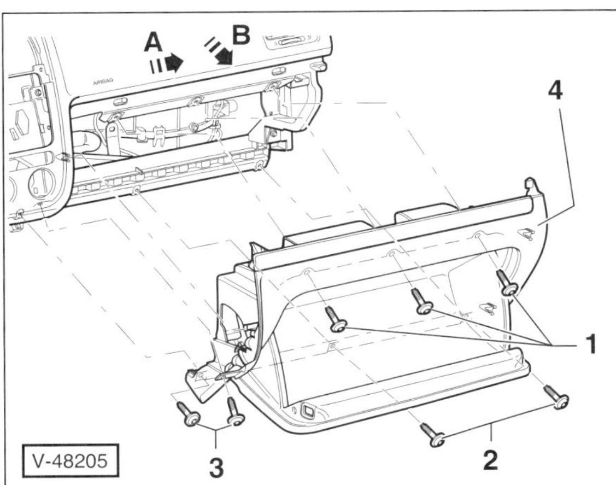

- Handschuhfach öffnen und 7 Schrauben –1/2/3– herausdrehen.
- Handschuhfach –4– bis zum Anschlag nach außen schieben –Pfeil A– und nach hinten aus der Armaturentafel herausziehen –Pfeil B–.
- Je nach Ausstattung Stecker für Handschuhfachleuchte, Fußraumleuchte, Schlüsselschalter für Airbagabschaltung abziehen.
- Gegebenenfalls Luftkanal für Handschuhfachkühlung abziehen.

Einbau

- Der Einbau erfolgt in umgekehrter Ausbaureihenfolge.

Mittlere A-Säulen-Verkleidung aus- und einbauen

GOLF VARIANT

Ausbau

- Seitliche Abdeckung an der Armaturentafel ausbauen, siehe entsprechendes Kapitel.

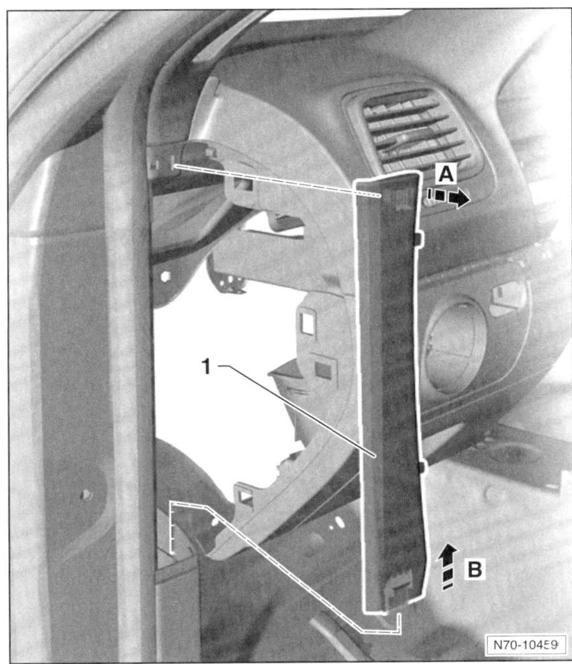

- Mittlere Verkleidung –1– im oberen Bereich aus den Aufnahmen abziehen –Pfeil A–.
- Mittlere Verkleidung unten aus der unteren Verkleidung nach oben –Pfeil B– herausziehen.

Einbau

- Der Einbau erfolgt in umgekehrter Ausbaureihenfolge, dabei darauf achten, dass die Türdichtung über die Verkleidung greift. Herausgefallenes Dämmmaterial hinter die Verkleidung legen.

Untere A-Säulen-Verkleidung aus- und einbauen

GOLF VARIANT

Ausbau

- Einstiegsleiste an den Stoßstellen zur unteren A-Säulenverkleidung vom Türschweller ablösen, siehe entsprechendes Kapitel.
- Mittlere A-Säulen-Verkleidung ausbauen, siehe vorhergehenden Abschnitt.

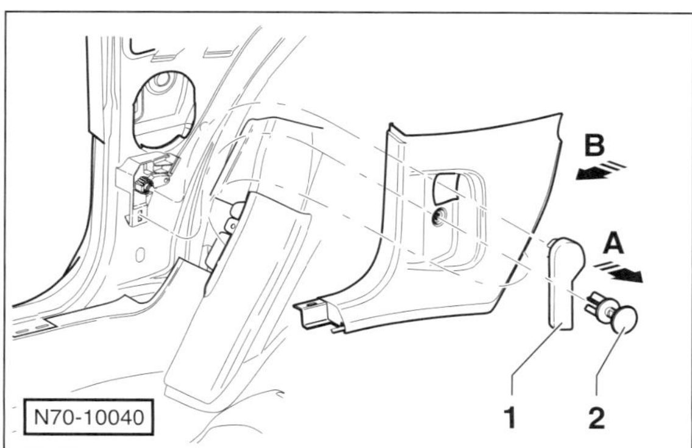

- **Fahrerseite:** Betätigungshebel –1– für Motorhauben-Seilzug ausbauen, siehe Seite 250.
- **Fahrerseite:** Spreizclip –2– aus der Verkleidung herausziehen.
- Verkleidung von der A-Säule abziehen –Pfeil A– und aus der Türdichtung herausziehen.
- Verkleidung aus der Aufnahme ziehen –Pfeil B– und abnehmen.

Einbau

- Spreizclip auf Beschädigungen überprüfen, wenn nötig ersetzen.
- Der Einbau erfolgt in umgekehrter Ausbaureihenfolge, dabei darauf achten, dass die Türdichtung über die Verkleidung greift.

Innenverkleidung Radkasten hinten aus- und einbauen

GOLF VARIANT

Ausbau

- Rücksitzbank ausbauen, siehe entsprechendes Kapitel.
- Rücksitzseitenpolster ausbauen, siehe entsprechendes Kapitel.

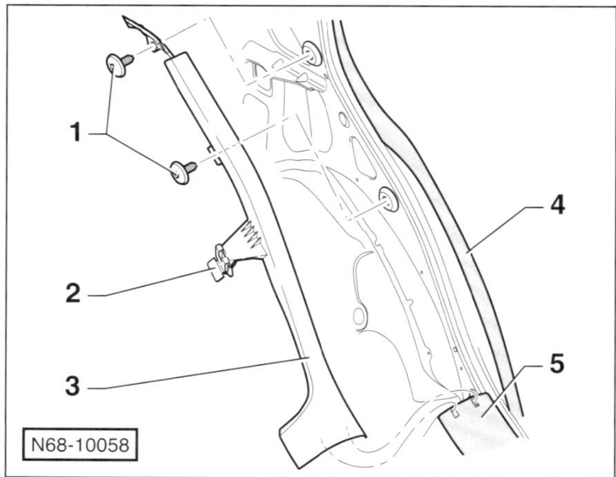

- 2 Schrauben –1– herausdrehen.
- Klammer –2– vom Flansch am Radkasten abziehen.
- Verkleidung –3– aus den Aufnahmen in der Einstiegsleiste –5– und aus der Gummidichtung –4– herausziehen.
- Verkleidung –3– nach vorne unten aus der C-Säulenverkleidung herausziehen.

Einbau

- Der Einbau erfolgt in umgekehrter Ausbaureihenfolge.

Seitenverkleidung im Kofferraum aus- und einbauen

GOLF VARIANT

Ausbau

- Heckklappe öffnen.
- Verkleidung Heckabschluss ausbauen, siehe entsprechendes Kapitel.
- Fahrzeuge mit ebenem Kofferraumboden: Einsatz im Kofferraumboden ausbauen, siehe entsprechendes Kapitel.
- Rücksitzlehne ausbauen, siehe entsprechendes Kapitel.
- Seitenpolster ausbauen, siehe entsprechendes Kapitel.

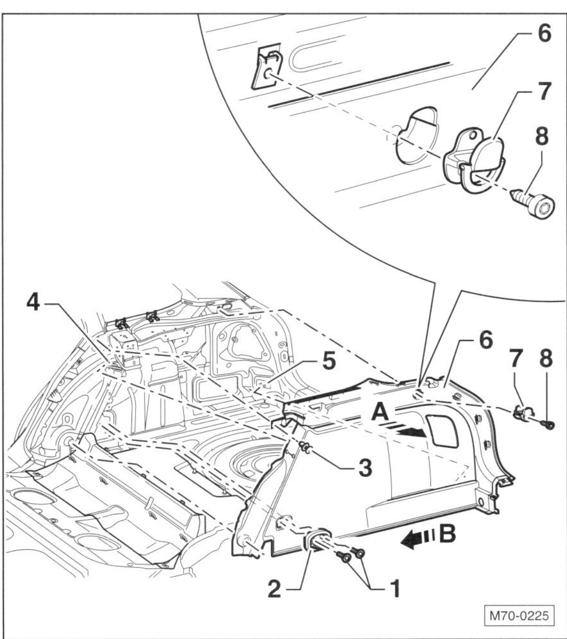

- 2 Schrauben –1– herausdrehen und Verzurröse –2– von der Seitenwand abnehmen.
- Spreizclip –3– lösen und herausziehen.
- Schraube –8– herausdrehen und den Taschenhaken –7– abnehmen.
- Verkleidung –6– nach innen in Pfeilrichtung –A– aus den Halterungen in der Karosserie herausziehen.
- Anschließend Verkleidung –6– nach vorn in Pfeilrichtung –B– über den Bügel der Lehnenverriegelung –4– und die Verzurrösen –5– ziehen.
- Je nach Fahrzeugausstattung die entsprechenden elektrischen Leitungsstränge trennen und die Seitenverkleidung aus dem Kofferraum herausnehmen.

Einbau

- Der Einbau erfolgt in umgekehrter Ausbaureihenfolge.
- Schraube –8– mit **4,5 Nm** und die Schrauben –1– mit **8 Nm** festziehen.

Verkleidung Heckabschluss aus- und einbauen

GOLF VARIANT

Ausbau

- Heckklappe öffnen.
- Fahrzeug mit abgesenktem Ladeboden: Bodenbelag am Kofferraumboden anheben und herausnehmen.
- Fahrzeug mit ebenem Ladeboden: Bodenbelag nach vorn klappen und den Einsatz aus dem Kofferraum herausnehmen, siehe entsprechendes Kapitel.

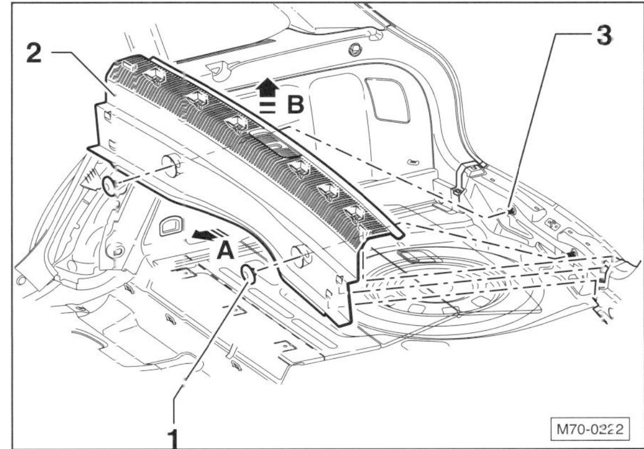

- Befestigungsclips –1– von den Gewindebolzen der Karosserie abschrauben.
- Verkleidung –2– im unteren Bereich in Pfeilrichtung –A– von den Gewindebolzen –3– der Karosserie abziehen.
- Verkleidung nach oben in Pfeilichtung –B– vom Schlossträger abziehen.

Einbau

- Halteclips auf Beschädigungen und auf richtigen Sitz an der Verkleidung überprüfen, wenn nötig ersetzen.
- Der Einbau erfolgt in umgekehrter Ausbaureihenfolge, dabei darauf achten, dass die Heckklappen-Dichtung über die Verkleidung greift.

Abdeckung/Deckel/Einsatz im Kofferraumboden aus- und einbauen

GOLF VARIANT

Ausbau

Nur Fahrzeuge mit ebenem Kofferraumboden.

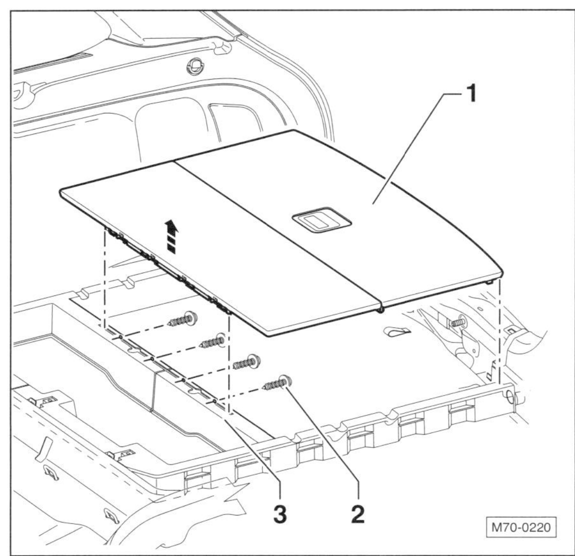

- Abdeckung –1– im Kofferraum nach oben klappen.
- 4 Schrauben –2– herausdrehen.
- Abdeckung –1– in Pfeilrichtung vom Einsatz –3– abziehen.

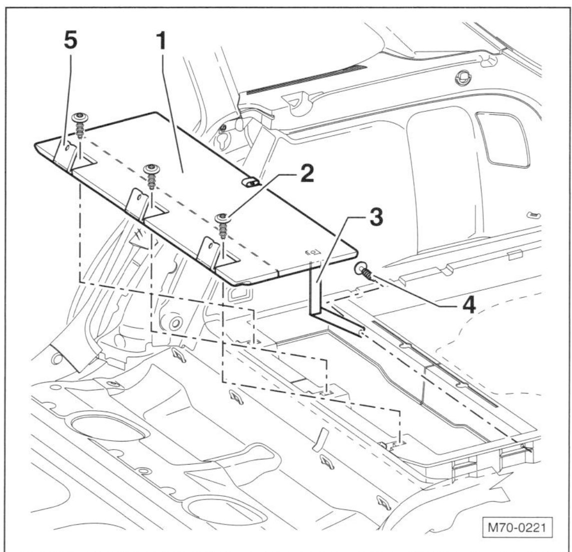

- Deckel –1– nach oben klappen.
- Schraube –4– an der Stütze –3– herausdrehen.
- Abdeckungen –5– nach oben klappen.
- 3 Schrauben –2– herausdrehen und Deckel –1– herausnehmen.

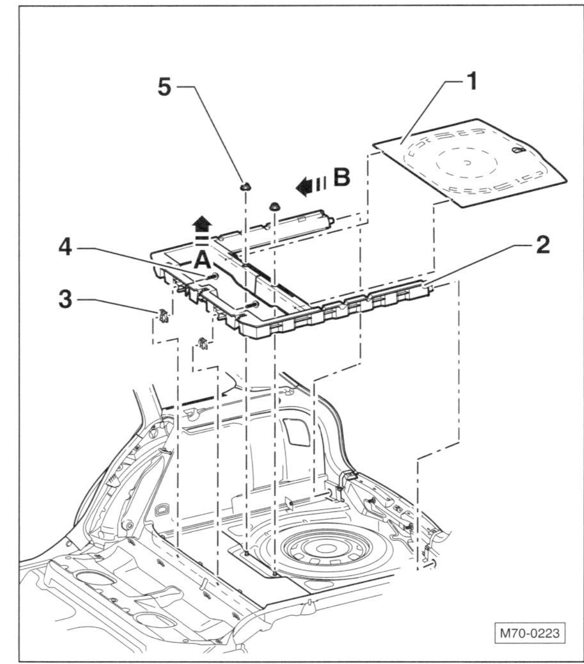

- Ablage –1– herausnehmen.
- 2 Kunststoffmuttern –5– abschrauben.
- 2 Schrauben –4– aus den Blechmuttern –3– herausdrehen.
- Einsatz –2– in Pfeilrichtung –A– anheben und in Pfeilrichtung –B– aus den Seitenteilen links und rechts herausziehen.

Einbau

- Der Einbau erfolgt in umgekehrter Ausbaureihenfolge. Alle Schrauben mit **2 Nm** anziehen.

Dachabschlussleiste aus-und einbauen

GOLF VARIANT

Ausbau

- Heckklappe öffnen.

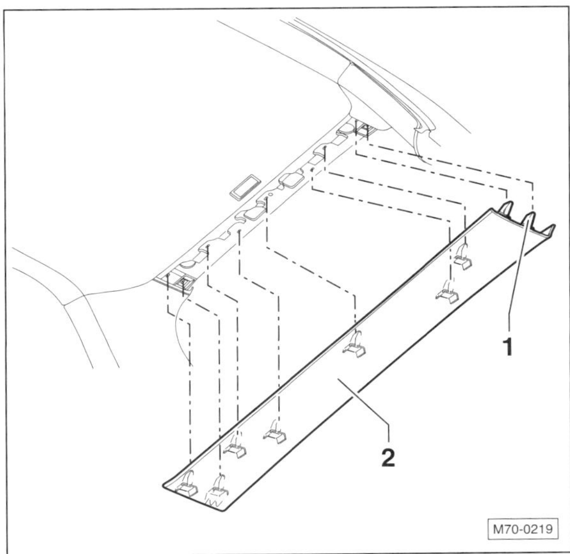

- Dachabschlussleiste –2– mit den Klammern –2– nach unten aus den Aufnahmen im Dachquerträger ziehen. Dabei Dachabschlussleiste aus der Heckklappen-Dichtung herausziehen.

Einbau

- Halteklammern auf Beschädigungen und auf richtigen Sitz an der Verkleidung überprüfen, wenn nötig ersetzen.
- Der Einbau erfolgt in umgekehrter Ausbaureihenfolge, dabei darauf achten, dass die Heckklappen-Dichtung über die Dachabschlussleiste greift.

Vordersitz aus- und einbauen

GOLF VARIANT/GOLF PLUS/JETTA

Ausbau

Hinweis: Zum Ausbau des Vordersitzes mit Seiten-Airbag wird der VW-Airbag-Adapter VAS 6229 oder VAS 6282 (JETTA) benötigt. Der Adapter sorgt für eine zusätzliche Absicherung gegen elektrostatische Aufladungen.

- Falls vorhanden, Schublade unter dem Sitz herausziehen.

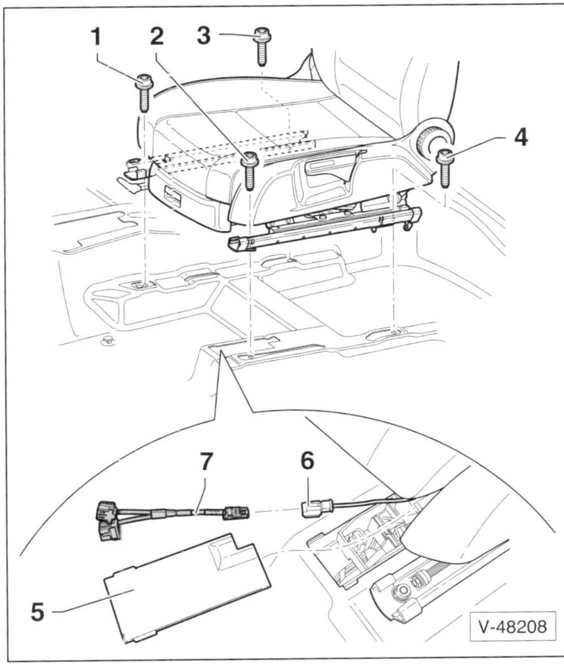

- Vordersitz nach vorne stellen und 2 Schrauben –3/4– hinten herausdrehen.
- Vordersitz nach hinten stellen und Deckel –5– von der Steckerleiste abnehmen.
- Um ein Auslösen des Seiten-Airbags zu verhindern, Zündung ausschalten, zuerst Massekabel (–) und danach Pluskabel (+) von der Batterie abklemmen. **Minuspol der Batterie mit Isolierband abkleben**. Hinweise im Kapitel »Batterie aus- und einbauen« beachten.

Achtung: Vor dem Trennen der Steckverbindung für Seiten-Airbag, elektrostatische Aufladung abbauen, dazu kurz den Schließbügel der Tür oder die Karosserie anfassen. **Der Airbag-Adapter muss angeschlossen bleiben, bis der Sitz wieder eingebaut wird.** Unbedingt **Airbag-Sicherheitshinweise** befolgen, siehe Seite 148.

- Alle Stecker an der Steckerleiste unter dem Sitz abziehen.
- Stecker für Seiten-Airbag –6– abziehen und dafür Airbag-Adapter VAS 6229/6282 –7– am Anschluss für Seiten-Airbag aufstecken.
- 2 Schrauben –1/2– vorne herausdrehen.

- Kabelstrang vom Fahrzeugboden lösen.
- Vordersitz zusammen mit Gleitschienen durch die Vordertür herausnehmen.

Hinweis: Beim linken Vordersitz mit der rechten Hand hinten zwischen Lehne und Sitzkissen greifen und mit der linken Hand vorne am Sitzkissen untergreifen. Entsprechend beim rechten Vordersitz vorgehen. Sitz nicht am Gurtschloss oder an den Verstellhebeln anheben.

Einbau

- Vordersitz so auf den Fahrzeugboden setzen, dass die Zentrierstifte am Sitz in die Bohrungen am Boden eingreifen.
- Der weitere Einbau erfolgt in umgekehrter Ausbaureihenfolge. Dabei zunächst die beiden vorderen Schrauben und zuletzt die Schrauben hinten festdrehen.
- Schrauben für Vordersitz mit **40 Nm** festziehen. **Hinweis:** Wird das Gewinde im Aufnahmeblech des Sitzquerträgers beschädigt, dann ist eine Reparatur des Gewindes nicht zulässig. In diesem Fall muss das Aufnahmeblech erneuert werden (Werkstattarbeit).

Achtung: Beim Anklemmen der Batterie darf sich keine Person im Innenraum des Fahrzeugs aufhalten.

- Isolierband vom Minuspol der Batterie entfernen, zuerst Pluskabel (+) und danach Massekabel (–) an der Batterie anklemmen. **Achtung:** Hinweise im Kapitel »Batterie aus- und einbauen« beachten.
- Falls die Airbag-Warnlampe im Kombiinstrument nach Einschalten der Zündung nicht erlischt, liegt eine Störung im Airbag-System vor. In diesem Fall muss eine Fachwerkstatt das Airbag-System überprüfen.

Rücksitz aus- und einbauen

GOLF VARIANT

Rücksitzbank

Ausbau

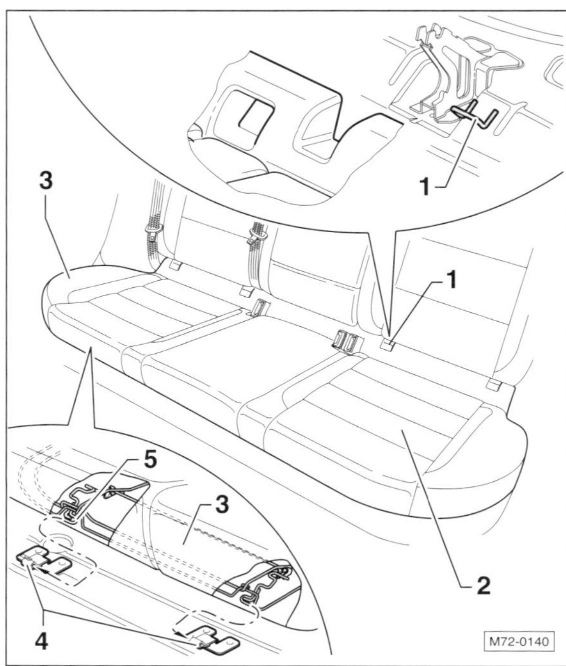

- Linke –2– und rechte Sitzbank –3– nach vorn klappen.
- Haken des Sitzrahmens –5– aus den Scharnieren –4– herausdrücken.
- Rücksitzbank aus dem Fahrzeug herausheben. 1 – Verankerung für Kindersitz.

Einbau

- Der Einbau erfolgt in umgekehrter Ausbaureihenfolge.

Rücksitzlehne

Ausbau

- Rücksitzbank ausbauen, siehe entsprechenden Abschnitt.

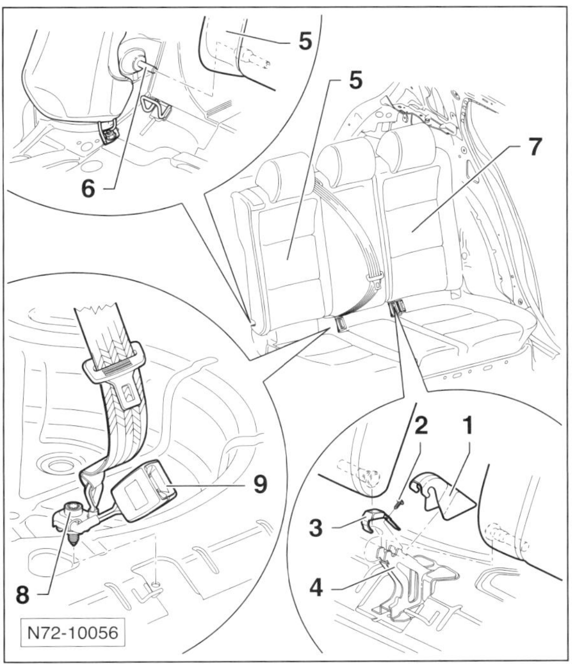

- Bodenbelag zurückklappen und Abdeckkappe –1– vom mittleren Lehnenlager –4– abziehen.
- Schraube –2– herausdrehen und Schelle –3– vom Mittellager abnehmen.
- Rechte Lehne –5– aus dem Mittellager aushängen und an der Außenseite vom Haltebolzen –6– abziehen.
- Schraube –8– herausdrehen und Sicherheitsgurtschloss –9– vom Fahrzeugboden abnehmen.
- Rechte Lehne –5– aus dem Fahrzeug nehmen.
- Linke Lehne –7– aus dem Mittellager aushängen, an der Außenseite vom Haltebolzen abziehen und aus dem Fahrzeug nehmen.

Einbau

- Der Einbau erfolgt in umgekehrter Ausbaureihenfolge, dabei Sicherheitsgurtschloss mit **40 Nm** am Boden festschrauben und Schelle –3– mit **9 Nm** am Mittellager festschrauben.

Rücksitzseitenpolster aus- und einbauen

GOLF VARIANT

Ausbau

- **Seitenpolster mit Seiten-Airbag:** Um ein Auslösen des Seiten-Airbags zu verhindern, Zündung ausschalten zuerst Massekabel (–) und danach Pluskabel (+) von der Batterie abklemmen. **Minuspol der Batterie mit Isolierband abkleben**. Hinweise im Kapitel »Batterie aus- und einbauen« beachten.
- Rücksitzbank ausbauen, siehe entsprechendes Kapitel.

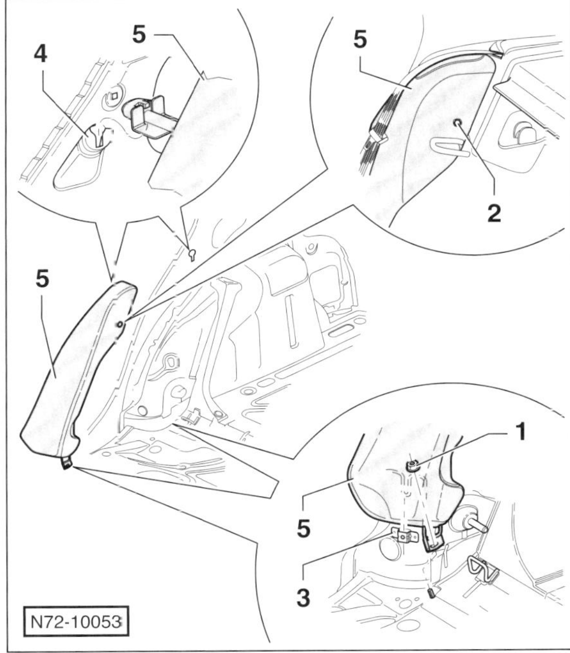

- Mutter –1– abschrauben.
- Rücksitzlehne nach vorne klappen.
- **Seitenpolster mit Seiten-Airbag:** Falls vorhanden, Abdeckkappe abhebeln und Schraube –2– herausdrehen.
- Seitenpolster –5– nach oben aus den Aufnahmen –3– und –4– herausziehen.

Achtung: Vor dem Trennen der Steckverbindung für Seiten-Airbag, elektrostatische Aufladung abbauen, dazu kurz den Schließbügel der Tür oder die Karosserie anfassen. Unbedingt **Airbag-Sicherheitshinweise** befolgen, siehe Seite 148.

- **Seitenpolster mit Seiten-Airbag:** Stecker vom Seiten-Airbag abziehen.

Einbau

- Der Einbau erfolgt in umgekehrter Ausbaureihenfolge, dabei die Schraube sowie die Mutter mit **8 Nm** festziehen.

Seitenpolster mit Seiten-Airbag

Achtung. Beim Anklemmen der Batterie darauf achten, dass sich keine Person im Innenraum des Fahrzeugs aufhält.

- Isolierband vom Minuspol der Batterie entfernen, zuerst Pluskabel (+) und danach Massekabel (–) an der Batterie anklemmen. **Achtung:** Hinweise im Kapitel »Batterie aus- und einbauen« beachten.
- Falls die Airbag-Warnlampe im Kombiinstrument nach Einschalten der Zündung nicht erlischt, liegt eine Störung im Airbag-System vor. In diesem Fall das Airbag-System von einer Fachwerkstatt überprüfen lassen.

Innenausstattung: GOLF PLUS

Achtung: In diesem Kapitel werden Arbeitsschritte für das Modell »**GOLF PLUS**« beschrieben. Arbeiten, die weitgehend gleich wie beim **GOLF VARIANT** sind, stehen im Hauptkapitel »**Innenausstattung**«.

Mittlere Blende in der Armaturentafel aus- und einbauen

GOLF PLUS

Ausbau

- Zündung ausschalten und Zündschlüssel abziehen.

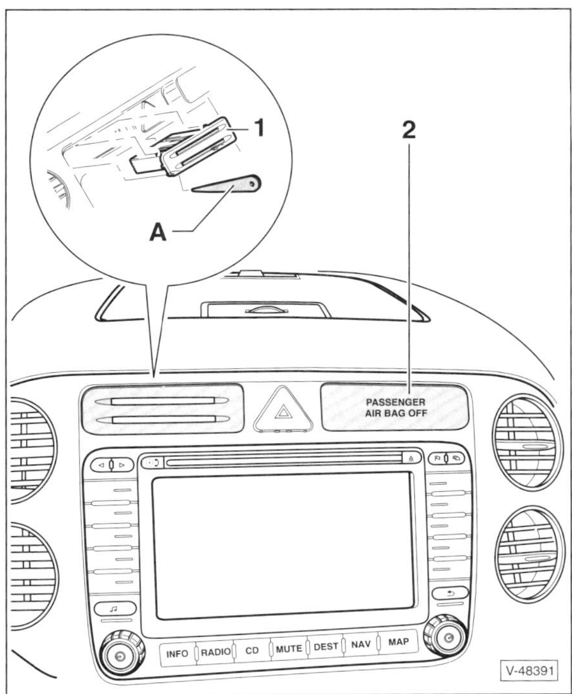

- Kartenfach –1– mit einem Kunststoffkeil –A– herausheben.
- Kontrollleuchte für Beifahrer-Airbag –2– mit einem Kunststoffkeil –A– heraushebeln, Stecker abziehen.

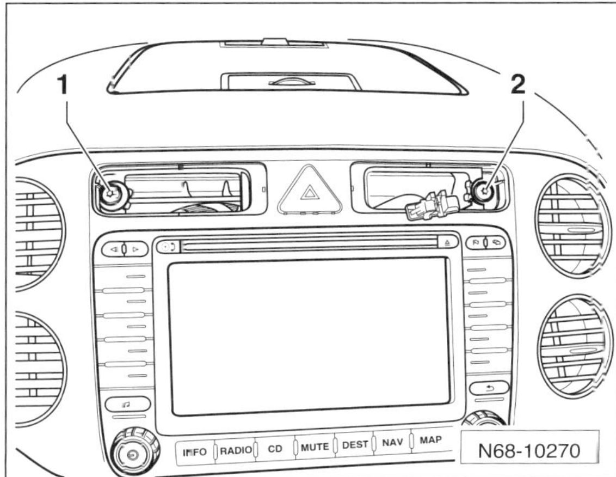

- Schrauben –1– und –2– herausdrehen.

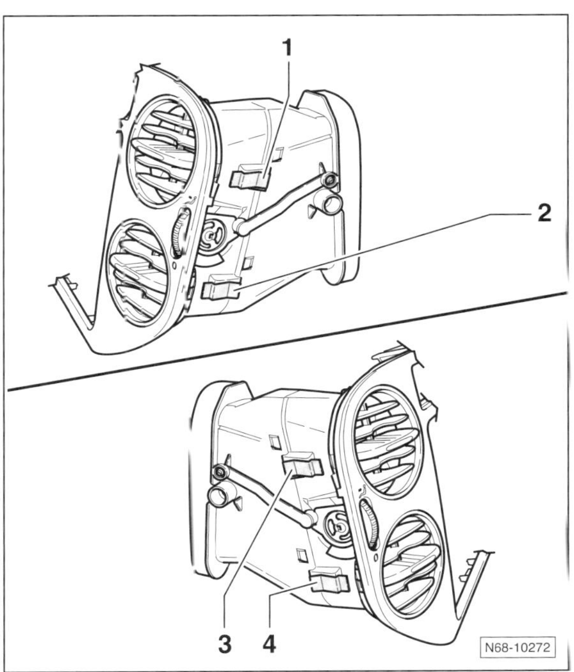

Hinweis: Zum Ausbau der Blende müssen an den Luftaustrittsdüsen jeweils die Klammern –1– bis –4– entriegelt werden. Zur Verdeutlichung sind die Bereiche mit den Düsen in ausgebautem Zustand dargestellt.

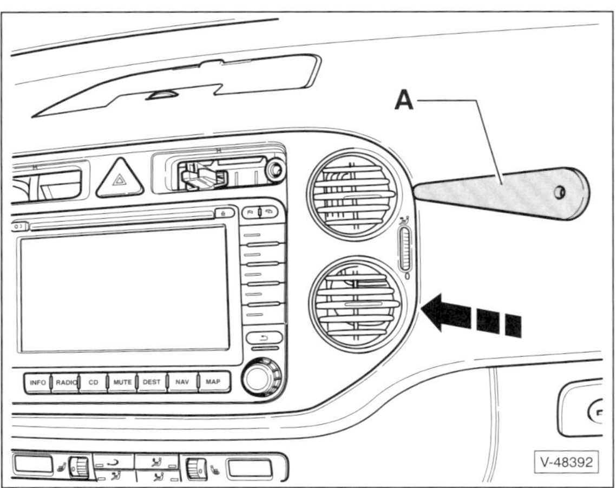

- Lamellen der Luftaustrittsdüsen (Ausströmer) in die waagerechte Position stellen.
- Mit 2 Fingern in die Öffnungen neben dem Warnlichtschalter greifen und die Blende etwas herausziehen.
- Kunststoffkeil –A– im Bereich der mittleren Lamelle in die Fuge zwischen Ausströmer und Armaturentafel schieben und dadurch die obere Klammer –1– (Abbildung N68-10272) entriegeln.
- Auf der anderen Seite die Blende in Richtung Beifahrerseite ziehen und die Klammern –3– und –4– (Abbildung N68-10272) entriegeln.

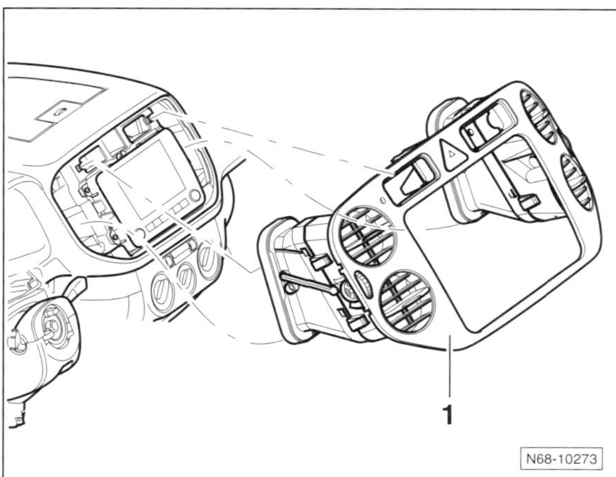

- Blende –1– gerade aus der Armaturentafel herausziehen. Dabei darauf achten, dass die Blende nicht verkantet wird.
- Stecker vom Warnlichtschalter abziehen.

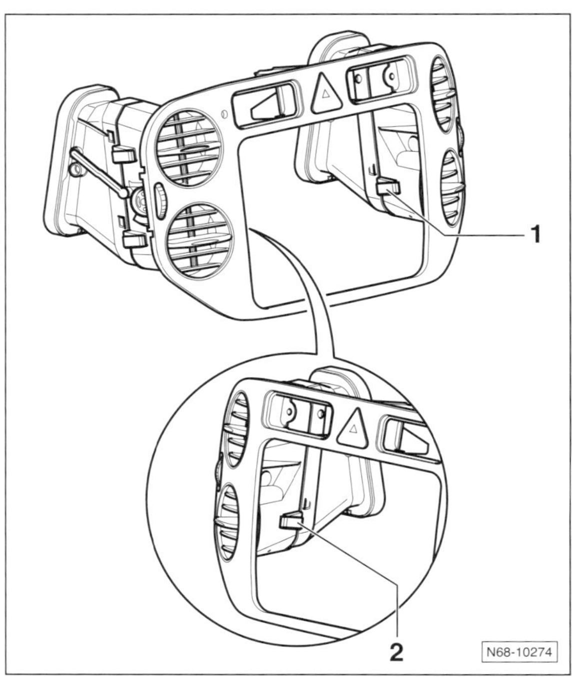

Hinweis: Die Blechklammern –1– und –2– können beim Ausbau der Blende abspringen. Um spätere Klappergeräusche zu vermeiden, fehlende Klammern aus der Mittelkonsole herausholen und wieder einsetzen. Gegebenenfalls Blechklammern ersetzen.

Einbau

- Der Einbau erfolgt in umgekehrter Ausbaureihenfolge.
- Sämtliche Schrauben ganz leicht, mit **1,5 Nm** anziehen.

Mittelkonsole aus- und einbauen

GOLF PLUS

Beschrieben wird der Ausbau der Basisausstattung, Besonderheiten der Highline-Ausstattung stehen am Ende des Kapitels.

Ausbau

- Der Ausbau der hinteren Mittelkonsole, der Schaltdämpfung und der linken Fußraumverkleidung erfolgt auf die gleiche Weise wie beim »**GOLF VARIANT**«.

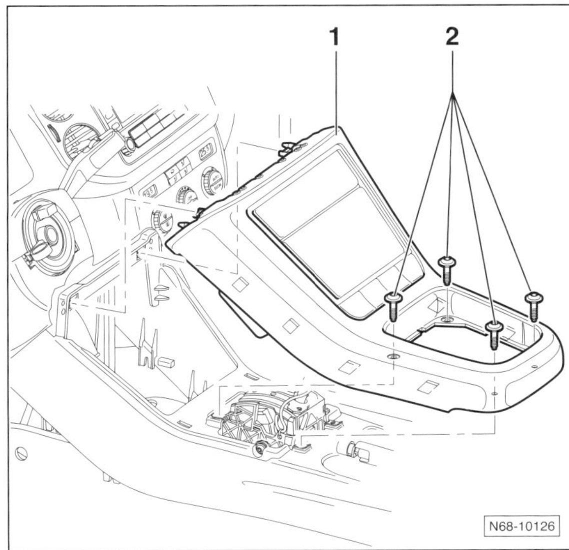

- 4 Schrauben –2– herausdrehen.
- Abdeckung –1– der vorderen Mittelkonsole aus den vorderen Aufnahmen herausziehen.
- Sämtliche Steckverbindungen trennen.

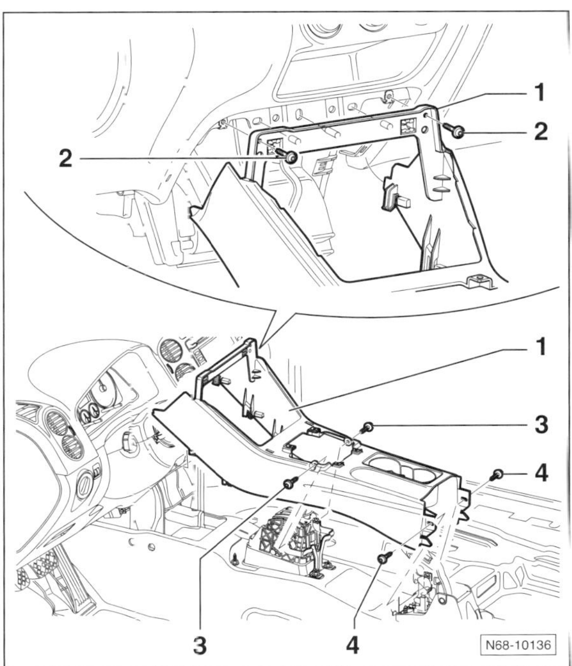

- Schrauben –3–, –4– und –2– herausdrehen.
- Vordere Mittelkonsole –1– herausnehmen.

Einbau

- Der Einbau erfolgt in umgekehrter Ausbaureihenfolge. Dabei ist folgendes zu beachten:
- Vordere Mittelkonsole in der Reihenfolge –2–, –4– und –3– anschrauben siehe Abbildung N68-10136.
- Sämtliche Schrauben ganz leicht, mit **1,5 Nm** anziehen.

Speziell Highline-Ausstattung

GOLF PLUS

Hinweis: Hier werden nur die Unterschiede zur Basis-Ausstattung beschrieben.

Ausbau

- Falls vorhanden, CD-Wechsler ausbauen, siehe Seite 139.

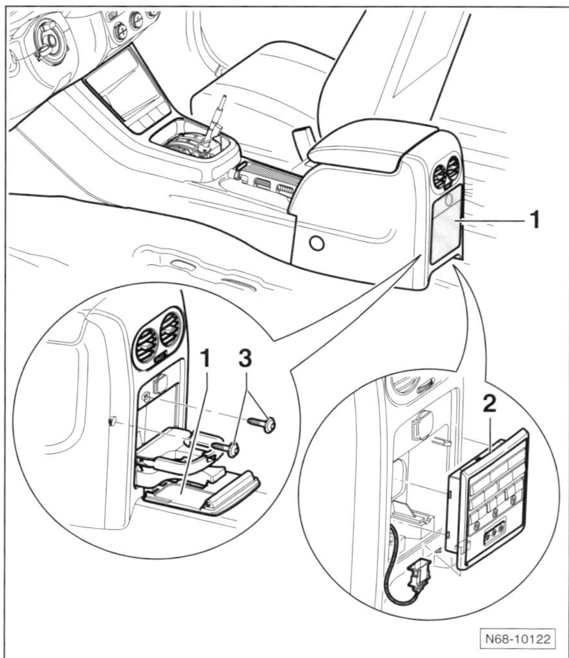

- Falls vorhanden, Bedienteil –2– ausbauen.
- Getränkehalter –1– öffnen.
- 2 Schrauben –3– herausdrehen und Getränkehalter –1– wieder schließen.

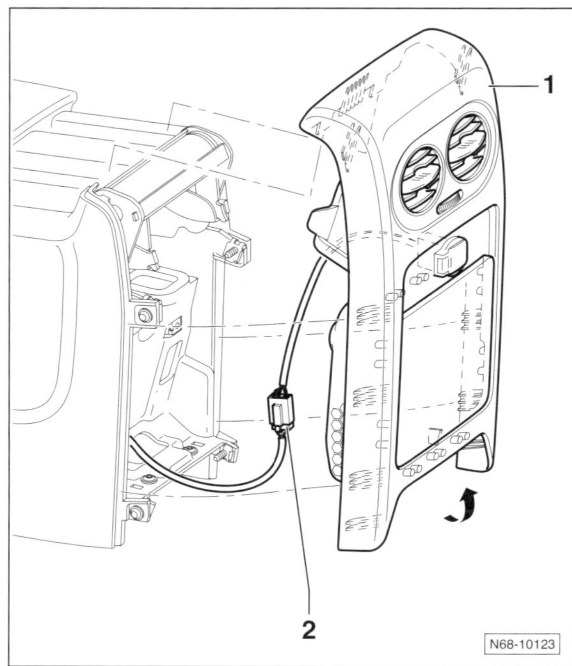

- Blende –1– zuerst unten in Pfeilrichtung aus den Aufnahmen herausziehen.
- Steckverbindung –2– trennen.
- Blende im oberen Bereich aus den Aufnahmen in der Mittelkonsole herausnehmen.

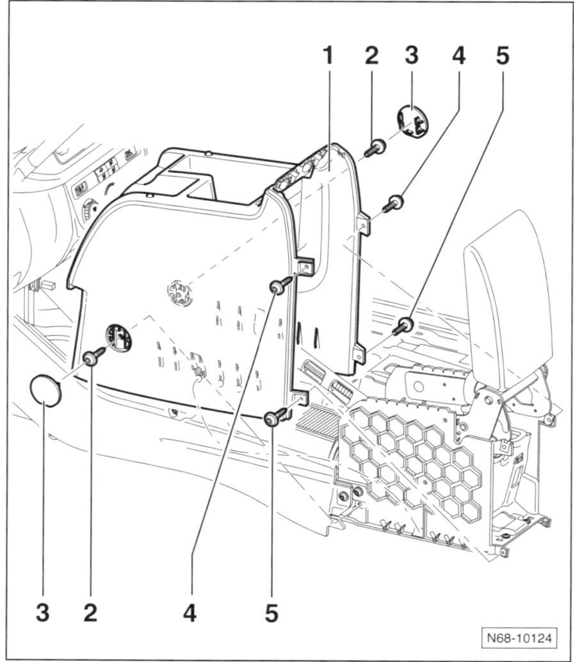

- 2 Abdeckungen –3– mit einem kleinen Schraubendreher heraushebeln.
- Schrauben –4–, –5– und –2– herausdrehen.

- Verkleidung –1– aus den Befestigungen im unteren Bereich lösen.
- Vorderen und mittleren Teil der Mittelkonsole ausbauen, siehe entsprechenden Abschnitt.

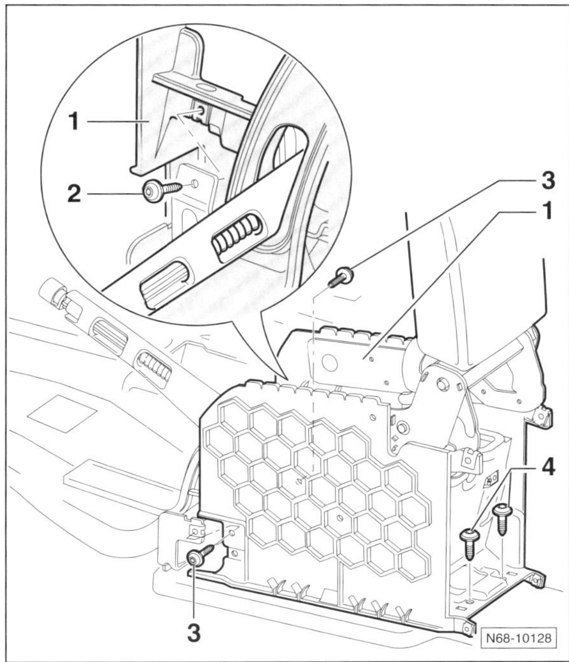

- Schrauben –4–, –2– und –3– herausdrehen.
- Hintere Mittelkonsole –1– herausnehmen.

Einbau

- Der Einbau erfolgt in umgekehrter Ausbaureihenfolge. Dabei ist folgendes zu beachten:
- Schrauben für die hintere Mittelkonsole –1– in der Reihenfolge –3–, –2– und –4– anschrauben, siehe Abbildung N68-10128.
- Schrauben für die Verkleidung –1– in der Reihenfolge –2–, –5– und –4– anschrauben, siehe Abbildung N68-10124.
- Sämtliche Schrauben ganz leicht mit **1,5 Nm** anziehen.

Linke Verkleidung der Armaturentafel aus- und einbauen

GOLF PLUS

Ausbau

- Zündung ausschalten und Zündschlüssel abziehen.
- Seitliche Abdeckung links an der Armaturentafel ausbauen, siehe entsprechendes Kapitel.
- Fußraumabdeckung ausbauen, siehe entsprechendes Kapitel.
- Lichtschalter ausbauen, siehe Seite 133.
- Abdeckung über der Lenksäulenfuge aus den Aufnahmen ausclipsen, siehe Kapitel »Lenksäulenverkleidung aus- und einbauen«. **Hinweis:** Die komplette Lenksäulenverkleidung braucht nicht ausgebaut zu werden.

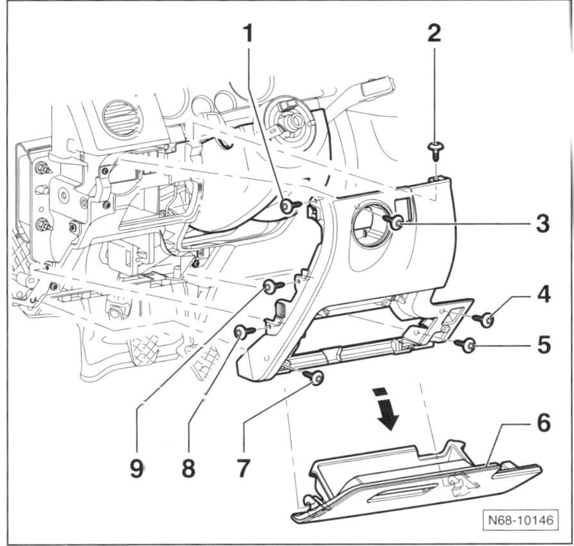

- Ablagefach –6– aus den Aufnahmen herausziehen –Pfeil–.

Hinweis: Das Lenkrad muss nicht, wie in der Abbildung gezeigt, ausgebaut werden.

- Schrauben –1/2/3/4/5/7/8/9– herausdrehen und Verkleidung von der Armaturentafel abnehmen.
- An der Rückseite der Verkleidung den Stecker vom Einsteller für Leuchtweitenregulierung abziehen.

Einbau

- Der Einbau erfolgt in umgekehrter Ausbaureihenfolge.
- Schrauben in der Reihenfolge –3–, –7, –5–, –4–, –2–, –1–, –9– und –8– anschrauben, siehe Abbildung N68-10146.
- Sämtliche Schrauben ganz leicht mit **1,5 Nm** anziehen.

Blende für Heiz- und Klimabetätigung aus- und einbauen

GOLF PLUS

Ausbau

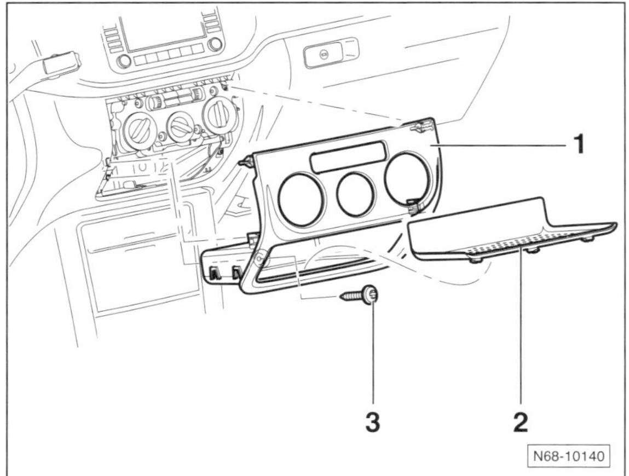

- Einlegmatte –2– aus der Ablage der Blende –1– herausnehmen.
- Schraube –3– herausdrehen.
- Blende –1– aus den Aufnahmen in der Armaturentafel herausziehen.

Einbau

- Der Einbau erfolgt in umgekehrter Ausbaureihenfolge.

Handschuhfach aus- und einbauen

GOLF PLUS

Ausbau

- Zündung ausschalten und Zündschlüssel abziehen.
- Handschuhfachleuchte ausbauen, siehe Kapitel »Beleuchtungsanlage«.

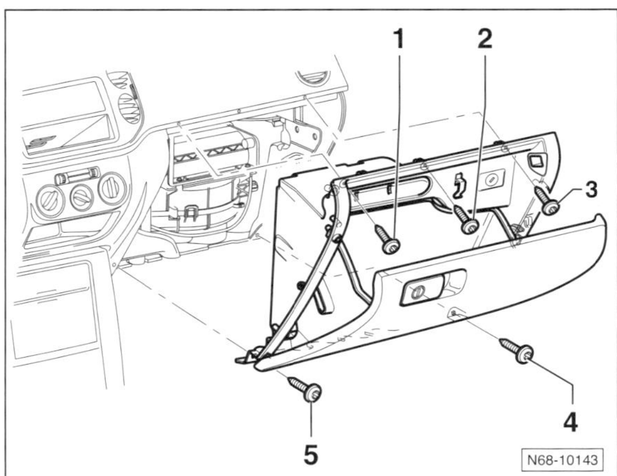

- Schrauben –1/2/3/4/5– herausdrehen.
- Handschufach etwas herausziehen und an der Rückseite die Stecker von Beifahrer-Airbag-Schlüsselschalter und Fußraumleuchte abziehen.
- Falls vorhanden, Klimakanal vom Handschufach abziehen.
- Handschuhfach herausnehmen.

Einbau

- Der Einbau erfolgt in umgekehrter Ausbaureihenfolge.

Dachkonsole aus- und einbauen

GOLF PLUS

Ausbau

- Zündung ausschalten und Zündschlüssel abziehen.

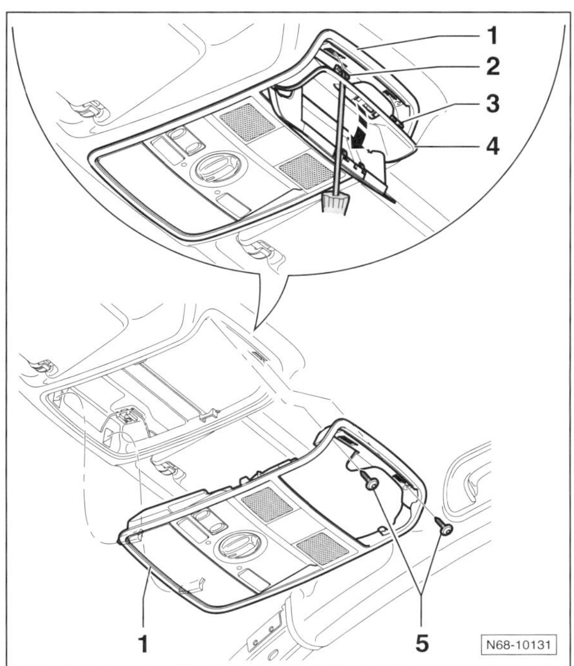

- Brillenfach –4– öffnen und mit einem kleinen Schraubendreher die beiden Rasthaken –2– und –3– entriegeln.
- Brillenfach im hinteren Bereich etwas absenken –Pfeil– und aus der Dachkonsole –1– herausnehmen.
- 2 Schrauben –5– herausdrehen.
- Dachkonsole aus den Aufnahmen im Dachhimmel herausziehen, dabei hinten beginnen.
- Steckverbindungen trennen und Dachkonsole abnehmen.

Einbau

- Der Einbau erfolgt in umgekehrter Ausbaureihenfolge.

Obere Abdeckung im Fahrerfußraum aus- und einbauen

GOLF PLUS

Ausbau

- Zündung ausschalten und Zündschlüssel abziehen.

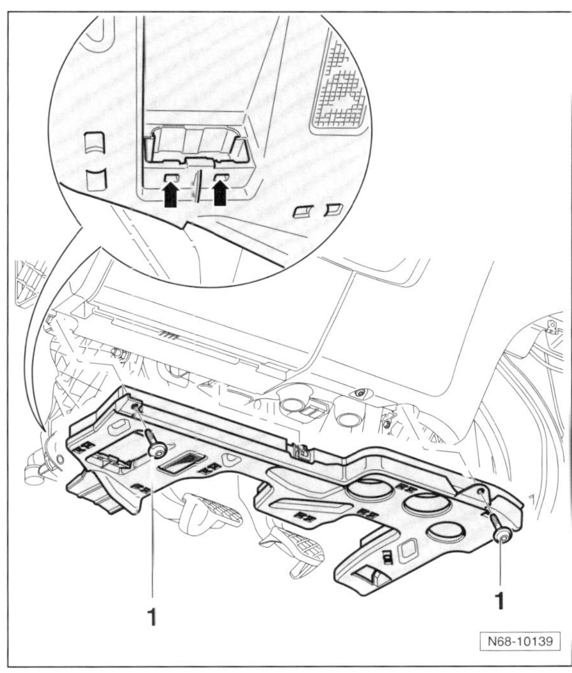

- 2 Schrauben –1– herausdrehen.
- Abdeckung etwas aus den Aufnahmen herausziehen.
- Steckverbindung für Fußraumleuchte trennen.
- Diagnose-Steckdose aus der Abdeckung herausdrücken, dazu die beiden Verriegelungen –Pfeile– eindrücken.

Einbau

- Der Einbau erfolgt in umgekehrter Ausbaureihenfolge.

Verkleidung Heckabschluss aus- und einbauen

GOLF PLUS

Ausbau

- Heckklappe öffnen.
- Falls vorhanden, variablem Ladeboden herausnehmen.
- Bodenbelag herausnehmen.

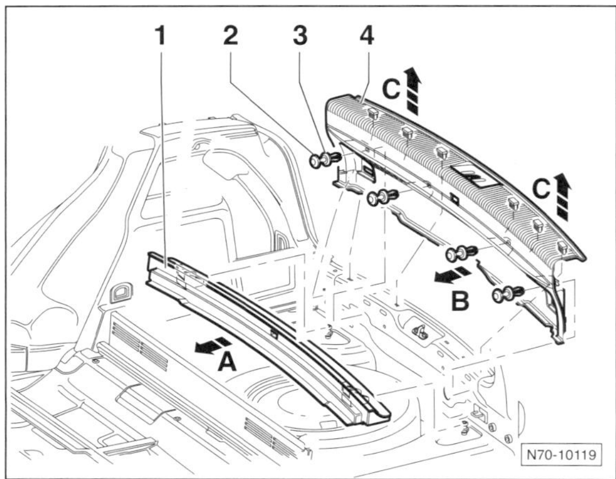

- Fahrzeug mit variablem Ladeboden: Füllstück –1– nach vorn in Pfeilrichtung –A– schieben und herausnehmen.
- 4 Klemmstifte –2– herausdrehen und Spreizclips –3– herausziehen.
- Verkleidung –4– im unteren Bereich in Pfeilrichtung –B– von der Karosserie abziehen.
- Verkleidung nach oben in Pfeilichtung –C– vom Schlossträger abziehen.

Einbau

- Spreizclips auf Beschädigungen überprüfen, wenn nötig ersetzen.
- Der Einbau erfolgt in umgekehrter Ausbaureihenfolge.

Seitenverkleidung im Kofferraum aus- und einbauen

GOLF PLUS

Ausbau

- Zündung ausschalten und Zündschlüssel abziehen.
- Rücksitzbank in die vorderste Position schieben.
- Verkleidung Heckabschluss ausbauen, siehe entsprechendes Kapitel.

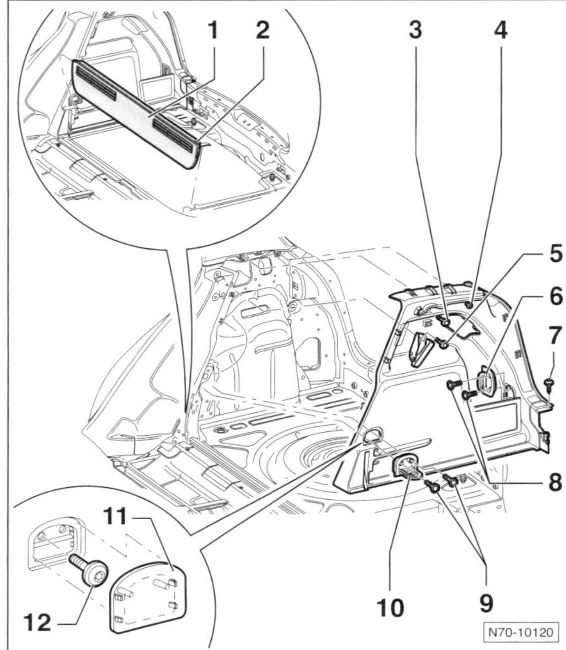

- Verriegelung –2– betätigen und Ladeboden –1– herausnehmen.
- Schrauben –7– und –5– herausdrehen.
- Sind keine Verzurrösen vorhanden, mit einem kleinen Schraubendreher die Abdeckkappe –11– abhebeln und die Schraube –12– herausdrehen.
- Schrauben –3– und –4– herausdrehen.
- Seitenverkleidung aus der Heckklappendichtung und den Aufnahmen der C-Säulen-Verkleidung herausziehen.
- Seitenverkleidung aus den Aufnahmen in der Radhausverkleidung herausziehen.
- Je nach Fahrzeugausstattung die entsprechenden elektrischen Leitungsstränge trennen und die Seitenverkleidung aus dem Kofferraum herausnehmen.

Einbau

- Der Einbau erfolgt in umgekehrter Ausbaureihenfolge.

Anzugsdrehmomente:

Schrauben –3–, –4–, –5–, –7–, –12– . . . . **1,5 Nm**
Schrauben –8–, –9– . . . . **8 Nm**

Dachabschlussleiste aus-und einbauen

GOLF PLUS

Ausbau

- Heckklappe öffnen.

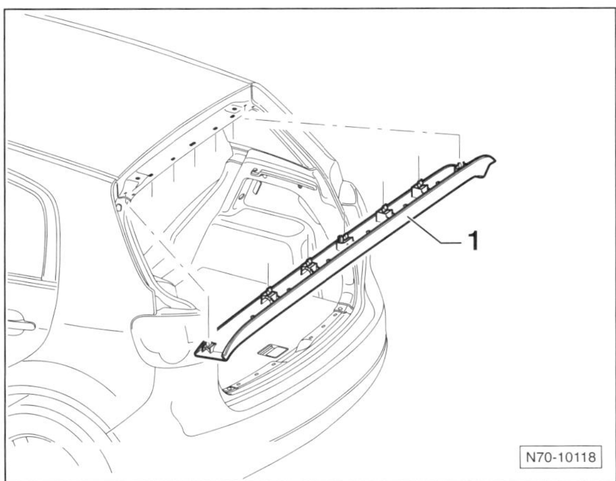

- Dachabschlussleiste –1– nach unten aus den Aufnahmen im Dachquerträger ziehen. Dabei Dachabschlussleiste aus der Heckklappen-Dichtung herausziehen.

Einbau

- Halteklammern auf Beschädigungen und auf richtigen Sitz an der Verkleidung überprüfen, wenn nötig ersetzen.
- Der Einbau erfolgt in umgekehrter Ausbaureihenfolge, dabei darauf achten, dass die Heckklappen-Dichtung über die Dachabschlussleiste greift.

Rücksitz aus- und einbauen

GOLF PLUS

Ausbau

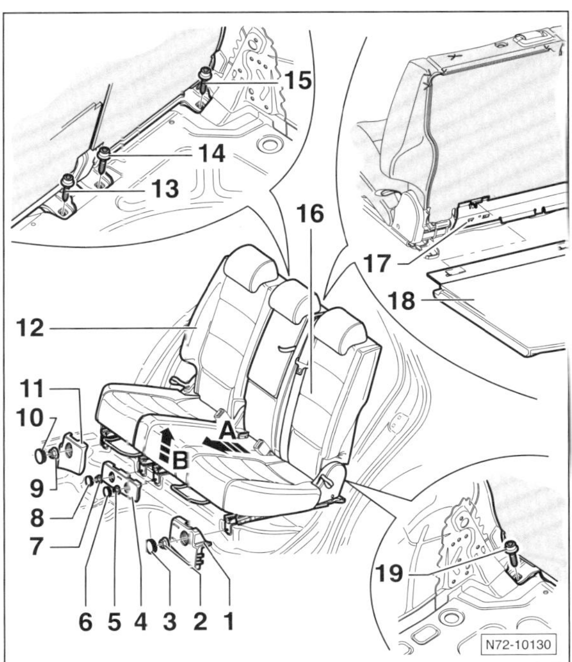

- Variablen Ladeboden –18– aus der Lehnenblende herausziehen und aus dem Fahrzeug herausnehmen.
- Schrauben –13–, –14–, –15– und –19– herausdrehen.
- Abdeckkappen –3–, –6–, –8– und –10– mit einem kleinen Schraubendreher abhebeln.
- Muttern –2–, –5–, –7– und –9– herausdrehen.
- Blenden –1–, –4– und –11– von den Sitzschienen abnehmen.
- Linke Rücksitzbank –16– in Pfeilrichtung –A– nach vorn ziehen und im vorderen Bereich anheben –Pfeil B–.
- Rückenlehne vollständig nach vorn klappen und linke Rücksitzbank mit einem Helfer aus dem Fahrzeug herausheben.
- Rechte Rücksitzbank auf die gleiche Weise ausbauen.

Einbau

- Der Einbau erfolgt in umgekehrter Ausbaureihenfolge.

Anzugsdrehmomente:

Schrauben –13–, –14–, –15–, –19– . . . . **60 Nm**
Muttern –2–, –5–, –7–, –9– . . . . **60 Nm**

Funktionsprüfung durchführen:

- Längsverstellung betätigen. Die Rücksitzbank muss sich gleichmäßig verschieben lassen.
- Beide Teile der Rücksitzbank in die hinterste Position bringen.
- Lehnenentrieglung betätigen, die Lehne muss selbständig nach vorn klappen.
- Andernfalls Befestigungsschrauben lockern und das jeweilige Teil der Rücksitzbank entsprechend ausrichten.

Achtung: In diesem Kapitel werden Arbeitsschritte für das Modell »**JETTA**« beschrieben. Arbeiten, die weitgehend gleich wie beim **GOLF VARIANT** sind, stehen im Hauptkapitel »**Innenausstattung**«.

Haltegriff am Dach aus- und einbauen

JETTA

Ausbau

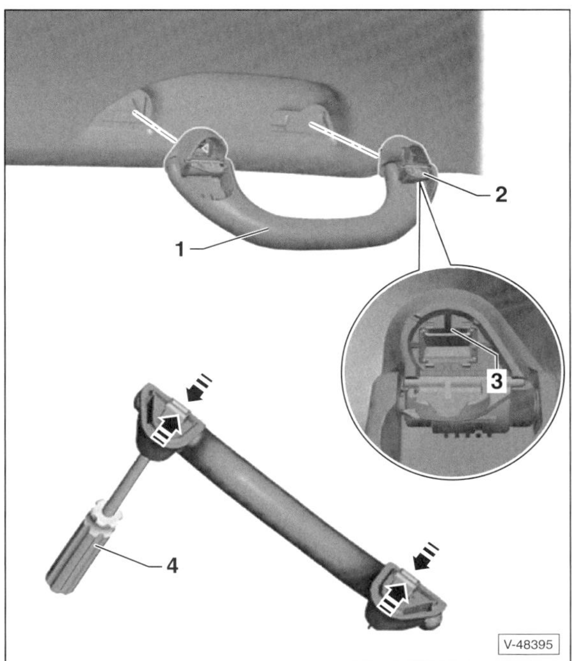

- Haltegriff nach unten klappen.
- Abdeckkappen –2– mit Schraubendreher aufhebeln und herunterklappen.
- Blechklammern –3– mit Schraubendreher –4– entsichern –Pfeile– und Haltegriff abnehmen.

Einbau

- Der Einbau erfolgt in umgekehrter Ausbaureihenfolge.

Verkleidung für Handbremshebel aus- und einbauen

JETTA

Ausbau

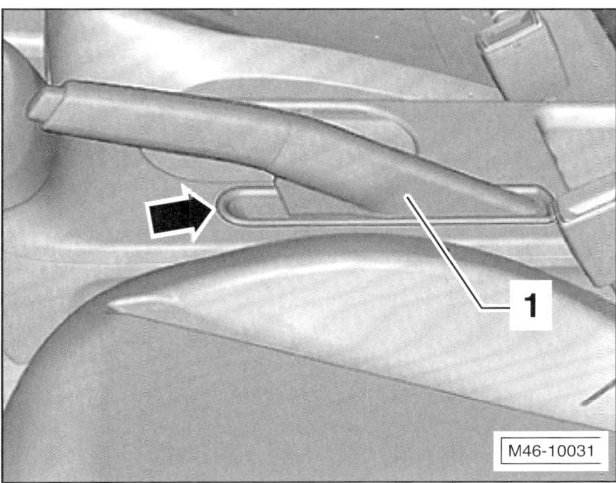

- Verkleidung des Handbremshebels –1– vorn –Pfeil– vorsichtig aus der Mittelkonsole heraushebeln.

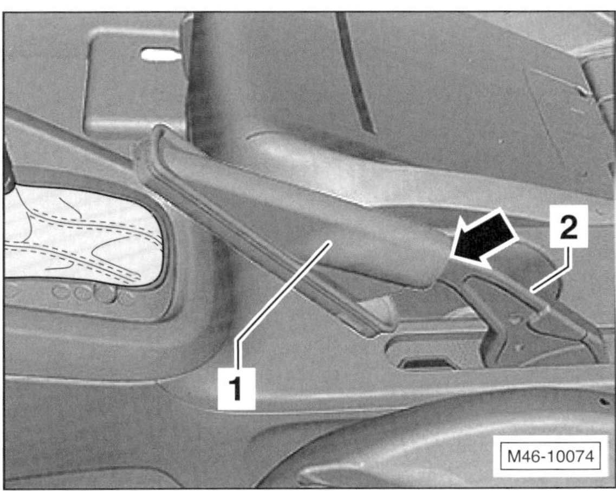

- Handbremshebel anziehen und Verkleidung –1– über das Griffstück stülpen. 2 – Handbremshebel.

Achtung: Das Griffstück für den Handbremshebel darf nicht wiederverwendet werden, da sonst der Festsitz nicht sichergestellt ist.

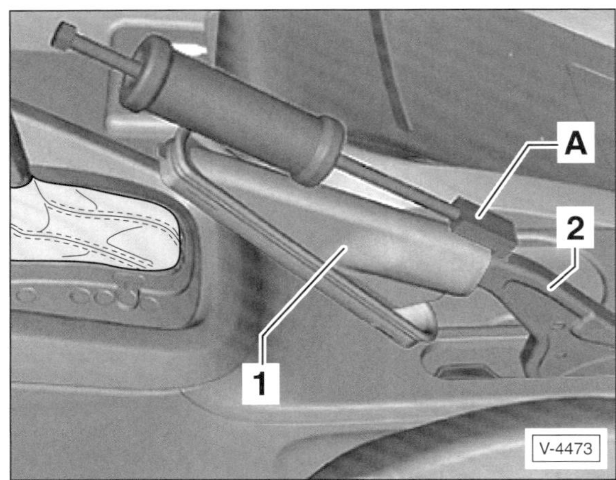

- Handbremshebel mit Kunststoffgriff: Verkleidung zusammen mit Griffstück vom Handbremshebel -2- abziehen. Die Fachwerkstatt verwendet hierzu den Schlagabzieher –A– (VW-T10055). Handbremshebelverkleidung vorsichtig vom Griffstück abziehen.
- Handbremshebel mit Ledergriff: Handbremshebelverkleidung –1– vorsichtig am Griffstück ausclipsen –Pfeil– und abziehen, siehe Abbildung M46-10074. Schlagabzieher seitlich am Griffstück ansetzen und Griffstück vom Handbremshebel abziehen.

Einbau

- Der Einbau erfolgt in umgekehrter Ausbaureihenfolge, dabei ist Folgendes zu beachten:

Fahrzeuge mit Kunststoffgriff

Das Griffstück wird zusammen mit der Handbremshebelverkleidung auf den Handbremshebel aufgetrieben.

Achtung: Sicherstellen, dass das Griffstück mit Verkleidung so angesetzt wird, dass die zurückgeklappte Verkleidung anschließend in die Öffnung der Mittelkonsole passt. Die Position des Griffstücks kann später nicht mehr verändert werden. Nach jedem Ausbau muss das Griffstück erneuert werden.

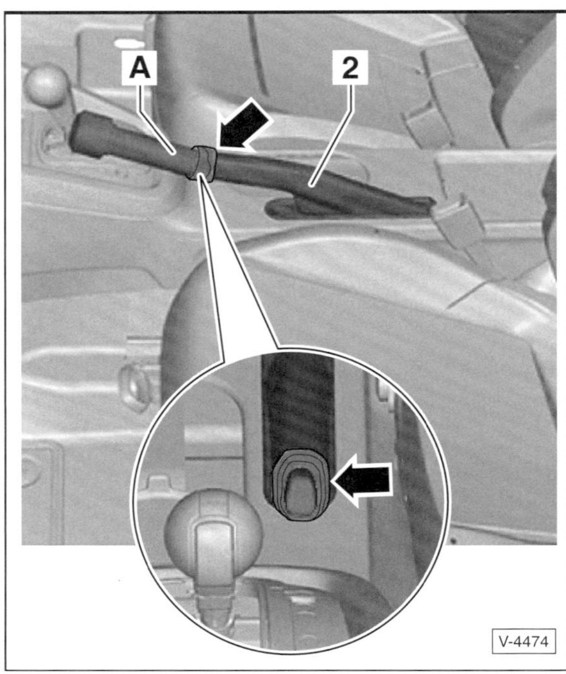

- Griffstück –2– mit Klebeband –Pfeile– abkleben, um Beschädigungen zu vermeiden.

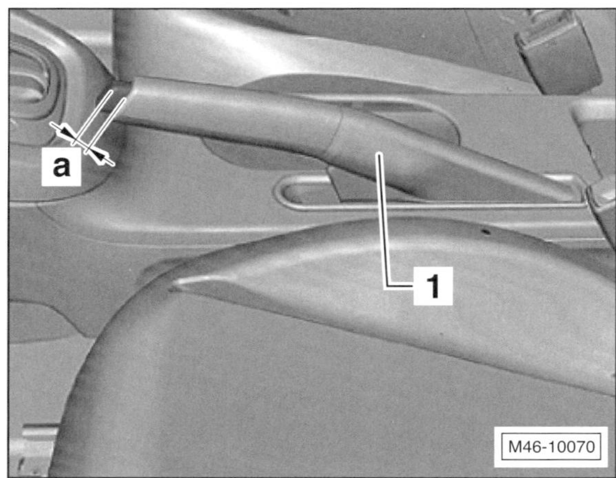

- Griffstück zusammen mit der Handbremshebelverkleidung ansetzen und mit der Einpressvorrichtung –A–, zum Beispiel VW-T10136/1 oder einem geeigneten Rohr vorsichtig auf den Handbremshebel auftreiben, bis das Maß –a– = $10^{\pm 1}$ mm erreicht ist.
- Klebeband entfernen.
- Handbremshebelverkleidung in die Mittelkonsole einsetzen und vorn einclipsen.

Fahrzeuge mit Ledergriff

Hinweis: Das Griffstück wird ohne die Handbremshebelverkleidung auf den Handbremshebel aufgetrieben.

- Griffstück mit einem Heißluftfön ca. 15 Minuten erwärmen.

- Griffstück auf den Handbremshebel bis zum Endanschlag schieben.
- Handbremshebelverkleidung so ausrichten, dass sie später lagerichtig in die Mittelkonsole eingeclipst werden kann. Handbremshebelverkleidung über das Griffstück ziehen.

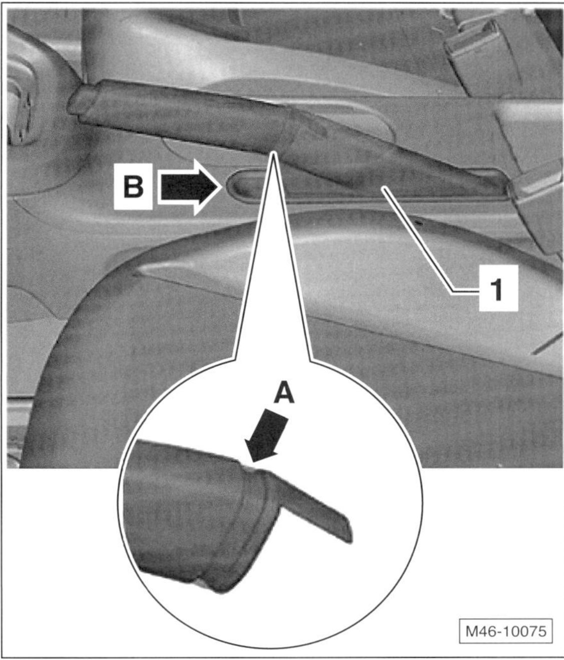

- Handbremshebelverkleidung –1– in die Nut –Pfeil A– des Griffstücks einsetzen.
- Handbremshebelverkleidung –1– in die Mittelkonsole einsetzen und vorn einclipsen –Pfeil B–.

Mittelkonsole aus- und einbauen

JETTA (Ausführung 2)

Beschrieben wird der Ausbau der Basisausstattung, Besonderheiten der Highline-Ausstattung stehen am Ende des Kapitels.

Hinweis: Für den **JETTA** gibt es unterschiedliche Ausführungen der Mittelkonsole. Hier wird der Ausbau der Ausführung 2 beschrieben. Der Ausbau der Ausführung 1, die identisch zu der im **GOLF VARIANT** ist, steht im Hauptkapitel »Innenausstattung«, siehe Seite 219.

Ausbau

- Zündung ausschalten.
- Faltenbalg für Schalt-/Wählhebel aus der Mittelkonsole ausclipsen und nach oben stülpen, siehe entsprechendes Kapitel.
- Verkleidung für den Handbremshebel ausbauen. Dabei möglichst nur die Verkleidung ohne Griff ausbauen, da ein ausgebauter Handbremsgriff grundsätzlich ersetzt werden muss. Ausbau der Verkleidung siehe Seite 162.

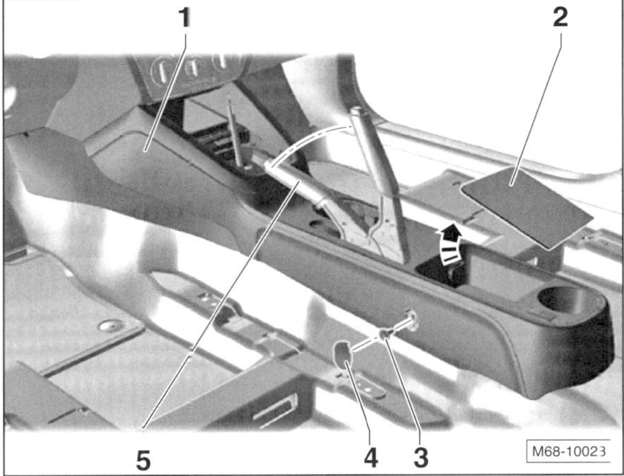

- Auskleidungsmatte –2– in –Pfeilrichtung– aus der Mittelkonsole –1– herausnehmen.
- Auf Seiten der Mittelkonsole die Abdeckkappe –4– mit kleinem Schraubendreher ausclipsen und die Schraube –3– herausdrehen.
- Handbremshebel –5– in die oberste Position stellen.

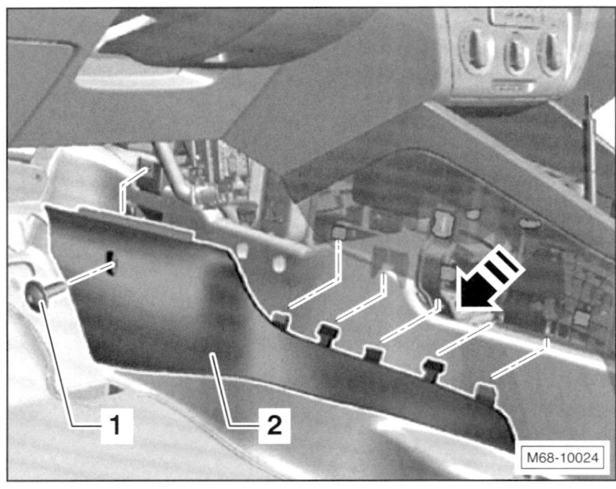

* Schraube –1– herausdrehen. Linke vordere Verkleidungen –2– an der Mittelkonsole aushängen und in Pfeilrichtung abnehmen.
* Rechte vordere Verkleidung auf die gleiche Weise ausbauen.

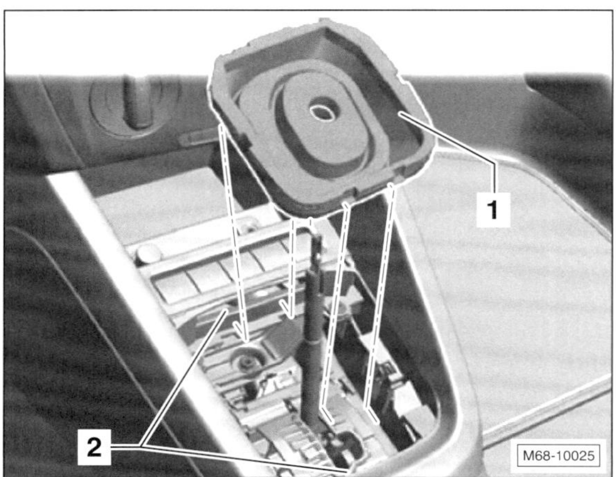

* Dämpfung der Schaltung –1– aus der Mittelkonsole –2– herausnehmen.

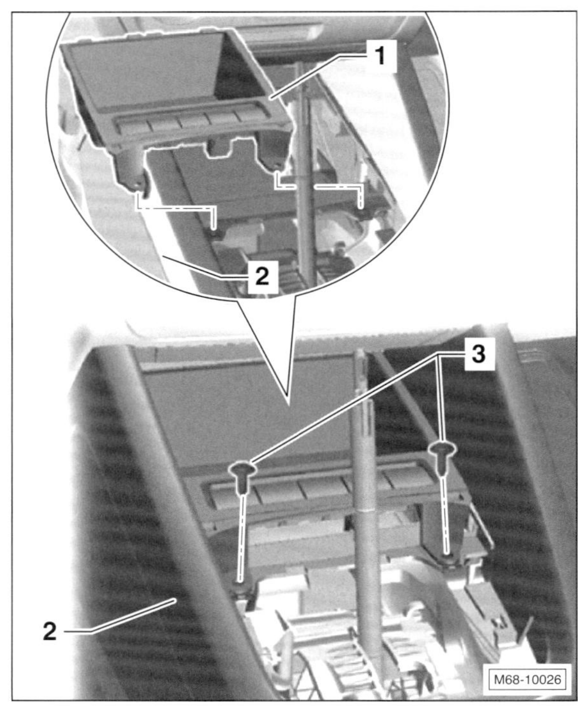

* 2 Schrauben –3– herausdrehen.
* Ablagefach –1– aus Mittelkonsole –2– herausnehmen und Stecker der elektrischen Leitungen abziehen.

Hinweis: Wenn anstelle des Ablagefachs ein Aschenbecher eingebaut ist, dann wird dieser auf die gleiche Weise ausgebaut.

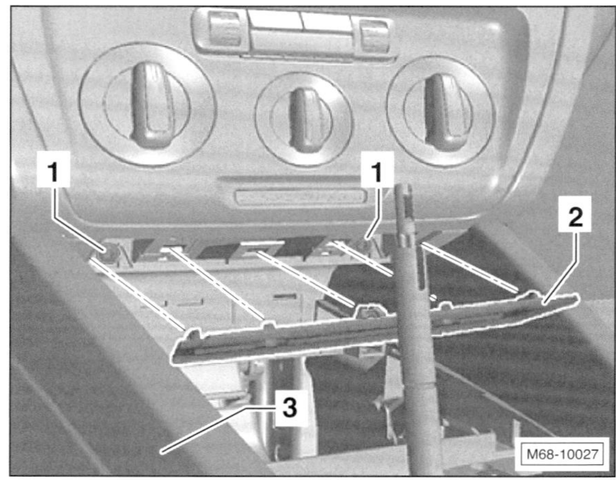

* Blende –2– mit einem Kunststoffkeil von der Mittelkonsole –3– abdrücken.
* 2 Schrauben –1– herausdrehen.

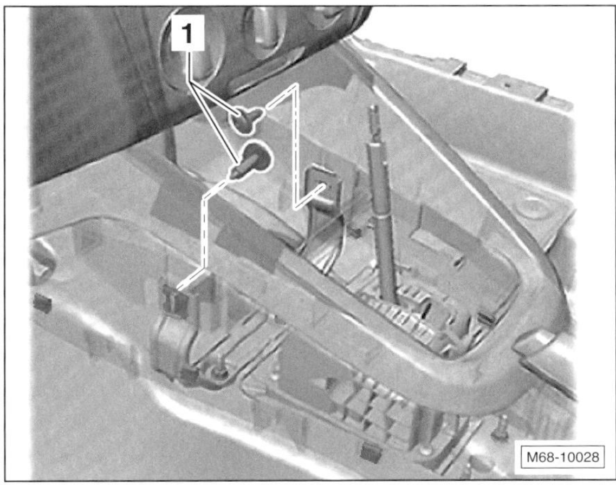

- 2 Schrauben –1– herausdrehen.

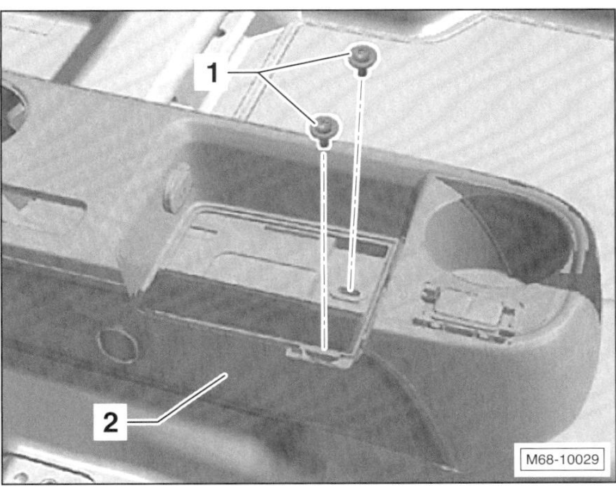

- 2 Schrauben –1– im hinteren Teil der Mittelkonsole –2– herausdrehen.

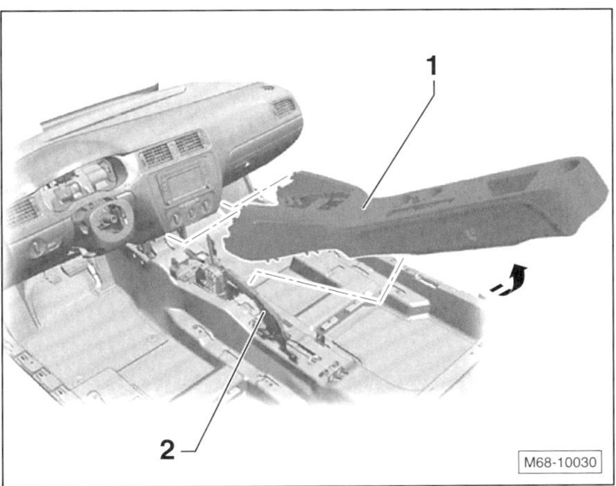

- Mittelkonsole –1– in Pfeilrichtung aus dem Fahrzeug herausnehmen. Dabei den Leitungsstrang der 12-V-Steckdose trennen. **Hinweis:** Der Handbremshebel –2– muss sich dabei in oberster Stellung befinden.

Einbau

- Der Einbau erfolgt in umgekehrter Ausbaureihenfolge. Anzugsdrehmoment der Schauben: **1,5 Nm.**

Speziell Highline-Ausstattung

JETTA

Die Unterschiede beim Ausbau der Highline-Mittelkonsole gegenüber der Basis-Mittelkonsole werden im Abschnitt für den **GOLF VARIANT** im Hauptkapitel »**Innenausstattung**« beschrieben

Rechten Ausströmer aus- und einbauen

JETTA

Hinweis: Die mittleren und linken Ausströmer werden zusammen mit der Blende für das Kombiinstrument ausgebaut.

Ausbau

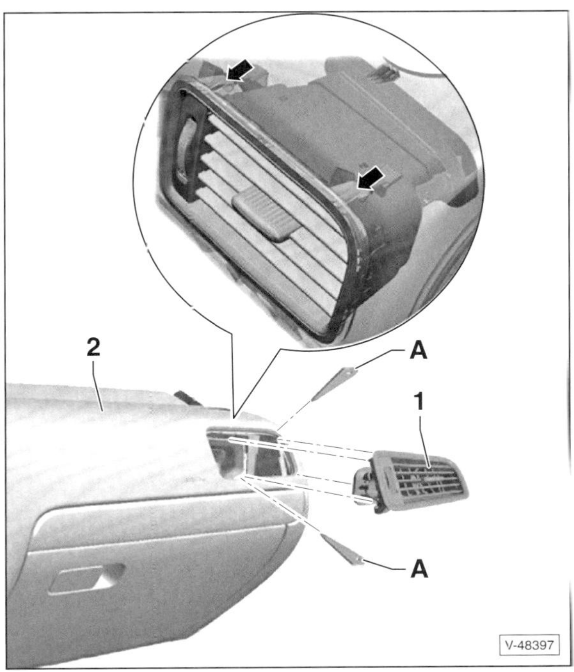

- Kunststoffkeil –A– zwischen Armaturentafel und Ausströmer einsetzen und die Klammern oben und unten –Pfeile– entriegeln. Dabei Ausströmer etwas herausziehen.
- Rechten Ausströmer –1– aus der Armaturentafel –2– herausnehmen.

Einbau

- Der Einbau erfolgt in umgekehrter Ausbaureihenfolge.

Linke Verkleidung der Armaturentafel aus- und einbauen

JETTA

Ausbau

- Zündung ausschalten und Zündschlüssel abziehen.
- Zierblende oben in der Verkleidung mit einem Kunststoffkeil von den Halteklammern vorsichtig abhebeln.
- Blende für Kombiinstrument mit linkem und mittleren Ausströmern ausbauen, siehe entsprechendes Kapitel.
- Lichtschalter nach vorn drücken, nach rechts drehen, bis er senkrecht steht. In dieser Stellung Lichtschalter herausziehen und Stecker abziehen.

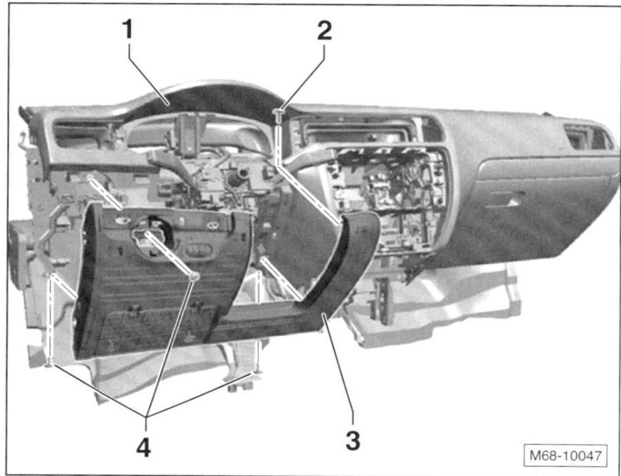

- Schraube –2– herausdrehen. **Hinweis:** In der Abbildung ist das Lenkrad zur besseren Darstellung ausgebaut.
- Schrauben –4– herausdrehen.
- Linke Verkleidung –3– von der Armaturentafel –1– lösen und dabei den Stecker vom Einsteller für Leuchtweitenregelung abziehen.

Einbau

- Der Einbau erfolgt in umgekehrter Ausbaureihenfolge. Anzugsdrehmoment der Schauben: **1,5 Nm.**

Blende für Kombiinstrument aus- einbauen

JETTA

Ausbau

- Zündung ausschalten und Zündschlüssel abziehen.
- Mittlere Blende der Armaturentafel ausbauen.
- Falls vorhanden, Radio/Navigationssystem ausbauen, siehe Seite 138.
- Lenkrad ganz nach unten stellen und so weit wie möglich herausziehen.
- Lenksäulen-Spaltabdeckung mit einem Kunststoffkeil aus den Aufnahmen der oberen Lenksäulenverkleidung heraushebeln. **Hinweis:** Die komplette Lenksäulenverkleidung braucht nicht ausgebaut zu werden, siehe Seite 196.

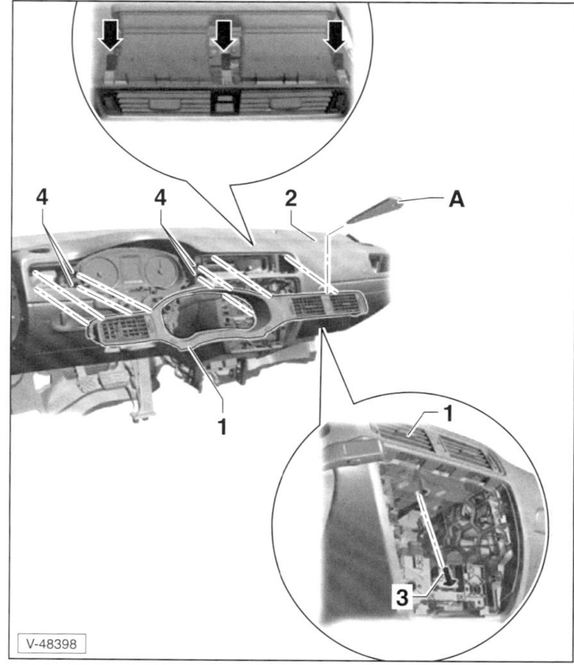

- Schraube –3–- herausdrehen.
- Mit einem Kunststoffkeil –A– die Klammern der mittleren Ausströmer –Pfeile– entriegeln und die Blende –1– mit den mittleren Ausströmern –5– etwas herausziehen.
- Mit einem Kunststoffkeil –A– die Klammern des linken Ausströmers entriegeln und Blende –1– etwas herausziehen.
- Mit einem Kunststoffkeil –A– die Verrastungen –4– der Blende –1– entriegeln und etwas herausziehen.
- Blende Kombiinstrument mit Ausströmer Schalttafel links und Mitte –1– aus der Armaturentafel –2– herausnehmen. Dabei den Stecker vom Warnlichtschalter trennen.

Einbau

- Der Einbau erfolgt in umgekehrter Ausbaureihenfolge. Anzugsdrehmoment der Schaube: **1,5 Nm.**

Handschuhfach aus- und einbauen

JETTA

Ausbau

Hinweis: Die obere Blende am Handschuhfach ist von hinten angeschraubt. Zum Ausbau muss zuvor das Handschuhfach ausgebaut werden.

- Zündung ausschalten und Zündschlüssel abziehen.
- Seitliche Klappe rechts aus der Armaturentafel ausbauen, siehe entsprechendes Kapitel.

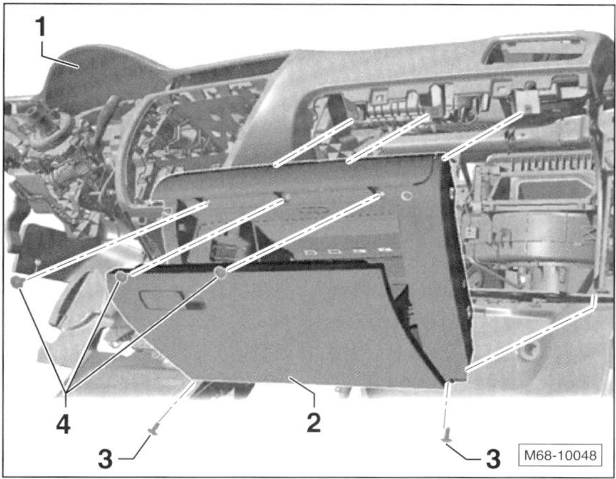

- Schrauben –3– herausdrehen.
- Handschuhfach öffnen und 3 Schrauben –4– herausdrehen.
- Handschuhfach –2– schließen und komplettes Handschuhfach aus der Armaturentafel –1–herausziehen.
- Je nach Ausstattung Stecker für Handschuhfachleuchte, Schalter für Handschuhfachleuchte, Fußraumleuchte und Schlüsselschalter für Airbagabschaltung abziehen.
- Gegebenenfalls Luftkanal für Handschuhfachkühlung abziehen.

Einbau

- Der Einbau erfolgt in umgekehrter Ausbaureihenfolge.

Einstiegsleiste aus- und einbauen

JETTA

Ausbau

- Innenverkleidung Radkasten im Übergangsbereich zur Einstiegsleiste aus den Aufnahmen herausziehen, siehe entsprechendes Kapitel.

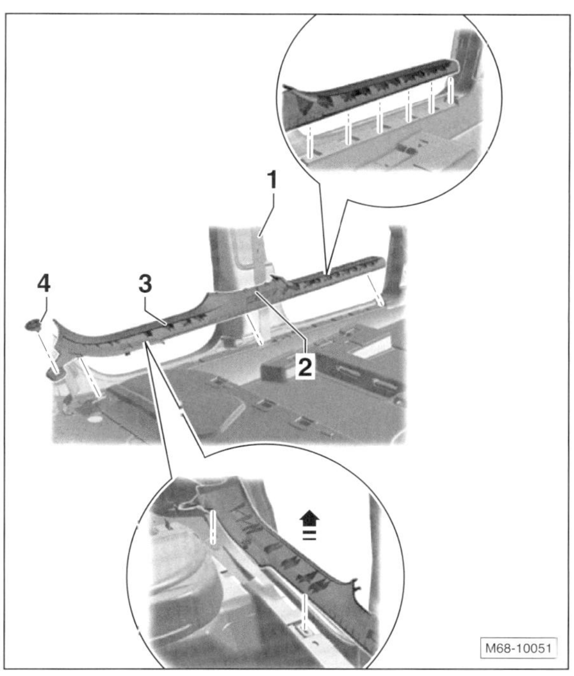

- Mutter –4– abschrauben.
- Einstiegsleiste –3– aus dem vorderen Unterholm und der Türdichtung herausziehen.
- Führungen –2– der Einstiegsleiste –3– aus der B-Säulen-Verkleidung unten lösen.
- Einstiegsleiste –3– aus dem hinteren Unterholm und der Türdichtung herausziehen.
- Sicherheitsgurt –1– durch die Öffnung in der Einstiegsleiste –3– hindurchfädeln.
- Einstiegsleiste vom Türschweller abnehmen.

Einbau

- Halteklammern auf Beschädigungen und auf richtigen Sitz an der Verkleidung überprüfen, wenn nötig ersetzen.
- Der Einbau erfolgt in umgekehrter Ausbaureihenfolge, dabei darauf achten, dass die Halteklammern korrekt in die Bohrungen eingreifen und dass die Türdichtung über die Einstiegsleiste greift.

Seitenverkleidung im Kofferraum aus- und einbauen

JETTA

Ausbau

- Zündung ausschalten und Zündschlüssel abziehen.
- Heckklappe öffnen.
- Kofferraum-Bodenbelag ausbauen, siehe entsprechendes Kapitel.
- Rücksitzlehne ausbauen, siehe entsprechendes Kapitel.
- Radhausverkleidung ausbauen, siehe entsprechendes Kapitel.
- Heckabschlussverkleidung ausbauen, siehe entsprechendes Kapitel.

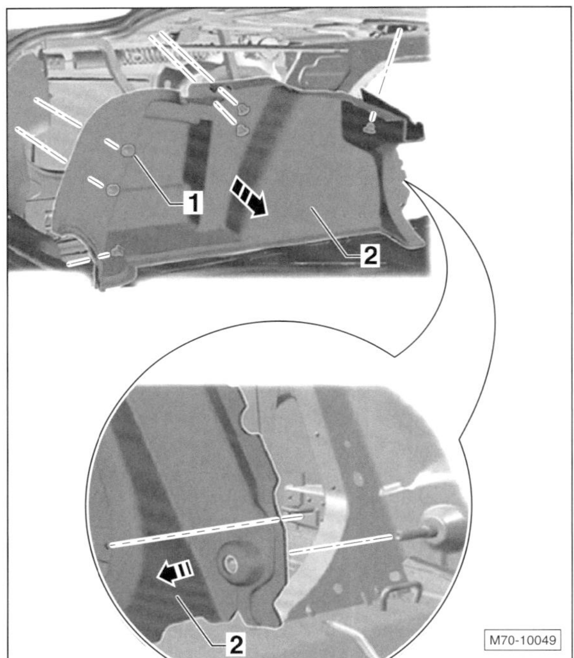

- Befestigungsclips –1– ausbauen.
- Verkleidung –2– in Pfeilrichtung abziehen. Dabei die Verkleidung aus der Heckklappendichtung herausziehen.
- Falls vorhanden, Steckverbindungen der elektrischen Leitungen trennen.

Einbau

- Clips auf Beschädigungen prüfen, gegebenenfalls ersetzen.
- Der Einbau erfolgt in umgekehrter Ausbaureihenfolge. Dabei darauf achten, dass sich die Seitenverkleidung nach dem Einbau im Keder der Heckklappendichtung befindet.

Kofferraum-Bodenbelag aus- und einbauen

JETTA

Ausbau

- Rücksitzbank ausbauen, siehe entsprechendes Kapitel.
- Lehne entriegeln und nach vorn klappen.

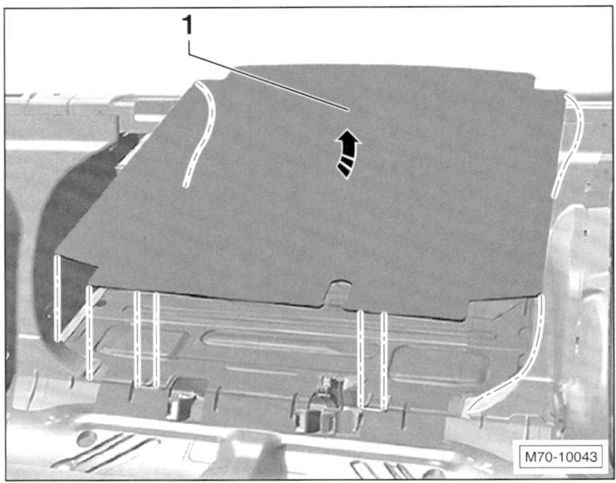

- Kofferraum-Bodenbelag –1– in Pfeilrichtung aus dem Kofferraum herausziehen.

Einbau

- Der Einbau erfolgt in umgekehrter Ausbaureihenfolge.

Verkleidung Heckabschluss aus- und einbauen

JETTA

Ausbau

- Heckklappe öffnen.
- Kofferraum-Bodenbelag hochklappen und abstützen.

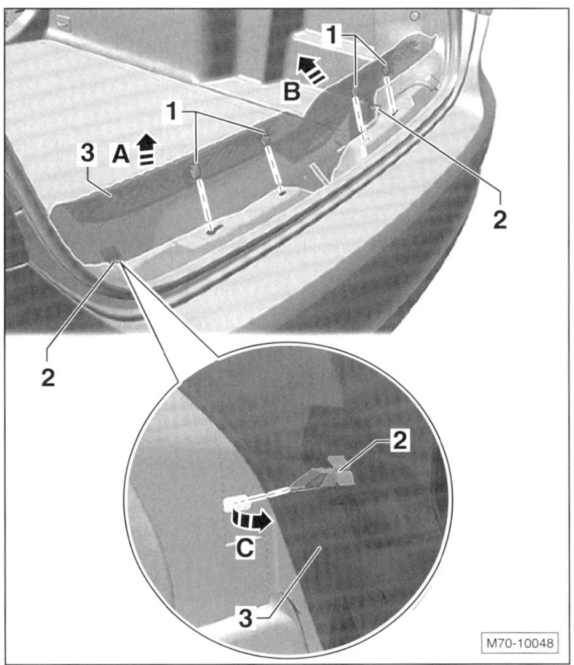

- Halteklammer –2– rechts und links in Pfeilrichtung –C– lösen.
- Verkleidung –3– in Pfeilrichtung –A– nach oben ziehen. Dabei die Halteklammern –1– ausrasten.
- Verkleidung –3– in Pfeilrichtung –B– vom Schlossträger abnehmen.

Einbau

- Halteclips auf Beschädigungen und auf richtigen Sitz an der Verkleidung überprüfen, wenn nötig ersetzen.
- Der Einbau erfolgt in umgekehrter Ausbaureihenfolge, dabei darauf achten, dass die Heckklappen-Dichtung über die Verkleidung greift.

Radhausverkleidung aus- und einbauen

JETTA

Ausbau

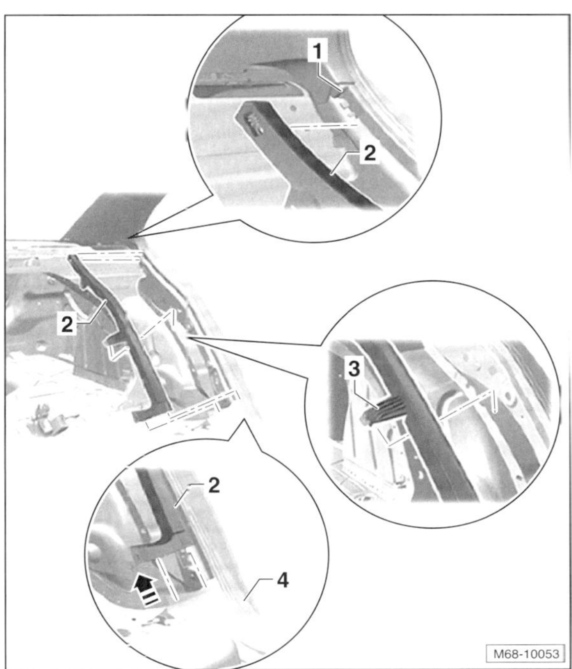

- Seitenpolster ausbauen, siehe entsprechendes Kapitel.
- Radhausverkleidung –2– aus der C-Säulen-Verkleidung –1– ausrasten.
- Klammer –3– am Karosserieflansch lösen.
- Radhausverkleidung –2– in Pfeilrichtung aus den Aufnahmen in der Einstiegsleiste –4– herausziehen.

Einbau

- Clips auf Beschädigungen prüfen, gegebenenfalls ersetzen.
- Der Einbau erfolgt in umgekehrter Ausbaureihenfolge.

Rücksitzseitenpolster aus- und einbauen

JETTA

Ausbau

- **Seitenpolster mit Seiten-Airbag:** Um ein Auslösen des Seiten-Airbags zu verhindern, Zündung ausschalten, zuerst Massekabel (–) und danach Pluskabel (+) von der Batterie abklemmen. **Minuspol der Batterie mit Isolierband abkleben**. Hinweise im Kapitel »Batterie aus- und einbauen« beachten.
- Rücksitzbank ausbauen, siehe entsprechendes Kapitel.

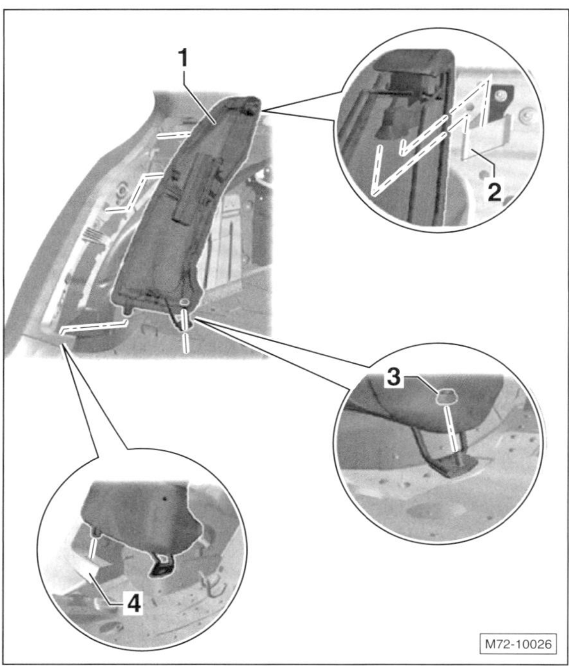

- Mutter –3– abschrauben.
- Rücksitzlehne nach vorne klappen.
- Seitenpolster –1– nach oben aus den Aufnahmen –2– und –4– herausziehen.

Achtung: Vor dem Trennen der Steckverbindung für Seiten-Airbag, elektrostatische Aufladung abbauen, dazu kurz den Schließbügel der Tür oder die Karosserie anfassen. Unbedingt **Airbag-Sicherheitshinweise** befolgen, siehe Seite 148.

- **Seitenpolster mit Seiten-Airbag:** Stecker vom Seiten-Airbag abziehen.

Einbau

- Der Einbau erfolgt in umgekehrter Ausbaureihenfolge, Schraube sowie Mutter mit **8 Nm** festziehen.

Seitenpolster mit Seiten-Airbag

Achtung. Beim Anklemmen der Batterie darauf achten, dass sich keine Person im Innenraum des Fahrzeugs aufhält.

- Isolierband vom Minuspol der Batterie entfernen, zuerst Pluskabel (+) und danach Massekabel (–) an der Batterie anklemmen. **Achtung:** Hinweise im Kapitel »Batterie aus- und einbauen« beachten.
- Falls die Airbag-Warnlampe im Kombiinstrument nach Einschalten der Zündung nicht erlischt, liegt eine Störung im Airbag-System vor. In diesem Fall Airbag-System von einer Fachwerkstatt überprüfen lassen.

Rücksitz aus- und einbauen

JETTA

Rücksitzbank

Ausbau

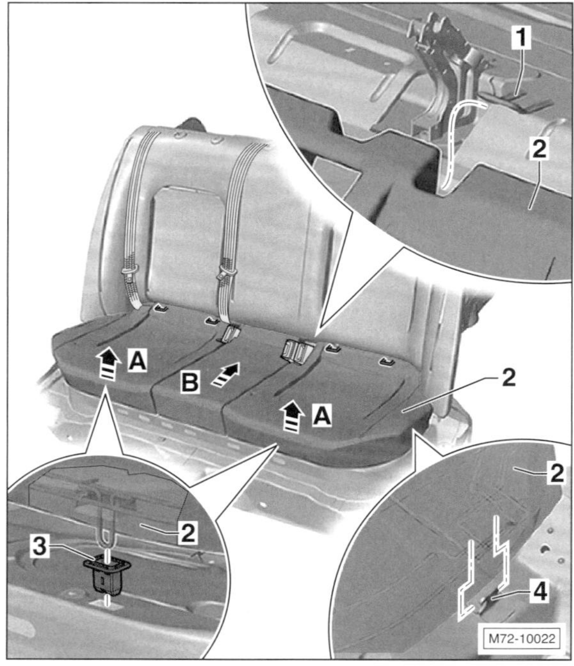

- Sitzbank –2– im vorderen Bereich nach oben aus den 2 Aufnahmen –3– in Pfeilrichtung –A– herausziehen.
- Sitzbank –2– nach hinten in Pfeilrichtung –B– drücken und dadurch aus der Verrastung –4– lösen.
- Sitzbank –2– im hinteren Bereich von den Kindersitzverankerungen –1– unten abziehen und aus dem Fahrzeug herausnehmen.

Einbau

- Der Einbau erfolgt in umgekehrter Ausbaureihenfolge.

Rücksitzlehne

Ausbau

- Rücksitzbank ausbauen, siehe entsprechenden Abschnitt.

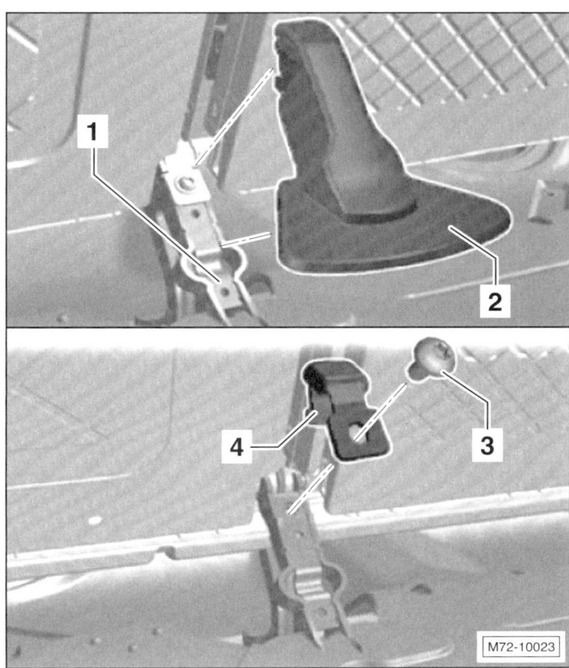

- Bodenbelag zurückklappen und Abdeckkappe –2– vom mittleren Lehnenlager –1– abziehen.
- Schraube –3– herausdrehen und Schelle –4– vom Mittellager abnehmen.

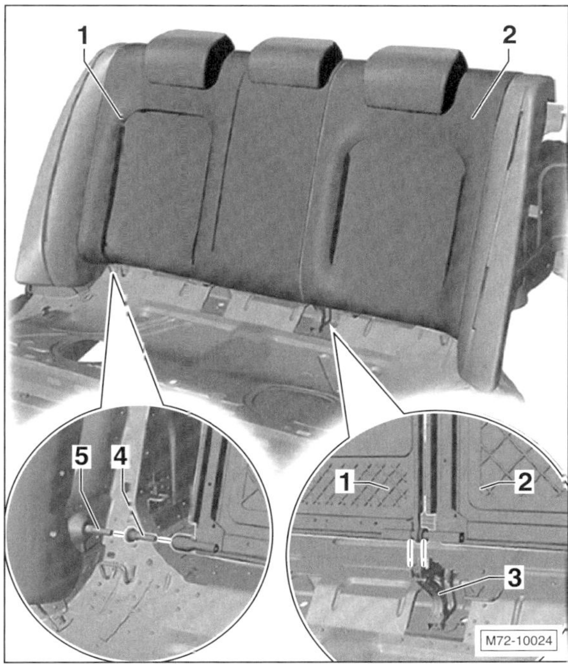

- Lehnen –1– und –2– entriegeln und umklappen.
- Linke Lehne –2– aus dem Mittellager –3– herausheben, an der Außenseite vom Haltebolzen –5– mit der Führungshülse –4– abziehen und aus dem Fahrzeug nehmen.
- Rechte Lehne –1– aus dem Mittellager –3– herausheben, an der Außenseite vom Haltebolzen –5– mit der Führungshülse –4– abziehen und aus dem Fahrzeug nehmen.

Einbau

- Der Einbau erfolgt in umgekehrter Ausbaureihenfolge Dabei darauf achten, dass sich die Führungshülse –4– vor dem Aufstecken auf den Bolzen –5– jeweils im Lehnengestell eingesetzt ist.

Innenausstattung: TOURAN

Achtung: In diesem Kapitel werden Arbeitsschritte für das Modell »**TOURAN**« beschrieben. Arbeiten, die weitgehend gleich wie beim **GOLF VARIANT** sind, stehen im Hauptkapitel »**Innenausstattung**«.

Sonnenblende aus- und einbauen

TOURAN

Ausbau

- Zündung ausschalten.

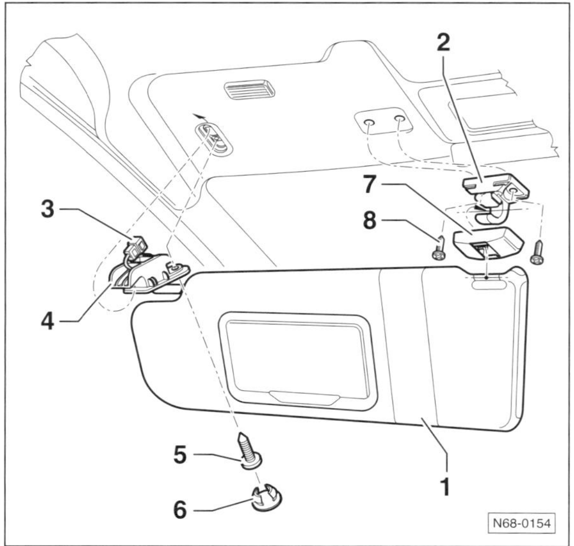

- Sonnenblende –1– aus dem Aufnahmelager –2– aushängen.
- Abdeckkappe –6– mit einem kleinen Schraubendreher heraushebeln.
- Schraube –5– herausdrehen.
- Äußeres Lager –4– aus der Aufnahme herausziehen und Steckverbindung –3– trennen.
- Falls das innere Lager –2– ausgebaut werden soll, Abdeckkappe –7– abhebeln und die beiden Schrauben –8– herausdrehen.

Einbau

- Der Einbau erfolgt in umgekehrter Ausbaureihenfolge.

Vordere Mittelkonsole aus- und einbauen

TOURAN

Ausbau

- Zündung ausschalten.
- Je nach Ausstattung den Griff vom Schalthebel oder vom Wählhebel mit Schaltabdeckung ausbauen, siehe entsprechendes Kapitel.

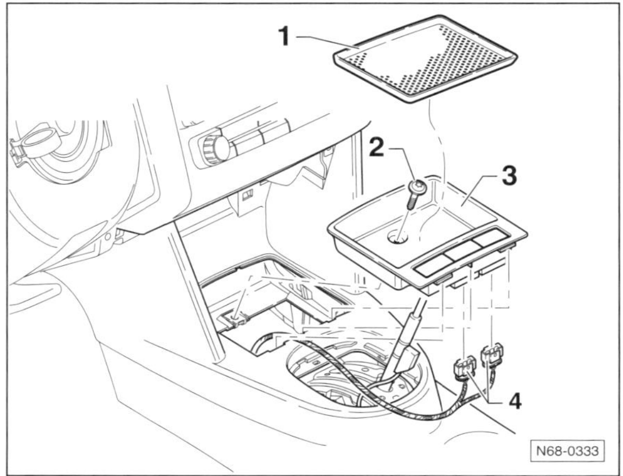

- Ablagematte –1– herausnehmen und die Schraube –2– herausdrehen.
- Ablagefach –3– aus den Aufnahmen herausziehen und, je nach Fahrzeugausstattung, die Stecker –4– abziehen.

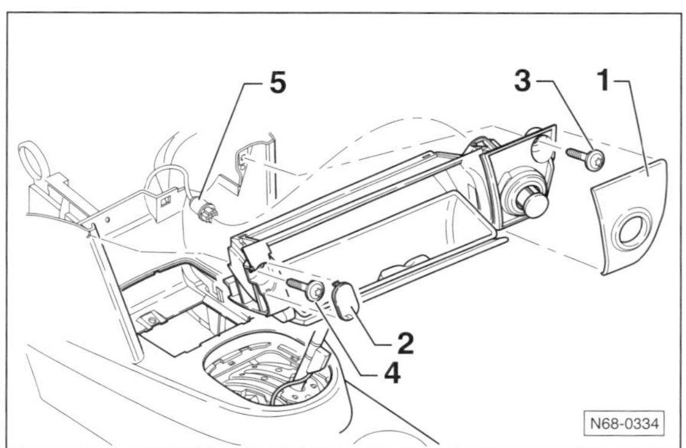

- Aschenbecher öffnen.
- Blende –1– und die Abdeckkappe –2– abhebeln.
- Schrauben –3– und –4– herausdrehen.
- Aschenbecher aus der Mittelkonsole herausziehen und Stecker –5– vom Zigarrenanzünder abziehen.

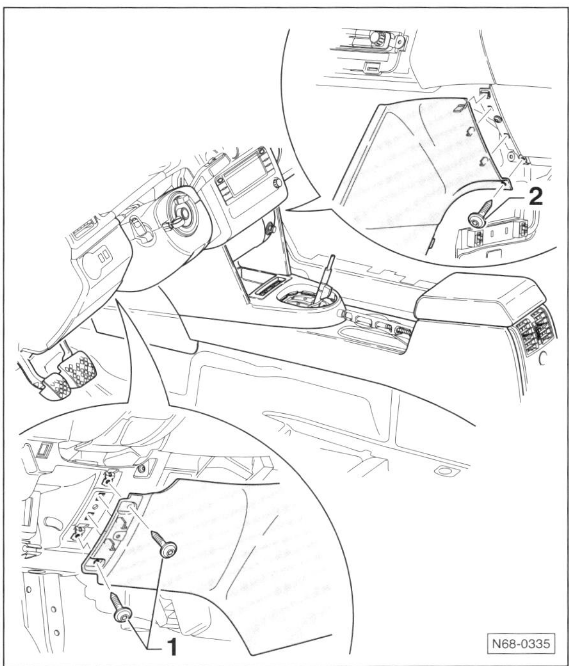

- Ablagefach auf der Fahrerseite öffnen und zwei Schrauben –1– herausdrehen.
- Im Fußraum auf der Beifahrerseite die Schraube –2– herausdrehen.

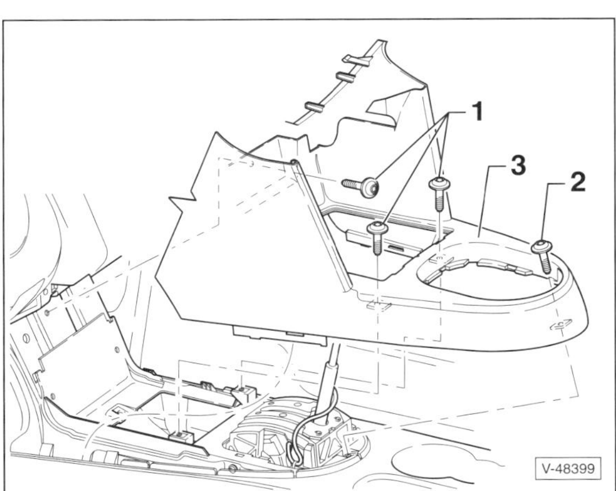

- 3 Schrauben –1– und Schraube –2– herausdrehen.
- Schalt-/Wählhebel in die hinterste Position stellen und vordere Mittelkonsole –3– herausnehmen.

Einbau

- Der Einbau erfolgt in umgekehrter Ausbaureihenfolge. Schrauben mit **1,5 Nm** anziehen.

Mittelkonsole aus– und einbauen

TOURAN

Ausbau

- Zündung ausschalten.
- Verkleidung Fußraum ausbauen, siehe entsprechendes Kapitel.
- Vordere Mittelkonsole ausbauen, siehe entsprechendes Kapitel.
- Je nach Ausführung, CD-Wechsler oder Ablagefach ausbauen, siehe Seite 139.

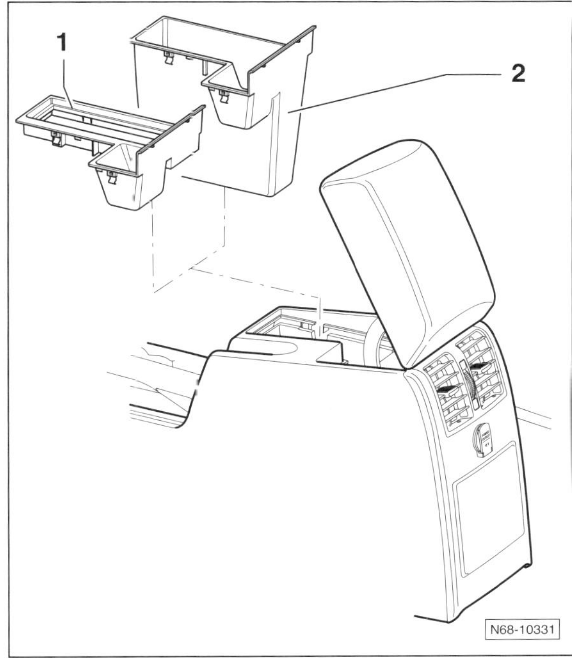

- Je nach Fahrzeugausstattung, das Ablagefach –1– beziehungsweise die Ablage –2– aus der Mittelkonsole herausziehen.

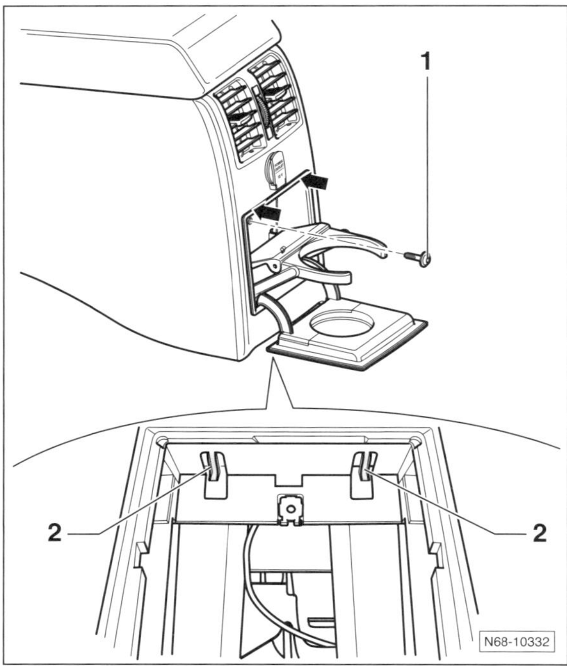

- Becherhalter öffnen und Schraube –1– herausdrehen.
- An der Oberseite vom Becherhalter –Pfeile– die zwei Rastnasen –2– nach oben drücken, zum Beispiel mit einem Stahllineal. Anschließend den Becherhalter aus der Mittelkonsole herausziehen.

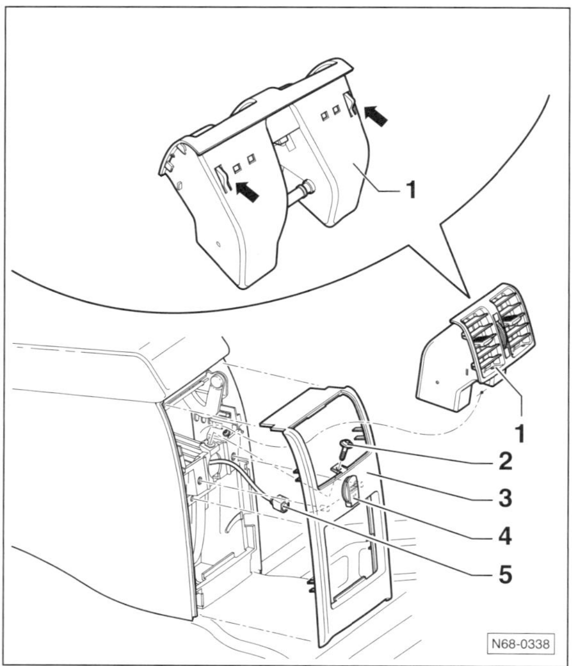

- Die zwei Verrastungen –Pfeile– durch die geöffnete Armlehne eindrücken und den Ausströmer –1– aus der Mittelkonsole herausziehen.
- Schraube –2– herausdrehen.
- Blende –3– aus der Mittelkonsole ausclipsen.
- Stecker –5– von der Steckdose –4– abziehen.

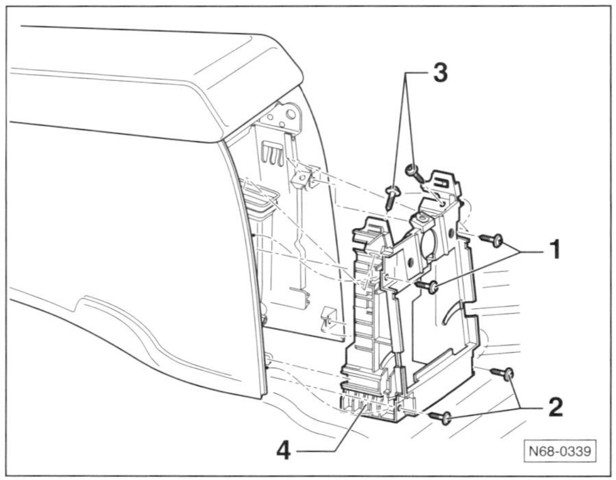

- Die Schrauben –1–, –2– und –3– herausdrehen.
- Seitenteile der Mittelkonsole nach außen schwenken und den Einsatz –4– herausnehmen.

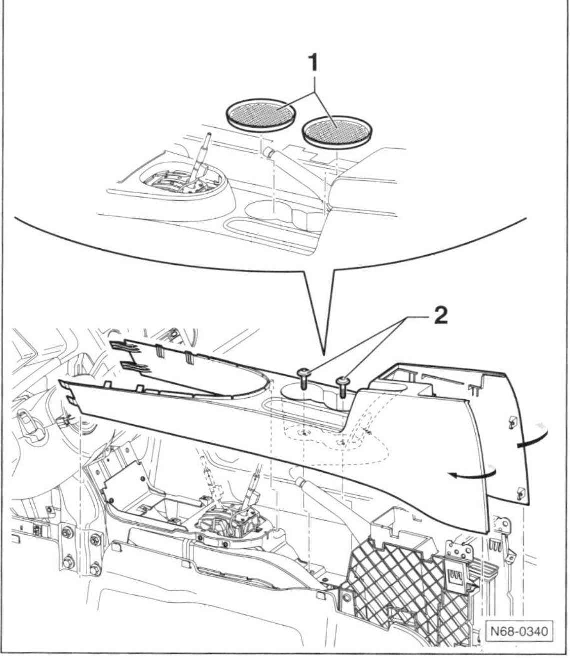

- Einlegmatten –1– aus den Becherhaltern herausnehmen.
- Schrauben –2– herausdrehen.
- Schalt-/Wählhebel ganz nach vorn stellen.
- Seitenteile nach außen ziehen –Pfeile– und die Mittelkonsole herausnehmen.

Hinweis: Falls auch der Träger der Mittelkonsole ausgebaut werden soll, ist folgendermaßen vorzugehen:

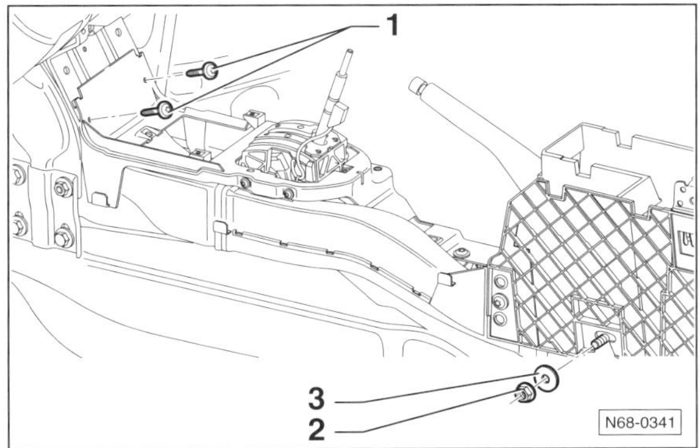

- Zwei Schrauben –1– herausdrehen.
- Auf beiden Seiten des hinteren Trägers jeweils die Mutter –2– abschrauben und die Unterlegscheibe –3– abnehmen.

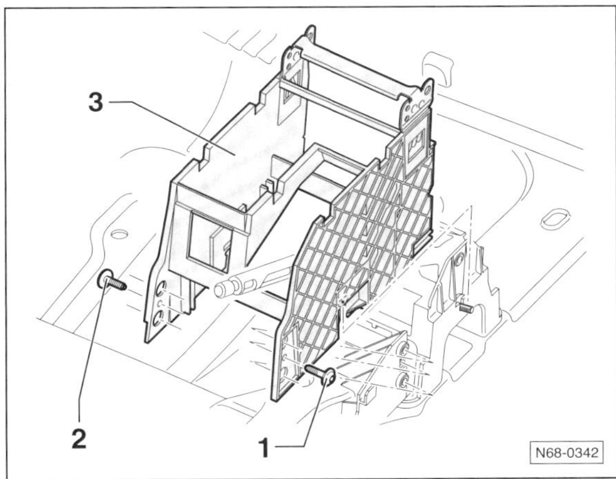

- Schrauben –1– und –2– herausdrehen und hinteren Träger –3– herausnehmen.

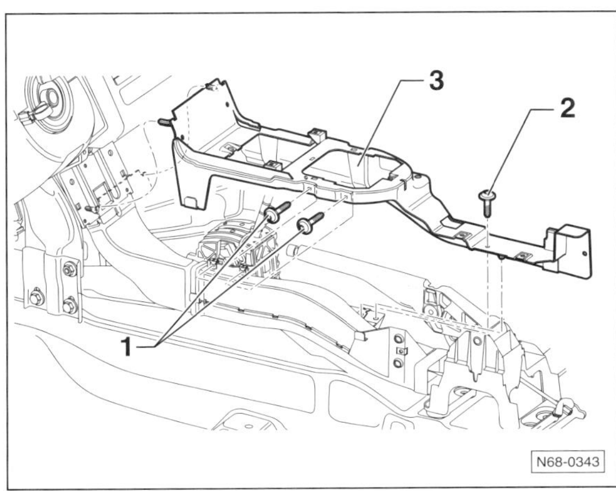

- Schrauben –1– und –2– herausdrehen und Träger –3– der Mittelkonsole herausnehmen.

Einbau

- Der Einbau erfolgt in umgekehrter Ausbaureihenfolge. Schrauben mit **1,5 Nm** anziehen.

  Abbildung N68-0341: Zuerst die beiden Schrauben –1– mit **1,5 Nm**, dann die Muttern –2– mit **4,5 Nm** anziehen.

  Abbildung N68-0339: Die Schrauben –1–, –2–, –3– müssen in der angebenen Reihenfolge eingeschraubt werden.

Verkleidung im Fußraum aus- und einbauen

TOURAN

Ausbau

Hinweis: Es wird der Ausbau der linken Verkleidung beschrieben, rechts ist sinngemäß vorzugehen.

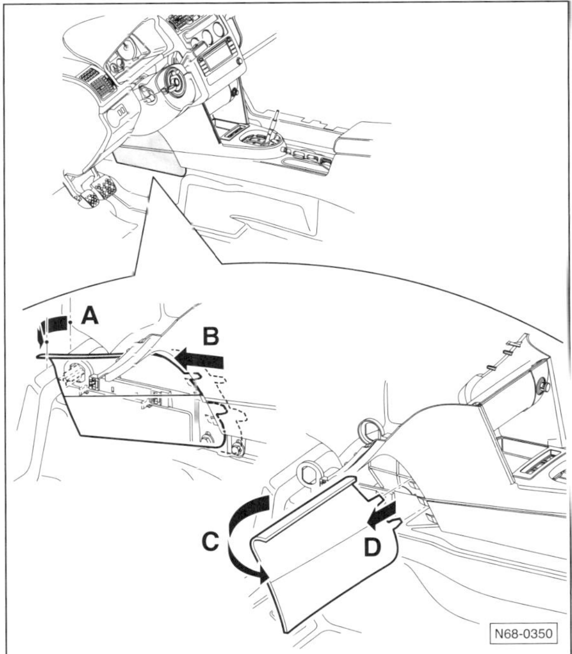

- Verkleidung im vorderen Bereich aus der Aufnahme –Pfeil A– herausziehen.
- Verkleidung etwas nach vorn in Pfeilrichtung –B– ziehen.
- Dann Verkleidung nach außen in Pfeilrichtung –C– schwenken.
- Anschließend Verkleidung in Pfeilrichtung –D– aus der Mittelkonsole herausziehen.

Einbau

- Der Einbau erfolgt in umgekehrter Ausbaureihenfolge.

Mittleres Ablagefach oben aus- und einbauen

TOURAN

Ausbau

Ausführung 1

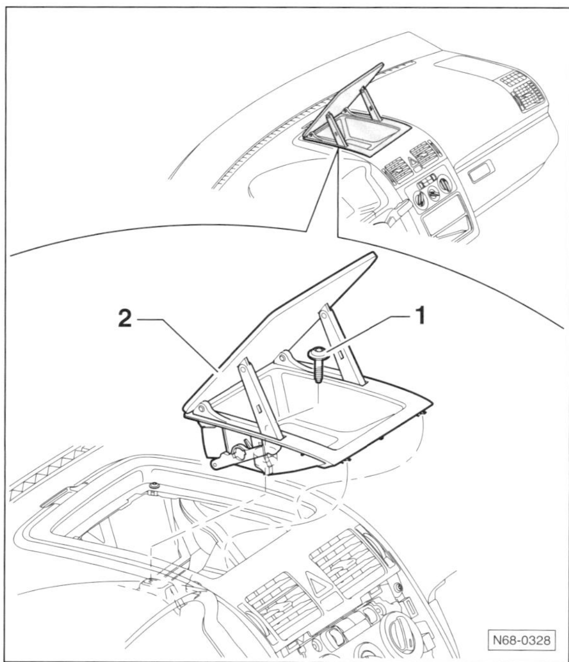

- Ablagefach öffnen.
- Zentrale Schraube –1– herausdrehen.
- Ablagefach hinten ausclipsen und herausnehmen.

Ausführung 2

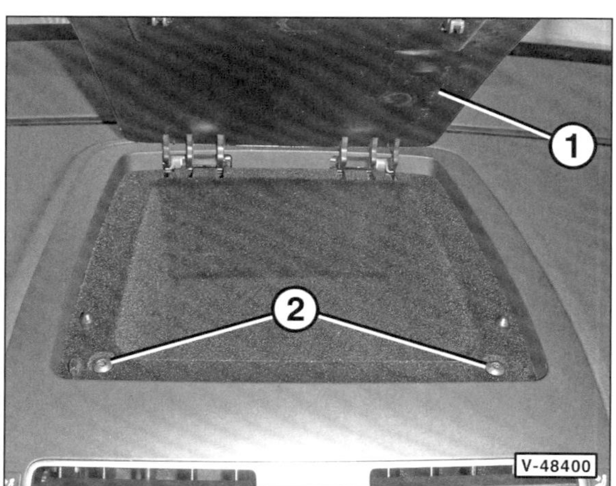

- Deckel –1– öffnen.
- Schrauben –2– mit Torx-Schraubendreher T20 herausdrehen.
- Ablagefach hinten (Richtung Fahrgastraum) nach oben schwenken.
- Deckel etwas schließen und Ablagefach schräg nach hinten oben herausnehmen.

Einbau

- Der Einbau erfolgt in umgekehrter Ausbaureihenfolge, dabei ist folgendes zu beachten.
- **Ausführung 2:** Ablagefach schräg nach unten mit den beiden vorderen Führungsnasen in die Aufnahmen am Armaturenbrett einführen.
- Schraube(n) mit **1,5 Nm** anziehen.

Ablagefach im Dachhimmel aus- und einbauen

TOURAN

Ausbau

- Innenleuchte im Ablagefach ausbauen, siehe Kapitel Beleuchtungsanlage.

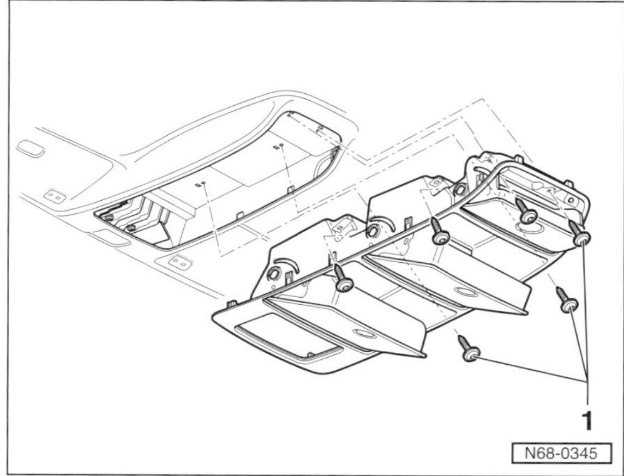

- Alle 3 Ablagefächer öffnen und die 6 Schrauben –1– herausdrehen.
- Komplettes Ablagefach aus dem Dachhimmel herausziehen und abnehmen.

Einbau

- Der Einbau erfolgt in umgekehrter Ausbaureihenfolge. Schrauben mit **2 Nm** anziehen.

Linke Verkleidung der Armaturentafel aus- und einbauen

TOURAN

Ausbau

- Zündung ausschalten und Zündschlüssel abziehen.
- Seitliche Abdeckung links an der Armaturentafel mit einem Kunststoffkeil abdrücken, siehe Seite 196.
- Vordere Mittelkonsole im Übergangsbereich zur Verkleidung lösen, siehe entsprechendes Kapitel.

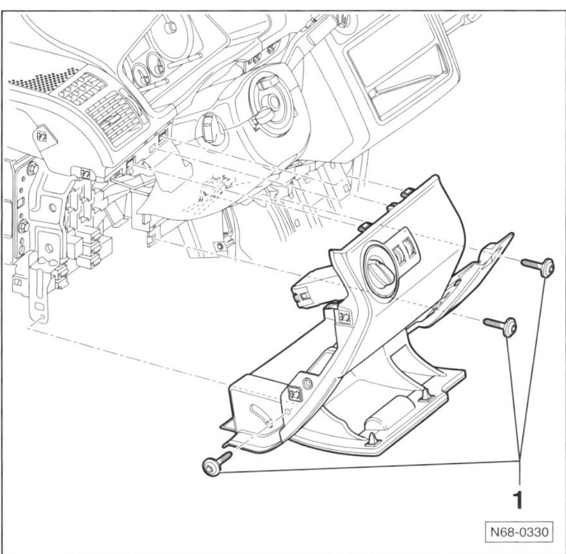

- 4 Schrauben –1– herausdrehen. **Hinweis:** In der Abbildung ist die Verkleidung beim TOURAN I bis Modelljahr 2004 mit 3 Befestigungsschrauben dargestellt. Außerdem ist in der Abbildung das Lenkrad zur besseren Darstellung ausgebaut.
- Linke Verkleidung von den Aufnahmen in der Armaturentafel abziehen. Dabei die Stecker vom Lichtschalter, Einsteller für Leuchtweitenregelung und Diagnosesteckdose abziehen.

Einbau

- Der Einbau erfolgt in umgekehrter Ausbaureihenfolge. Anzugsdrehmoment der Schauben: **1,5 Nm.**

Handschuhkasten aus- und einbauen

TOURAN

Ausbau

- Zündung ausschalten und Zündschlüssel abziehen.
- Seitliche Abdeckung rechts an der Armaturentafel mit Kunststoffkeil abdrücken, siehe Seite 196.
- Vordere Mittelkonsole ausbauen, siehe entsprechendes Kapitel.

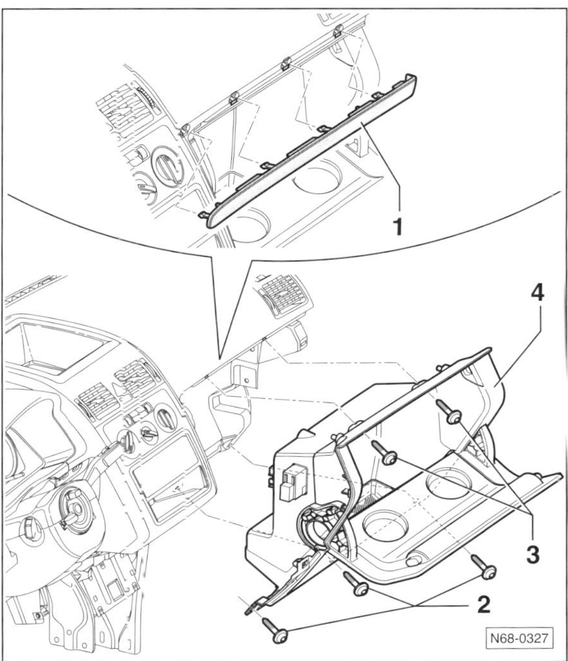

- Zierleiste –1– mit einem Kunststoffkeil aus den Aufnahmen herausdrücken.
- Handschuhkastenbeleuchtung mit einem Kunststoffkei aus der Aufnahme heraushebeln. Dabei Kunststoffkeil im unteren Bereich der Leuchte ansetzen.
- Stecker von der Leuchte abziehen.
- Schrauben –2– und –3– herausdrehen.
- Handschuhkasten –4– aus der Armaturentafel herausziehen.
- Fahrzeug mit Beifahrer-Airbagabschaltung: Stecker vom Schlüsselschalter abziehen.
- Fahrzeug mit Handschuhkastenkühlung: Klimakanal vom Handschuhkasten abziehen.

Einbau

- Der Einbau erfolgt in umgekehrter Ausbaureihenfolge. Anzugsdrehmoment der Schauben: **1,5 Nm.**

A-Säulen-Verkleidung aus- und einbauen

TOURAN

Ausbau

- Seitliche Abdeckung an der Armaturentafel ausbauen, siehe entsprechendes Kapitel.

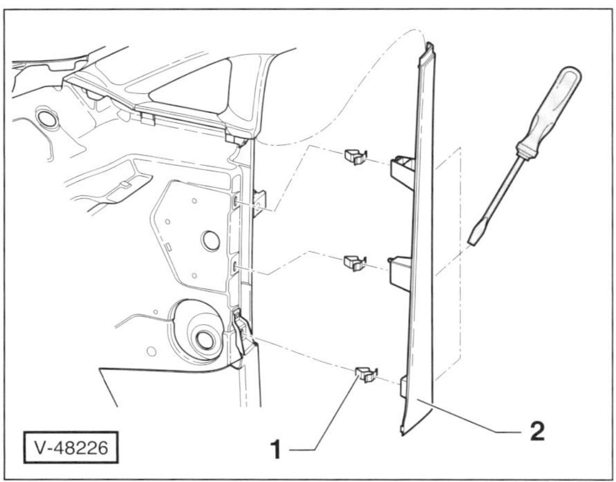

- Mit einem Schraubendreher mittlere Verkleidung –2– an den Halteklammern –1– von der A-Säule abhebeln.

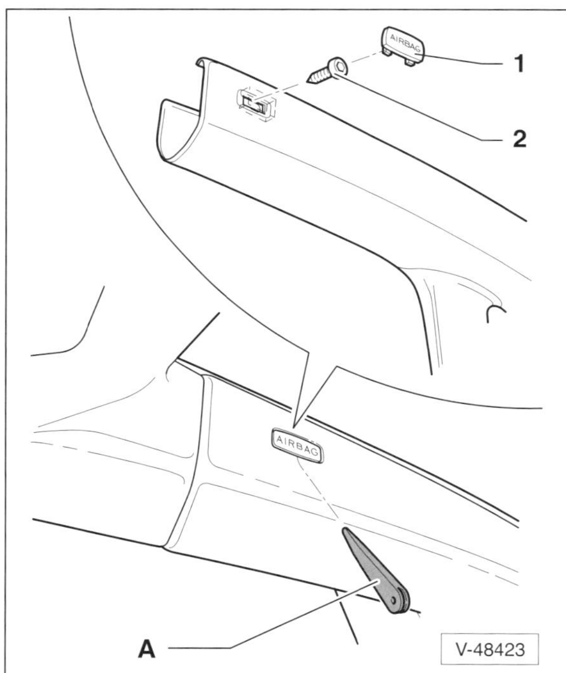

- Airbag-Emblem –1– mit einem Kunststoffkeil –A– abheben.
- Darunterliegende Schraube –2– herausdrehen.
- Obere Verkleidung im Bereich der Armaturentafel mit einem Kunststoffkeil aus den Aufnahmen in der Armaturentafel herausdrücken.
- Obere Verkleidung im Übergangsbereich zum Dachhimmel mit einem Kunststoffkeil aus den Aufnahmen in der Karosserie und der Türdichtung herausdrücken.

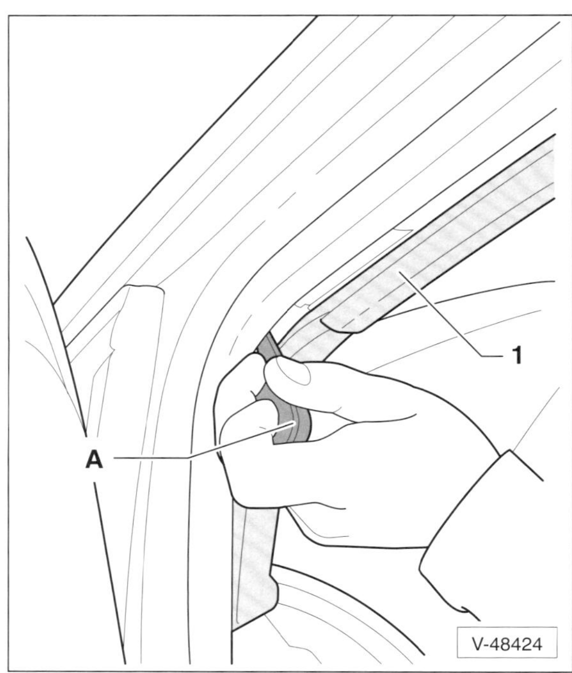

- Verkleidung –1– mit dem Kunststoffkeil –A– in Richtung Armaturentafel aus den Aufnahmen in der Karosserie und der Türdichtung herausdrücken.

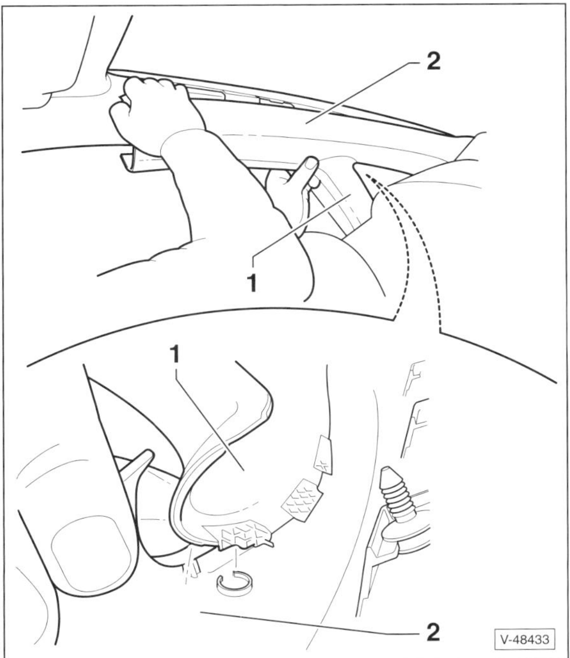

- Beide Verkleidungsteile –1– und –2– oberhalb vom Seitenfenster mit der linken Hand zusammenpressen damit die Verkleidung beim Ausbau nicht auseinanderbrechen kann. Anschließend die Verkleidung vorsichtig aus den restlichen Aufnahmen herausziehen.

Einbau

- Halteklammern auf Beschädigungen und auf richtigen Sitz an der Verkleidung überprüfen, wenn nötig ersetzen.
- Der Einbau erfolgt in umgekehrter Ausbaureihenfolge, dabei darauf achten, dass die Türdichtung über die Verkleidung greift.
- Airbag-Emblem erneuern und einclipsen.

Vordersitz aus- und einbauen

TOURAN

Ausbau

Hinweis: Zum Ausbau des Vordersitzes mit Seiten-Airbag wird der VW-Airbag-Adapter VAS 6229 oder VAS 6282 benötigt. Der Adapter sorgt für eine zusätzliche Absicherung gegen elektrostatische Aufladungen.

- Um ein Auslösen des Seiten-Airbags zu verhindern, Zündung ausschalten, zuerst Massekabel (–) und danach Pluskabel (+) von der Batterie abklemmen. **Minuspol der Batterie mit Isolierband abkleben.** Hinweise im Kapitel »Batterie aus- und einbauen« beachten.

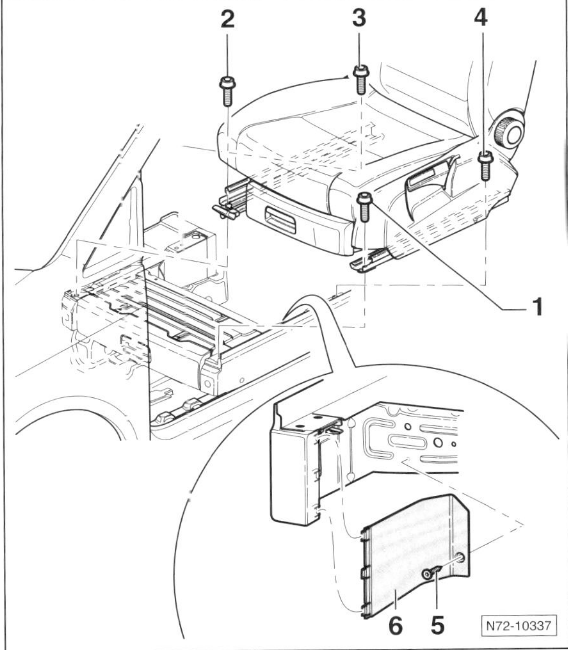

- Vordersitz nach hinten stellen und 2 Schrauben –1/2– vorn herausdrehen.
- Vordersitz nach vorne stellen und 2 Schrauben –3/4– hinten herausdrehen.
- Sitz im vorderen Bereich anheben, bis die Leitungsstränge und die Abdeckung –6– unter dem Sitz zugänglich sind.
- Schraube –5– herausdrehen.
- Abdeckung –6– aus den hinteren Aufnahmen herausziehen.

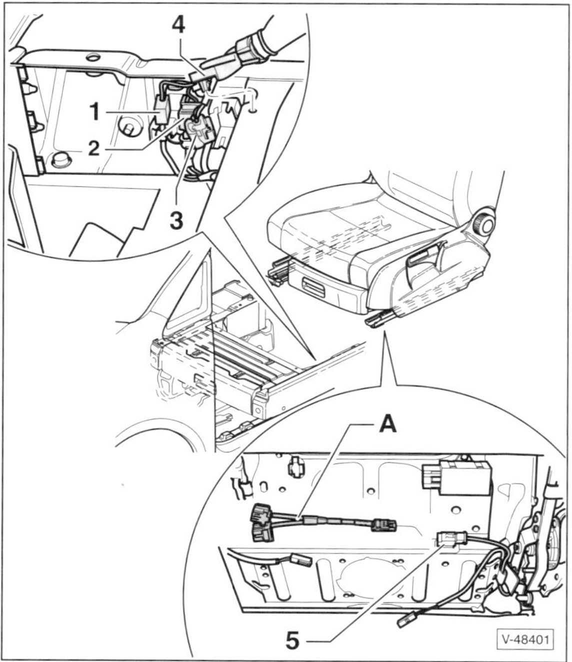

- Kabelführung –4– vom Adapter am Sitzgestell lösen.

Achtung: Vor dem Trennen der Steckverbindung für Seiten-Airbag, elektrostatische Aufladung abbauen, dazu kurz den Schließbügel der Tür oder die Karosserie anfassen. **Der Airbag-Adapter muss angeschlossen bleiben, bis der Sitz wieder eingebaut wird.** Unbedingt **Airbag-Sicherheitshinweise** befolgen, siehe Seite 148.

- Je nach Ausstattung die Stecker –1–, –2– und –3– abziehen.
- Stecker für Seiten-Airbag –5– abziehen und dafür Airbag-Adapter VAS 6229/6282 –A– am Anschluss für Seiten-Airbag aufstecken. **Hinweis:** Der Adapter sorgt für eine zusätzliche Absicherung gegen elektrostatische Aufladungen.
- Vordersitz aus dem Fahrzeug herausheben.

Einbau

- Der Einbau erfolgt in umgekehrter Ausbaureihenfolge. Schrauben für Vordersitz mit **40 Nm** festziehen.

Achtung: Beim Anklemmen der Batterie darf sich keine Person im Innenraum des Fahrzeugs aufhalten.

- Isolierband vom Minuspol der Batterie entfernen, zuerst Pluskabel (+) und danach Massekabel (–) an der Batterie anklemmen.

Karosserie außen

Aus dem Inhalt:

- Kühlergrill
- Kotflügel
- Tür zerlegen
- Stoßfänger
- Motorhaube
- Außenspiegel
- Schlossträger
- Heckklappe

Aufbau des Kapitels »Karosserie außen« für die Modelle GOLF VARIANT, GOLF PLUS, JETTA und TOURAN:

Im Hauptkapitel »**Karosserie außen**« werden die Arbeitsschritte vornehmlich für den GOLF VARIANT beschrieben. Außerdem werden hier Arbeiten beschrieben für die Modelle GOLF PLUS, JETTA und TOURAN, die denen beim GOLF VARIANT entsprechen oder nur geringe Abweichungen aufweisen.

Bei größeren Abweichungen beziehungsweise wenn spezielle Abbildungen erforderlich sind, stehen diese Arbeitsanweisungen in Unterkapiteln zum Kapitel »Karosserie außen«, beispielsweise im Kapitel »**Karosserie außen: GOLF PLUS**« usw.

Bei der selbsttragenden Karosserie der VW-Modelle sind Bodengruppe, Seitenteile, Dach und die hinteren Kotflügel miteinander verschweißt. Die Reparatur größerer Karosserieschäden sowie das Auswechseln von Front- und Heckscheibe sollten von einer Fachwerkstatt durchgeführt werden.

Motorhaube, Heckklappe, Türen und die vorderen Kotflügel sind angeschraubt und lassen sich leicht auswechseln. Beim Einbau ist dann unbedingt ein gleichmäßiger Luftspalt einzuhalten, sonst klappert beispielsweise die Tür, oder es können während der Fahrt erhöhte Windgeräusche auftreten. Der Luftspalt muss auf jeden Fall parallel verlaufen, das heißt, der Abstand zwischen den Karosserieteilen muss auf der gesamten Länge des Spaltes gleich groß sein. Abweichungen bis zu 1 mm sind zulässig.

Achtung: Wenn im Rahmen von Arbeiten an der Karosserie auch Arbeiten an der elektrischen Anlage durchgeführt werden, **grundsätzlich** die Zündung ausschalten und den Zündschlüssel abziehen. Als Arbeit an der elektrischen Anlage ist dabei schon zu betrachten, wenn eine elektrische Leitung vom Anschluss abgezogen beziehungsweise abgeklemmt wird.

Hinweis: Zum Lösen von Tür- und Heckklappenverkleidungen einen Kunststoffkeil verwenden, zum Beispiel HAZET 1965-20. Clips, die beim Ausbau von Verkleidungen beschädigt werden, immer erneuern.

Sicherheitshinweise bei Karosseriearbeiten

Sicherheitshinweis
Bei Karosseriearbeiten entstehen oft starke Erschütterungen, beispielsweise durch Hammerschläge. Deshalb immer Zündung ausschalten und beide Batteriekabel abklemmen, sonst kann der Airbag ausgelöst werden. Airbag-Sicherheitshinweise beachten, siehe Seite 148.

- Muss an der Karosserie geschweißt werden, soll dies grundsätzlich durch Widerstandspunktschweißen (RP) durchgeführt werden. Nur wenn sich die Schweißzange nicht ansetzen lässt, ist das Schutzgas-Schweißverfahren anzuwenden.
- So weit Schweißarbeiten oder andere funkenerzeugende Arbeiten durchgeführt werden, grundsätzlich die Batterie komplett abklemmen (Pluskabel und Massekabel) und beide Batteriepole (+) und (–) sorgfältig mit Klebeband isolieren. Bei Arbeiten in Batterienähe muss die Batterie ausgebaut werden. **Achtung:** Unbedingt Hinweise im Kapitel »Batterie aus- und einbauen« beachten.
- **Fahrzeuge mit Klimaanlage:** An Teilen der befüllten Klimaanlage darf weder geschweißt noch hart- oder weichgelötet werden. Das gilt auch für Schweiß- und Lötarbeiten am Fahrzeug, wenn die Gefahr besteht, dass sich Teile der Klimaanlage erwärmen.

Sicherheitshinweis
Der **Kältemittelkreislauf** der Klimaanlage darf **nicht geöffnet** werden, da das Kältemittel bei Hautberührung Erfrierungen hervorrufen kann.
Bei versehentlichem Hautkontakt, die Stelle sofort mindestens 15 Minuten lang mit kaltem Wasser spülen. Austretendes Kältemittel verdampft bei Umgebungstemperatur. Das Kältemittel ist farb- und geruchlos sowie schwerer als Luft. Da das Kältemittel nicht wahrnehmbar ist, besteht am Boden beziehungsweise in einer Montagegrube Erstickungsgefahr.

- **Lackierung trocknen:** Im Rahmen einer Reparatur-Lackierung darf das Fahrzeug im Trockenofen oder in der Vorwärmzone nicht über **+80° C** aufgeheizt werden. Sonst können elektronische Steuergeräte im Fahrzeug beschädigt werden. Außerdem kann dadurch in der Klimaanlage ein starker Überdruck entstehen, der möglicherweise zum Platzen der Anlage führt.

Steinschlagschäden an der Frontscheibe

Hinweis: Kleinere Schäden an der Frontscheibe, zum Beispiel durch Steinschlag verursacht oder Scheibenwischerstreifen, beeinträchtigen die Sicht und können zu Folgeschäden an der Scheibe (Risse) führen. Diese Schäden sollten so bald wie möglich behoben werden. Verschiedene Glas-Unternehmen sind auf Reparaturen an Auto-Scheiben spezialisiert. Der Austausch der Scheibe kann auf diese Weise vermieden werden. Überdies werden die Kosten für die Scheibenreparatur von der Kaskoversicherung übernommen.

Spreiznieten aus- und einbauen

Viele Abdeckungen und Verkleidungen sind mit Spreiznieten befestigt. Aus- und Einbau weiterer Halteclips, siehe Seite 184.

Ausbau

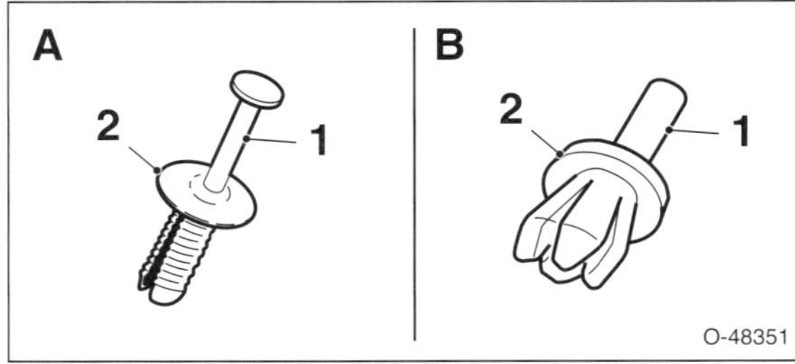

- A – Spreizniete mit Kappe: Bolzen –1– mit einem Schraubendreher herausziehen.
- B – Spreizniete ohne Kappe: Bolzen –1– mit einem geeigneten Dorn durchdrücken. **Hinweis:** Der Bolzen geht dabei unter Umständen verloren und muss ersetzt werden.
- Spreizniete –2– aus der Bohrung herausziehen.

Einbau

- Beschädigte oder fehlende Spreiznieten durch Neuteile ersetzen.
- Spreizniete –2– in die Bohrung setzen und Bolzen –1– eindrücken. **Hinweis:** Dadurch werden die Clipnasen gespreizt und die Spreizniete sitzt sicher in der Bohrung.

Blindnieten aus- und einbauen

Zum Entfernen von Blindnieten (Popnieten) zunächst nur den Nietkopf ausbohren und dann die Niete mit einem Dorn aus der Bohrung heraustreiben. Dadurch wird verhindert, dass die Bohrung ausgeweitet wird.

Neue Niete in die Bohrung einsetzen und mit einer Blindniet-Zange festquetschen, die Niethülse hat dabei denselben Durchmesser wie die Bohrung.

Häufig verwendete Nieten-Durchmesser: 2,4 mm, 3,2 mm, 4,0 mm und 4,8 mm.

Windlaufgrill aus- und einbauen

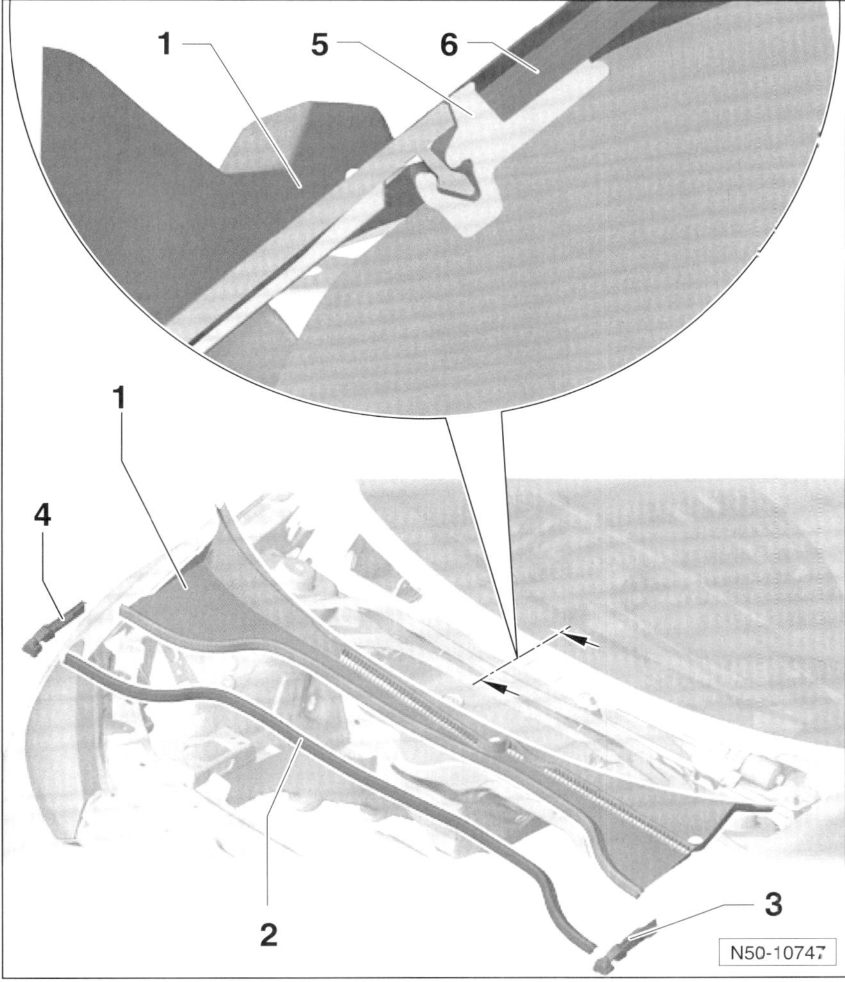

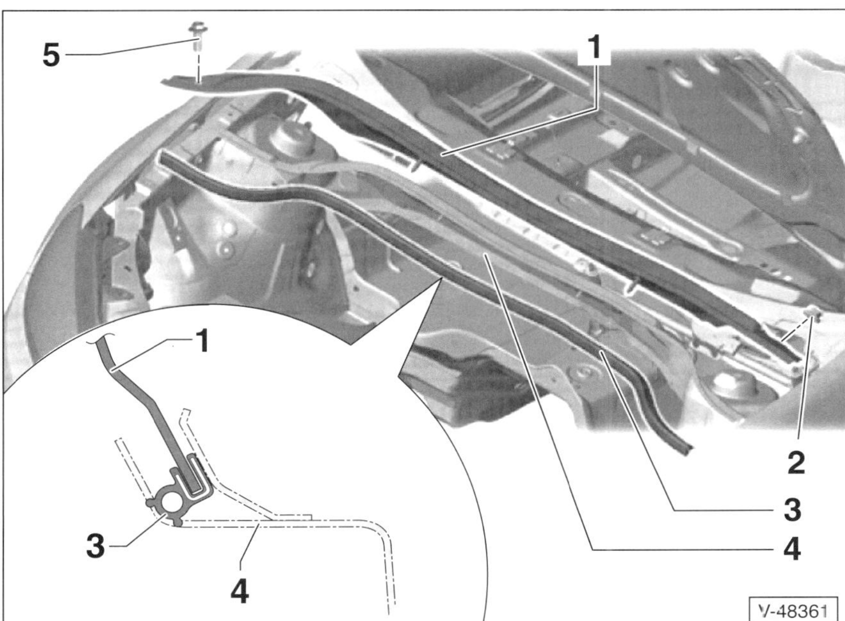

GOLF VARIANT/JETTA

1 – Windlaufgrill

Hinweis: Beim JETTA ist der Windlaufgrill 2-teilig. Zuerst den, in Fahrtrichtung gesehen, linken Windlaufgrill, dann den rechten ausbauen, siehe auch Abbildung N64-10185 auf Seite 239.

Ausbau

- Wischerarme ausbauen, siehe Seite 88.
- Dichtung –2– vom Windlaufgrill –1– auf der gesamten Länge abziehen.
- Windlaufgrill am Rand der Frontscheibe von Hand anheben.
- Windlaufgrill vorsichtig nach oben aus der Aufnahme –5– herausziehen. Dabei am Rand der Frontscheibe beginnen. **Achtung:** Windlaufgrill –1– nicht mit einem Hebelwerkzeug (Schraubendreher) von der Frontscheibe –6– abhebeln. Diese kann dabei beschädigt werden und später reißen.

Einbau

Achtung: Windlaufgrill nicht mit Schlägen in die Aufnahme einsetzen, sonst kann die Frontscheibe reißen.

- Bereich um Aufnahme –5– mit Seifenlauge einsprühen. Dies erleichtert das Einsetzen des Windlaufgrills in die Aufnahme.
- Windlaufgrill auf die Aufnahme setzen und dann von der Mitte aus nach beiden Seiten vorsichtig in die Aufnahme drücken.
- Dichtung –2– einlegen und am Windlaufgrill aufdrücken.
- Wischerarme einbauen, siehe Seite 88.

2 – Dichtung

3 – Schaumformteil links

4 – Schaumformteil rechts

5 – Aufnahme

6 – Frontscheibe

Wasserkasten-Stirnwand

GOLF VARIANT

1 – Wasserkasten-Stirnwand

Ausbau

- Windlaufgrill ausbauen.
- Schraube –5– herausdrehen.
- Mutter –2– abschrauben.
- Stirnwand nach oben aus dem Wasserkasten –4– herausziehen.

Einbau

- Der Einbau erfolgt in umgekehrter Ausbaureihenfolge.

2 – Mutter, 8 Nm

3 – Dichtung
Beim Einbau der Stirnwand auf richtigen Sitz der Dichtung achten.

4 – Wasserkasten

5 – Schraube, 8 Nm

Schlossträger in Servicestellung bringen

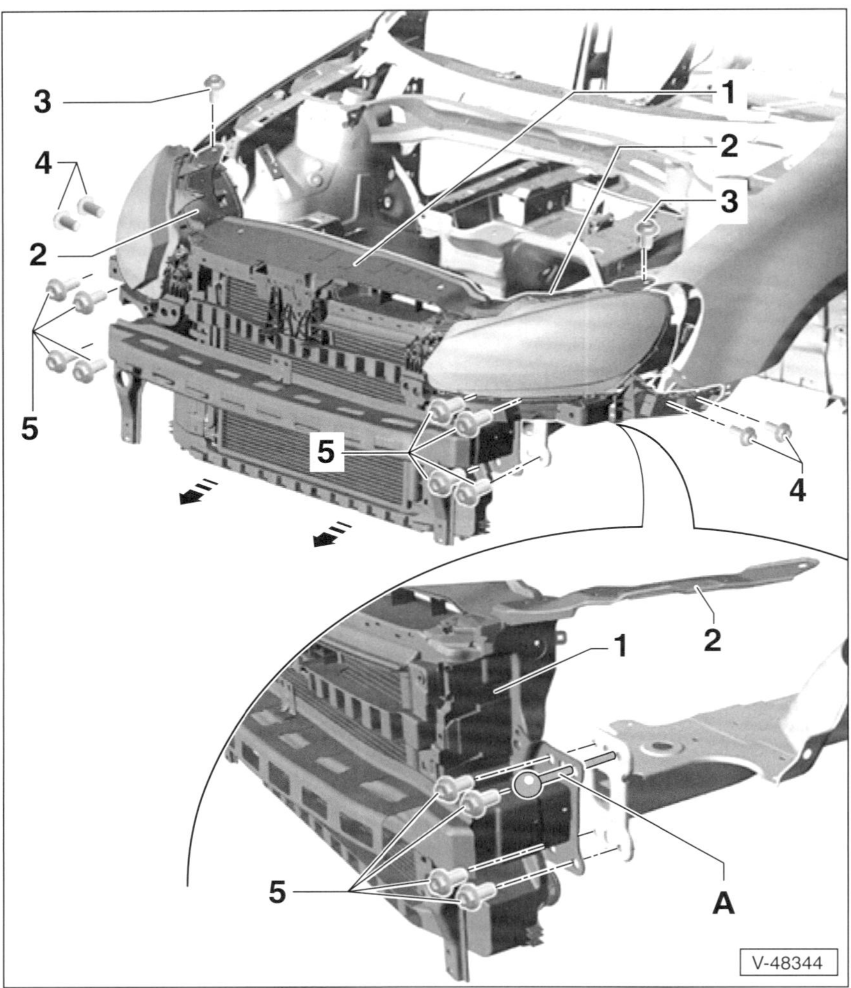

GOLF VARIANT/ JETTA/TOURAN

1 – Schlossträger

2 – Haltewinkel

3 – Schrauben, 8 Nm

4 – Schrauben, 2 Nm

5 – Schrauben, 60 Nm
Hinweis: Beim **JETTA** sind, in Fahrtrichtung gesehen, auf der linken Seite nur 3 Schrauben vorhanden.

A – Führungsstangen
Spezialwerkzeug VW T10093.

Servicestellung

Zum Ausbau des Motors oder des Kühlers muss das Fahrzeug-Vorderteil in die so genannte Servicestellung gebracht werden. Dabei wird der Schlossträger nach vorne geschoben.

- Stoßfängerabdeckung vorn ausbauen, siehe entsprechendes Kapitel.
- Seilzug am Motorhaubenschloss aushängen, siehe Kapitel »Motorhaubenschloss aus- und einbauen«.

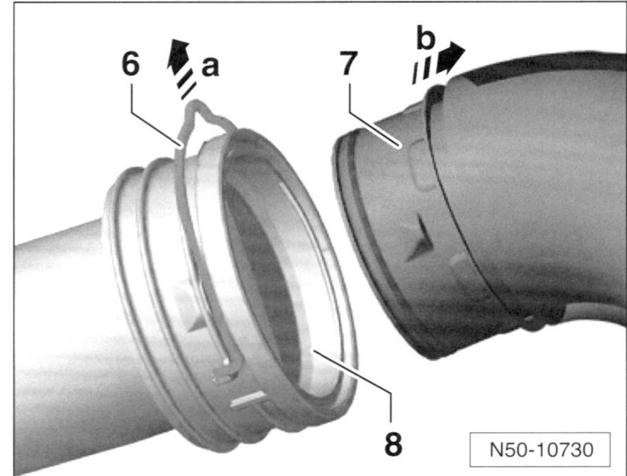

- Turbodiesel mit Ladeluftkühler: Druckschläuche abziehen. Dazu Halteklammer –6– in Pfeilrichtung –a– ziehen und Steckkupplung –8– entriegeln. Druckschlauch –7– in Pfeilrichtung –b– abziehen.

- Schrauben –4– an der Führung rechts und links herausdrehen.
- Jeweils eine Schraube –5– links und rechts am Längsträger herausdrehen. **TOURAN:** Auf jeder Seite 2 diagonal gegenüberliegende Schrauben herausdrehen.
- In die Bohrungen jeweils eine Führungsstange –A– einschrauben. **TOURAN:** Auf jeder Seite jeweils 2 Führungsstangen einschrauben.
- Weitere Schrauben –5– rechts und links an den Längsträgern herausdrehen.
- Schrauben –3– oben an den Haltewinkeln –2– herausdrehen.
- **TOURAN:** Untere, hintere Schraube der Scheinwerferbefestigung links und rechts herausdrehen. Die Scheinwerfer werden nicht ausgebaut.

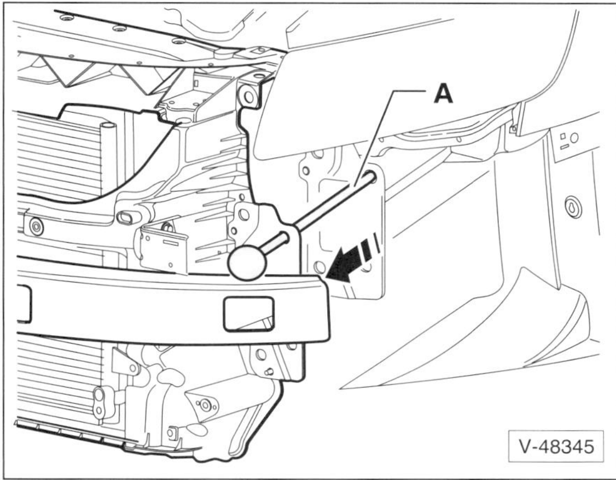

- Schlossträger auf den Führungsstangen –A– etwa 10 cm nach vorne ziehen –Pfeil–.

Einbau

- Schlossträger auf den Führungsstangen an die Längsträger heranschieben und festschrauben.
- Schrauben –3– eindrehen und mit **8 Nm** festziehen.
- Schrauben –5– mit **60 Nm** anschrauben.
- Führungsstangen herausdrehen und restliche Schrauben –5– mit **60 Nm** festziehen.
- Turbodiesel mit Ladeluftkühler: Druckschläuche am Ladeluftkühler einrasten.
- Der weitere Einbau erfolgt in umgekehrter Ausbaureihenfolge. Dabei darauf achten, dass Schläuche und Leitungen nicht eingeklemmt werden.
- Nach dem Einbau Scheinwerfereinstellung überprüfen, gegebenenfalls einstellen (Werkstattarbeit).

Stoßfänger/Stoßfängerabdeckung vorn aus- und einbauen

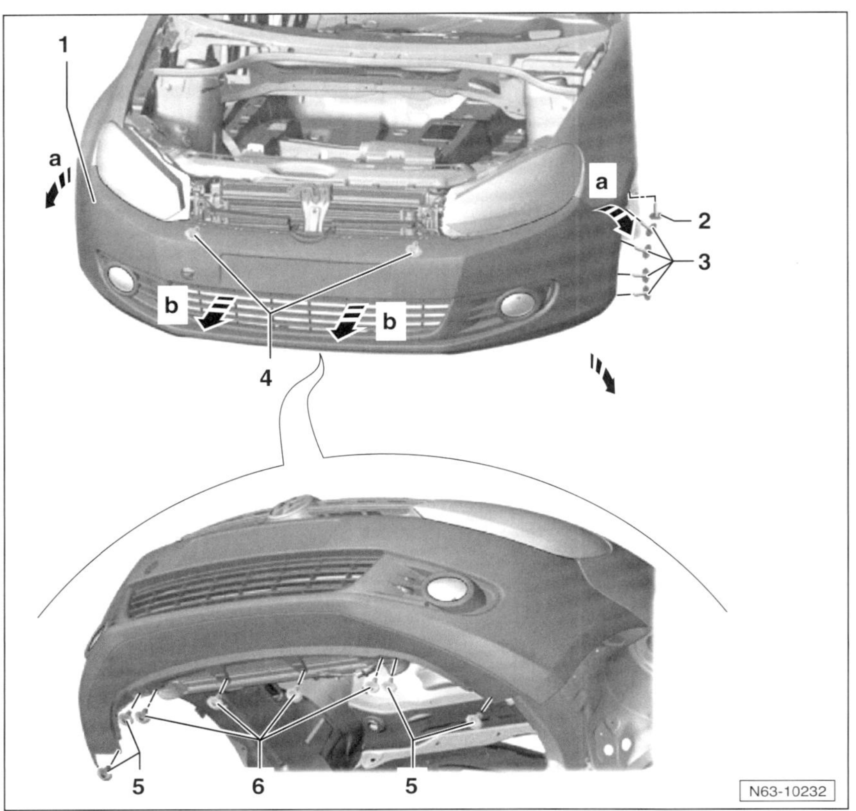

GOLF VARIANT/JETTA

1 – Stoßfängerabdeckung

Ausbau

- Kühlergrill ausbauen, siehe entsprechendes Kapitel.
- Schrauben –4– herausdrehen.
- Nach oben gerichtete Schrauben –2– vom Radhaus herausdrehen.
- Schrauben –3– vom Radhaus herausdrehen.
- Schrauben –5/6– von unten herausdrehen.
- Stoßfängerabdeckung mit Helfer rechts und links aus den Führungsteilen an den Kotflügeln ausrasten –Pfeile a–.
- Stoßfängerabdeckung zusammen mit einem Helfer parallel nach vorn ziehen –Pfeile b– und abnehmen.
- Alle Steckverbindungen trennen.
- Scheinwerferreinigungsanlage: Waschwasserleitungen trennen.

2-5 – Schrauben, 2 Nm

6 – Schrauben, 1,5 Nm

Hinweis: Je nach Ausstattung und Modell kann die Anzahl der Schrauben unterschiedlich sein.

Die Abbildung zeigt die Abdeckungen vom **GOLF VARIANT**. Beim **JETTA** sind die Schrauben –4– nicht vorhanden. Stattdessen ist die Stoßfängerabdeckung in der Mitte mit 6 Clips am Schlossträger befestigt.

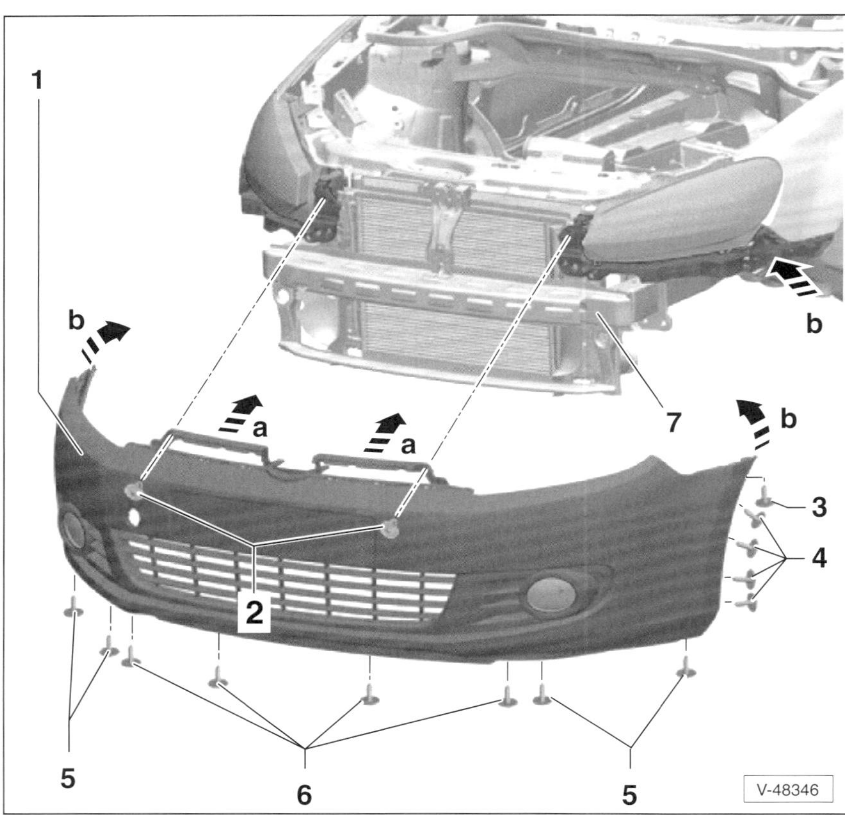

1 – Stoßfängerabdeckung

Einbau

- Steckverbindungen und, falls vorhanden, Waschwasserleitungen zusammenstecken.
- Stoßfängerabdeckung mit Helfer parallel auf den Schlossträger aufschieben –Pfeile a–.
- Stoßfängerabdeckung seitlich auf die Führungsteile drücken und einrasten –Pfeile b–.
- Stoßfängerabdeckung ausrichten, dabei auf parallele Spaltmaße achten, und die Schrauben –2– bis –6– eindrehen und festziehen.
- Kühlergrill einbauen, siehe entsprechendes Kapitel.

2-5 – Schrauben, 2 Nm
Beim **JETTA** sind die Schrauben –2– nicht vorhanden. Stattdessen befinden sich in der Mitte der Stoßfängerabdeckung 6 Clips.

6 – Schrauben, 1,5 Nm

7 – Stoßfängerträger
Mit 8 Sechskantschrauben (**60 Nm**) und 6 Torxschrauben (**8 Nm**) befestigt.

Hinweis: Je nach Ausstattung kann die Anzahl der Schrauben unterschiedlich sein.

Spaltmaße:

Stoßfänger – Scheinwerfer: . . $2{,}0^{\pm 0{,}8}$ mm
Stoßfänger – Kotflügel: . . . . $0{,}5^{\pm 0{,}5}$ mm
Oberflächen-Unterschied . . . $0{,}5^{\pm 0{,}5}$ mm

Stoßfänger/Stoßfängerabdeckung hinten aus- und einbauen

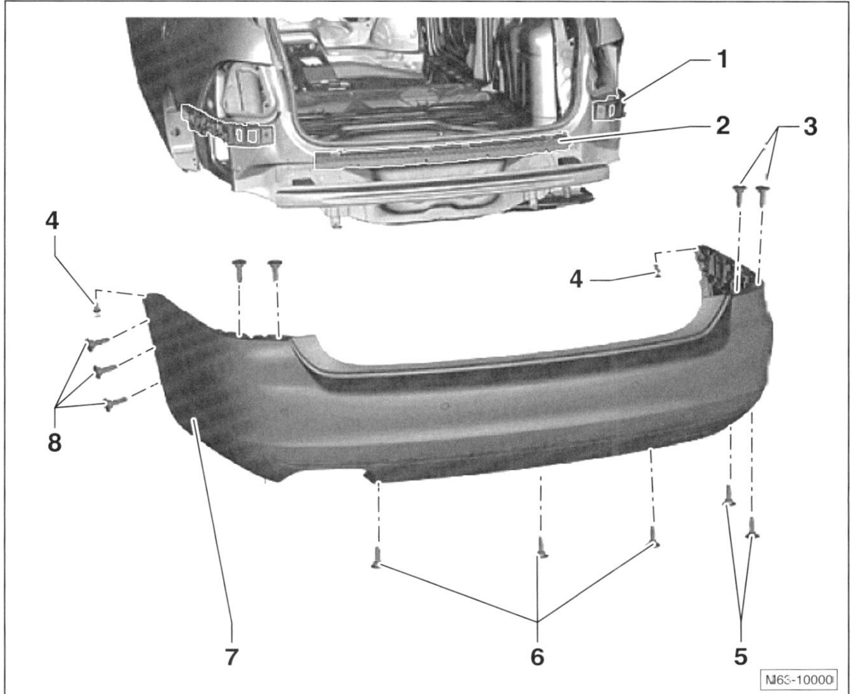

GOLF VARIANT

1 – **Führungsprofil**

2 – **Befestigungsleiste**

3 – **Schraube, 5 Nm**

4 – **Spreizniet**

5 – **Schraube, 2 Nm**

6 – **Schraube, 5 Nm**

7 – **Stoßfängerabdeckung**

Ausbau

- Heckleuchten ausbauen, siehe Seite 109.
- Schrauben –8– an beiden Innenkotflügeln herausdrehen.
- Spreizniete –4– an beiden Seiten mit einem Schraubendreher heraushebeln, siehe auch Seite 238.
- Schrauben –3/5/6– herausdrehen.
- Stoßfängerabdeckung –7– mit Helfer rechts und links aus den Führungsteilen –1– an den Kotflügeln ausrasten.
- Stoßfängerabdeckung mit Helfer parallel nach hinten ziehen und abnehmen.
- Alle Steckverbindungen trennen.

Einbau

- Steckverbindungen zusammenstecken.
- Stoßfängerabdeckung mit Helfer parallel auf das Fahrzeugheck aufschieben.
- Stoßfängerabdeckung seitlich auf die Führungsteile drücken und hörbar einrasten.
- Stoßfängerabdeckung ausrichten, dabei auf parallele Spaltmaße achten.
- Stoßfängerabdeckung anschrauben, Spreizclips eindrücken und mit Stiften sichern.

8 – **Schraube, 2 Nm**

Hinweis: Je nach Ausstattung kann die Anzahl der Schrauben unterschiedlich sein.

Kühlergrill aus- und einbauen

GOLF VARIANT

Ausbau

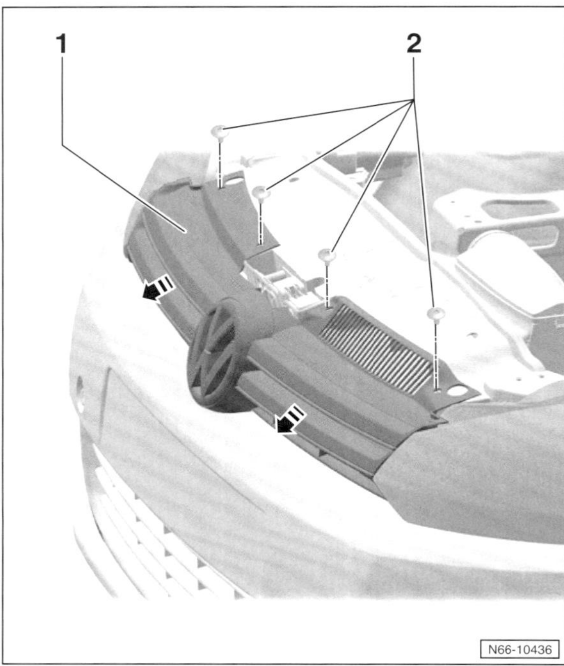

- Schrauben –2– herausdrehen.
- Kühlergrill –1– in Pfeilrichtung aus der Stoßfängerabdeckung vorn herausziehen.

Einbau

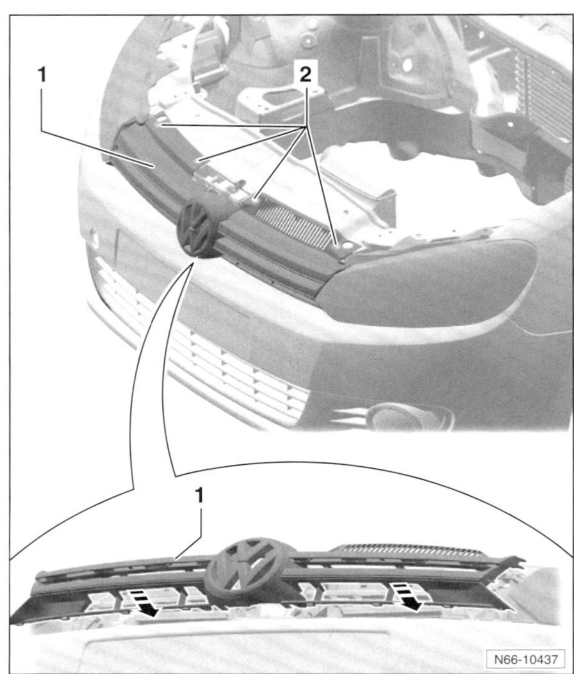

- Kühlergrill –1– mit den Laschen in die Aufnahmen an der Stoßfängerabdeckung einführen –Pfeile– und unter leichtem Druck einrasten.
- Spalte zu den umgebenden Bauteilen prüfen, gegebenenfalls Kühlergrill ausrichten.
- Schrauben –2– einsetzen und mit **2 Nm** festziehen.

Kotflügel aus- und einbauen

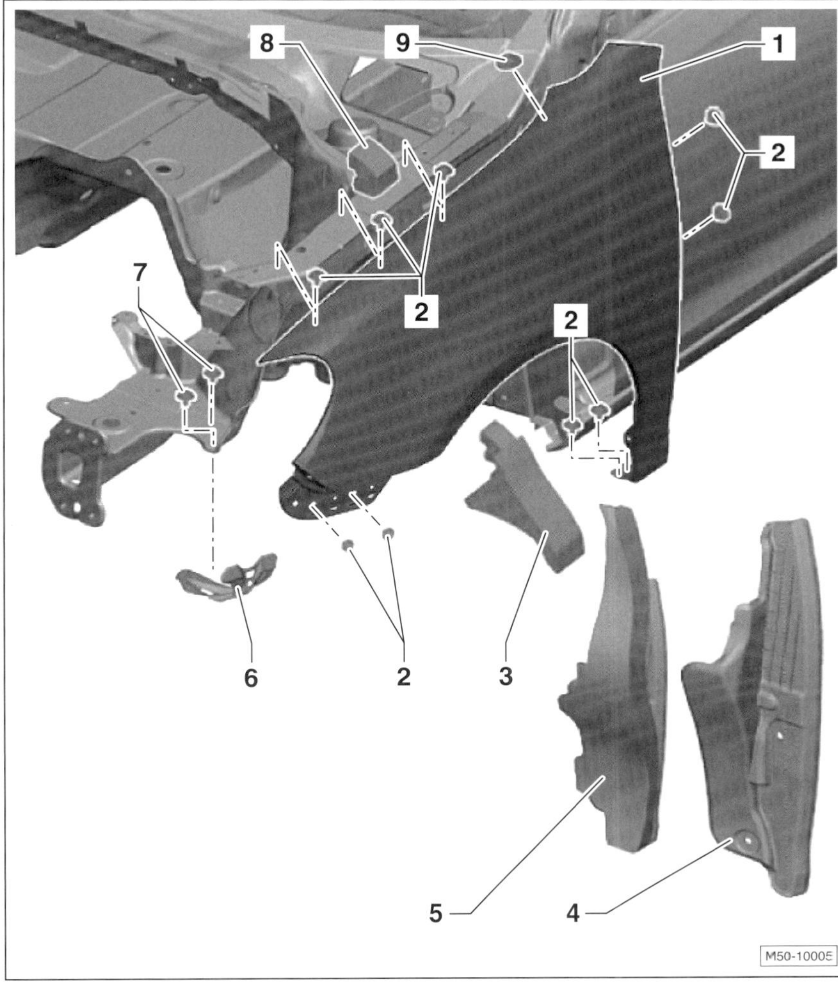

GOLF VARIANT/ GOLF PLUS

Hinweis: In der Abbildung ist der Kotflügel des **GOLF VARIANT** dargestellt.

1 – **Kotflügel**

2 – **Schrauben, 6 Nm**

3 – **Formteil**
Lose zwischen Kotflügel und Längsträger vorn oben eingesteckt.

4 – **Schließteil Kotflügel**
Ist vor das Stegblech des Kotflügels gestellt. Mit 2 Muttern befestigt, **2,5 Nm.**

5 – **Dämpfung Stegblech**
Ist vor das Stegblech des Kotflügels gestellt.

6 – **Kotflügelstrebe**

7 – **Schraube, 6 Nm**

8 – **Formteil**
Oben auf dem Radhaus-Längsträger.

9 – **Sechskantmutter, 6 Nm**
Am Kotflügel-Anschlussstück.
Nur **GOLF VARIANT**.

Ausbau

- Stoßfängerabdeckung vorn ausbauen, siehe entsprechendes Kapitel.
- Führungsteil abschrauben.
- Innenkotflügel vorn ausbauen, siehe entsprechendes Kapitel.
- Formteil zwischen Kotflügel –4– und oberem Längsträger herausziehen.
- Dämpfung Stegblech aus dem Radhaus herausziehen.
- Schließteil für Kotflügel ausbauen.
- Schrauben –2– herausdrehen.
- Mutter –3– abschrauben.
- Kotflügel –1– vorsichtig abnehmen.

Einbau

- Kotflügel ansetzen. Dabei zwischen Kotflügel und Unterholm unbedingt die Zink-Zwischenlage VW-AKL 381 035 50 einfügen.
- Schrauben leicht beiziehen, nicht festziehen.
- Dämpfungen und Formteile einsetzen.
- Kotflügel bei gelöster Kotflügelstrebe auf gleichmäßige Spaltmaße spannungsfrei ausrichten.

  Spaltmaße GOLF VARIANT:
  Kotflügel – Motorhaube: .... $3{,}5^{\pm 0{,}5}$ mm
  Oberflächen-Unterschied: .... $0{,}7^{\pm 0{,}5}$ mm
  Kotflügel – Tür vorn: .... $3{,}5^{\pm 0{,}5}$ mm
  Oberflächen-Unterschied: .... $1{,}0^{-1{,}0}$ mm
  Kotflügel – Scheinwerfer: .... $2{,}0^{\pm 0{,}8}$ mm
  Oberflächen-Unterschied: .... $0{,}0^{-1{,}0}$ mm

  Spaltmaße GOLF PLUS:
  Kotflügel – Motorhaube: .... $3{,}5^{+1{,}7/-0{,}5}$ mm
  Oberflächen-Unterschied: .... $0{,}5^{-0{,}5}$ mm
  Kotflügel – Stoßfänger: .... $0{,}5^{+0{,}6/-0{,}1}$ mm
  Kotflügel – Scheinwerfer: .... $2{,}0^{\pm 1{,}0}$ mm
  Kotflügel – Tür vorn: .... $3{,}5^{\pm 0{,}5}$ mm
  Oberflächen-Unterschied: .... $1{,}0^{-1{,}0}$ mm
- Sämtliche Schrauben und Sechskantmutter mit **6 Nm** festziehen.
- Der weitere Einbau erfolgt in umgekehrter Ausbaureihenfolge.

Innenkotflügel aus- und einbauen

GOLF VARIANT/GOLF PLUS

Innenkotflügel vorn

Ausbau

Sicherheitshinweis
Beim Aufbocken des Fahrzeugs besteht Unfallgefahr! Deshalb vorher das Kapitel »Fahrzeug aufbocken« durchlesen.

- Vorderrad ausbauen.

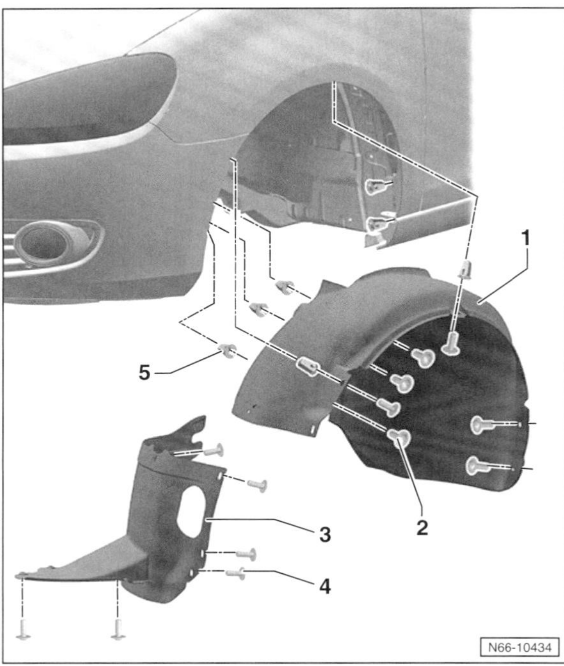

- **GOLF VARIANT:** 6 Schrauben –4– herausdrehen und Innenkotflügel-Vorderteil –3– aus dem Radkasten herausziehen.
  GOLF PLUS: 11 Schrauben für Innenkotflügel-Vorderteil herausdrehen.
- 7 Schrauben –2– herausdrehen und Innenkotflügel-Hinterteil –1– aus dem Radkasten herausziehen. 5 – Spreizmuttern.

Einbau

- Innenkotflügelteile in den Radkasten setzen und mit **2 Nm** festschrauben.
- Vorderrad einbauen.

Innenkotflügel hinten

Ausbau

- Hinterrad ausbauen.

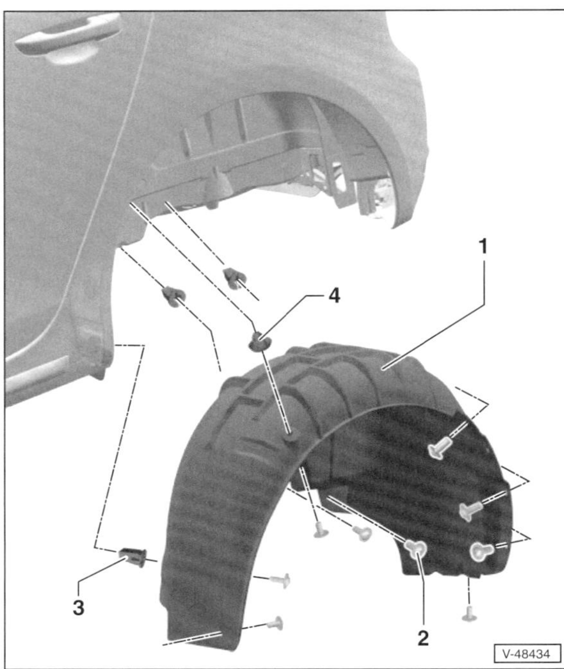

- 9 Schrauben –2– herausdrehen und Innenkotflügel –1– aus dem hinteren Radkasten herausziehen. 3 – Spreizmuttern.

Einbau

- Spreizmuttern auf Beschädigung prüfen, gegebenenfalls ersetzen. **Achtung:** Die **Spreizmutter –4–** dichtet den Innenraum gegen Abgase ab und **muss bei Beschädigung auf jeden Fall ersetzt werden.**
- Innenkotflügel knickfrei in den Radkasten einsetzen und mit **2 Nm** festschrauben.
- Hinterrad einbauen.

Motorhaube aus- und einbauen

GOLF VARIANT/GOLF PLUS/JETTA

Ausbau

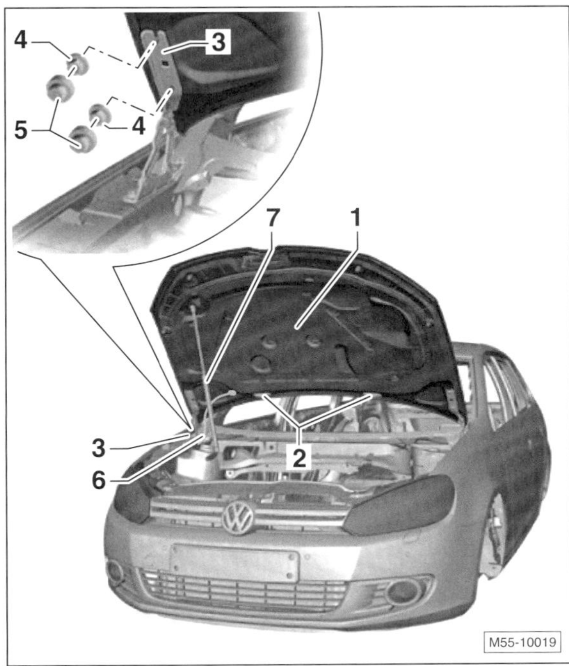

- Motorhaube –1– öffnen.
- Scheibenwaschdüsen –2– ausbauen, siehe Seite 96.
- Wasserschlauch –6– sowie Leitung für Düsenheizung an der Motorhaube und am Scharnier –3– ausclipsen und aus der Motorhaube herausziehen.

Hinweis: Soll die bisherige Motorhaube wieder eingebaut werden, an den Schlauchenden eine Schnur befestigen. Beim Herausziehen der Schläuche wird die Schnur eingezogen und bleibt anschließend in der Motorhaube.

- Für den Wiedereinbau Einbaulage der Scharniere –3– mit Filzstift an der Motorhaube markieren.
- Falls eingebaut, Abdeckkappen –5– von den Scharniermuttern abhebeln.
- Auf jeder Seite 2 Scharniermuttern –4– an der Motorhaube lockern, aber nicht abschrauben.
- **GOLF VARIANT:** Motorhaube von einem Helfer abstützen lassen. Gasdruckfeder –7– vom oberen Kugelzapfen abziehen, siehe Kapitel »Gasdruckfeder aus- und einbauen«.
- **GOLF PLUS/JETTA:** Stützstange an der Motorhaube aushängen und herunterklappen.
- Muttern –4– abschrauben, Motorhaube mit einem Helfer von den Scharnieren abnehmen und vorsichtig ablegen.

Einbau

- Motorhaube mit einem Helfer am Scharnier ansetzen. Die alte Motorhaube dabei nach den Markierungen ausrichten. Scharniermuttern –4– handfest aufschrauben.
- **GOLF VARIANT:** Gasdruckfeder auf Kugelzapfen aufdrücken und einrasten.
- **GOLF PLUS/JETTA:** Motorhaube mit der Stützstange abstützen.
- Motorhaube schließen und auf korrekte Spaltmaße einstellen, siehe entsprechendes Kapitel.
- Scharniermuttern mit **22 Nm** festziehen.
- Wasserschlauch für die Waschdüse sowie elektrische Leitung für die Düsenheizung mithilfe der Schnur einziehen beziehungsweise bei einer neuen Motorhaube verlegen.
  GOLF PLUS/JETTA: Waschwasserleitung für Scheibenwaschdüsen im Bereich des rechten Scharniers in einem Bogen verlegen. Wird die Leitung verdreht eingebaut, knickt sie später ab.
- Scheibenwaschdüsen einbauen, siehe Seite 96.

Motorhaube einstellen

GOLF VARIANT

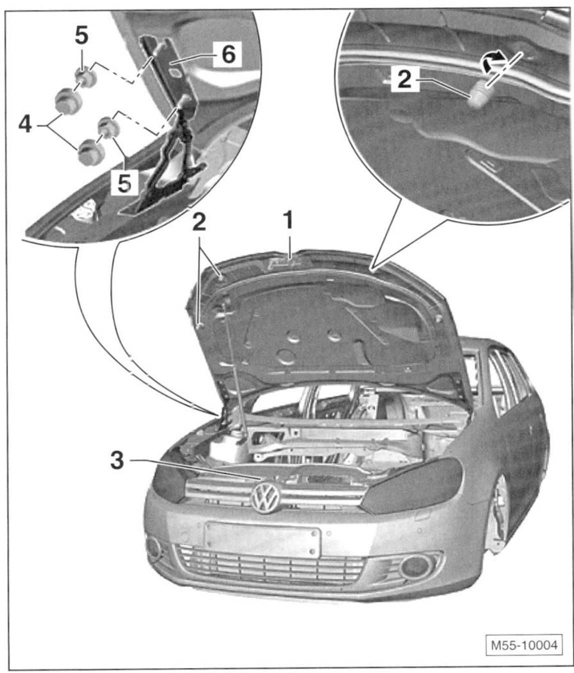

Einstellhinweise:

- Das Fahrzeug muss auf einer ebenen Fläche auf den Rädern stehen.

Hinweis: Die Puffer –2– links und rechts dienen nicht der Einstellung. Sie stabilisieren beziehungsweise dämpfen die Motorhaube.

- Die Motorhaube ist richtig eingestellt, wenn sie im geschlossenen Zustand überall ein gleichmäßiges Spaltmaß hat. Sie darf nicht zu weit nach innen oder außen stehen, und die Konturen müssen mit den umliegenden Bauteilen fluchten.
- Die Motorhaube muss ohne größeren Kraftaufwand mit dem Schließbügel –1– im Haubenschloss –3– einrasten.
- Zum Einstellen links und rechts die Sechskantmuttern –5– nur lockern, nicht abschrauben. 4 – Abdeckkappen, 6 – Haubenscharnier.

Einstellen

- Schließbügel –3– ausbauen, siehe entsprechendes Kapitel.
- Falls vorhanden, Abdeckkappen –4– abhebeln.
- Muttern –5– so weit lösen, dass die Motorhaube an den Scharnierbügeln gerade noch verschoben werden kann.
- Motorhaube schließen und zu den Kotflügeln so ausrichten, dass die Spaltmaße zum rechten und linken Kotflügel jeweils gleich breit sind und parallel verlaufen. Sollwerte siehe unter Abbildung V-48402.
- Motorhaube vorsichtig öffnen und Scharniermuttern –5– mit **22 Nm** festziehen.
- Schließbügel mit **10 Nm** an der Motorhaube festschrauben.
- Prüfen, ob die Höhe der Motorhaube im vorderen Bereich bündig zu den Kotflügeln ist. Gegebenenfalls Höhe der Motorhaube durch Einstellen des Haubenschlosses korrigieren.
- Puffer –2– so weit verdrehen, bis die Motorhaube vorne bündig mit den Kotflügeln ist.

Hinweis: Als Einstellhilfe etwas Knetmasse an den Puffern aufdrücken. Nach Schließen der Motorhaube ist am Abdruck in der Knetmasse zu erkennen, ob die Motorhaube richtig aufliegt.

- Scharniere –6– und Muttern –5– gegen Rost schützen.

Spaltmaße

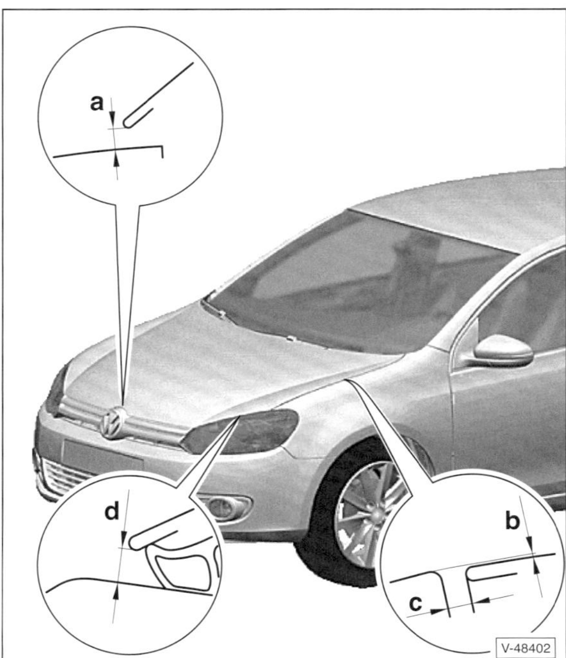

Maß –a–: . . . . $4,5^{\pm 0,5}$ mm
Maß –b–: . . . . $0,7^{\pm 0,5}$ mm
Maß –c–: . . . . $3,5^{\pm 0,5}$ mm
Maß –d–: . . . . $5,0^{\pm 0,5}$ mm

Schließbügel der Motorhaube aus- und einbauen

GOLF VARIANT/GOLF PLUS

Ausbau

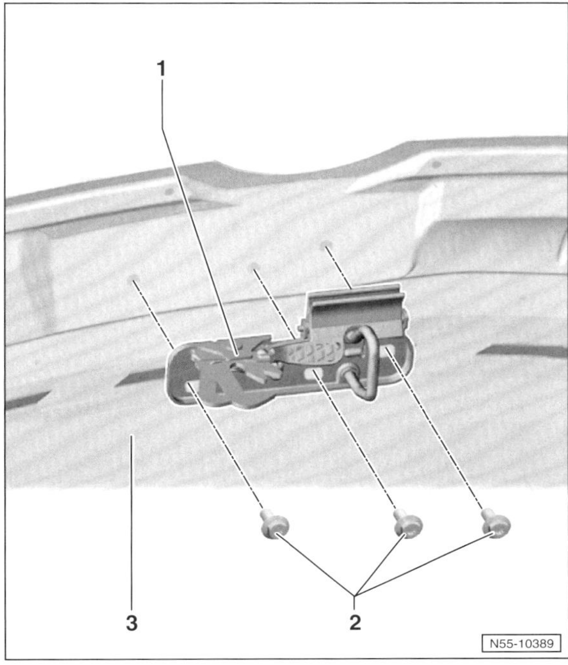

- Einbaulage markieren, dazu Schließbügel und Schraubenköpfe mit Filzstift umkreisen.
- Schrauben –2– herausdrehen und Schließbügel –1– von der Motorhaube –3– abnehmen.

Einbau

- Schließbügel ansetzen und mit **10 Nm** anschrauben.
- Schließmechanismus der Motorhaube prüfen, gegebenenfalls Haubenschloss einstellen.

Motorhaubenschloss aus- und einbauen/einstellen

GOLF VARIANT/GOLF PLUS/JETTA

Ausbau

- Motorhaube öffnen.
- Kühlergrill ausbauen, siehe entsprechendes Kapitel.
- Seilzug für Motorhaube trennen, siehe Kapitel »Seilzug für Motorhaube aus- und einbauen«.

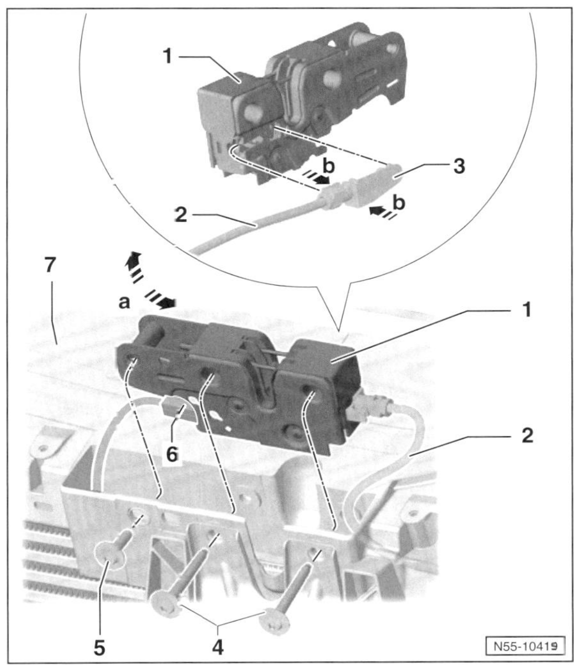

- Steckverbindung –6– für Motorhauben-Kontaktschalter trennen. **Hinweis:** Die Steckverbindung befindet sich beim **VARIANT** über dem rechten Scheinwerfer, beim **JETTA** links oben am Schlossträger.
- Für den Wiedereinbau Einbaulage des Motorhaubenschlosses –1– mit Filzstift markieren.
- 3 Schrauben –4– und –5– am Schlossträger –7– herausdrehen und Motorhaubenschloss –1– nach oben –Pfeil a– aus dem Schlossträger –7– herausziehen. **Hinweis JETTA:** Das Motorhaubenschloss ist mit 2 Schrauben befestigt.
- Lasche am Halter –3– zusammendrücken –Pfeile b– und Seilzug –2– aus dem Motorhaubenschloss ausclipsen.

Einbau

- Seilzug am Motorhaubenschloss einclipsen.
- Motorhaubenschloss handfest am Schlossträger anschrauben und dabei nach den angebrachten Markierungen ausrichten.
- Steckverbindung für Motorhauben-Kontaktschalter verbinden.

- Seilzug für Motorhaube einbauen, siehe entsprechendes Kapitel.
- Einstellung der Motorhaube prüfen und Schrauben für Motorhaubenschloss mit **12 Nm** festziehen. Falls erforderlich, Motorhaubenschloss einstellen.

Einstellen

- Puffer –2– vollständig in die Motorhaube einschrauben, siehe Abbildung M55-10004 auf Seite 247.

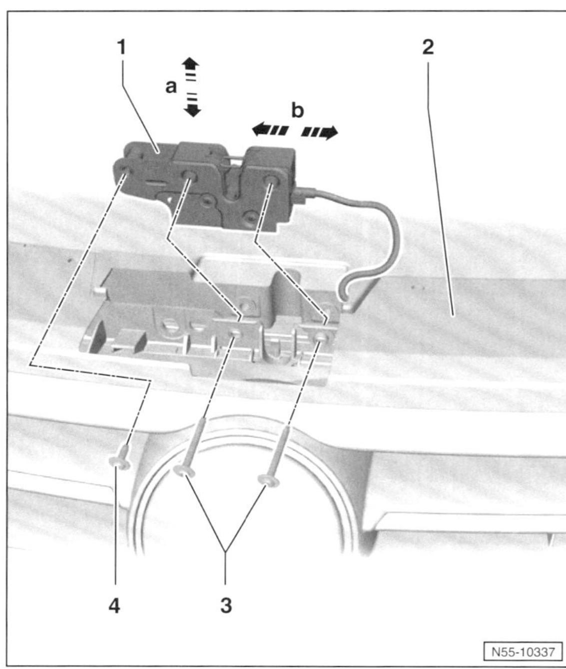

- Schrauben –3– und –4– für Motorhaubenschloss –1– so weit lockern, dass sich das Haubenschloss gerade noch verschieben lässt.
- Motorhaube vorsichtig schließen, zwischen den Kotflügeln ausmitteln –Pfeile b– und in der Höhe bündig zu den Kotflügeln ausrichten –Pfeile a–.
- Motorhaube vorsichtig öffnen und Haubenschloss in dieser Position festschrauben. Dazu die Schrauben –3– und –4– mit **12 Nm** festziehen.
- Puffer –2– so weit verdrehen, bis die Motorhaube vorne bündig mit den Kotflügeln ist, siehe Abbildung M55-10004.

Hinweis: Als Einstellhilfe etwas Knetmasse an den Puffern aufdrücken. Nach Schließen der Motorhaube ist am Abdruck in der Knetmasse zu erkennen, ob die Motorhaube richtig aufliegt.

- Kühlergrill –2– einbauen, siehe entsprechendes Kapitel.

Betätigungshebel/Seilzug für Motorhaube aus- und einbauen

GOLF VARIANT/GOLF PLUS/JETTA

Ausbau

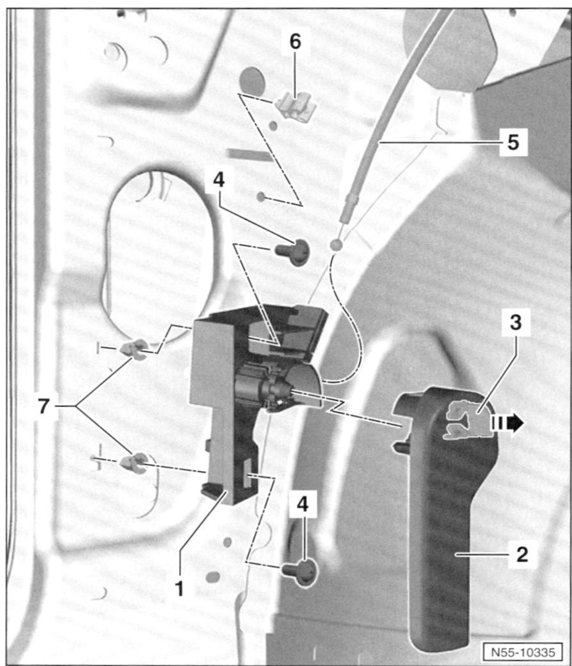

- Im Fahrerfußraum den Betätigungshebel –2– für die Motorhaube nach hinten ziehen und Motorhaube entriegeln.
- Schraubendreher in den Spalt zwischen Betätigungshebel –2– und Halteklammer –3– stecken. Halteklammer mit dem Schraubendreher in Pfeilrichtung aus dem Betätigungshebel heraushebeln.
- Betätigungshebel –2– vom Lagerbock –1– abnehmen.
- Untere A-Säulen-Verkleidung ausbauen, siehe Seite 200.
- Seilzug –5– aus dem Lagerbock –1– des Betätigungshebels aushängen. 4 – Befestigungsschrauben für Lagerbock.
- Seilzug am Motorhaubenschloss aushängen, siehe Kapitel »Motorhaubenschloss aus- und einbauen«.

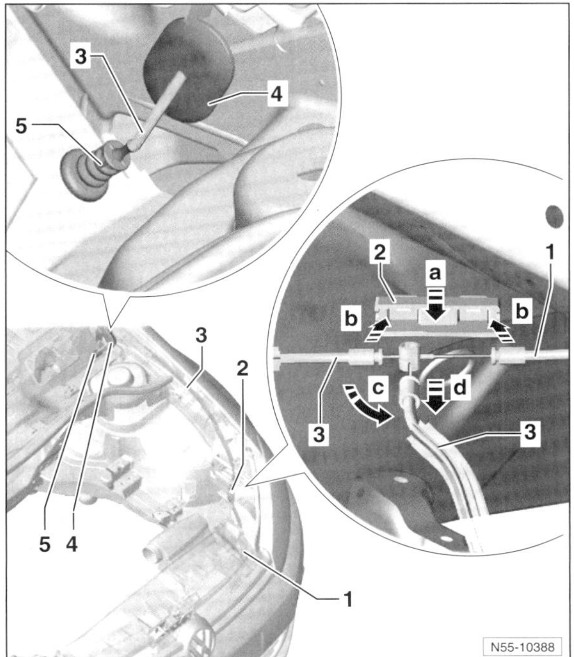

- Abdeckung der Seilzugkupplung –2– über dem linken Scheinwerfer am Schlossträger ausclipsen –Pfeil a–.
- Seilzüge –1– und –3– aus der Abdeckung –2– herausnehmen –Pfeil b–.
- Seilzug –3– in Pfeilrichtung –c– um 90° schwenken und in Pfeilrichtung –d– aus der Aufnahme des Seilzugs –1– herausnehmen.
- Seilzug –1– gegebenenfalls aus den Halterungen am Schlossträger ausclipsen und herausnehmen.
- Tüllen –4– und –5– lösen.
- Am Seilzugnippel im Bereich des Betätigungshebels eine Schnur befestigen und Seilzug von der Motorraumseite aus dem Fahrzeuginnenraum herausziehen und ausbauen. **Hinweis:** Die Schnur dient beim Einbau als Einziehhilfe.

Einbau

- Der Einbau erfolgt in umgekehrter Ausbaureihenfolge. Dabei ist folgendes zu beachten.
- Beim Einbau des Seilzuges –3– darauf achten, dass die Tüllen –4– und –5– richtig eingesetzt sind, damit kein Wasser in den Innenraum eindringen kann.
- Seilzug in die Kupplung einlegen, dabei auf korrekten Sitz des Bowdenzugmantels achten. Kupplung schließen und einrasten.
- Der weitere Einbau erfolgt in umgekehrter Ausbaureihenfolge.
- Zuletzt Halteklammer in den Betätigungshebel schieben und Betätigungshebel auf den Lagerbock drücken.

Achtung: Vor Schließen der Motorhaube korrekte Funktion des Betätigungshebels und des Seilzuges prüfen.

Gasdruckfeder aus- und einbauen

GOLF VARIANT/GOLF PLUS/JETTA

Ausbau

Hinweis: Es wird der Ausbau der Gasdruckfeder an der Motorhaube des **GOLF VARIANT** beschrieben. Die Gasdruckfedern an der Heckklappe oder am Kofferraumdeckel werden auf die gleiche Weise ausgebaut.

- Motorhaube öffnen und durch einen Helfer abstützen lassen.

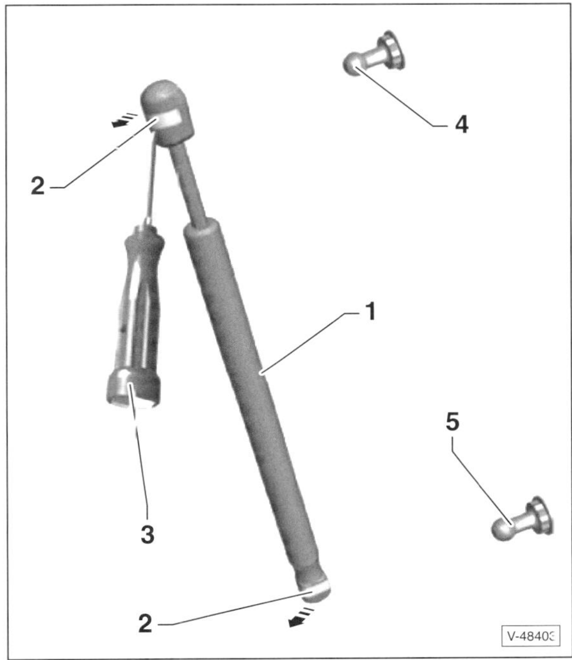

1 – Gasdruckfeder
2 – Federklammer
3 – Schraubendreher
4 – Oberer Kugelkopf
5 – Unterer Kugelkopf

- Federklammer –2– mit einem kleinen Schraubendreher –3– gerade so weit heraushebeln, dass sich die Federklammer über die Kugelpfanne in Pfeilrichtung verschieben lässt.
- Gasdruckfeder –1– vom Kugelzapfen –4– abziehen. Anschließend die Federklammer –2– sofort wieder zurückschieben.

Achtung: Die Federklammer –2– darf nicht ganz aus der Kugelpfanne herausgehebelt werden, sonst ist beim Einbau kein sicherer Sitz der Gasdruckfeder sichergestellt und es kann im späteren Betrieb durch unkontrolliertes Herausspringen der Gasdruckfeder zu Verletzungen und Beschädigungen kommen.

- Gasdruckfeder –1– vom unteren Kugelzapfen –5– auf die gleiche Weise abbauen.

Einbau

- Motorhaube durch einen Helfer abstützen lassen.

- Gasdruckfeder auf unteren Kugelzapfen aufdrücken und einrasten.
- Gasdruckfeder am oberen Kugelzapfen aufdrücken und einrasten.
- Motorhaube schließen.

Gasdruckfeder entsorgen

Achtung: Falls die Gasdruckfeder ersetzt wird, muss die alte Feder entgast werden, bevor sie entsorgt wird.

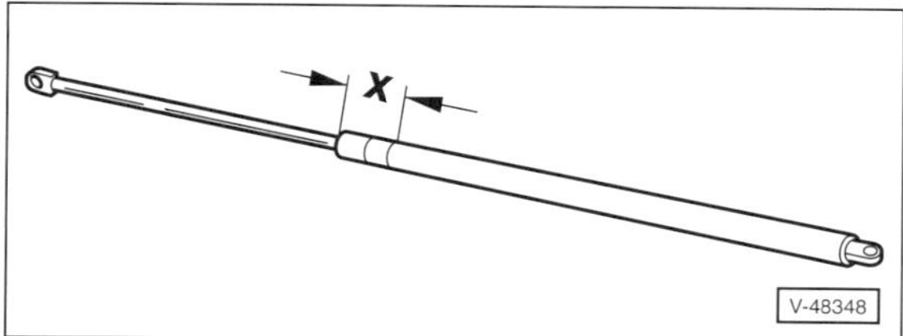

- Gasdruckfeder im **Bereich x = 50 mm** in den Schraubstock einspannen.

Achtung: Feder unbedingt **nur in diesem Bereich** einspannen, sonst besteht Unfallgefahr!

- Zylinder im ersten Drittel der Zylindergesamtlänge, ausgehend von der Bezugskante auf der Kolbenstangenseite, aufsägen. Um herausspritzendes Öl aufzufangen, Bereich des Sägetrennschnittes mit einem Lappen abdecken. **Achtung:** Während des Sägevorganges Schutzbrille tragen.

Heckklappe aus- und einbauen

GOLF VARIANT/GOLF PLUS

Ausbau

- Heckklappenverkleidung ausbauen, siehe entsprechendes Kapitel.
- Elektrische Steckverbindungen für Heckscheibenheizung und -wischer sowie für Zusatzbremsleuchte und Zentralverriegelung trennen. Schlauch für Heckscheibenwaschanlage abziehen und mit einem geeigneten Stopfen verschließen.

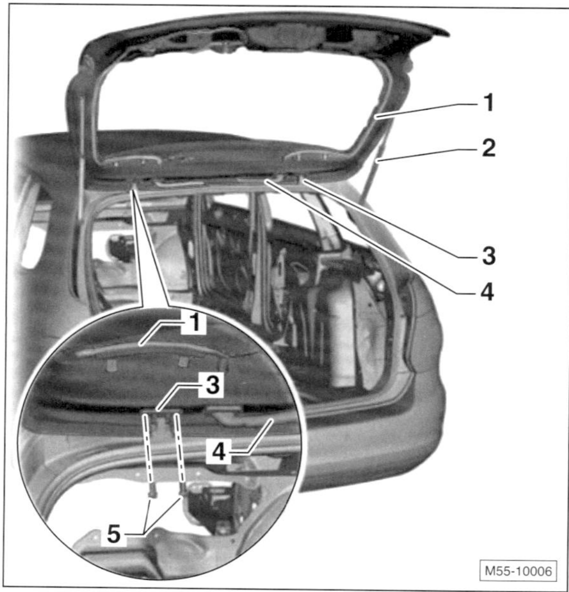

- Faltenbalg –4– für Leitungen links und rechts aus der Heckklappe lösen und herausziehen.

Hinweis: Als Montagehilfe für den Wiedereinbau an den Leitungsenden eine Schnur befestigen, die nach dem Herausziehen der Leitungen in der Klappe bleibt.

- Leitungen –1– und Schlauch durch die Öffnungen in der Heckklappe herausziehen.
- Für den Wiedereinbau Einbaulage der Scharniere –3– an der Heckklappe mit einem Filzschreiber markieren.
- Auf jeder Seite 2 Scharnierschrauben –5– an der Heckklappe lockern, aber nicht herausdrehen.
- Heckklappe von einem Helfer abstützen lassen. Beide Gasdruckfedern –2– vom oberen Kugelzapfen abziehen, siehe Kapitel »Gasdruckfeder aus- und einbauen«.
- Schrauben –5– herausdrehen, Heckklappe mit Helfer abnehmen und vorsichtig ablegen.

Einbau

- Heckklappe mit Helfer am Scharnier ansetzen. Die alte Heckklappe dabei nach den Markierungen ausrichten.
- Schrauben –5– links und rechts handfest eindrehen.

- Gasdruckfeder auf Kugelzapfen aufdrücken und einrasten. Zweite Gasdruckfeder einbauen.

Achtung: Vor dem Schließen der Heckklappe korrekte Funktion der Schließ- und Öffnungsvorrichtung prüfen.

- Heckklappe schließen und auf korrekte Spaltmaße prüfen, gegebenenfalls einstellen, siehe entsprechendes Kapitel.
- Scharnierschrauben –5– mit **10 Nm** festziehen.
- Wasserschlauch sowie elektrische Leitungen mithilfe der Schnur einziehen beziehungsweise bei einer neuen Heckklappe verlegen. Wasserschlauch und elektrische Leitungen anschließen.
- Heckklappenverkleidung einbauen, siehe entsprechendes Kapitel.

Heckklappe einstellen

GOLF VARIANT/GOLF PLUS

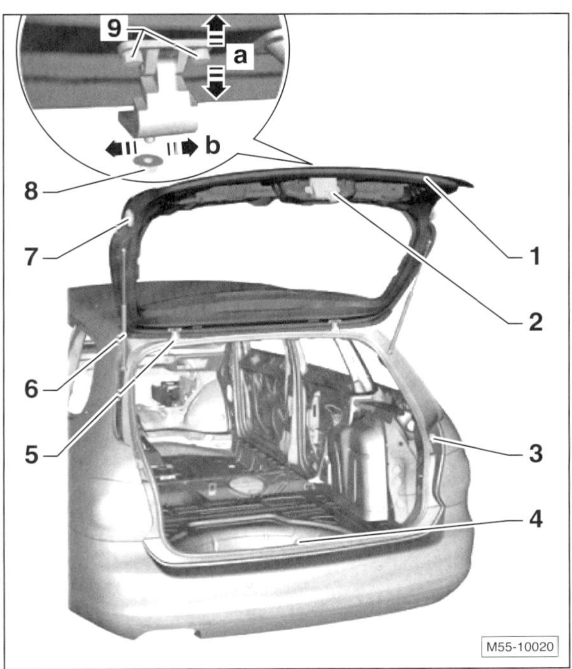

Einstellhinweise:

- Das Fahrzeug muss auf einer ebenen Fläche auf den Rädern stehen.
- Das Heckklappenschloss –2– ist direkt an die Heckklappe –1– angeschraubt. Es hat keine Langlöcher und kann somit nicht eingestellt werden.
- Die Puffer –3– links und rechts dienen nicht der Einstellung. Sie stabilisieren beziehungsweise dämpfen die Heckklappe.
- Die Heckklappe ist richtig eingestellt, wenn sie im geschlossenen Zustand überall ein gleichmäßiges Spaltmaß hat. Sie darf nicht zu weit nach innen oder außen stehen und die Konturen müssen mit den umliegenden Bauteilen fluchten.
- Die Heckklappe muss ohne größeren Kraftaufwand im Schließbügel –4– einrasten.
- Schrauben/Muttern –9/8– werden nicht abgeschraubt, nur gelöst.

Einstellen

- Heckabschlussverkleidung ausbauen, siehe entsprechendes Kapitel.
- Schließbügel –4– ausbauen, siehe entsprechendes Kapitel.
- Gasdruckfeder –6– ausbauen, siehe Seite 251.
- Schrauben/Muttern –9/8– so weit lösen, dass die Heckklappe an den Scharnierbügeln –5– in Pfeilrichtung –b/a– gerade noch verschoben werden kann. **Hinweis GOLF PLUS:** Zum Lösen der Muttern muss der Dachhimmel hinten abgesenkt werden.

- Heckklappe schließen und zu den umliegenden Bauteilen so ausrichten, dass die Spaltmaße jeweils gleichmäßig breit sind und parallel verlaufen.

  Spaltmaß-Sollwert:

  Heckklappe – hintere Seitenteile: . . . . $4{,}0^{\pm 0{,}5}$ mm
- Heckklappe vorsichtig öffnen und Scharnierschrauben –9– mit **10 Nm**, Muttern –8– mit **24 Nm** festziehen.
- Gasdruckfeder einbauen, siehe Seite 251.

Spaltmaße

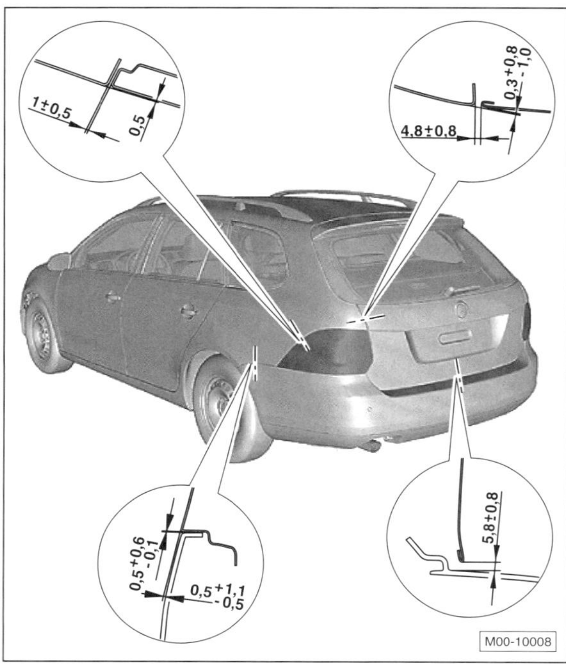

- Die Spaltmaße in der Abbildung sind in mm angegeben.

Dämpfungspuffer einstellen

GOLF VARIANT

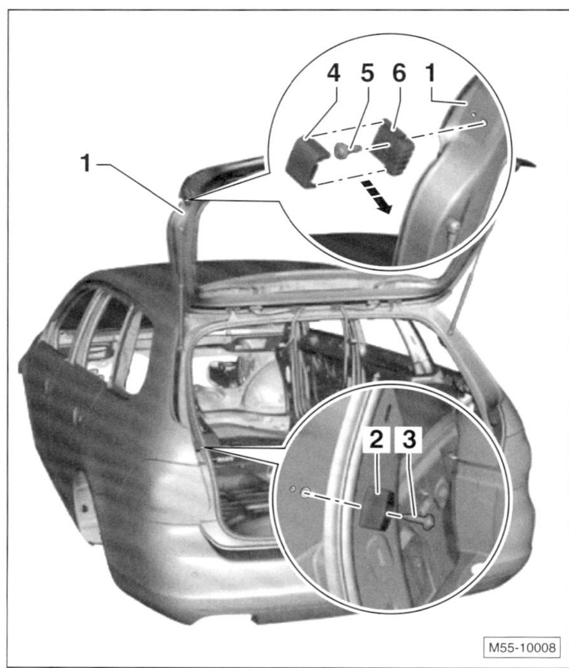

- Anschlag –2– mit Schraube –3– und **10 Nm** festschrauben.
- Abdeckung –4– vom Einstellpuffer abziehen.
- Schraube –5– am Einstellpuffer –6– etwas lösen, bis sich der Einstellpuffer gerade in Pfeilrichtung in den Anschlag schieben lässt.
- Heckklappe –1– mit leichtem Druck schließen, Heckklappenöffner dabei betätigen. Der Dämpfungspuffer wird bei diesem Vorgang auf die korrekte Länge eingeschoben.
- Heckklappe öffnen und Klemmschraube –5– mit **10 Nm** festziehen.
- Abdeckung –4– am Einstellpuffer aufdrücken.

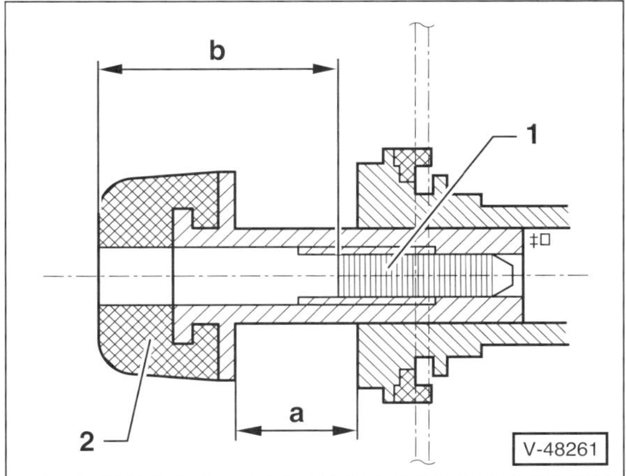

- Klemmschraube –1– mit Inbusschlüssel so weit lösen, bis sich der Dämpfungspuffer –2– herausziehen lässt. Dämpfungspuffer auf das Maß a = 12,5 mm einstellen.
- Heckklappe mit leichtem Druck schließen, Heckklappenöffner dabei betätigen. Der Dämpfungspuffer wird bei diesem Vorgang auf die korrekte Länge eingeschoben.
- Heckklappe öffnen und Klemmschraube –1– bis auf die Tiefe b = 25 mm eindrehen.

Schließbügel einstellen

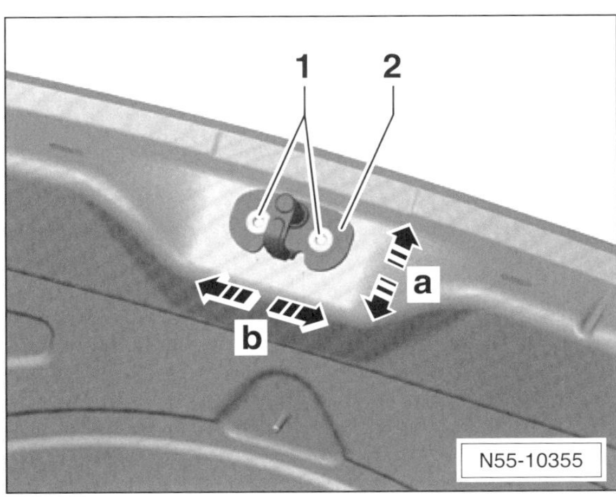

- Schließbügel –2– ansetzen Schrauben –1– eindrehen.
- Schließbügel ganz nach oben stellen und Schrauben so weit festziehen, dass sich der Schließbügel –2– gerade noch verschieben lässt.
- Heckklappe schließen und Stellung der Heckklappe prüfen. Die Aussparung des Heckklappenschlosses soll mit der Drehfalle mittig zum Schließbügel einrasten. Gegebenenfalls Schließzapfen entsprechend verschieben –Pfeile a– und –b–.
- Heckklappe vorsichtig öffnen und Schrauben –1– mit **23 Nm** festziehen.

Heckklappenschloss aus- und einbauen

GOLF VARIANT/GOLF PLUS/TOURAN

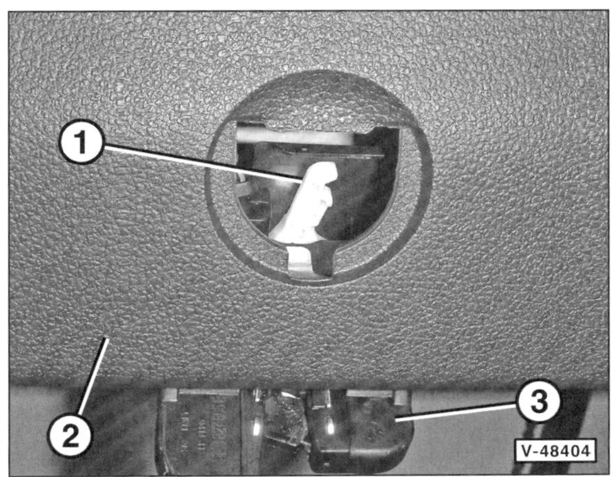

Hinweis: Lässt sich die Heckklappe nicht öffnen, kann sie von Hand über die Notbetätigung –1– durch die Verkleidung der Heckklappe –2– geöffnet werden. Dazu Abdeckkappe von Hand abdrücken. 3 – Heckklappenschloss. **TOURAN:** Zuvor Warndreieck ausbauen.

Ausbau

- Heckklappenverkleidung ausbauen, siehe entsprechendes Kapitel.

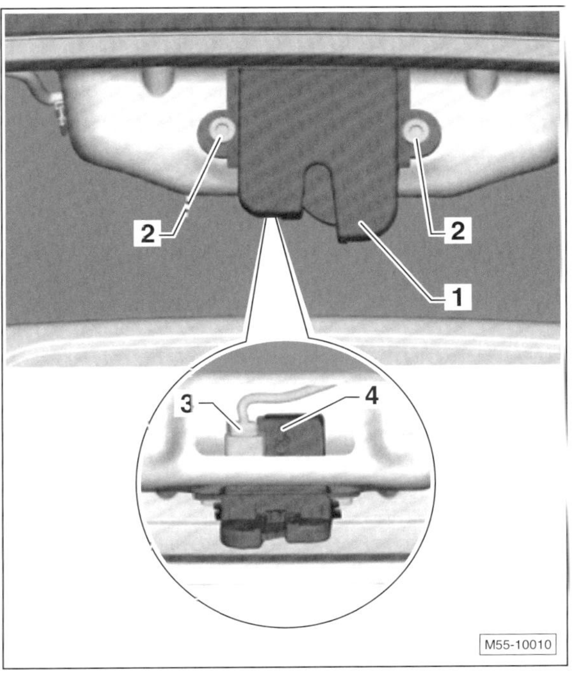

- Stecker –3– am Heckklappenschloss –1– entriegeln und abziehen. 4 – Notentriegelungshebel.

- 2 Schrauben –2– herausdrehen und Heckklappenschloss –1– von der Heckklappe abnehmen.

Einbau

- Der Einbau erfolgt in umgekehrter Ausbaureihenfolge, Schrauben mit **24 Nm** festziehen.

Achtung: Vor Schließen der Heckklappe korrekte Funktion der Schließ- und Öffnungsvorrichtung prüfen.

Heckklappenverkleidung aus- und einbauen

GOLF VARIANT

Verkleidung unten

Ausbau

- Heckklappe öffnen.

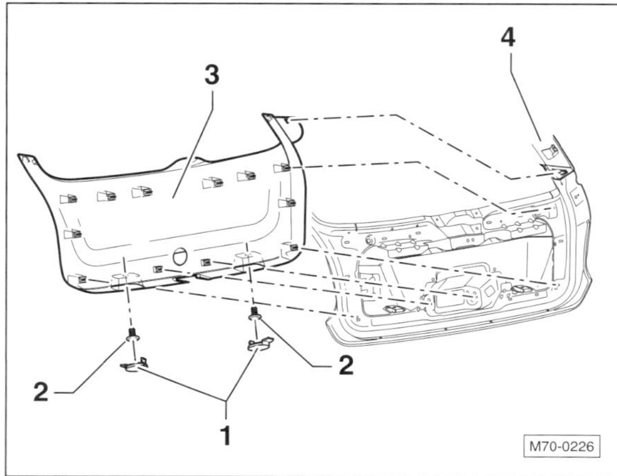

- 2 Deckel –1– aus der Heckverkleidung ausclipsen.
- 2 Schrauben –2– herausdrehen.
- Kunststoffkeil oder Lösezange, zum Beispiel HAZET 799-4 beziehungsweise VW-Werkzeug-3392, unter die Verkleidung schieben und Verkleidung –3– an den Halteklammern abdrücken.
- Verkleidung –3– an beiden Seiten von der Fensterrahmenverkleidung –4– abdrücken.
- Verkleidung von der Heckklappe abnehmen.

Einbau

- Halteklammern auf Beschädigungen und auf richtigen Sitz an der Verkleidung überprüfen, wenn nötig, ersetzen.
- Der Einbau erfolgt in umgekehrter Ausbaureihenfolge, dabei darauf achten, dass die Halteklammern korrekt in die Aufnahmen der Heckklappe eingreifen. Schrauben mit **1,5 Nm** anziehen.

Verkleidung oben

Ausbau

- Heckklappenverkleidung unten ausbauen.

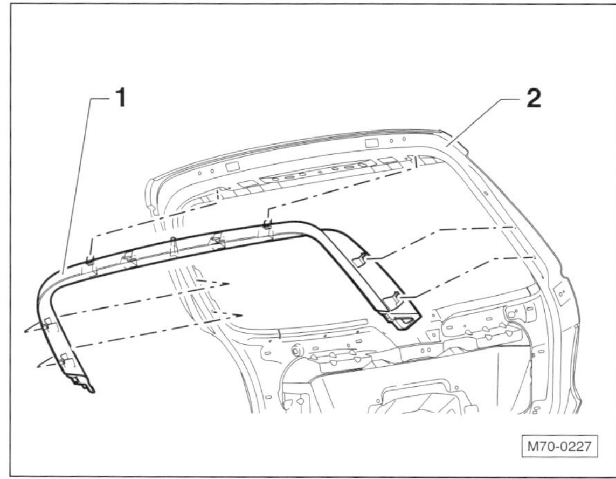

- Kunststoffkeil oder Lösezange, zum Beispiel HAZET 799-4 beziehungsweise VW-Werkzeug-3392, unter die Verkleidung am Fensterrahmen schieben und Verkleidung an den Halteklammern von der Heckklappe –2– abdrücken.
- Fensterrahmenverkleidung –1– am oberen Rand aus den Aufnahmen herausziehen.

Einbau

- Halteklammern auf Beschädigungen und auf richtigen Sitz an der Verkleidung überprüfen, wenn nötig, ersetzen.
- Der Einbau erfolgt in umgekehrter Ausbaureihenfolge, dabei darauf achten, dass die Halteklammern korrekt in die Aufnahmen der Heckklappe eingreifen.

Tür aus- und einbauen

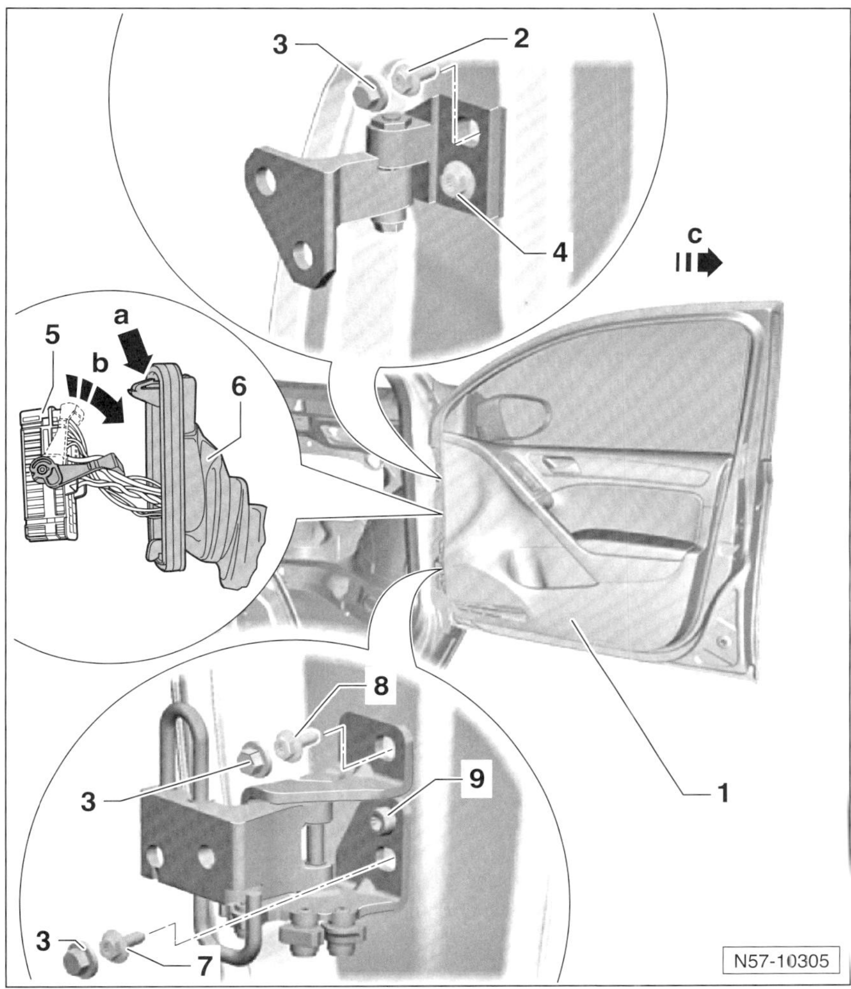

GOLF VARIANT/ GOLF PLUS

Tür vorn

1 – Tür vorn

Ausbau

- Tür öffnen.
- Mit einem Kunststoffkeil auf den Rasthaken –Pfeil a– drücken und Faltenbalg –6– von der A-Säule abziehen.
- Verriegelungshebel nach unten schwenken –Pfeil b– und Stecker –5– von der Kupplung an der A-Säule abziehen.
- Abdeckkappen –3–, falls vorhanden, von den Schrauben abheben.
- Tür von einem Helfer abstützen lassen.
- Schrauben –2/7/8– an den Scharnieren herausdrehen, dabei Spezialschlüssel verwenden, zum Beispiel HAZET 2597 mit Vielzahn-Bit HAZET 2597-03.

Hinweis: Die Schrauben –4– und –9– sind Führungsschrauben und bleiben im Scharnier.

- Tür –1– in Pfeilrichtung –c– von den Führungsschrauben –4/9– ziehen und auf einer weichen Unterlage ablegen.

Einbau

- Der Einbau erfolgt im umgekehrten Ausbaureihenfolge.
- Tür mit **neuen** Schrauben –2/7/8– und **38 Nm** anschrauben.
- Tür schließen und Spaltmaße prüfen. Gegebenenfalls Tür einstellen, siehe entsprechendes Kapitel.

2 – Schraube[1], 38 Nm

3 – Abdeckkappen

4 – Führungsschraube

5 – Steckverbindung

6 – Faltenbalg

7 – Schraube[1], 38 Nm

8 – Schraube[1], 38 Nm

9 – Führungsschraube

---

[1]) Schraube immer ersetzen.

Hinweis: Die hintere Tür wird in gleicher Weise ausgebaut.

Tür einstellen

GOLF VARIANT/GOLF PLUS

Spaltmaße prüfen

- Zum Einstellen der Tür muss das Fahrzeug auf einer ebenen Fläche auf den Rädern stehen.

GOLF VARIANT

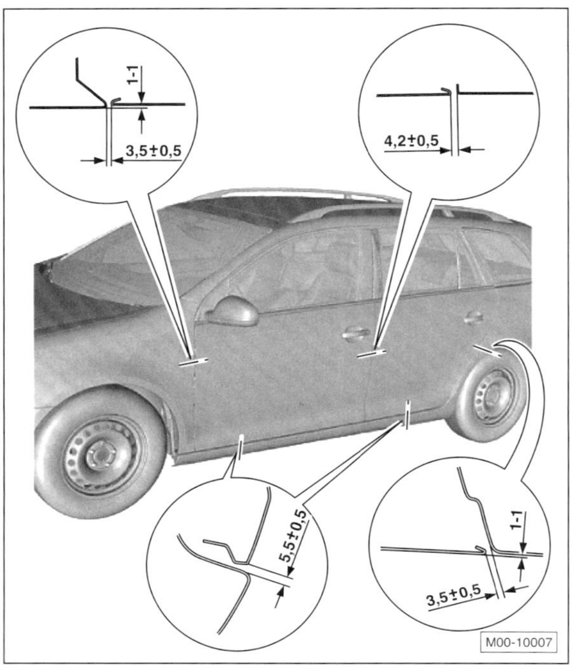

GOLF PLUS

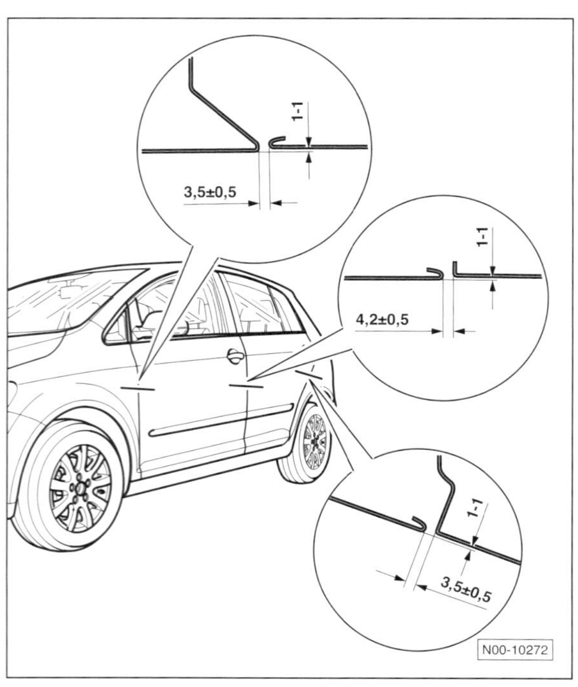

- Spaltmaße der Tür prüfen. Die Tür ist richtig eingestellt, wenn sie im geschlossenen Zustand überall ein gleichmäßiges Spaltmaß hat, nicht zu weit nach innen oder außen steht und die Konturen mit den umliegenden Karosserieteilen fluchten. Die hintere Tür darf maximal 1 mm weiter innen stehen als die Vordertür. **Hinweis:** Spaltmaße in der Abbildung sind in mm angegeben.

  GOLF PLUS: Spaltmaß der Tür zum Schweller unten: $4{,}0^{\pm 0{,}5}$ mm

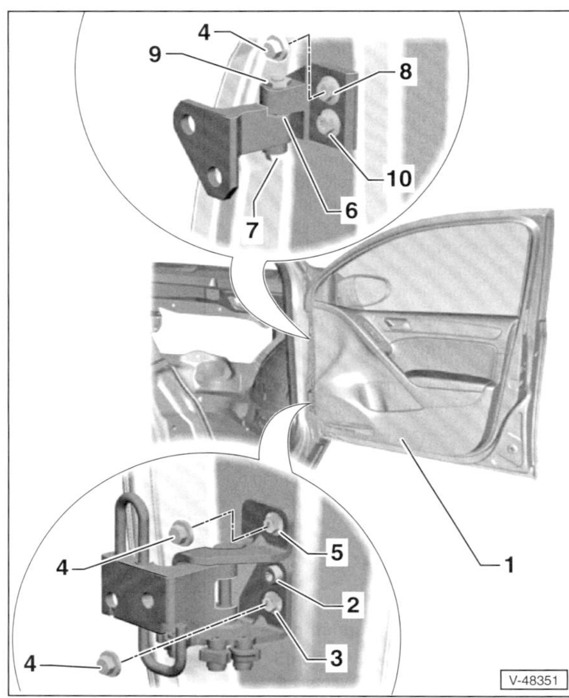

- Spaltmaße einstellen. Dazu Mutter –9– lockern und durch Verstellen des Exzenterbolzens –7– mit einem Ringschlüssel (SW 15) innerhalb des Einstellbereichs –6– einstellen. Anschließend Mutter –9– mit **28 Nm** festziehen und Einstellung überprüfen. 4 – Abdeckkappen, falls vorhanden.

Achtung: Können dadurch die Sollwerte für die Spaltmaße nicht erreicht werden, Spaltmaße nachstellen, siehe Abschnitt am Ende des Kapitels.

Hinweis: Andere Einstellmaßnahmen, wie zum Beispiel das Richten der Tür nach oben, sind wirkungslos, weil die Tür danach wieder absackt.

- Zum Einstellen der Konturbündigkeit werden die Werkzeuge HAZET 2597 mit Vielzahn-Bit HAZET 2597-03 oder VW-3320 mit Einsatz 3320/3 benötigt.

- Tür –1– im oberen Bereich einstellen. Dazu Schrauben –8– und –10– lockern und Tür ausrichten.
  Anzugsdrehmoment:
  Schraube –10– . . . . **10 Nm**
  GOLF VARIANT: Schraube –8– . . . . **38 Nm**
  GOLF PLUS: Schraube –8– . . . . **50 Nm**
- Tür –1– im unteren Bereich einstellen. Dazu Schrauben –2–, –3– sowie –5– lockern und Tür ausrichten.
  Anzugsdrehmoment:
  Schraube –2– . . . . **10 Nm**
  GOLF VARIANT: Schrauben –3– und –5– . . . . **38 Nm**
  GOLF PLUS: Schrauben –3– und –5– . . . . . . **50 Nm**

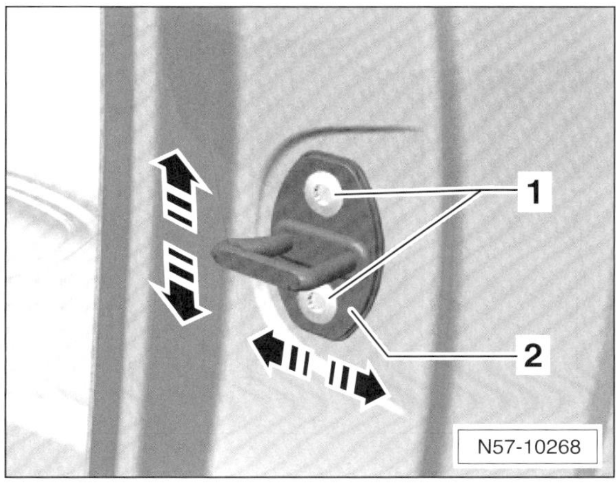

- Schließbügel –2– anschrauben und Schrauben –1– handfest anziehen, so dass der Schließbügel leicht verschoben werden kann.
- Tür schließen und so ausrichten, dass die Tür vorn im geschlossenen Zustand zur Tür hinten fluchtet. Dadurch wird der Schließbügel ausgerichtet. Anschließend Tür vorsichtig öffnen und Schließbügel mit **20 Nm** festschrauben.

Hinweis: Wenn die vordere Tür zur hinteren nicht fluchtet können im späteren Fahrbetrieb zusätzliche Windgeräusche auftreten.

Achtung: Bei richtig eingestelltem Schließbügel muss die Tür beim Schließen ohne zusätzlichen Kraftaufwand vollständig verriegeln und darf kein Spiel haben. Durch die Einstellung des Schließbügels darf die Tür nicht nach oben oder nach unten gedrückt werden.

Speziell Spaltmaße nachstellen

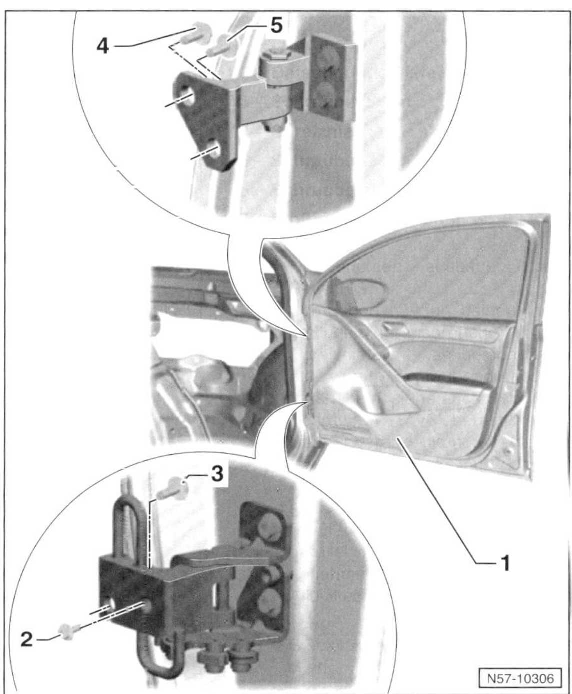

Reicht die Einstellung der Tür –1– über den Exzenterbolzen –7– (Abbildung V-48351) nicht aus, dann ist die weitere Einstellung der Spaltmaße durch Lösen der Schrauben –2/3/4/5– am Türscharnier durchzuführen. Dazu werden die Werkzeuge HAZET 2597 mit Vielzahn-Bit HAZET 2597-03 oder VW-3320 mit Einsatz 3320/3 benötigt. **Achtung:** Die Schrauben – 2/3/4/5– müssen nach jedem Lösen ersetzt werden.

- Schrauben – 2/3/4/5– nacheinander herausdrehen und durch neue Schrauben ersetzen. **Neue** Schrauben nur beiziehen, nicht festziehen.
- Tür ausrichten und auf korrekte Spaltmaße einstellen. Anschließend die Schrauben – 2/3/4/5– mit **50 Nm** festziehen.

Türverkleidung aus- und einbauen

GOLF VARIANT/GOLF PLUS

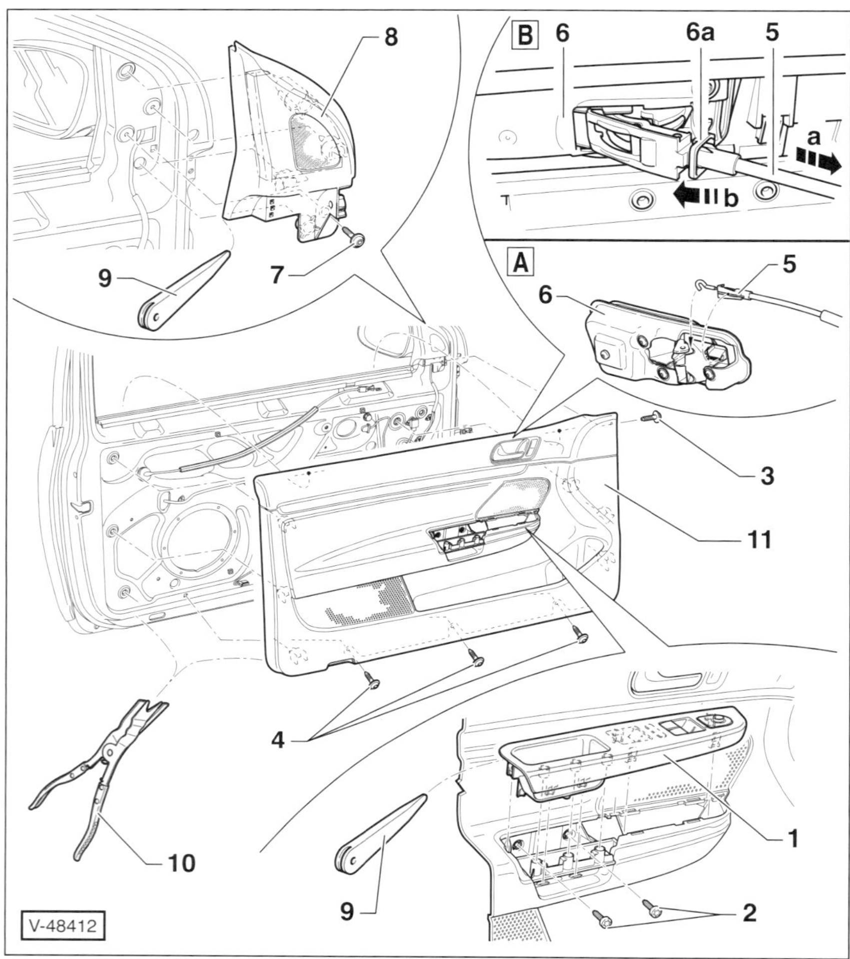

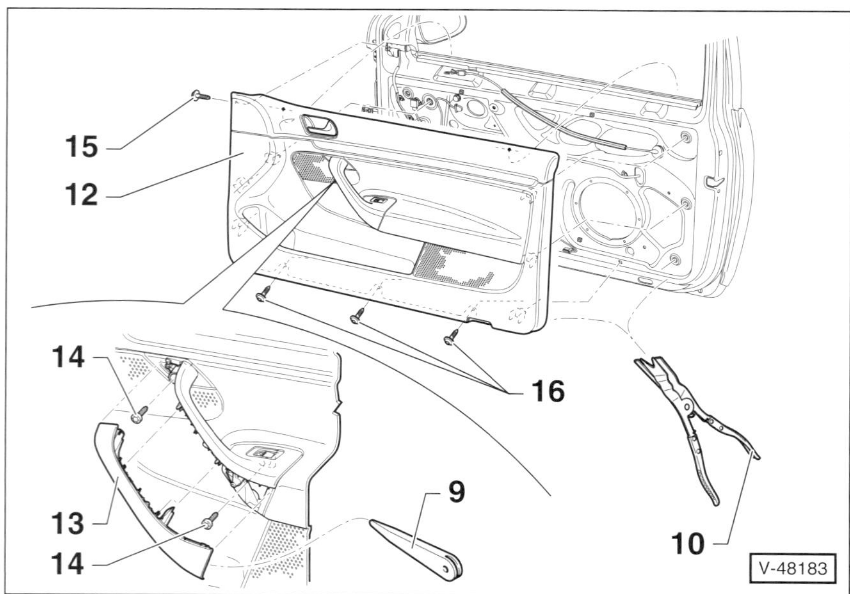

Fahrertür

A – GOLF VARIANT, B–, GOLF PLUS

1 – Griffschale

2 – 2 Schrauben

3 – Schraube

4 – 2 oder 3 Schrauben

5 – Seilzug für Türöffner innen

6 – Türöffner innen

6a – Seilzugverriegelung (GOLF PLUS)

7 – Schraube

8 – Dreieckblende

9 – Kunststoffkeil
Zum Beispiel HAZET 1965-20.

10 – Lösezange
Zum Beispiel HAZET 799-4.

11 – Türverkleidung, Fahrertür

Ausbau

- ◆ Mit einem Kunststoffkeil –9– Griffschale –1– nach oben aus der Verkleidung heraushebeln.
- ◆ Steckverbindungen an der Rückseite der Griffschale abziehen.
- ◆ Schrauben –2/3/4– herausdrehen.
- ◆ Mit einer Lösezange –10– Verkleidung an den Halteclips unten und an den Seiten ablösen.
- ◆ Verkleidung nach oben aus dem Fensterschacht ziehen.
- ◆ Steckverbindungen an der Rückseite der Verkleidung trennen.
- ◆ **GOLF VARANT –A–:** Seilzug –5– am Türöffner –6– aushängen und Verkleidung abnehmen.
- ◆ **GOLF PLUS –B–:** Seilzugverriegelung –6a– nach hinten drücken –Pfeil a–. Seilzug –5– nach vorn schwenken –Pfeil b– und von der Türinnenbetätigung –6– abnehmen.
- ◆ Schraube –7– herausdrehen und Dreieckblende –8– mit einem Kunststoffkeil ablösen.
- ◆ An der Rückseite Stecker für Hochtonlautsprecher abziehen.

Einbau

- ◆ Der Einbau erfolgt in umgekehrter Ausbaureihenfolge. Halteclips überprüfen, wenn nötig, ersetzen.

Beifahrertür

12 – Türverkleidung, Beifahrertür

- ◆ Mit einem Kunststoffkeil –9– Blende –13– vom Türgriff abhebeln.
- ◆ Schrauben –14/15/16– herausdrehen. Verkleidung mit einer Lösezange –10– an den Halteclips unten und an den Seiten ablösen.
- ◆ Der weitere Aus- und Einbau erfolgt wie bei der Fahrertür.

13 – Blende für Türgriff

14 – 2 Schrauben

15 – Schraube

16 – Schrauben

Hintertüren

Die Verkleidung an der Hintertür wird in ähnlicher Weise ausgebaut wie die Beifahrertür. **Hintertür mit Fensterkurbel:** Zunächst Fensterkurbel ausbauen, siehe entsprechendes Kapitel.

Fensterheber aus- und einbauen

GOLF VARIANT/GOLF PLUS

Ausbau

- Türaußenblech ausbauen, siehe entsprechendes Kapitel.

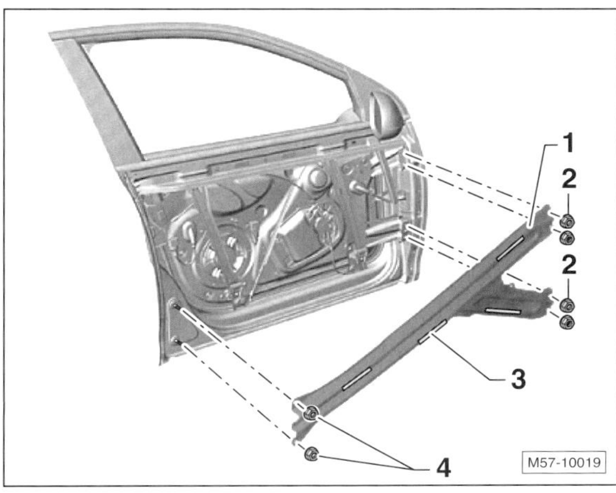

- Schrauben –2– und Muttern –4– abschrauben und Seitenaufprallschutz –1– abnehmen. 3 – Dämpfung.
- Türscheibe ausbauen, siehe entsprechendes Kapitel.
- Zündung ausschalten, Zündschlüssel abziehen.
- Stecker am Fensterhebermotor abziehen.

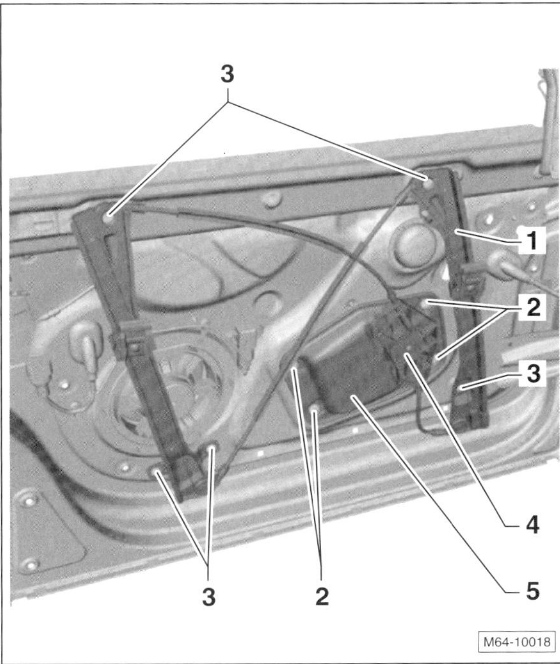

- Schrauben –2– am Aufnahmeblech –5– herausdrehen.
- Schrauben –3– am Fensterheber herausdrehen.
- Fensterheber –1– mit Antrieb –4– und Aufnahmeblech –5– vom Türinnenteil abnehmen.

Einbau

- Der Einbau erfolgt in umgekehrter Ausbaureihenfolge. Schrauben/Muttern für Fensterheber und Aufnahmeblech mit **8 Nm**, für Seitenaufprallschutz mit **20 Nm** festziehen.

Achtung: Eevor cas Türaußenblech montiert wird, unbedingt Funtkionsprüfung des Fensterhebers durchführen.

Türaußenblech aus- und einbauen

GOLF VARIANT/GOLF PLUS

Hinweis: In diesem Kapitel wird nur der Einbau des bisherigen Türaußenblechs beschrieben.

Ausbau

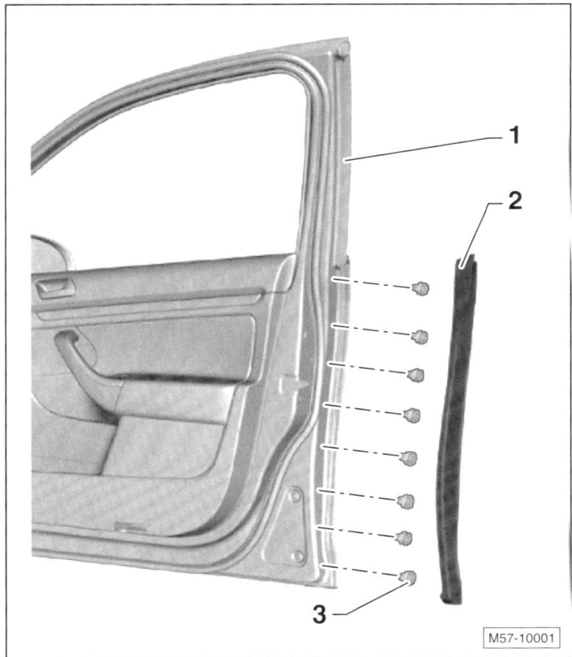

- Abdeckung –2– mit den Clips –3– von der Tür –1– abdrücken, dabei unten beginnen.
- Schließzylinder ausbauen, siehe entsprechendes Kapitel.
- Türgriff ausbauer, siehe entsprechendes Kapitel.

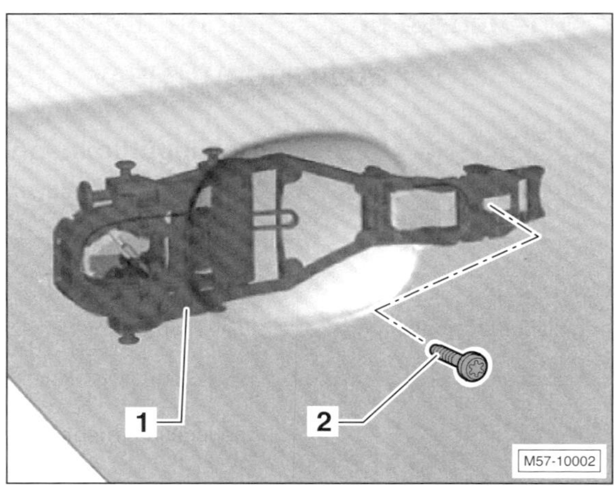

- Schraube –2– aus dem Lagerbügel –1– herausdrehen. Der Lagerbügel befindet sich hinter dem Türaußenblech.

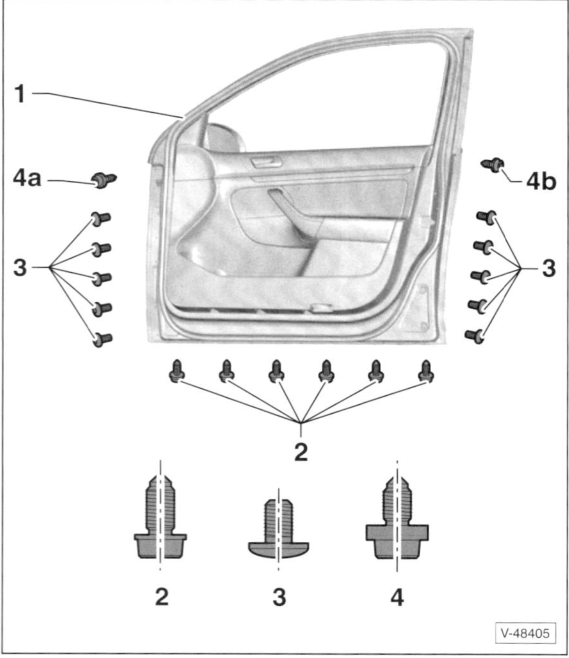

- Schrauben –2–, –3– und –4– herausdrehen.

Hinweis: Je nach Ausführung kann anstelle der hinteren Schraube –4b– eine Schraube der Bauart –2– eingebaut sein. In diesem Fall darauf achten, dass beim Einbau diese Schraube –2– **nicht** durch eine Schraube der Bauart –4– ersetzt wird.

- Türaußenblech vorsichtig von der Tür –1– abnehmen und auf eine weiche Unterlage so ablegen, dass es nicht durch Kratzer beschädigt werden kann.

Einbau

- Türaußenblech vorsichtig an der Tür ansetzen. Darauf achten, dass eine Scheuerschutzfolie zwischen Türaußenblech und Türinnenteil verklebt wird.
- Schrauben –2–, –3– und –4– locker einschrauben. **Achtung:** Dabei unbedingt auf richtige Einbaulage der unterschiedlichen Schrauben achen.

  Schraube –2–: Schraube mit Spitze und dünner Unterlegscheibe.

  Schraube –3–: Schraube ohne Spitze und ohne Unterlegscheibe.

  Schraube –4– Schraube mit Spitze und dicker Unterlegscheibe.

  Falls an Position –4b– ein Schraube der Bauart –2– eingebaut war, an dieser Stelle wieder eine Schraube der Bauart –2– verwenden.

  Achtung: Bei falscher Zuordnung der Schrauben wird das Türaußenblech beschädigt.
- Prüfen, ob sich die Führungszapfen der Halteschienen in den entsprechenden Führungslöchern des Türinnenteils befinden. Erst dann alle Schrauben festziehen.

  Schraube –2–: . . . . **10 Nm**
  Schraube –3–: . . . . **14 Nm**
  Schraube –4–: . . . . **10 Nm**
- Der weitere Einbau erfolgt in umgekehrter Ausbaureihenfolge.

Neues Türaußenblech einbauen

Der Einbau eines neuen Türaußenbleches sollte der Werkstatt vorbehalten bleiben da hierzu einige Spezialwerkzeuge und entsprechende Erfahrung erforderlich sind.

Hinweis: Um das Türaußenblech zu ersetzen, ist der Ausbau von Türinnenverkleidung und Außenspiegel nicht vorgesehen. Der Außenspiegel kann aber ausgebaut werden, damit das neue Türaußenblech beim Einbau durch den vorhandenen Außenspiegel nicht verkratzt werden kann.

Türfensterscheibe aus- und einbauen

GOLF VARIANT

Ausbau

- Türverkleidung ausbauen, siehe entsprechendes Kapitel.

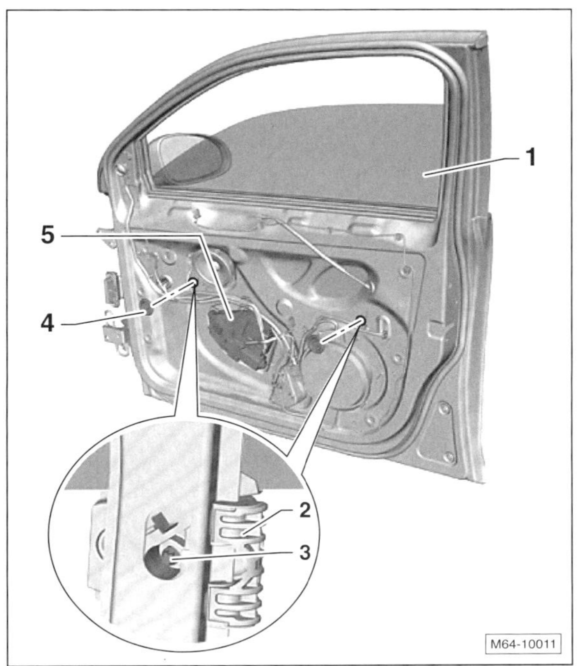

- Mit einem kleinen Schraubendreher die Abdeckkappen –4– abhebeln.
- Türscheibe –1– hoch- beziehungsweise runterfahren, bis die Klemmschrauben –3– in den Öffnungen im Türblech zugänglich sind.

Hinweis: Läßt sich die Fensterscheibe aufgrund einer Störung im Fensterheber/-motor –5– nicht bewegen, Fensterhebermotor abschrauben und Türscheibe von Hand herunterschieben.

- Klemmschraube –3– lösen, nicht abschrauben. Dazu die Schraube **nach rechts drehen**.
- Klemmbacken –2– auseinanderdrücken und dadurch Türscheibe lösen.

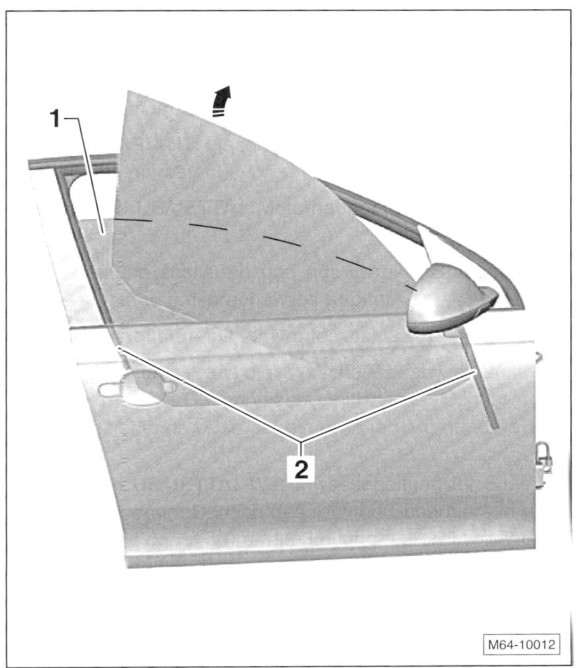

- Türscheibe –1– hinten anheben und in Pfeilrichtung nach vorn aus den Fensterführungen –2– herausschwenken.

Einbau

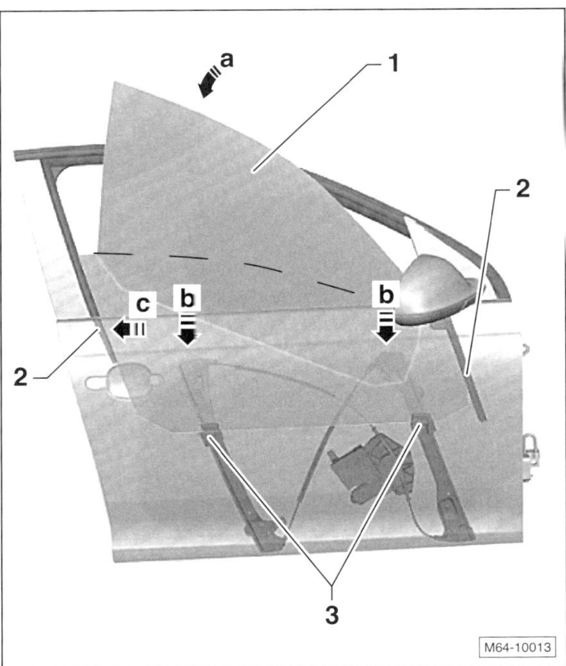

- Türscheibe –1– schräg nach vorn gekippt einsetzen.
- Türscheibe in Pfeilrichtung –a– schwenken und dabei in die Fensterführungen –2– einsetzen.
- Türscheibe ohne Druck in die Klemmbacken –3– einsetzen –Pfeile b–.

- Türscheibe in Pfeilrichtung –c– an den Fensterrahmen andrücken und in dieser Stellung die Schrauben für die Klemmbacken mit **8 Nm** festziehen. **Achtung:** Die Schrauben haben Linksgewinde, zum Anziehen also nach links, im Gegenuhrzeigersinn, drehen.
- Der weitere Einbau erfolgt in umgekehrter Ausbaureihenfolge.

Fensterkurbel aus- und einbauen

GOLF VARIANT/GOLF PLUS

Hintertür

Ausbau

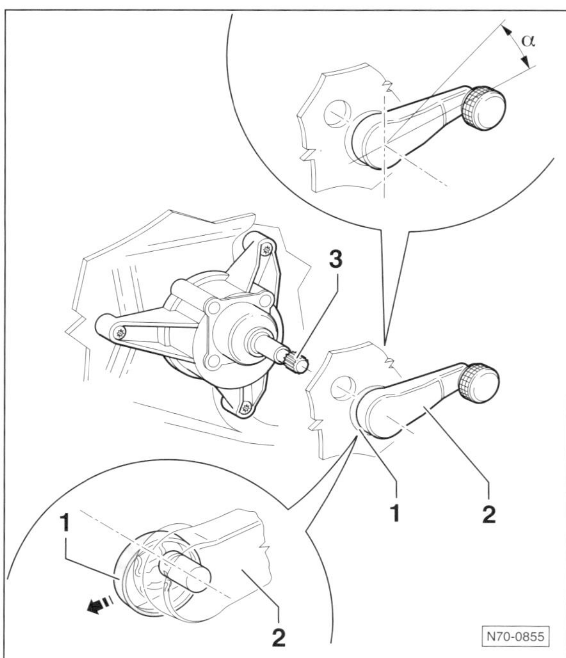

- Abstandsring –1– in Pfeilrichtung schieben, dadurch wird die Sicherungsklammer entriegelt. Gleichzeitig Fensterkurbel –2– von der Verzahnung der Antriebswelle abziehen.

Einbau

- **Tür rechts:** Fensterkurbel so auf dem Antrieb aufstecken, dass die Kurbel bei geschlossenem Fenster etwa auf »**5 Uhr**« steht.
- **Tür links:** Fensterkurbel so aufstecken, dass die Kurbel bei geschlossenem Fenster auf »**7 Uhr**« steht.

Hinweis: Die Kurbel muss bei geschlossenem Fenster also jeweils nach hinten zeigen, und zwar um den Winkel α = 30° unterhalb einer gedachten waagerechten Linie, die durch den Mittelpunkt der Fensterkurbelwelle verläuft.

- Abstandsring einrasten.

Hinweis: Der Abstand der beiden Fensterkurbeln zueinander sollte michct mehr als 6° betragen.

Fensterhebermotor aus- und einbauen

GOLF VARIANT/GOLF PLUS/JETTA

Ausbau

- Zündung ausschalten, Zündschlüssel abziehen.
- Türverkleidung ausbauen, siehe entsprechendes Kapitel.
- Türscheibe mit Klebeband fixieren, damit sie bei ausgebautem Motor nicht herunterrutscht.

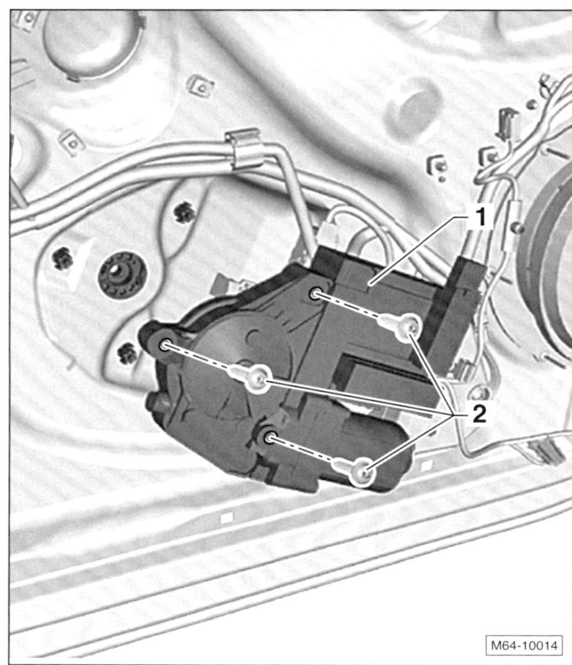

- 3 Schrauben –2– herausdrehen und Fensterhebermotor mit Steuergerät etwas abnehmen. **Hinweis:** Je nach Modell können Einbauposition und Anordnung des Steckers unterschiedlich sein.
- Stecker vom Fensterhebermotor –1– abziehen. Dazu einen Schraubendreher in die Aussparungen der Stecker einführen und die Stecker vorsichtig abdrücken.
- Fensterhebermotor mit Steuergerät herausnehmen.

Einbau

- Fensterhebermotor ansetzen und Fensterscheibe leicht nach oben und unten bewegen, damit die Verzahnung zwischen Motor und Seiltrommel ineinander greifen kann.
- Fensterhebermotor mit **3,5 Nm** anschrauben.
- Stecker aufschieben.
- Neuen Motor mit dem Fahrzeugdiagnosegerät, zum Beispiel VAS-5051A, codieren lassen (Werkstattarbeit).
- Fensterheberschalter anschließen und Zündung einschalten.

- Türfenster durch Betätigen des Fensterheberschalters 2-mal bis zum Anschlag nach oben und nach unten fahren. Dadurch erkennt das Steuergerät den oberen Anschlag und der Einklemmschutz ist aktiviert.
- Zündung ausschalten.
- Türverkleidung einbauen, siehe entsprechendes Kapitel.

Türschloss aus- und einbauen

GOLF VARIANT

Ausbau

- Türaußenblech ausbauen, siehe Seite 261.

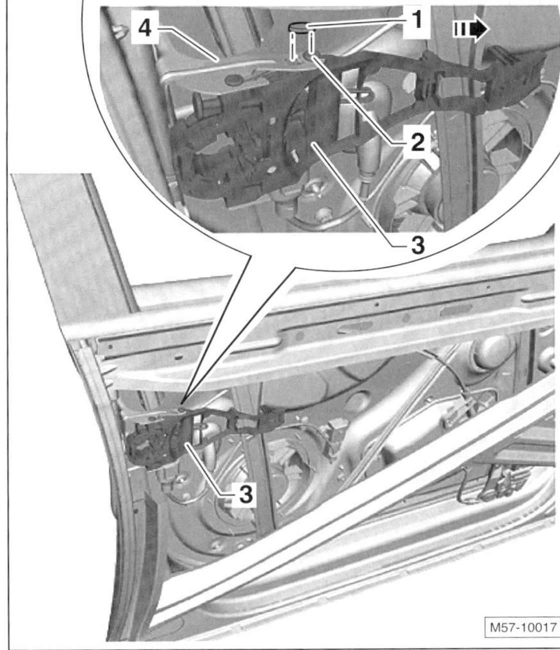

- Haltegummi –1– nach oben vom Führungsbolzen –2– abziehen.
- Lagerbügel –3– in Pfeilrichtung mit den Führungsbolzen –2– aus der Aufnahme –4– herausziehen.

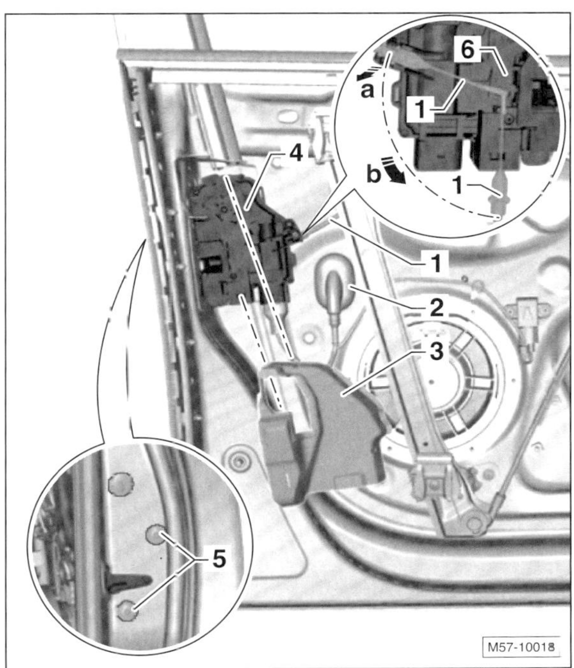

- Steckverbindung –2– am Türschloss –4– abziehen.
- Schrauben –5– herausdrehen.
- Türschloss abnehmen und auf der Rückseite den Seilzug –1– in Pfeilrichtung –a– lösen.
- Seilzug –1– in Pfeilrichtung –b– schwenken und aus dem Umlenkhebel –6– aushängen.
- Türschloss herausnehmen.
- Abdeckung –3– am Türschloss ausclipsen und abnehmen.

Einbau

- Der Einbau erfolgt in umgekehrter Ausbaureihenfolge. Schrauben –5– mit **18 Nm** festziehen.

Schließzylindergehäuse aus- und einbauen

GOLF VARIANT/GOLF PLUS

Auf der Beifahrerseite ist anstelle des Schließzylinders lediglich ein Gehäuse eingebaut. Der Aus- und Einbau erfolgt auf beiden Seiten auf die gleiche Weise.

Ausbau

- Abdeckblech an der Tür ausbauen, siehe Kapitel »Türaußenblech ausbauen«.

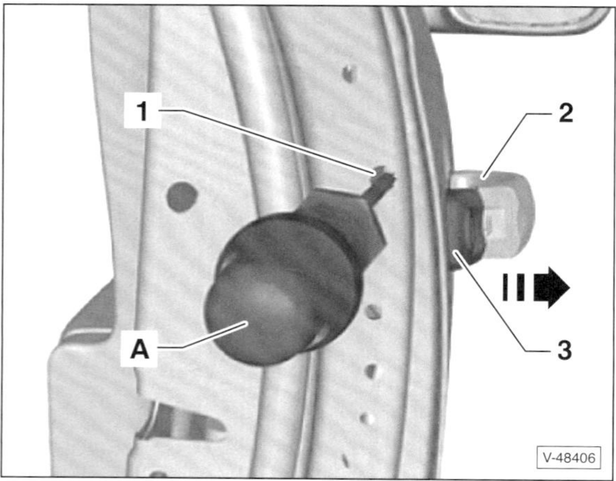

- Abdeckkappe für Schraube –1– mit einem kleinen Schraubendreher heraushebeln.
- Türgriff –2– in Pfeilrichtung ziehen und Schraube –1– mit einem geeigneten Torx-Schraubendreher –A– bis zum Anschlag herausdrehen. **Hinweis:** Die Fachwerkstatt verwendet hierzu das Werkzeug VW-T10072.
- Schließzylindergehäuse –3– herausziehen.

Einbau

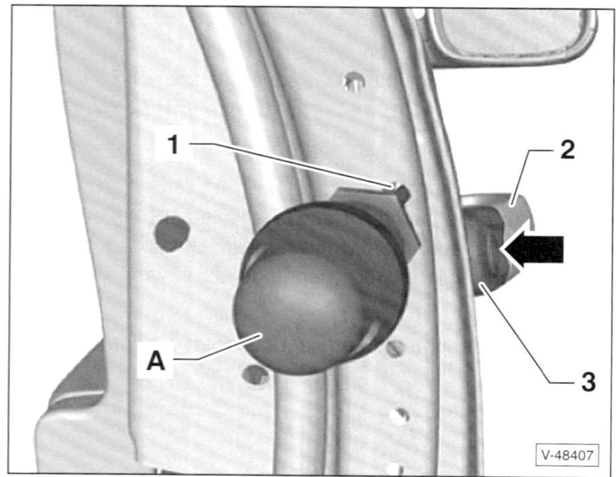

- Schließzylindergeäuse –3– im rechten Winkel –Pfeil– in die Tür stecken. **Achtung:** Der Türgriff –2– darf dabei nur leicht am Türblech anliegen.
- Schraube –1– mit dem Schraubendreher –A– bis zum Anschlag hineindrehen. Mit einem gut hörbaren Klicken rastet der Türgriff –2– wieder in das Gehäuse –3– ein. **Achtung:** Während der Montage muss das Gehäuse an das Türblech angedrückt werden. Der Türgriff liegt dagegen nur leicht am Türblech an.
- Abdeckkappe für Schraube –1– aufdrücken.
- Abdeckblech an der Tür anbauen.

Achtung: Vor Schließen der Tür unbedingt Funktionsprüfung von Türgriff, Schließzylinder und Türschloss durchführen. Bei nicht korrekter Einstellung und Verclipsung des Bowdenzuges kann die Tür nicht geöffnet werden.

Türaußengriff aus- und einbauen

GOLF VARIANT/GOLF PLUS/TOURAN

Ausbau

Achtung: Zum Einbau des Türgriffs wird ein geeigneter Haken benötigt.

- Schließzylindergehäuse ausbauen, siehe entsprechendes Kapitel.

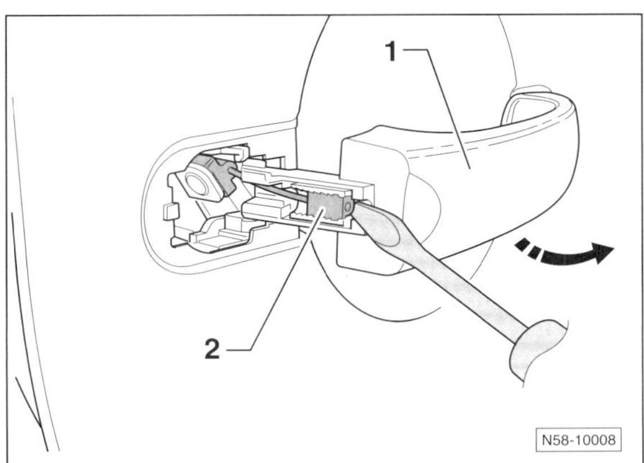

- Clip –2– mit einem Schaubendreher aus dem Türgriff –1– heraushebeln.
- Türgriff –1– in Pfeilrichtung aus der Tür herausschwenken und abnehmen.

Einbau

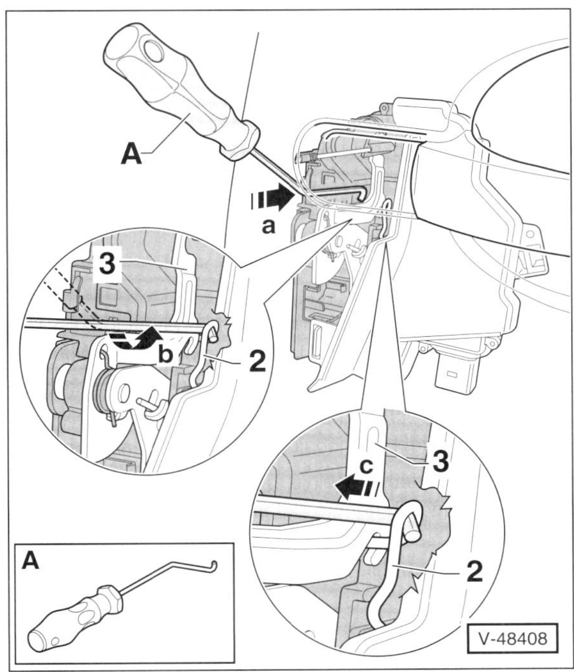

- Auslösehebel –3– und damit Türschloss arretieren. Dazu den Montagehaken –A–, zum Beispiel VW-T10118, durch die Öffnung im Türaußenblech einführen –Pfeil a– und in die Feder –2– einhaken –Pfeil b–.

Hinweis: Dabei zur besseren Sicht das Türinnenteil mit einer Taschenlampe ausleuchten.

- Den Haken –A– in Pfeilrichtung –c– ziehen und dadurch die Feder –2– in den Auslösehebel –3– des Türschlosses einhängen. Der Auslösehebel ist jetzt arretiert.

Achtung: Auslösehebel beziehungsweise Türschloss müssen arretiert werden, um später ein falsches Einclipsen des Seilzuges am Türgriff zu verhindern.

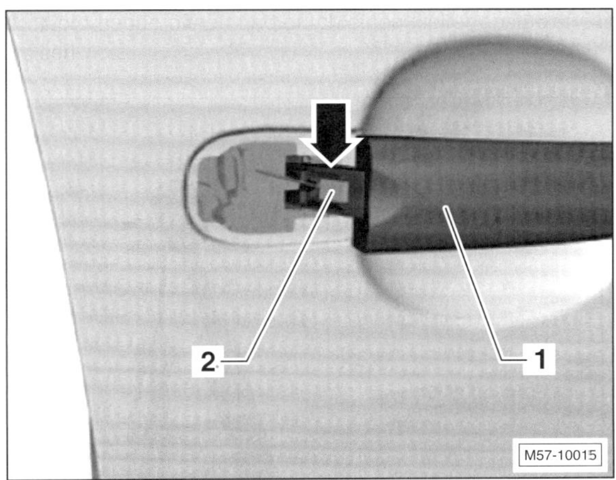

- Türgriff –1– in die Tür einschwenken.
- Clip –2– in den Blechausschnitt ziehen und in den Türgriff –1– einrasten –Pfeil–.

Achtung: Während der Montage muss der Türgriff –1– an das Türblech angedrückt werden. Der Clip –2– muss mit einem gut höbaren Klicken in den Türgriff –1– einrasten.

- Schließzylinder (Fahrerseite) beziehungsweise Gehäuse (Beifahrerseite) einbauen, siehe entsprechendes Kapitel.

Achtung: Vor Schließen der Tür unbedingt Funktionsprüfung von Türgriff, Schließzylinder und Türschloss durchführen. Bei nicht korrekter Einstellung und Verclipsung des Bowdenzuges kann die Tür nicht geöffnet werden.

Spiegelglas aus- und einbauen

GOLF VARIANT/GOLF PLUS/TOURAN

Ausbau

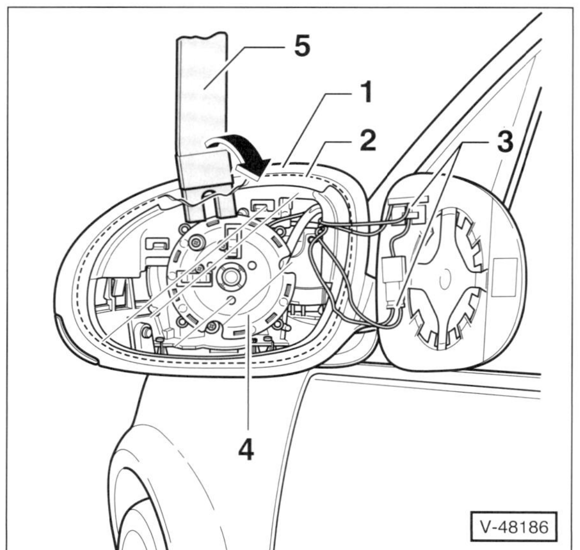

- Gehäusekante –1– mit textilverstärktem Klebeband abkleben und dadurch vor Beschädigungen schützen.
- Spiegelglas –2– unten in das Spiegelgehäuse –1– drücken.
- Kunststoffkeil –5–, zum Beispiel HAZET 1965-21, oben einführen, Spiegelglas vorsichtig vom Halter –4– abhebeln –Pfeil– und aus dem Gehäuse ziehen.
- Beide Anschlusskabel –3– für elektrisch beheizbaren Außenspiegel von der Spiegelglas-Rückseite abziehen. Dabei die angenieteten Kontaktzungen festhalten, um Beschädigungen zu vermeiden.

Einbau

- Anschlusskabel am Spiegelglas aufstecken.

Sicherheitshinweis
Beim Aufdrücken des Spiegelglases unbedingt Handschuhe anziehen oder sauberen Lappen unterlegen. Bruch- und Verletzungsgefahr!

- Spiegelglas mittig auf den Halter setzen, aufdrücken und einrasten. Durch Hin- und Herbewegen des Spiegelglases festen Sitz in der Halterung prüfen.
- Außenspiegel einstellen.

Spiegelgehäuse aus- und einbauen

GOLF VARIANT

Ausbau

- Spiegelglas ausbauen, siehe entsprechendes Kapitel.
- Spiegel nach vorne klappen.

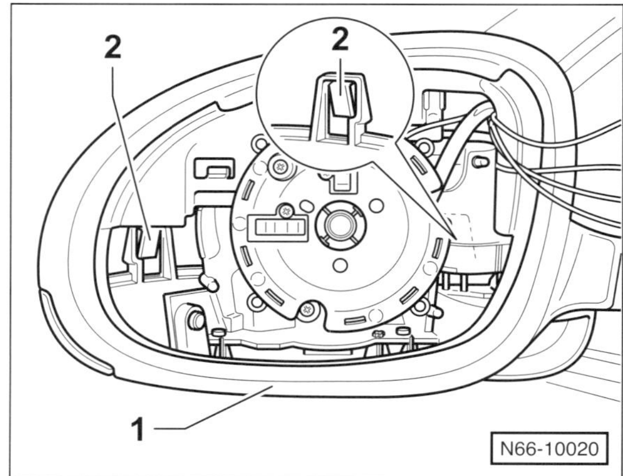

- Schraubendreher unter die Rasthaken –2– führen und Rasthaken entriegeln.
- Spiegelgehäuse –1– etwas nach vorne vom Spiegelträger ziehen und nach oben abheben.

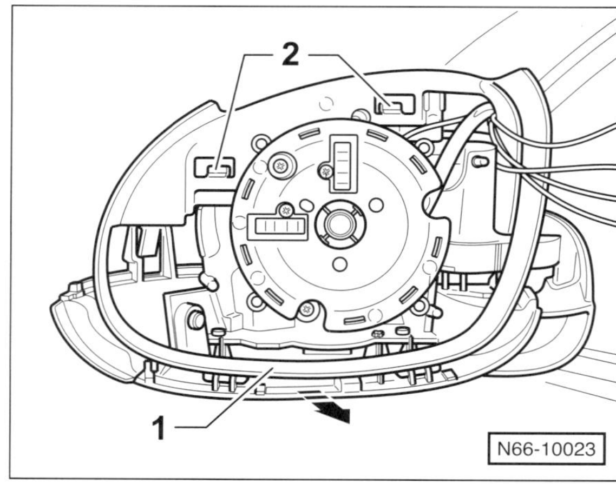

- Mit einem Schraubendreher Rasthaken –2– am Spiegelträger entriegeln und Spiegelblende –1– nach hinten –Pfeil– abziehen.
- Wenn nötig, unteres Gehäuseteil vom Spiegelträger abschrauben, siehe in Kapitel »Seitliche Blinkleuchte aus- und einbauen«, Seite 306.

Einbau

- Gegebenenfalls unteres Gehäuseteil am Spiegelträger anschrauben.
- Spiegelblende am Spiegelträger ansetzen und einrasten.

- Spiegelgehäuse von oben auf den Spiegelträger setzen und hörbar einrasten.
- Spiegelglas einbauen, siehe entsprechendes Kapitel.

Seitliche Blinkleuchte aus- und einbauen

GOLF VARIANT/GOLF PLUS

Ausbau

- Spiegelgehäuse ausbauen, siehe entsprechendes Kapitel.

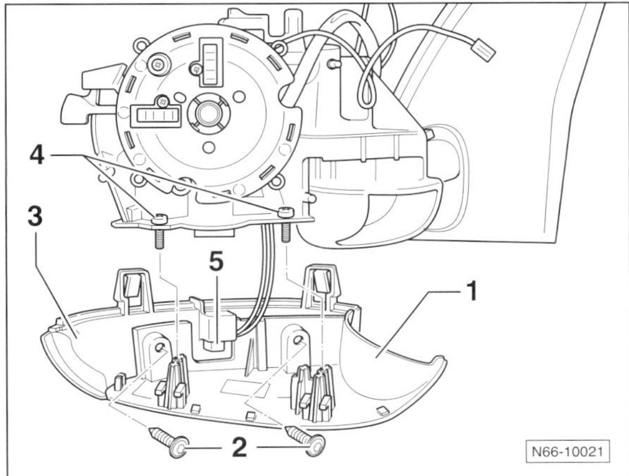

- Schrauben –4– herausdrehen.
- Spiegel-Unterteil –1– nach unten abnehmen.
- Stecker –5– an der Blinkleuchte –3– abziehen.
- 2 Schrauben –2– herausdrehen und Blinkleuchte –3– vom Spiegel-Unterteil –1– abnehmen.

Einbau

- Der Einbau erfolgt in umgekehrter Ausbaureihenfolge.

Umfeldleuchte aus- und einbauen

GOLF VARIANT

Ausbau

- Spiegelgehäuse ausbauen, siehe entsprechendes Kapitel.
- Spiegel-Unterteil mit seitlicher Blinkleuchte ausbauen, siehe entsprechendes Kapitel.

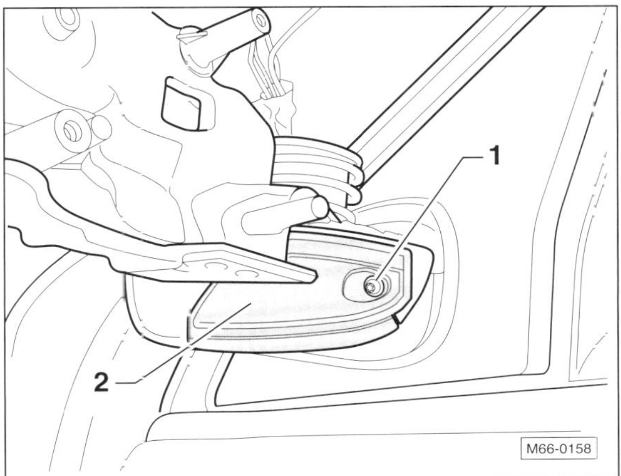

- Schraube –1– herausdrehen.
- Umfeldleuchte –2– nach unten herausschwenken.
- Glühlampe aus dem Gehäuse der Umfeldleuchte herausziehen.

Einbau

- Der Einbau erfolgt in umgekehrter Ausbaureihenfolge.

Außenspiegel aus- und einbauen

GOLF VARIANT/GOLF PLUS

Ausbau

- Türverkleidung vorn ausbauen, siehe entsprechendes Kapitel.

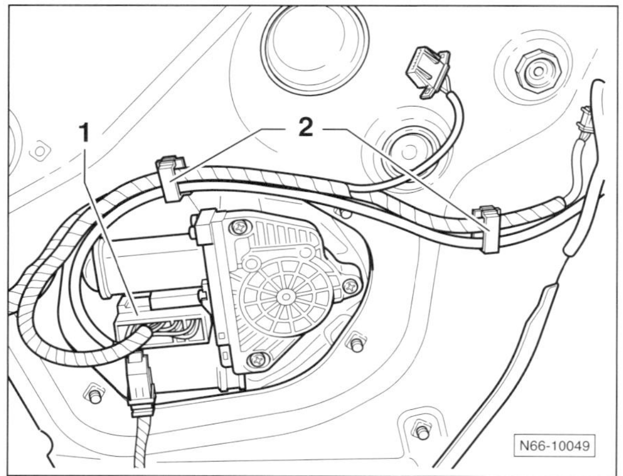

- Kabelhalter –2– öffnen.
- Steckverbindung –1– für Außenspiegel abziehen.

GOLF VARIANT

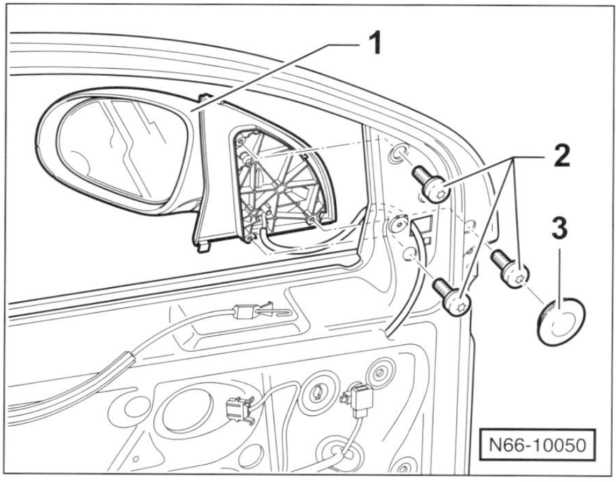

- Abdeckkappe –3– heraushebeln.
- Außenspiegel –1– gegen Herunterfallen sichern und 3 Schrauben –2– herausdrehen.

GOLF PLUS

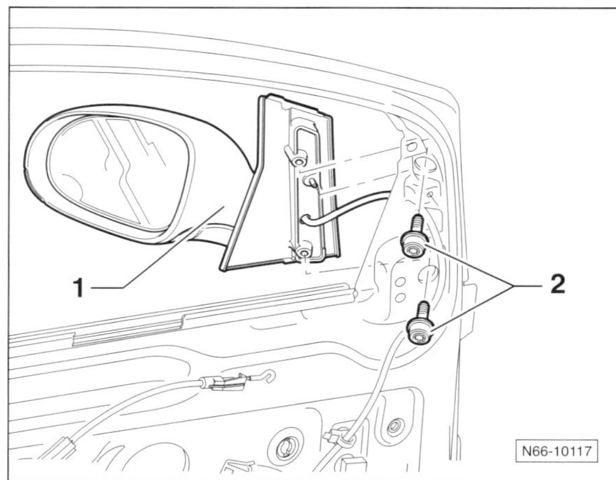

- Außenspiegel –1– gegen Herunterfallen sichern und 2 Schrauben –2– herausdrehen.

- Spiegel –1– mit Spiegelträger abnehmen.
- Leitungen für Außenspiegel durch die Türöffnung durchziehen.

Einbau

- Der Einbau erfolgt in umgekehrter Ausbaureihenfolge. Außenspiegel dabei mit **8 Nm** festschrauben. Neuen Kabelhalter verwenden.

Achtung: Bevor die Türverkleidung montiert wird, Funktionsprüfung des Außenspiegels durchführen.

Karosserie außen: GOLF PLUS

Achtung: In diesem Kapitel werden die Arbeitsschritte für das Modell »**GOLF PLUS**« beschrieben. Arbeiten, die weitgehend gleich wie beim **GOLF VARIANT** sind, stehen im Hauptkapitel »**Karosserie außen**«.

Windlaufgrill aus- und einbauen

GOLF PLUS

Ausbau

- Wischerarme ausbauen, siehe Seite 88.

Achtung: Windlaufgrill nicht mit einem Keil oder Ähnlichem abhebeln, da sonst die Frontscheibe beschädigt und dann reißen kann.

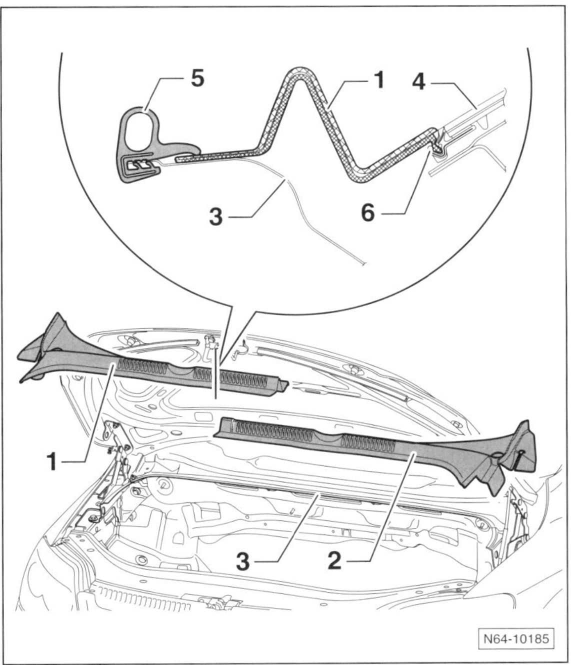

- Dichtung –5– auf der gesamten Länge von der Stirnwand –3– abziehen.
- Windlaufgrill rechts –1– und links –2– vorsichtig nach oben aus dem Einfassprofil –6– herausziehen. Dabei jeweils außen beginnen. **Hinweis:** Die Bezeichnungen »rechts« und »links« sind immer in Fahrtrichung gesehen.

Einbau

Hinweis: Bei einer neuen Frontscheibe –4– ist im Einfassprofil ein Einleger montiert. Vor Einbau des Windlaufgrills unbedingt den Einleger entfernen.

Achtung: Windlaufgrill nicht aufschlagen, sonst kann die Frontscheibe reißen.

- Einfassprofil –6– mit Seifenlauge einsprühen, damit sich der Windlaufgrill leichter aufdrücken lässt.
- Windlaufgrill links –1– und rechts –2– auf das Einfassprofil –6– mit leichtem Druck aufdrücken und einrasten. Dabei in der Mitte beginnen.

Schlossträger in Servicestellung

GOLF PLUS

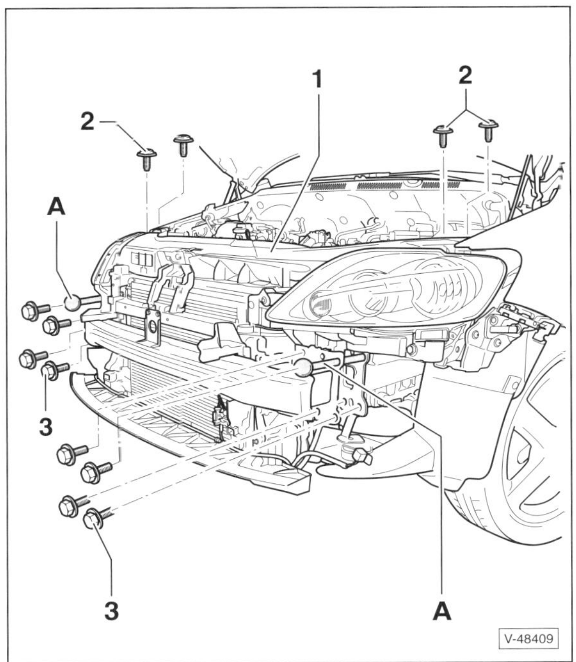

1 – Schlossträger mit Anbauteilen

2 – Schraube, 8 Nm
2 Stück je Seite.

3 – Schraube, 60 Nm
4 Stück je Seite.

A – VW-Werkzeug T10093

- Der Schlossträger wird auf die gleiche Weise in Servicestellung gebracht wie beim GOLF VARIANT.

Stoßfänger/Stoßfängerabdeckung vorn aus- und einbauen

GOLF PLUS

Ausbau

- Kühlergrill ausbauen, siehe Seite 273.

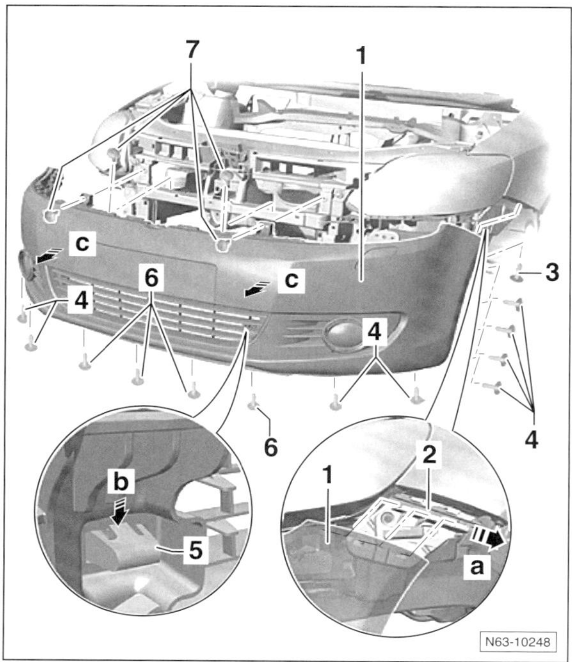

- Schrauben –7– unter dem Kühlergrill herausdrehen.
- Von unten die Schrauben –4– und –6– herausdrehen.
- Vom Radhaus her die Schrauben –3– und –4– herausdrehen. **Hinweis:** Anstelle der Schraube –3– kann auch ein Clip eingebaut sein. In diesem Fall Clip entfernen.
- Schieber –2– in Pfeilrichtung –a– schieben und dadurch vom Führungsprofil am Kotflügel entriegeln. **Hinweis:** Im Bildausschnitt ist zur Verdeutlichung die Stoßfängerabdeckung in ausgebautem Zustand dargestellt.
- Rasthaken –5– mit einem Schraubendreher in Pfeilrichtung –b– herunterdrücken. Zur besseren Sicht den Rasthaken hinter dem Lüftungsgitter mit einer Taschenlampe anleuchten.
- Stoßfängerabdeckung –1– zusammen mit einem Helfer parallel in Pfeilrichtung –c– von den Führungsprofilen abziehen.
- Vorhandene Steckverbindungen und Schläuche trennen und Stoßfänger abnehmen.

Einbau

- Der Einbau erfolgt in umgekehrter Ausbaureihenfolge.

Stoßfänger/Stoßfängerabdeckung hinten aus- und einbauen

GOLF PLUS

Ausbau

- Heckleuchten ausbauen, siehe Seite 121.

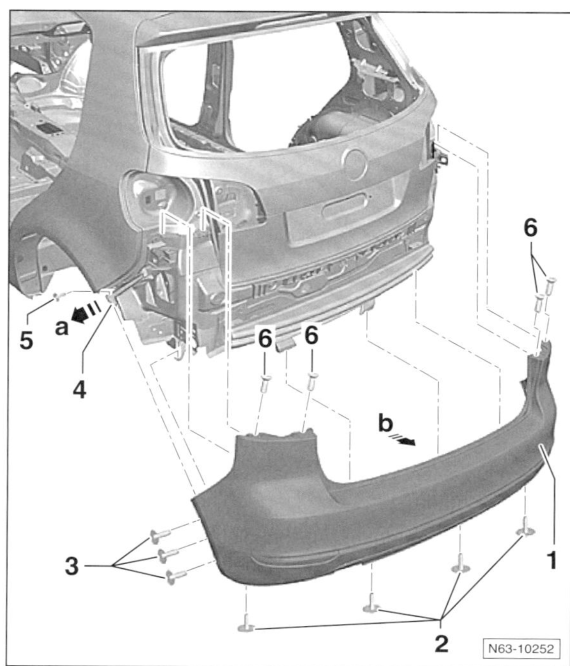

- Vom Radhaus her die Schrauben –3– und –5– herausdrehen. **Hinweis:** Anstelle der Schraube –5– kann auch ein Clip eingebaut sein. In diesem Fall Clip entfernen.
- Von unten die Schrauben –2– herausdrehen.
- Schrauben –6– unter den Heckleuchten herausdrehen.
- Schieber –4– in Pfeilrichtung –a– schieben und dadurch vom Führungsprofil am Kotflügel entriegeln.
- Stoßfängerabdeckung –1– zusammen mit einem Helfer in Pfeilrichtung –b– parallel von den Führungsprofilen abziehen.
- Vorhandene Steckverbindungen und Schläuche trennen und Stoßfänger abnehmen.

Einbau

- Der Einbau erfolgt in umgekehrter Ausbaureihenfolge.

Kühlergrill aus- und einbauen

GOLF PLUS

Ausbau

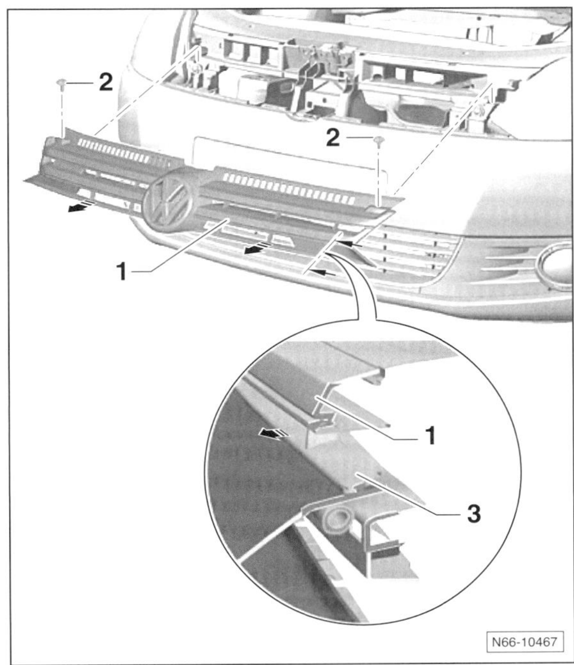

- Schrauben –2– herausdrehen.
- Kühlergrill –1– in Pfeilrichtung nach vorn aus den Verrastungen –3– herausziehen.

Einbau

- Kühlergrill –1– in die Stoßfängerabdeckung eindrücken und hörbar einrasten.
- Schrauben –2– einsetzen und mit **2 Nm** festziehen.

Motorhaube einstellen

GOLF PLUS

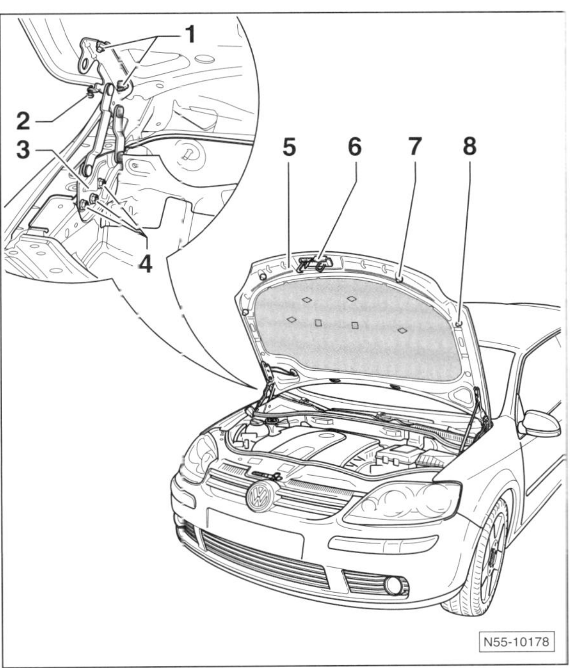

Einstellhinweise:

- Das Fahrzeug muss auf einer ebenen Fläche auf den Rädern stehen.

Hinweis: Die Puffer –8– links und rechts dienen nicht der Einstellung. Sie stabilisieren beziehungsweise dämpfen die Motorhaube.

- Die Motorhaube ist richtig eingestellt, wenn sie im geschlossenen Zustand überall ein gleichmäßiges Spaltmaß hat. Sie darf nicht zu weit nach innen oder außen stehen, und die Konturen müssen mit den umliegenden Bauteilen fluchten.
- Die Motorhaube muss ohne größeren Kraftaufwand mit dem Schließbügel –6– im Haubenschloss einrasten.
- Zum Einstellen links und rechts die Sechskantmuttern –1– und die Schrauben –4– nur lockern, nicht abschrauben.

Einstellen

- Links und rechts die Muttern –1– und die Schrauben –4– so weit lösen, dass die Motorhaube an den Scharnierbügeln gerade noch verschoben werden kann.
- Motorhaube schließen und zu den Kotflügeln so ausrichten, dass die Spaltmaße zum rechten und linken Kotflügel jeweils gleich breit sind und parallel verlaufen. Sollwerte siehe unter Abbildung N00-10269.
- Motorhaube vorsichtig öffnen und Scharniermuttern –5– mit **22 Nm** festziehen.

- Motorhaube –5– im hinteren Bereich in der Höhe zu den Kotflügeln einstellen, dazu links und rechts jeweils die Einstellschraube –2– entsprechend verdrehen.
- Motorhaube –5– im vorderen Bereich mit den Einstellpuffern –7– in der Höhe zu den Kotflügeln einstellen. **Hinweis:** Die Anschlagpuffer –8– links und rechts dienen nicht zur Einstellung, sondern zur Stabilisierung der Motorhaube.

Hinweis: Als Einstellhilfe etwas Knetmasse an den Puffern aufdrücken. Nach Schließen der Motorhaube ist am Abdruck in der Knetmasse zu erkennen, ob die Motorhaube richtig aufliegt.

- Falls erforderlich, Scharniere –3–, Muttern –1– und Schrauben –4– gegen Rost schützen.
- Schließbügel an der Motorhaube locker anschrauben, entsprechend der vor dem Ausbau angebrachten Markierungen einstellen und mit **10 Nm** festschrauben.
- Falls erforderlich, Motorhaubenschloss einstellen.

Spaltmaße

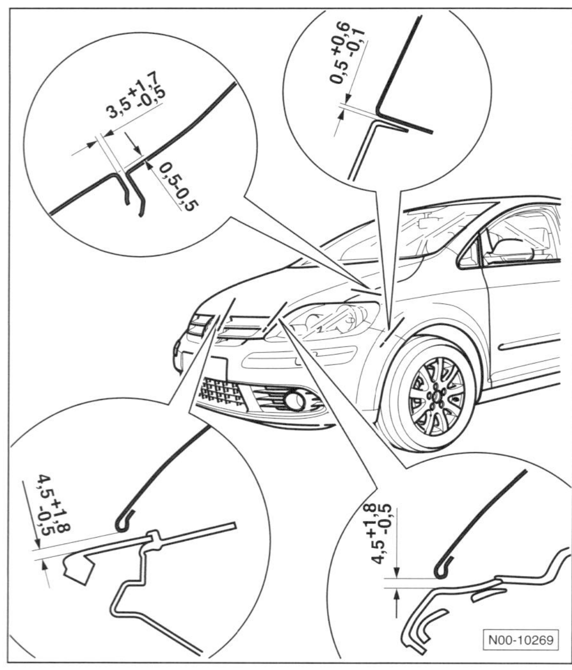

Maße in mm.

Motorhaubenschloss einstellen

- Kühlergrill ausbauen, siehe entsprechendes Kapitel.

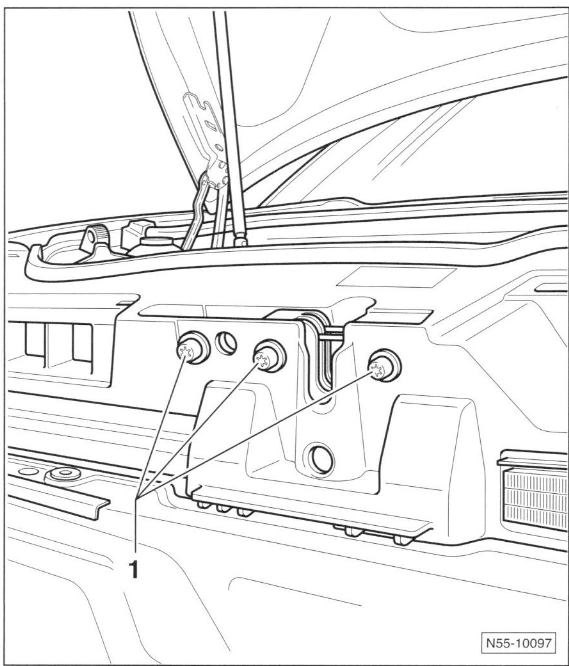

- Schrauben –1– so weit lockern, dass sich das Haubenschloss gerade noch verstellen lässt.
- Motorhaube schließen und Spaltmaße der Motorhaube prüfen.
- Motorhaube vorsichtig öffnen.
- Schrauben für Haubenschloss mit **12 Nm** anziehen.
- Kühlergrill einbauen, siehe entsprechendes Kapitel.

Heckklappenverkleidung aus- und einbauen

GOLF PLUS

Verkleidung unten

Ausbau

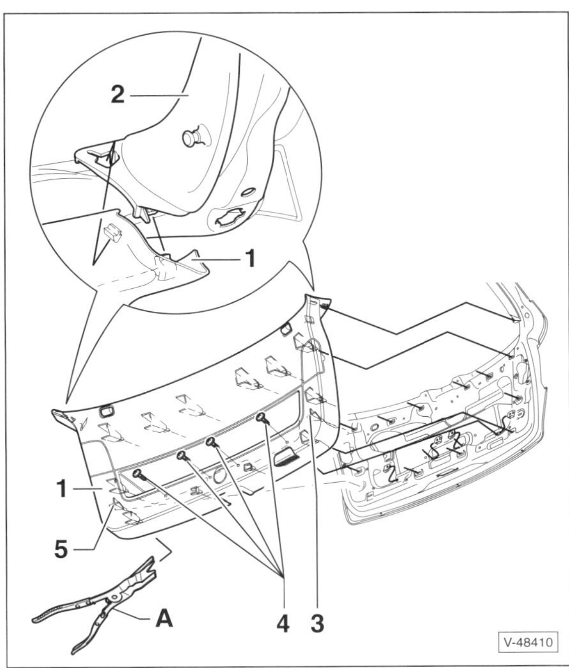

- Schrauben –4– herausdrehen.
- Heckklappenverkleidung –1– mit geeigneter Zange –A–, zum Beispiel HAZET 799-4 oder VW-3392, im Bereich der Clips abdrücken. Dabei am unteren Rand der Heckklappe beginnen.
- Heckklappenverkleidung –1– links und rechts von der Fensterrahmenverkleidung –2– abdrücken.
- Heckklappenverkleidung –1– im Bereich der Zentrierzapfen –3– und –5– aus den Aufnahmen der Heckklappe herausziehen und abnehmen.

Einbau

- Befestigungsklammern und -clips auf Beschädigungen prüfen, gegebenenfalls ersetzen.
- Der Einbau erfolgt in umgekehrter Ausbaureihenfolge, dabei darauf achten, dass die Halteklammern korrekt in die Aufnahmen der Heckklappe eingreifen. Schrauben mit **1,5 Nm** anziehen.

Fensterrahmenverkleidung

Ausbau

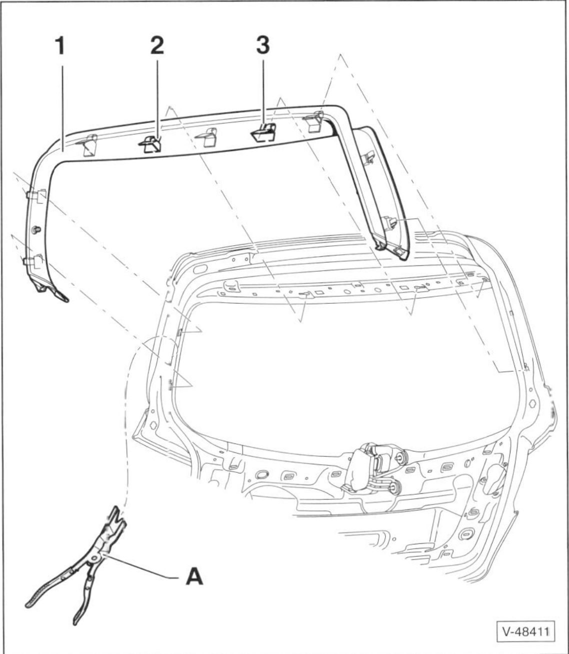

- Fensterrahmenverkleidung –1– mit einer geeigneten Zange –A–, zum Beispiel HAZET 799-4 oder VW-3392, an den Seiten, im Bereich der Clips, abdrücken.
- Verkleidung am oberen Rand aus den Aufnahmen herausziehen.
- Verkleidung im Bereich der Zentrierzapfen –2– und –3– aus den Aufnahmen in der Heckklappe herausziehen.

Einbau

- Halteklammern auf Beschädigungen und auf richtigen Sitz an der Verkleidung überprüfen, wenn nötig, ersetzen.
- Der Einbau erfolgt in umgekehrter Ausbaureihenfolge, dabei darauf achten, dass die Halteklammern korrekt in die Aufnahmen der Heckklappe eingreifen.

Türschloss aus- und einbauen

GOLF PLUS

Ausbau

- Türgriff ausbauen, siehe entsprechendes Kapitel.
- Türaußenblech ausbauen, siehe Seite 261.

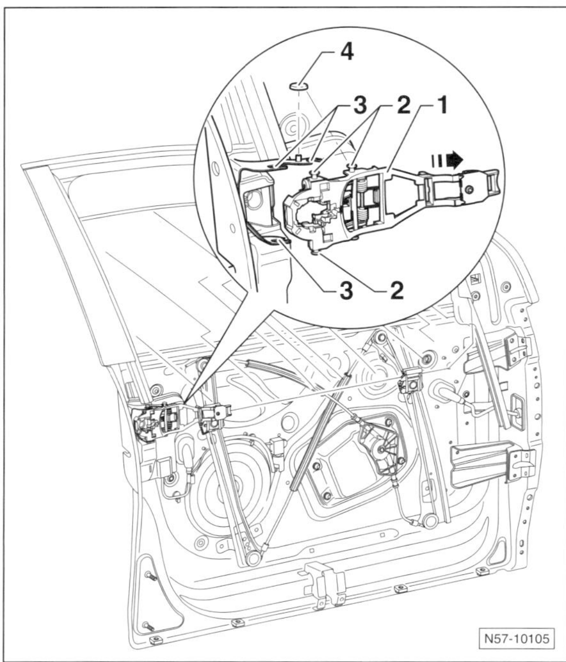

- Sicherungsgummi –4– nach oben von den Führungsbolzen –2– und vom Haltebolzen an der Aufnahme –3– abziehen.
- Lagerbügel –1– mit den Führungsbolzen –2– in Pfeilrichtung aus den Aufnahmen –3– herausziehen.

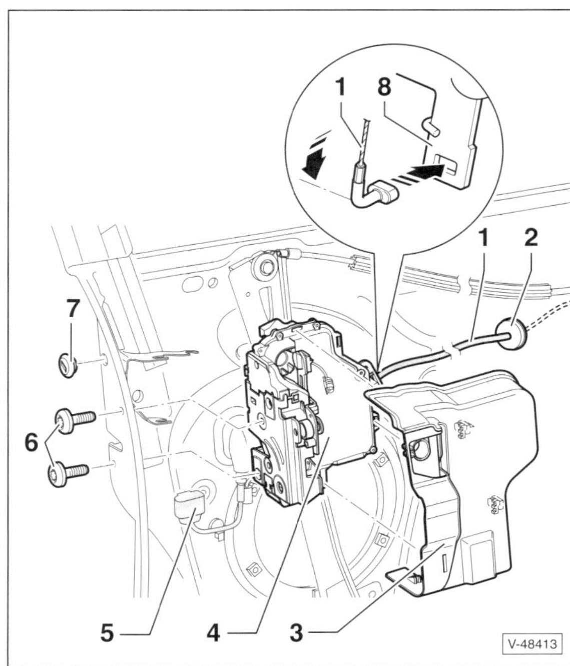

- Steckverbindung –5– trennen.
- 2 Schrauben –6– herausdrehen.
- Seilzug –1– um 90° drehen und aus der Öse im Umlenkhebel –8– herausziehen, entgegengesetzt der abgebildeten Pfeilrichtung.
- Türschloss –4– aus der Tür herausziehen.
- Abdeckung –3–, falls vorhanden, am Türschloss –4– ausclipsen und abnehmen. 7 –Stopfen.

Einbau

- Der Einbau erfolgt in umgekehrter Ausbaureihenfolge, dabei ist folgendes zu beachten.
- Türschloss mit **18 Nm** festschrauben.
- Lagerbügel so am Türinnenteil einschieben, dass die Führungsbolzen –2– in die Aufnahmen –3– einrasten, siehe Abbildung N57-10105.
- Sicherungsgummi –4– über die Bolzen legen, siehe Abbildung N57-10105.

Achtung: Bei geöffneter Tür Schließmechanismus auf Funktion prüfen.

Karosserie außen: JETTA

Achtung: In diesem Kapitel werden die Arbeitsschritte für das Modell »**JETTA**« beschrieben. Arbeiten, die weitgehend gleich wie beim **GOLF VARIANT** sind, stehen im Hauptkapitel »**Karosserie außen**«.

Stoßfänger/Stoßfängerabdeckung hinten aus- und einbauen

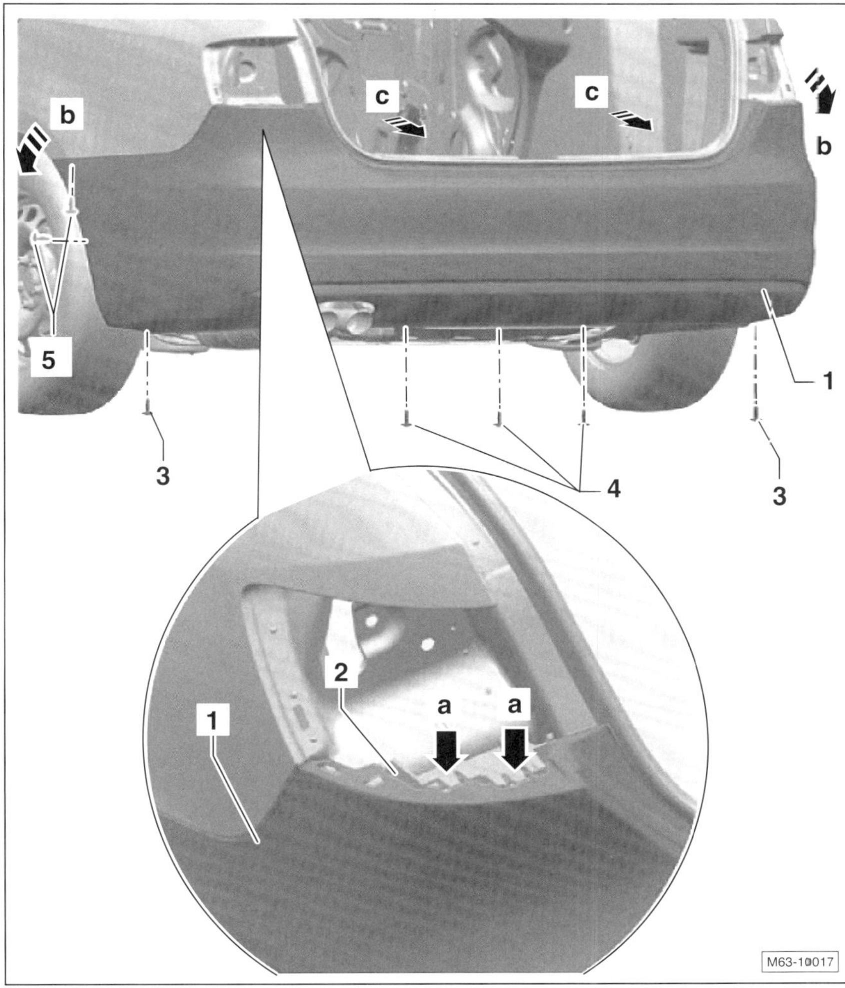

JETTA

1 – Stoßfängerabdeckung

Ausbau

- Heckleuchten im Seitenteil ausbauen, siehe Seite 124.
- Schrauben –5– an beiden Innenkotflügeln herausdrehen.
- Schrauben –3– und –4– herausdrehen.
- Stoßfängerabdeckung –1– mit Helfer links und rechts aus den Verrastungen der Führungsprofile ausrasten –Pfeile b–.
- Verrastungen –Pfeile a– an den Haltewinkeln –2– links und rechts entriegeln.
- Stoßfängerabdeckung mit Helfer parallel nach hinten abziehen –Pfeile c– und abnehmen.
- Alle Steckverbindungen trennen.

Einbau

- Steckverbindungen zusammenstecken.
- Stoßfängerabdeckung mit Helfer parallel auf das Fahrzeugheck aufschieben, bis sie an den Haltewinkeln einrastet.
- Stoßfängerabdeckung seitlich auf die Führungsteile drücken und hörbar einrasten.
- Stoßfängerabdeckung ausrichten, dabei auf parallele Spaltmaße achten.
- Stoßfängerabdeckung anschrauben.

2 – Haltewinkel

3 – Schraube, 2 Nm

4 – Schraube, 2 Nm

5 – Schraube, 2 Nm

Hinweis: Je nach Ausstattung kann die Anzahl der Schrauben unterschiedlich sein.

Kühlergrill aus- und einbauen

JETTA

Ausbau

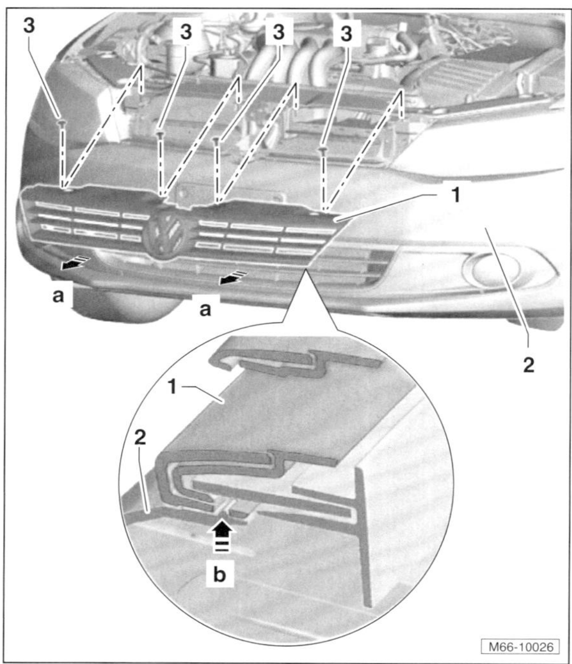

- Schrauben –3– herausdrehen.
- Kühlergrill –1– in Pfeilrichtung –a– aus der Stoßfängerabdeckung –2– herausziehen.

Einbau

- Kühlergrill –1– in die Stoßfängerabdeckung –2– einschieben.
- Kühlergrill –1– mit leichtem Druck in die Stoßfängerabdeckung –2– einrasten –Pfeil b–.
- Falls erforderlich, Kühlergrill zu den umliegenden Bauteilen ausrichten.
- Schrauben –3– ansetzen und mit **2 Nm** festziehen.

Kotflügel aus- und einbauen

JETTA

Ausbau

- Innenkotflügel vorn ausbauen, siehe entsprechendes Kapitel.

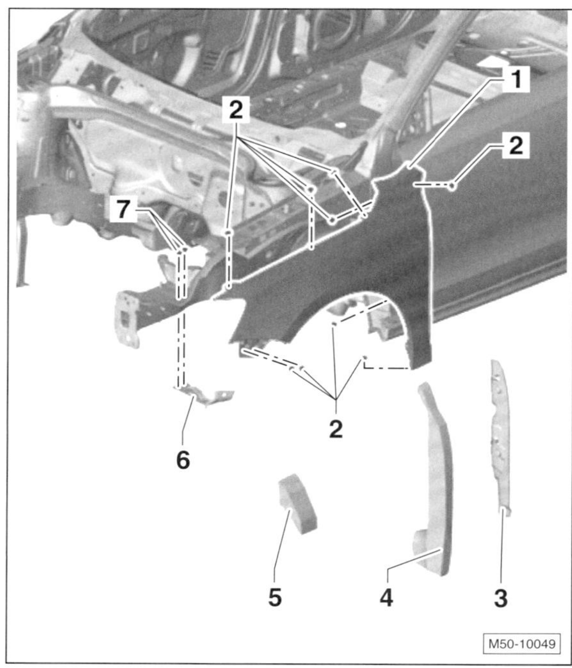

- Formteil –5– zwischen Kotflügel –1– und oberem Längsträger herausziehen.
- Dämpfung Stegblech –4–, falls vorhanden, aus dem Radhaus herausziehen.
- Schließteil –3– für Kotflügel ausbauen, siehe entsprechendes Kapitel. 2 – Schrauben, 6 – Kotflügelstrebe, 7 – Schrauben.
- Stoßfängerabdeckung vorn ausbauen, siehe entsprechendes Kapitel.
- Seitliches Führungsprofil –2– abschrauben –3–, siehe Abbildung M63-10015.

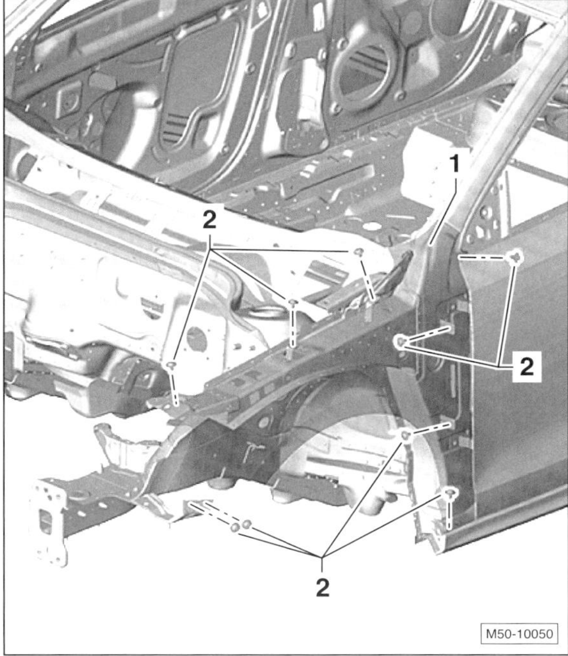

- Schrauben –2– herausdrehen.
- Falls vorhanden, Wasserfangleiste ausbauen, siehe entsprechendes Kapitel
- Kotflügel –1– vorsichtig abnehmen.

Einbau

- Kotflügel ansetzen. Dabei zwischen Kotflügel und Unterholm eine neue Zink-Zwischenlage VW-AKL 381 035 50 einfügen.
- Schrauben leicht beiziehen, nicht festziehen.
- Dämpfungen und Formteile einsetzen.
- Kotflügel bei gelöster Kotflügelstrebe auf gleichmäßige Spaltmaße spannungsfrei ausrichten.

  Spaltmaße JETTA:

  Kotflügel – Motorhaube: . . . . 3,2 $^{\pm 1,5}$ mm
  Oberflächen-Unterschied: . . . . .0,5 $^{\pm 1,5}$ mm
  Kotflügel – Stoßfänger: . . . . 0,5 $^{\pm 0,5}$ mm
  Oberflächen-Unterschied: . . . .– 0,5 $^{\pm 0,5}$ mm
  Kotflügel – Tür vorn: . . . . 3,5 $^{\pm 0,5}$ mm
  Oberflächen-Unterschied: . . . . 0,0 $^{\pm 0,8}$ mm
- Sämtliche Schrauben mit **6 Nm** festziehen.
- Der weitere Einbau erfolgt in umgekehrter Ausbaureihenfolge.

Schließteil aus- und einbauen

JETTA

Ausbau

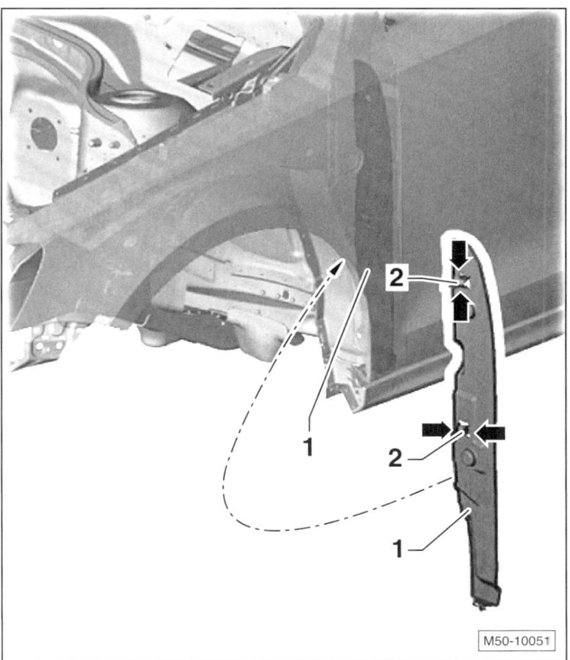

- Rasthaken –2– zusammendrücken –Pfeile– und Schließteil –1– herausnehmen.

Einbau

- Schließteil einsetzen, dabei auf richtigen Sitz der Führungsnase in der Bohrung am Unterholm achten.
- Schließteil andrücken und einrasten.

Führungen für Stoßfängerabdeckung vorn aus- und einbauen

JETTA

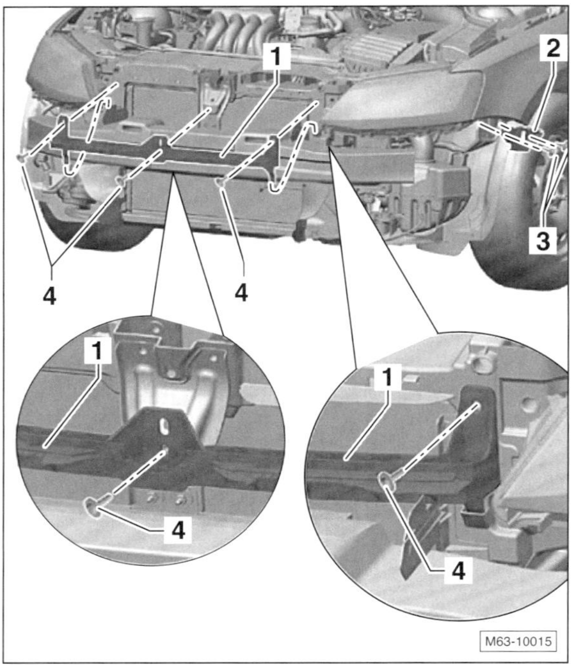

1 – Führung Mitte
2 – Führungsprofil seitlich
3 – Schraube, 2 Nm
4 – Schraube, 8 Nm

Wasserfangleiste aus- und einbauen

JETTA

Ausbau

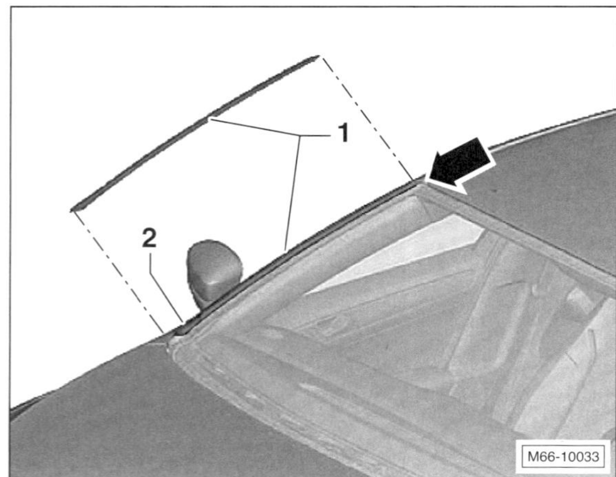

- Wasserfangleiste –1– aus der Halteleiste heraushebeln, dabei oben beginnen –Pfeil–.
- Klebeband der Halteleiste am Kotflügel vorn –2– mit einem Heißluftgebläse leicht erwärmen und abziehen.

Achtung: Halteleiste nicht abbauen, sonst kann die Frontscheibe beschädigt werden.

Einbau

- Klebstoffreste mit Klebstoffentferner VW-D00200010 entfernen.

Achtung: Klebeflächen müssen staub- und fettfrei sein. Wasserfangleiste unmittelbar nach der Reinigung aufkleben. Schutzfolie von der Wasserfangleiste erst unmittelbar vor der Montage abziehen. Für eine einwandfreie Verklebung muss die Verarbeitungstemperatur bei ca. +21° C liegen.

- Wasserfangleiste von oben beginnend in die Halteleiste eindrücken. Dabei die Lippe der Wasserfangleiste hinter die Kante der Frontscheibe fädeln. **Achtung:** Die Wasserfangleiste darf nicht über die Dachkante stehen, sonst treten im Fahrbetrieb Windgeräusche auf.

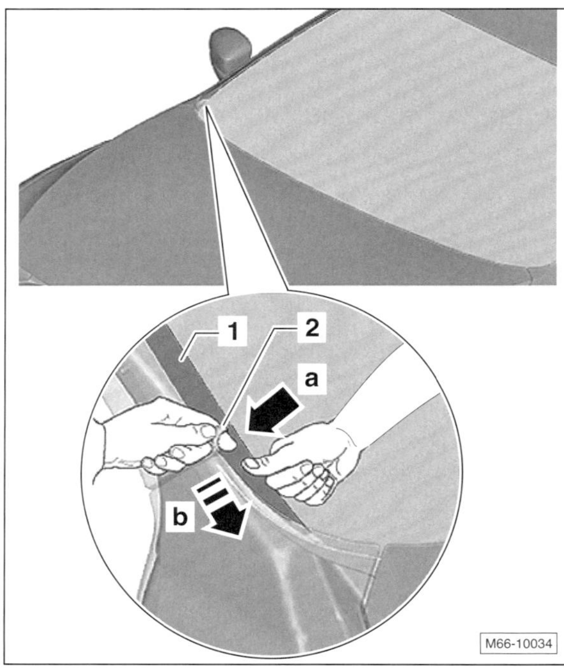

- Auf die Wasserfangleiste –1– an der Innenseite –Pfeil a– Druck ausüben, um das Ablösen der Schutzfolie zum Kotflügel zu erleichtern.
- Schutzfolie –2– in Pfeilrichtung –b– abziehen und die Wasserfangleiste an den Kotflügel vorn fest andrücken.

Innenkotflügel aus- und einbauen

JETTA

Innenkotflügel vorn

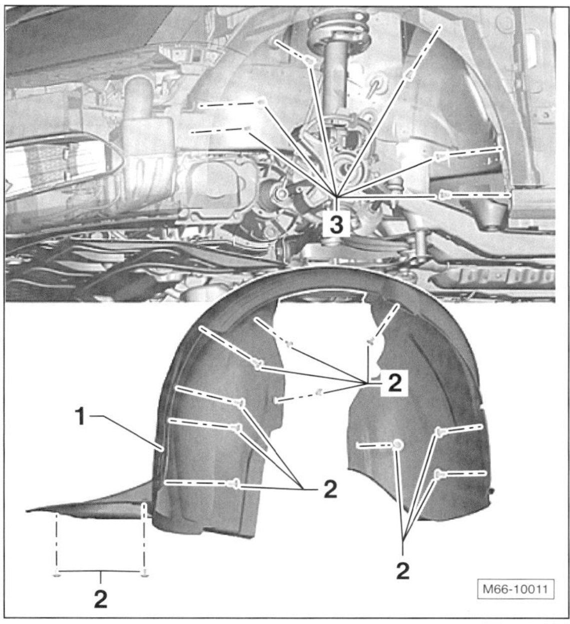

1 – Innenkotflügel

2 – Schrauben, 2 Nm
12 Stück.

3 – Spreizmuttern
6 Stück. Bei Beschädigung ersetzen.

Innenkotflügel hinten

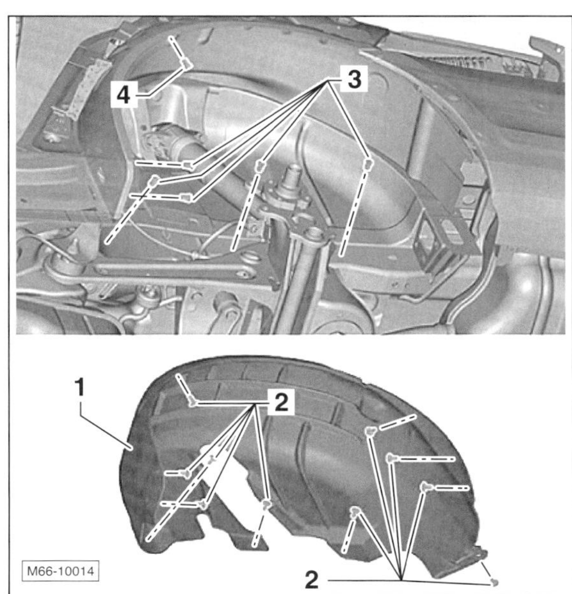

1 – Innenkotflügel

2 – Schrauben, 2 Nm
10 Stück.

3 – Spreizmuttern
5 Stück. Bei Beschädigung ersetzen.

4 – Spreizmutter
Achtung: Die **Spreizmutter –4–** dichtet den Innenraum gegen Abgase ab und **muss bei Beschädigung auf jeden Fall ersetzt werden.**

Schließbügel der Motorhaube aus- und einbauen

JETTA

Ausbau

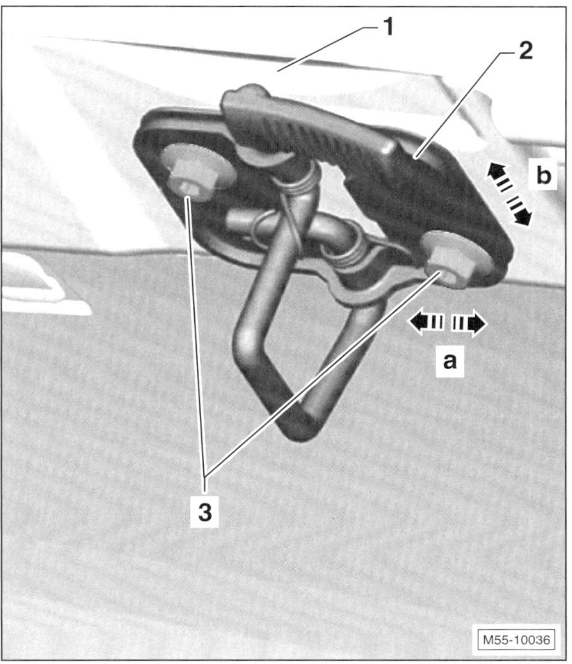

- Einbaulage markieren, dazu Schließbügel und Schraubenköpfe mit Filzstift umkreisen.
- Schrauben –3– herausdrehen und Schließbügel –2– von der Motorhaube –1– abnehmen.

Einbau

- Schließbügel ansetzen und mit **10 Nm** anschrauben.
- Schließmechanismus der Motorhaube prüfen, gegebenenfalls Haubenschloss einstellen.

Einstellen

- Befestigungsschrauben lockern und Schließbügel je nach Bedarf in Pfeilrichtung –a– oder –b– verschieben.

Kofferraumdeckel aus- und einbauen

JETTA

Ausbau

- Verkleidung für Kofferraumdeckel ausbauen, siehe entsprechendes Kapitel.

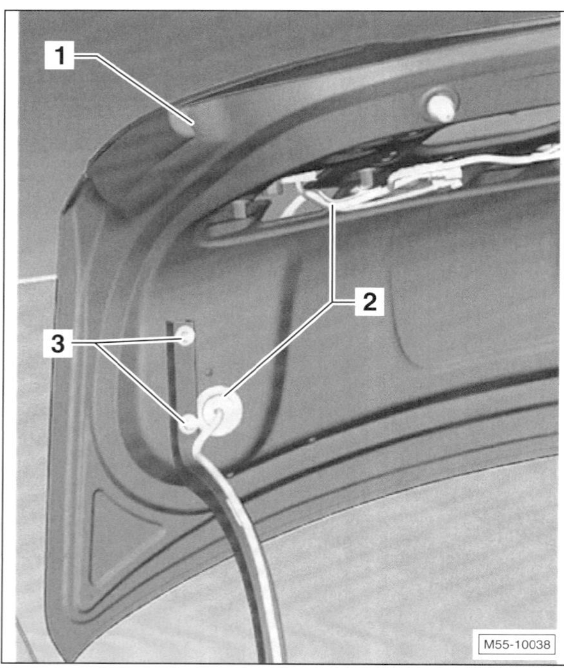

- Steckverbindungen der vorhandenen elektrischen Bauteile trennen.
- Elektrische Leitungen –2– mit Gummitülle aus dem Kofferraumdeckel –1– herausfädeln.
- Schrauben –3– links und rechts lockern, nicht abschrauben.
- Kofferraumdeckel zusammen mit einem Helfer abstützen.
- Schrauben –3– jetzt herausdrehen und Kofferraumdeckel abnehmen.

Einbau

- Der Einbau erfolgt in umgekehrter Ausbaureihenfolge. Schrauben mit **9 Nm** festziehen.

Achtung: Bevor der Kofferraumdeckel geschlossen wird, eine Funktionsprüfung der Entriegelungsbauteile durchführen.

Verkleidung für Kofferraumdeckel aus- und einbauen

JETTA

Ausbau

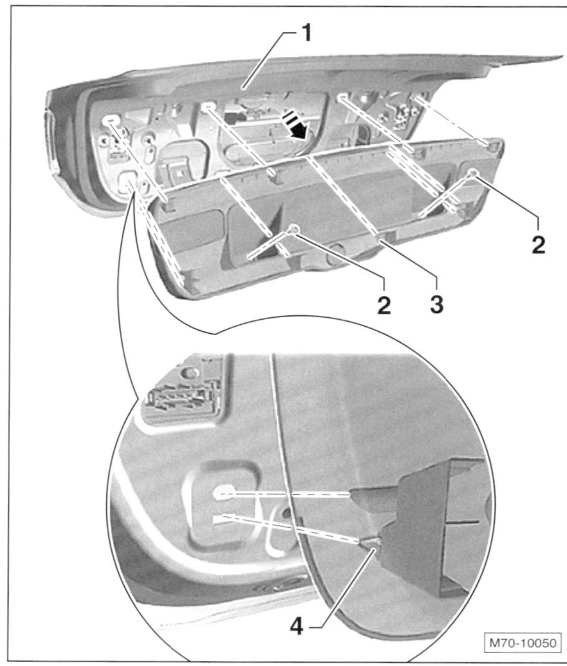

- 2 Schrauben –2– aus den Griffmulden herausdrehen.
- Halteklammern –4– mit einem Kunststoffkeil aus den Aufnahmen im Kofferraumdeckel herausdrücken.
- Verkleidung –3– in Pfeilrichtung vom Kofferraumdeckel –1– abnehmen.

Einbau

- Halteklammern auf Beschädigungen prüfen, gegebenenfalls ersetzen.
- Verkleidung mit den Halteklammern über den Aufnahmen ansetzen, andrücken und dadurch Halteklammern einrasten.
- 2 Schrauben mit **2 Nm** anschrauben.

Kofferraumdeckel einstellen

JETTA

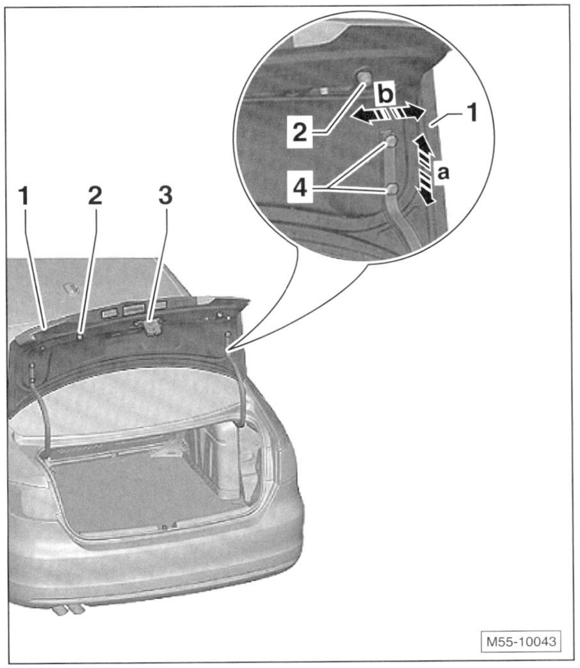

Einstellhinweise:

- Das Fahrzeug muss auf einer ebenen Fläche auf den Rädern stehen.
- Das Kofferraumdeckelschloss –3– ist direkt an den Kofferraumdeckel –1– angeschraubt. Es hat keine Langlöcher und kann somit nicht eingestellt werden.
- Die Puffer –2– links und rechts dienen nicht der Einstellung. Sie stabilisieren beziehungsweise dämpfen den Kofferraumdeckel.
- Der Kofferraumdeckel ist richtig eingestellt, wenn sie in geschlossenem Zustand überall ein gleichmäßiges Spaltmaß hat. Sie darf nicht zu weit nach innen oder außen stehen und die Konturen müssen mit den umliegenden Bauteilen fluchten.
- Der Kofferraumdeckel muss ohne größeren Kraftaufwand am Schließkeil einrasten.
- Die Schrauben –4– werden nicht abgeschraubt, nur gelöst.

Einstellen

- Abdeckung für den Schließkeil in der Schlossträgerabdeckung ausbauen.
- Schließkeil ausbauen, siehe Abbildung M55-10049.
- Schrauben/Muttern –2/4– so weit lösen, dass der Kofferraumdeckel an den Scharnierbügeln in Pfeilrichtung –a/b– gerade noch verschoben werden kann.
- Kofferraumdeckel schließen und zu den umliegenden Bauteilen so ausrichten, dass die Spaltmaße jeweils gleichmäßig breit sind und parallel verlaufen.

Spaltmaße JETTA:

Kofferraumdeckel – hintere Seitenteile: ..... $3{,}7^{\pm 0{,}5}$ mm
Oberflächen-Unterschied: .... $0{,}25^{\pm 0{,}75}$ mm
Heckleuchte im Seitenteil – Heckleuchte im Kofferraumdeckel: .... $3{,}5^{\pm 0{,}5}$ mm
Oberflächen-Unterschied: .... $-0{,}8^{+0{,}5}$ mm
Kofferraumdeckel – Stoßfänger: .... $5{,}0^{\pm 0{,}5}$ mm

- Kofferraumdeckel vorsichtig öffnen und Schrauben –4– mit **9 Nm** festziehen.

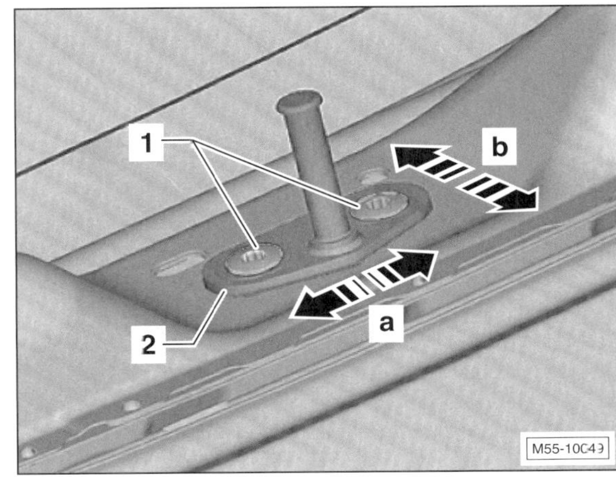

- Schließkeil –2– leicht anschrauben.
- Schließkeil in die obere Position bringen.
- Schrauben –1– so weit anziehen, dass sich der Schließkeil –2– in Pfeilrichtung –a/b– gerade noch verschieben lässt.
- Kofferraumdeckel schließen und Einstellung prüfen.
- Kofferraumdeckel vorsichtig öffnen und Schrauben –1– mit **18 Nm** festziehen.

Schloss für Kofferraumdeckel aus- und einbauen

JETTA

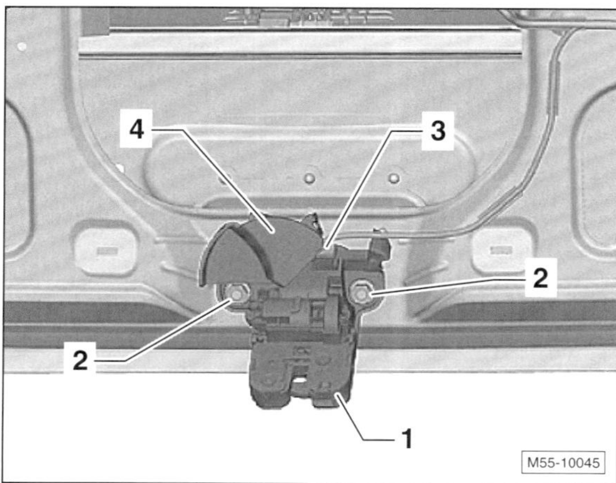

Hinweis: Läßt sich der Kofferraumdeckel nicht öffnen, kann er von Hand über die Notbetätigung –4– durch die Verkleidung des Kofferraumdeckels von innen geöffnet werden.

Ausbau

- Kofferraumdeckelverkleidung ausbauen, siehe entsprechendes Kapitel.
- Stecker –3– am Schloss –1– entriegeln und abziehen.
- 2 Muttern –2– abschrauben und Kofferraumdeckelschloss –1– vom Kofferraumdeckel abnehmen.

Einbau

- Der Einbau erfolgt in umgekehrter Ausbaureihenfolge, Schrauben mit **23 Nm** festziehen.

Achtung: Vor Schließen des Kofferraumdeckels korrekte Funktion der Schließ- und Öffnungsvorrichtung prüfen.

Tür aus- und einbauen

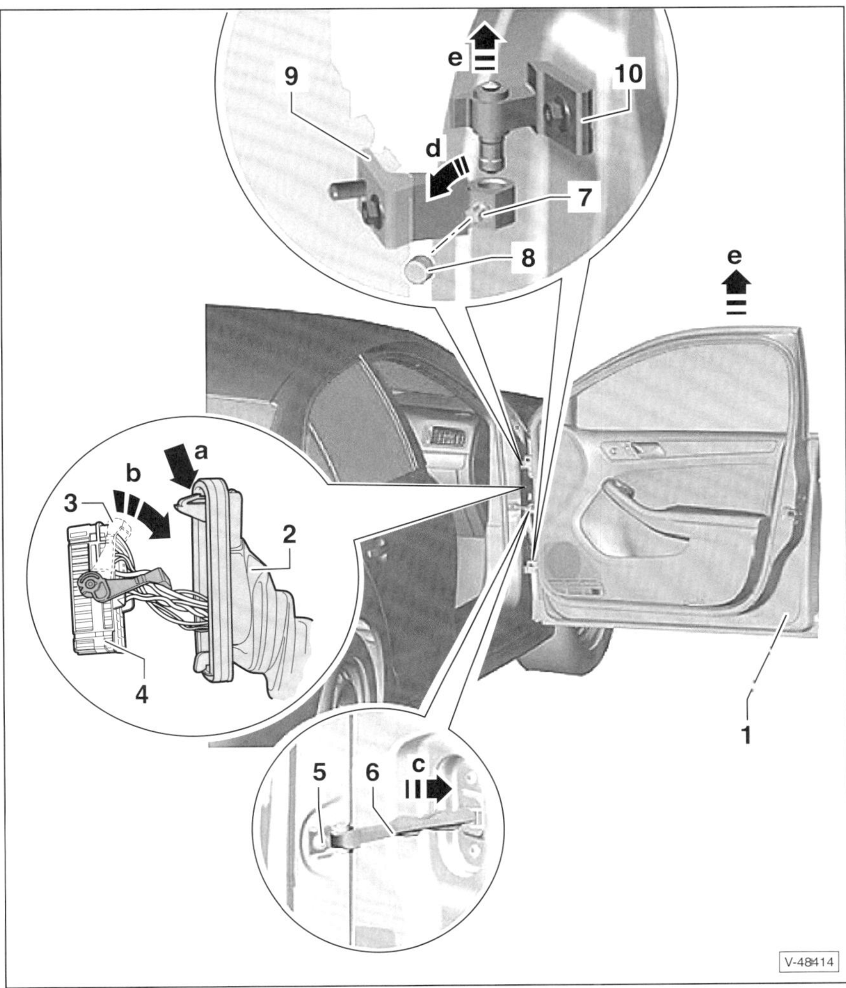

JETTA

Tür vorn

1 – Tür vorn

Ausbau

- ◆ Tür öffnen.
- ◆ Mit Kunststoffkeil auf den Rasthaken –Pfeil a– drücken und Faltenbalg –2– von der A-Säule abziehen.
- ◆ Verriegelungshebel –3– nach unten schwenken –Pfeil b– und Stecker –4– von der Kupplung an der A-Säule abziehen.
- ◆ Abdeckkappen –8– abheben.
- ◆ Schrauben –7– an den Scharnieren lösen –Pfeil d–.
- ◆ Schraube –5– an der Türbremse –6– herausdrehen.
- ◆ Türbremse –6– nach innen in Pfeilrichtung –c– schieben.
- ◆ Tür –1– nach oben in Pfeilrichtung –e– aus den Scharnieren –9– herausheben und auf einer weichen Unterlage ablegen.

Einbau

- ◆ Der Einbau erfolgt im umgekehrter Ausbaureihenfolge.
- ◆ Tür schließen und Spaltmaße prüfen. Gegebenenfalls Tür einstellen.

2 – Faltenbalg

3 – Verriegelungshebel

4 – Steckverbindung

5 – Schraube, 30 Nm

6 – Türbremse

7 – Schraube, 23 Nm

8 – Abdeckkappe

9 – Scharnier-Unterteil

10 – Scharnier-Oberteil

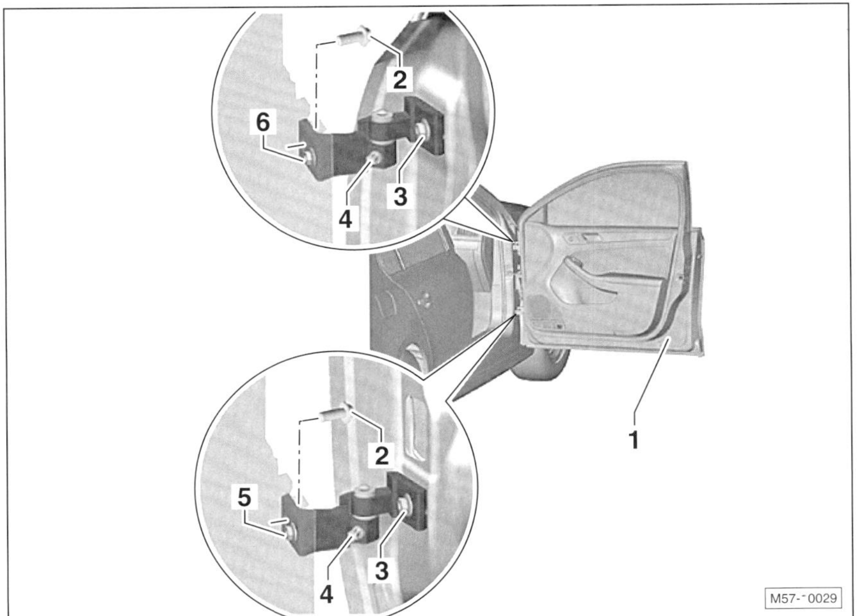

JETTA

Tür einstellen

1 – Tür vorn

2 – Schraube
Für Einstellung der Spaltmaße.

3 – Schraube
Für Einstellung der Bündigkeit.

4 – Schraube
Für Befestigung des Türbolzens.

5 – Schraube
Für Einstellung der Spaltmaße.
Zum Lösen muss die untere A-Säulenverkleidung ausgebaut werden.

6 – Schraube
Für Einstellung der Spaltmaße.
Zum Lösen muss die Armaturentafel ausgebaut werden (in diesem Band nicht beschrieben).

Spaltmaße

Tür vorn	$3{,}5^{\pm 0{,}5}$ mm
Kontur	$0{,}0^{\pm 0{,}3}$ mm
Tür hinten	$4{,}2^{\pm 0{,}5}$ mm
Kontur	0 – 1 mm
Tür unten	$4{,}5^{\pm 0{,}5}$ mm
Kontur	$-5{,}1^{\pm 0{,}5}$ mm

Türverkleidung aus- und einbauen

JETTA

Ausbau

- Zündung ausschalten, Zündschlüssel abziehen.

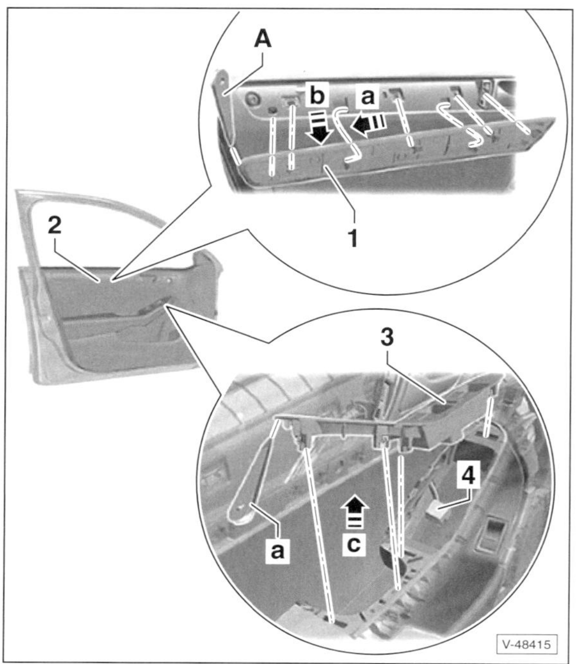

- Oberteil der Griffschale –3– mit einem Kunststoffkeil –A– nach oben in Pfeilrichtung –c– aus den Aufnahmen in der Türverkleidung –2– heraushebeln.
- Stecker –4– unten an der Griffschale abziehen.
- Zierblende –1– mit einem Keil –A– vosichtig aus den Halteklammern heraushebeln. Anschließend Blende in Pfeilrichtung –a– schieben und dann in Pfeilrichtung –b– von der Türverkleidung abnehmen.

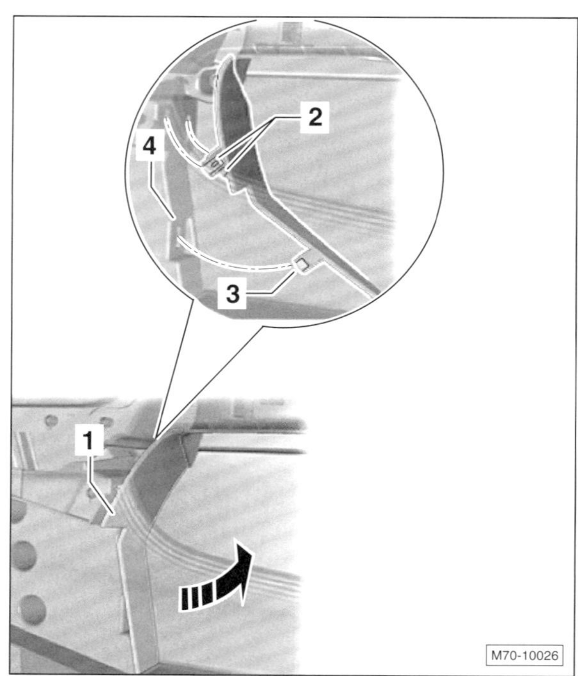

- Unterteil der Griffschale –1– mit einem Kunststoffkeil in Pfeilrichtung mit den Blechklammern –2/3– aus der Türverkleidung –4– heraushebeln.

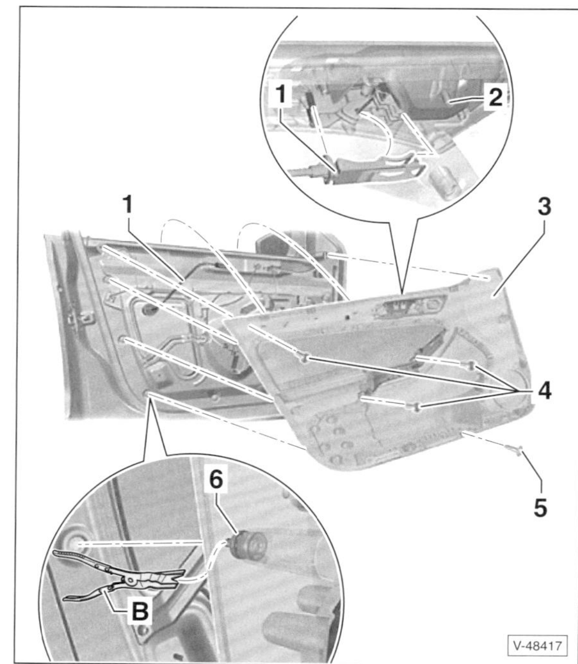

- Schrauben –4/5– herausdrehen.
- Türverkleidung –3– von der Tür abdrücken. Dabei im unteren Bereich beginnen und die Spezialzange –B–, zum Beispiel VW-3392 oder HAZET 799-4, jeweils an den Clips –6– ansetzen.

- Türverkleidung senkrecht nach oben aus der Fensterschachtabdichtung herausziehen.
- Seilzug –1– aus der Türinnenbetätigung –2– aushängen.
- Je nach Ausstattung die elektrischen Stecker von der Türverkleidung abziehen.
- Bei manueller Außenspiegelverstellung die Verstelleinheit aus der Türverkleidung herausnehmen.

Einbau

- Halteclips für Türinnenverkleidung prüfen, gegebenenfalls ersetzen.

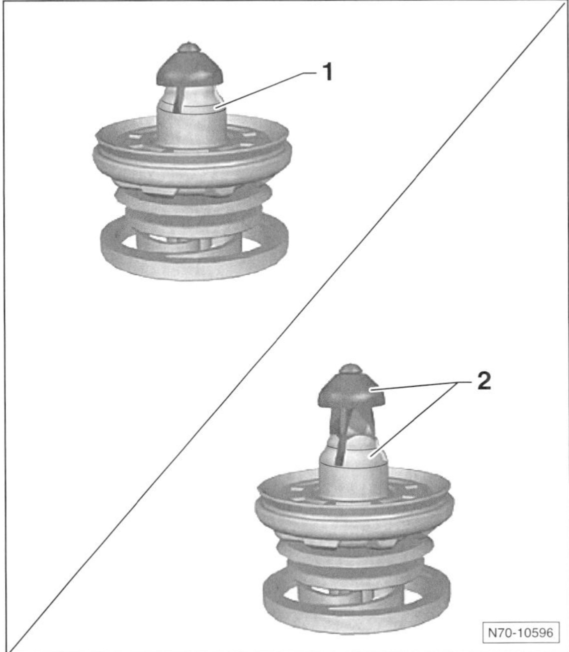

- Stellung der Halteclips prüfen, gegebenenfalls Verriegelungsmechanismus der Clips in Stellung –1– bringen. **Hinweis:** Mit Clips in Stellung –2– kann die Türverkleidung nicht sicher befestigt werden.
- Der weitere Einbau erfolgt in umgekehrter Ausbaureihenfolge. **Anzugsdrehmomente:**
  Schrauben –4– (Abbildung V-48417) . . . . **4 Nm**
  Schraube –5– (Abbildung V-48417) . . . . **2 Nm**

Achtung: Vor Schließen der Tür den Öffnungsmechanismus der Türinnenbetätigung prüfen.

Türfensterscheibe aus- und einbauen

JETTA

Ausbau

- Türverkleidung ausbauen, siehe entsprechendes Kapitel.

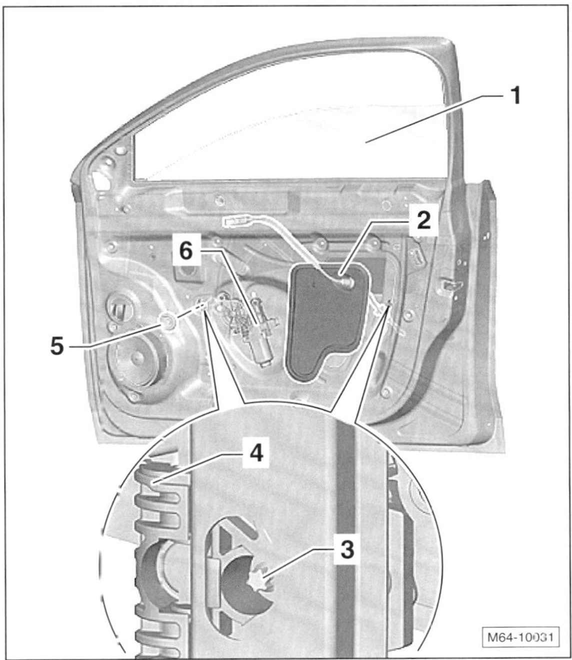

- Abdeckung –2– ausbauen. Dazu Abdeckung im unteren bereich vom Türblech abheben. Anschließend Abdeckung nach unten ziehen und abnehmen. Falls erforderlich, Seilzug für Türinnenbetätigung aus der Abdeckung herausziehen und, falls vorhanden, Steckverbindung an der Tülle trennen.
- Abdeckkappe –5– heraushebeln.
- Türscheibe –1– absenken, bis die Klemmschrauben –3– zugänglich sind. Falls der Fensterhebermotor –6– defekt ist, diesen ausbauen und Türscheibe in die entsprechende Position schieben.
- Klemmschraube –3– (Linksgewinde) durch rechts drehen lösen, nicht abschrauben.
- Klemmbacken –4– auseinanderdrücken.

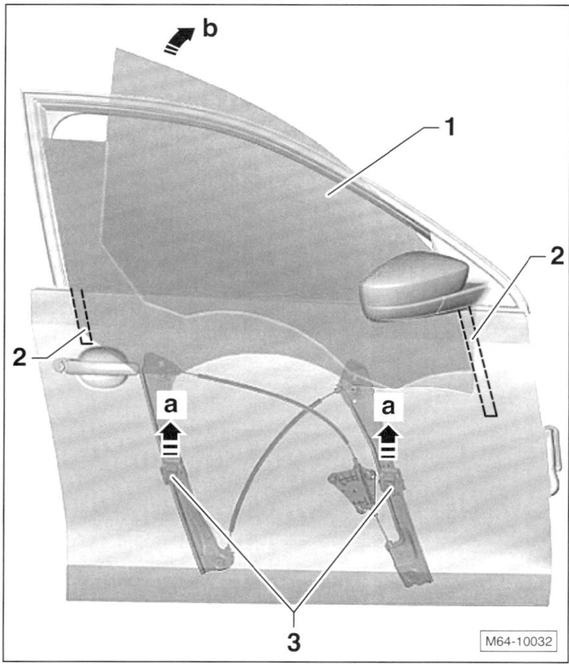

- Türscheibe –1– nach oben, in Pfeilrichtung –a–, aus den Klemmbacken –3– herausziehen.
- Türscheibe hinten anheben, nach vorn, in Pfeilrichtung –b–, aus den Fensterführungen –2– herausschwenken.

Einbau

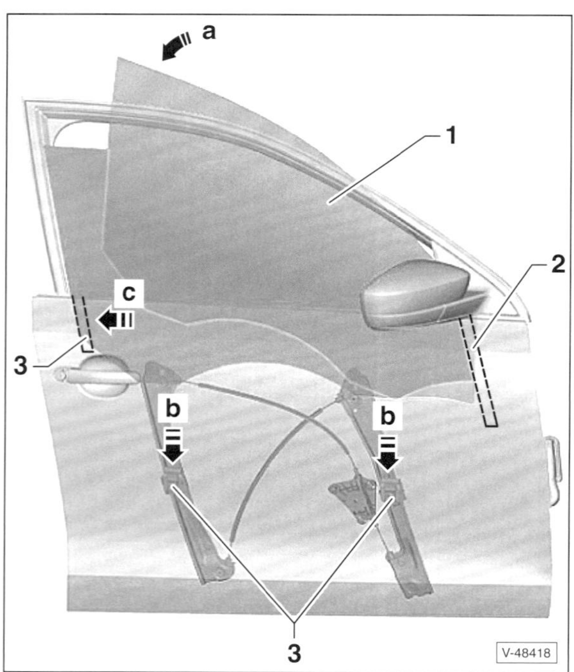

- Türscheibe –1– in die vordere Fensterführung –2– einsetzen, dann nach hinten in die hintere Fensterführung –3– einschwenken –Pfeil a–. Auf richtigen Sitz der Türscheibe in den Fensterführungen achten.
- Türscheibe ohne Druck in die Klemmbacken –3– einsetzen –Pfeile b–.
- Türscheibe an die hintere Fensterführung –3– andrücken –Pfeil c–.
- Klemmschrauben mit **8 Nm** festziehen. Dazu Schrauben entgegen dem Uhrzeigersinn drehen (Linksgewinde).
- Türscheibe rauf- und runterfahren und damit die Funktion prüfen.
- Der weitere Einbau erfolgt in umgekehrter Ausbaureihenfolge.

Fensterheber aus- und einbauen

JETTA

Ausbau

- Türscheibe ausbauen, siehe entsprechendes Kapitel.
- Fensterhebermotor ausbauen, siehe entsprechendes Kapitel.

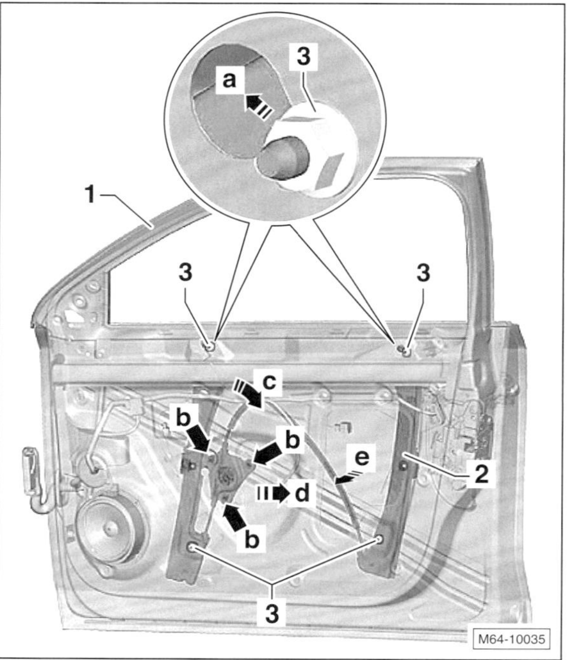

- Rasthaken der Seiltrommel –Pfeile b– entriegeln und in die Tür –1– schieben.
- 2 untere Muttern –3– herausdrehen und die Gewindebolzen des Fensterhebers in die Tür schieben.
- 2 obere Muttern –3– lösen, nicht abschrauben.
- Fensterheber mit den Befestigungsbolzen in Pfeilrichtung –a– durch die größere Bohrung in die Tür schieben, siehe Bildausschnitt.
- Fensterheber –2– mit Seiltrommel in Pfeilrichtung –c–, –d–, –e– durch die Öffnung im Türblech herausschwenken.

Einbau

Hinweis: Falls der Fensterheber ersetzt wird, obere Muttern umbauen und leicht auf die Bolzen aufschrauben.

- Fensterheber durch die Öffnung im Türblech einsetzen.
- Fensterheber mit den oberen Muttern durch die großen Bohrungen im Türblech einsetzen und zum Langloch hin verschieben.
- Untere Gewindebolzen durch das Türblech stecken und die unteren Muttern aufschrauben.
- 4 Muttern –3– mit **8 Nm** festschrauben.
- Führungen der Seiltrommel durch das Türblech stecken, bis die Rashaken verriegeln.
- Fensterhebermotor einbauen, siehe entsprechendes Kapitel.
- Türscheibe einbauen, siehe entsprechendes Kapitel.

Türschloss aus- und einbauen

JETTA

Ausbau

- Türverkleidung ausbauen, siehe entsprechendes Kapitel.
- Abdeckung ausbauen, siehe Türscheibe ausbauen.

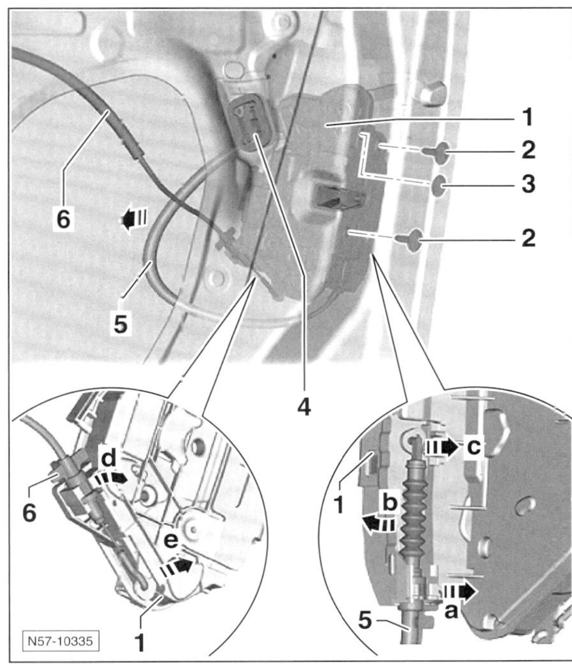

- Abdeckkappe –3– heraushebeln.
- Steckverbindung –4– trennen.
- Falls vorhanden, Schließzylinder ausbauen, siehe entsprechendes Kapitel.
- Schrauben –2– herausdrehen und Türschloss –1– aus der Tür herausnehmen.
- Seilzug –5– um 90° verdrehen und aus der Halterung in Pfeilrichtung –a– ausclipsen.
- Seilzug –5– so weit in Pfeilrichtung –b– schwenken, bis er aus der Öse im Türschloss –1– herausgefädelt werden kann –Pfeil c–.
- Seilzug –6– um 90° verdrehen und aus der Halterung in Pfeilrichtung –a– ausclipsen.
- Seilzug –6– so weit in Pfeilrichtung –d– schwenken, bis er aus der Öse im Türschloss –1– herausgefädelt werden kann –Pfeil e–

Einbau

- Der Einbau erfolgt in umgekehrter Ausbaureihenfolge. Schrauben –2– mit **18 Nm** anziehen.

Achtung: Vor Schließen der Tür unbedingt Funktion des Türschlosses prüfen. Bei nicht korrekter Einstellung und Verclipsung der Seilzüge kann das Türschloss nicht entriegelt und somit die Tür nicht geöffnet werden.

Schließzylinder aus- und einbauen

JETTA

Hinweis: Schließzylinder und Abdeckkappe sind nur auf der Fahrerseite eingebaut. Auf der Beifahrerseite befindet sich nur eine Abdeckung.

Ausbau

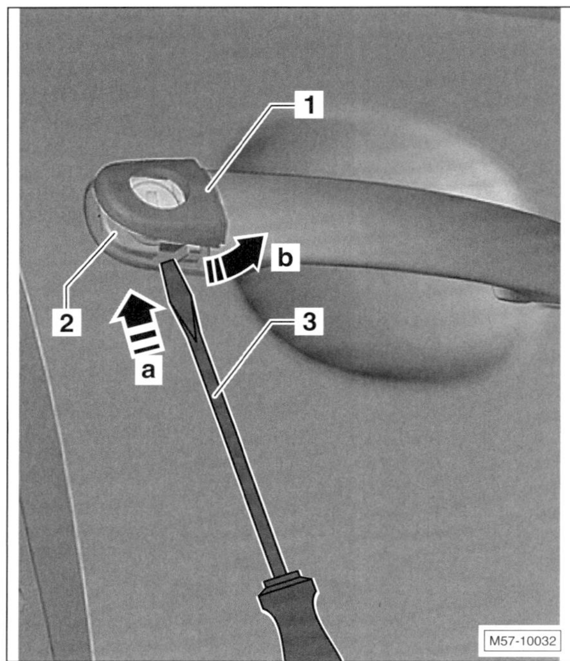

- Mit einem kleinen Schraubendreher –3– in Pfeilrichtung –a– in die Öffnung an der Unterseite der Abdeckkappe –1– des Schließzylinders –2– drücken.
- Abdeckkappe –1– zusammen mit dem Schraubendreher an der Unterseite leicht von der Tür abziehen –Pfeil b– und nach oben vom Schließzylinder herunterschieben.

Achtung: Abdeckkappe nicht abhebeln. Schraubendreher nicht drehen zum Abnehmen der Abdeckkappe.

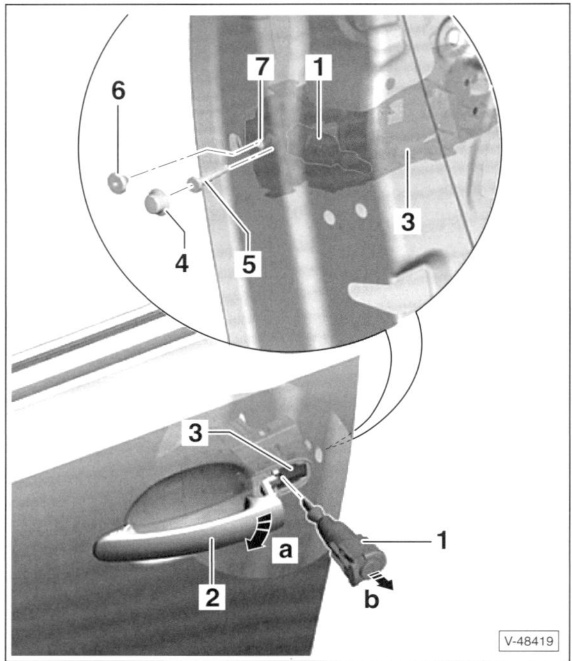

- Abdeckkappen –4– und –6– abhebeln. **Hinweis:** Das Aussehen der Abdeckkappen kann von den abgebildeten Abdeckkappen abweichen.
- Schraube –5– herausdrehen.
- Schraube –7– bis zum Anschlag herausdrehen damit die Schraube den Schließzylinder frei gibt.
- Türgriff –2– in Pfeilrichtung –a– von der Tür wegschwenken.
- Schließzylindergehäuse –1– im rechten Winkel zur Tür in Pfeilrichtung –b– aus dem Lagerbügel –3– herausziehen.

Einbau

- Türgriff –2– in Pfeilrichtung –a– von der Tür wegschwenken.
- Schießzylinder im rechten Winkel in den Lagerbügel hineinstecken.

Achtung: Während der Montage muss das Schließzylindergehäuse an das Türaußenblech angedrückt werden.

- Schrauben –5– und –7– in den Lagerbügel hineinschrauben und mit **4 Nm** anziehen.
- Abdeckkappen auf die Schrauben aufdrücken.
- Abdeckkappe für Schließzylinder leicht abgewinkelt von oben auf den Schließzylinder aufsetzen.
- Abdeckkappe nach unten schwenken, gegen die Tür drücken und einrasten.
- Vor Schließen der Tür unbedingt Funktionsprüfung von Schließzylinder und Türschloss durchführen.

Abdeckkappe am Türgriff aus- und einbauen

Beifahrerseite/hintere Türen

JETTA

Hinweis: Der Ausbau der Abdeckkappe für die Fahrertür steht im Kapitel »Schließzylinder aus- und einbauen«. Hier wird der Ausbau an Türen ohne Schließzylinder beschrieben.

Aubau

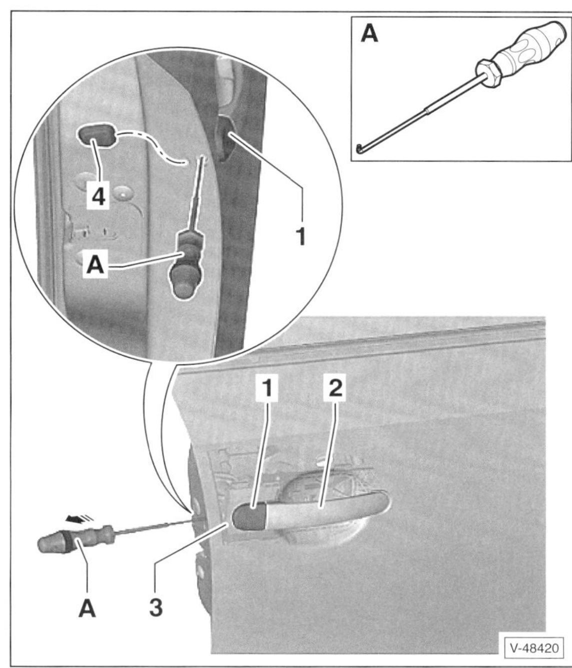

- Abdeckung –4– an der Stirnseite der Tür heraushebeln. **Hinweis:** Das Aussehen der Abdeckung kann von der abgebildeten Abdeckung abweichen. Statt einer Abdeckung für beide Bohrungen können auch 2 Abdeckungen vorhanden sein.
- Durch diese Öffnung den Montagehaken –A–, zum Beispiel VW-T10389– etwa 60 mm in die Tür einschieben und hinter den Verriegelungshaken –3– des Lagerbügels bringen.
- Montagehaken so weit herausziehen –Pfeil–, bis der Verriegelungshaken entriegelt. 1 – Abdeckkappe, 2 – Türgriff.

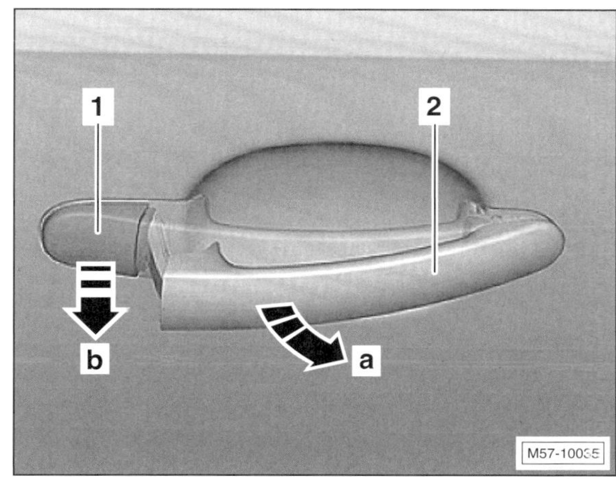

- Türgriff –2– in Pfeilrichtung –a– ziehen und Abdeckkappe –1– in Pfeilrichtung –b– abziehen.

Einbau

- Türgriff in Öffnungsstellung ziehen und halten.
- In dieser Stellung die Abdeckkappe im rechten Winkel in den Lagerbügel hineinschieben.
- Durch die rechte Öffnung an der Stirnseite der Tür einen Schraubendreher einschieben und an den Verriegelungshaken des Lagerbügels anlegen.
- Schraubendreher so weit hineindrücken, bis der Haken verriegelt.
- Abdeckung an der Stirnseite der Tür einsetzen.

Türaußengriff aus- und einbauen

JETTA

Ausbau

- Schließzylinder oder Abdeckkappe ausbauen, siehe entsprechendes Kapitel.

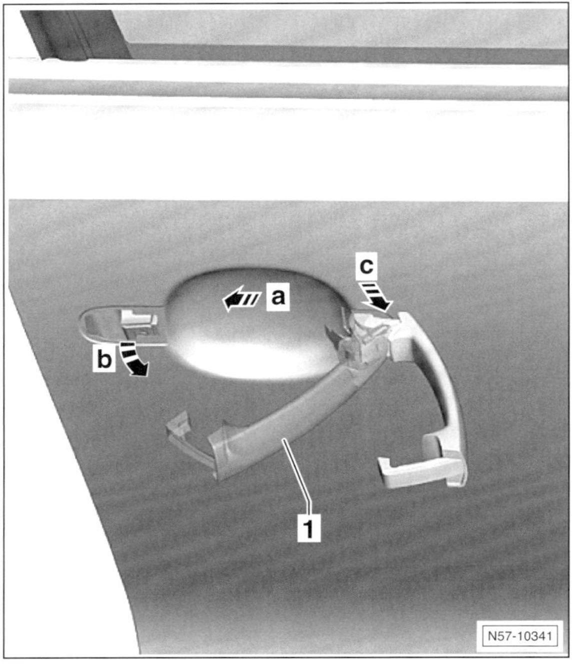

- Türgriff –1– etwas nach hinten in Pfeilrichtung –a– aus der Aufnahme im Lagerbügel herausziehen.
- Türgriff in Pfeilrichtung –b– von der Tür wegschwenken.
- Türgriff im rechten Winkel –Pfeil c– aus dem Lagerbügel herausziehen und abnehmen.
- Falls vorhanden, Stecker vom Türgriff abziehen.

Einbau

- Falls vorhanden, Stecker am Türgriff aufstecken.
- Türgriff im rechten Winkel zur Tür in den Lagerbügel einsetzen.
- Türgriff zur Tür schwenken und in die Öffnung am Türblech einsetzen.
- Türgriff parallel zur Türoberfläche kräftig nach vorn in den Lagerbügel drücken.
- Schließzylinder oder Abdeckkappe einbauen, siehe entsprechendes Kapitel.
- Vor Schließen der Tür unbedingt Funktionsprüfung von Türgriff, Schließzylinder und Türschloss durchführen.

Spiegelglas aus- und einbauen

JETTA

Ausbau

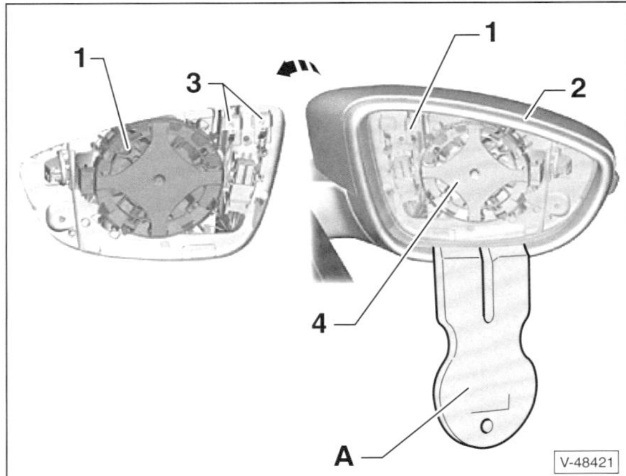

- Untere Gehäusekante des Außenspiegels mit Klebeband abkleben und dadurch vor Beschädigungen schützen.
- Spiegelglas –1– oben in das Spiegelgehäuse –2– drücken.
- Kunststoffkeil –A–, zum Beispiel HAZET 1965-21, unten einführen, Spiegelglas vorsichtig vom Halter –4– abheben.
- Spiegelglas –1– in Pfeilrichtung zur Seite schwenken Anschlusskabel –3– für elektrisch beheizbaren Außenspiegel abziehen. Dabei die angenieteten Kontaktzungen festhalten, um Beschädigungen zu vermeiden.

Einbau

- Anschlusskabel am Spiegelglas aufstecken.

Sicherheitshinweis
Beim Aufdrücken des Spiegelglases unbedingt Handschuhe anziehen oder sauberen Lappen unterlegen. Bruch- und Verletzungsgefahr!

- Spiegelglas mittig auf den Halter setzen, aufdrücken und einrasten. Durch Hin- und Herbewegen des Spiegelglases festen Sitz in der Halterung prüfen.
- Außenspiegel einstellen.

Außenspiegel aus- und einbauen

JETTA

Ausbau

- Türverkleidung ausbauen, siehe entsprechendes Kapitel.

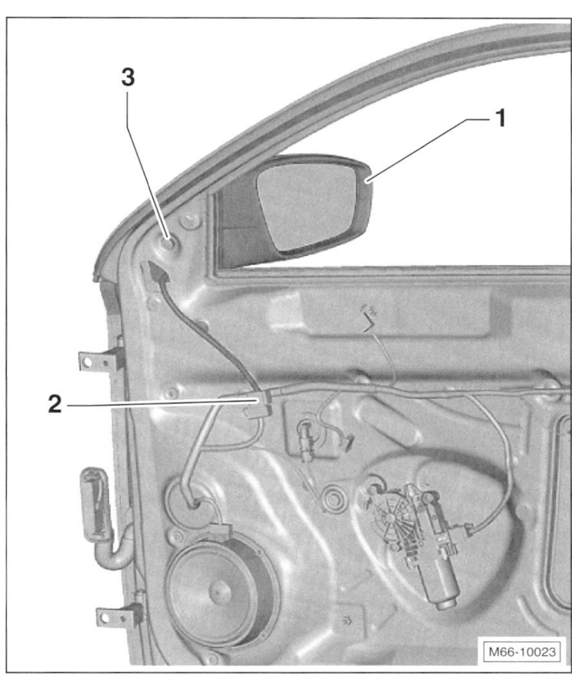

- Steckverbindung –2– trennen. Kabel an der Tür ausclipsen.
- Außenspiegel –1– festhalten, Schraube –3– herausdrehen und Außenspiegel von der Tür abnehmen. Dabei auf den Sitz des Schaumteils achten, damit es beim Einbau in gleicher Position eingesetzt werden kann.
- Elektrische Leitung durch die Öffnung in der Tür herausführen.

Einbau

- Elektrische Leitung durch die Öffnung in der Tür führen.
- Außenspiegel von unten in die Fensterführung einschieben und im unteren Bereich an die Tür anklappen.
- Der weitere Einbau erfolgt in umgekehrter Ausbaureihenfolge. Spiegel mit **8 Nm** anschrauben.

Karosserie außen: TOURAN

Achtung: In diesem Kapitel werden die Arbeitsschritte für das Modell »**TOURAN**« beschrieben. Arbeiten, die weitgehend gleich wie beim **GOLF VARIANT** sind, stehen im Hauptkapitel »**Karosserie außen**«.

Windlaufgrill aus- und einbauen

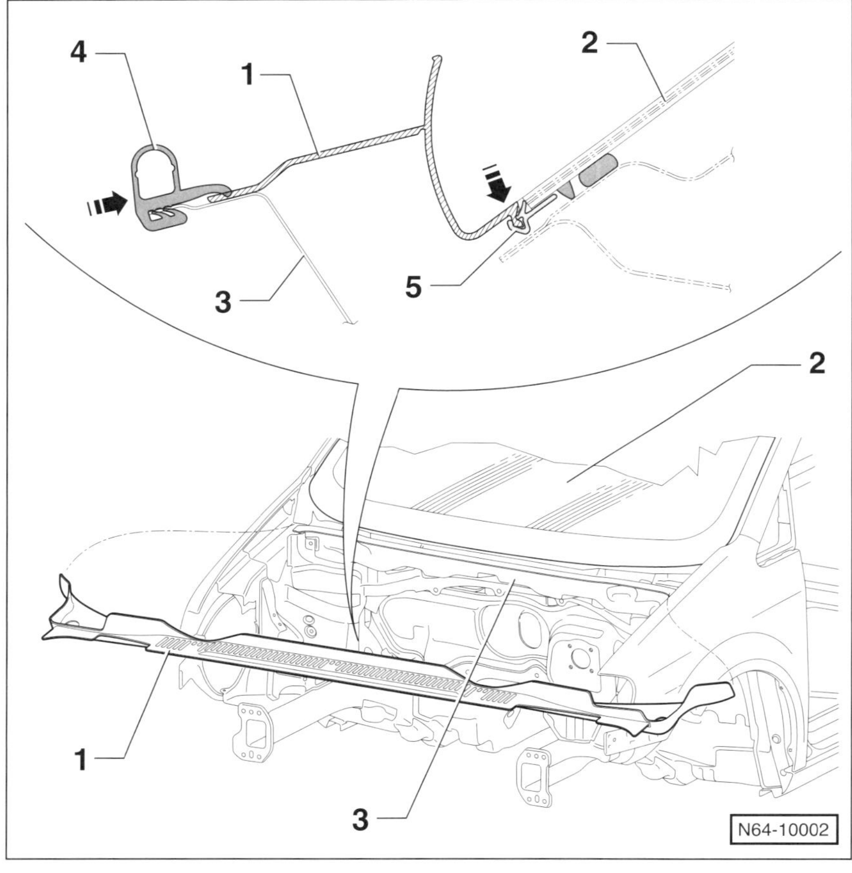

TOURAN

1 – **Windlaufgrill**

Ausbau

- ◆ Wischerarme ausbauen, siehe Seite 88.
- ◆ Dichtung –4– auf der gesamten Länge vom Wasserkasten –3– abziehen.
- ◆ Windlaufgrill vorsichtig nach oben aus der Aufnahme –5– herausziehen. Dabei auf der rechten Seite beginnen. **Achtung:** Windlaufgrill nicht mit einem Kunststoffkeil von der Frontscheibe –2– abhebeln.

Einbau

- ◆ Den Bereich um die Aufnahme –5– mit Seifenlauge einsprühen. Dies erleichtert das Einsetzen des Windlaufgrills in die Aufnahme.
- ◆ Windlaufgrill auf die Aufnahme setzen und dann, von der Mitte ausgehend, nach beiden Seiten vorsichtig in die Aufnahme drücken.
- ◆ Dichtung –4– einlegen und am Wasserkasten aufdrücken.
- ◆ Wischerarme einbauen, siehe Seite 88.

2 – **Frontscheibe**

3 – **Wasserkasten**

4 – **Dichtung**

5 – **Aufnahme**

Innenkotflügel aus- und einbauen

TOURAN

Innenkotflügel vorn

Ausbau

Sicherheitshinweis
Beim Aufbocken des Fahrzeugs besteht Unfallgefahr! Deshalb vorher das Kapitel »Fahrzeug aufbocken« durchlesen.

- Vorderrad ausbauen.

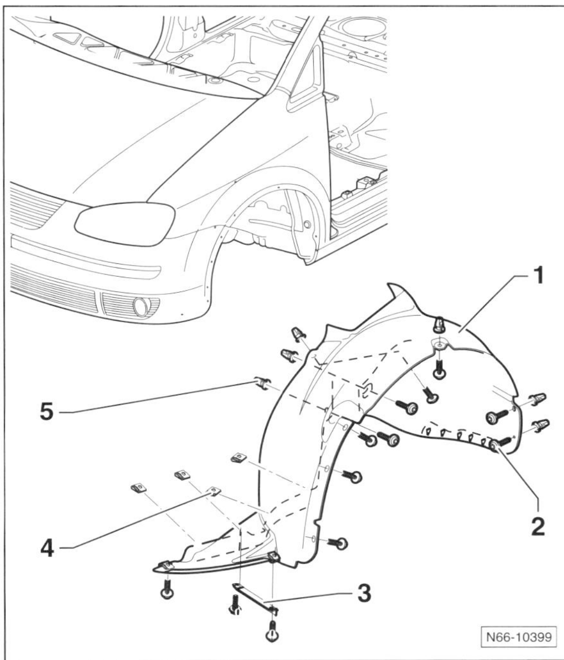

- 15 Schrauben –2– herausdrehen.
- Innenkotflügel –1– aus dem Radkasten herausziehen. 3 – Spoiler (nur Modell »Blue-Motion«), 4 – Blechmuttern, 5 – Spreizmuttern.

Einbau

- Innenkotflügel in den Radkasten einsetzen und Schrauben mit **2 Nm** festschrauben.
- Vorderrad einbauen.

Innenkotflügel hinten

Ausbau

- Hinterrad ausbauen.

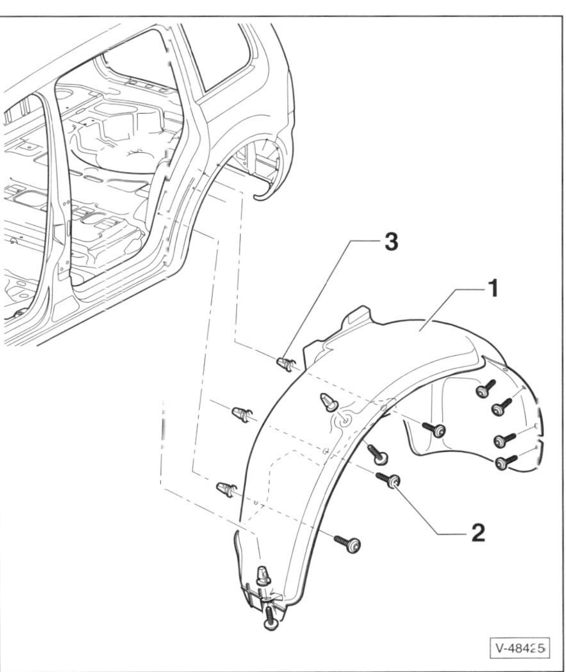

- 8 Schrauben –2– herausdrehen und Innenkotflügel –1– aus dem hinteren Radkasten herausziehen. 3 – Spreizmuttern.

Einbau

- Spreizmuttern auf Beschädigung prüfen, gegebenenfalls ersetzen. **Achtung:** Die 4 **Spreizmuttern –3–** am Seitenteil innen dichten den Innenraum gegen Abgase ab und **müssen bei Beschädigung auf jeden Fall ersetzt werden.**
- Innenkotflügel knickfrei in den Radkasten einsetzen und Schrauben mit **2 Nm** festschrauben.
- Hinterrad einbauen.

Motorhaube aus- und einbauen

TOURAN

Ausbau

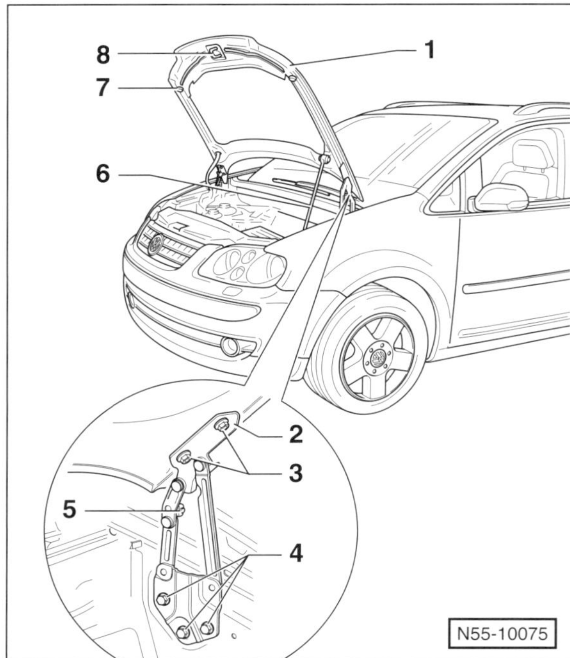

- Motorhaube –1– öffnen. **Hinweis:** In der Abbildung ist die Motorhaube des **TOURAN I** dargestellt. Die Motorhaube des **TOURAN III** unterscheidet sich nur im Aussehen und den inneren Anbauteilen.
- Steckverbindungen sowie Schläuche für Scheibenwaschanlage trennen.

Hinweis: Soll die bisherige Motorhaube wieder eingebaut werden, an den Schlauchenden eine Schnur befestigen. Beim Herausziehen der Schläuche wird die Schnur eingezogen und bleibt anschließend in der Motorhaube.

- Für den Wiedereinbau Einbaulage der Scharniere –2– mit Filzstift an der Motorhaube markieren.
- Auf jeder Seite 2 Scharniermuttern –3– an der Motorhaube lockern, aber nicht abschrauben.
- Motorhaube von einem Helfer abstützen lassen. Gasdruckfeder –6– vom oberen Kugelzapfen abziehen, siehe Kapitel »Gasdruckfeder aus- und einbauen«.
- Motorhaube abstützen und Muttern –3– abschrauben. Motorhaube mit einem Helfer von den Scharnieren abnehmen und vorsichtig ablegen.

Einbau

- Motorhaube mit dem Helfer am Scharnier ansetzen. Die alte Motorhaube dabei nach den Markierungen ausrichten. Scharniermuttern –1– handfest anschrauben.
- Gasdruckfeder auf den Kugelzapfen aufdrücken und einrasten.
- Motorhaube schließen und auf korrekte Spaltmaße einstellen, siehe entsprechendes Kapitel.
- Scharniermuttern mit **22 Nm** festziehen.
- Elektrische Leitungen verbinden sowie Schläuche für Scheibenwaschanlage aufstecken.

Motorhaube einstellen

TOURAN

Hinweis: Die Bezeichnungen im Text beziehen sich auf Abbildung N55-10075.

- Das Fahrzeug muss auf einer ebenen Fläche auf den Rädern stehen.
- Für den Wiedereinbau Einbaulage des Schließbügels zur Motorhaube mit einem Filzstift markieren.
- Schließbügel –8– von der Motorhaube –1– abschrauben, siehe entsprechendes Kapitel.
- Gasdruckfeder –6– vom oberen Kugelzapfen abbauen, siehe Seite 251.
- Motorhaube schließen und Spaltmaße der Motorhaube prüfen, dabei soll der Spalt zum rechten und linken Kotflügel jeweils gleichmäßig breit sein und parallel verlaufen.

  Spaltmaße – TOURAN , Sollwerte:
  Motorhaube – Kotflügel: . . . . $3{,}0^{+1{,}0}$ mm
  Motorhaube – Kühlergrill (Stoßfängerabdeckung): $0{,}5^{+0{,}5}$ mm
  Motorhaube – Scheinwerfer: . . . . $4{,}0^{+1{,}0}$ mm
- Gegebenenfalls Motorhaube öffnen, Scharniermuttern –3– an der Motorhaube lockern und Motorhaube durch Verschieben nach links oder rechts ausrichten. 5 – Anschlag für Scharnier –2–, einstellbar.
- Scharnierschrauben –4– an der Karosserie lockern und Motorhaube im hinteren Bereich in der Höhe ausrichten.
- Scharnierschrauben und -muttern mit **22 Nm** festziehen.
- Einstellpuffer –7– so weit verdrehen, bis die Motorhaube vorne bündig mit den Kotflügeln ist. **Hinweis:** Beim **TOURAN III** sind auf jeder Seite 2 Einstellpuffer vorhanden.

Hinweis: Als Einstellhilfe Knetmasse oder Kaugummi an den Einstellpuffern aufdrücken. Nach Schließen der Motorhaube ist am Abdruck in der Knetmasse zu erkennen, ob die Motorhaube richtig aufliegt.

- Schließbügel mit **10 Nm** an der Motorhaube festschrauben. **Hinweis:** Der Schließbügel kann bei gelockerten Schrauben durch Verschieben in den Langlöchern eingestellt werden.
- Scharniere –2–, Schrauben –4– und Muttern –3– gegen Rost schützen.

- Motorhaube schließen und Spaltmaße erneut prüfen. Falls die Spaltmaße nicht mehr mit den Sollwerten übereinstimmen, Haubenschloss folgendermaßen einstellen:

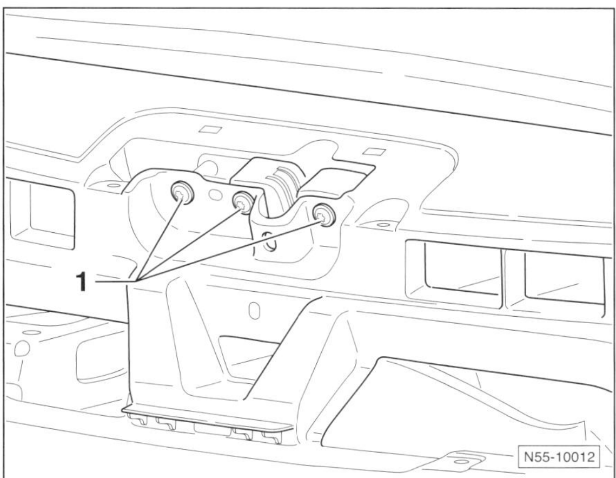

- Motorhaube öffnen.
- Schrauben –1– so weit lockern, dass sich das Haubenschloss gerade noch verschieben läßt.
- Motorhaube schließen und Spaltmaße korrigieren.
- Motorhaube vorsichtig öffnen und die Schrauben am Haubenschloss mit **12 Nm** festziehen.

Heckklappe aus- und einbauen/ einstellen

TOURAN

Ausbau

- Heckklappenverkleidung ausbauen, siehe entsprechendes Kapitel.
- Elektrische Steckverbindungen für Heckscheibenheizung und -wischer sowie für Zusatzbremsleuchte und Zentralverriegelung trennen. Schlauch für Heckscheibenwaschanlage abziehen.
- Faltenbalg für Leitungen aus der Heckklappe lösen und herausziehen.

Hinweis: Als Montagehilfe für den Wiedereinbau an der Leitungsenden eine Schnur befestigen, die nach dem Herausziehen der Leitungen in der Klappe bleibt.

- Leitungen und Schlauch durch die Öffnungen in der Heckklappe herausziehen.

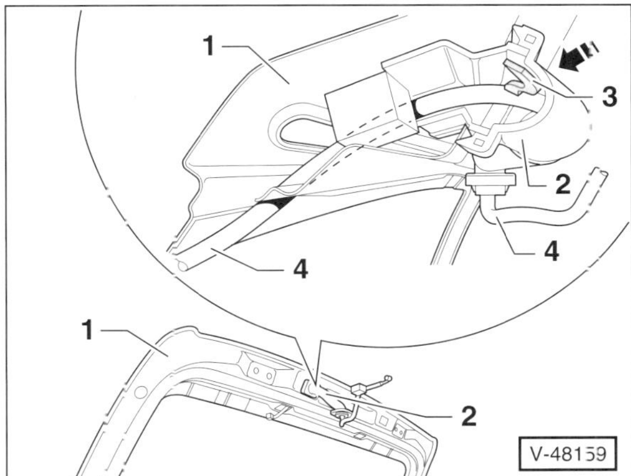

- Leitungsdurchführung an der Heckklappe –1– ausbauen. Dazu Entriegelungshebel –3– im Innern der Gummitülle –2– kräftig herunterdrücken –Pfeil– und Kabeldurchführung abnehmen. Leitungen –4– aus der Heckklappe herausziehen.

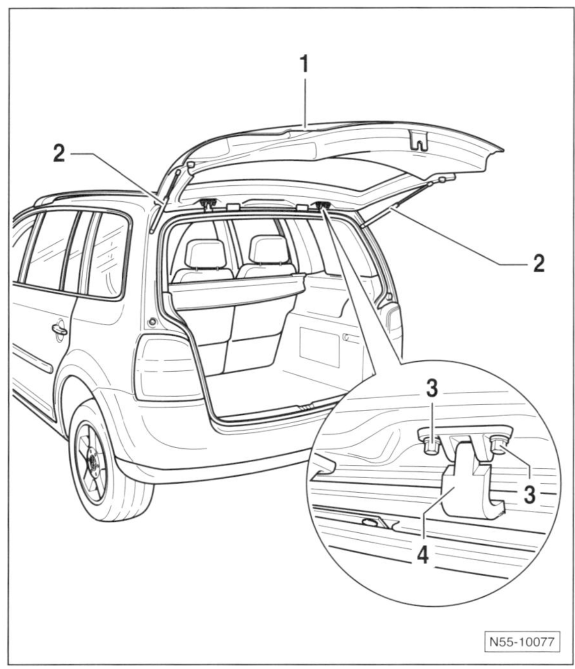

- Für den Wiedereinbau die Einbaulage der Scharniere –4– an der Heckklappe –1– mit einem Filzschreiber markieren.
- Auf jeder Seite 2 Scharnierschrauben –3– an der Heckklappe lockern, aber nicht herausdrehen.
- Heckklappe von einem Helfer abstützen lassen. Beide Gasdruckfedern –2– vom oberen Kugelzapfen abziehen, siehe Seite 251.
- Schrauben –3– herausdrehen, Heckklappe –1– mit Helfer abnehmen und vorsichtig ablegen.

Einbau

- Heckklappe mit Helfer am Scharnier ansetzen. Die alte Heckklappe dabei nach den Markierungen ausrichten.
- Schrauben –3– links und rechts handfest eindrehen.
- Gasdruckfeder auf Kugelzapfen aufdrücken und einrasten. Zweite Gasdruckfeder einbauen.
- Heckklappe schließen und auf korrekte Spaltmaße einstellen, siehe entsprechenden Abschnitt.
- Scharnierschrauben –3– mit **10 Nm** festziehen.
- Leitungsdurchführung an der Heckklappe einsetzen und einrasten.
- Wasserschlauch sowie elektrische Leitungen mithilfe der Schnur einziehen beziehungsweise bei einer neuen Heckklappe verlegen. Wasserschlauch und elektrische Leitungen anschließen.
- Heckklappenverkleidung einbauen, siehe entsprechendes Kapitel.

Prüfen/Einstellen

Achtung: Für die Einstellung muss das Fahrzeug auf den Rädern stehen.

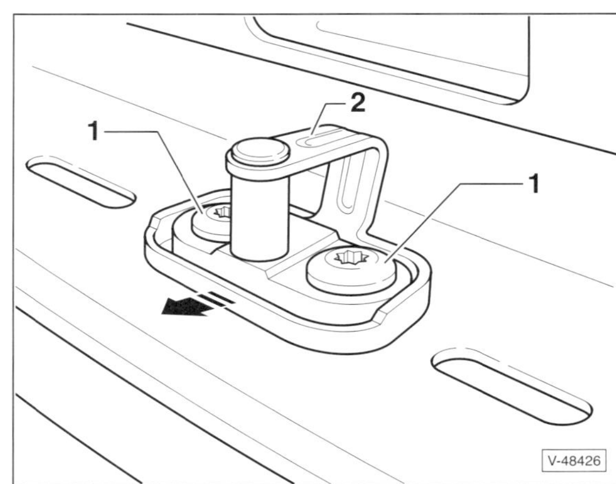

- 2 Schrauben –1– so weit lockern, dass sich der Schließbügel –2– gerade noch verschieben läßt.
- Heckklappe schließen und Spaltmaße der Heckklappe prüfen. Die Heckklappe ist richtig eingestellt, wenn sie im geschlossenen Zustand überall ein gleichmäßiges Spaltmaß hat, nicht zu weit nach innen oder außen steht und die Konturen mit den umliegenden Karosserieteilen fluchten.

  Spaltmaße – TOURAN, Sollwerte:
  Heckklappe – hintere Seitenteile: . . . . $4{,}0^{+1}$ mm
  Heckklappe – Dach: . . . . $4{,}5^{+1}$ mm
- Heckklappe vorsichtig öffnen und Schrauben für Schließbügel mit **23 Nm** festziehen.
- Dämpfer für Heckklappe einstellen, siehe Seite 253.

Heckklappenverkleidung aus- und einbauen

TOURAN

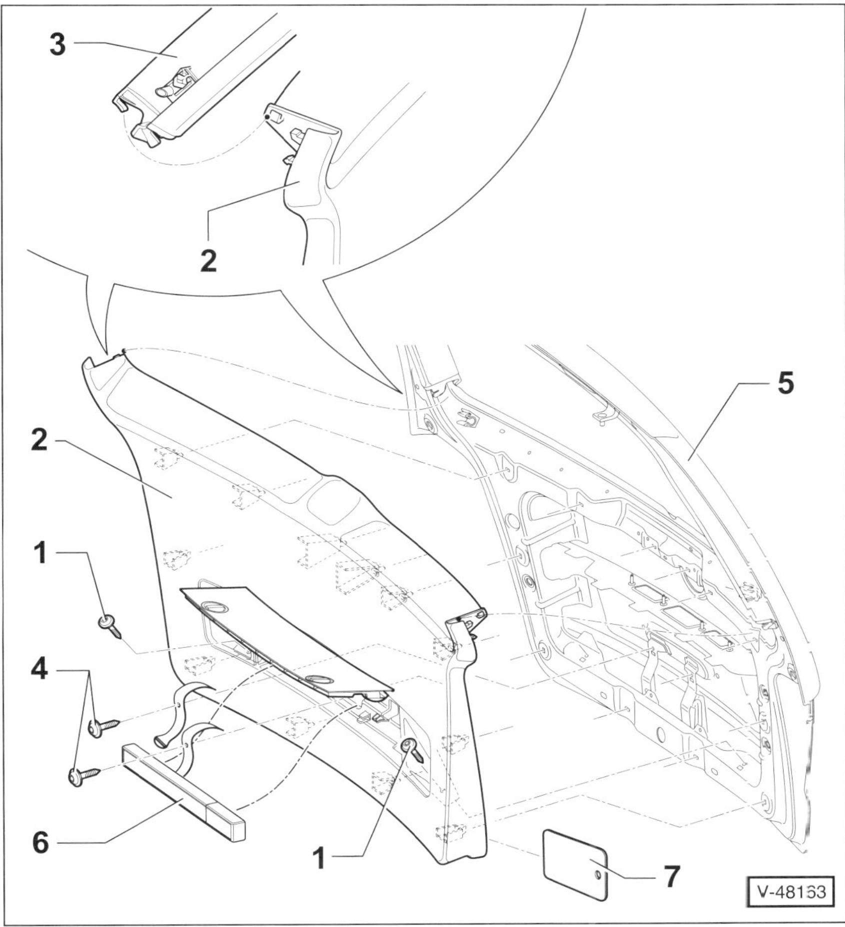

Heckklappenverkleidung unten

1 – Schrauben, 2 Nm

2 – Verkleidung unten

Ausbau

- ◆ Heckklappe –5– öffnen.
- ◆ 2 Schrauben –1– aus den Griffmulden herausdrehen.
- ◆ Deckel in der Verkleidung aufklappen und Warndreieck –6– aus dem Ablagefach herausnehmen.
- ◆ 2 Schrauben –4– herausdrehen.
- ◆ Kunststoffkeil –7– unter die Verkleidung schieben und Verkleidung an den Halteklammern abdrücken. Dabei unten beginnen.
- ◆ Verkleidung an beiden Seiten von der Fensterrahmenverkleidung –3– abdrücken.
- ◆ Verkleidung von der Heckklappe –5– abnehmen.

Einbau

- ◆ Halteklammern auf Beschädigungen und auf richtigen Sitz an der Verkleidung überprüfen, wenn nötig, ersetzen.
- ◆ Der Einbau erfolgt in umgekehrter Ausbaureihenfolge, dabei darauf achten, dass die Halteklammern korrekt in die Aufnahmen der Heckklappe eingreifen.

3 – Fensterrahmenverkleidung

4 – Schrauben, 2 Nm

5 – Heckklappe

6 – Warndreieck

7 – Kunststoffkeil, flach

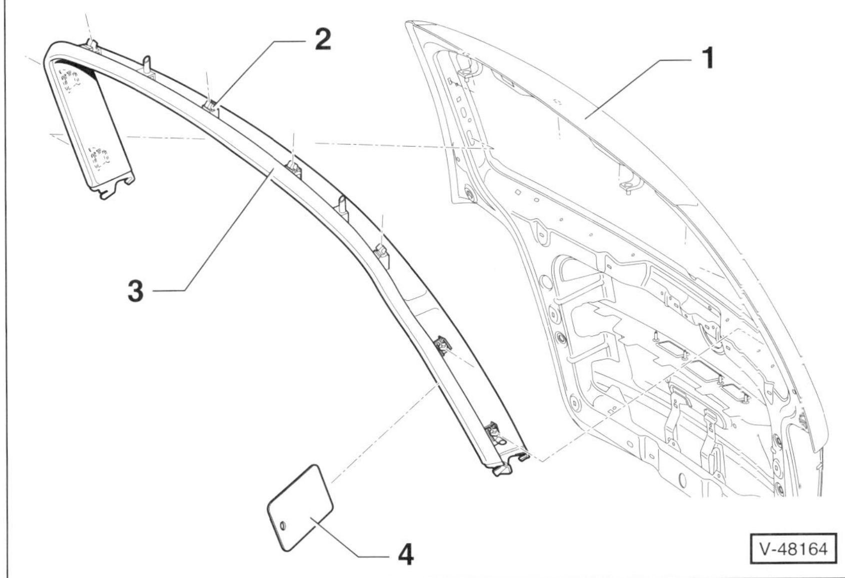

Fensterrahmenverkleidung

1 – Heckklappe

2 – Halteklammern

3 – Fensterrahmenverkleidung

Ausbau

- ◆ Heckklappenverkleidung unten ausbauen.
- ◆ Kunststoffkeil –4– unter die Verkleidung am Fensterrahmen schieben und Verkleidung an den Halteklammern –2– abdrücken.
- ◆ Fensterrahmenverkleidung von der Heckklappe –1– abnehmen.

Einbau

- ◆ Halteklammern auf Beschädigungen und auf richtigen Sitz an der Verkleidung überprüfen, wenn nötig, ersetzen.
- ◆ Der Einbau erfolgt in umgekehrter Ausbaureihenfolge, dabei darauf achten, dass die Halteklammern korrekt in die Aufnahmen der Heckklappe eingreifen.

4 – Kunststoffkeil, flach

Tür aus- und einbauen

TOURAN

Ausbau

- Tür öffnen.

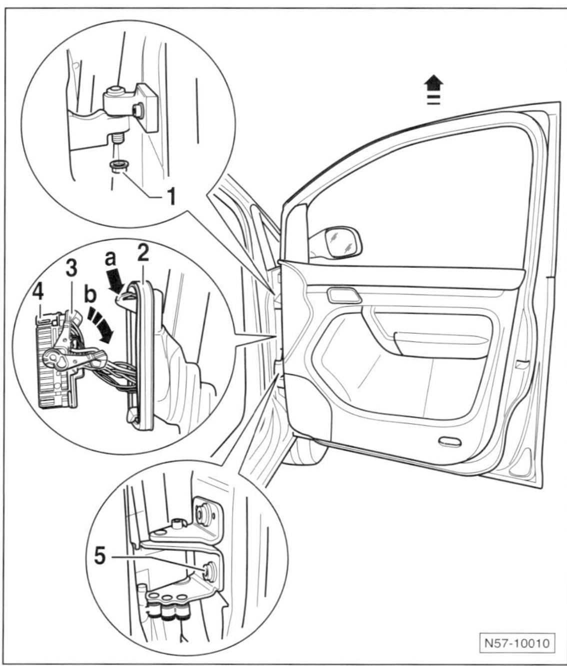

- Auf den Rasthaken drücken –Pfeil A– und Faltenbalg –2– von der A-Säule abziehen.
- Verriegelungshebel –3– nach unten schwenken –Pfeil b– und Stecker –4– von der Kupplung an der A-Säule abziehen.
- Tür von einem Helfer abstützen lassen.
- Mutter –1– vom Scharnierbolzen abschrauben.
- Untere Schraube –5– mit einem Spezialschlüssel für die Türeinstellung, zum Beispiel VW-3320 mit Bit-Einsatz VW3320/3 oder HAZET 2597, aus dem Scharnier herausdrehen.
- Tür in Pfeilrichtung nach oben aus den Scharnieren herausheben.

Einbau

- Der Einbau erfolgt im umgekehrter Ausbaureihenfolge.
- Mutter –1– mit **15 Nm** festschrauben.
- **Neue** Schraube –5– mit **20 Nm** anziehen und anschließend mit einem starren Schlüssel ¼ Umdrehung (90°) weiterdrehen. **Achtung:** Schraube –5– nach jedem Lösen grundsätzlich ersetzen.
- Tür schließen und Spaltmaße prüfen. Gegebenenfalls Tür einstellen, siehe entsprechendes Kapitel.

Tür einstellen

TOURAN

Hinweis: Zum Lösen der Scharnierschrauben wird ein Spezialschlüssel mit Torxeinsatz benötigt, zum Beispiel VW-3320 mit Bit-Einsatz VW3320/3 oder HAZET 2597.

- Zum Prüfen und Einstellen der Tür muss das Fahrzeug auf einer ebenen Fläche auf den Rädern stehen.

Spaltmaße prüfen

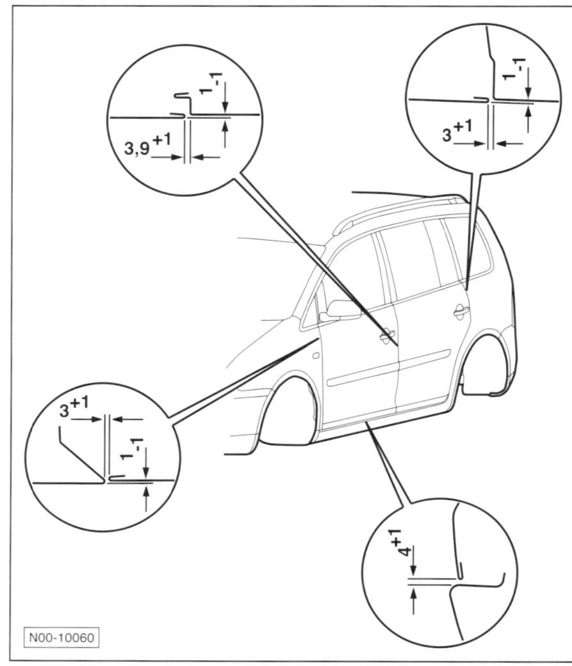

- Spaltmaße der Tür prüfen. Die Tür ist richtig eingestellt, wenn sie im geschlossenen Zustand überall ein gleichmäßiges Spaltmaß hat, nicht zu weit nach innen oder außen steht und die Konturen mit den umliegenden Karosserieteilen fluchten. Die hintere Tür darf maximal 1 mm weiter innen stehen als die Vordertür. **Hinweis:** Spaltmaße in der Abbildung sind in mm angegeben.

Einstellen

- Schließbügel ausbauen.
- Untere A-Säulen-Verkleidung ausbauen.

Achtung: Die Schrauben der Türscharniere sind nach dem Lösen immer zu ersetzen.

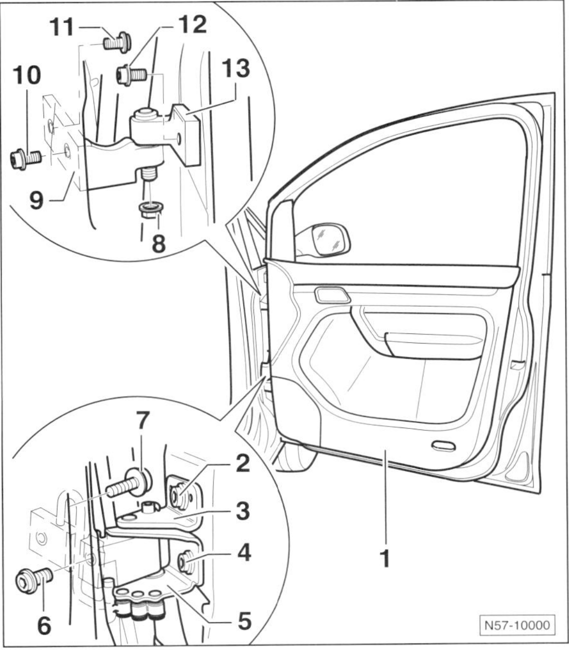

1 – Tür
2 – Schrauben
3 – Unteres Scharnieroberteil
4 – Untere Schraube
5 – Unteres Scharnierunterteil
8 – Mutter
9 – Oberes Scharnierunterteil
12 – Schraube
13 – Oberes Scharnierunterteil

- Schrauben –6/7/11– nacheinander herausschrauben und durch neue Schrauben ersetzen. Schrauben beiziehen, nicht festziehen. **Hinweis:** Falls zum Einstellen auch die Schraube –10– gelöst werden muss, dann muss zuvor die Armaturentafel ausgebaut werden (in diesem Band nicht beschrieben).
- Tür durch Verschieben ausrichten.

Hinweis: Andere Einstellmaßnahmen, wie zum Beispiel das Richten der Tür nach oben, sind wirkungslos, weil die Tür danach wieder absackt.

- Nach dem Einstellen Scharnierschrauben mit **20 Nm** festziehen. Anschließend Schrauben ¼ Umdrehung (90°) weiterdrehen.

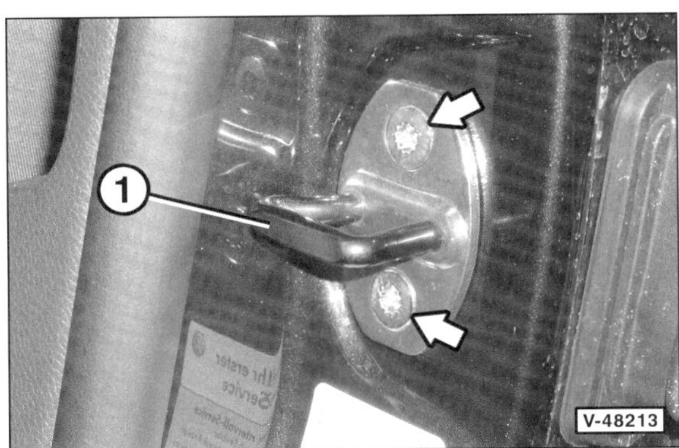

- Schließbügel –1– anschrauben und Schrauben –Pfeile– handfest anziehen, so dass der Schließbügel leicht verschoben werden kann.
- Tür schließen. Dadurch wird der Schließbügel ausgerichtet. Anschließend Tür vorsichtig öffnen und Schließbügel mit **20 Nm** festschrauben.

Aggregateträger aus- und einbauen

TOURAN

Am Aggregateträger der Tür sind Fensterheber, Türschloss und Lautsprecher befestigt. Das Türschloss kann nur in Verbindung mit dem Aggregateträger ausgebaut werden.

Ausbau

- Türverkleidung ausbauen, siehe entsprechendes Kapitel.
- Türgriff ausbauen, siehe entsprechendes Kapitel.
- Türscheibe vom Fensterheber abbauen, nach oben schieben und mit Klebeband am Türrahmen befestigen, siehe Kapitel »Türscheibe aus- und einbauen«.
- Mehrfachstecker an der A-Säule entriegeln und abziehen, siehe Kapitel »Tür aus- und einbauen«.

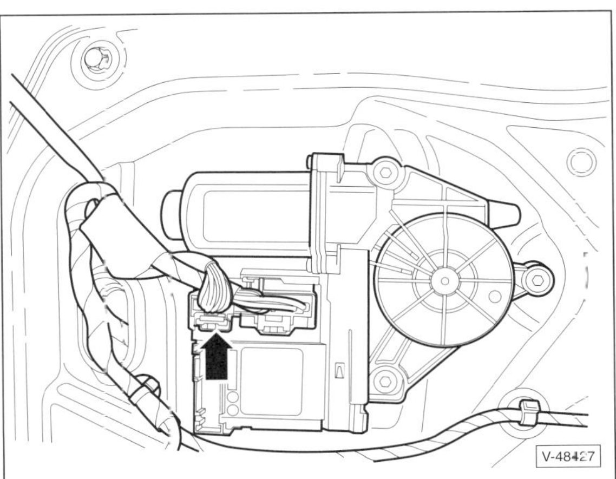

- Stecker für Außenspiegel –Pfeil– am Fensterhebermotor abziehen.

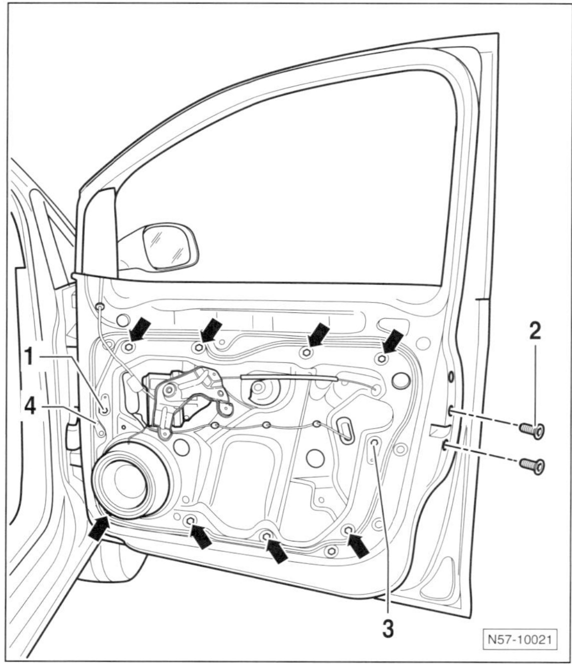

- Schrauben –2– für Türschloss herausdrehen.
- Kabelhalter –4– von der Tür abclipsen und Leitung in die Tür führen.
- Schrauben –1–, –3– und –Pfeile– herausdrehen.
- Aggregateträger senkrecht nach oben schieben (an der Tür anliegend) und dann im unteren Bereich von der Tür abziehen. Dabei muss der untere Teil des Fensterhebers aus der Tür herausgeführt werden.
- Aggregateträger schräg nach unten zur Scharniersäule hin aus der Tür herausziehen. Dabei muss zuerst der obere Teil des Fensterhebers aus der Tür herausgeführt werden, danach das Türschloss.

Einbau

- Aggregateträger in die Tür einsetzen.
- Kabelhalter –4– im Aufnahmeloch der Tür einclipsen. **Hinweis:** Wenn der Kabelhalter nicht eingeclipst ist, kann der Leitungsstrang beschädigt werden, wodurch elektrische Bauteile in der Tür ausfallen können.
- Alle Schrauben einsetzen und locker anschrauben.
- Zuerst Schraube –1–, dann Schraube –3– mit **8 Nm** festziehen.
- Anschließend die restlichen Schrauben –Pfeile– mit **8 Nm** festziehen.
- Türscheibe einbauen, siehe entsprechendes Kapitel.
- Der weitere Einbau erfolgt in umgekehrter Ausbaureihenfolge.

Achtung: Bevor die Türverkleidung eingebaut wird, Funktionsprüfung sämtlicher Bauteile in der Tür durchführen.

Türverkleidung aus- und einbauen

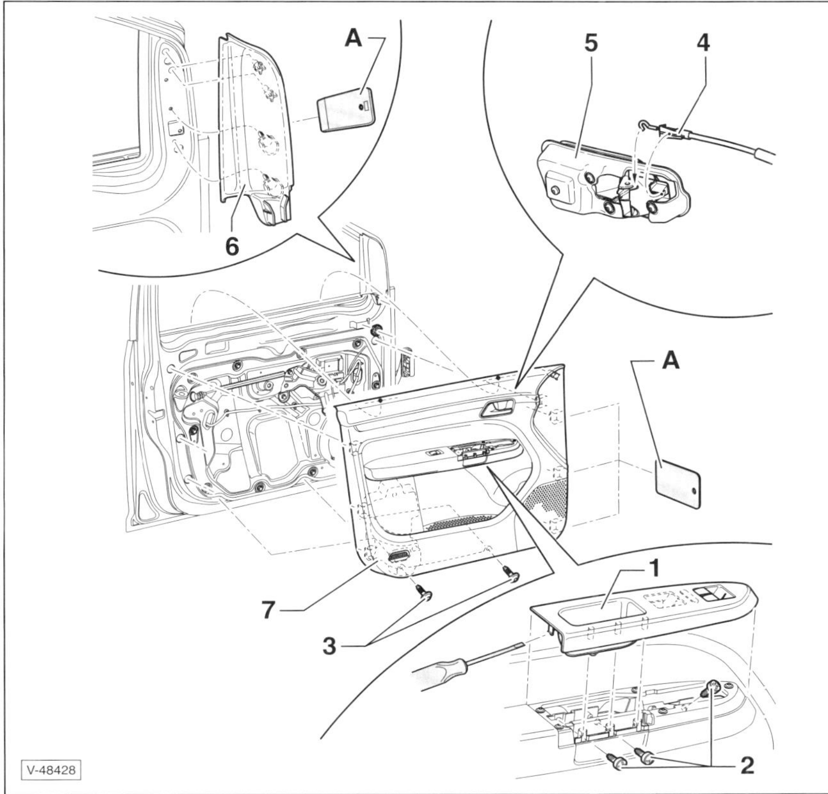

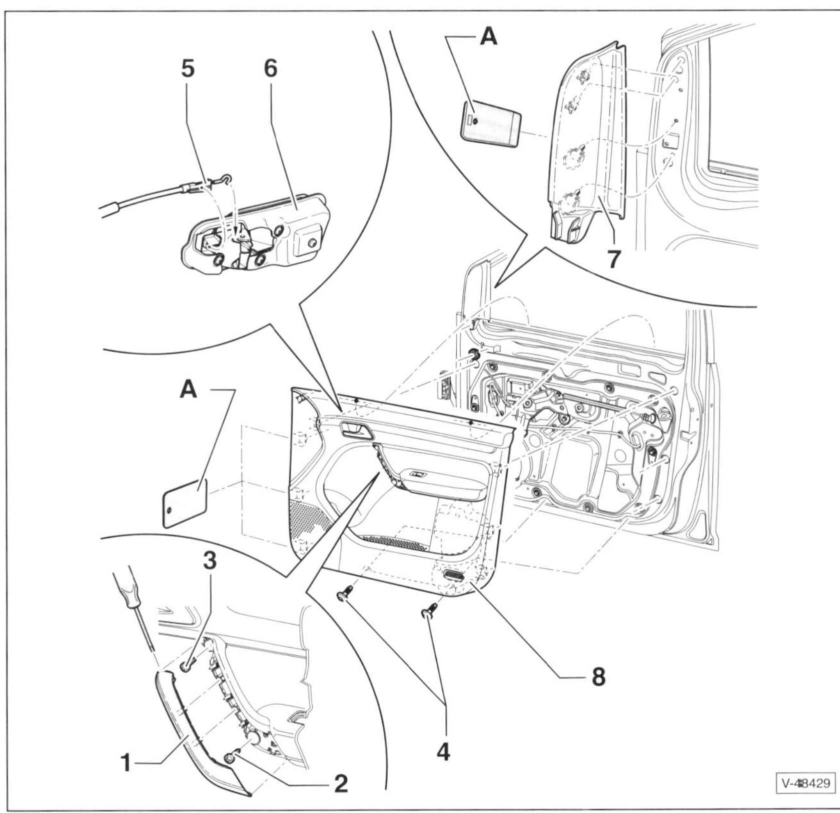

TOURAN

Fahrertür

1 – Griffschale

2 – Schrauben, 4 Nm

3 – Schrauben, 2 Nm

4 – Seilzug

5 – Türinnenbetätigung

6 – Abdeckung

7 – Türverkleidung, Fahrertür

Ausbau

- ◆ Zündung ausschalten, Zündschlüssel abziehen.
- ◆ Mit einem kleinen Schraubendreher die obere Raste der Griffschale –1– eindrücken und Griffschale nach oben aus der Verkleidung herausheben.
- ◆ Steckverbindungen an der Rückseite der Griffschale abziehen.
- ◆ Schrauben –2/3– herausdrehen.
- ◆ Verkleidung an den Halteclips unten und an den Seiten mit einem Kunststoffkeil –A– abdrücken.
- ◆ Verkleidung senkrecht nach oben aus dem Fensterschacht ziehen.
- ◆ Steckverbindungen an der Rückseite der Verkleidung trennen
- ◆ Seilzug –4– am Türöffner –5– aushängen und Verkleidung abnehmen.
- ◆ Abdeckung –6– mit einem Kunststoffkeil –A– abdrücken.

Einbau

- ◆ Der Einbau erfolgt in umgekehrter Ausbaureihenfolge. Halteclips auf Beschädigungen prüfen, wenn nötig ersetzen.

Beifahrertür

1 – Blende

2 – Schraube, 4 Nm

3 – Schraube, 4 Nm

4 – Schrauben, 2 Nm

5 – Seilzug

6 – Türinnenbetätigung

7 – Abdeckung

8 – Türverkleidung, Beifahrertür

- ◆ Blende –1– mit einem Kunststoffkeil oder einem Schraubendreher vom Türgriff abhebeln.
- ◆ Schrauben –2/3/4– herausdrehen.
- ◆ Verkleidung mit einem Kunststoffkeil –A– an den Halteclips unten und an den Seiten abdrücken.
- ◆ Der weitere Aus- und Einbau erfolgt wie bei der Fahrertür.

Hintertüren

Die Verkleidung an der Hintertür wird in ähnlicher Weise ausgebaut wie an der Beifahrertür. **Hintertür mit Fensterkurbel:** Zunächst Fensterkurbel ausbauen, siehe Seite 264.

Türscheibe aus- und einbauen

TOURAN

Ausbau

- Türverkleidung ausbauen, siehe entsprechendes Kapitel.

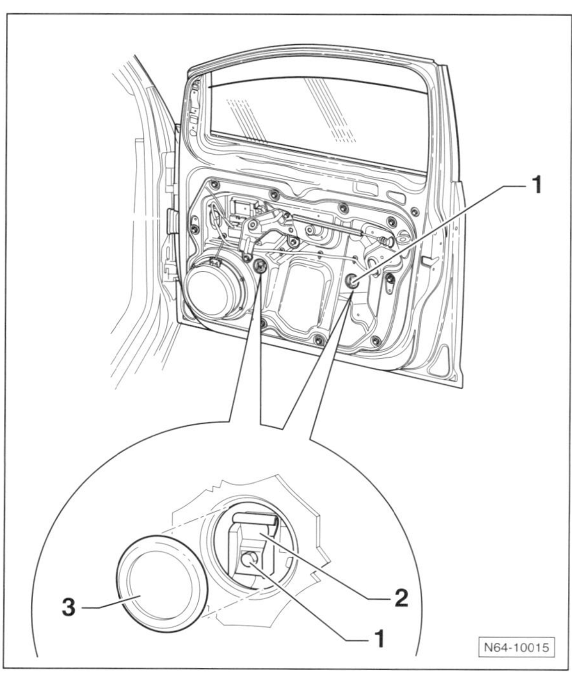

- Abdeckkappen –3– heraushebeln.
- Türscheibe absenken, bis die Klemmschrauben –1– durch die Bohrungen im Aggregateträger zugänglich sind. **Hinweis:** Lässt sich die Türscheibe aufgrund eines defekten Fensterhebermotors nicht absenken, Motor ausbauen und Türscheibe von Hand herunterschieben.
- Schrauben –1– lösen, nicht abschrauben und Klemmbacken –2– auseinander drücken.

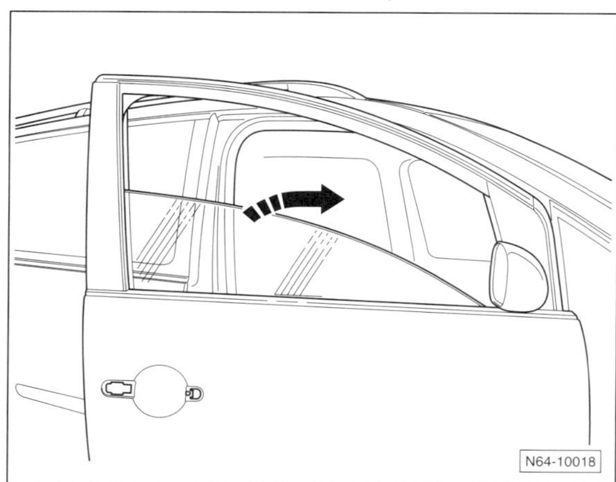

- Türscheibe hinten anheben und in Pfeilrichtung nach vorn aus der Tür herausschwenken.

Einbau

- Türscheibe nach vorn geneigt in die vordere Fensterführung einsetzen.
- Türscheibe nach hinten in die hintere Fensterführung einschwenken.
- Türscheibe in die Klemmbacken einsetzen und an die hintere Fensterführung andrücken.
- Klemmschrauben mit **8 Nm** festziehen.
- Türscheibe nach oben und unten fahren. Dabei einwandfreie Funktion und leichten Lauf prüfen.
- Abdeckkappen in die Öffnungen am Aggregateträger einsetzen.
- Türverkleidung einbauen, siehe entsprechendes Kapitel.

Türschloss aus- und einbauen

TOURAN

Ausbau

- Tür-Aggregateträger ausbauen, siehe entsprechendes Kapitel.

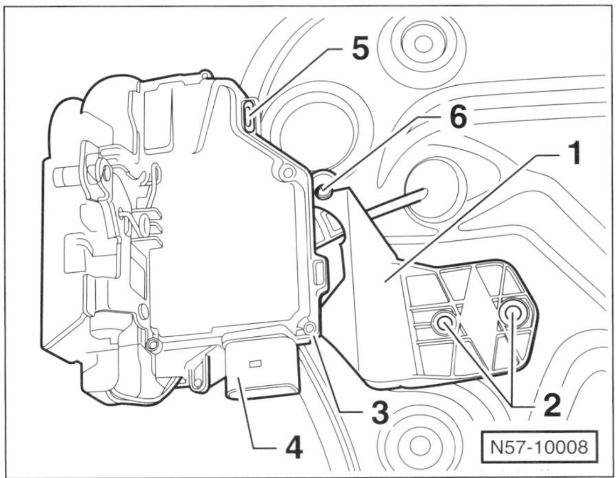

- Aggregateträger herumdrehen und Stecker –4– vom Türschloss –5– abziehen.
- 2 Spreiznieten –2– für Haltewinkel –1– mit einem geeigneten Dorn austreiben.
- Mit einem Schraubendreher das Türschloss –5– zusammen mit dem Haltewinkel vom Aggregateträger abhebeln. **Hinweis:** Das Türschloss ist am Haltewinkel aufgesteckt –3– und mit einer Niete –6– befestigt.

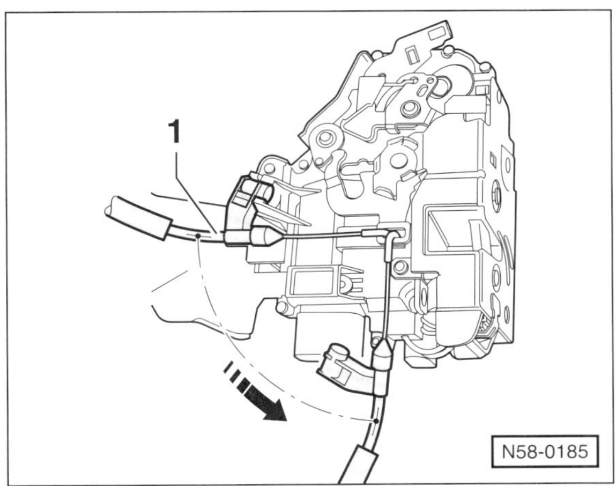

- Seilzug –1– am Türschloss ausclipsen. Anschließend Seilzug um 90° in Pfeilrichtung schwenken und aus der Öse am Türschloss aushängen.

Einbau

- Der Einbau erfolgt in umgekehrter Ausbaureihenfolge.

Achtung: Vor Schließen der Tür unbedingt Funktionsprüfung des Türschlosses durchführen, da bei nicht korrekter Verclipsung des Bowdenzuges die Tür nicht geöffnet werden kann.

Fensterhebermotor aus- und einbauen

TOURAN

Ausbau

- Türverkleidung ausbauen, siehe entsprechendes Kapitel.
- Türfensterscheibe nach oben fahren und festsetzen, beispielsweise mit Klebeband oder Kunststoffkeil.

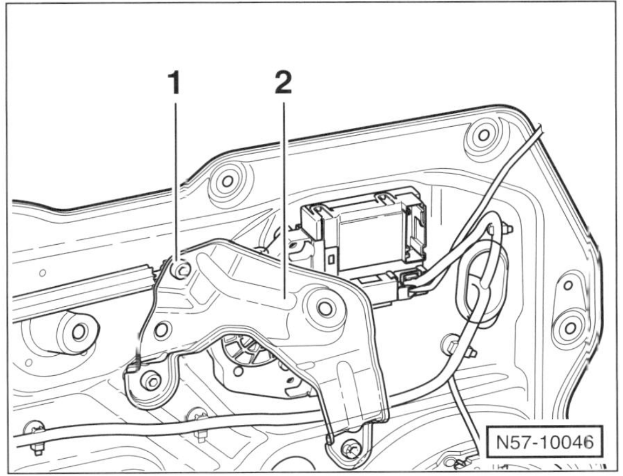

- 3 Schrauben –1– herausdrehen und Haltebock –2– abnehmen.

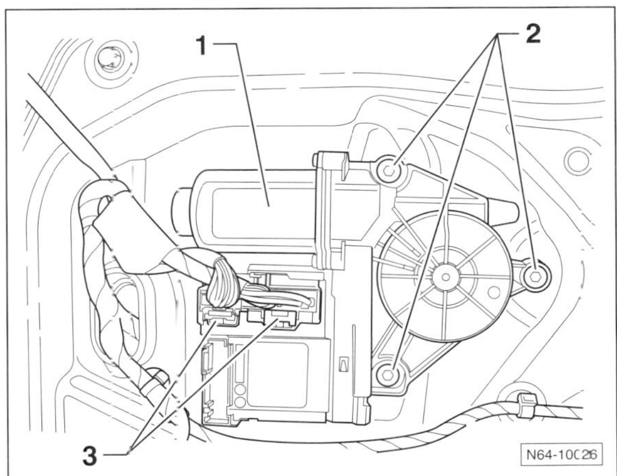

- Stecker –3– entriegeln und vom Fensterhebermotor –1– abziehen.
- 3 Schrauben –2– herausdrehen und Fensterhebermotor vom Aggregateträger abnehmen.

Einbau

- Fensterhebermotor ansetzen, Fensterscheibe lösen und leicht auf und ab schieben, damit die Verzahnung vom Fensterhebermotor greift.
- Schrauben für Fensterhebermotor mit **3,5 Nm** anziehen. **Achtung:** Schrauben nicht stärker anziehen, da sonst die Kunststoffhülse beschädigt werden kann.

- Haltebock mit **8 Nm** festschrauben.
- Stecker am Fensterhebermotor aufschieben.
- Türfenster im Automatiklauf einmal nach oben fahren lassen. Anschließend den Schalter noch einmal für 2 Sekunden ziehen. Dadurch hat der Fensterhebermotor seinen oberen Anschlag erkannt und der Einklemmschutz wurde aktiviert.
- Türverkleidung einbauen, siehe entsprechendes Kapitel.

Schließzylinder aus- und einbauen

TOURAN

Ausbau

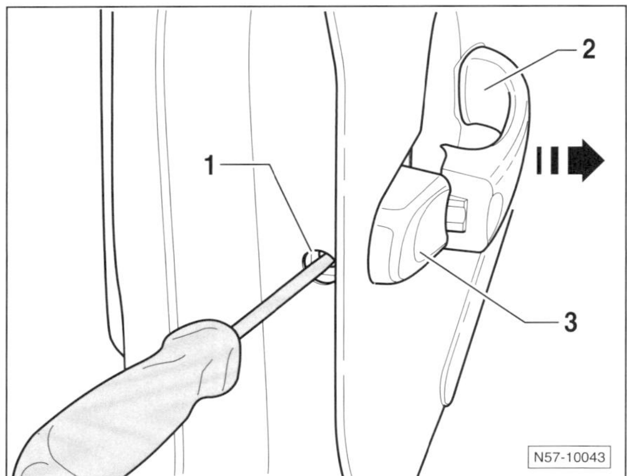

- Tür öffnen und Abdeckkappe vor der Sicherungsschraube an der Stirnseite der Tür heraushebeln.
- Türgriff –2– in Pfeilrichtung ziehen und festhalten.
- Mit einem Torx-Steckschlüssel die Schraube –1– mit Druck auf den Schlüssel so weit herausdrehen, bis die Arretierung für den Schließzylinder –3– entriegelt wird und dieser herausgezogen werden kann.

Einbau

- Schließzylinder im rechten Winkel in den Lagerbügel des Türgriffes einschieben. **Achtung:** Der Türgriff darf dabei nur leicht am Türaußenblech anliegen.
- Schließzylindergehäuse an das Türaußenblech andrücken und halten. Mit dem Torx-Steckschlüssel die Schraube –1– in den Lagerbügel hineinschrauben. Mit einem gut hörbaren Klicken rastet der Türgriff –2– wieder in das Schließzylindergehäuse –3– ein.
- Bei geöffneter Tür Schließmechanismus auf Funktion prüfen.
- Abdeckkappe an der Stirnseite der Tür einsetzen.

Außenspiegelgehäuse/Seitenblinkleuchte aus- und einbauen

TOURAN

Ausbau

- Spiegelglas ausbauen, siehe Seite 268.
- Spiegel nach vorn klappen.

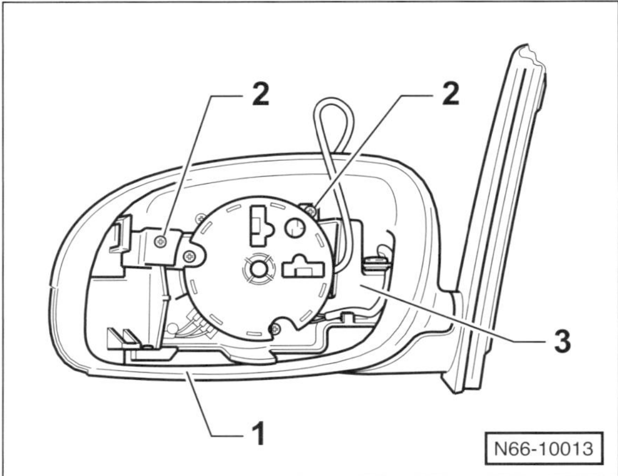

- 2 Schrauben –2– herausdrehen und Spiegelgehäuse –1– nach oben vom Spiegelträger –3– abziehen.

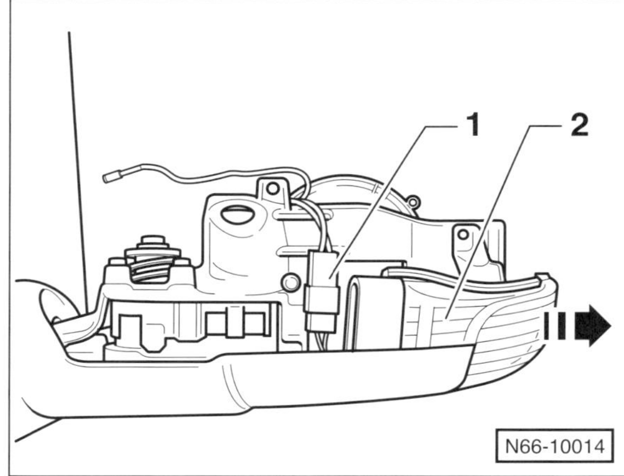

- Stecker –1– abziehen und Blinkleuchte –2– in Pfeilrichtung nach außen aus dem Spiegelträger herausziehen.

Einbau

- Der Einbau erfolgt in umgekehrter Ausbaureihenfolge.

Außenspiegel aus- und einbauen

TOURAN

Ausbau

- Türverkleidung ausbauen, siehe entsprechendes Kapitel.
- Stecker für Außenspiegel an der Schaltereinheit abziehen.

- Außenspiegel festhalten und die Schrauben –1– herausdrehen.
- Außenspiegel abnehmen und die Leitung durch die Öffnung in der Tür führen.

Einbau

- Der Einbau erfolgt in umgekehrter Ausbaureihenfolge. Schrauben mit **8 Nm** festziehen.
- Vor Einbau der Türverkleidung Funktionsprüfung des Außenspiegels vornehmen.

Stromlaufpläne

Aus dem Inhalt:

- **Umgang mit den Stromlaufplänen**
- **Einzelpläne**
- **Zeichenerklärung**

Der Umgang mit dem Stromlaufplan

In einem Personenwagen werden je nach Ausstattung bis über 1.000 Meter Leitungen verlegt, um alle elektrischen Verbraucher (Scheinwerfer, Radio usw.) mit Strom zu versorgen. Will man einen Fehler in der elektrischen Anlage aufspüren oder nachträglich ein elektrisches Zubehör montieren, kommt man nicht ohne Stromlaufplan aus; anhand dessen der Stromverlauf und damit die Kabelverbindungen aufgezeigt werden.

Die Kennbuchstaben der wichtigsten Bauteile sind:

Kennbuchstabe	Bauteil
A	Batterie
B	Anlasser
C	Drehstromgenerator
D	Zündanlassschalter
E	Schalter für Handbedienung
F	Mechanische Schalter
G	Geber, Kontrollgeräte
H	Horn, Doppeltonhorn, Fanfare
J	Relais, Steuergerät
K, L, M, W, X	Kontrolllampen, Lampen, Leuchten
N	Elektroventile, Widerstände, Schaltgeräte
O	Zündverteiler
P, Q	Zündkerzenstecker, Zündkerzen
R	Radio
S	Sicherungen
T	Steckverbindungen
V	Elektromotoren

Zur genaueren Unterscheidung werden den Kennbuchstaben noch Zahlen angefügt.

Relais und elektronische Steuergeräte sind in der Regel grau unterlegt. Die darin eingezeichneten Linien sind interne Verdrahtungen. Sie zeigen, wie Relais und andere elektrische/elektronische Bauteile sowohl zueinander als auch auf der Relaisplatte verschaltet sind.

Die Bezeichnung der Klemmen ist nach DIN genormt. **Die wichtigsten Klemmenbezeichnungen sind:**

Klemme 30. An dieser Klemme liegt immer die Batteriespannung an. Die Kabel sind meist rot oder rot mit Farbstreifen.

Klemme 31 führt zur Masse. Die Masse-Leitungen sind in der Regel braun.

Klemme 15 wird über das Zündschloss gespeist. Die Leitungen führen nur bei eingeschalteter Zündung Strom. Die Kabel sind meist grün oder grün mit farbigem Streifen.

Klemme X führt ebenfalls nur bei eingeschalteter Zündung Strom, dieser wird jedoch unterbrochen, wenn der Anlasser betätigt wird. Dadurch ist sichergestellt, dass während des Startvorganges der Zündanlage die volle Batterieleistung zur Verfügung steht. Alle größeren Stromaufnehmer liegen in diesem Stromkreis. Das Fernlicht wird ebenfalls über diese Klemme mit Strom versorgt. So wird bei eingeschaltetem Fernlicht und ausgeschalteter Zündung automatisch auf Standlicht umgeschaltet.

Im Stromlaufplan sind in den einzelnen Leitungen Ziffern und darunter Buchstabenkombinationen eingefügt.

Beispiel: **1,5**
ws/ge

Die Ziffern geben den Leitungsquerschnitt an; hier: 1,5 mm^2. Die Buchstaben weisen auf die Leitungsfarben hin. Besteht die Kennzeichnung aus zwei Buchstabengruppen, die durch einen Schrägstrich getrennt sind, dann wird zuerst die Leitungsgrundfarbe genannt; hier: ws = weiß. Die zweite Buchstabenfolge gibt die Zusatzfarbe an; hier: ge = gelb.

Zuordnung der Stromlaufpläne

TOURAN August 2010

Wegen des großen Umfangs können nicht alle Stromlaufpläne aus jedem Modelljahr berücksichtigt werden. Jedoch kann man sich auch an den vorliegenden Stromlaufplänen orientieren, wenn das eigene Fahrzeug einem anderen Modelljahr angehört, da die Änderungen in der Regel nur Teilbereiche betreffen.

Gebrauchsanleitung für Stromlaufpläne

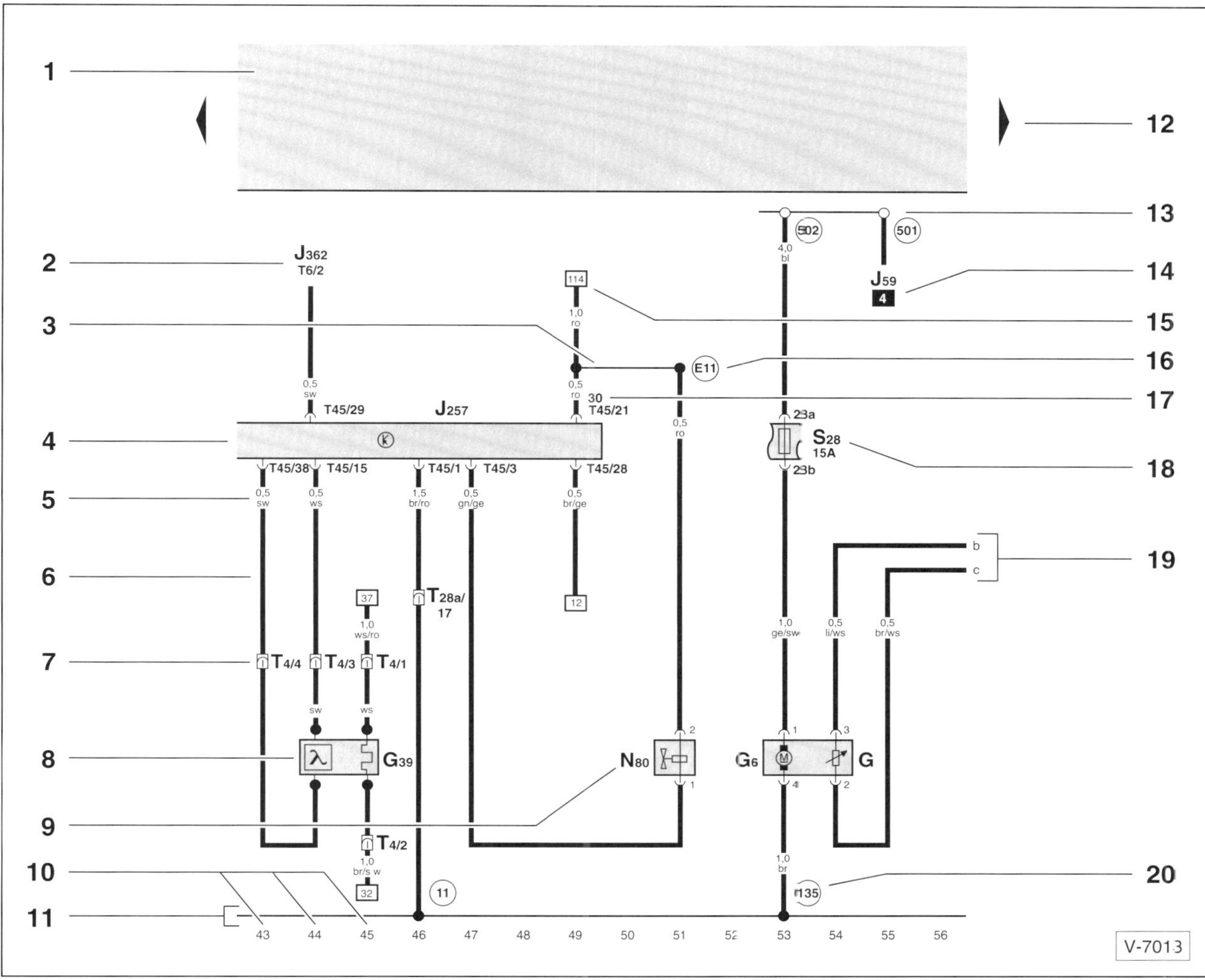

1 – Relaisplatte
Durch ein graues Feld gekennzeichnet. Stellt die plusseitigen Anschlüsse dar.

2 – Verweis auf Weiterführung der Leitung zu einem anderen Bauteil
J362 = Steuergerät für Wegfahrsicherung, T6/2 = 6-fach-Steckerverbindung, Kontakt 2.

3 – Interne Verbindung (dünner Strich)
Diese Verbindung ist nicht als Leitung vorhanden.

4 – Schaltzeichen
Die offen gezeichnete Seite des Schaltzeichens weist auf die Fortsetzung des Bauteils in einem anderen Stromlaufplan hin.

5 – Leitungsquerschnitt in mm² und Leitungsfarbe
0,5 = 0,5 mm², sw = schwarz. Abkürzungen für die Leitungsfarben stehen im Kapitel »Umgang mit dem Stromlaufplan«.

6 – Stromkreis mit Leitungsführung
Alle Schalter und Kontakte sind in mechanischer Ruhestellung dargestellt.

7 – Steckverbindung T4/4
T4 = 4-fach-Steckverbindung, »/4« = Kontakt 4.

8 – Schaltzeichen für Bauteil
G39 = Lambdasonde mit Heizung.

9 – Teile-Bezeichnung
N80 = Magnetventil 1. In der Legende unterhalb des Stromlaufplans steht, wie das Teil heißt.

10 – Strompfad-Nummer

11 – Fahrzeugmasse

12 – Pfeil
Weist auf die Fortsetzung des Stromlaufplans auf der anschließenden Seite hin.

13 – Gewindebolzen an der Relaisplatte
Der weiße Kreis zeigt an, dass es sich hier um eine lösbare Verbindung handelt.

14 – Relaisplatz-Nummer
Kennzeichnet den Relaisplatz auf oder an der Relaisplatte.

15 – Verweis auf Weiterführung der Leitung zu einem anderen Bauteil
Die Zahl im Rechteck kennzeichnet, in welchem Strompfad die Leitung weitergeführt wird; hier in Strompfad 114.

16 – Verbindung im Leitungsstrang
Nicht lösbare Verbindung.

17 – Anschlussklemme
Hier: Klemme 30, 45-fach-Steckverbindung, Kontakt 21.

18 – Sicherung
S28 = Sicherung Nr. 28, 15 Ampere.

19 – Verweis auf Weiterführung der Leitung im anschließenden Stromlaufplanteil
Der Buchstabe kennzeichnet, wo im nächsten Stromlaufplanteil die Leitung weitergeführt wird.

20 – Massepunkt oder Masseverbindung im Leitungsstrang
In der Legende stehen Angaben zur Lage des Massepunktes im Fahrzeug.

Batterie, Steuergerät für Batterieüberwachung, Spannungsstabilisator, Sicherung 1 auf Sicherungshalter A

215/02

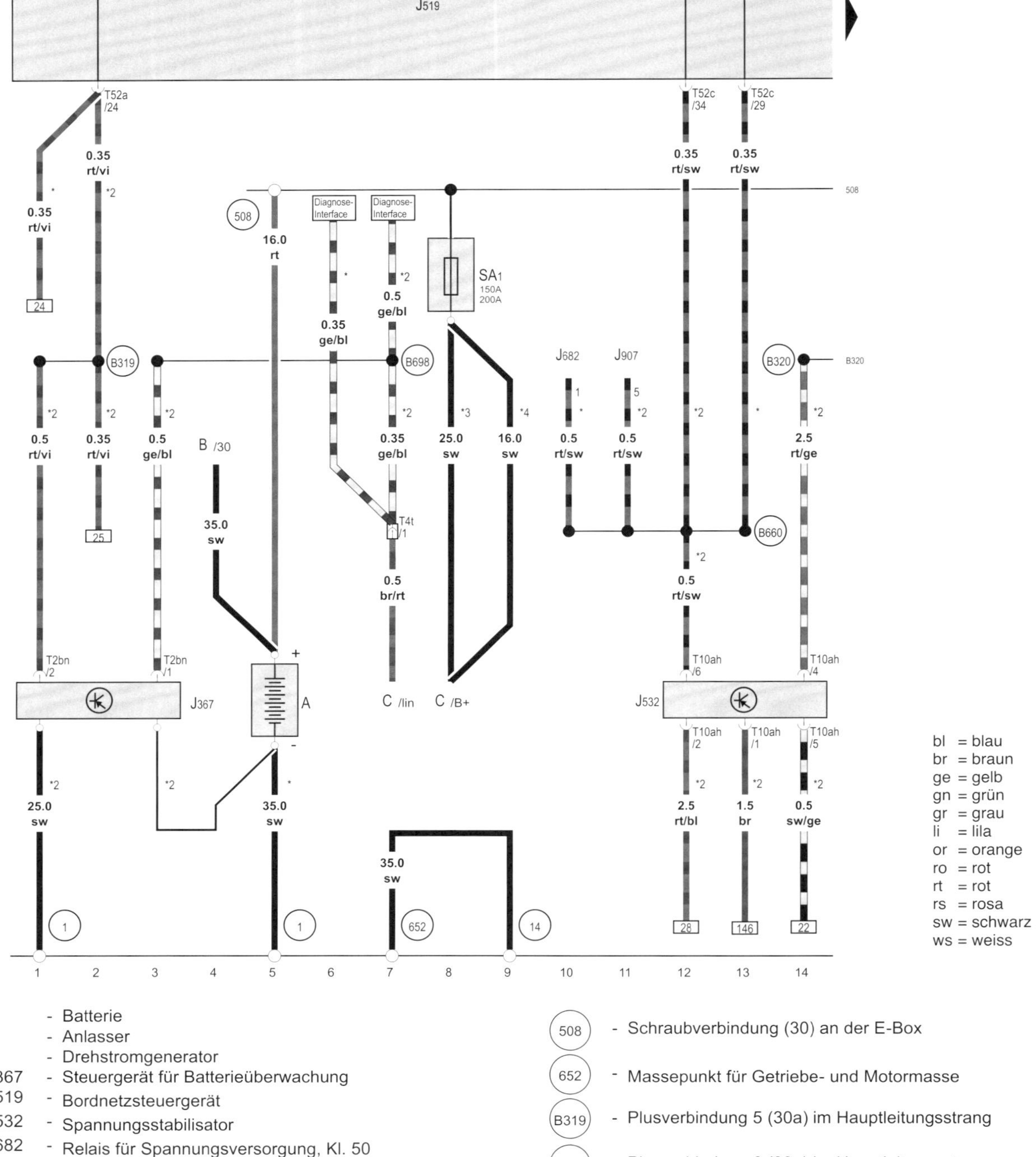

A - Batterie
B - Anlasser
C - Drehstromgenerator
J367 - Steuergerät für Batterieüberwachung
J519 - Bordnetzsteuergerät
J532 - Spannungsstabilisator
J682 - Relais für Spannungsversorgung, Kl. 50
J907 - Starterrelais 2
SA1 - Sicherung 1 auf Sicherungshalter A
T2bn - Steckverbindung, 2fach
T4t - Steckverbindung, 4fach, Nähe Anlasser
T10ah - Steckverbindung, 10fach
T52a - Steckverbindung, 52fach
T52c - Steckverbindung, 52fach
(1) - Masseband, Batterie - Aufbau
(14) - Massepunkt am Getriebe

(508) - Schraubverbindung (30) an der E-Box
(652) - Massepunkt für Getriebe- und Motormasse
(B319) - Plusverbindung 5 (30a) im Hauptleitungsstrang
(B320) - Plusverbindung 6 (30a) im Hauptleitungsstrang
(B660) - Verbindung (Diagnose Kl. 50) im Hauptleitungsstrang
(B698) - Verbindung 3 (LIN-Bus) im Hauptleitungsstrang
* - nur für Fahrzeuge ohne Start-Stopp-System
*2 - nur für Fahrzeuge mit Start-Stopp-System
*3 - nur für Fahrzeuge mit Drehstromgenerator (140 A)
*4 - nur bei Fahrzeugen mit 90-A/120-A-Generator

Relais für Spannungsversorgung der Kl. 15, Sicherungshalter B, Sicherung 5 auf Sicherungshalter A, Sicherungshalter C

215/03

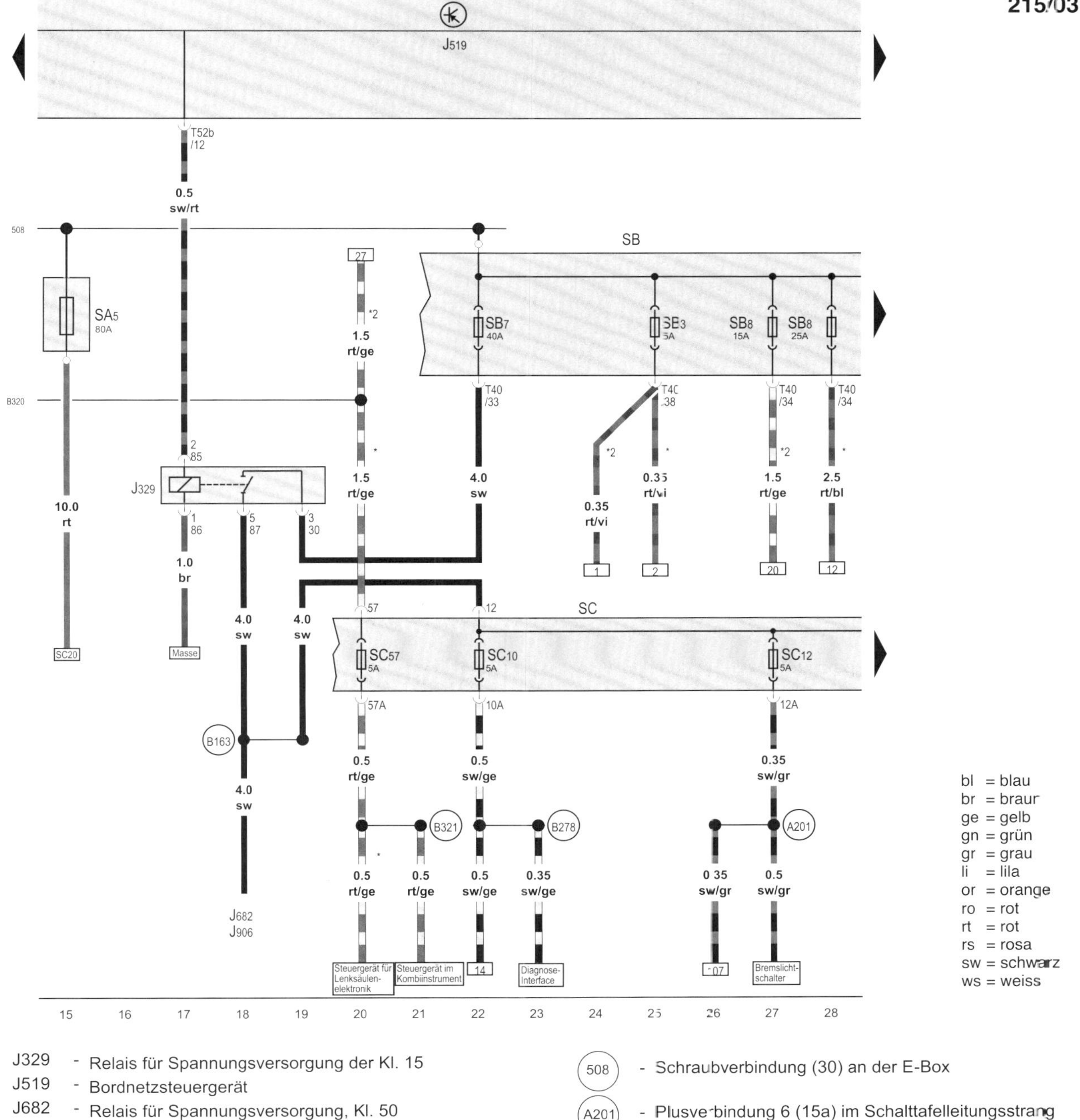

J329 - Relais für Spannungsversorgung der Kl. 15
J519 - Bordnetzsteuergerät
J682 - Relais für Spannungsversorgung, Kl. 50
J906 - Starterrelais 1
SB - Sicherungshalter B
SB3 - Sicherung 3 auf Sicherungshalter B
SA5 - Sicherung 5 auf Sicherungshalter A
SB7 - Sicherung 7 auf Sicherungshalter B
SB8 - Sicherung 8 auf Sicherungshalter B
SC - Sicherungshalter C
SC10 - Sicherung 10 auf Sicherungshalter C
SC12 - Sicherung 12 auf Sicherungshalter C
SC57 - Sicherung 57 auf Sicherungshalter C
T40 - Steckverbindung, 40fach
T52b - Steckverbindung, 52fach

508 - Schraubverbindung (30) an der E-Box
A201 - Plusverbindung 6 (15a) im Schalttafelleitungsstrang
B163 - Plusverbindung 1 (15) im Leitungsstrang Innenraum
B278 - Plusverbindung 2 (15a) im Hauptleitungsstrang
B320 - Plusverbindung 6 (30a) im Hauptleitungsstrang
B321 - Plusverbindung 7 (30a) im Hauptleitungsstrang
* - nur für Fahrzeuge mit Start-Stopp-System
*2 - nur für Fahrzeuge ohne Start-Stopp-System

Signalhornbetätigung, Steuergerät für Lenksäulenelektronik, Zünder für Airbag Fahrerseite

215/07

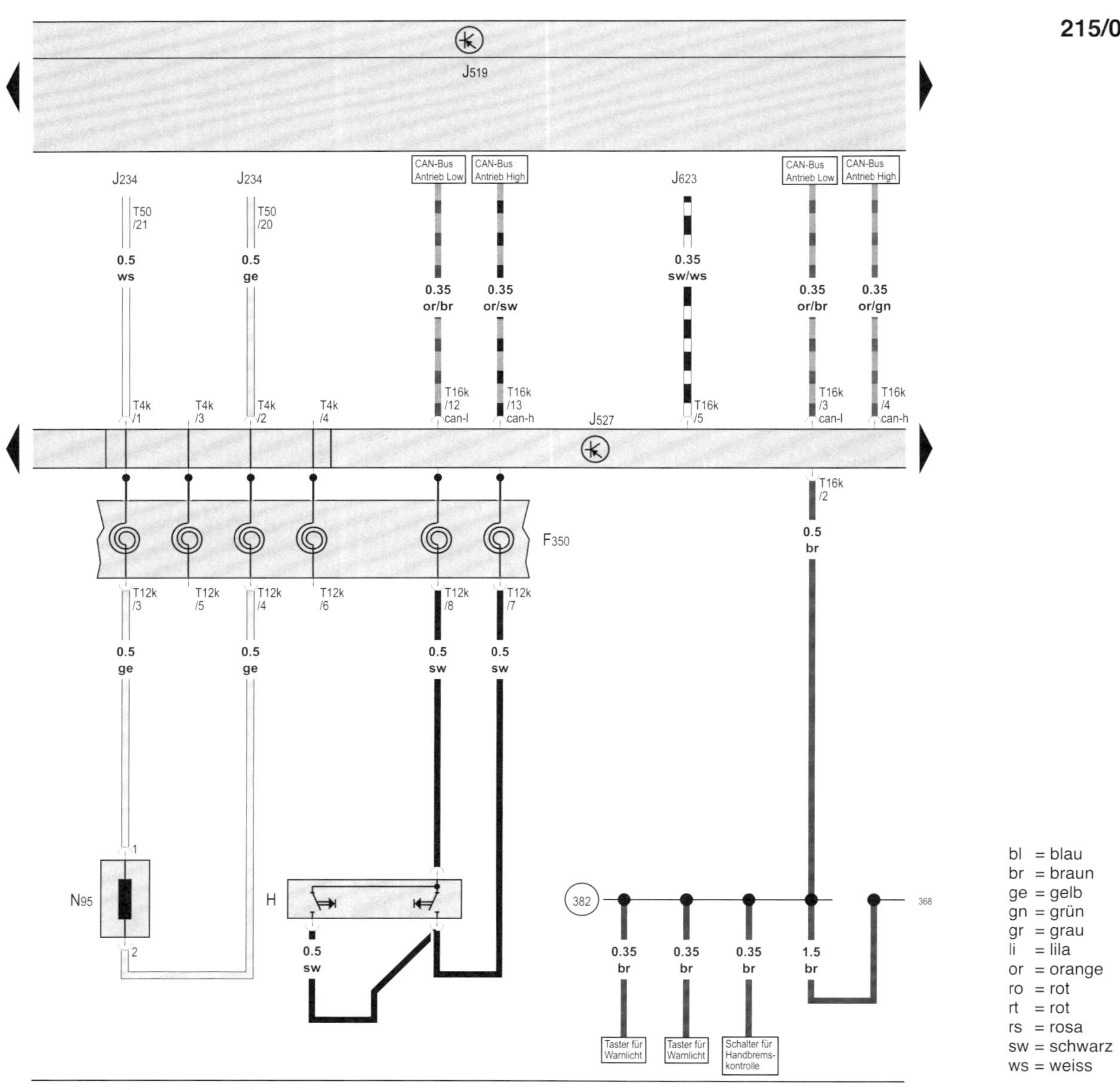

F350 - Wickelfeder
H - Signalhornbetätigung
J234 - Steuergerät für Airbag
J519 - Bordnetzsteuergerät
J527 - Steuergerät für Lenksäulenelektronik
J623 - Motorsteuergerät
N95 - Zünder für Airbag Fahrerseite
T4k - Steckverbindung, 4fach
T12k - Steckverbindung, 12fach
T16k - Steckverbindung, 16fach
T50 - Steckverbindung, 50fach
(368) - Masseverbindung 3 im Hauptleitungsstrang
(382) - Masseverbindung 17 im Hauptleitungsstrang

Blinklichtschalter, Schalter für Handabblendung und Lichthupe, Scheibenwischerschalter für Intervallbetrieb, Schalter für Heckscheibenwischer, Regler für Scheibenwischer-Intervallschaltung, Schalter für Scheibenwaschpumpe (Wisch-Wasch-Automatik und Scheinwerferreinigungsanlage), Schalter GRA, Abruftaste für Multifunktionsanzeige, Speicherschalter für Multifunktionsanzeige, SET-Taster für GRA, Steuergerät für Lenksäulenelektronik

215/08

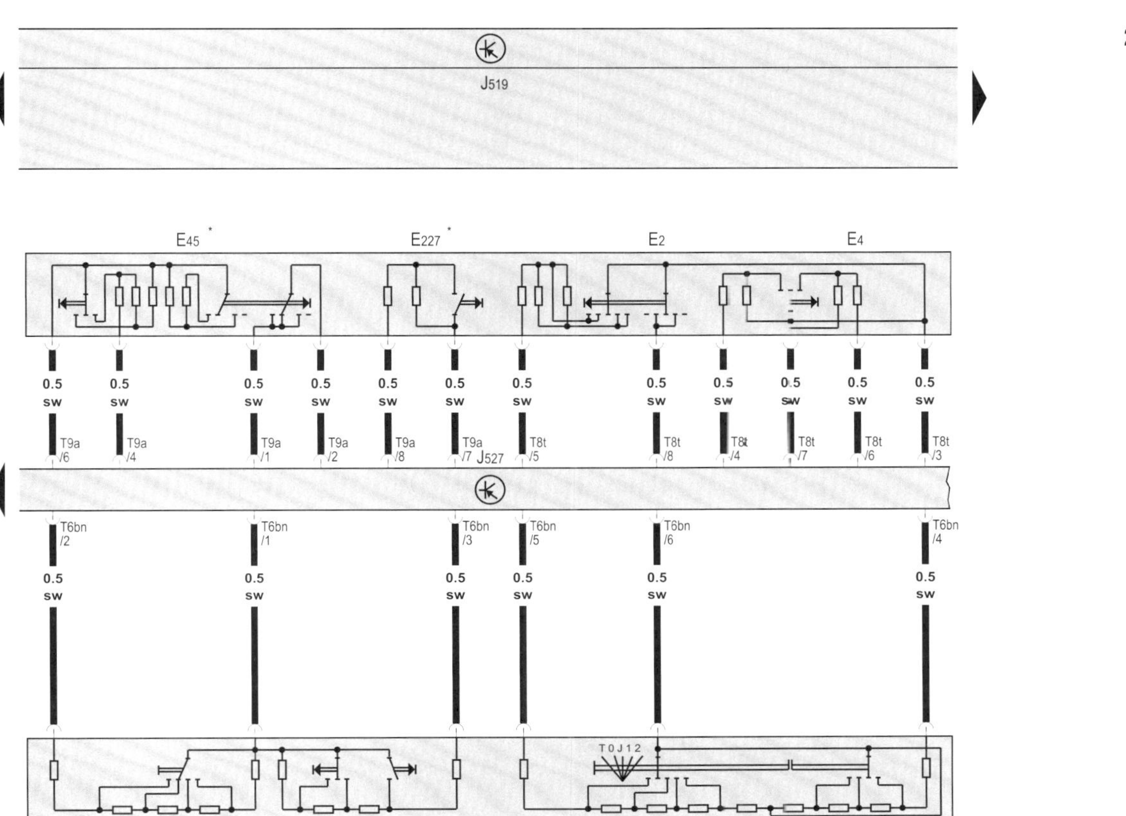

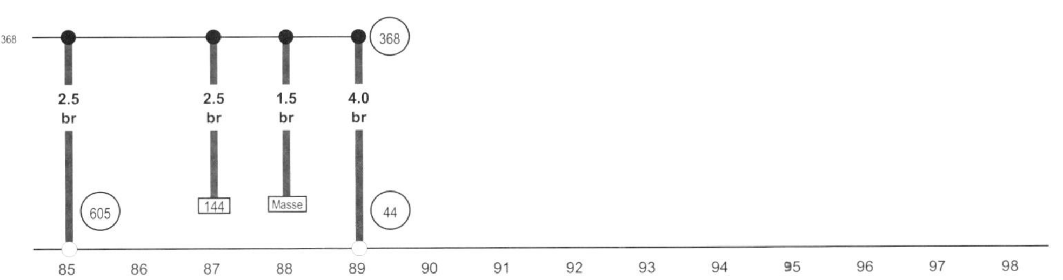

E2 - Blinklichtschalter
E4 - Schalter für Handabblendung und Lichthupe
E22 - Scheibenwischerschalter für Intervallbetrieb
E34 - Schalter für Heckscheibenwischer
E38 - Regler für Scheibenwischer-Intervallschaltung
E44 - Schalter für Scheibenwaschpumpe (Wisch-Wasch-Automatik und Scheinwerferreinigungsanlage)
E45 - Schalter für GRA
E86 - Abruftaste für Multifunktionsanzeige
E109 - Speicherschalter für Multifunktionsanzeige
E227 - SET-Taster für GRA
J519 - Bordnetzsteuergerät
J527 - Steuergerät für Lenksäulenelektronik
T6bn - Steckverbindung, 6fach
T8t - Steckverbindung, 8fach
T9a - Steckverbindung, 9fach
(44) - Massepunkt Säule A links unten
(368) - Masseverbindung 3 im Hauptleitungsstrang
(605) - Massepunkt an der Lenksäule oben
* - nur bei Fz. mit Geschwindigkeitsregelanlage (GRA)
*2 - nur für Fahrzeuge mit Multifunktionsanzeige

Lampe für Nebelscheinwerfer links, Lampe für Kurvenlicht links, Lampe für Tagesfahrlicht links, Lampe für Standlicht links, Lampe für Blinklicht vorn links, Lampe für Abblendlichtscheinwerfer links, Lampe für Fernlichtscheinwerfer links, Stellmotor links für Leuchtweitenregelung

215/09

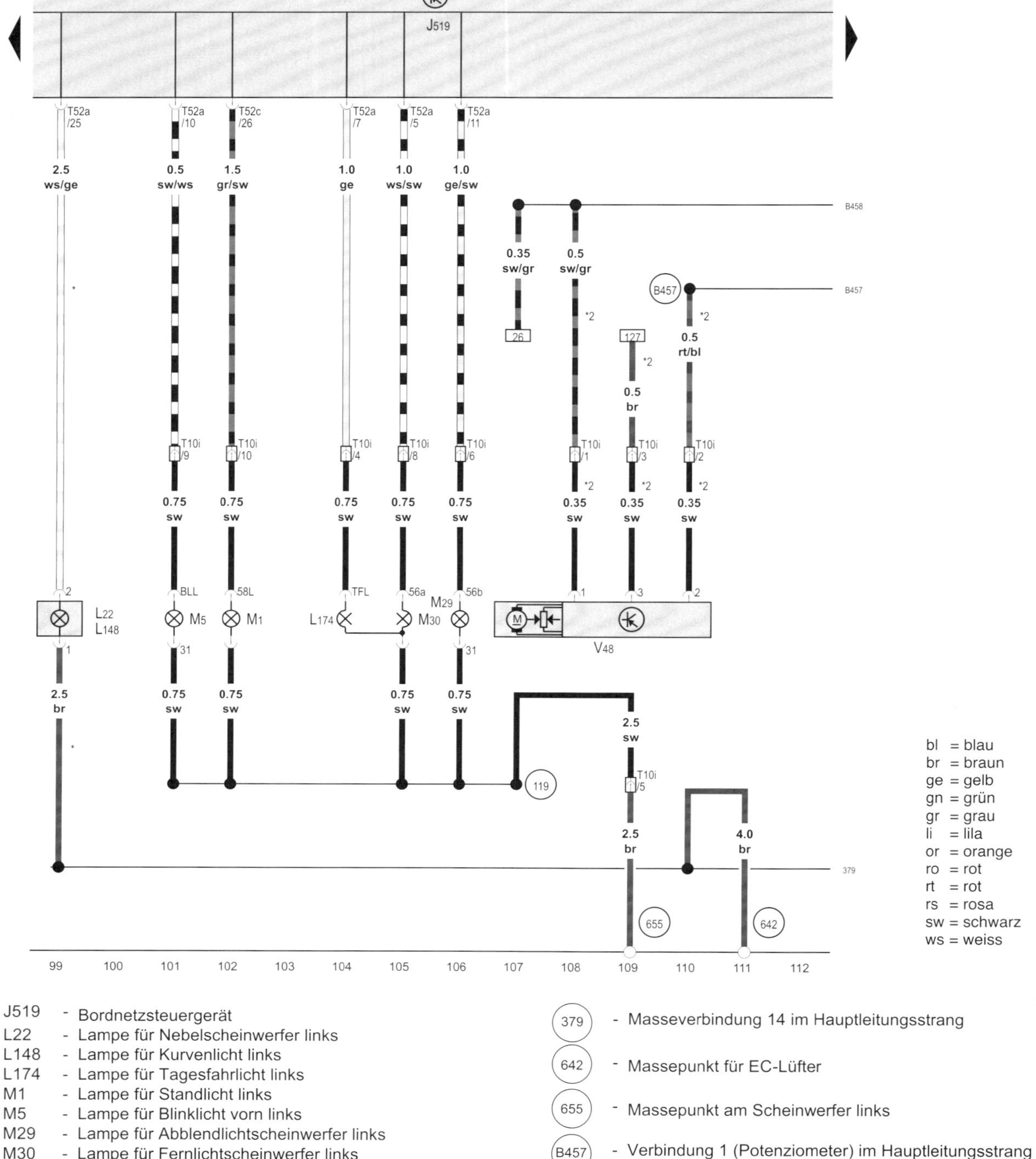

J519 - Bordnetzsteuergerät
L22 - Lampe für Nebelscheinwerfer links
L148 - Lampe für Kurvenlicht links
L174 - Lampe für Tagesfahrlicht links
M1 - Lampe für Standlicht links
M5 - Lampe für Blinklicht vorn links
M29 - Lampe für Abblendlichtscheinwerfer links
M30 - Lampe für Fernlichtscheinwerfer links
T10i - Steckverbindung, 10fach, am Scheinwerfer links
T52a - Steckverbindung, 52fach
T52c - Steckverbindung, 52fach
V48 - Stellmotor links für Leuchtweitenregelung
119 - Masseverbindung 1 im Leitungsstrang Scheinwerfer

379 - Masseverbindung 14 im Hauptleitungsstrang
642 - Massepunkt für EC-Lüfter
655 - Massepunkt am Scheinwerfer links
B457 - Verbindung 1 (Potenziometer) im Hauptleitungsstrang
B458 - Verbindung 2 (Potenziometer) im Hauptleitungsstrang
* - nur für Fahrzeuge mit Nebelscheinwerfer
*2 - nur für Fahrzeuge ohne automatische Leuchtweitenregelung

Regler für Schalter- und Instrumentenbeleuchtung, Einsteller für Leuchtweitenregelung, Hochtonhorn, Tieftonhorn, Relais für Doppeltonhorn

215/10

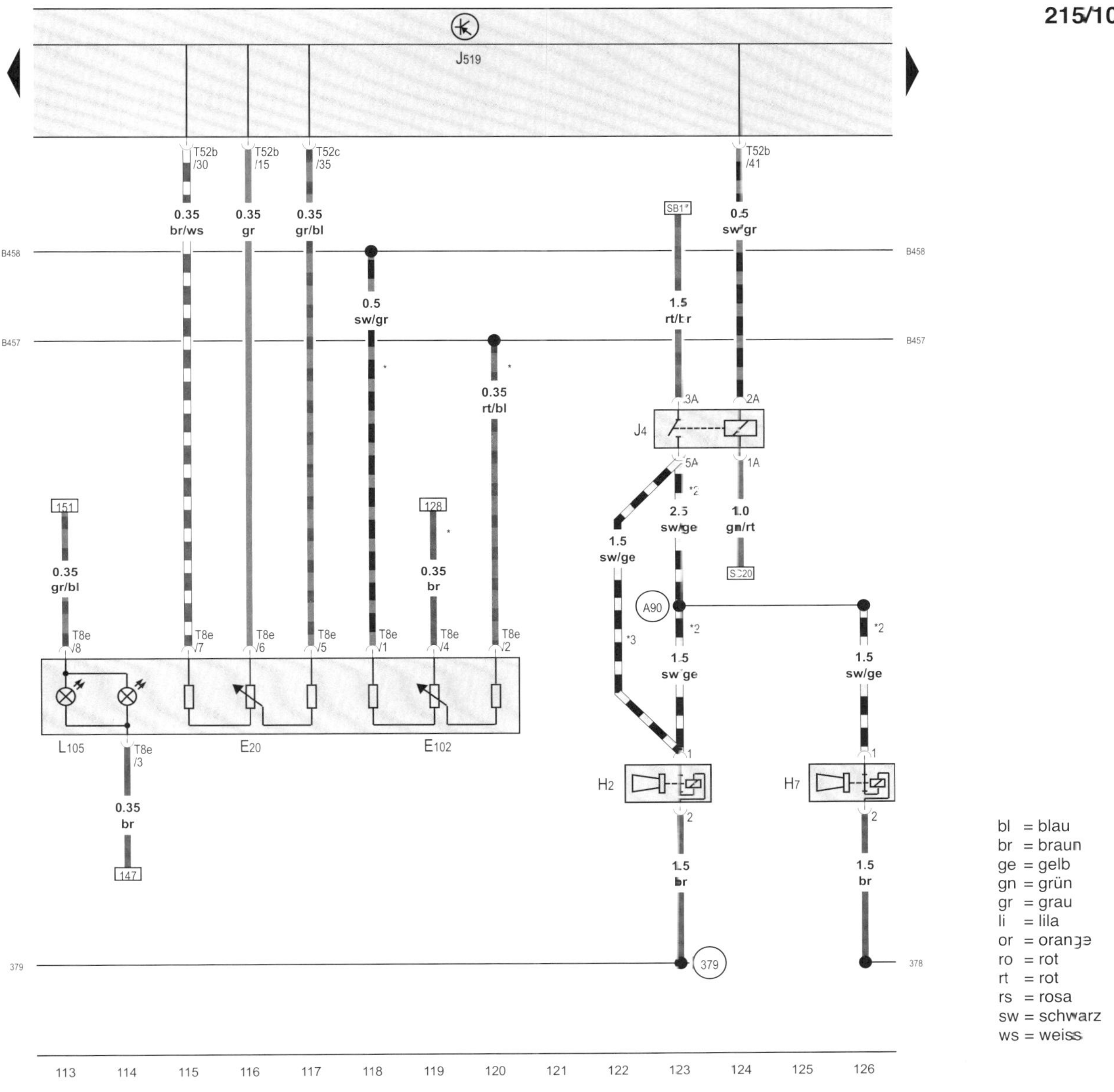

bl = blau
br = braun
ge = gelb
gn = grün
gr = grau
li = lila
or = orange
ro = rot
rt = rot
rs = rosa
sw = schwarz
ws = weiss

E20 - Regler für Schalter- und Instrumentenbeleuchtung
E102 - Einsteller für Leuchtweitenregelung
H2 - Hochtonhorn
H7 - Tieftonhorn
J4 - Relais für Doppeltonhorn
J519 - Bordnetzsteuergerät
L105 - Lampe für Beleuchtung des Beleuchtungsreglers
T8e - Steckverbindung, 8fach
T52b - Steckverbindung, 52fach
T52c - Steckverbindung, 52fach
(378) - Masseverbindung 13 im Hauptleitungsstrang
(379) - Masseverbindung 14 im Hauptleitungsstrang
(A90) - Verbindung (Doppeltonhorn) im Schalttafelleitungsstrang

(B457) - Verbindung 1 (Potenziometer) im Hauptleitungsstrang
(B458) - Verbindung 2 (Potenziometer) im Hauptleitungsstrang
* - nur für Fahrzeuge ohne automatische Leuchtweitenregelung
*2 - nur für Fahrzeuge mit Doppeltonhorn
*3 - nur für Fahrzeuge mit Hochtonhorn

Lampe für Nebelscheinwerfer rechts, Lampe für Kurvenlicht rechts, Lampe für Standlicht rechts, Lampe für Blinklicht vorn rechts, Lampe für Abblendlichtscheinwerfer rechts, Lampe für Fernlichtscheinwerfer rechts, Stellmotor rechts für Leuchtweitenregelung

215/11

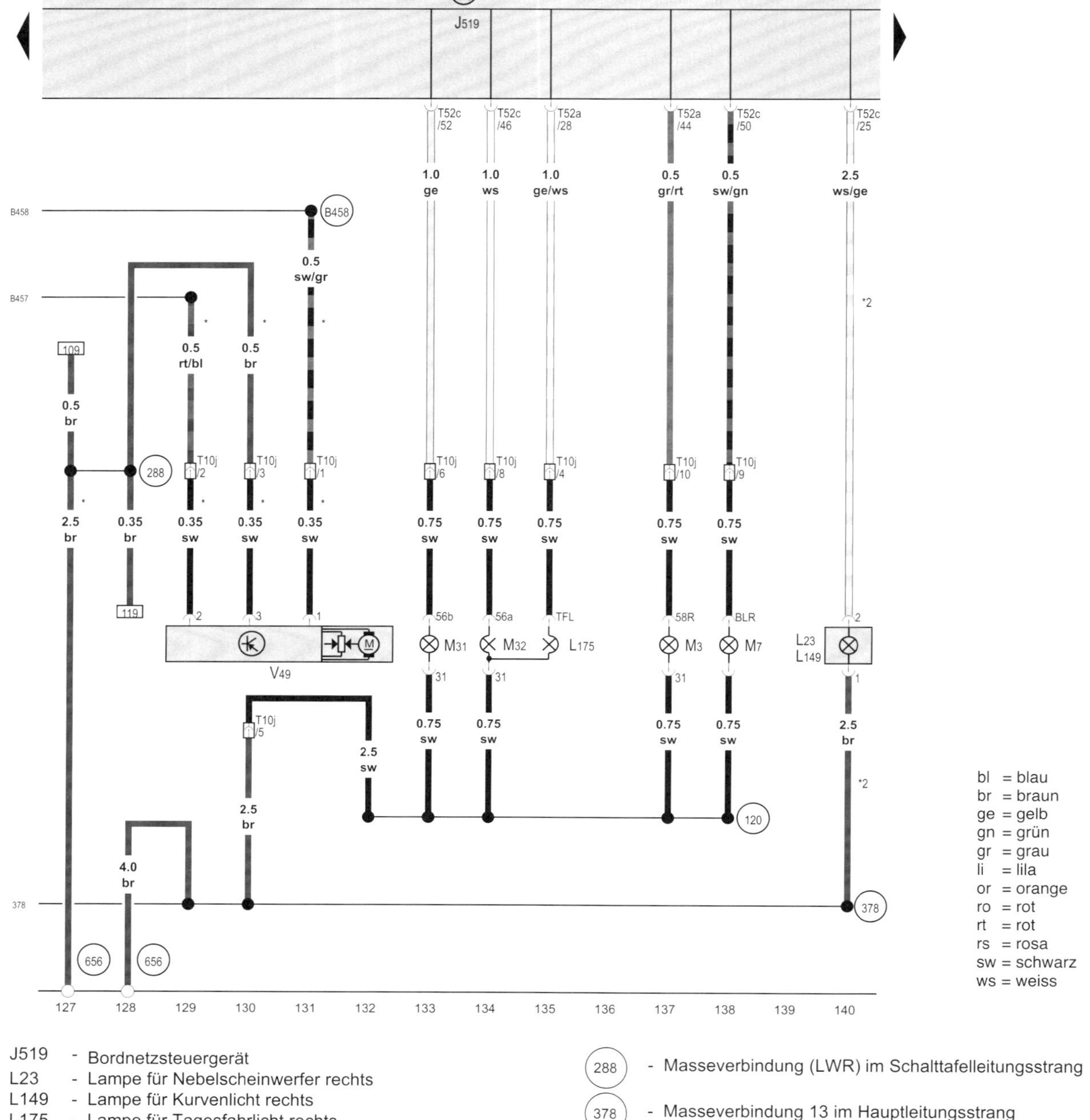

bl = blau
br = braun
ge = gelb
gn = grün
gr = grau
li = lila
or = orange
ro = rot
rt = rot
rs = rosa
sw = schwarz
ws = weiss

J519 - Bordnetzsteuergerät
L23 - Lampe für Nebelscheinwerfer rechts
L149 - Lampe für Kurvenlicht rechts
L175 - Lampe für Tagesfahrlicht rechts
M3 - Lampe für Standlicht rechts
M7 - Lampe für Blinklicht vorn rechts
M31 - Lampe für Abblendlichtscheinwerfer rechts
M32 - Lampe für Fernlichtscheinwerfer rechts
T10j - Steckverbindung, 10fach, am Scheinwerfer rechts
T52a - Steckverbindung, 52fach
T52c - Steckverbindung, 52fach
V49 - Stellmotor rechts für Leuchtweitenregelung
(120) - Masseverbindung 2 im Leitungsstrang Scheinwerfer

(288) - Masseverbindung (LWR) im Schalttafelleitungsstrang
(378) - Masseverbindung 13 im Hauptleitungsstrang
(656) - Massepunkt am Scheinwerfer rechts
(B457) - Verbindung 1 (Potenziometer) im Hauptleitungsstrang
(B458) - Verbindung 2 (Potenziometer) im Hauptleitungsstrang
* - nur für Fahrzeuge ohne automatische Leuchtweitenregelung
*2 - nur für Fahrzeuge mit Nebelscheinwerfer

Lichtschalter, Schalter für Nebelscheinwerfer, Schalter für Nebelschlussleuchte

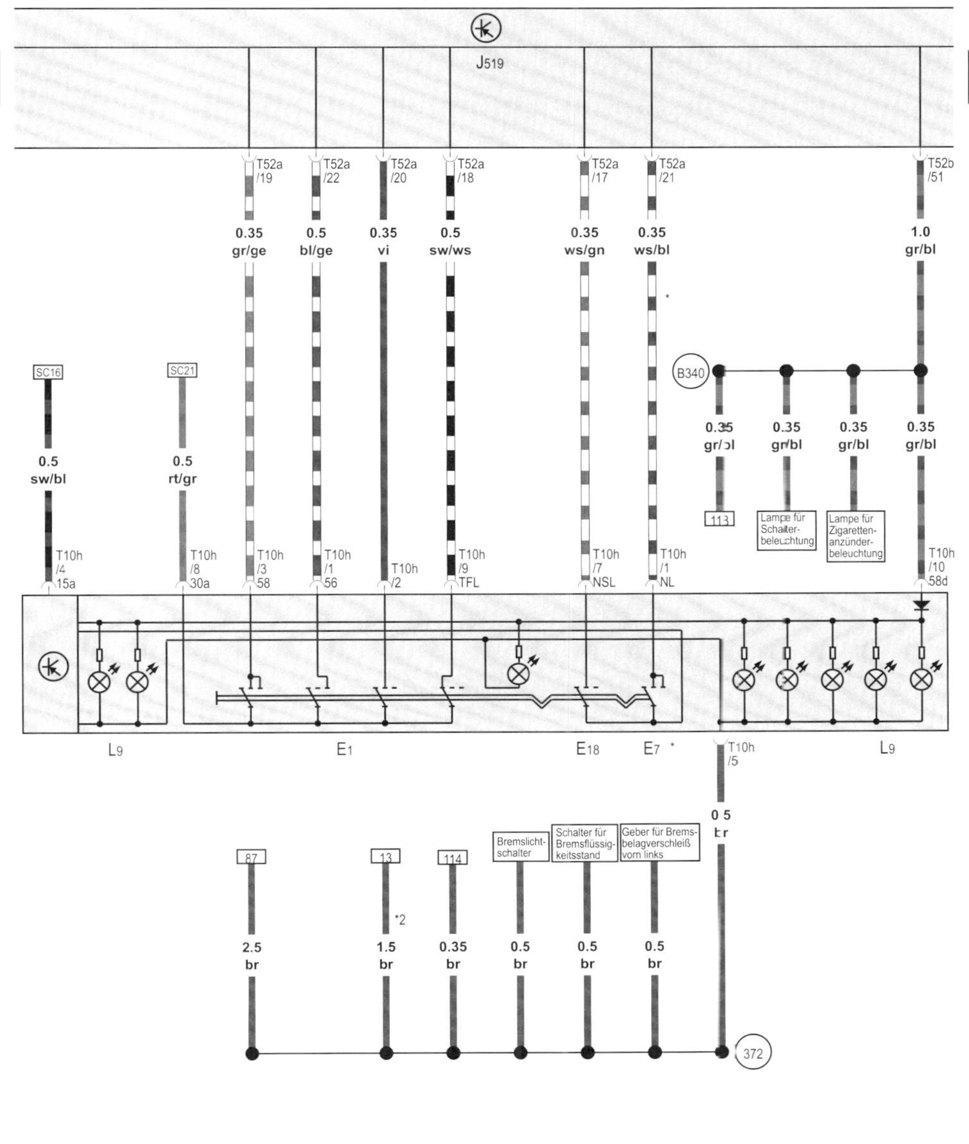

bl = blau
br = braun
ge = gelb
gn = grün
gr = grau
li = lila
or = orange
ro = rot
rt = rot
rs = rosa
sw = schwarz
ws = weiss

E1 - Lichtschalter
E7 - Schalter für Nebelscheinwerfer
E18 - Schalter für Nebelschlussleuchte
J519 - Bordnetzsteuergerät
L9 - Lampe für Lichtschalterbeleuchtung
T10h - Steckverbindung, 10fach
T52a - Steckverbindung, 52fach
T52b - Steckverbindung, 52fach
(372) - Masseverbindung 7 im Hauptleitungsstrang
(B340) - Verbindung 1 (58d) im Hauptleitungsstrang
* - nur für Fahrzeuge mit Nebelscheinwerfer
*2 - nur für Fahrzeuge mit Start-Stopp-System

Lampe für Nebelschlussleuchte links, Lampe für Nebelschlussleuchte rechts, Lampe für Schlusslicht rechts, Lampe für Schlusslicht links, Lampe für Blinklicht hinten links, Lampe für Blinklicht hinten rechts, Lampe für Rückfahrlicht links, Lampe für Rückfahrlicht rechts, Lampe für Brems- und Schlusslicht links, Lampe für Brems- und Schlusslicht rechts

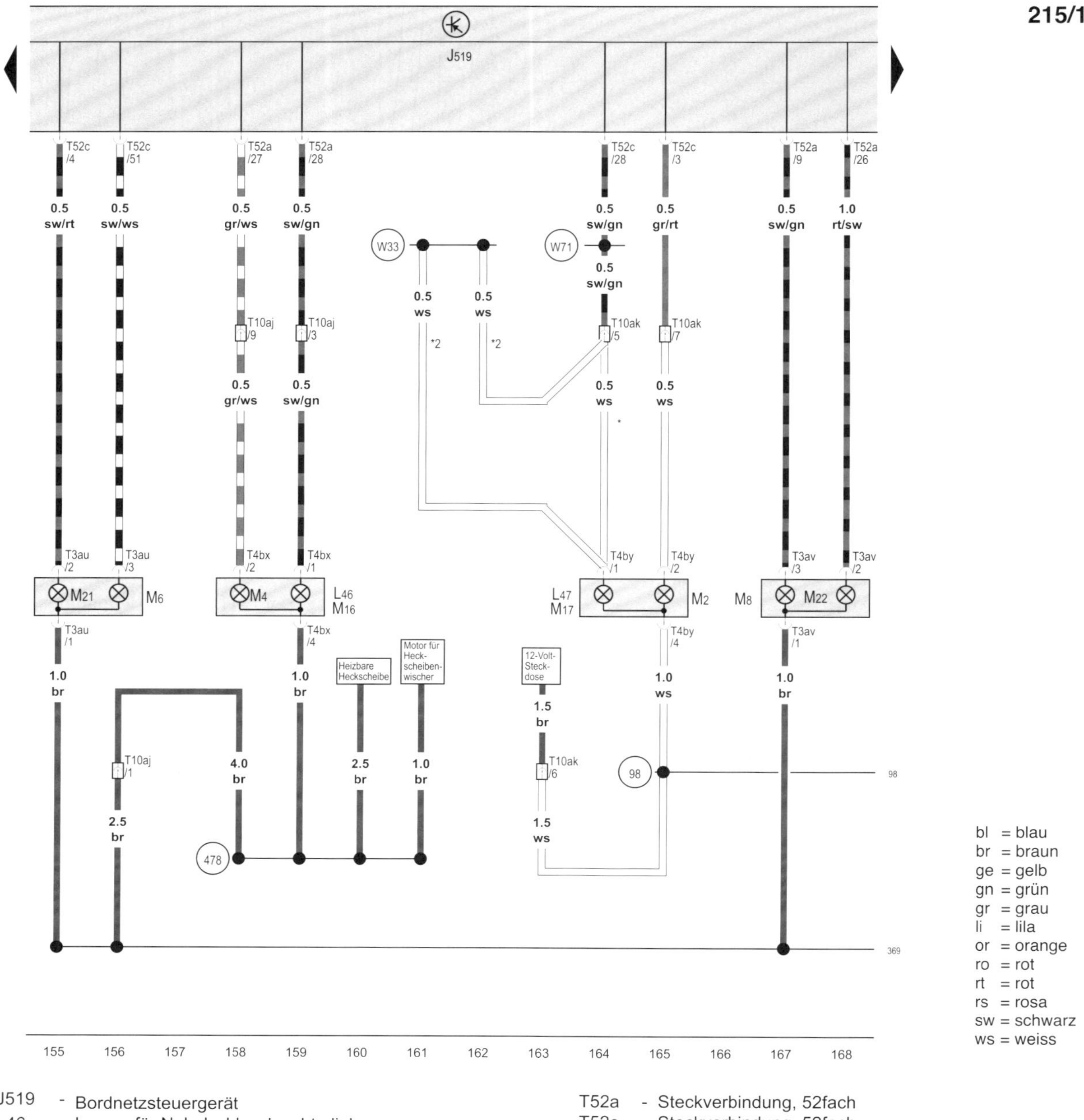

J519 - Bordnetzsteuergerät
L46 - Lampe für Nebelschlussleuchte links
L47 - Lampe für Nebelschlussleuchte rechts
M2 - Lampe für Schlusslicht rechts
M4 - Lampe für Schlusslicht links
M6 - Lampe für Blinklicht hinten links
M8 - Lampe für Blinklicht hinten rechts
M16 - Lampe für Rückfahrlicht links
M17 - Lampe für Rückfahrlicht rechts
M21 - Lampe für Brems- und Schlusslicht links
M22 - Lampe für Brems- und Schlusslicht rechts
T3au - Steckverbindung, 3fach
T3av - Steckverbindung, 3fach
T4bx - Steckverbindung, 4fach
T4by - Steckverbindung, 4fach
T10aj - Steckverbindung, 10fach, unter der Dachverkleidung
T52a - Steckverbindung, 52fach
T52c - Steckverbindung, 52fach
(98) - Masseverbindung im Leitungsstrang Heckklappe
(369) - Masseverbindung 4 im Hauptleitungsstrang
(478) - Masseverbindung 3 im Leitungsstrang Heckklappe
(W33) - Verbindung (Rückfahrlicht) im Leitungsstrang Heckklappe
(W71) - Verbindung (Rückfahrlicht) im Leitungsstrang hinten
* - nur für Fahrzeuge ohne Rückfahrkamerasystem
*2 - nur für Fahrzeuge mit Rückfahrkamerasystem

Taster für Entriegelung in Heckklappengriff, Schalter für Rückfahrleuchten, Lampe für Blinkleuchte im Außenspiegel Fahrerseite, Lampe für Blinkleuchte im Außenspiegel Beifahrerseite, Lampe für hochgesetzte Bremsleuchte, Kennzeichenleuchte links, Kennzeichenleuchte rechts

215/14

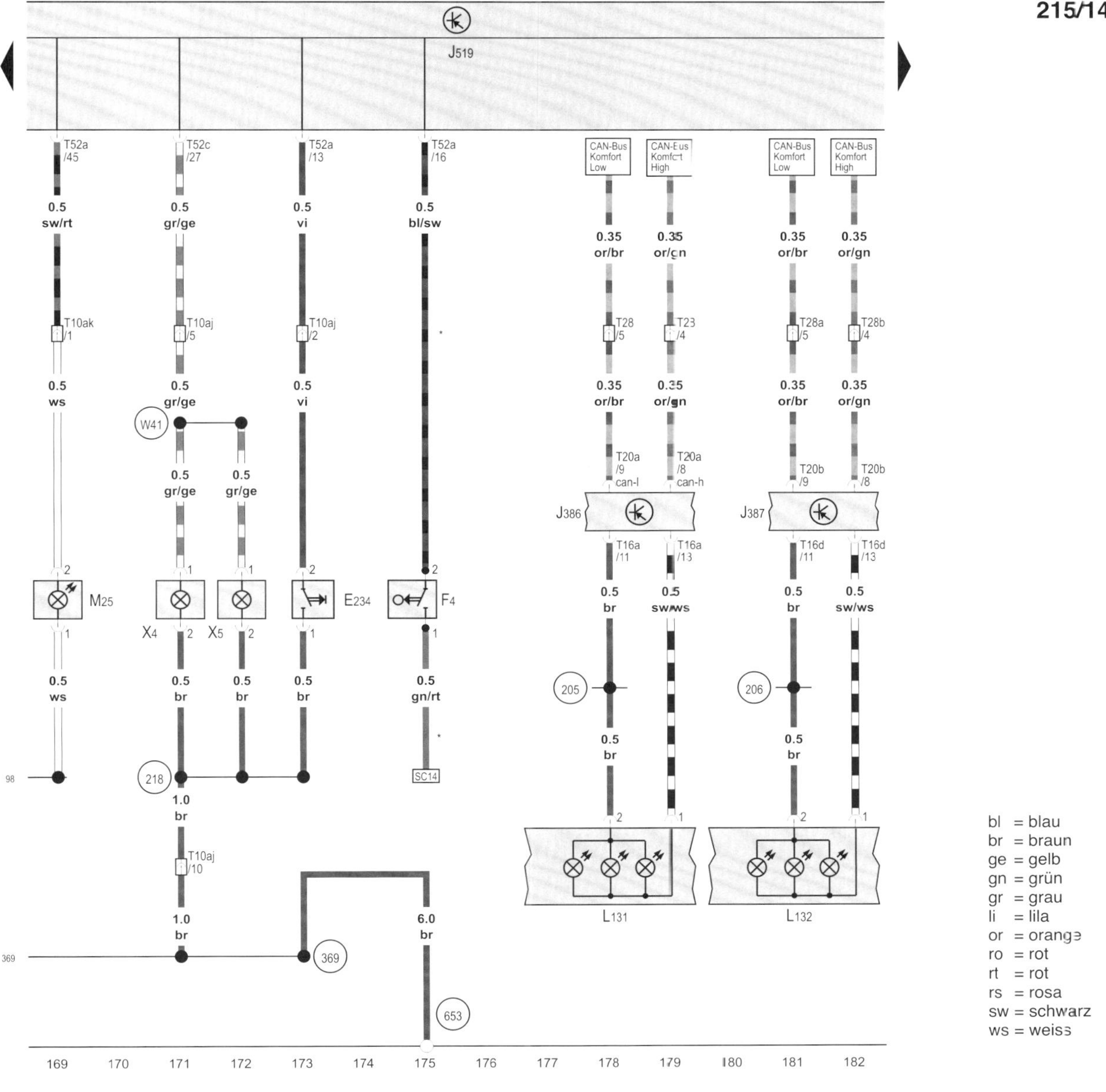

E234 - Taster für Entriegelung in Heckklappengriff
F4 - Schalter für Rückfahrleuchten
J386 - Türsteuergerät Fahrerseite
J387 - Türsteuergerät Beifahrerseite
J519 - Bordnetzsteuergerät
L131 - Lampe für Blinkleuchte im Außenspiegel Fahrerseite
L132 - Lampe für Blinkleuchte im Außenspiegel Beifahrerseite
M25 - Lampe für hochgesetzte Bremsleuchte
T10aj - Steckverbindung, 10fach, unter der Dachverkleidung
T10ak - Steckverbindung, 10fach, unter der Dachverkleidung
T16a - Steckverbindung, 16fach
T16d - Steckverbindung, 16fach
T20a - Steckverbindung, 20fach
T20b - Steckverbindung, 20fach
T28 - Steckverbindung, 28fach, in der Kupplungsstation, A-Säule links
T28a - Steckverbindung, 28fach, in der Kupplungsstation, A-Säule rechts
T28b - Steckverbindung, 28fach, in der Kupplungsstation, A-Säule rechts
T52a - Steckverbindung, 52fach
T52c - Steckverbindung, 52fach
X4 - Kennzeichenleuchte links
X5 - Kennzeichenleuchte rechts
98 - Masseverbindung im Leitungsstrang Heckklappe
205 - Masseverbindung im Leitungsstrang Türverkabelung Fahrerseite
206 - Masseverbindung im Leitungsstrang Türverkabelung Beifahrerseite
218 - Masseverbindung 1 im Leitungsstrang Heckklappe

Taster für Warnlicht, Kontaktschalter für Motorhaube, Relais für heizbare Heckscheibe, heizbare Heckscheibe, Heizwiderstand für Spritzdüse links, Heizwiderstand für Spritzdüse rechts

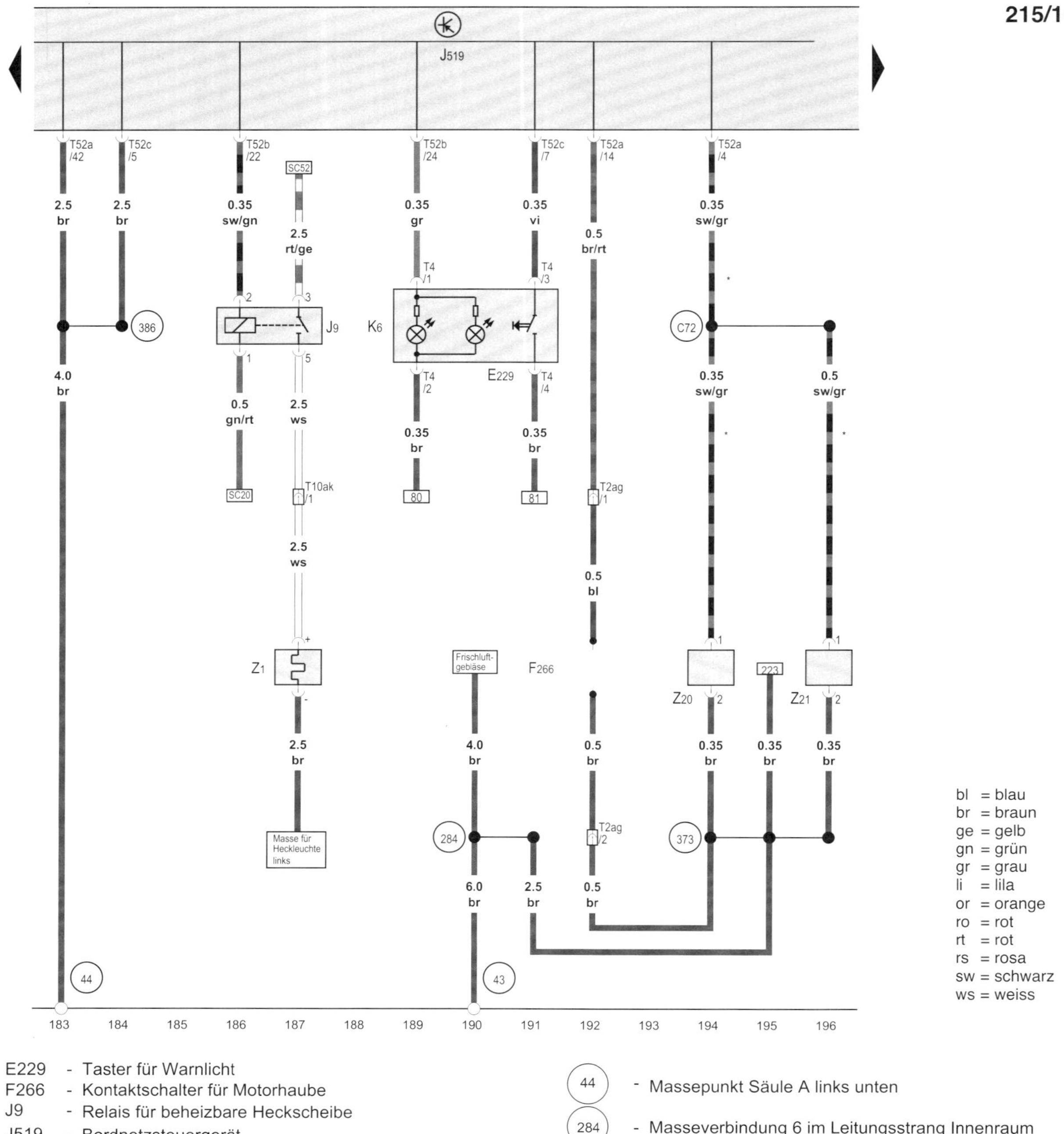

E229 - Taster für Warnlicht
F266 - Kontaktschalter für Motorhaube
J9 - Relais für beheizbare Heckscheibe
J519 - Bordnetzsteuergerät
K6 - Kontrollleuchte für Warnblinkanlage
T2ag - Steckverbindung, 2fach, Nähe Scheinwerfer rechts
T4 - Steckverbindung, 4fach
T10ak - Steckverbindung, 10fach, unter der Dachverkleidung
T52a - Steckverbindung, 52fach
T52b - Steckverbindung, 52fach
T52c - Steckverbindung, 52fach
Z1 - beheizbare Heckscheibe
Z20 - Heizwiderstand für Spritzdüse links
Z21 - Heizwiderstand für Spritzdüse rechts
43 - Massepunkt Säule A rechts unten

44 - Massepunkt Säule A links unten
284 - Masseverbindung 6 im Leitungsstrang Innenraum
373 - Masseverbindung 8 im Hauptleitungsstrang
386 - Masseverbindung 21 im Hauptleitungsstrang
C72 - Plusverbindung im Leitungsstrang beheizbare Spritzdüse
* - nur für Fahrzeuge mit beheizbaren Spritzdüsen